이공계를 위한 통계이론과 활용

전영록 지음

GS인터비전

머리말

미국의 경영학자 피터 드러커(Peter Drucker)는 "측정할 수 없는 것은 모르는 것이다."라고 하여, 정확한 데이터에 근거한 의사결정의 중요성을 강조하였다. 작은 노력으로 데이터를 얻고 이를 기반으로 판단을 할 수 있음에도 불구하고 막연한 추측이나 직관으로 판단하여 과오를 범하는 경우는 자주 보게 된다. 이는 자신의 지식과 경험만을 최상의 정보로 간주함에 따라 나타나는 것으로 데이터와 통계의 힘을 아는 사람에게는 결코 일어날 수 없다. 통계학에서는 불확실한 상황에서 의사결정에 필요한 데이터를 수집하여 유용한 정보, 즉 통계를 생산하는 방법을 다룬다. 통계는 확률이론에 기반을 두고 생산되는 정보로서 의사결정자의 객관적인 판단을 지원한다.

이 책은 대학과정에서 1강좌의 통계학 과목을 이수하고 초·중급 수준의 통계를 실무에 활용해야 하는 이공계열 학생들을 독자로 상정하고 집필되었다. 이를 감안하여 이공계열에서 많이 사용하는 회귀분석법과 실험데이터분석법을 설명하는데 많은 공간을 할애하였다. 각 장과 절은 의사결정을 하는 상황을 중심으로 구성하였다. 각각의 상황에서 통계를 생산하는 방법을 소개하고, 예제를 통해 구체적으로 설명하였다. 다수의 연습문제를 제공하여 독자들이 해당 주제에 대해 충분히 학습할 수 있도록 하였으며, 실무에서 통계를 활용할 수 있도록 통계처리 소프트웨어인 미니탭(minitab)의 사용 예제를 함께 제공하였다.

제1장에서는 데이터의 수집과 그래프 표현법, 기초적인 통계 측도에 대해서 다루었고, 제2장에서는 통계적 방법의 기반이 되는 확률과 확률분포모형에 대해서 소개하였다. 제3장에서는 이항분포, 포아송분포 등의 이산형 확률모형에 대해서 다루고, 제4장에서는 정규분포를 포함한 연속형 확률분포모형을 다루었다. 제5장에서는 통계적 추정 이론과 단일 모집단에 대한 통계적 추정법, 제6장에서는 통계적 가설검정 이론과 단일 모집단에 대한 가설검정 방법을 다루었다. 제7장에서는 두 개 모집단의 통계적 비교에 대해서 다루었고, 제8장에

서는 세 개 이상 모집단의 통계적 비교에 대해서 다루었다. 제9장에서는 두 변수의 관련성을 통계적으로 분석하는 상관분석과 회귀분석법에 대해서 다루고, 제10장에서는 통제변수가 반응변수에 미치는 영향을 분석하는 실험데이터의 분석법에 대해서 다루었다. 제11장에서는 다양한 상황에서 최적의 실험을 계획·수행·분석하는 방법에 대해서 다루고, 제12장에서는 다구찌 실험계획법에 대해서 소개한다.

지식정보사회에서 통계는 의사결정의 핵심 정보로서 강력한 힘을 가지고 있다. 반면에 잘못 생산된 통계, 엉터리 데이터로부터 생산된 통계 등 생산 과정에 오류가 포함된 통계는 조직이나 사회를 큰 위험에 빠뜨릴 수 있다. 이 책을 통해서 이공계 학생들이 통계의 강력한 힘과 함께 잘못된 통계의 위험을 알고 통계를 의사결정에 유용하게 활용할 수 있게 되길 바란다.

마지막으로 이 책의 출판에 많은 도움을 주신 GS인터비전 송기수 대표님과 편집에 수고하신 관계자 여러분께 깊은 감사의 마음을 전합니다. 사랑하는 가족이 있어서 즐겁게 글을 쓸 수 있었습니다. 사진작가를 꿈꾸는 제확이, 그림을 즐기며 뮤지션을 꿈꾸는 성훈이, 언제나 곁에서 예쁜 얼굴과 환한 미소로 행복 에너지를 충전해 주는 아내 현이에게 사랑의 마음을 전합니다.

2013년 12월

전 영 록

차 례

제1장 기술통계학

❖ 학습목표

1. 통계학의 기본 용어를 정의할 수 있다.
2. 표본추출법에 따라 표본을 추출할 수 있다.
3. 데이터를 그래프로 표현할 수 있다.
4. 데이터의 위치를 나타내는 측도를 계산할 수 있다.
5. 데이터의 변동성을 나타내는 측도를 계산할 수 있다.

제1장 기술통계학

통계학은 데이터로부터 정보를 얻는 방법이다. 기술통계학은 데이터를 요약·정리하여 전체 데이터의 특성을 표현하는 방법을 다루는 통계학이다. 이 장에서는 데이터의 수집과 그래프 표현법, 그리고 기초적인 통계 측도에 대해서 다룬다.

제1절에서는 통계학의 기초가 되는 몇 가지 용어를 정의하고, 제2절에서는 데이터의 수집에 대해서 다룬다. 제3절에서는 데이터의 그래프 표현에 대해서 다루고, 제4절에서는 데이터의 측도표현에 대해서 다루기로 한다.

1.1 통계학

1.1.1 통계학의 정의

통계학(statistics)은 데이터로부터 정보를 얻는 방법을 다루는 학문 분야이다. 통계적 방법으로 얻은 정보를 통계라 부르기도 한다. 통계는 각종의 의사결정에서 판단의 근거로 사용된다. 예를 들어, 제품의 핵심 속성이 인장강도라 할 때, 제조공법 A와 B 중에서 하나를 선택해야 하는 문제를 해결해야 한다면 어떻게 하겠는가? A공법과 B공법으로 각각 10개의 제품을 만들고, 인장강도를 측정하여 평균이라는 통계를 낼 것이다. 그리고 이 평균을 근거로 더 우수하다고 판단되는 공법을 선택할 수 있다(통계가 갖는 불확실성을 배제한 경우). 통계학은 의사결정에서 판단의 근거가 되는 정보를 만드는 방법을 다루는 학문이라 할 수 있다.

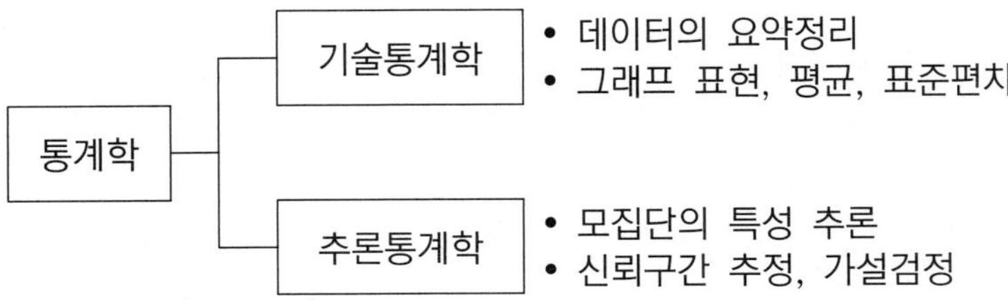

그림 1.1 기술통계학과 추론통계학

통계학은 기술통계학(descriptive statistics)과 추론통계학(inferential statistics)으로 구분하기도 한다(그림 1.1). 기술통계학은 데이터를 요약·정리하여 전체 데이터의 특성을 표현하는 방법을 다루는 통계학을 의미한다. 기술통계학에서는 데이터를 그림이나 도표로 나타내는 방법과 평균이나 표준편차 등의 통계로 나타내는 방법을 다룬다. 반면에 추론통계학은 모집단에서 추출한 표본 데이터를 이용하여 각종의 통계를 구하고, 이를 근거로 모집단의 특성을 추론하는 방법을 다루는 통계학이다. 추론통계학에서 추론(inference)은 데이터와 데이터가 갖는 불확실성을 감안한 정보임을 나타내는 용어로써 의사결정자의 과거의 경험으로 추측(guess)하여 만드는 정보와는 많은 차이가 있다.

1.1.2 변수와 데이터

연구대상 집단을 구성하는 개체는 다수 개의 속성을 갖고 있다. 예를 들어, 연구대상집단의 개체가 대한민국 성인 남녀인 경우에 개체가 갖는 속성에는 성별, 나이, 종교, 결혼여부, 자녀수, 연소득, ⋯ 등이 있다. 이들 속성들의 값은 개체의 특성에 따라 다른 값을 가지며 이를 변수(variable)라 한다. 변수는 양적변수와 질적변수로 구분할 수 있다. 양적변수(quantitative variable)는 연소득과 같이 관측 또는 측정값이 하나의 숫자로 결정되는 변수이다. 반면에 질적변수(qualitative variable)는 성별, 종교 등과 같이 개체가 갖는 속성의 성질을 나타내는 변수이다. 질적변수는 사칙연산(덧셈, 뺄셈, 곱셈, 나눗셈)을 하는 것이 별 의미가 없는 변수지만, 양적변수는 사칙연산의 일부 또는 모두가 의미가 있는 변수이다.

번호	성별	월소득	키	몸무게	출생계절	결혼유무	자녀수
1	0	500	160	45	1	1	2
2	1	600	172	65	1	1	2
3	1	400	180	78	2	0	0
4	0	450	158	43	3	0	0
5	1	350	165	48	3	1	1
6	1	700	168	72	4	1	3
7	1	550	175	78	1	1	3
…	…	…	…	…	…	…	…

⇐ 변수

데이터

그림 1.2 변수와 데이터

질적변수에 대해서도 질적정보를 적절히 코드(code)화 해서 숫자로 표현할 수 있다. 예를 들어, 사람의 성별은 질적 속성이지만 남성은 1, 여성은 0으로 코드화하여 표현할 수 있다. 질적변수에 대해서도 연산을 수행할 수 있으나 양적변수의 연산과는 다른 의미를 갖는다. 변수의 반대 개념인 상수(constant)는 개체에 따라 변하지 않고 일정하게 고정되어 하나의 값만 갖는다.

변수에 대응하는 관측값 또는 측정값들의 집합을 데이터(data)라 한다. 100명의 사람들에 대해서 주요 속성인 성별, 나이, 종교, 결혼여부, 자녀수, 연소득 등을 조사하여 얻은 값의 집합이 데이터이다. 그림 1.2는 변수와 데이터의 예를 나타낸 것이다.

1.1.3 모집단과 표본

모집단(population)은 연구 대상이 되는 모든 개체의 특정 속성에 대한 값들의 집합이다. 연구 대상 집단의 개체가 대한민국 성인남녀인 경우에 '대한민국 성인 남여의 성별(0 또는 1)을 조사하여 모아 놓은 집합'이 성별이라는 변수의 모집단이다. '대한민국 성인남녀의 연소득을 조사하여 모아 놓은 집합'이 연소득 변수의 모집단이다. 그러나 연구대상 집단의 개체 수가 많은 경우에는 모집단을 정확하게 아는 것이 쉽지 않다.

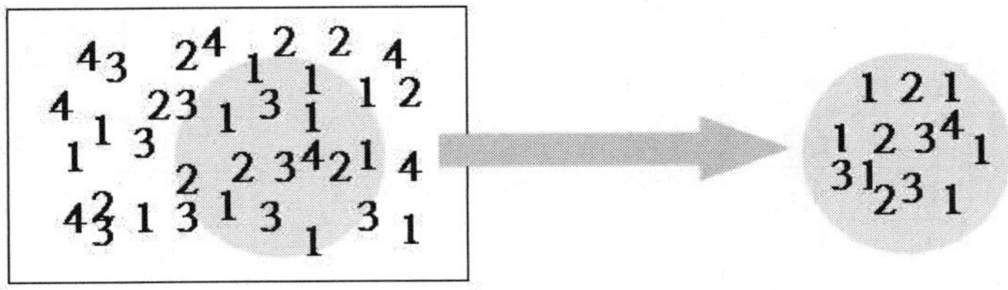

모집단 표본

그림 1.3 모집단과 표본

표본(sample)은 연구 대상이 되는 개체 중에서 일부를 무작위로 추출하고, 추출한 개체의 속성에 대한 관측값 혹은 측정값들의 집합이다. 연구 대상 집단의 개체 수가 많은 경우에는 모든 개체의 속성을 측정 또는 관측하는 것이 어려우므로 일부 개체의 속성만 관측하는 것이 더 합리적일 수 있다. 예를 들어, 대한민국 성인남녀 1,000명을 무작위로 선정하고, 선정된 개체에 대해서 성별과 연소득을 조사하여 얻은 데이터를 모아 놓은 데이터의 집합이 성별 변수와 연소득변수에 대한 표본이다. 따라서 표본은 모집단으로부터 무작위로 추출한 것이라고 볼 수 있으며, 모집단의 부분집합이라 할 수 있다.

그림 1.3은 모집단과 표본의 관계를 나타낸 것이다. 예를 들어, A전자에서 생산하는 휴대폰 배터리의 평균수명을 추정해야 한다고 하자. 이 경우에 연구대상 집단은 A전자에서 생산한 휴대폰 배터리이고, 모집단은 제조했거나 앞으로 제조할 모든 배터리의 수명, 표본은 표본으로 선택된 휴대폰 배터리의 수명이 된다.

이와 같이 모집단으로부터 추출된 표본을 이용하여 표본 정보를 계산하고, 표본 정보를 근거로 모집단의 특성을 도출하는 과정을 통계적 추론(statistical inference)이라 한다. 통계적 추론은 표본정보를 이용하여 모집단의 특성을 나타내는 모수(parameter)에 대한 추정값을 계산(estimate)하거나, 설정한 가설에 대한 통계적 검정(testing of hypotheses)한다(추론통계학). 그림 1.4는 통계적 추론의 과정을 나타낸 것이다.

통계적 추론은 표본을 통해 얻을 수 있는 부분적 정보를 이용하여 전체에 대한 정확한 판단을 내리는 과정이므로 불가피하게 오류가 생길 가능성이 있다. 통계학에서는 이런 오류의 발생 가능성을 최소화하는 최적의 추정방법과 가설검정법을 다룬다.

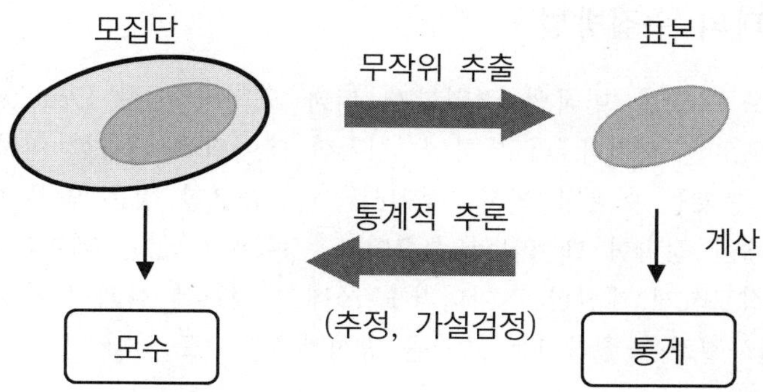

그림 1.4 통계적 추론

1.2 데이터

1.2.1 데이터의 종류

데이터는 연구 대상이 되는 현상 또는 특성에 대해서 관찰, 실험 또는 조사한 결과에 적절한 규칙에 따라 수치를 부여한 것이다. 연구대상 집단의 성별을 나타내기 위해 남성은 0, 여성은 1의 값을 부여할 수 있다. 맥주의 선호도를 조사하기 위해서 대상이 되는 맥주에 순위 1, 2, 3 등을 매기도록 할 수 있다. 시험성적을 0점에서 100점 사이의 숫자로 표현할 수 있고, 온도를 수은주의 높이로 정의할 수 있다.

데이터는 양적데이터와 질적데이터로 구분할 수 있다. 양적데이터(quantitative or numerical data)는 양적변수의 값을 측정 또는 관측한 데이터이다. 고등학교 2학년 학생의 키, 일 년 동안 경부고속도로에서 발생한 사고 건수 등과 같이 데이터가 나타내는 숫자의 크기가 의미를 갖는 데이터이다. 양적데이터는 각종 산술을 하는 것이 의미가 있는 데이터라 할 수 있다.

질적데이터(qualitative data)는 범주형데이터(categorical data)라고도 하며, 질적변수의 속성을 나타내기 위해서 적절한 규칙에 의해 수치를 부여한 데이터이다. 연구 대상의 성별을 나타내는 0과 1, 연구 대상의 종교를 나타내는 1, 2, 3, 4 등은 숫자의 크기가 의미를 갖지 않는 질적데이터이다. 질적데이터는 각종 산술을 하는 것이 의미가 없는 경우가 대부분이다.

1.2.2 데이터의 수집방법

세계적으로 유명한 미국의 경영학자 피터 드러커(Peter Drucker)는 "측정할 수 없는 것은 모르는 것이다."라고 하여, 정확한 데이터에 근거한 의사결정의 중요성을 강조하였다. 통계를 이용한 의사결정에서 가장 중요한 것은 연구 대상으로 하고 있는 특성에 대한 정확한 데이터의 수집이다. 정확하지 않은 데이터로부터 만든 통계는 아무리 정교하게 계산한 것이더라도 쓰레기 정보에 불과하다. 자칫 이런 통계를 기반으로 의사결정을 했다가는 조직을 망하게 할 수도 있다.

데이터 수집방법에는 관찰(direct observation), 실험(experiment), 조사(survey)가 있다. 관찰은 연구대상의 관심 있는 특성치의 값을 단순히 측정하여 얻는다.

관찰의 특징은 연구 대상이 갖고 있는 특정의 속성 또는 변수에 대한 조건을 설정할 수 없거나 설정하지 않은 상태에서 속성의 값을 측정한다. 예를 들어, 최근 10일간 코스피(KOSPI)상장 주식의 종가 2020, 2022, 2040, 2035, 2037, 2041, 2095, 2100, 2099, 2120는 관찰을 통해 얻은 데이터이다. 이 데이터로부터 구한 주가 추세에 대한 통계를 근거로 주식을 매입하거나 매도할 수 있다.

실험에서는 계획적으로 연구 대상이 갖고 있는 특정의 변수 — 이를 통제변수(control variable)라 함 — 에 대한 특정의 조건을 설정하고, 관심 있는 속성의 값을 측정하여 데이터를 얻는다. 이와 같이 통제변수에 대한 조건을 설정하고, 관심 있는 속성의 값을 측정하여 원하는 정보를 얻기 위해서는 정교한 계획이 필요하다. 실험을 계획하고, 데이터를 분석하는 방법을 다루는 통계학의 분야를 실험계획법(DOE, Design of experiment)이라 한다. 실험계획에 대해서는 제10장, 제11장, 제12장에서 다룬다.

화학공정에서 수율을 가장 높게 하는 반응온도를 찾아야 한다고 하자. 반응온도 수준을 100, 150, 200 ℃로 설정하고, 각 수준에서 10회씩 실험하여 특정 화학제품의 수율을 측정하여 얻은 데이터가 실험 데이터이다. 이 데이터를 통계적으로 분석하면 수율이 가장 높은 온도 수준을 찾을 수 있다.

미국의 심리학자 레오나르도 빅맨(Leonardo Bigman)은 사람의 행색이 상대방의 행동에 어떤 영향을 주는지를 확인하기 위한 실험을 수행했다. 빅맨은 공중전화 동전반환구에 미리 동전을 넣어 두고 사람들이 통화를 끝내고 그 동전을 자기 주머니에 집어넣으면 다가가서 "제 동전이 거기 있었을 텐데 혹시 보지 못했습니까?"라고 질문했을 때 동전을 돌려주는지 여부를 관측하도록 했다. 빅맨은 실험자가 넥타이를 맨 정장차림의 남자인 경우와 허름한 작업복 차림의 남자인 경우에 대해서 동전을 돌려주는 사람의 비율을 계산하고, 차이를 분석하였다.

위의 실험에서 통제변수는 반응 온도와 피실험자의 복장이며, 특성치는 수율과 동전을 돌려주느냐 여부이다.

조사는 설문, 전화, 우편 또는 면접을 통해서 많은 수의 사람들로부터 미리 정한 조사 항목에 대한 응답 정보를 얻는 기법이다. 매 5년마다 실시하는 인구주택총조사, 각종의 언론기관에서 실시하는 여론조사, 자사제품에 대한 고객만족도 조사 등이 조사에 의해 데이터를 수집하는 예이다. 조사는 관심 대상 전체인 모집단을 조사하는 전수조사(population survey)와 모집단의 부분집합으로 모집단을 대표할 수 있는 표본에 대해서 조사하는 표본조사(sample survey)가 있다. 우리나라의 전체 가구를 대상으로 조사는 인구주택총조사는 전수조사이다. 언론기관에서 수행하는 각종의 여론 조사는 대개 1,000여명의 표본 집단에 대해서 조사하므로 표본조사라 할 수 있다.

1.2.3 표본추출법

관찰, 실험, 조사를 통해 얻는 데이터는 대부분 표본 데이터이다. 모집단에 대한 정확한 정보를 얻기 위해서는 표본이 모집단을 대표할 수 있도록 해야 한다. 확률표본추출은 모집단을 구성하는 대상이 표본으로 선택될 확률이 동일하게 되도록 표본을 추출하는 방법이다.

확률표본추출에는 단순무작위추출법(simple random sampling), 층화무작위추출법(stratified random sampling), 계통추출법(systematic sampling), 집락추출법(cluster sampling) 등이 있다.

반면에 표본이 모집단을 대표하도록 하는 것보다는 표본추출의 편의성과 같이 요인이 더 중요할 경우에는 편의표본추출법, 판단표본추출법 등과 같은 비확률표본추출법을 사용하기도 한다.

1) 단순무작위추출법

단순무작위추출법은 모집단의 모든 대상이 표본으로 선택될 확률이 동일하도록 설계한 추출방법이다. 예를 들어, 10,000명으로 구성된 모집단에서 200명을 추출하는 경우, 각 대상이 뽑힐 확률은 1/50이다. 10,000명의 이름이 적힌 쪽지를 상자 안에 넣고, 제비뽑기 방법으로 200명을 뽑으면 단순무작위추출법으로 표본을 뽑는 것이 된다.

단순무작위추출에서는 일반적으로 난수표(random number table)를 이용한다. 난수표는 0에서 9까지의 숫자가 무작위로 나열된 표이다(부록 B.1 난수표). 난수표를 이용하여 표본을 추출할 때에는 다음의 순서를 따르면 된다. 예를 들어, 100개의 부품에서 무작위로 5개를 뽑는다고 하자.

1. 각 부품에 1에서 100까지 번호를 부여한다.
2. 난수표의 임의의 위치를 난수를 읽는 시작점으로 정한다.
3. 두 개의 숫자씩을 읽어 해당되는 번호의 부품을 표본으로 선정한다. 임의의 방향(왼쪽, 오른쪽, 위쪽, 아래쪽)으로 가면서 연속되는 두 자리 숫자를 읽고 해당되는 번호의 부품을 5개까지 선정한다. 예를 들어, 난수표의 1행 1열에 나타난 숫자를 시작점으로 정하고 왼쪽부터 오른쪽 방향으로 읽어 간다면 23, 46, 16, 96, 11번 부품을 표본으로 선정한다.

모집단의 크기가 작은 경우에는 난수표를 사용하여 표본 개체를 선정할 수 있으나, 큰 경우에는 엑셀, 미니탭과 같은 컴퓨터 소프트웨어를 사용하여 의사 난수(pseudo-random number)를 발생시켜 표본을 선정하면 편하다.

2) 계통추출법

계통추출법은 단순무작위추출법의 변형된 형태로 일정 구간마다 1개의 개체를 선정하는 방법이다. 계통추출법으로 N개의 개체로 구성된 모집단에서 n개의 표본을 선정하는 방법은 다음과 같다. 먼저 모든 개체에 1, 2, 3, …, N의 일련번호를 부여하고, 번호순으로 n개의 구간을 만든다. 이 때 구간의 크기는 $K = N/n$가 되므로 1번부터 시작해서 매 K개의 개체가 하나의 구간이 된다. 다음에는 첫 번째 구간에서 단순무작위로 한 개의 개체번호를 선택한다. 그 다음부터는 매 K번째 개체번호를 표본으로 선정하여 n개의 표본을 선정한다.

크기가 10만인 모집단에서 1,000개의 표본을 선정해 보자. 먼저 10만의 개체에 대해서 1부터 10만 번까지 번호를 부여한다. K = 100,000/1,000 = 100이므로 1에서 100사이의 번호 중에서 단순무작위로 1개의 번호를 선정하고, 매 100번째 번호를 표본으로 선정한다. 예를 들어, 첫 번째 구간에서 27이 선정되었다면, 127, 227, 327, …, 99927번의 개체가 표본으로 선정된다.

3) 층화무작위추출법

이질적인 개체가 섞여 있는 모집단의 경우에 특정의 기준에 따라 모집단을 동질적인 몇 개의 집단 또는 층(strata)으로 분류하고, 각 층에서 적절한 수의 표본을 무작위로 선정하는 방법이다. 여기서 동질적인 층으로 나누는 과정을 층화 또는 층별(stratification)이라고 한다.

예를 들어, 직원수가 1,000명(N)인 회사에서 100명(n)의 표본을 선정하여 직원들의 의식조사를 한다고 하자. 직원들의 의식은 연령대에 따라 다르게 나타날 것이므로 20대, 30대, 40대, 50대 이상의 집단으로 층을 나누고 각 연령대의 직원수에 비례하여 표본을 뽑아 조사하는 것이 합리적일 것이다.

모집단 1,000명 중 20대가 100명, 30대가 400명, 40대가 300명, 50대 이상이 200명이라고 하면, 20대에서는 100×0.1=10명, 30대에서는 400×0.1=40명, 40대에서는 300×0.1=30명, 50대 이상에서는 200×0.1=20명을 표본으로 선정할 수 있다. 이때 각 층에서는 단순무작위추출법으로 표본을 선정한다.

4) 집락추출법

집락추출법은 모집단이 다수 개의 집락(cluster)이라는 하위집단으로 구성되어 있는 경우에 적합한 방법이다. 집락은 모집단을 구성하는 개체들의 구성과 동일한 구성 특성을 갖고 있는 하위집단이다. 집락추출법은 모집단을 구성하는 집락 중에서 단순무작위로 일부의 집락을 선택하고, 선택된 집락을 구성하는 모든 개체를 표본으로 선정하는 방법이다.

예를 들어, 고등학교 2학년 재학생의 한국사 능력을 조사하기 위해 전국의 고등학교 2학년 반들을 집락으로 하고, 무작위로 100개 반을 선택한 후 100개 반에 있는 모든 학생을 표본으로 선정하여 한국사 능력 시험을 보도록 하고, 시험성적을 평가한다. 이 경우 고등학교 2학년의 각 반 학생들의 구성은 고등학교 2학년 전체 학생의 구성과 거의 동일하다.

집락추출법을 사용하기 위해서는 집락의 특성이 모집단의 특성과 동일해야 한다.

예제 1.1

어떤 공장에서 생산되고 있는 부품의 평균 인장강도를 조사하고자 한다. 하루에 생산되는 부품이 1,000개(N)이고 매일 20개(n)의 부품을 추출하여 인장강도시험을 하기로 했다. 20개의 부품을 (1) 단순무작위추출법, (2) 계통추출법으로 추출하는 방법을 설계하라. 각 부품은 매일 1에서 1,000까지 일련번호를 매기고 있다.

풀이

(1) 1에서 1000사이의 의사난수 20개(예, 483 134 321 186 266 859 27 777 842 142 187 599 174 840 633 311 945 520 817 443)를 생성하고, 생선된 번호에 해당하는 개체를 표본으로 한다. (2) K=N/n=1000/20=50이므로 매 50개마다 1개의 개체를 선택한다. 1에서 50사이에서 선정한 임의의 난수가 12이면, 표본은 12, 62, 112, 162, ⋯, 962번 개체가 표본이 된다. ■

1.2.4 표본추출오차

통계는 표본추출오차(sampling error)와 비표본추출오차(nonsampling error)의 두 가지 유형의 오차를 갖고 있다. 표본추출오차는 모집단을 대표하지 못하는 표본을 사용했기 때문에 발생하는 오차이다. 표본추출오차는 우연원인에 의한 것과 편의에 의한 것으로 분류할 수 있다. 우연원인은 우연히 특이한 개체들이 표본으로 선택된 경우에 발생하는 것으로 표본의 크기를 크게 하여 감소시킬 수 있다. 편의는 잘못된 표본 수집방법으로 인해 발생하는 것으로 표본을 크게 해도 감소시킬 수 없다.

비표본추출오차는 표본추출과 관계없는 오차로써 데이터 취득과정과 기록 과정에서 주로 발생한다. 설문조사에서 설문 문항에 대한 오해나 유도성 설문에 의한 오차, 측정과정에서 발생하는 측정오차, 기록의 잘못(유효숫자) 등이 비표본추출오차이다.

1.3 데이터의 그래프 표현

그래프는 데이터를 시각적으로 요약한다. 백 마디의 설명보다는 한 장의 그림이 더 낫다는 말이 있듯이 그래프는 데이터를 분석하는 중요한 도구이다. 이 절에서는 통계분석에 사용되는 기초적인 그래프의 작도에 대해서 설명한다.

1.3.1 도수분포표

도수분포표는 어떤 정해진 기준에 따라 전체 데이터를 몇 개의 범주로 분할하고, 각 범주에 포함되는 데이터의 수 — 도수(frequency) — 를 헤아려 만든 표이다. 도수분포표는 데이터의 요약정리, 히스토그램 작성, 데이터의 분포 특성 파악에 사용한다.

질적데이터는 개체의 속성이 가질 수 있는 값의 개수가 소수이므로 이 값을 범주로 하면 도수분포표를 쉽게 작성할 수 있다. 예를 들어, 성별를 나타내는 데이터 0(=남), 1(=여)은 남자범주와 여자범주로 분할하고 남자의 수와 여자의 수를 헤아려 통계를 만든다.

양적데이터의 경우에는 속성이 가질 수 있는 값의 개수가 무한히 많으므로 전체 범위를 몇 개의 구간(계급구간)으로 나누어 범주를 만든다. 이 때 계급구간을 합리적으로 설정하는 것이 데이터 분석에서 중요하다. 데이터의 수에 비해 구간의 개수를 너무 적게 하면 각 구간에 속하는 도수의 차이가 별로 없어 데이터의 분포 특징을 알아내기 힘들다. 반면에 구간의 개수가 너무 많으면 한 구간에 포함되는 데이터가 거의 없는 경우가 다수 발생하여 데이터의 분포 특성을 파악하기 어렵다.

계급구간의 개수는 다음 세 가지의 방법을 사용하여 정한다. N을 데이터의 개수, k를 계급의 수라 하자. 첫 번째 방법은 $\sqrt{N}$ 을 계급의 수로 하는 방법이다.

표 1.1 데이터의 수와 적절한 계급의 수

데이터의 수(N)	40~100	100~200	200 이상
계급의 수(k)	5~9	8~12	10~16

예를 들어, N=100일 때, 계급의 수는 $k=\sqrt{100}=10$으로 한다. 두 번째는 소위 스터지의 공식(H. A. Sturges formula) $1+3.3\log_{10}(N)$를 사용한다. N=100인 경우, 계급의 수는 k=1+3.3×2=7.6≒8이다. 세 번째는 표 1.1의 기준에 따라 적절히 정한다. 계급의 수를 정하는 통일된 규칙이 있는 것은 아니므로 7~15 개의 구간으로 적절히 선택해도 된다.

도수분포표를 작성하는 절차는 다음과 같다.

1. 계급의 수 k를 정한다.
2. 구간폭 d를 $d=(x_{max}-x_{min})/k$로 계산한다. 여기서 x_{max}, x_{min}은 데이터의 최대값과 최소값을 나타낸다.
3. 계급구간의 경계치를 다음의 순서로 정한다.
   ① 첫 계급하한 L_1을 다음 식으로 구한다.
   $L_1=x_{min}-0.5\times$ 데이터의 최소단위
   ② 계급 i의 하한을 $L_i=L_{i-1}+d,\ i=2,3,\ldots$로 구한다. 계급 i의 상한은 계급 $(i+1)$의 하한으로 하고, 마지막 계급의 상한은 데이터의 최대값으로 한다.
   ③ 계급대표값=(계급하한+계급상한)/2를 계산한다.
4. 각 계급의 도수, 상대도수, 누적상대도수를 구하여 표를 완성한다.

다음의 예를 사용하여 도수분포표를 작성해 보자.

예제 1.2

표 1.2의 데이터는 A부품의 무게를 알아보기 위해 75개의 부품을 추출하여 무게를 측정하여 얻은 데이터이다. 도수분포표를 작성하라.

표 1.2 A부품의 무게 데이터(단위 : kg)

1.47	1.60	1.58	1.56	1.44	1.62	1.60	1.58	1.39	1.35	1.52	1.38	1.32	1.65
1.53	1.77	1.73	1.62	1.62	1.38	1.55	1.70	1.47	1.53	1.46	1.53	1.50	1.42
1.47	1.44	1.38	1.60	1.45	1.34	1.47	1.37	1.48	1.34	1.58	1.43	1.64	1.51
1.44	1.49	1.54	1.46	1.53	1.56	1.56	1.50	1.63	1.59	1.48	1.54	1.61	1.54
1.50	1.48	1.57	1.42	1.53	1.60	1.55	1.67	1.57	1.34	1.54	1.64	1.47	1.75
1.60	1.67	1.57	1.63	1.47									

풀이

총 데이터의 수가 75개이므로 5~9개의 계급이 적절하다. 스터지의 공식을 사용하면 $1+3.3\log_{10}75=7.2\fallingdotseq 7$이므로 계급수 $\mathrm{k}=7$로 한다. 최소값과 최대값이 각각 1.32, 1.77이므로 구간폭은 $\mathrm{d}=(1.77-1.32)/7=0.064\fallingdotseq 0.06$로 한다.

최소값이 1.32이고, 데이터의 최소단위가 0.01이므로 첫 계급의 하한은 $\mathrm{L}_1=1.32-0.5\times 0.01=1.315$이다. 두 번째 계급의 하한은 $\mathrm{L}_2=\mathrm{L}_1+0.06=1.315+0.06=1.375$이다. 이와 같이 각 계급의 하한을 계산하고, 각 계급의 구간과 계급대표값을 정리하면 다음과 같다. ■

표 1.3 A부품 무게 데이터의 도수분포표

번호	계급구간	계급값	도수	상대도수	누적상대도수
1	1.315~1.375	1.345	6	0.08	0.08
2	1.375~1.435	1.405	7	0.09	0.17
3	1.435~1.495	1.465	16	0.21	0.39
4	1.495~1.555	1.525	16	0.21	0.60
5	1.555~1.615	1.585	16	0.21	0.81
6	1.615~1.675	1.645	10	0.13	0.95
7	1.675~1.770	1.723	4	0.05	1.00
합계			75	1.00	

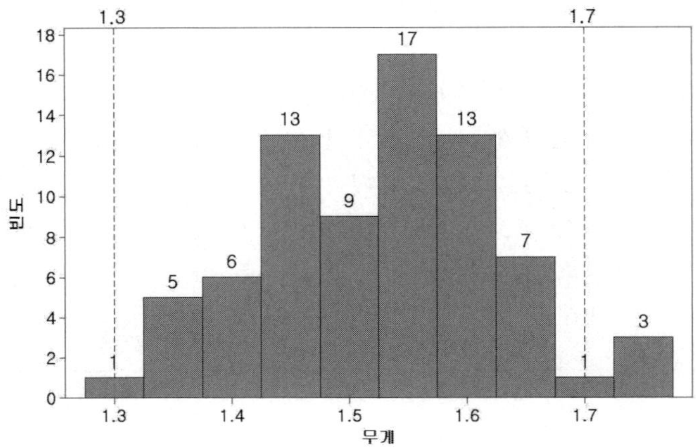

그림 1.5 A부품 무게 데이터의 히스토그램

1.3.2 히스토그램

히스토그램(histogram)은 계급의 경계를 수평축에 나타내고 각각의 계급구간에 대해서 상대도수를 높이로 하여 나타낸 사각형 기둥그래프이다.

[예제 1.2]에 있는 데이터의 분석 목적은 규격 1.30 kg~1.70 kg을 만족시키는 비율이 어느 정도인지를 파악하는 것이다. 그림 1.5는 히스토그램에 규격을 표시하여 규격을 벗어난 제품의 비율을 확인할 수 있도록 한 것이다(규격을 벗어난 비율은 대략 4/75=5.3% 정도임).

히스토그램을 확장시켜 수평축은 그대로 사용하고, 수직축을 각 계급구간까지의 누적도수로 나타낸 그림을 누적 히스토그램이라고 한다. 누적 히스토그램에서 특정한 막대의 높이는 그 계급에 대응하는 상위 경계 이하의 표본값의 비율을 나타낸다.

1.3.3 줄기-잎-그림

수집된 자료를 요약하여 표현하는 방법으로 줄기-잎 그림(stem-and-leaf display)이 있다. 줄기-잎 그림은 탐색적 자료 분석(exploratory data analysis)이라 부르는 통계적 방법 중의 하나로 튜키(Tukey, 1977)에 의해 개발되었다. 줄기-잎 그림을 사용하면 데이터의 분포 양상을 빠르고 쉽게 파악할 수 있다.

줄기-잎 그림은 히스토그램과 비슷하나 데이터의 값이 그림에 표시된다는 장점이 있다. 그러나 데이터의 수가 많은 경우에는 줄기-잎 그림을 나타내는 것이 공간적으로 어려울 뿐만 아니라 개별 데이터의 구체적인 값을 표현하는 것이 의미가 적으므로 히스토그램을 사용하는 것이 좋다.

줄기-잎 그림은 다음의 순서로 작성한다.

1. 줄기로 나타낼 자릿수를 정한다.
2. 각 데이터를 줄기와 잎으로 표현한다.
3. 동일한 줄기를 갖는 데이터의 잎을 크기순으로 쌓는다.

예제 1.3

다음 데이터를 줄기-잎 그림으로 나타내 어라.

64, 58, 62, 66, 90, 57, 78, 61, 56, 64, 82, 73, 67, 49, 53

풀이

1. 줄기의 자리수를 10자리로 하면, 줄기는 4, 5, 6, 7, 8, 9이다.
2. 데이터 64를 줄기와 잎으로 표현하면, 줄기는 6, 잎은 4이다.
3. 줄기가 6인 데이터의 잎은 4, 2, 6, 1, 4, 7의 6개이다. 모든 줄기에 대해서 잎을 구하고 정리하면 다음과 같은 줄기-잎 그림을 얻는다. ■

줄기	잎
4	9
5	3 6 7 8
6	1 2 4 4 6 7
7	3 8
8	2
9	0

하나의 줄기에 속하는 잎의 수가 많은 경우에는 다양한 방식으로 줄기를 쪼개어 표현함으로써 데이터의 전체적인 양상을 볼 수 있다.

예제 1.4

자동차의 ABS(Antilock Brake System)는 제동 시 자동차의 바퀴가 잠기는 것을 막는데 사용된다. 어떤 자동차 회사에서는 전기 자동차에 사용할 수 었는 ABS를 개발하고 양산에 들어가려고 하고 있다. ABS를 제조하는데 필요한 부품을 납품할 수 있는 협력업체는 현재 두 회사가 물망에 올라 있다. 이 회사에서는 두 부품 회사로부터 20개씩의 부품을 납품받아 시험을 거쳐 두 협력업체 부품의 품질을 평가하고자 한다. 이 부품의 가장 중요한 품질특성은 수명이므로 납품한 부품의 수명을 가속수명시험(ALT, accelerated life testing) 기법으로 측정하였다. 표 1.4는 두 협력사의 부품의 수명 데이터이다. 줄기-잎 그림을 작도하여 비교하라.

표 1.4 A사와 B사의 부품 수명데이더

A사	B사
44 49 50 46 46 40 48 45 45 50	37 37 41 40 48 41 39 44 44 45
32 49 55 47 45 46 47 49 51 45	47 38 38 45 46 42 42 42 43 41

풀이

표 1.4의 자료를 보면 고장시간에 대한 범위가 비슷하므로 그림 1.6과 같이 하나의 줄기에 각각의 잎을 나타내어 두 집단을 비교할 수 있다. 그림 1.6에서 보면 A사가 납품한 부품은 상대적으로 더 오래 사용할 수 있다는 것을 알 수 있다. 반면에 B사가 납품한 부품의 수명은 변동이 적다는 것을 알 수 있다. ■

A사 부품		B사 부품
2	3	
	3*	77889
40	4	0111222344
9998776665555	4*	55678
100	5	
5	5*	

그림 1.6 A사와 B사 부품의 수명비교

1.3.4 상자그림

줄기-잎 그림과 더불어 탐색적 데이터분석에서 사용되는 그림이 상자그림(box plot) 또는 상자-수염 그림(Box-Whisker Plot)이다. 상자그림은 데이터 분포의 꼬리부분의 특징 파악에 중점을 두고 있다. 즉, 주어진 자료에 이상점(outlier)이 있는지 여부를 파악하는데 유용하다.

그림 1.7은 일반적인 상자그림을 나타낸 것이다. 상자그림은 데이터의 중위수(Q_2), 제1사분위수(Q_1), 제3사분위수(Q_3)와 사분위수범위($IQR = Q_3 - Q_1$)에 기초하여 구한 안울타리, 바깥울타리에 데이터를 표시한 것이다.

상자그림의 작도에 사용되는 용어들은 다음과 같이 정의되어 있다.

- 안 울타리(inner fence)
  - 아래쪽 안 울타리(LIF) : $Q_1 - 1.5 \times IQR$
  - 위쪽 안 울타리(UIF) : $Q_3 + 1.5 \times IQR$
- 바깥 울타리(outer fence)
  - 아래쪽 바깥 울타리(LOF) : $Q_1 - 3.0 \times IQR$
  - 위쪽 바깥 울타리(UOF) : $Q_3 + 3.0 \times IQR$
- 인접값(adjacent value) : 안 울타리 안쪽에 있는 데이터들 가운데 안 울타리에 가장 가까운 값

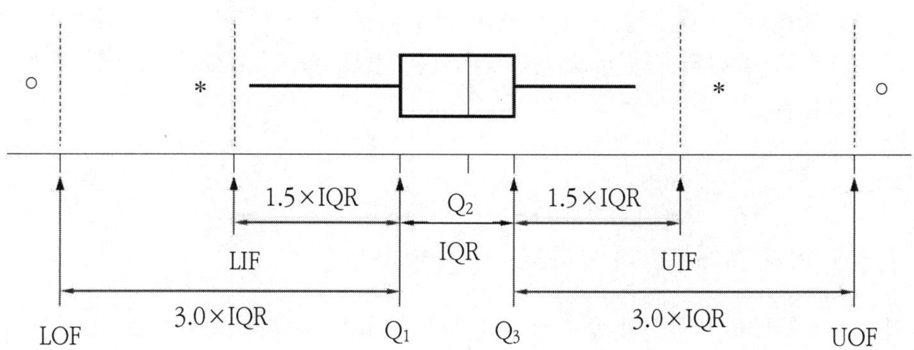

그림 1.7 일반적인 상자그림

- 보통이상점(mild outlier) : 안 울타리와 바깥 울타리 사이에 있는 데이터. 보통 '*'로 표시
- 극단이상점(extreme outlier) : 바깥 울타리 밖의 데이터. 보통 'o'로 표시

상자그림의 상자는 제1사분위수(Q_1)와 제3사분위수(Q_3)를 두 선으로 연결한 것이며, 상자 내부의 선은 중위수(Q_2)의 위치를 나타낸다. 또한 상자그림에서 상자의 끝 부분에서 인접값까지 실선으로 연결하여 이상치가 아닌 데이터의 최소값과 최대값을 표현한다(이와 같이 상자에 수염을 표시하므로 상자-수염 그림이라 부르기도 함.). 안 울타리와 바깥 울타리 사이에 있는 데이터를 보통이상점(mild outlier)이라 하고, 보통 '*'로 표시한다. 또한 바깥 울타리 밖의 데이터를 극단이상점(extreme outlier)이라 하고, 보통 'o'로 표시한다.

예제 1.5

표 1.2의 A부품 무게 데이터를 상자그림으로 나타내어라.

풀이

$Q_1 = 1.46$, $\tilde{x} = Q_2 = 1.53$, $Q_3 = 1.60$이고, $IRQ = 1.60 - 1.46 = 0.14$이다. 따라서 $UOF = 1.60 + 3(0.14) = 2.02$, $UIF = 1.60 + 1.5(0.14) = 1.81$, $LIF = 1.46 - 1.5(0.14) = 1.25$, $LOF = 1.46 - 3.0(0.14) = 1.04$이다. 안쪽 울타리 상한(1.81)을 벗어나는 값은 없고 1.77이 UIF에 가장 가까운 값임을 알 수 있다. 마찬가지로 안쪽 울타리 하한(1.25)을 벗어나는 값도 없고, 1.32가 LIF에 가장 가까운 값이다. ■

1.3.6 막대그래프, 파이차트, 방사형차트

막대그래프는 범주형 변수가 갖는 각 항목의 수량을 표시하고 비교하는데 사용된다. 세로형 막대그래프(column chart)는 각 항목의 수량의 크기(빈도수, 비율 등)를 기둥의 높이로 나타낸 것이고, 가로형 막대그래프(bar chart)는 수량의 크기를 가로

막대의 길이 나타낸 것이다.

시각적 효과를 증대하기 위해 3차원으로 나타내기도 하고, 집단별 그래프를 동일한 평면에 나타내어 집단별 비교를 하기도 한다. 데이터의 크기에 차이가 많은 경우에는 세로형 막대그래프 보다는 가로형 막대그래프가 더 효과적이다.

표 1.5는 어떤 지역에서 25세부터 34세 사이의 성인남녀의 40,000명에 대해서 교육수준(최종 학력)을 조사한 결과표이다. 교육수준별 응답자수에 대한 막대그래프는 그림 1.8과 같다.

표 1.5 교육수준 통계

교육수준	응답자수	백분율(%)
고졸이하	5,654	14.1
고졸	12,568	31.4
초대졸	10,270	25.7
대졸	9,014	22.5
대학원	2,494	6.2
합계	40,000	100

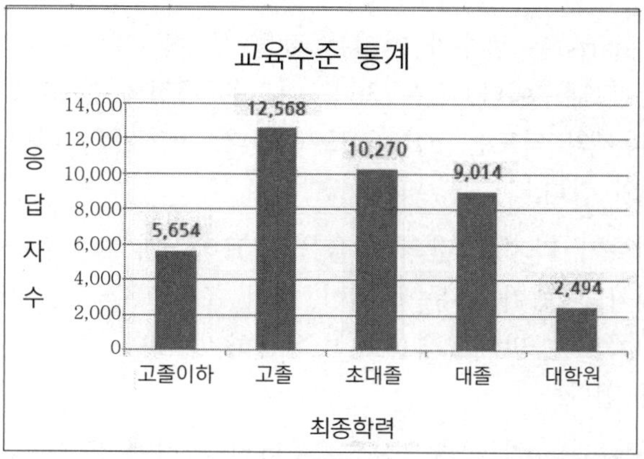

그림 1.8 교육수준 데이터의 막대 그래프

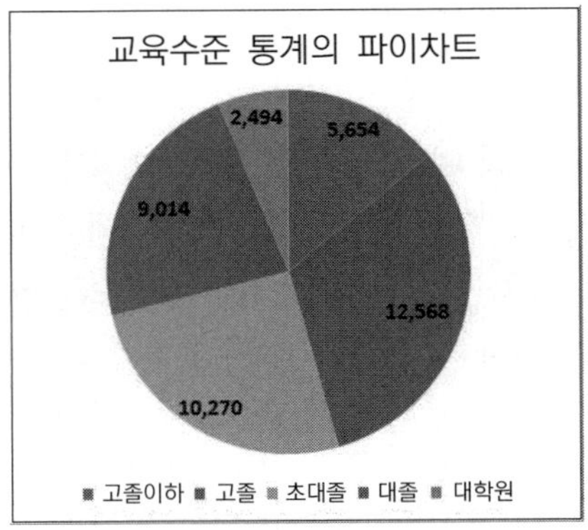

그림 1.9 교육수준 통계의 파이차트

표 1.6 상품 평가결과표

평가항목	상품 A	상품 B	상품 C
기능성	10	8	6
내구성	6	6	10
디자인	7	5	10
가격	6	7	4
안전성	8	7	6

파이차트(pie charts)는 변수가 가지는 값들에 대응하는 수량의 비율을 원의 조각(pie)으로 표시한 그래프이다. 원은 360도이므로 특정의 값을 갖는 데이터의 비율이 $p \times 100\%$이면, 파이의 각도는 $p \times 360$도가 된다. 표 1.5의 데이터를 파이차트로 표현하면 그림 1.9와 같다.

파이차트는 변수가 가지는 값의 비율을 비교하는데 사용된다. 그러나 각도는 길이보다 비교하기가 어렵기 때문에 원이 여러 조각으로 나누어질 경우, 그 크기를 비교하는데 파이차트는 막대그래프보다 유용하지 않다. 또한 막대그래프가 파이차트보다 그리기가 쉽다.

방사형차트(radar chart)는 중심점으로부터의 거리에 의해 복수의 데이터의 특징을 시각적으로 표현하는 거미줄과 같은 형태의 차트로써 경향분석이나 실태 파악에 유용한 도구이다.

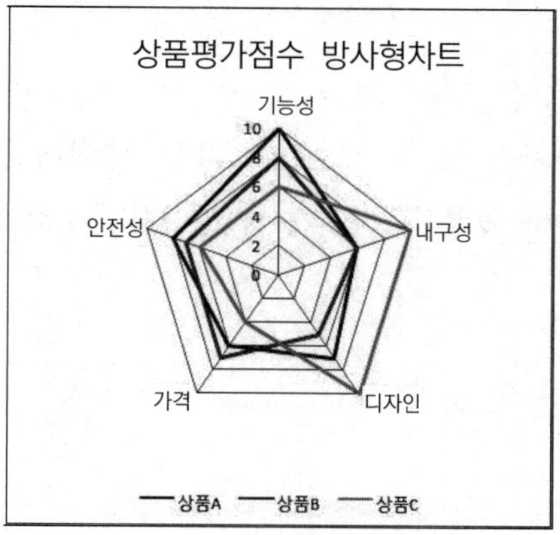

그림 1.10 상품평가점수의 방사형 차트

표 1.6은 세 종류의 상품 A, B, C에 대한 전문가 평가표로써 각 제품에 대해서 평가항목별로 점수를 매긴 것이다(최고점 : 10점). 이 데이터를 방사형차트로 작도하면 그림 1.10과 같다.

1.4 데이터의 측도 표현

데이터의 특성을 나타내는 수치를 측도(measure)라 한다. 측도에는 위치(location)를 나타내는 측도와 변동성(variability)을 나타내는 측도가 있다. 위치를 나타내는 측도에는 데이터의 중심을 나타내는 측도와 데이터의 특정 순위의 위치를 나타내는 측도가 있다.

1.4.1 위치 측도

중심위치를 나타내는 측도에는 평균, 중위수, 최빈수가 있고, 특정 순위의 위치를 나타내는 척도에는 백분위수, 사분위수가 있다.

1) 평균

평균(mean)은 데이터의 합을 데이터의 개수로 나눈 값으로 데이터의 중심위치를 나타내는 측도이다. 데이터 $x_1, x_2, \ldots, x_n$이 표본 데이터인 경우의 평균을 표본평균(sample mean)이라 하며 보통 $\bar{x}$로 표현한다. $\bar{x}$는 데이터의 총합을 표본의 크기로 나눈 값으로

$$\bar{x} = \frac{x_1 + x_2 + \cdots + x_n}{n} = \frac{1}{n}\sum_{i=1}^{n} x_i \tag{1.1}$$

이다.

모집단 전체 데이터로 계산한 평균을 모평균(population mean)이라 하며 보통 μ로 표현한다. 그렇지만 통계에서 다루는 데이터는 대부분 표본 데이터이므로 특별히 언급하지 않으면 대개 표본평균을 의미한다.

예제 1.6

표 1.4에서 A사 부품의 평균수명을 구하라.

풀이

데이터의 총합은 $\sum x_i = 44 + 49 + \cdots + 45 = 929$이고, 데이터의 개수는 $n = 20$이므로 평균은 $\bar{x} = 929/20 = 46.45$이다. 즉, A부품의 평균수명은 46.45이다. ■

개별 데이터 값이 $x_1, x_2, \ldots, x_k$에 대해서, 각 값에 대응하는 도수가 각각 $f_1, f_2, \ldots, f_k$인 경우에는 식(1.2)와 같이 계산하면 편하다. 이 경우 총 데이터의 합은 $f_1x_1 + f_2x_2 + \cdots + f_kx_k$이 되고, 총 데이터터의 수는 $f_1 + f_2 + \cdots + f_k$이므로 평균은 다음과 같다.

$$\bar{x} = \frac{\text{총 데이터의 합}}{\text{총 데이터의 수}} = \frac{f_1x_1 + f_2x_2 + \cdots + f_kx_k}{f_1 + f_2 + \cdots + f_k} = \frac{\sum_{i=1}^{k} f_i x_i}{\sum_{i=1}^{k} f_i} \tag{1.2}$$

예제 1.7

표 1.4에서 B사 부품의 평균수명을 구하라.

풀이

데이터는 37, 38, 44, 45가 각 2개, 41, 42가 각 3개, 39, 40, 43, 46, 47, 48이 각 1개이다. 이 때 데이터의 합은 $\sum f_i x_i = 2(37)+\cdots+1(48) = 840$이고, 총 데이터의 수는 $\sum f_i = 2+2+\cdots+1+1 = 20$이므로 표본평균은 $\overline{x} = 840/20 = 42$ 이다. ■

데이터가 표 1.3과 같이 k개의 계급으로 분류되어 있어 개별 관측치를 알 수 없는 경우에는 계급값을 식(1.2)의 x_i로 하여 표본평균을 구한다.

예제 1.8

표 1.3의 도수분포표에서 A부품 무게의 평균을 구하라.

풀이

계급값을 해당 계급의 대푯값으로 하여 총 데이터의 합을 구하면 $1.345(6)+1.405(7)+\ldots+1.723(4) = 144.45$이고, 총데이터 수는 75이므로 평균 $\overline{x} = 144.45/75 = 1.526$이다. ■

2) 중위수

중위수는 평균과 마찬가지로 데이터의 중심을 나타내는 측도로써 데이터를 순서대로 정렬했을 때 맨 가운데 위치한 수를 나타낸다. 따라서 전체 데이터 중에서 반은 중위수 이하이고, 반은 중위수 이상이 된다. 중위수는 보통 $\tilde{x}$로 표현하며 다음과 같이 정의된다.

$$\tilde{x}=\begin{cases} x_{(i)},\ \ i=(n+1)/2 & \text{n이 홀수일 때} \\ [x_{(i)}+x_{(i+1)}]/2,\ \ i=n/2 & \text{n이 짝수일 때} \end{cases} \tag{1.3}$$

여기서 $x_{(i)}$는 데이터를 순서대로 나열했을 때 i번째 작은 수를 나타낸다.

데이터 중에서 보통의 값들과 비교해 특별히 크거나 작은 값을 이상치라고 한다. 평균은 하나의 극단적인 이상치에 의해 큰 영향을 받는다. 즉, 이상치를 제거하고 계산한 평균과 그렇지 않고 계산한 평균에 차이가 크게 나타난다. 중위수는 평균의 이러한 단점을 보완한 중심위치는 측도이다.

예제 1.9

표 1.4에서 B사 부품의 고장시간의 평균은 $\bar{x}=42$이다. 중위수를 구하라.

풀이

$n=20$으로 짝수이므로 중위수는 $i=n/2=20/2=10$번째 수와 $i+1=10+1=11$번째 수의 평균이다. 데이터를 순서대로 정렬하여 10, 11번째 수를 구하면 $x_{(10)}=x_{(11)}=42$이므로 중위수는 42이다. ■

3) 최빈수

최빈수(mode)는 가장 많은 빈도로 발생하는 데이터의 값으로 데이터의 중심위치를 나타내는 측도이다. 데이터가 평균을 중심으로 어느 정도 대칭이고, 대략적으로 종모양의 분포를 가지는 경우에 최빈수는 중심위치의 또 다른 측도가 될 수 있다.

4) 백분위수

백분위수(percentile)는 데이터를 순서대로 100등분하는 값이다. 제100p백분위수 $(0 < p \leq 1)$는 데이터를 순서대로 100등분 했을 때 작은 순으로 제100p번째에 해당하는 수를 나타내며, 보통 x_p로 표현한다. 중위수는 제50백분위수가 된다.

제100p백분위수 x_p는 다음과 같이 구한다. n개의 데이터 $x_1, x_2, \ldots, x_n$에 대해서 $p(n+1)$의 정수부분을 i, 소수부분을 d라고 하면 제100p백분위수

$$x_p = x_{(i)} + d[x_{(i+1)} - x_{(i)}] \tag{1.4}$$

로 계산한다. 그렇지만 x_p의 정확한 계산보다는 대략적인 위치 파악으로 충분한 경우에는 간이계산법으로

$$x_p = (\lfloor np \rfloor + 1)\text{번째 수} \tag{1.5}$$

를 사용하기도 한다. 여기서 $\lfloor x \rfloor$은 가우스기호로써 x보다 크지 않는 최대 정수를 의미한다.

예제 1.10

표 1.2의 A부품 무게 데이터에 대해서 제43백분위수 $x_{0.43}$을 구하라.

풀이

$n = 75, p = 0.43$이므로 $n(p+1) = 0.43(75+1) = 32.68$이다. 정수부분이 32, 소수부분이 0.68이므로 $x_{0.43} = x_{(32)} + 0.68[x_{(33)} - x_{(32)}] = 1.50 + (0.68)[1.51 - 1.50] = 1.5068$이다. 간이계산법으로 구하면 $np = 0.43(75) = 32.25$이므로 $\lfloor 32.25 \rfloor + 1 = 33$번째 수이다. 즉, $x_{0.43} = x_{(33)} = 1.51$이다. ■

5) 사분위수

사분위수(quartile)는 데이터를 순서대로 사등분하는 수이다. 따라서 제1, 2, 3사분위수 Q_1, Q_2, Q_3는 각각 제25, 50, 75백분위수이다. 제2사분위수 Q_2는 중위수와 동일하다.

예제 1.11

표 1.2의 A부품 무게 데이터의 제1, 2, 3사분위수를 구하라.

풀이

제1사분위수는 $(0.25)(75+1)=19$이므로 $Q_1 = x_{0.25} = x_{(19)} = 1.46$이고, 제2사분위수(중위수)는 $(0.50)(75+1)=38$이므로 $Q_2 = \tilde{x} = x_{0.50} = x_{(38)} = 1.53$이다. 제3사분위수는 $(0.75)(76)=57$이므로 $Q_3 = x_{0.75} = x_{(57)} = 1.60$이다. ■

1.4.2 변동성 측도

데이터의 특성을 정확히 파악하기 위해서는 위치측도의 크기뿐만 아니라 데이터의 변동이 어느 정도인가도 알아야 한다. 데이터의 변동의 크기를 나타내는 측도가 변동성 측도이다.

A, B의 두 개 집단의 수학성적을 비교하는 경우를 생각해 보자. 집단 A와 집단 B의 수학성적의 평균이 동일한 경우에 두 집단의 수학성적에는 차이가 없는 것으로 판단하겠는가? 그림 1.11은 평균이 50으로 동일한 두 집단의 히스토그램은 나타낸 것이다. 집단A(표준편차 : 5)는 중심부근에 밀집하여 분포하고 있으며, 집단B(표준편차 : 10)는 중심에 많이 흩어져 있어 변동성이 더 크다는 것을 알 수 있다. 변동성을 나타내는 측도에는 범위, 사분위수 범위, 분산, 표준편차 등이 있다.

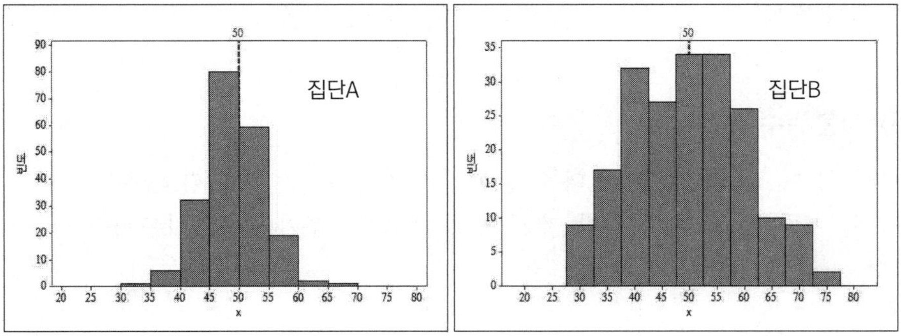

그림 1.11 변동성의 비교

1) 범위

범위(range)는 데이터의 최대값에서 최소값을 빼서 구한 차이이다. 범위 R은

$$R = x_{max} - x_{min} \tag{1.6}$$

로 표현할 수 있다. 여기서 x_{max}, x_{min}은 각각 데이터의 최대값과 최소값을 나타낸다.

범위는 데이터의 수가 작은 경우에 계산이 간단하다는 장점이 있어 산업현장의 품질관리업무에 많이 사용하고 있다. 그러나 이상치가 있는 경우에는 최대값과 최소값이 이상치가 되므로 사용에 주의해야 한다.

예제 1.12

표 1.2의 A부품 무게 데이터의 범위를 구하라.

풀이

최대값 $x_{max} = 1.77$, 최소값 $x_{min} = 1.32$이므로 $R = 1.77 - 1.32 = 0.45$이다. ■

2) 사분위수 범위

제1사분위수와 제3사분위수의 차이를 사분위수범위(IQR, inter-quartile range)라 하고, 보통 IQR로 표현한다. 사분위수범위 $IQR = Q_3 - Q_1$이다. IQR은 데이터의 양쪽 끝부분 50%를 제거하고 남은 데이터로 구한 범위이다. 따라서 IQR은 이상치의 영향을 거의 받지 않는다.

예제 1.13

표 1.2의 A부품 무게 데이터의 사분위수범위를 구해보자.

풀이

예제 1.11에서 제1사분위수와 제3사분위수가 $Q_1 = 1.46$, $Q_3 = 1.60$이므로 사분위수범위는 $IQR = 1.60 - 1.46 = 0.14$이다. ■

3) 표준편차

표준편차(standard deviation)는 가장 널리 사용되는 변동성 측도이다. 범위나 사분위수 범위와는 달리 표준편차는 다소 복잡한 계산을 통해 구한다. 표준편차를 정의하기 전에 먼저 분산(variance)에 대해서 살펴보자.

데이터의 변동성은 개별 데이터와 평균의 차이인 편차 $x_i - \overline{x}$, $i = 1,2,...,n$의 합으로 나타낼 수 있다. 그러나 편차의 합은 항상 0이 되므로 편차의 제곱합을 변동성의 측도로 고려할 수 있다. 편차제곱합의 크기는 데이터의 개수에 영향을 받으므로 편차제곱합의 평균을 변동성의 측도로 사용하는것이 합리적이다.

표본 데이터의 경우에 편차제곱합을 (데이터의 수-1)로 나눈 측도를 표본분산(sample variance)으로 정의한다. 표본분산은 보통 s^2으로 나타내며

$$s^2 = \frac{1}{n-1}\sum_{i=1}^{n}(x_i - \overline{x})^2 = \frac{1}{n-1}\left\{\sum_{i=1}^{n}x_i^2 - n(\overline{x})^2\right\} \tag{1.7}$$

로 계산한다. 식(1.7)의 두 번째 식은 앞의 식을 전개하여 정리한 것으로 데이터의 제곱합과 표본평균의 식으로 되어 있다. 또한 식(1.7)의 분모 (n-1)을 제곱합의 자유도(degree of freedom)라 한다.

분산은 데이터가 평균으로부터 많이 떨어져 있으면 크고, 평균 주위에 밀집되어 있으면 작다. 따라서 분산이 작으면 데이터의 변동성이 작고, 크면 변동성이 크다고 할 수 있다.

모집단의 분산을 모분산(population variance)이라 하고, 보통 σ^2으로 표현한다. N개의 모집단 데이터 $x_1, x_2, \cdots, x_N$의 모평균이 μ일 때, 모분산 σ^2은

$$\sigma^2 = \frac{1}{N}\sum_{i=1}^{N}(x_i - \mu)^2 = \frac{1}{N}\sum_{i=1}^{N}x_i^2 - \mu^2 \tag{1.8}$$

으로 구한다.

예제 1.14

5개의 데이터 10, 29, 30, 31, 50의 분산은 다음과 같이 구하라.

풀이

데이터의 평균은 $\overline{x} = 30$이므로 편차제곱은 각각 $(10-30)^2$, $(29-30)^2$, $(30-30)^2$, $(31-30)^2$, $(50-30)^2$이고, 편차제곱합은 $20^2+1^2+0^2+1^2+20^2 = 802$이다. $n=5$이므로 표본 분산은 $s^2 = 802/(5-1) = 200.5$가 된다. ■

표준편차는 분산의 양의 제곱근으로 구한다. 분산의 단위는 데이터 측정단위의 제곱이므로 평균의 크기와 상대적 비교가 어렵다. 이에 따라 분산의 제곱근을 구하여 측정단위를 동일하게 한 표준편차를 정의하여 데이터 분석에 효과적으로 사용할 수 있도록 하였다. 표본표준편차(sample standard deviation) s는 다음 식으로 표현할 수 있다.

$$s = \sqrt{s^2} = \sqrt{\frac{1}{n-1}\sum_{i=1}^{n}(x_i - \overline{x})^2} \tag{1.9}$$

모표준편차(population standard deviation) σ는 모분산 σ^2의 양의 제곱근으로 구한다.

예제 1.15

예제 1.14 데이터의 표준편차를 구하라

풀이

분산이 $s^2 = 200.5$이므로 $s = \sqrt{200.5} = 14.1598$이다. ■

1.4.3 데이터의 해석

평균과 표준편차는 데이터의 중심위치와 변동성을 설명하는 중요한 측도이다. 평균과 표준편차를 이용하면 개별 데이터에 대해서도 특성을 해석할 수 있다. 이 절에서는 개별 데이터의 특성 해석에 유용한 체비세프 규칙과 데이터의 표준화에 대해서 설명한다.

1) 체비세프의 규칙

체비세프 규칙(chevyshev rule)은 '어떤 표본 데이터의 적어도 $100[1-(1/k^2)]\%$가 평균을 중심으로 k배의 표준편차 이내에 있다'는 일반적 규칙이다. 예를 들어, 평균 10, 표준편차 2.0인 경우에 k=1.5이면, 데이터의 $100(1-1/1.5^2)\%$가 $10 \pm 1.5(2.0) \equiv (7,13)$에 포함된다(그림 1.12).

A부품 무게 데이터가 체비세프 규칙을 만족하고 있는지 살펴보기로 하자. 이 데이터의 표준편차는 s=0.101 kg이다. 그림 1.13은 이 값을 기초로 표준편차의 배수 $\overline{x} \pm 1s$, $\overline{x} \pm 2s$, $\overline{x} \pm 3s$의 위치를 히스토그램에 표시한 것이다. 그림 1.13에서 보면 75개의 데이터 중 57개(약 69%)가 평균을 중심으로 한 배의 표준편차 이내에 있고, 71개(약 95%)가 평균을 중심으로 두 배의 표준편차 이내에 있으며, 세 배의 표준편차 이내에는 모든 관측값이 포함되어 있다. A부품 무게 데이터는 체비세프 규칙을 만족하고 있다.

예제 1.16

어떤 특정한 전자장치와 관련된 저항의 평균이 200 옴(ohm)이고, 표준편차는 2 옴이다. 체비세프 규칙을 적용하여 이 장치의 75%가 포함될 것으로 추측되는 저항값의 범위를 구하라.

풀이

체비세프 규칙에서 $k=2$이면 $1-(1/k^2)=0.75$이므로 평균을 중심으로 2배 표준편차 이내에 이 장치의 75%의 저항값이 포함되어 있다고 할 수 있다. 즉, 평균이 200이고, 표준편차가 2이므로 $200 \pm 2(2) = [196, 204]$ 안에 75%의 저항값이 포함되어 있다고 할 수 있다. ■

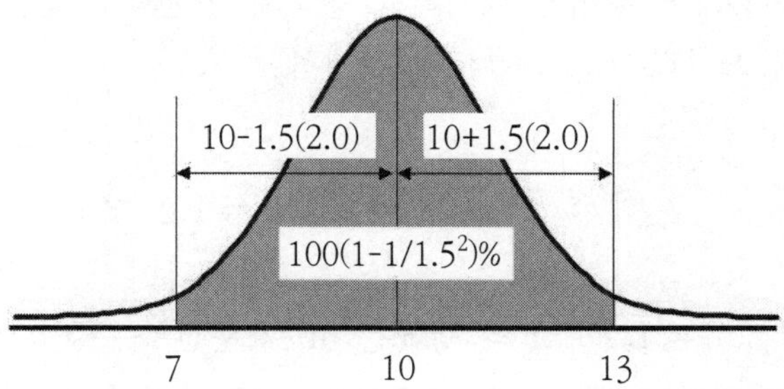

그림 1.12 체비세프의 규칙

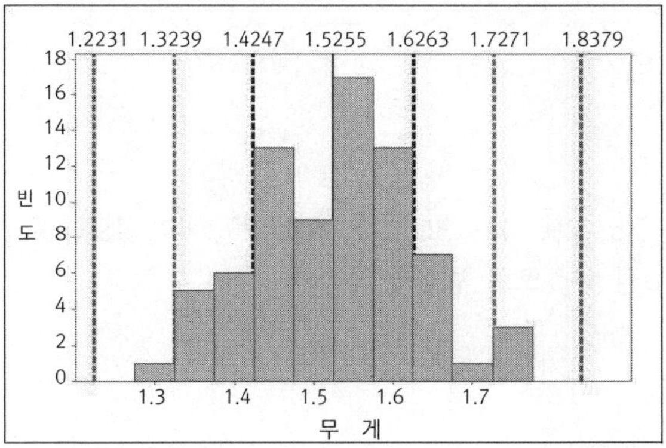

그림 1.13 A부품 무게 데이터의 히스토그램

2) 데이터의 표준화와 t-값

개별 데이터의 편차를 표준편차에 대한 상대적인 크기로 나타내는 것을 데이터의 표준화(standardization)라 하고, 이 값을 표준값이라 한다. n개 데이터 $x_1, x_2, \ldots, x_n$ 의 평균을 $\overline{x}$, 표준편차를 s라 하면, x_i의 편차는 $x_i - \overline{x}$이므로 데이터 x_i의를 표준값 z_i는

$$z_i = \frac{x_i - \overline{x}}{s}, \quad i = 1, 2, \ldots, n \tag{1.10}$$

가 된다. 이 때 표준값 데이터의 평균은 0이고, 표준편차는 1이 된다. 예를 들어, 평균 70, 표준편차 5인 집단에서 데이터 85의 표준값은 (85-70)/5=3.0이 된다.

표준값을 이용하면 주어진 데이터를 원하는 평균과 표준편차를 갖는 데이터로 변환할 수 있다. 표준값 $z_1, z_2, \ldots, z_n$에 대해서

$$t_i = m + z_i s, \quad i = 1, 2, \ldots, n \tag{1.11}$$

로 변환하면, t_i, $i = 1, 2, \ldots, n$의 평균은 m, 표준편차는 s가 된다. 이 때 t_i를 관측치 x_i의 t-값이라 한다. 예를 들어, 표준값이 1.25인 데이터를 평균 50, 표준편차 10인 t-값으로 변환하면 $50 + 1.25(10) = 62.5$가 된다.

예제 1.17

데이터 10, 25, 29, 41, 30, 31, 50, 27, 44, 19의 표준값을 구하고, 평균 50, 표준편차 10인 t-값으로 변환하라.

풀이

이 데이터의 평균은 30.6, 표준편차는 11.2712이므로 데이터 $x_1 = 10$의 표준화값은 $z_1 = (10 - 30.6)/11.2712 = -1.83$이 된다. 이 값을 평균 50, 표준편차 10인 t-값으로 변환하면 $t_1 = 50 + (-1.83)(10) = 31.7$이다. 표 1.7은 원데이터와 이에 대응하는 표준값, t-값을 나타낸 것이다. ■

표 1.7 데이터의 표준화

구분	1	2	3	4	5	6	7	8	9	10	평균	표준편차
x_i	10	25	29	41	30	31	50	27	44	19	30.6	11.27
z_i	-1.83	-0.50	-0.14	0.92	-0.05	0.04	1.72	-0.32	1.19	-1.03	0.0	1.0
t_i	31.7	45.0	48.6	59.2	49.5	50.4	67.2	46.8	61.9	39.7	50.0	10.0

개별 데이터의 표준화 값은 해당 데이터의 표준편차에 대한 상대적 위치를 나타내므로 개별 데이터의 특징을 해석하는데 유용하다. 체비셰프 규칙에 따르면 데이터의 최소 $100(1-1/3^2)=89\%$가 평균을 중심으로 3배의 표준편차 이내에 있다. 즉, 평균에서 표준편차의 3배를 벗어나는 관측치는 적어도 상위 5% 또는 하위 5%에 속하는 관측치로써 특이한 값이라고 할 수 있다. 일반적으로 표준화 값이 ±1 이내이면 보통의 데이터, ±2 이상이면 크거나 작은 데이터, ±3 이상이면 특이 데이터라 한다.

예를 들어, A부품 무게 데이터는 $\overline{x}=1.525$, $s=0.101$이므로 관측치 1.47의 표준화 값은 $z=(1.47-1.525)/0.101=-0.545$이다. 따라서 1.47은 평균 아래쪽으로 표준편차의 약 0.545배의 위치에 있으며, ±1 이내에 있으므로 보통의 데이터라 할 수 있다.

예제 1.18

표 1.4에서 A사의 20개 부품의 수명데이터에서 수명이 가장 짧은 데이터는 32시간이었다. 이 데이터가 특이값이라 할 수 있는가?

풀이

이 데이터는 나머지 19개의 관측치에 비해 매우 작다는 것을 알 수 있다. A사 부품 수명의 평균과 표준편차는 각각 46.45와 4.63이므로 32를 표준화하면 $(32-46.45)/4.63=-3.12$이다. 표준화 값이 -3.12로써 ± 3을 벗어나므로 32는 특이 데이터라 할 수 있다. 따라서 이 관측치에 대해서 수명 측정 과정이나 해당 부품의 특성이나 표본추출 과정을 유심히 살펴볼 필요가 있다. ■

서로 다른 집단에 속하는 데이터를 비교할 경우에도 데이터를 표준화하고, 동일한 평균과 표준편차를 갖는 t-값으로 변환하여 비교하면 명확하다. 예를 들어, 대학수학능력시험의 사회탐구 영역에서 사회문화를 선택한 A군과 세계사를 선택한 B군이 똑같이 75점을 얻었다고 하자. 사회문화와 세계사 점수의 평균은 똑 같이 60점인 반면에 표준편차가 사회문화는 8점이고, 세계사는 12점이다. 이때 A의 표준화 점수는 1.25이고, B의 표준화 점수는 1.875이다. 두 과목을 모두 평균 70, 표준편차

10인 t-점수로 변환하면 A는 82.5점, B는 88.75점이 된다. 즉, A군과 B군 모두 평균에서 15점 많은 점수를 받았지만 표준편차가 다르므로 B가 더 높은 점수를 얻은 것으로 평가된다.

1.5 미니탭 활용

미니탭은 통계처리를 할 수 있는 다양한 도구를 제공한다. 이 절에서는 랜덤데이터의 생성, 데이터의 그래프 표현, 기초통계 계산을 할 수 있는 미니탭 도구들을 소개한다. 기본적인 미니탭 사용법은 부록 A : 미니탭 사용법에서 설명하였다.

1.5.1 랜덤데이터 생성

특정의 확률분포를 따르는 랜덤데이터는 시스템 시뮬레이션에서 널리 사용된다. 랜덤데이터의 생성은 미니탭의 [계산]►[랜덤 데이터]에서 데이터가 따르는 확률분포를 지정하여 얻는다.

1) 균등분포를 따르는 의사난수생성

난수표(부록 B.1)의 난수는 균등분포를 따르는 데이터이다. 균등분포를 따르는 의사난수를 생성하는 절차는 다음과 같다.

1. [계산]►[랜덤 데이터]에서 [균등 분포] 선택
2. [균등 분포] 창에서 [생성]과 [저장 열], 균등분포의 [하한점]과 [상한점]의 값에 정보 입력
3. 세션창에서 생성한 난수 확인

예제 1.19

1에서 1000사이의 난수 20개를 생성하라.

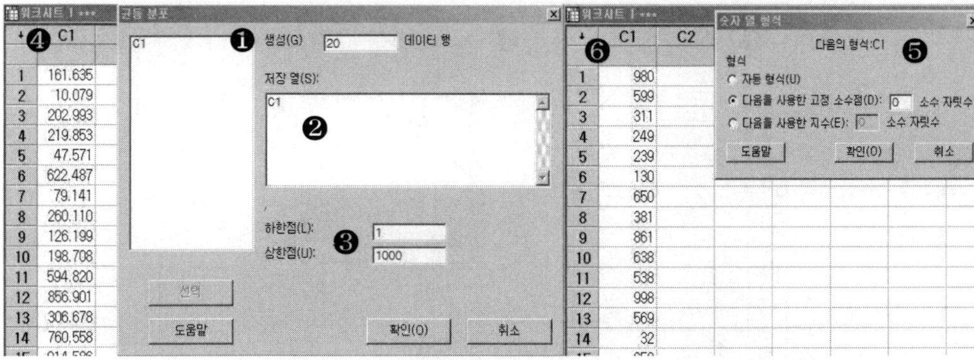

그림 1.14 의사난수 생성 : 균등분포(하한 1, 상한 1000)

풀이

다음의 절차로 미니탭을 실행시키면 1에서 1000사이의 난수 20개를 얻는다.

1. [계산]►[랜덤 데이터]►[균등 분포]을 선택
2. [균등 분포] 창에서 [생성]에 생성할 난수의 개수 20 입력(❶), [저장 열]에 생성한 난수를 저장할 워크시트의 열 C1 지정(❷), [하한점]과 [상한점]에 균등분포의 범위 1과 1000 지정 후 확인(❸)
3. 생성된 의사난수를 정수로 변환(※ 생성된 의사난수는 실수)
   - 워크시트에서 의사난수가 저장된 열 C1 선택(❹)
   - [편집기]►[열 포맷]►[숫자]을 선택
   - [숫자 열 형식] 창에서 [형식]을 고정소수점 '0'을 입력 후 확인(❺)
4. 최종으로 얻은 20개의 의사난수(❻) 확인 ■

2) 특정의 확률분포를 따르는 의사난수생성

균등분포 대신에 다른 확률분포를 지정하면 원하는 확률분포를 따르는 의사난수를 생성할 수 있다. 다음의 예는 평균 50, 표준편차 5인 정규분포를 따르는 난수 100개를 생성하는 방법을 나타낸 것이다.

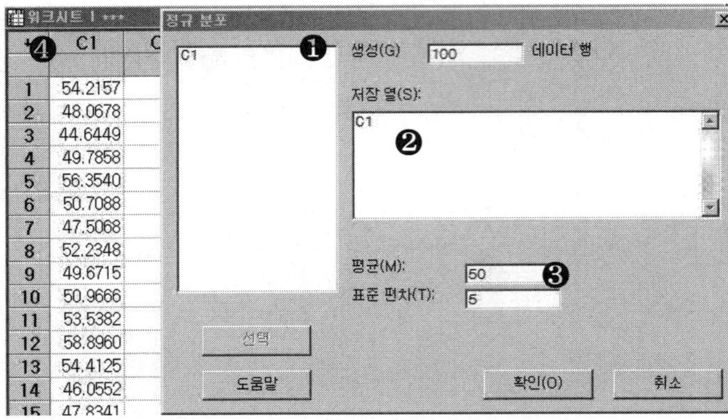

그림 1.15 의사난수생성 : 정규분포(평균 50, 표준편차 5)

예제 1.20

평균 50, 표준편차 5인 정규분포를 따르는 난수 100개를 생성하라.

풀이

다음의 절차로 미니탭을 실행시키면 평균 50, 표준편차 5인 정규분포를 따르는 난수 100개를 얻는다.

1. [계산]►[랜덤 데이터]►[정규 분포]을 선택
2. [정규 분포] 창에서 [생성]에 생성할 난수의 개수 100 입력(❶), [저장 열]에 생성한 난수를 저장할 워크시트의 열 C1 지정(❷), [평균]에 50, [표준 편차]에 5를 입력(❸)
3. 정규분포를 따르는 100개의 데이터 확인(❹) ■

1.5.2 그래프의 작도

미니탭의 [그래프] 메뉴에서는 다양한 형태의 그래프를 쉽게 작도할 수 있는 도구를 제공하고 있다. 표 1.8은 미니탭의 [그래프] 메뉴에서 제공하는 그래프도구를 용도에 따라 분류한 것이다.

표 1.8 미니탭의 그래프 도구

그래프의 용도	변수 쌍 간의 관계	분포 파악 및 비교	변수 요약 및 비교	질적 데이터 분포	시계열 데이터 플롯	세 변수 간 관계
그래프 도구	산점도 산점도행렬 주변분포도	히스토그램 점도표 줄기-잎그림 확률도 상자 그림	상자 그림 구간 그림 개별값그림	막대 차트 파이 차트	시계열도 영역그래프	등고선도 3D산점도 3D표면도

1) 히스토그램

히스토그램은 양적 데이터의 분포모형을 파악하는데 사용되는 그래프이다. 예를 들어, A부품 무게 데이터의 히스토그램을 그려보면 무게의 분포모양을 개략적으로 파악할 수 있다. 히스그램을 작도하는 절차는 다음과 같다.

1. 워크시트의 한 열에 데이터 입력
2. [그래프]►[히스토그램]에서 히스토그램의 유형 선택
3. [히스토그램] 창에서 필요한 정보 입력 후 확인

예제 1.21

예제 1.20에서 생성한 100개 데이터에 대해서 히스토그램을 작도하고, 분포모양을 설명하라.

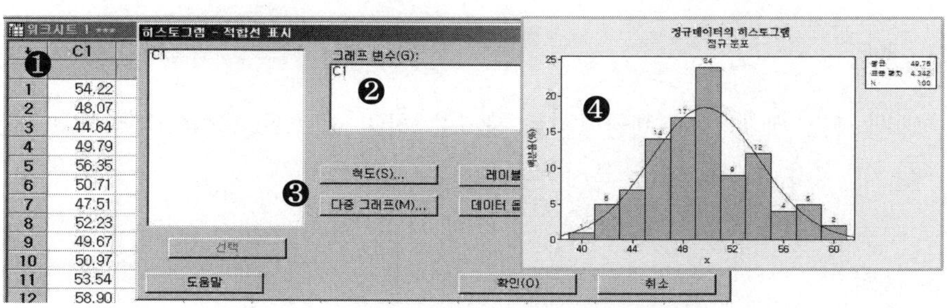

그림 1.16 히스토그램의 작도

풀이

데이터의 분포모양을 파악해야 하므로 히스토그램에 적합선을 표시하는 그래프를 작도한다.

1. C1열에 데이터 입력(❶)
2. [그래프]►[히스토그램]에서 히스토그램의 유형으로 [적합선 표시]를 선택
3. [히스토그램 – 적합선 표시] 창에서 [그래프 변수]에 데이터가 입력된 열 입력(❷)
4. 선택 버튼을 눌러 필요한 정보 입력 후 확인(❸)
   - [척도] : 축의 눈금 및 레이블, Y-척도의 유형 지정, 격자선, 기준선 표시
   - [레이블] : 히스토그램의 제목, 데이터 레이블 지정
   - [데이터 보기] : 데이터 표시, 적합할 분포 지정
   - [다중 그래프] : 다수 그래프의 표시 방법 지정
   - [데이터 옵션] : 히스토그램 작도에 사용할 데이터의 부분집합 지정
5. 그래프 창에서 히스토그램을 보고 해석(❹)

히스토그램은 평균 50을 중심으로 대략적으로 대칭이며, 정규분포의 적합선과 대략적으로 일치한다고 볼 수 있다. ■

미니탭의 그래프는 [편집기] 메뉴의 도구를 사용하여 다양하게 편집할 수 있다. 그래프 창이 활성화되면 [편집기] 메뉴에 그래프 편집을 할 수 있는 도구 메뉴가 나타나고, 이들 도구를 사용하여 그래프를 편집한다. 다음의 예제를 통해 그래프 편집을 수행해 보자.

예제 1.22

예제 1.21에서 (1) 계급구간을 9개로 하여 히스토그램을 작성하고, (2) X-축의 값 40, 50, 60에 선을 표시하라.

풀이

1. 먼저 계급의 수가 9개인 히스토그램은 다음과 같이 작도한다.

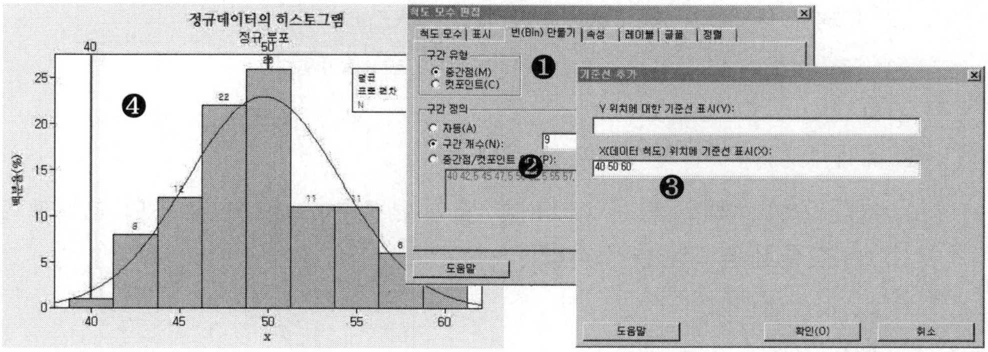

그림 1.17 히스토그램의 편집

- 그림 1.16의 그래프 창을 활성화
- [편집기]►[항목 선택]에서 [X 척도]를 선택한 후, [편집기]►[항목 선택]에서 [편집 X 척도]를 선택(히스토그램의 X 축을 더블 클릭해도 됨)
- [척도 모수 편집] 창에서 [빈(Bin) 만들기]를 선택하고(❶), [구간 정의] 부분의 구간 개수에 9를 입력한(❷) 후 [확인]
- 계급의 수가 9개인 히스토그램 확인

2. X-축의 값 40, 50, 60에 선을 표시하기 위해서는 다음의 절차를 따른다.
   - [편집기]►[추가]에서 [기준선]을 선택
   - [기준선 추가]창의 [X(데이터 척도) 위치에 기준선 표시]에 40 50 60을 입력(❸)
   - 40, 50, 60에 기준선이 표시된 히스토그램 확인(❹) ■

2) 줄기-잎 그림

줄기-잎 그림은 양적 데이터의 분포모형을 파악하는데 사용되는 그래프로써 개별 데이터의 수치가 그래프에 표현된다는 장점이 있다. 줄기-잎 그림을 작도하는 절차는 다음과 같다.

1. 워크시트의 한 열에 데이터 입력

2. [그래프]►[줄기-잎 그림]을 선택
3. [줄기-잎 그림] 창에서 필요한 정보 입력 후 [확인]

예제 1.23

예제 1.2의 A부품 무게 데이터를 줄기의 증분이 0.1인 줄기-잎 그림과 증분이 0.05인 줄기-잎 그림을 그려라.

풀이

워크시트의 C1열에 A부품 무게 데이터가 입력되어 있다고 하자.

1. [그래프]►[줄기-잎 그림] 선택
2. [줄기-잎 그림] 창에서 [그래프 변수]에 C1열('무게') 입력(❶), [증분]에 0.1 입력(❷) 후 [확인]
3. 세션창에서 줄기-잎 그림 확인
   - '잎 단위 = 0.010'(❸)은 잎의 값이 소수 둘째자리수임을 의미
   - 첫 열의 값(❹)은 각 줄기에 속하는 잎의 개수를 의미하고, 괄호()가 있는 줄기는 해당 줄기에 데이터의 중위수가 포함되어 있음을 나타냄
4. [줄기-잎 그림] 창에서 [증분]에 0.05를 입력하면 줄기의 증분이 0.05인 줄기-잎 그림(❺)을 얻을 수 있음. ■

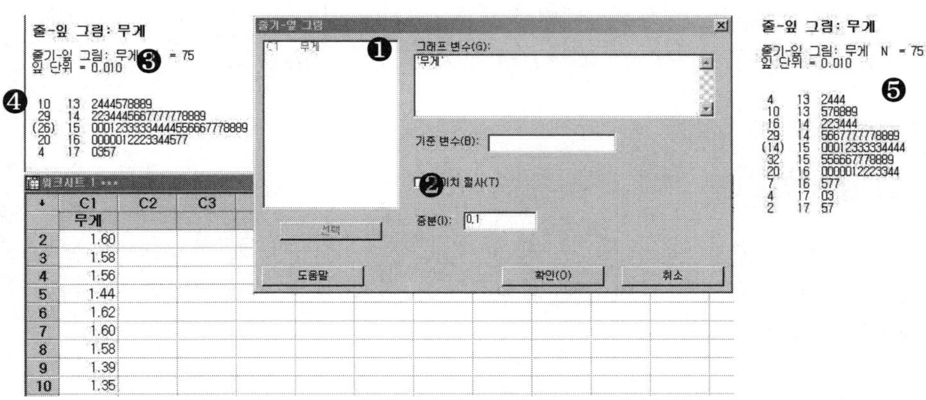

그림 1.18 줄기-잎 그림 작도

3) 상자그림

상자그림은 양적 데이터의 분포모형을 파악하는데 사용되는 그래프로써 데이터의 중위수, 사분위수와 이상치가 있는 경우에 이상치가 그래프에 표현된다는 장점이 있다. 상자그림을 작도하는 절차는 다음과 같다.

1. 워크시트의 한 열에 데이터 입력
2. [그래프]►[상자 그림]을 선택
3. [상자 그림] 창에서 필요한 정보 입력 후 확인

예제 1.24

예제 1.2의 A부품 무게 데이터의 상자그림을 그려라.

풀이

워크시트의 C1열에 A부품 무게 데이터가 입력되어 있다고 하자.

1. [그래프]►[상자그림]에서 [단일 Y, 단순]을 선택
2. [상자 그림 - 단일 Y, 단순] 창에서 [그래프 변수]에 C1 열('무게')을 입력(❶)
3. 선택 버튼을 눌러 필요한 정보 입력(❷) 후 [확인]
4. 그래프 창에서 상자그림 확인(❸) ■

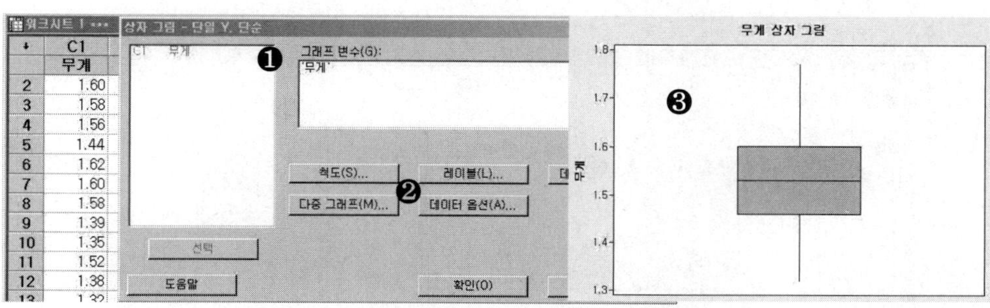

그림 1.19 상자그림

집단별 상자그림은 두 개 또는 그 이상의 표본을 비교하는데 사용할 수 있다. 즉, 두 개 이상의 표본에 대응하는 상자그림을 동일한 척도에 작성하여 비교할 수 있도록 한 것이다.

예제 1.25

특정 온도에 도달하면 알람이 작동되는 A, B 두 가지 유형의 스위치에 대해서 작동시간을 비교하였다. 다음 데이터는 스위치 A, B를 각 10개씩 추출하여 작동시간을 측정한 것이다. 상자그림을 이용하여 두 스위치를 비교하라.

스위치 A	1.17 1.21 1.28 1.35 1.39 1.40 1.42 1.43 1.48 1.51
스위치 B	1.29 1.31 1.37 1.37 1.44 1.49 1.50 1.52 1.53 1.67

풀이

두 개의 상자그림을 하나의 그래프에 나타내어 비교하는 방법은 다음과 같다.

1. C1 열에 작동시간, C2 열에 스위치의 종류를 입력(❶)
2. [그래프]►[상자그림]에서 [단일 Y, 그룹 표시]을 선택
3. [상자 그림 - 단일 Y, 그룹 표시] 창에서 [그래프 변수]에 C1 열('작동시간')(❷), [그룹화를 위한 범주형 변수]에 C2 열('종류') 입력(❸) 후 [확인]
4. 그래프 창에서 상자그림 확인(❹) ■

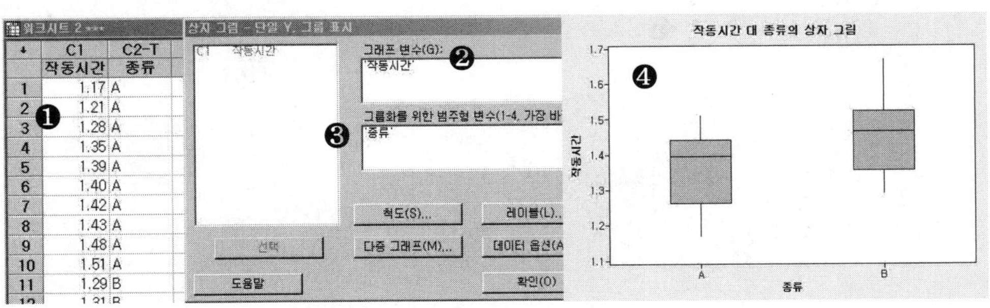

그림 1.20 집단별 상자그림 비교

4) 산점도/상관도

산점도/상관도는 짝으로 얻은 데이터를 사용하여 두 변수 간의 관계를 파악하는 데 사용되는 그래프이다. 산점도를 작도하는 절차는 다음과 같다.

1. 워크시트의 두 열에 짝으로 얻은 데이터 입력
2. [그래프]►[산점도]에서 산점도의 유형을 선택
3. [산점도] 창에서 필요한 정보 입력 후 확인

예제 1.26

다음 데이터는 20명의 대학생을 대상으로 암기력과 창의력 시험을 실시하여 얻은 점수 데이터이다. 암기력과 창의력 간의 산점도를 작도하고, 해석하라.

번 호	1	2	3	4	5	6	7	8	9	10	11	12	13	14	15	16	17	18	19	20
암기력	13	85	27	69	76	30	39	32	13	58	84	27	56	49	88	79	51	37	24	59
창의력	11	96	15	88	92	34	44	67	37	38	78	27	71	75	89	60	41	28	56	54

풀이

두 변수 간의 산점도를 작도하는 방법은 다음과 같다.

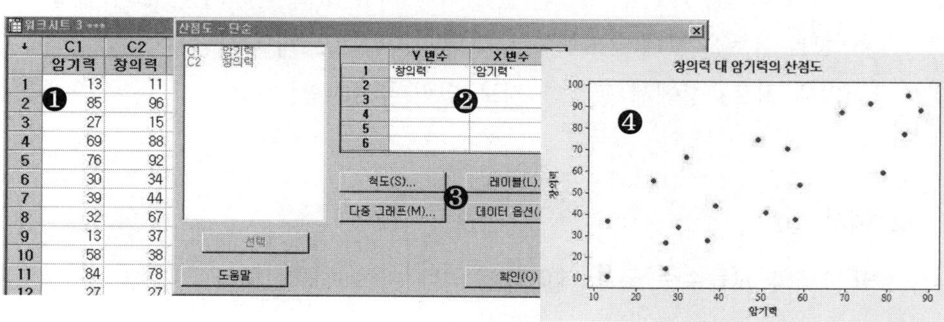

그림 1.21 산점도의 작도

1. C1, C2 열에 각각 암기력, 창의력 데이터 입력(❶)
2. [그래프]►[산점도]에서 [단순]을 선택
3. [산점도 – 단순] 창에서 [Y 변수]에 C2 열('창의력'), [X 변수]에 C1 열('암기력')을 입력(❷)
4. 선택 버튼(❸)을 눌러 필요한 정보를 입력한 후 [확인]
5. 그래프 창에서 산점도 확인(❹) ■

산점도에서 보면 암기력과 창의력은 관련이 있는 것으로 판단된다. ■

5) 막대 차트

막대 차트는 질적 데이터의 분포를 파악하는데 사용되는 그래프이다. 미니탭은 데이터가 원시 데이터인 경우와 표의 값으로 요약한 데이터인 경우에 대해서 막대 차트를 작도할 수 있도록 하고 있다. 막대 차트를 작도하는 절차는 다음과 같다.

1. 워크시트의 열에 데이터 입력
2. [그래프]►[막대 차트]에서 [막대가 표시하는 내용]과 막대 차트의 유형을 선택
   - [막대가 표시하는 내용]에서 다음 항목 중의 하나를 선택
     - [고유 값 카운트] : 데이터 열이 하나 이상 있을 경우 각 범주의 빈도를 차트화
     - [변수의 함수] : 데이터 열이 하나 이상 있고 평균과 같은 데이터의 함수를 차트화
     - [표의 값] : 요약 데이터 열이 하나 이상 있고 각 범주의 요약 값을 차트화
   - 차트 유형은 막대가 표시하는 내용에 따라 다르게 나타남
3. [막대 차트] 창에서 필요한 정보 입력 후 [확인]

예제 1.27

표 1.5의 교육수준 통계 데이터를 막대 차트로 표현하라.

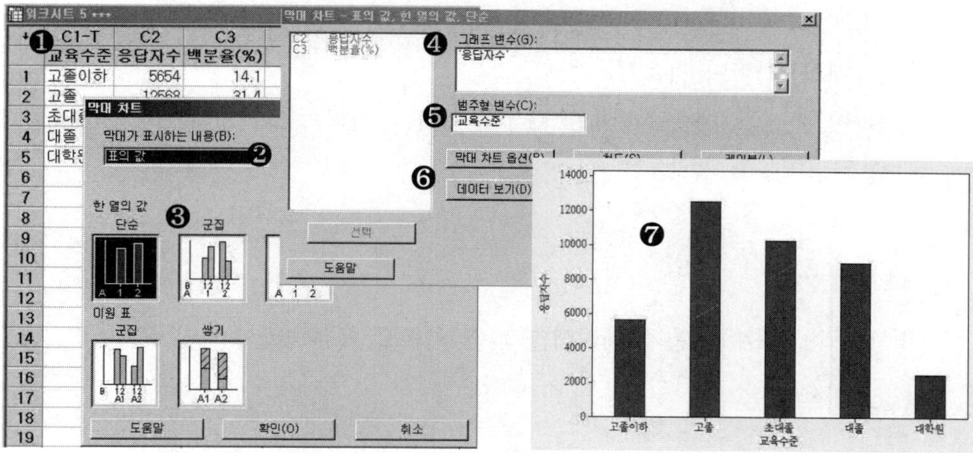

그림 1.56 막대차트 작도

풀이

표 1.5의 데이터는 표의 값으로 요약한 데이터이므로 다음과 같이 막대차트를 작도한다.

1. C1, C2, C3 열에 교육수준, 응답자수, 백분율 데이터 입력(❶)
2. [그래프]►[막대 차트]에서 [막대가 표시하는 내용]을 '표의 값'(❷), 막대 차트의 유형을 [한 열의 값, 단순](❸)으로 선택
3. [막대 차트 - 표의 값, 한 열의 값, 단수] 창에서 [그래프 변수]에 C2 열('응답자 수')(❹), [범주형 변수]에 C1 열('교육수준')을 입력(❺)
4. 선택 버튼(❻)을 눌러 필요한 정보를 입력한 후 [확인]
5. 그래프 창에서 막대 차트 확인(❼) ■

6) 파이 차트

파이 차트는 질적 데이터의 분포를 파악하는데 사용되는 그래프이다. 미니탭은 데이터가 원시 데이터인 경우와 표의 값으로 요약한 데이터인 경우에 대해서 파이 차트를 작도할 수 있도록 하고 있다. 파이 차트를 작도하는 절차는 다음과 같다.

1. 워크시트의 열에 데이터 입력
2. [그래프]►[파이 차트]를 선택
3. [파이 차트] 창에서 데이터의 유형(원시 데이터, 표의 값)을 지정하고, 필요한 정보 입력 후 확인

예제 1.28

표 1.5의 교육수준 통계 데이터를 파이 차트로 표현하라.

풀이

표 1.5의 데이터는 표의 값이므로 다음과 같이 파이 차트를 작도한다.

1. C1, C2, C3 열에 교육수준, 응답자수, 백분율 데이터 입력(❶)
2. [그래프]►[파이 차트]를 선택(❷)
3. [파이 차트] 창에서 [표의 값 차트화]를 지정하고(❸), [범주형 변수]에 C1 열('교육수준')(❹), [요약 변수]에 C2 열('응답자 수')을 입력(❺)
4. [레이블] 버튼을 눌러 나타난 창에서 [부분 레이블]을 클릭하고, 파이 차트에 표시할 레이블을 선택(❻) 후 [확인]
5. 그래프창에서 파이 차트 확인(❼) ■

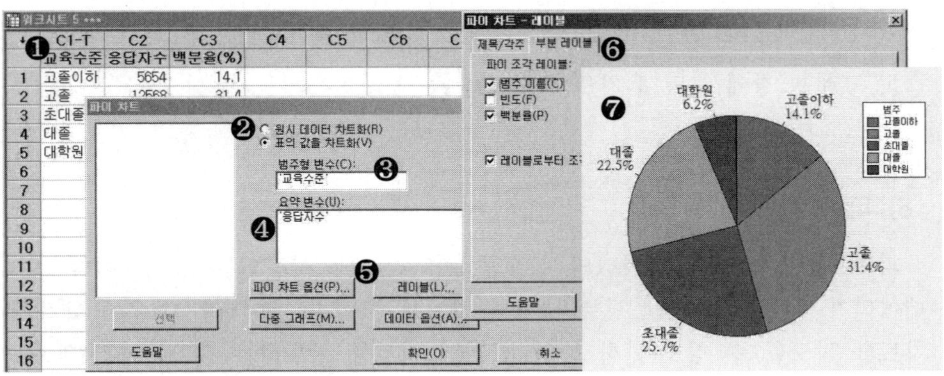

그림 1.23 파이차트 작도

1.5.3 기초통계 및 표준값 계산

1) 기초통계 계산

미니탭의 [통계분석]►[기초 통계]►[기술 통계량 표시]를 사용하면 각종의 수치적 측도들을 간편하게 얻을 수 있다. 기초 통계를 구하는 절차는 다음과 같다.

1. 워크시트의 열에 데이터 입력
2. [통계분석]►[기초 통계]에서 [기술 통계량 표시]를 선택
3. [기술 통계량 표시] 창에서 필요한 정보 입력 후 확인

예제 1.29

다음 데이터는 납땜을 할 회로기판의 예열온도를 측정한 것이다. 데이터의 합, 제곱합, 평균, 중위수, 최소값, 최대값, 범위, 제1사분위수, 제3사분위수, 사분위수범위, 분산, 표준편차를 구하라.

217 217 215 216 215 215 215 216 216 218 216 216 217 215 215 218
216 218 219 217 217 216 216 216 216 216 215 217 215 216 216 215
215 218 217 216 217 218 220 217 216 215 216 218 215 216 215 216
215 215

풀이

기초 통계를 구하는 방법은 다음과 같다.

1. C1 열에 예열온도 데이터 입력(❶)
2. [통계학]►[기초 통계학]에서 [기술 통계량 표시] 선택
3. [기술 통계량 표시] 창에서 변수에 C1 열('예열온도') 입력(❷)
4. [통계량]을 클릭(❸)하여 나타난 창에서 원하는 통계량을 지정(❹)한 후 확인
5. 세션창에서 결과 확인(❺) ■

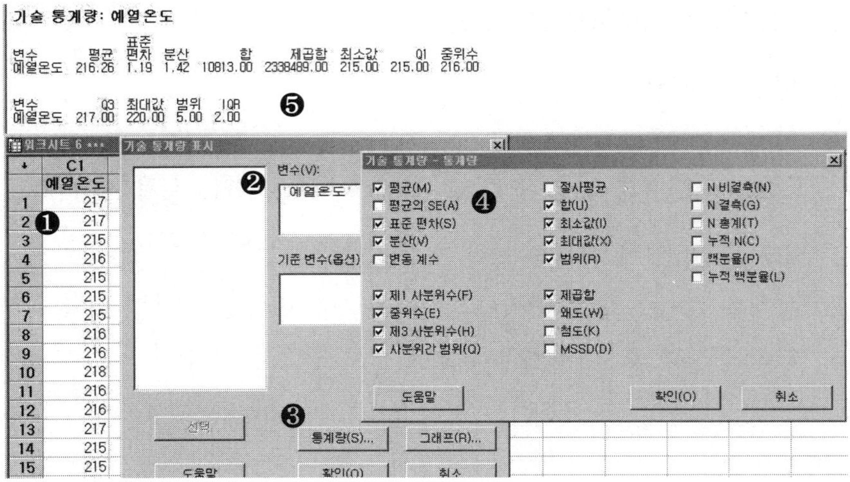

그림 1.24 기초통계 계산

세션 창의 값을 읽으면 데이터의 평균=216.26, 중위수=216.00, 범위=5.00, 제1사분위수 Q_1=215.00, 제3사분위수 Q_3 =217.00, 사분위수범위 IQR=2.00, 분산=1.42, 표준편차=1.19이다. ■

2) 표준값 계산

[계산]►[표준화]를 사용하면 데이터의 표준값을 쉽게 얻을 수 있다. 미니탭에서는 여러 가지 방식으로 데이터의 표준값을 구할 수 있도록 하고 있다. 표준값을 계산하는 절차는 다음과 같다.

1. 워크시트의 열에 데이터 입력
2. [계산]►[표준화]를 선택
3. [표준화] 창에서 필요한 정보와 표준화의 방식을 지정한 후 확인

- [평균값을 뺀 뒤 표준 편차로 나눔] : 표준값 z를 계산하는 경우
- [평균값 빼기] : 입력 열에서 평균을 뺀 값으로 변환할 경우
- [표준 편차로 나눔] : 입력 열을 표준 편차로 나눈 값으로 변환할 경우
- [첫 번째 값을 뺀 뒤 두 번째 값으로 나누기] : 평균과 표준 편차 이외의 다른

값을 사용하여 모든 열을 변환하도록 지정할 경우

- [범위 만들기] : 데이터를 선형 변환할 경우 선택. 시작 값(기본값 −1)과 끝 값(기본값 +1) 사이의 값으로 변환

예제 1.30

다음 데이터는 예제 1.25의 스위치B의 작동시간이다. 표준값을 구하라.

1.29 1.31 1.37 1.37 1.44 1.49 1.50 1.52 1.53 1.67

풀이 표준값은 다음의 절차로 구한다.

1. C1 열에 예열온도 데이터 입력(❶)
2. [계산]►[표준화]를 선택
3. [표준화] 창에서 [입력 열]에 C1 열('작동시간') 입력(❷), [결과 저장 위치]에 C2 입력(❸), 표준값을 계산하도록 [평균값을 뺀 뒤 표준편차로 나눔] 지정(❹) 후 [확인]
4. 워크시트의 C2 열에서 표준값 확인(❺) ■

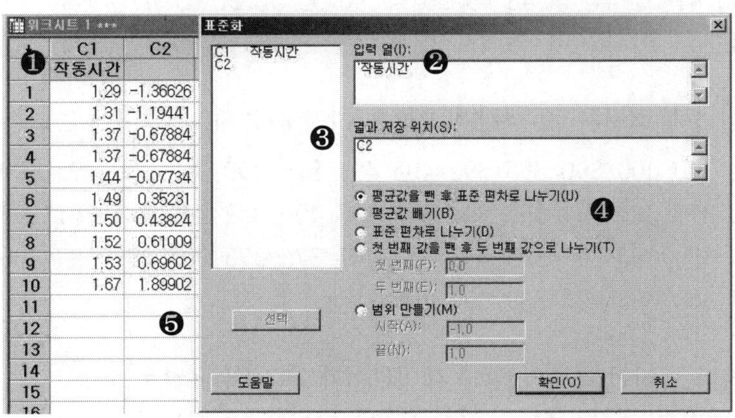

그림 1.25 표준값 계산

연습문제

1.1 통계학을 수강하고 있는 50명의 학생 중에서 10명을 단순무작위추출법으로 추출하시오. 학생들의 출석부 번호가 1번에서 50번까지 매겨져 있다고 가정하고, 표본으로 선택할 학생의 번호를 제시하라.

1.2 연속적으로 제품을 생산하는 공정에서 검사를 위해 표본을 추출해야 한다. 하루에 생산하는 제품의 수가 800개이고, 생산하는 제품의 5%를 표본으로 추출한다. 계통추출법으로 표본을 선정하라.

1.3 동일한 부품을 두 대의 기계 A와 B로 제조하고 있다. 기계 A로 제조한 부품 150개와 기계B로 제조한 부품 350개로 구성된 로트에서 30개를 층화무작위추출법으로 추출하라. 단, 기계A로 제조한 부품은 1~150의 번호가 붙어있고, 기계B로 제조한 부품은 151~500의 번호가 붙어 있다. 표본으로 선택된 부품의 번호를 제시하라.

1.4 다음 데이터에 대해서 (a) 도수분포표를 작성하라. (b) 히스토그램을 그려라.

46 46 48 48 49 50 48 46 45 46 48 50 49 48 46 45 46 48 49 44 48 46 44
46 48 49 50 49 97 46 50 50 47 46 43 47 48 49 50 47 48 49 50 49 47 53
44 47 48 49 51 44 48 48 49 50 49 46 53 50 50 47 47 45 48 49 50 50 46
46 47 49 46 50 46 50 48 43 50 49 43 48 48 48 49 49 49

1.5 다음 데이터에 대해서 (a) 히스토그램을 작성하라. (b) 줄기-잎 그림을 그려라.

390 391 390 400 390 395 392 405 491 376 390 393 392 395 400 398 397
395 380 379 381 391 395 394 395 403 400 377 390 387 381 395 405 397
397 393 380 383 397 395 393 383 401 376 375 395 382 387 400 397 394
387 387 388 383 403 389 390 406

1.6 다음 데이터는 어떤 제품의 각도 데이터이다. 각도의 규격은 54±8 도이다. (a) 히스토그램을 작성하고, 규격을 표시하라. (b) 규격을 벗어난 제품의 비율은 몇 %인가?

58 61 56 57 67 61 56 60 53 49 57 55 60 65 53 50 62 55 55 58
49 53 57 58 58 61 55 56 54 57 51 56 57 68 66 59 55 54 50 54

1.7 다음 데이터는 자동차 엔진의 여러 기능들을 컴퓨터 장치로 제어하는데 소요되는 시간을 1/1000초 단위로 측정한 것이다. 이 데이터를 기초로 상대도수 히스토그램을 작도하고, 해석하라.

6.223 6.481 6.667 5.637 5.331 5.642 6.590 6.602 6.670 5.945
6.025 6.220 6.656 5.904 6.986 5.639 6.242 6.570 6.558 6.669
5.635 6.249 5.838 6.570 6.140 6.387 6.379 5.645 5.637 6.872
6.879 6.127 5.932 6.874 5.638 6.867 6.591 6.866 5.945 5.857
5.634 6.562 6.872 6.131 6.572 6.236 6.873 6.661 5.542 6.577

1.8 다음 데이터는 4개의 채널을 갖고 있는 전자 조절기의 어떤 특성치를 각 채널별로 측정한 것이다. (1) 4개 채널에 대한 그룹화된 상자그림을 작도하라. (2) 상자그림을 해석하라.

조절기	채널1	채널2	채널3	채널4
1	86.8	84.4	108.8	95.2
2	96.0	95.6	90.4	84.8
3	85.6	88.0	82.8	89.2
4	83.2	85.6	93.2	82.0
5	93.6	84.0	82.8	90.8
6	94.4	90.4	84.4	88.0
7	83.6	92.0	90.8	80.8
8	87.6	86.4	86.8	82.8
9	86.0	88.8	87.2	85.6
10	94.0	92.0	92.4	95.2
11	90.4	85.8	86.0	87.6
12	94.4	86.0	86.4	92.8

1.9 다음 데이터는 금속의 경도(x)와 인장력(y)을 시험한 결과이다. 경도와 장력의 산점도를 작도하고 해석하라.

경도	101	102	102	102	102	103	104	104	104	105	106	106	106	106
인장력	29.9	33.7	33.0	33.2	33.9	35.1	38.9	39.5	37.0	39.5	40.4	39.9	40.8	40.6

1.10 다음 어떤 코팅물질에 포함된 솔벤트의 함량과 코팅이 건조되는데까지의 소요시간을 측정한 데이터이다. 산점도를 작도하고 해석하라.

솔벤트 함량(%)	2.5	2.7	3.0	3.1	3.2	3.4	3.5	4.0	4.2	4.5
소요시간(시간)	2.3	2.1	2.2	2.1	2.0	1.9	1.9	1.6	1.6	1.5

1.11 다음은 어떤 지역에서 전문직으로 종사하는 여성의 수를 직종별로 나타낸 것이다. (a) 막대그래프를 작도하라. (b) 파이차트를 작도하라.

직종	종사자의 수
엔지니어	347
의료	1935
교육	3451
법률	675
예술	1034
기타	342

1.12 다음 데이터는 제품의 만족도를 5개 문항으로 조사하여 얻은 값이다(5점 척도로 평가하도록 하여 평균을 구한 것임). 방사형차트를 작도하고, 5개 제품에 대한 만족도를 해석하라.

제품	문항1	문항2	문항3	문항4	문항5
A	4.34	4.41	4.44	4.47	4.28
B	4.20	3.33	4.33	3.27	4.20
C	3.97	4.03	4.06	4.03	4.09
D	2.32	4.36	2.32	4.29	2.14
E	3.97	3.79	3.55	3.55	4.47

1.13 다음 데이터에 대해서 평균, 중위수, 최빈수, 제1사분위수, 제3사분위수를 구하라.

1 2 3 3 2 5 4 4 3 1 2 1 4 6 5 5 4 2 3 2

1.14 다음 데이터에 대해서 평균, 중위수, 최빈수, 제1사분위수, 제3사분위수를 구하라.

30 28 26 31 29 27 27 32 30 31 28 29 27 32 30

29 29 29 31 29 30 31 31 28 31 28 27 29 28 30

1.15 문제1.4의 데이터에 대해서 평균, 중위수, 제1사분위수, 제3사분위수, 제10백분위수를 구하라.

1.16 문제1.6의 데이터에 대해서 평균, 중위수, 제1사분위수, 제3사분위수, 제10백분위수를 구하라.

1.17 문제1.8의 데이터에 대해서 각 채널별 평균, 중위수, 제1사분위수, 제3사분위수를 구하라.

1.18 문제1.4의 데이터에 대해서 범위, 사분위수 범위, 분산, 표준편차를 구하라.

1.19 문제1.6의 데이터에 대해서 범위, 사분위수 범위, 분산, 표준편차를 구하라.

1.20 문제1.8의 데이터에 대해서 각 채널별 범위, 사분위수 범위, 분산, 표준편차를 구하라.

1.21 문제 1.13의 데이터에 대해서 범위, 사분위수 범위, 분산, 표준편차를 구하라.

1.22 문제 1.14의 데이터에 대해서 범위, 사분위수 범위, 분산, 표준편차를 구하라.

1.23 문제 1.14의 데이터가 체비세프 규칙을 만족시키는지 확인하라.

1.24 문제 1.14에서 x=31에 대응하는 표준화 값을 구하고, 해석하라.

1.25 문제 1.14의 데이터를 평균 50, 표준편차 10인 t-값으로 변환하라.

제2장 확률과 분포

❖ 학습목표

1. 확률을 정의하고, 사건의 확률을 계산할 수 있다.
2. 이산형 확률변수의 확률을 계산할 수 있다.
3. 연속형 확률변수의 확률을 계산할 수 있다.
4. 확률변수의 기댓값과 분산을 계산할 수 있다.

제2장 확률과 확률분포

통계와 확률은 매우 밀접한 관계에 있지만 약간의 차이가 있다. 즉, 확률은 데이터를 관측하기 이전에 특정 관측치의 발생 가능성을 다루고, 통계는 데이터를 관측한 후 데이터를 바탕으로 정보를 도출하는 방법을 다룬다는 차이가 있다. 통계의 방법은 확률과 확률분포모형에 기반을 두고 있다. 통계의 정확한 활용을 위해서는 확률에 대한 기본적인 이해가 필요하다. 이 장에서는 확률과 확률분포에 대한 이론을 다룬다.

제1절에서는 확률의 기본 개념에 대해서 다루고, 제2절에서는 확률변수와 확률분포의 일반적 성질에 대해서 다룬다. 제3절에서는 확률변수의 기댓값과 분산에 대해서 다루기로 한다.

2.1 확률

확률(probability)은 특정한 사건이 일어날 가능성을 0과 1사이의 값으로 나타낸 것이다. 확률이 0에 가까우면 사건이 일어날 가능성이 거의 없고, 1에 가까우면 일어날 가능성이 높은 것을 의미한다. 즉, 확률은 불확실성의 정도를 측정하는 척도이다.

2.1.1 표본공간과 사건

실험의 결과가 확률적으로 다르게 나타나는 실험을 확률실험(random experiments)이라 한다. 확률실험의 예에는 다음과 같은 것이 있다.

- 동전을 던져 어느 면이 위로 향하는지에 대한 실험
- 무작위로 선택된 사람이 스마트폰을 갖고 있는지에 대한 실험
- 택배로 배송된 물품에 손상이 있는지 여부에 대한 실험

[정의 2.1] (표본공간, sample space) 확률실험의 모든 가능한 결과의 집합을 그 실험의 표본공간이라 하며, S로 표기 한다.

예제 2.1

1. 한 개의 동전을 한번 던져서 나타나는 면을 관찰할 때 앞면을 H, 뒷면을 T로 표시하면, 표본공간은 $S = \{H, T\}$ 이다.
2. 어떤 제조공정에서 생산되는 제품을 하나씩 연속적으로 3개를 검사하여 불량이면 D, 양품이면 N으로 표기할 때 표본공간은 다음과 같다.

   $S = \{(DDD), (DDN), (DND), (NDD), (DNN), (NDN), (NND), (NNN)\}$
3. 전자부품공장에서 생산되는 부품의 수명을 측정하였을 때 표본공간은 $S = \{x | x \geq 0\}$ 이다. 여기서 x는 부품의 수명을 나타낸다. ■

[정의 2.2] (사건, event) 표본공간에서 관심의 대상이 되는 부분집합을 사건이라 한다. 표본공간을 구성하는 원소 하나씩을 기본사건(simple event)이라 한다.

예제 2.2

1. 제품을 하나씩 연속적으로 3개를 검사하는 실험에서 불량품이 하나 있는 사

건을 A라 하면, $A = \{(DDN),(DND),(NDD)\}$ 이다.

2. 전자부품공장에서 생산되는 부의 수명을 측정하는 실험에서 부품의 수명이 2년에서 5년 사이인 사건을 A로 나타내면 $A = \{x|2 \le x \le 5\}$ 이다. ■

[정의 2.3] (합집합사건, 교집합사건, 여집합사건, 공사건)

(1) 합집합사건은 $A \cup B$로 표시하며, 사건A 또는 사건B가 일어남을 나타낸다.

(2) 교집합사건은 $A \cap B$로 표시하며, 사건A와 사건B가 동시에 일어남을 나타낸다.

(3) 사건A의 여집합사건은 A^c로 표시하며, 표본공간 S에서 사건A가 일어나지 않음을 나타낸다.

(4) 공사건은 공집합으로 표시되는 사건을 의미한다.

예제 2.3

하나의 주사위를 던지는 실험에서 표본공간은 $S = \{1,2,3,4,5,6\}$ 이다. 사건 A를 홀수눈이 나올 사건, B를 4 이하의 눈이 나올 사건이라 할 때, A와 B의 합집합사건은 홀수눈이거나 4 이하의 눈이 나올 사건으로 $A \cup B = \{1,2,3,4,5\}$ 이고, A와 B의 교집합사건은 4 이하의 홀수눈이 나올 사건으로 $A \cap B = \{1,3\}$ 이며, 사건A에 대한 여집합사건은 짝수눈이 나올 사건으로 $A^c = \{2,4,6\}$ 이다. ■

[정의 2.4] (배반사건) 교집합사건 $A \cap B$가 공사건일 때, 사건A와 B는 서로 배반(mutually exclusive)이라고 한다.

예제 2.4

하나의 주사위를 던지는 실험에서 눈이 홀수일 사건을 A, 짝수일 사건을 B라 하면, A와 B는 서로 배반이다. 그러나 2의 배수의 눈이 나올 사건과 3의 배수가 나올 사건은 서로 배반이 아니다. ■

2.1.2 사건의 확률

확률은 사건에 대해서 정의된다. 예를 들어, 주사위를 한 번 굴리는 실험(표본공간 $S=\{1,2,3,4,5,6\}$)에서 나타나는 수가 짝수일 확률은 사건 $A=\{2,4,6\}$가 일어날 확률로 표현할 수 있다.

[정의 2.5] (확률의 고전적 정의) 표본공간에 있는 기본사건들이 서로 배반이며 발생가능성이 동일한 경우, 기본사건의 총 개수가 $n(S)$라고 하면, 하나의 기본사건이 발생할 확률은 $1/n(S)$이다. 사건 A에 포함되는 기본사건의 개수를 $n(A)$라 하면 사건 A의 확률 $P(A)$는 다음과 같다.

$$P(A)=\frac{n(A)}{n(S)} \tag{2.1}$$

예제 2.5

구별이 가능한 2개의 주사위를 동시에 굴렸을 때, 윗면에 나타나는 숫자의 합이 7일 사건을 A라 할 때 $P(A)$를 구하라.

풀이

표본공간은 발생할 가능성이 모두 같은 기본사건들로 구성되어 있고 $S=\{(1,1),(1,2),(1,3),\ldots,(6,5),(6,6)\}$, 사건 A는 $A=\{(1,6),(2,5),(3,4),(4,3),(5,2),(6.1)\}$이다. $n(S)=36$, $n(A)=6$이므로 $P(A)=6/36=1/6$이다. ■

[정의 2.5]의 확률은 표본공간의 기본사건이 서로 배반이며, 발생 가능성이 동일한 경우에 대해서만 정의할 수 있다. 일반적으로 사건에 대한 확률은 다음과 같이 정의하며, 이를 확률의 공리적 정의라 한다.

[정의 2.6] (확률의 공리적 정의) 표본공간 S의 사건들에 대하여 다음이 성립하는 실수값 P(A)를 사건 A에 대한 확률이라 한다.

(1) $0 \le P(A) \le 1$

(2) $P(S) = 1$

(3) 서로 배반인 사건 $A_1, A_2, \ldots$에 대하여

$$P\left(\sum_{i=1}^{\infty} A_i\right) = \sum_{i=1}^{\infty} P(A_i) \tag{2.2}$$

【정리 2.1】 확률의 정의로부터 확률은 다음과 같은 성질을 갖는다.

(1) 사건A에 대해 $P(A^c) = 1 - P(A)$이다.

(2) 사건A와 B에 대해 $P(A \cup B) = P(A) + P(B) - P(A \cap B)$이다. 또한 세 개의 사건A, B, C에 대하여 다음이 성립한다.

$$\begin{aligned} P(A \cup B \cup C) = {} & P(A) + P(B) + P(C) \\ & - P(A \cap B) - P(A \cap C) - P(B \cap C) \\ & + P(A \cap B \cap C) \end{aligned} \tag{2.3}$$

예제 2.6

어느 부서에 30명의 직원이 있는데 주택을 소유한 사람수는 15명, 승용차를 소유한 사람수는 20명이며 주택과 승용차를 모두 소유하고 있는 사람 수는 11명이라 한다. 이 부서에서 임의로 한 직원을 선택할 경우 이 사람이 주택과 승용차를 보유하지 않을 확률을 구하라.

풀이

사건A를 주택 소유 직원, 사건B를 승용차 소유 직원이라 하면 $P(A) = 15/30$, $P(B) = 20/30$, $P(A \cap B) = 11/30$이다.

$P(A \cup B) = P(A) + P(B) - P(A \cap B) = 15/30 + 20/30 - 11/30 = 0.8$이므로

$P[(A \cup B)^c] = 1 - P(A \cup B) = 0.2$이다. ■

2.1.3 조건부 확률

조건부 확률(conditional probability)은 어떤 사건이 발생했다는 조건 하에서 다른 사건이 발생할 확률을 의미한다.

예를 들어, 부품K는 A, B 두 단계의 가공 공정을 거쳐 생산된다. 공정A에 3대의 기계가 있고(A_1, A_2, A_3), 공정 B에 4대의 기계가 있다(B_1, B_2, B_3, B_4). 표 2.1은 총 100개의 부품의 가공이력 통계를 나타낸 것이다.

100개의 부품 중에서 하나의 뽑았을 때 이 부품을 기계 B_3으로 가공했을 확률은 20/100이다. 선택된 부품을 기계 A_3로 가공했다는 것을 알고 있을 때, 선택된 부품을 기계 B_3로 가공했을 확률은 다음과 같이 구할 수 있다. 100개의 부품 중 68개를 기계 A_3로 가공했고, 68개의 부품 중 13개를 기계 A_3로 가공했으므로 13/68=0.19이다.

실험 결과에 대한 추가적인 정보를 이용할 수 있는 경우에는 조건부 확률을 이용하여 사건의 발생 확률을 계산한다. 조건부 확률은 다음과 같이 정의된다.

표 2.1 부품K의 기계가공 이력 통계

	B_1	B_2	B_3	B_4	합계
A_1	3	0	1	5	9
A_2	2	7	6	8	23
A_3	14	20	13	21	68
합계	19	27	20	34	100

[정의 2.7] (조건부 확률) 사건B가 발생했다는 조건 하에서 사건A가 발생할 조건부 확률은 $P(A|B)$로 표시되며 $P(B) > 0$이면 다음과 같이 정의된다.

$$P(A|B) = \frac{P(A \cap B)}{P(B)} \tag{2.4}$$

예제 2.7

1에서 10까지 적힌 숫자를 주머니에 넣고 섞은 다음 한 숫자를 무작위로 뽑는다고 한다. 4 이상의 숫자가 뽑혔다는 사실이 주어졌을 때, 숫자 5가 뽑힐 확률은 얼마인가?

풀이

숫자 5가 뽑힐 사건을 A, 4 이상의 숫자가 뽑힐 사건을 B라 하면, 구하고자 하는 확률은 $P(A|B)$이므로 다음과 같이 계산된다.

$$P(A|B) = \frac{P(A \cap B)}{P(B)} = \frac{P(A)}{P(B)} = \frac{1/10}{7/10} = \frac{1}{7}$$

아무 조건이 없는 경우에 숫자 5가 뽑힐 확률은 1/10이 되는데 뽑힐 숫자가 4 이상이라는 정보가 주어지면 숫자 5가 뽑힐 확률이 증가하게 됨을 알 수 있다. ■

예제 2.8

표 2.1에서 요약된 가공 결과에서 총 23개의 부품이 기계 A_2에 의해 가공되었으며, 그 중 6개는 기계 B_3로 가공되었다. 100개의 부품 중 1개의 부품을 무작위로 선택했을 때, (1) 부품이 기계 A_2로 가공되었을 확률과 (2) 만일 선택된 부품이 기계 A_2로 가공되었을 때, 그 부품이 기계 B_3로 가공되었을 확률을 구하라.

풀이

(1) $P(A_2)$는 기계 A_2로 가공한 부품이 23개 이므로 $P(A_2) = 23/100 = 0.23$이다.
(2) 선택된 부품이 기계 A_2로 가공되었을 때, 그 부품이 기계 B_3로 가공되었을 확률은 $P(B_3|A_2)$이다. 기계 A_2와 B_3로 가공한 부품의 수가 6개이므로 $P(A_2 \cap B_3) = 6/100$이다. 따라서 $P(B_3|A_2) = P(B_3 \cap A_2)/P(A_2) = (6/100)/(23/100) = 0.26$이다. ■

2.1.4 곱의 법칙과 통계적 독립

[정의 2.7]의 조건부 확률로부터 다음과 같은 두 사건의 곱의 법칙(multiplicative law)을 얻을 수 있다.

$$P(A \cap B) = P(A|B)P(B) = P(B|A)P(A) \quad (2.5)$$
$$단,\ P(A) > 0,\ P(B) > 0$$

두 사건 A, B가 동시에 발생할 확률은 사건 B의 발생 확률에 사건 B가 발생했다는 조건하에서 사건 A가 발생하는 조건부 확률을 곱한 것과 같다. 곱의 법칙은 동시에 발생하는 사건을 단계적으로 발생하는 사건으로 전환하여 확률을 계산하는 법칙이다. 다음 예는 곱의 법칙을 적용하는 전형적인 예이다.

예제 2.9

52개의 카드로부터 두 개의 카드를 선택하는 실험에서 두 카드가 모두 스페이드일 확률을 구하라.

풀이

S_1을 "첫 번째 카드가 스페이드"인 사건이라 하고, S_2를 "두 번째 카드가 스페이드"인 사건이라 하자. 두 카드가 모두 스페이드일 확률은 $P(S_1 \cap S_2)$이고, 곱의 법칙을 적용하면 $P(S_1 \cap S_2) = P(S_2|S_1)P(S_1)$이다. 52개의 카드 중 스페이드는 13장

이므로 $P(S_1)=13/52$이고, $P(S_2|S_1)$은 첫 번째 카드가 스페이드인 조건에서 두 번째 카드가 스페이드일 확률이므로 $P(S_2|S_1)=12/51$이다. 따라서 $P(S_1 \cap S_2) = P(S_2|S_1)P(S_1) = (12/51)(13/52) = 0.059$이다. ■

사건 A의 발생 확률이 사건 B의 발생 여부와는 무관한 경우, 두 사건 A와 B를 확률적 독립(probabilistic independent)이라 한다. 두 사건 A와 B가 서로 독립인 경우에는 두 사건이 동시에 일어날 확률 P(A∩B)가 각각의 확률 P(A)와 P(B)의 곱으로 표현된다.

[정의 2.8] (사건의 독립 및 종속)

(1) 다음이 성립할 때 두 사건 A와 B는 확률적 독립이라 한다.

$$P(A \cap B) = P(A)P(B) \tag{2.6}$$

(2) 두 사건 A와 B가 독립이 아닐 때, 종속(dependent)이라 한다.

두 사건 A와 B가 독립이면 $P(A \cap B) = P(A)P(B)$이므로 $P(A|B) = P(A \cap B)/P(B) = P(A)P(B)/P(B) = P(A)$이다. 즉, 사건 B가 일어난다는 정보가 사건 A의 발생에 전혀 영향을 주지 않는다는 의미가 된다.

3개의 사건 A, B, C가 서로 독립이라는 것은 다음을 의미한다.

$$\begin{aligned} &P(A \cap B \cap C) = P(A)P(B)P(C), \\ &P(A \cap B) = P(A)P(B),\ P(A \cap C) = P(A)P(C),\ P(B \cap C) = P(B)P(C) \end{aligned} \tag{2.7}$$

예제 2.10

어느 제품을 생산하는 기계가 3대 있다(기계1,기계2,기계3). 어느 한 주에 기계 i(i=1,2,3)가 고장 나지 않을 확률이 서로 독립이며, 각각 0.9, 0.8, 0.7이라 한다. 한 주 동안에 생산이 중단되지 않을(적어도 한 대의 기계가 작동할) 확률을 구하라.

풀이

한 주 동안 기계 1, 2, 3이 고장 나지 않을 사건을 각각 A, B, C라 하면, $P(A)=0.9, P(B)=0.8, P(C)=0.7$이다. 한 주 동안에 생산이 중단되지 않을 확률은 합사건의 확률 $P(A\cup B\cup C)$와 같다. A, B, C는 서로 독립이므로 $P(A\cap B), P(A\cap C), P(B\cap C), P(A\cap B\cap C)$의 계산에 식(2.7)을 적용할 수 있다. 따라서 식(2.3)을 사용하면 한 주 동안에 생산이 중단되지 않을 확률은 $P(A\cup B\cup C)=0.9+0.8+0.7-(0.9)(0.8)-(0.9)(0.7)-(0.8)(0.7)+(0.9)(0.8)(0.7)=0.994$이다. ■

예제 2.11

다음과 같이 3개의 구성부품이 직렬로 연결된 시스템을 고려해 보자. 구성부품들의 성능은 서로 독립이며, 1에서 2로 개체(예, 전류, 정보, 차량 등)가 이동 가능할 때 시스템은 정상적으로 작동된다. A, B, C가 정상적으로 작동될 확률이 0.98, 0.95, 0.99일 때 시스템이 정상 작동될 확률을 구하라.

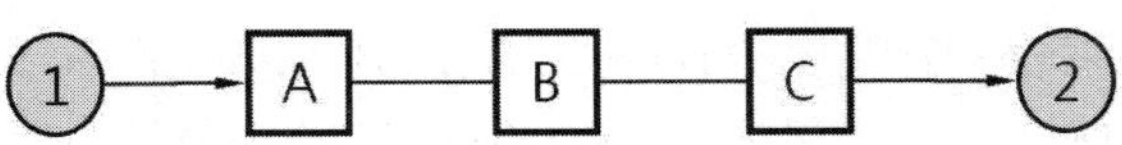

그림 2.1 직렬시스템

풀이

구성부품 A, B, C가 정상 작동하는 사건을 A, B, C라 하면, 시스템이 정상 작동되는 사건은 $A\cap B\cap C$이다. 사건 A, B, C가 서로 독립이므로 식(2.7)을 적용하면 $P(A\cap B\cap C)=P(A)P(B)P(C)=(0.98)(0.95)(0.99)=0.92169$이다. ■

예제 2.12

다음 그림과 같이 세 개의 부품이 병렬로 결합된 시스템을 고려해 보자. 구성부품들의 성능은 서로 독립이며, 1에서 2로 개체가 이동 가능할 때 시스템은 정상적으로 작동된다. A, B, C가 정상적으로 작동될 확률이 0.98, 0.95, 0.99일 때 시스템이 정상 작동될 확률을 구하라.

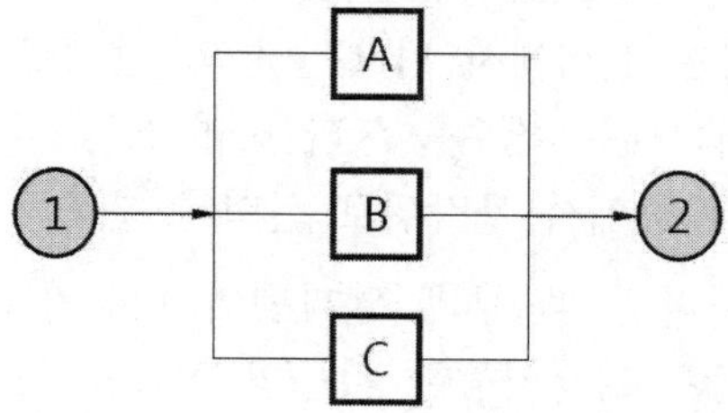

그림 2.2 병렬시스템

풀이

구성부품 A, B, C가 정상 작동하는 사건을 A, B, C라 하면, 시스템이 정상 작동되는 사건은 $A \cup B \cup C$이다. 【정리 2.1】과 집합의 성질에 의해 $P(A \cup B \cup C) = 1 - P(A^c \cap B^c \cap C^c) = 1 - P(A^c)P(B^c)P(C^c)$이다. A, B, C가 정상적으로 작동될 확률이 각각 0.98, 0.95, 0.99이므로 $P(A^c)$, $P(B^c)$, $P(C^c)$는 각각 0.02, 0.05, 0.01이다. 따라서 시스템이 정상적으로 작동될 확률은 $P(A \cup B \cup C) = 1 - P(A^c)P(B^c)P(C^c) = 1 - (0.02)(0.05)(0.01) = 0.99999$이다. ■

2.2 확률변수와 확률분포

2.2.1 확률변수

확률변수(random variable)는 수학적으로 확률 실험으로부터 나타날 수 있는 결과("표본공간")에 적당한 실수를 할당한 함수로 정의한다. 예를 들어, 동전을 두 번 던지는 확률 실험의 표본공간은 $S = \{HH, HT, TH, TT\}$이다. 실험의 결과를 앞면이 출현한 회수 X로 나타내면 사건 $\{TT\}$에는 $X = 0$, $\{TH\}$와 $\{HT\}$에는 $X = 1$, $\{HH\}$에는 $X = 2$를 할당할 것이다. 이때 할당의 규칙을 나타내는 함수 X가 확률변수이다.

확률변수의 실질적인 의미는 다음과 같다. 확률실험을 수행하고, 실험 결과에 어떤 숫자를 할당할 때, 이러한 값을 표현하기 위해 변수를 사용한다. 이때 실험 결과로 나타나는 값이 확률적으로 변할 수 있는 경우, 이 변수를 확률변수라 부른다. 예를 들어, 주사위를 굴리는 실험에서 나오는 눈의 값 1,2,3,4,5,6은 확률적으로 변할 수 있으므로 이 값을 나타내는 변수를 X라 하면 X는 확률변수이다. 또한 예제 1.1에서 당일 생산한 A부품 중에서 무작위로 선택된 부품의 무게도 확률변수이다.

확률변수를 기호로 나타낼 때 대개 알파벳의 대문자(X, Y, Z 등)를 사용한다. 확률변수가 가질 수 있는 모든 가능한 값들의 집합을 확률변수공간이라 한다. 확률변수가 갖는 값은 대개 알파벳의 소문자로 표기한다. 확률변수 X의 임의의 값은 x로 표시할 수 있다. 일반적으로 X의 공간에서 임의의 값 x에 대하여 $P(X=x)$는 확률변수 X가 x를 가질 확률을 의미하고, $P(X \le x)$는 X가 x보다 작거나 같은 값을 가질 확률을 의미한다.

2.2.2 이산형 확률변수

확률변수의 공간이 유한한 값들로 구성되거나 양의 정수와 일대일로 대응시킬 수 있는 확률변수를 이산형(discrete) 확률변수라 한다. 이산형 확률변수의 예에는 다음과 같은 것이 있다.

- 냉장고의 특정 위치에서 발견되는 결점의 수
- 연마한 금속표면에서 발견되는 결점의 수
- 주어진 기간 동안 특정 교차로에서 발생한 사고의 수
- 2,000부의 잡지를 우편으로 보낼 경우 배달과정에서 손상되는 잡지의 수
- 100개로 구성된 로트에서 추출한 5개의 표본 중의 불량품 수

예제 2.13

1개의 동전을 4회 연속 던져 나타나는 면을 관측할 때, 앞면의 출현회수에 관심이 있다고 할 때, 확률변수, 확률변수 공간, 앞면의 출현회수가 0일 확률을 정의하라.

풀이

앞면의 출현회수에 관심이 있으므로 확률변수 X는 "X : 앞면의 출현 회수"이다. 확률변수공간은 {0,1,2,3,4}이다. 앞면의 출현회수가 0일 확률은 $X=0$일 확률이다. 즉, $P(X=0)=1/16$이다. ■

X를 이산형 확률변수라 하자. 모든 실수 x에 대해서 f(x)를 $f(x)=P(X=x)$라 할 때, f(x)를 이산형 확률밀도함수(probability density function)라 한다. 이산형 확률밀도함수는 확률변수가 가질 수 있는 모든 값들에 대해서 확률값을 대응시킨 함수이다.

【정리 2.2】 (이산형 확률밀도함수의 성질) 이산형 확률밀도함수는 다음의 성질을 갖는다.

(1) 모든 x에 대해서 $0 \le f(x) \le 1$

(2) $\sum_{x} f(x) = 1$

(3) $P(a < X \le b) = \sum_{a < x_i \le b} f(x_i)$ (2.8)

예제 2.14

예제 2.13에서 X의 확률밀도함수를 구하라.

풀이

X의 확률변수 공간은 {0,1,2,3,4}이다. 확률변수 X가 가지는 각각의 값에 대한

표 2.2 예제 2.13의 확률밀도함수

x	0	1	2	3	4	합계
f(x)	1/16	4/16	6/16	4/16	1/16	1

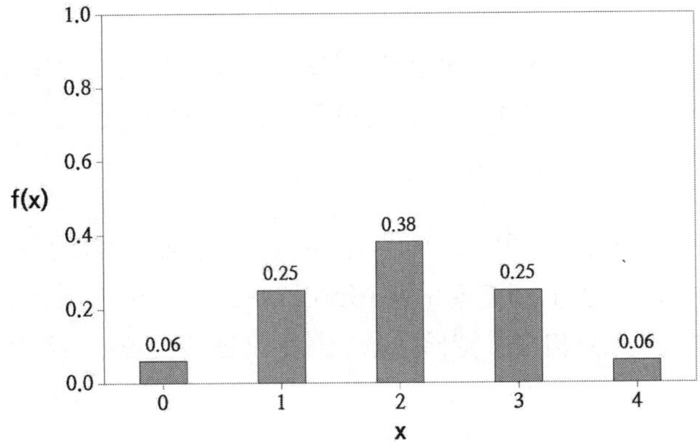

그림 2.3 예제 2.13의 확률밀도함수

확률은 $f(0)=P(X=0)=1/16$, $f(1)=P(X=1)=4/16$, $f(2)=P(X=2)=6/16$, $f(3)=P(X=3)=4/16$, $f(4)=P(X=4)=1/16$로 구할 수 있다. 따라서 X의 확률밀도함수는 표 2.2와 같이 표현할 수 있다. ■

확률밀도함수는 표, 그래프, 수식으로 나타낼 수 있다. 그림 2.3은 예제 2.14의 확률밀도함수를 세로 막대형 차트로 나타낸 것이다.

예제 2.15

한 로트에 50개의 전구가 들어있고, 이 중 5개가 불량 전구이다. 이 로트에서 세 개의 전구를 임의로 추출한다고 하자. 확률변수 X를 표본 내에 포함된 불량 전구의 수라 할 때 X의 확률밀도함수를 구하라.

풀이

X의 공간은 $\{0,1,2,3\}$이고, 확률밀도함수는 $x=0,1,2,3$에 대하여 $f(x)=P(X=x)$이다. 확률의 고전적 정의를 사용하여 $f(x)$, $x=0, 1, 2, 3$을 구하면 다음의 확률밀도 함수를 얻는다.

x	0	1	2	3
f(x)	0.7240	0.2526	0.0230	0.0005

2.2.3 연속형 확률변수

확률변수의 공간이 실수의 구간이거나 실수 구간들의 결합으로 이루어져 있는 확률변수를 연속형(continuous) 확률변수라 한다. 연속형 확률변수의 예에는 다음과 같은 것들이 있다.

- 캔에 든 콜라의 양
- 결점이 발생할 때까지 생산된 광케이블의 길이
- 은행에서 고객의 업무를 처리하는데 걸리는 시간
- 테니스 라켓 줄의 장력
- 차량 타이어의 공기압

예제 1.1의 A부품 무게 X의 가능한 무게는 어떤 구간이므로 연속형 확률변수이다. 부품 무게의 측정값을 0.01 kg 단위로 기록하였으므로 실제 무게가 1.53789 kg이나 1.63444 kg일 수도 있다.

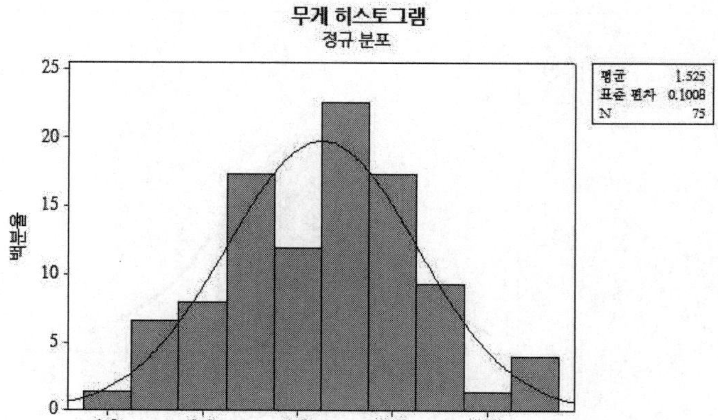

그림 2.4 선반받이 무게의 히스토그램

즉, 측정 장비의 한계 때문에 이런 측정값이 나온 것일 뿐이므로 X의 가능한 무게는 모든 양의 실수이다. 표 1.3의 부품A의 무게 데이터를 히스토그램을 그려 보면 그림 2.4과 같다. 그림 2.4에서 히스토그램 막대들의 상위 가장자리는 대략 부드러운 곡선처럼 보인다. 이와 같이 히스토그램을 나타내는 곡선을 연속형 확률변수의 확률밀도함수(probability density function)라 한다. 연속형 확률밀도함수는 이산형 확률밀도함수와는 달리 X의 공간이 실수이므로 X가 취할 수 있는 모든 값에 대한 확률을 이산형 확률밀도함수와 같이 표현하는 것은 불가능하다.

연속형 확률변수의 확률은 어떤 구간 [a,b]에 대하여 확률밀도함수를 적분한 값으로 정의한다. 따라서 X가 특정의 값 x를 가질 확률은 적분값이 0이므로 0이 된다. 연속형 확률밀도함수가 가져야 할 조건들을 정리하면 다음과 같다.

【정리 2.3】(연속형 확률밀도함수의 성질) 연속형 확률밀도함수는 다음의 성질을 갖는다.

(1) 모든 x에 대해서 $f(x) \geq 0$

(2) $\int_{-\infty}^{\infty} f(x)dx = 1$

(3) $P(a \leq X \leq b) = P(a < X < b) = \int_{a}^{b} f(x)dx$ (2.9)

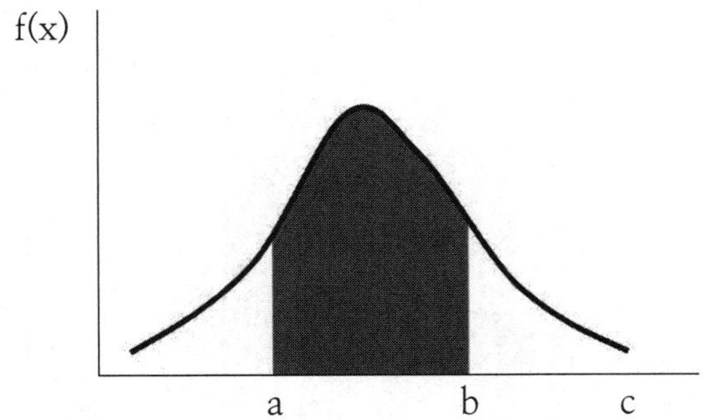

그림 2.5 확률밀도함수와 구간의 확률

예제 2.16

어떤 설비의 고장까지의 시간을 나타내는 확률변수 X의 확률밀도함수가 다음과 같은 형태들 갖는다고 한다.

$$f(x) = ce^{-0.01x},\ 0 \le x < \infty \tag{2.10}$$

(1) f(x)가 확률밀도함수가 되기 위한 상수 c의 값을 구하라.

(2) 이 설비가 100일에서 110일 사이에 고장 날 확률을 구하라.

풀이

(1) f(x)가 확률밀도함수가 되려면 $\int_0^\infty f(x)dx = \frac{c}{0.01} = 1$이어야 한다. 따라서 $c = 0.01$이다.

(2) X가 (100,110) 사이에 있을 확률이므로 확률밀도함수를 100에서 110까지 적분하여 $P(100 \le X \le 110) = \int_{100}^{110} 0.01e^{-0.01x}dx = [-e^{-0.01x}]_{100}^{110} = 0.368 - 0.333$ $= 0.035$이다. ■

2.2.4 누적분포함수

X에 대한 누적분포함수(cumulative distribution function) F(x)는 모든 실수 x에 대해서 $F(x) = P(X \le x)$를 정의한 함수이다. 확률변수 X에 대해서 $P(X \le x)$를 구해야 할 경우가 있다. 이산형 확률변수의 경우에 이 확률은 x보다 작거나 같은 확률변수 공간의 원소들을 가질 확률의 합으로 구할 수 있고, 연속형 확률변수의 경우에는 구간 $(-\infty, x]$에서 확률밀도함수를 적분하여 구한다.

예제 2.17

예제 2.14의 확률밀도함수로부터 X의 누적분포함수를 구하라.

풀이

이산형 확률변수이므로 확률변수 공간 $\{0,1,2,3,4\}$에서 누적확률이 변한다. 0, 1, 2, 3, 4에서 누적확률을 구하자. $F(0)=P(X \le 0)=f(0)=1/16$, $F(1)=P(X \le 1)=f(0)+f(1)=5/16$, $F(2)=P(X \le 2)=f(0)+f(1)+f(2)=11/16$, $F(3)=P(X \le 3)=f(0)+f(1)+f(2)+f(3)=15/16$, $F(4)=P(X \le 4)=f(0)+f(1)+f(2)+f(3)+f(4)=1$로 구할 수 있다. 따라서 X의 확률밀도함수는 다음과 같다. ■

$$F(x)=\begin{cases} 0, & x<0 \\ 1/16, & 0 \le x < 1 \\ 5/16, & 1 \le x < 2 \\ 11/16, & 2 \le x < 3 \\ 15/11, & 3 \le x < 4 \\ 1, & x \ge 4 \end{cases} \tag{2.11}$$

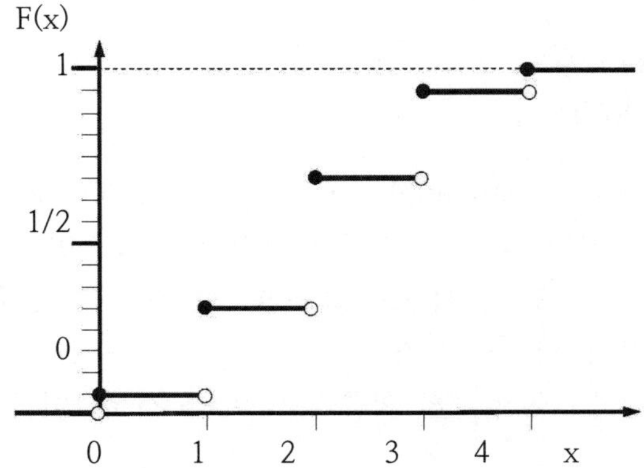

그림 2.6 이산형 확률변수의 누적분포함수

연속형 확률변수 X의 확률밀도함수를 f(x)라 하자. 연속형 확률변수의 확률은 주어진 구간에 대해서 확률밀도함수를 적분한 것이므로 누적분포함수 F(x)는 다음과 같이 정의된다.

$$F(x) = \int_{-\infty}^{x} f(t)dt, \quad -\infty < x < \infty \tag{2.12}$$

예제 2.18

예제 2.16의 확률변수에 대해 누적분포함수를 구하라.

풀이

확률밀도함수가 $f(x) = 0.01e^{-0.01x}$, $0 \le x < \infty$이므로 누적분포함수는 다음과 같다. 구간 $(-\infty, 0)$에서는 $f(x) = 0$이므로 이 구간에서 $F(x) = 0$이다. 구간 $[0, \infty)$에서 F(x)는

$$F(x) = \int_{-\infty}^{x} f(t)dt = \int_{0}^{x} 0.01^{-0.01t}dt = 1 - e^{0.01x} \tag{2.13}$$

이다. 따라서 누적분포함수는 다음과 같다.

$$F(x) = \begin{cases} 0, & -\infty < x < 0 \\ 1 - e^{-0.01x}, & 0 \le x < \infty \end{cases} \tag{2.14}$$

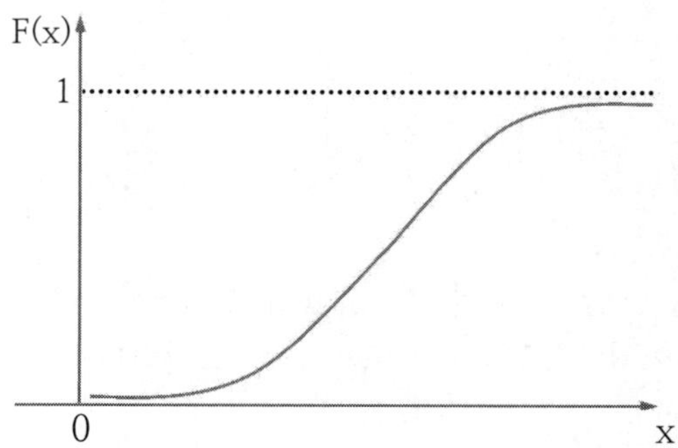

그림 2.7 연속형 확률변수의 누적분포함수

2.3 기댓값과 분산

데이터가 주어진 경우에 중심위치의 측도로 표본평균을 $\bar{x}$를 사용하였고, 변동성의 측도로써 표본표준편차 s(또는 분산 s^2)을 사용하였다. 확률변수에 대해서도 확률분포의 중심위치와 변동성을 나타내는 측도가 필요하다.

확률변수의 중심위치의 측도로 기댓값(또는 평균)을 사용하며, 변동성의 측도로 분산 또는 표준편차를 사용한다.

2.3.1 확률변수의 기댓값

어떤 게임에서 이기면 1,000원을 받고, 지면 700원을 받는다. 이 게임에서 이길 확률은 0.4이고, 질 확률은 0.6이다. X를 게임에서 받을 수 있는 금액이라 하면, X의 확률밀도함수는 $f(1{,}000) = 0.40$, $f(700) = 0.60$이다. 이 게임을 할 때, "평균" 또는 "장기간에" 얼마의 금액을 받을 수 있는가? 또는 게임비를 얼마나 내면 이 게임을 하겠는가?에 관심이 있을 수 있다. 이 게임을 10번 하였을 때, 평균적으로 1,000원을 4번, 700원을 6번 받을 수 있다. 따라서 게임당 평균 $[(1{,}000)(4) + (700)(6)]/10 = 820$원을 받을 수 있을 것이라고 기대할 수 있다.

이 게임에서 기대할 수 있는 금액을 확률로 표현하면 $820 = (1{,}000)(0.40) + (700)(0.60) = (1{,}000)f(1{,}000) + (700)f(700)$이다. 이때 820은 게임에서 받기를 기대할 수 있는 금액이다.

이 개념을 확장하여 확률변수공간이 $\{x_1, x_2, \ldots, x_k\}$인 이산형 확률변수 X에 대해서 $E[X]$를

$$E[X] = x_1 f(x_1) + x_2 f(x_2) + \cdots + x_k f(x_k) = \sum_{i=1}^{k} x_i f(x_i) \tag{2.15}$$

로 나타낼 수 있다. $E[X]$를 X의 기댓값(expectation)이라 한다. 일반적으로 $E[X]$를 X의 평균(mean)이라 부르며 μ_X 또는 μ로 표기한다.

예제 2.19

확률변수 X가 일정 면적을 가진 전자부품에 포함된 결점수를 나타낸다고 하자. 확률변수 X의 확률밀도함수가 다음과 같을 때 X의 평균 또는 기댓값을 구하라.

x	0	1	2	3	4
f(x)	0.41	0.37	0.16	0.05	0.01

풀이

X의 기댓값은 식(2.15)를 적용하면 $E[X]=0(0.41)+1(0.37)+2(0.16)+3(0.05)+4(0.01)=0.88$이다. 즉, 전자부품에 포함된 결점수의 평균은 0.88개이다. ■

이산형 확률변수의 기댓값에서 합을 적분으로 바꾸면 연속형 확률변수의 기댓값 또는 평균을 다음과 같이 정의할 수 있다.

$$\mu_X = E[X] = \int_{-\infty}^{\infty} x f(x) dx \tag{2.16}$$

예제 2.20

어느 공장에서 냉각수에 의한 파이프 부식도는 0에서 1사이의 값으로 측정된다. 부식도 X는 사용 환경에 따라 변하므로 확률변수로 취급되며 확률밀도함수는 다음과 같다. 이 때 파이프 부식도의 기댓값을 구하라.

$$f(x) = \begin{cases} 2(1-x), & 0 < x < 1 \\ 0, & \text{그 밖의 값} \end{cases}$$

풀이

식(2.16)을 적용하면 파이프 부식도의 기댓값은

$$E[X] = \int_0^1 2x(1-x)dx = \left[x^2 - \frac{2}{3}x^3\right]_0^1 = \frac{1}{3}$$

이다. ■

기댓값은 여러 가지 유용한 성질을 갖고 있다. 이 성질을 활용하면 확률변수의 함수식의 기댓값을 구할 수 있다.

【정리 2.4】 (기댓값의 성질) 확률변수의 기댓값은 다음의 성질을 갖는다.

(1) 확률변수 X와 상수 a, b에 대하여 다음이 성립한다.

$$E[aX+b] = aE[X]+b \tag{2.17}$$

(2) 확률변수 X의 함수 $g(X)$도 확률변수이며, $g(X)$의 기댓값은 다음과 같다.

$$E[g(X)] = \begin{cases} \int_{-\infty}^{\infty} g(x)f(x)dx, & X\text{가 연속 확률변수인 경우} \\ \sum_x g(x)f(x), & X\text{가 이산 확률변수인 경우} \end{cases} \tag{2.18}$$

(3) n개의 확률변수 $X_1, X_2, \cdots, X_n$에 대해서 다음이 성립한다.

$$E[X_1 + X_2 + \cdots + X_n] = E[X_1] + E[X_2] + \cdots + EX_n] \tag{2.19}$$

예제 2.21

어떤 철사 길이 X의 확률밀도함수가 다음과 같다.

$$f(x) = \frac{1}{10},\ 10 \le x \le 20$$

임의로 철사를 하나 골라 정사각형을 만들 때 면적의 기댓값을 구하라.

풀이

길이 X인 철사로 정사각형을 만드는 경우, 한 변의 길이는 X/4이고, 면적은 $S = X^2/16$이다. 따라서 면적의 기댓값은 $E\left[\frac{X^2}{16}\right] = \frac{1}{16}E[X^2] = \frac{1}{16}\int_{10}^{20} x^2 \frac{1}{10}dx = 14.58$이다. ■

2.3.2 확률변수의 분산과 표준편차

분산은 개개의 측정값과 평균과의 차이 제곱합의 평균으로 정의된다. 따라서 확률변수 X의 분산 σ_X^2 또는 $Var(X)$는 확률변수 $g(X) = (X - \mu_X)^2$의 기댓값으로 구한다.

$$\sigma_X^2 = Var(X) = E[(X - \mu_X)^2] \tag{2.20}$$

또한 X의 표준편차 σ_X는 σ_X^2의 양의 제곱근으로 구한다. X에 대한 분산을 구할 때, $(X - \mu_X)^2 = X^2 - 2\mu_X X + \mu_X^2$임을 이용하면 다음과 같이 편리한 식을 얻을 수 있다.

$$\sigma_X^2 = Var(X) = E[X^2] - \mu_X^2 \tag{2.21}$$

예제 2.22

예제 2.19의 확률분포를 따르는 확률변수 X의 분산과 표준편차를 구하라.

풀이

$\mu_X = E[X] = 0.88$이다. $E[X^2] = 0^2(0.41) + 1^2(0.37) + 2^2(0.16) + 3^2(0.05) + 4^2(0.01) = 1.62$이다. 따라서 $Var(X) = E[X^2] - \mu_x^2 = 1.62 - 0.88^2 = 0.8456$이고, 표준편차는 0.9196이다. ■

예제 2.23

확률변수 X의 확률밀도함수가 $f(x) = 6x(1-x),\ 0 < x < 1$일 때, 확률변수 X의 분산과 표준편차를 구하라.

풀이

$\mu_X = \int_0^1 6x^2(1-x)dx = 0.50$이므로 Var(X)는 $Var(X) = [X^2] - \mu_X^2 = \int_0^1 6x^3 (1-x)dx - 0.50^2 = 0.50$이다. 따라서 표준편차는 $\sigma_X = \sqrt{0.50} = 0.707$이다. ■

분산은 여러 가지 유용한 성질을 갖고 있다. 이 성질을 활용하면 확률변수의 함수식의 분산을 구할 수 있다. 다음의 정리는 확률변수 X의 a배의 분산은 X의 분산에 a^2배가 되며, 상수를 더하거나 빼도 분산에는 변화가 없다는 것을 의미한다.

【정리 2.5】 확률변수 X와 상수 a, b에 대하여 다음이 성립한다.

$$Var(aX+b) = a^2 Var(X) \tag{2.22}$$

확률변수 X에 의해 정의되는 임의의 사건과 확률변수 Y에 의해 정의되는 임의의 사건이 서로 독립이면 확률변수 X와 Y는 서로 독립이라고 한다.

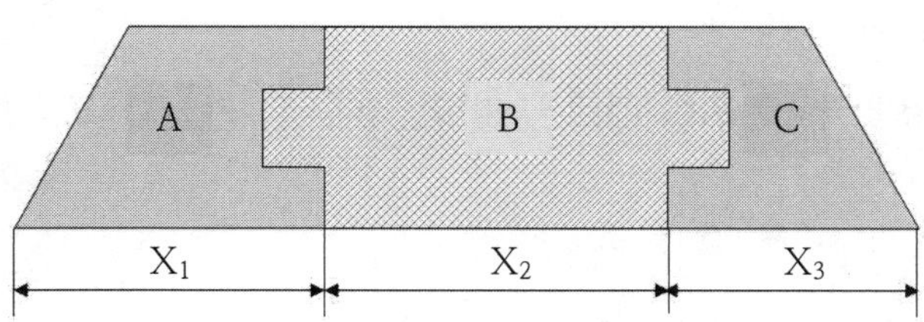

그림 2.8 세 부품의 조립 상태

【정리 2.6】 서로 독립인 확률변수들에 대해서 다음이 성립한다.

(1) 서로 독립인 확률변수 X, Y에 대해서 $Var[X+Y] = Var[X] + Var[Y]$이다.

(2) $X_1, X_2, \ldots, X_n$를 평균 $\mu_1, \mu_2, \ldots, \mu_n$, 표준편차 $\sigma_1, \sigma_2, \ldots, \sigma_n$를 갖는 확률변수라 하자. $X_1, X_2, \ldots, X_n$이 서로 독립일 때, 상수 $a_1, a_2, \ldots, a_n$에 대하여 다음이 성립한다.

① $E[a_1X_1 + a_2X_2 + \cdots + a_nX_n] = a_a\mu_1 + a_2\mu_2 + \cdots + a_n\mu_n$

② $Var(a_1X_1 + a_2X_2 + \cdots + a_nX_n) = a_1^2\sigma_1^2 + a_2^2\sigma_2^2 + \cdots + a_n^2\sigma_n^2$

예제 2.24

그림 2.8과 같이 부품1, 부품2, 부품3이 조립된다고 하자. X_1, X_2, X_3를 각 구성 부품의 두께라 하고, $Y = X_1 + X_2 + X_3$를 조립품의 두께라 하자. 또한 X_1의 평균은 $\mu_1 = 0.500$이고 표준편차는 $\sigma_1 = 0.002$, X_2의 평균은 $\mu_2 = 0.250$이고 표준편차는 $\sigma_2 = 0.001$, X_3의 평균은 $\mu_3 = 0.500$이고 표준편차는 $\sigma_3 = 0.002$이라 하자. 조립품의 두께 Y의 평균과 표준편차를 구하라.

풀이

조립품의 두께 Y의 평균은 $\mu_Y = E[Y] = \mu_1 + \mu_2 + \mu_3 = 0.500 + 0.250 + 0.500 = 1.250$이다. 만일 조립품을 구성하는 구성부품들의 치수가 독립 이면 $\sigma_Y^2 = Var(Y) = \sigma_1^2 + \sigma_2^2 + \sigma_3^2 = 0.0022 + 0.0012 + 0.0022 = 0.0032$이다. 따라서 조립품의 표준편차는 $\sigma_Y = \sqrt{0.0023} = 0.05657$가 된다. ■

연습문제

2.1 한 개의 동전을 세 번 던질 때 다음의 확률을 구하라.

(a) 앞면이 2번 나타날 확률

(b) 적어도 한 개의 앞면이 나타날 확률

(c) 앞면의 개수가 뒷면의 개수보다 적게 나타날 확률

2.2 세 개의 부품으로 이루어진 전자 장치가 그림과 같이 배열되어 있다. 이 장치는 1에서 2까지 연결될 때만 작동한다. 이 장치의 상태를 '$A_0B_1C_0$'와 같이 표현할 때, 첨자가 0이면 고장, 첨자가 1이면 작동 상태를 나타낸다. 상태가 '$A_0B_1C_0$'이면 A와 C는 고장이고, B는 작동 상태이다.

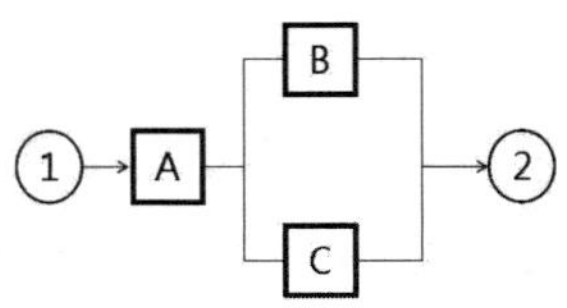

(1) 표본공간 S를 정의하라.

(2) 전자장치가 작동하는 사건은 정의하라.

2.3 하나의 상자 안에 두 개의 빨간 공, 5개의 푸른 공, 4개의 하얀 공, 7개의 녹색공이 들어 있다. 하나의 공을 꺼낼 때 빨간 공 또는 녹색 공을 꺼낼 확률을 구하라.

2.4 사건의 확률이 다음과 같이 정의되어 있다.

사건	O_1	O_2	O_3	O_4	O_5
확률	0.15	0.15	0.40	p_4	p_5

(1) $p_5 = 2p_4$일 때, p_4와 p_5는 얼마인가?

(2) 사건 $E = O_3 \cup O_4 \cup O_5$라 할 때, P(E)를 구하라.

2.5 6대의 금형 기계를 사용하여 제품을 만들고 있다. 다음의 표는 각 금형기계를 이용하여 만드는 제품의 비율이다. 기계1과 기계3은 창원에서 조립한 기계이다. 하나의 제품을 추출했을 때 이 제품이 창원에서 조립한 기계에서 생산된 제품일 확률을 구하라.

기계	1	2	3	4	5	6
비율	0.26	0.18	p_3	0.15	0.30	0.05

2.6 24개의 집적회로로 이루어진 제품이 있다. 24개 중 세 개가 불량품인 것으로 확인되었다. 24개 중 두 개를 비복원 추출할 때 다음의 확률을 구하라.

(1) 첫 번째 추출된 집적회로가 불량품일 확률을 구하라.

(2) 첫 번째 추출된 집적회로가 불량품일 경우, 두 번째 것도 불량품일 확률을 구하라.

(3) 두 개 모두 불량품일 확률을 구하라.

2.7 항공기가 장착하고 있는 4개의 엔진은 서로 독립적으로 움직인다. 각각의 엔진이 비행 중 고장날 확률은 0.01로 동일하다. 비행 동안 어떤 엔진도 고장 나지 않을 확률을 구하라.

2.8 어떤 제품의 결점의 유형이 A, B, C가 있다. 생산 자료로부터 다음의 확률을 얻었다. $P(A)=0.20$, $P(B)=0.16$, $P(C)=0.14$, $P(A\cup B)=0.08$, $P(A\cap C)=05$, $P(B\cap C)=0.04$, $P(A\cap B\cap C)=0.02$. 무작위로 추출된 제품이 세 가지 유형의 결점 중 하나라도 가지고 있을 확률을 구하라.

2.9 문제 2.2에서 부품A, 부품B, 부품C가 작동할 확률이 0.95, 0.90, 0.98일 때 이 직렬 시스템이 작동할 확률을 구하라.

2.10 2명의 신입사원을 뽑는데 A대학 졸업생 2명과 B대학 졸업생 3명이 입사시험에 응시하였다. 이 기업에서는 응시한 사람들의 역량에 차이가 없다고 판단하고, 무작위

로 2명을 뽑기로 했다. 확률변수 X를 뽑힌 A대학 졸업자 수라 정의할 때

(a) 확률밀도함 수 f(x)를 구하라.

(b) f(x)의 그래프를 그려라.

(c) $P(X > 1)$을 구하라.

2.11 문제 2.10에서 다음을 구하라.

(a) 누적분포함수 F(x)를 구하라.

(b) F(x)의 그래프를 그려라.

2.12 확률변수 X의 확률밀도함수가 다음과 같다. $P(2 < X < 6)$를 구하라.

x	1	2	3	4	5	6
f(x)	0.1	0.1	0.1	0.1	0.1	0.5

2.13 확률변수 X의 누적분포함수가 다음과 같다.

$$F(x) = \begin{cases} 0, & x < 0 \\ 0.90, & 0 \le x < 1 \\ 0.95, & 1 \le x < 2 \\ 0.97, & 2 \le x < 3 \\ 1.00, & x \ge 3 \end{cases}$$

(a) 확률변수 X의 공간을 구하라.

(b) $P(X = 1)$을 구하라.

(c) $P(0 < X \le 3)$을 구하라.

(d) $P(1 \le X < 3)$을 구하라.

(e) 확률밀도함수 f(x)를 구하라.

2.14 $f(x) = x(1-x)+1$, $x = 0,1$은 확률밀도함수인가 판단하라.

2.15 $f(x) = 2x/9$, $0 \le x \le 3$이다.

(a) $f(x)$가 확률밀도함수임을 보여라.

(b) $P(X > 2)$를 구하라.

(c) $P(1/2 < X \le 3/2)$를 구하라.

(d) $F(x)$를 구하라.

2.16 연속확률변수 X의 확률밀도함수가 $f(x) = kx$, $0 \le x \le 3$이다.

(a) 상수 k의 값을 구하라.

(b) $P(1/2 < X \le 2)$를 구하라.

(c) $F(x)$를 구하라.

2.17 연속확률변수 X의 확률밀도함수가 $f(x) = ke^{-2x}$, $x \ge 0$이다.

(d) 상수 k의 값을 구하라.

(e) $P(0 \le X \le 2)$를 구하라.

(f) $F(x)$를 구하라.

2.18 확률변수 X의 확률밀도함수가 다음과 같다.

x	2	6	7	9	16
f(x)	1/6	1/3	1/12	1/6	1/4

(a) $E(X)$를 구하라.

(b) $E(X^2)$과 $Var(X)$를 구하라.

(c) $E[(2X-5)^2]$을 구하라.

2.19 문제 2.19에 대해서 다음 물음에 답하라.

(a) $E(X)$, $Var(X)$를 구하라.

(b) $E[(X-3)^2]$을 구하라.

2.20 외경이 X_1인 못을 내경이 X_2인 구멍에 끼워 넣는다고 하자. X_1은 평균 0.250, 표준편차 0.005이고, X_2는 평균 0.255, 표준편차 0.005일 때, 틈 $Y = X_2 - X_1$의 평균과 표준편차를 구하라.

2.21 어떤 철사 길이 X의 확률밀도함수가 다음과 같다. 임의로 철사를 하나 골라 정삼각형을 만들 때 삼각형 면적의 기댓값을 구하라.

$$f(x) = \frac{1}{5},\ 10 \le x \le 15$$

제3장 이산확률분포

❖ 학습목표

1. 베르누이 확률변수를 정의하고, 평균과 분산을 계산할 수 있다.
2. 이항 확률변수의 적용 상황을 설명하고, 확률밀도함수, 평균, 분산을 구할 수 있다.
3. 포아송 확률변수의 적용 상황을 설명하고, 확률밀도 함수, 평균, 분산을 구할 수 있다.
4. 초기하 확률변수의 적용 상황을 설명하고, 확률밀도함수, 평균, 분산을 구할 수 있다.

제3장 이산확률분포

확률적 현상을 묘사하는 모형을 확률모형이라 한다. 이 장에서는 주요 이산형 확률분포모형에 대해서 다룬다. 이산형 확률분포는 불량의 수, 결점의 수와 같은 계수형 데이터의 확률모형이다. 자주 사용되는 이산형 확률분포에 대해서 확률변수의 정의, 확률밀도함수, 평균과 분산 등에 대해서 소개한다. 이산확률분포에는 이항분포, 포아송분포, 초기하분포 등이 있다.

제1절에서는 이산형 확률모형의 기반이 되는 베르누이분포에 대해서 소개하고, 제2절에서는 이항분포모형에 대해서 다룬다. 제3절에서는 포아송분포에 대해서 다루고, 제4절에서는 초기하분포에 대해서 다루기로 한다.

3.1 베르누이 분포

A사 직원의 75%는 회사의 복지 정책에 만족하고 나머지 25%는 만족하지 못하고 있다고 하자. 어떤 기자가 한 명의 직원을 무작위로 선택하고 "당신은 회사의 복지 정책에 만족합니까?"라고 질문했을 때 선택된 직원은 '예' 또는 '아니오' 중 하나의 대답을 할 것이다(다른 응답은 하지 않는다.). 동전을 던졌을 때 위쪽으로 향하는 면(앞면 또는 뒷면)이 무엇인지에 대해서 실험할 수 있다. 이와 같이 두 가지의 결과(예 또는 아니오, 남성 또는 여성, 진실 또는 거짓 등)가 나올 수 있는 실험을 베르누이 시행이라 한다.

[정의 3.1] (베르누이 시행, Bernoulli trial) 두 가지의 실험 결과만 나올 수 있는 확률실험을 베르누이 시행이라 한다.

두 가지 실험결과를 보통 '성공'과 '실패'로 표현한다. 두 가지 결과 중 하나를 '성공'으로 하면, 나머지 하나의 결과는 '실패'로 하면 된다. 예를 들어, 실험 결과가 '예'이면 성공, '아니오'이면 실패로 나타낼 수 있다.

3.1.1 베르누이 확률변수

인터뷰를 위해 직원을 무작위로 선택하는 기자의 실험은 확률변수공간이 $\{0, 1\}$인 확률변수 X를 사용하여 표현할 수 있다. 확률변수 X를 선택된 직원이 '아니오'라고 대답하면 실패로 하고 $X = 0$, '예'라고 대답하면 성공으로 하고 $X = 1$의 값을 갖는 것으로 정의할 때, 이 확률변수를 베르누이 확률변수(Bernoulli random variable)라 한다.

[정의 3.2] (베르누이 확률변수) 베르누이 시행에서 실패이면 $X = 0$, 성공이면 $X = 1$로 정의한 확률변수 X를 베르누이 확률변수라 한다.

베르누이 시행에서 성공이 나타나는 확률을 θ라 하면, 실패일 확률은 $1-\theta$이다. 즉, 확률변수공간 $\{0, 1\}$의 각 원소에 대응하는 확률은 $f(0) = P(X = 0) = 1-\theta$, $f(1) = P(X = 1) = \theta$이다. 따라서 베르누이 확률변수의 확률밀도함수는

$$f(x) = \begin{cases} 1-\theta, & x = 0, \\ \theta, & x = 1 \end{cases} \tag{3.1}$$

가 된다.

직원 복지정책 인터뷰 실험에서 직원의 응답에 대한 확률밀도함수를 구해보자.

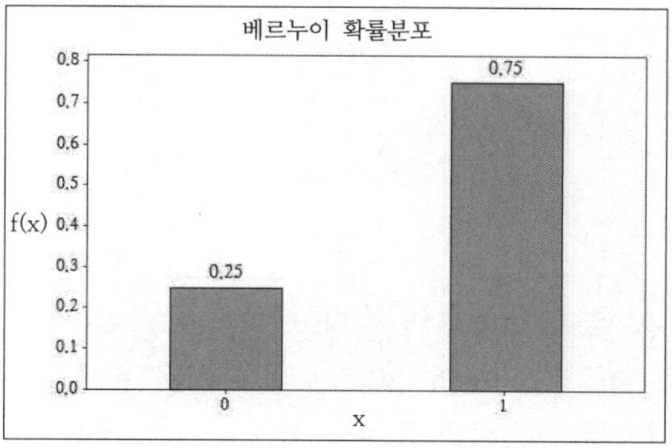

그림 3.1 베르누이 확률밀도함수

인터뷰 실험에서 복지 정책에 불만을 가진 직원이 선택될 확률은 0.25이고, 만족하는 직원이 선택될 확률은 0.75이다. 확률변수 X를 '아니오'이면 0, '예'이면 1이라 두면 $P(X=0)=0.25$, $P(X=1)=0.75$이다. 따라서 X에 대한 확률밀도함수는 다음과 같이 된다.

$$f(x)=\begin{cases}0.25, & x=0\\ \\ 0.75, & x=1\end{cases} \tag{3.2}$$

그림 3.1은 식(3.2)의 확률밀도함수를 그림으로 나타낸 것이다.

3.1.2 베르누이 확률변수의 평균과 분산

확률변수 X가 식(3.1)의 베르누이 분포를 따른다고 하자. 이때 $E[X]=(0)(1-\theta)+(1)(\theta)=\theta$이므로 X의 평균은 θ이다. 또 $E[X^2]=(0)^2(1-\theta)+1^2(\theta)=\theta$이므로 $Var(X)=E[X^2]-\mu^2=\theta-\theta^2=\theta(1-\theta)$이므로 X의 분산은 $\theta(1-\theta)$이다.

【정리 3.1】 (베르누이 확률변수의 평균과 분산) 확률변수 X가 식(3.1)의 베르누이분포를 따를 때, X의 평균과 분산은 각각 다음과 같다.

$$\mu=E[X]=\theta \tag{3.3a}$$

$$\sigma^2 = Var(X) = \theta(1-\theta) \tag{3.3b}$$

예제 3.1

회로기판에 구멍을 뚫기 위해서는 드릴링 머신을 사용한다. 과거의 경험에 의하면 드릴링 머신으로 가공된 기판의 99.3%는 규격을 만족한다고 한다. 확률변수 X를 회로기판이 규격을 만족하면 $X=1$, 만족시키지 못하면 $X=0$으로 정의할 때, (1) X의 확률밀도함수, (2) X의 평균, 분산, 표준편차를 구하라.

풀이

(1) X는 $\theta = 0.993$인 베르누이 확률변수이므로 확률밀도함수는

$$f(x) = \begin{cases} 0.007, & x = 0 \\ 0.993, & x = 1 \end{cases}$$

이다. (2) X의 평균은 $\mu = \theta = 0.993$, 분산은 $\sigma^2 = \theta(1-\theta) = 0.993(1-0.993)$ $= 0.006951$, 표준편차는 $\sigma = \sqrt{\sigma^2} = \sqrt{0.006951} = 0.08337$이다. ■

3.2 이항분포

3.2.1 이항 확률변수

직원 복지정책 인터뷰 실험에서 직원들 중의 75%는 복지 정책에 만족하고 25%가 만족하지 않는다. 이제 6명의 직원을 무작위로 선택하여 인터뷰했을 때, 복지 정책에 만족하는 직원의 수 X에 관심을 갖는다고 하자. 이 때 임의로 선택된 직원이 '예'라고 대답할 확률은 θ=0.75이다. 6명의 직원을 임의로 선택했으므로 6명 중에서 '예'라고 응답한 직원 수 X는 확률변수가 된다.

[정의 3.3] (이항확률변수) X를 성공확률 θ인 베르누이 시행을 n번 독립적으로 시행했을 때 나타난 성공의 횟수라 할 때, X를 이항확률변수(binomial random variable)라 하고, $X \sim B(n,\theta)$로 표기한다.

다음의 각 상황은 이항확률변수로 설명할 수 있다.

A. 주사위를 4번 던지는 실험에서 3의 눈이 나온 횟수를 X라 하자. 주사위를 한번 던졌을 때 3의 눈이 나올 확률은 1/6이고, 주사위를 던지는 실험은 독립이므로 X는 이항확률변수이다. 즉, $X \sim B(4,1/6)$이다.

B. 카드 한 벌에서 한 장의 카드를 추출할 때, 추출된 카드가 에이스인지 아닌지를 식별하는 실험을 15번 수행하여 에이스가 나온 횟수를 X라 하면, X는 이항확률변수이다. 한 번의 실험에서 에이스가 나올 확률은 $\theta = 4/52 = 1/13$이므로 $X \sim B(15,1/13)$이다(총 52장 중 4장의 에이스카드가 있음).

C. 30개의 부품으로 구성된 로트[1)]에 3개의 불량 부품이 포함되어 있다. 이 로트에서 5개의 부품을 무작위로 비복원추출할 때 관찰하는 불량 부품의 수를 X라 하자. 이 경우에는 매 시행에서 불량 부품이 나올 확률이 동일하지 않으므로 X는 이항 확률변수라 할 수 없다(단, 복원추출한다면 이항확률변수가 됨).

D. 매우 안정적으로 운용되고 있는 설비에서 매일 15개의 부품을 생산하고 있다. 매일 생산되는 부품 중에서 발견되는 불량품의 수를 X라고 하면, X는 이항확률변수이다. 이 경우 불량률 θ는 미지이므로 $X \sim N(15,\theta)$로 표기할 수 있다.

이제 이항확률변수의 확률밀도함수를 구해보자. 앞의 A 상황에서 확률변수 X의 확률변수공간은 $\{0,1,2,3,4\}$이다. 확률변수공간의 각 값이 나타날 확률을 계산해 보자.

1) 로트(lot) : 1회에 생산되는 특정수의 제품단위. 제품의 품질을 관리하기 위해 동일 원재료, 동일 공정에서 생산되는 상품 집단을 나타내는 단위. 같은 종류의 상품을 몇 개의 묶음으로 하여 1로트로 하는 경우에는 상품 하나하나에 로트 번호와 상품번호를 붙여서 몇 로트의 몇 번 상품인지를 표시함.

표 3.1 X~B(4,1/6)의 확률밀도함수

x	가능한 결과	확률	가능한 경우의 수	P(X=x)	표기
0	XXXX	$\left(\frac{5}{6}\right)^4$	$\binom{4}{0}=\frac{4!}{0!4!}=1$	$1\left(\frac{5}{6}\right)^4$	$\binom{4}{0}\left(\frac{1}{6}\right)^0\left(\frac{5}{6}\right)^{4-0}$
1	○XXX XX○X X○XX XXX○	$\left(\frac{1}{6}\right)\left(\frac{5}{6}\right)^3$	$\binom{4}{1}=\frac{4!}{1!3!}=4$	$4\left(\frac{1}{6}\right)\left(\frac{5}{6}\right)^3$	$\binom{4}{1}\left(\frac{1}{6}\right)^1\left(\frac{5}{6}\right)^{4-1}$
2	○○XX X○○X ○X○X X○X○ ○XX○ XX○○	$\left(\frac{1}{6}\right)^2\left(\frac{5}{6}\right)^2$	$\binom{4}{2}=\frac{4!}{2!2!}=6$	$6\left(\frac{1}{6}\right)^2\left(\frac{5}{6}\right)^2$	$\binom{4}{2}\left(\frac{1}{6}\right)^2\left(\frac{5}{6}\right)^{4-2}$
3	X○○○ ○○X○ ○X○○ ○○○X	$\left(\frac{1}{6}\right)^3\left(\frac{5}{6}\right)^1$	$\binom{4}{3}=\frac{4!}{3!1!}=4$	$4\left(\frac{1}{6}\right)^3\left(\frac{5}{6}\right)^1$	$\binom{4}{3}\left(\frac{1}{6}\right)^3\left(\frac{5}{6}\right)^{4-3}$
4	○○○○	$\left(\frac{1}{6}\right)^4$	$\binom{4}{4}=\frac{4!}{4!0!}=1$	$1\left(\frac{1}{6}\right)^4$	$\binom{4}{4}\left(\frac{1}{6}\right)^4\left(\frac{5}{6}\right)^{4-4}$
합계				1	

$X=1$일 확률은 다음과 같이 계산할 수 있다. ○를 3의 눈이 나온 경우, X를 3의 눈이 나오지 않은 경우를 표시한다고 하면, 가능한 결과는 ○XXX, X○XX, XX○X, XXX○의 4가지이다. 또한 각 시행은 독립이고, 한 번의 시행에서 ○일 확률은 1/6, X일 확률은 5/6이다. 4번의 시행에서 한번 3의 눈이 나올 확률은 $(1/6)(5/6)^3$가 된다. 4번의 시행에서 한 번 3의 눈이 나오는 경우는 4가지이므로 $P(X=1)=4(1/6)(5/6)^3$이다.

$X=2$가 되는 사건은 ○○XX와 같이 표현할 수 있다. 이 경우의 확률은 $(1/6)^2(5/6)^2$이고, 4번의 시행에서 2번 3의 눈이 나오는 경우의 수는 ${}_4C_2=\binom{4}{2}=\frac{4!}{2!2!}=6$가지이다.[2)] 따라서 $P(X=2)=6(1/6)^2(5/6)^2$이다. 이와 같은 방식으로 확률변수 X의 공간 $\{0,1,2,3,4\}$의 각 원소에 대해서 확률을 구하여 정리하면 $X\sim B(4,1/6)$의 확률밀도함수를 표 3.1과 같이 얻을 수 있다.

---

2) n개의 서로 구별되는 개체에서 x개를 뽑는 방법의 수를 조합의 수라 하며 $\frac{n!}{x!(n-x)!}$이다. $\frac{n!}{x!(n-x)!}$를 $\binom{n}{x}$로 표기하는 것이 보통이며, ${}_nC_x$로 표현하는 경우도 있다.

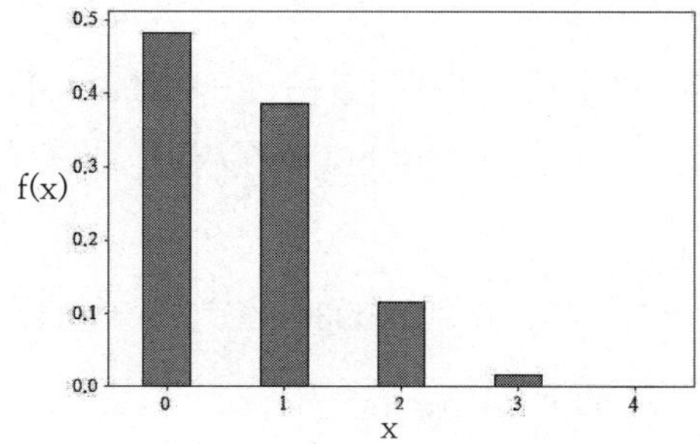

그림 3.2 X~B(4,1/6)의 확률밀도함수

표 3.1을 수식으로 표현하면

$$f(x) = P(X = x) = \binom{4}{x}\left(\frac{1}{6}\right)^{x}\left(\frac{5}{6}\right)^{4-x}, \quad x = 0,1,2,3,4 \tag{3.4}$$

이다. 그림 3.2 는 식(3.4)의 확률밀도함수를 그림으로 나타낸 것이다.

n번의 독립적인 실험에서 x번 성공할 확률은 쉽게 일반화될 수 있다. n번의 시행에서 x번 성공하고 $n-x$번 실패하는 방법은 $\binom{n}{x} = \frac{n!}{x!(n-x)!}$가지 존재한다. 성공확률을 θ라 하면, 모든 가능한 결과 중 하나의 결과가 발생할 확률, 즉 x번 성공하고 (n-x)번 실패할 확률은 $\theta^{x}(1-\theta)^{n-x}$이다. X를 n번 실험에서의 성공의 횟수라 하면 $P(X = x) = \binom{n}{x}\theta^{x}(1-\theta)^{n-x}$이다. 따라서 $X \sim B(n,\theta)$일 때, X의 확률밀도함수 f(x)는 다음과 같다.

$$f(x) = P(X = x) = \binom{n}{x}\theta^{x}(1-\theta)^{n-x}, \ x = 0,1,2,\ldots,n (단, \ 0 < \theta < 1) \tag{3.5}$$

예제 3.2

드릴링 머신으로 회로기판에 구멍을 뚫는 공정의 합격률은 $\theta = 0.993$이다. X를 200개의 기판을 뚫었을 때 나타나는 불량 기판의 수라 할 때 (1) X의 확률밀도함수를 구하라. (2) 발견된 불량기판의 수가 하나 이하일 확률을 구하라.

풀이

(1) X가 불량기판의 수이므로 성공확률은 $1-0.993=0.007$이고, 회로기판의 합격여부는 서로 독립이므로 $X \sim B(200, 0.007)$이다. 따라서 불량기판 수 X의 확률밀도함수는

$$f(x)=\binom{200}{x}(0.007)^{x}(0.993)^{200-x},\quad x=0,1,2,\ldots,200$$

이다. (2) 하나 이하의 불량 기판이 발견될 확률은

$$P(X \le 1)=f(0)+f(1)=\binom{200}{0}(0.007)^{0}(0.993)^{200}+\binom{200}{1}(0.007)^{1}(0.993)^{199}$$

$=0.591$이다. ■

3.2.2 이항 확률변수의 평균과 분산

X를 시행횟수 n, 성공확률 θ인 이항 확률변수라고 하면, X는 성공확률이 θ인 베르누이 시행을 n번 독립적으로 시행했을 때 발생한 성공의 횟수이다. X_i를 i번째 베르누이 시행의 결과를 나타내는 확률변수라 하면, $X=\sum_{i=1}^{n} X_i$이다. 베르누이 확률변수 X_i의 평균과 분산은 각각 θ, $\theta(1-\theta)$이므로 X의 평균은 $E[X]=\sum_{i=1}^{n} E[X_i]=\sum_{i=1}^{n}\theta=n\theta$, 분산은 $Var(X)=\sum_{i=1}^{n} Var(X_i)=n\theta(1-\theta)$이 된다.

【정리 3.2】 (이항확률변수의 평균과 분산) 확률변수 X가 식(3.5)의 이항분포를 따를 때, X의 평균과 분산은 각각 다음과 같다.

$$\mu=E[X]=n\theta \tag{3.6a}$$

$$\sigma^2=Var(X)=n\theta(1-\theta) \tag{3.6b}$$

예제 3.3

예제 3.2의 회로 기판의 불량수 X의 평균, 분산, 표준편차를 구하라.

풀이

$X \sim B(200, 0.007)$이므로 X의 평균은 $\mu = n\theta = (200)(0.007) = 1.4$개이고, 분산은 $\sigma^2 = n\theta(1-\theta) = (200)(0.007)(1-0.007) = 1.1791$이다. 표준편차는 $\sigma = \sqrt{\sigma^2} = \sqrt{1.3902} = 1.1791$가 된다. ■

3.2.3 이항 확률밀도함수의 그래프

이항분포의 특성은 확률밀도함수의 그래프를 통해 파악할 수 있다. 그림 3.3은 $X \sim B(25, \theta)$의 확률밀도함수를 여러 가지 θ의 값에 대해서 나타낸 것이다. 그림에서 보면 θ가 0.50에 가까우면 대칭에 가깝고, 0과 1에 가까우면 비대칭이라는 것을 볼 수 있다.

3.2.4 이항 확률 모수의 추정과 활용

예제 3.4에서 회로 기판의 불량비율 θ=0.007은 어떻게 알 수 있는가? 앞에서 확률은 데이터를 관측하기 이전에 특정 관측치의 발생 가능성을 다루고, 통계는 데이터를 관측한 후 데이터를 바탕으로 정보를 도출하는 방법을 다룬다고 한 바 있다. 주사위 굴리기 실험과 같이 기본 사건의 발생확률을 이론적으로 구할 수 있는 상황에서는 성공확률을 정확하게 계산할 수 있다. 그러나 회로기판의 불량률과 같이 기본사건의 발생확률을 이론적으로 구할 수 없는 경우에는 통계적 방법으로 확률을 추정해야 한다.

200번의 실험에서 불량이 1개 발생했다면, 불량률은 얼마로 추정하겠는가? 이 때 불량비율 $p = 1/200 = 0.005$로 추정할 수 있다. 즉, n개를 관측하여, x개의 불량을 발견했다면 불량률은 $p = x/n$이다. 이와 같이 확률모형을 실제 상화에 적용하기 위

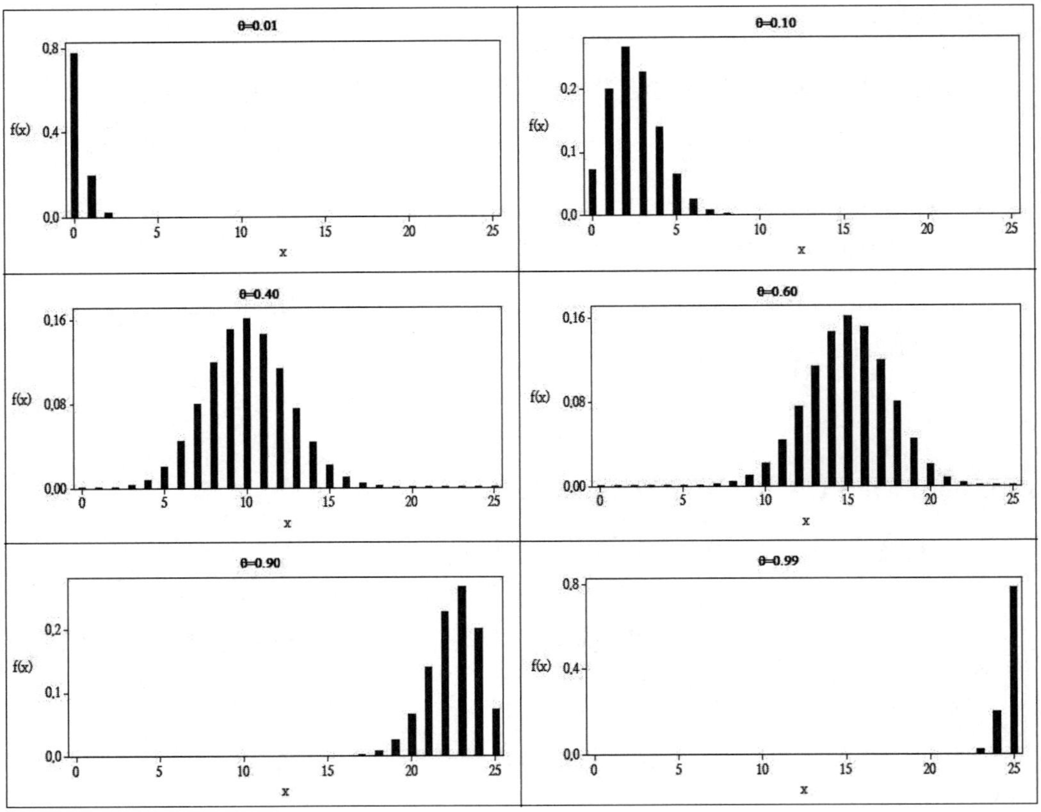

그림 3.3 X~B(25, θ)의 확률밀도함수 그래프
($\theta = 0.01, 0.10, 0.40, 0.60, 0.90, 0.99$)

해서는 모형에 포함된 모수(예를 들어, θ)를 추정해서 사용한다. 추정에 대한 세부적인 내용은 제5, 6, 7, 8장에서 다룬다.

이항분포모형은 불량률, 지지율, 찬성률 등과 관련된 상황을 모형화 하는데 활용된다. 제조공정의 불량률을 관리하기 위해 취한 표본에 포함된 불량품 수는 이항분포를 한다. 특정의 사안에 대해 찬성 여부를 묻는 여론 조사에서 표본으로 선정된 대상자 중에서 찬성으로 응답한 대상자의 수도 이항분포를 한다. 이와 같이 불량률의 관리와 여론 조사 결과의 분석에서 이항분포모형이 적용된다.

3.3 포아송분포

3.3.1 포아송 확률변수

일정 시간, 일정 지역, 일정 면적, 일정 무게, 일정 거리에서 어떤 현상의 발생 횟수를 측정하는 통계 실험이 있을 수 있다. 다음의 예를 살펴보자.

- 사무실에 한 시간 동안 걸려오는 전화 횟수
- 탄소에서 1초 동안 방출된 알파 입자의 수
- 주조된 플라스틱 부품에 있는 흠의 수
- 호일 한 롤에 있는 결점의 수
- 고속도로의 일정 지역에서 주당 발생하는 교통사고 건수
- 책상 표면에 있는 흠의 수

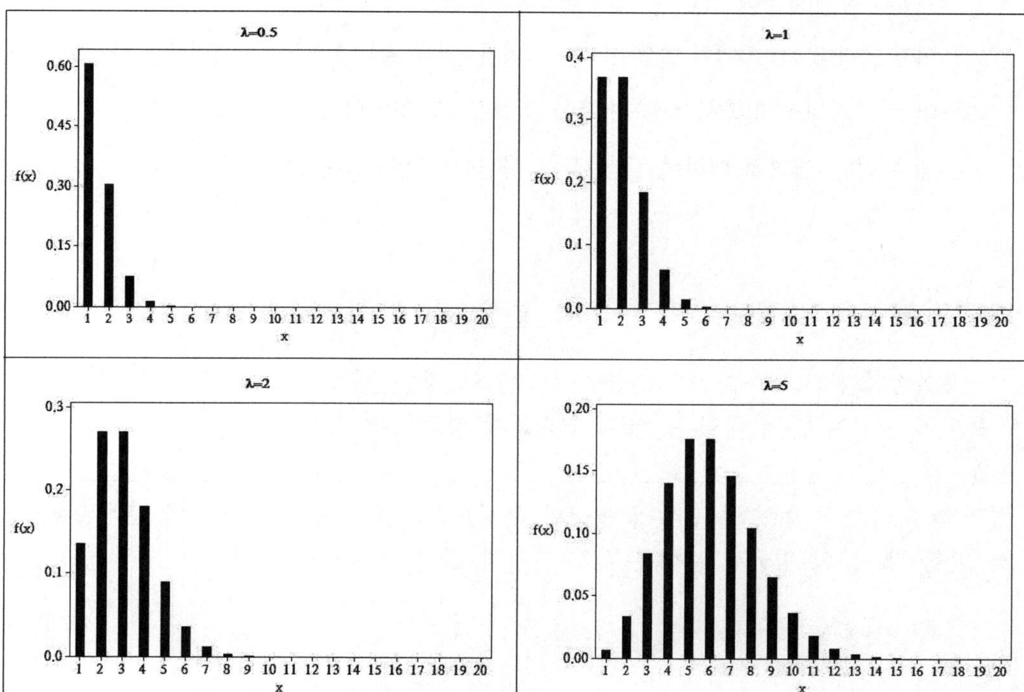

그림 3.4 포아송분포의 확률밀도함수(λ=0.5, 1.0, 2.0, 5.0)

일반적으로 한 단위(예, 단위시간, 단위면적 등)에서 확률적으로 발생하는 특정 사건의 발생횟수 X는 포아송 확률변수로 취급한다. 이 때 X는 이론적으로 가능한 발생 횟수가 한정되지 않기 때문에 확률변수공간은 $\{0,1,2,\ldots\}$이다.

[정의 3.4] (포아송 확률변수) 확률밀도함수가 다음과 같을 때

$$f(x) = \frac{e^{-\lambda}\lambda^{x}}{x!}, \quad x = 0,1,2,\ldots \tag{3.7}$$

X를 평균이 λ인 포아송 확률변수(Poisson random variable)라 하고, X~Poi(λ)로 표기한다.

일반적으로 다음과 같은 포아송과정(Poisson process)의 특성을 갖는 상황에서 특정 사건의 발생회수는 포아송 확률변수로 간주할 수 있다.

① 어떤 영역에서의 사건의 발생 횟수는 겹치지 않는 다른 영역에서의 발생 횟수와 독립이다.

② 어떤 영역에서 정확히 한번 발생할 확률은 그 영역의 크기에 비례한다.

③ 매우 작은 영역에 대하여 둘 이상의 사건이 발생할 확률은 거의 0이다.

3.3.2 포아송 확률변수의 평균과 분산

포아송확률변수의 평균과 분산은 식(3.7)의 확률밀도함수와 식(2.15), (2.21)을 사용하면 어렵지 않게 구할 수 있다(연습문제 참고).

【정리 3.3】 (포아송확률변수의 평균과 분산) 확률변수 X가 식(3.7)의 포아송분포를 따를 때, X의 평균과 분산은 각각 다음과 같다.

$$\mu = E[X] = \lambda \tag{3.8a}$$

$$\sigma^2 = Var(X) = \lambda \tag{3.8b}$$

예제 3.4

어떤 대학의 학생상담실에서는 시간당 평균 6통의 전화를 받는다. X를 어떤 주어진 시간에 받은 전화의 수라 하고, 포아송 조건을 만족한다고 하면, $X \sim Poi(6)$이다. (1) 주어진 한 시간 동안 2개 미만의 전화를 받을 확률, (2) 한 시간 동안 10통 이상의 전화를 받을 확률, (3) 시간당 받는 전화 수의 평균, 분산, 표준편차를 구하라.

풀이

(1) $P(X < 2) = P(X = 0) + P(X = 1) = 0.00248 + 0.01487 = 0.01735$,

(2) $P(X > 3) = 1 - P(X \le 3) = 1 - 0.1512 = 0.8488$이므로 한 시간 동안 4통 이상의 전화를 받을 확률은 0.8488이다. (3) 시간당 받는 전화수의 평균은 $\mu = \lambda = 6$, 분산 $\sigma^2 = \lambda = 6$, 표준편차는 $\sigma = \sqrt{\sigma^2} = \sqrt{6} = 2.4495$이다. ■

예제 3.5

고객의 서비스 요청 전화 횟수는 포아송분포를 따르며, 40분마다 평균 2.6건의 서비스 요청 전화가 걸려온다. (1)X를 주어진 40분 동안에 발생한 서비스 요청 횟수라 할 때, 임의의 40분 동안 적어도 4번의 서비스 요청 전화가 걸려올 확률을 구하라. (2) Y를 10분 동안 걸려오는 서비스 요청 횟수라 할 때, 10분 동안 4번 이하의 서비스 요청 전화를 받을 확률을 구하라.

풀이

1. (1) 평균 2.6건의 전화가 걸려오므로 $X \sim Poi(2.6)$이다. 임의의 40분 동안 적어도 4번의 서비스 요청 전화가 걸려올 확률은 $P(X > 4) = 1 - Prm(X \le 3) = 1 - 0.7360 = 0.2640$이다. (2) 10분 동안 걸려오는 서비스 요청 횟수는 포아송 과정의 특성 ②에 의해 평균 2.6/4=0.65인 포아송분포를 따른다고 할 수 있다. 즉, $Y \sim Poi(0.65)$이므로 10분 동안 4번 이하의 서비스 요청 전화를 받을 확률은 $P(Y \le 4) = 0.9994$이다. ■

3.3.3 이항분포의 포아송분포 근사

포아송분포는 포아송(S. D. Poisson)이 이항확률의 계산을 단순화시키기 위한 연구를 하는 과정에서 개발되었다. 포아송은 충분히 큰 n과 작은 θ에 대하여 다음의 관계식을 증명했다.

$$\binom{n}{x}\theta^x(1-\theta)^{n-x} \simeq \frac{e^{-n\theta}(n\theta)^x}{x!} \tag{3.9}$$

따라서 $X \sim B(n,\theta)$에서 n이 충분히 크고 θ가 충분히 작으면 X는 $\lambda = n\theta$인 포아송분포를 갖는 확률변수 Y와 대략 같은 확률분포를 갖는다.

예제 3.6

불량률이 0.20%로 알려진 제조공정에서 생산된 부품을 무작위로 $n = 400$을 얻었다. X를 표본에 포함되어 있는 불량 부품의 수라 하면, $X \sim B(400, 0.002)$이다. 400개의 표본 중에서 불량품이 4개 이상 발견될 확률을 포아송 분포를 이용하여 구하라.

풀이

$n = 400$으로 크고, $\theta = 0.002$로 충분히 작으므로 포아송 확률로 근사시킬 수 있다. Y를 평균 $\lambda = n\theta = 400(0.002) = 0.80$인 포아송 확률변수라 하자. 400개의 표본에서 불량품 4개 또는 그 이상이 발견될 확률은 $1 - P(X \le 3) \simeq 1 - P(Y \le 3) = 1 - 0.9909 = 0.0091$이다. ■

3.3.4 포아송분포 모수의 추정과 응용

포아송분포의 모수 λ의 값은 어떻게 알 수 있는가? λ의 값은 관측한 데이터로 추정한다. 예를 들어, $n = 20$개 단위에 대해 결점수를 조사한 결과 총 26개의 결점이 발견되었다면 λ의 값은 $26/20 = 1.3$개로 추정한다.

포아송분포는 3.3.1에서 예시한 여러 상황에서 활용된다. 예를 들어, 사무실에 한 시간 동안 걸려오는 전화 회수를 조사하여 전화 응답에 필요한 직원 수를 정하고, 제품에서 발견되는 흠의 수에 근거하여 품질관리를 하며, 특정 지역에서 발생하는 교통사고 건수를 근거로 해당 지역에서 주로 운행하는 자동차의 보험요율을 산정하는 등의 활동에서 포아송분포를 활용한다.

3.4 초기하분포*

3.4.1 초기하 확률변수

A 제품을 생산하는 공정에서는 제품 8개를 묶어서 하나의 상자로 포장한다. 이때 상자에 들어 있는 8개의 제품은 화이트 제품 3개와 블랙 제품 5개로 구성된다. 이 상자로부터 무작위로 2개의 제품을 추출할 때, 추출된 2개의 제품에 포함된 화이트 제품 수를 X라 하면, X의 확률변수공간은 $\{0,1,2\}$이다.

제2장의 정의 2.5를 적용하여 확률변수 X의 확률밀도함수를 구해보자. $X=1$일 확률은 다음과 같다. 8개의 제품 중 2개의 제품을 추출하는 방법은 $\binom{8}{2}$이고, 2개의 제품 중 화이트 제품이 1개인 포함되는 추출방법은 3개의 화이트 제품 중 1개가 뽑히고, 나머지 5개의 블랙 제품 중 1개가 뽑히는 경우에 해당하므로 $\binom{3}{1}\binom{5}{1}$이다. 즉, $X=1$일 확률은 $P(X=1)=\binom{3}{1}\binom{5}{1}/\binom{8}{2}$이 된다.

추출된 2개의 제품 중 화이트 제품의 수가 x일 경우의 수는 3개의 화이트 제품 중 x개가 뽑히고, 나머지 5개의 블랙 제품 중 (2−x)개가 뽑히는 경우에 해당하므로 $\binom{3}{x}\binom{5}{2-x}$이다. 따라서 확률변수 X의 확률밀도함수는 다음과 같다.

$$f(x)=\frac{\binom{3}{x}\binom{5}{2-x}}{\binom{8}{2}},\ \ x=0,1,2$$

[정의 3.5] (초기하 확률변수) 두 종류의 개체 N개(N개 중 k개는 속성 A, N-k개는 속성 B)로 구성된 어떤 집단으로부터 n개를 비복원추출한다고 하자. 이 때 n개의 표본 중에 속성A를 가진 개체의 수를 X라 할 때, X를 초기하 확률변수라 하고, $X \sim H(n,N,k)$로 표기한다.

X가 초기하분포를 따르는 확률변수일 때, X의 확률밀도함수는 다음과 같이 얻는다. 먼저 N개의 개체로 구성된 유한모집단에서 n개를 추출하는 방법의 수는 $\binom{N}{n}$이다. 그리고 속성이 A인 k개의 개체 중에서 x개가 추출되고, 나머지 $N-k$개의 다른 속성을 갖는 개체 중에서 $n-x$개가 추출되는 경우의 수는 $\binom{k}{x}\binom{N-k}{n-x}$이다. 따라서 $f(x)= P(X=x)$는

$$f(x)=\frac{\binom{k}{x}\binom{N-k}{n-x}}{\binom{N}{n}},\quad x=0,1,2,\ldots,\min(n,k) \tag{3.10}$$

가 된다. 여기서 min(n, k)는 n과 k 중 작은 수를 의미한다.

예제 3.7

어떤 공장에서 생산된 제품 100개를 1로트로 포장한다고 하자. 검사요원이 상자로부터 5개의 제품을 검사하여 불량품의 수가 1개 이하로 나오면 로트 합격으로 판정한다고 한다. 상자 속에 10개의 불량품이 포함되어 있는데도 그 상자가 합격판정을 받을 확률을 구하라. 단, 검사한 제품은 다시 되돌려 넣지 않는 비복원추출을 사용한다.

풀이

상자 속에는 $N=100$개의 제품이 있고 그 중에는 $k=10$개의 불량품과 $N-k=90$

개의 양품이 있다. n = 5개의 제품을 추출하여 검사하는 경우 불량품의 수를 X 라 하면 X는 N = 100, n = 5, k = 10인 초기하 확률변수가 된다. 따라서 X의 확률밀도함수는

$$f(x) = \frac{\binom{10}{x}\binom{90}{5-x}}{\binom{100}{5}}, \quad x = 0,1,2,3,4,5$$

이고, $P(X \le 1)$은

$$P(X \le 1) = f(0) + f(1) = \frac{\binom{10}{0}\binom{90}{5}}{\binom{100}{5}} + \frac{\binom{10}{1}\binom{90}{4}}{\binom{100}{5}} = 0.923$$

이 된다. ■

3.4.2 초기하 확률변수의 평균과 분산

초기하확률변수의 평균과 분산은 다음과 같다(증명 생략).

【정리 3.4】 (초기하확률변수의 평균과 분산) 확률변수 X가 식(3.10)의 초기하분포를 따를 때, X의 평균과 분산은 각각 다음과 같다.

$$\mu = E[X] = \frac{nk}{N} \tag{3.11a}$$

$$\sigma^2 = Var(X) = \frac{N-n}{N-1} \cdot n\left(\frac{k}{N}\right)\left(1-\frac{k}{N}\right) \tag{3.11b}$$

예제 3.8

예제 3.7의 확률변수 X는 $N = 100$, $n = 5$, $k = 10$인 초기하 확률변수이다. X의 평균과 분산을 구하라.

풀이

$N = 100$, $n = 5$, $k = 10$이므로 식(3.11)을 사용하면 $\mu = (5)(10)/100 = 1/2$이다. $(N - n)/(N - 1) = (100 - 5)/(100 - 1) = 0.9596$ 이므로 $\sigma^2 = (0.9596)(5)(10/100)(1 - 10/100) = 0.4318$이다. ■

3.4.3 초기하분포의 이항근사

식(3.11)의 분산은 N이 아주 큰 수이고, n이 상대적으로 아주 작은 수이면, $(N - n)/(N - 1) \approx N/N = 1$이 된다. 이 때 $k/N = \theta$라 하면 X의 평균과 분산은

$$\mu = \frac{nk}{N} = n\theta \tag{3.12a}$$

$$\sigma^2 = \frac{N - n}{N - 1} \cdot n\left(\frac{k}{N}\right)\left(1 - \frac{k}{N}\right) \simeq 1 \cdot n \cdot \theta(1 - \theta) = n\theta(1 - \theta) \tag{3.12b}$$

이 된다. 따라서 N이 아주 큰 수이고, n이 상대적으로 아주 작은 수인 경우, 초기하 확률변수 X의 평균과 분산은 이항 확률변수의 평균, 분산을 구하는 식과 같아진다. 이 결과로부터 초기하분포에서 N이 무한히 커짐에 따라 확률밀도함수는 이항분포의 확률밀도함수와 같아질 것이라는 추측할 수 있다.

X를 확률밀도함수가 식(3.10)인 초기하확률변수라 할 때 N이 아주 큰 수이고, n이 상대적으로 아주 작은 수인 경우, 즉 $N \to \infty$, $k/N = \theta$이면 다음 관계식이 성립한다는 것을 보일 수 있다.

$$f(x) = \frac{\binom{k}{x}\binom{N-k}{n-x}}{\binom{N}{n}} \simeq \binom{n}{x}\theta^{x}(1-\theta)^{n-x}, \quad x = 0,1,2,\ldots,n \tag{3.13}$$

예제 3.9

휴대폰를 소유하고 있는 5,000명의 학생 중 1,000명은 피처폰(feature phone, 일반폰)을 사용하고 있으며, 나머지 4,000명은 스마트폰(smart phone)을 사용하고 있다고 한다. 휴대폰을 소유하고 있는 학생 중에서 10명을 비복원추출했을 경우 10명 중 3명이 피처폰을 소유하고 있을 확률을 구하라.

풀이

추출된 10명 중 피처폰을 소유한 학생 수를 X라 하면, X는 $N = 5{,}000$, $k = 1{,}000$, $n = 10$인 초기하분포에 따르게 된다. N이 상당히 크고 n이 N에 비하여 매우 작으므로 이항분포를 이용하여 근사적으로 $X = 3$일 확률을 구할 수 있다. 즉, $\theta = 0.2$이므로 $X = 3$일 확률은 근사적으로

$$f(3) = \frac{\binom{1000}{3}\binom{4000}{7}}{\binom{5000}{10}} \simeq \binom{10}{3}(0.2)^{3}(0.8)^{7} = 0.213$$

이 된다. ■

3.5 미니탭 활용

3.5.1 확률계산

미니탭을 활용하면 이항분포와 포아송분포를 포함한 다양한 확률분포에 대한 확률을 쉽게 계산할 수 있다. 확률을 계산하는 절차는 다음과 같다.

1. [계산] ►[확률 분포]에서 원하는 확률분포 모형을 선택
2. 계산할 값으로 [확률] 지정, 분포의 모수값 입력
3. 변수값 입력 방식을 선택하고, 변수값 입력
   - 입력 열 방식 : 다수 개 변수값에 대한 확률 계산에 사용
   - 입력 상수 방식 : 한 개의 변수값에 대한 확률 계산에 사용
4. 계산값 저장 열 또는 저장 상수 지정 후 확인
   - 열 또는 상수를 지정하지 않으면 세션 창에 계산값이 출력됨

다수개의 변수값에 대해서 확률을 계산해야 하는 경우에는 변수값들을 워크시트의 한 열에 입력하고, 변수값이 있는 워크시트의 열을 지정하여 입력한다.

예제 3.10

확률변수 X가 시행횟수 10, 성공확률 0.05인 이항분포를 따르는 경우, 즉 $X \sim B(10, 0.05)$일 때, $X = 0,1,2,3,4,5$일 확률을 계산하여 워크시트에 저장하라.

풀이

다수개의 변수값에 대해서 확률을 계산해야 하므로 입력 열 방식으로 입력한다.

1. 워크시트의 한 열(C1)에 0, 1, 2, 3, 4, 5 입력(❶)

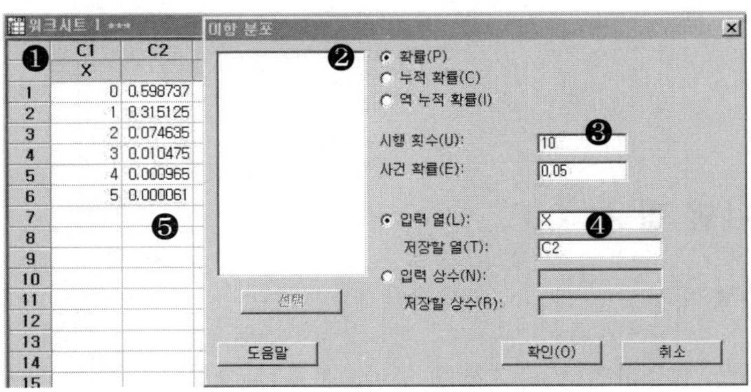

그림 3.5 이항분포의 확률 계산(다수개 변수값)

2. [계산]►[확률분포]에서 [이항 분포]를 선택
3. 계산값으로 [확률]을 지정하고(❷), 분포의 모수값 [시행 횟수] 10, [사건 확률] 0.05 입력(❸)
4. 변수값 입력 방식으로 [입력 열]로 지정하고 C1을 입력, 계산된 확률값을 [저장할 열] C2를 지정한 후 확인(❹)
5. 결과 확인(❺) ■

한 개의 변수값에 대해서 확률을 계산해야 하는 경우에는 변수값 입력 방식을 [입력 상수]로 지정하고 변수값을 입력한다. [저장할 상수]에 상수(예, K1, K2, ...)를 지정하면 해당 상수에 계산값이 저장된다.

예제 3.11

예제 3.10의 확률분포에 대해서 $P(X=7)$를 계산하여 상수 K1에 저장하라.

풀이

1. [계산]►[확률분포]에서 [이항 분포]를 선택
2. 계산값으로 [확률]을 지정하고(❶), 분포의 모수값 [시행횟수] 10, [성공확률] 0.05 입력(❷)

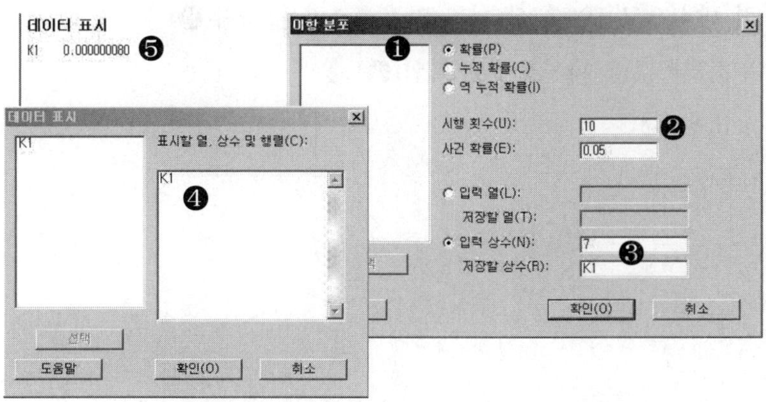

그림 3.6 이항분포의 확률 계산(한 개 변수값)

3. 변수값 입력 방식으로 [입력 상수]를 지정하고 7을 입력, [저장할 상수]에 상수 K1입력(❸) 후 확인
4. [데이터]►[데이터 표시]에서 [표시할 열, 상수 및 행렬]로 K1을 선택(❹)한 후 [확인]
5. 세션창에서 결과 확인(❺) ■

3.5.2 누적확률 계산

누적확률은 확률 계산에서 [확률] 대신 [누적 확률]을 지정하는 것 외에는 확률 계산과 동일하다.

예제 3.12

확률변수 X가 평균 2인 포아송분포를 따르는 경우, 즉 $X \sim Poi(2)$일 때 $P(X \leq 3)$를 구하라.

풀이

1. [계산]►[확률 분포]에서 [포아송]를 선택
2. 계산값으로 [누적 확률]을 지정하고(❶), 분포의 모수값 [평균] 2 입력(❷), 입력 방식으로 [입력 상수]를 지정하고 3을 입력(❸)
3. 누적확률값을 세션창에서 확인(❹) ■

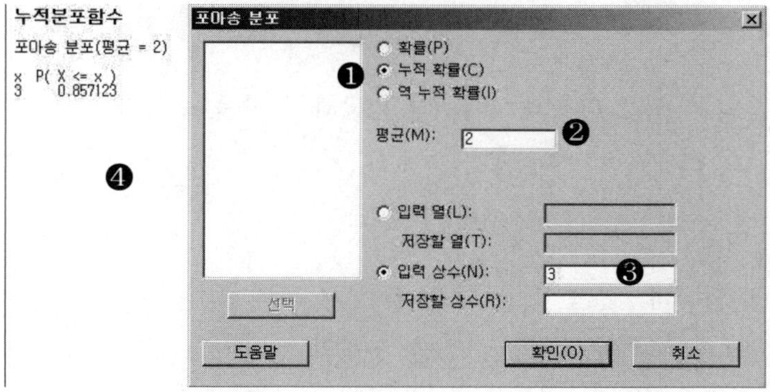

그림 3.7 포아송분포의 확률 계산

연습문제

3.1 확률변수 X의 분포가 다음과 같을 때 평균과 분산을 구하라.

$$f(x) = \begin{cases} 1-\theta, & x=4 \\ \theta, & x=9 \end{cases}$$

3.2 다음 물음에 답하라.

(1) $X \sim B(10, 0.5)$일 때, $P(X \geq 3)$을 구하라.

(2) $X \sim B(20, 0.3)$일 때 $P(6 \leq X \leq 12)$를 구하라(미니탭 활용 가능).

3.3 타이어를 생산하는 제조공정의 불량률은 2.5%로 알려져 있다. 다음의 확률을 구하라.

(1) 4개의 표본 중 불량품이 없을 확률

(2) 10개의 표본 중 불량품이 두 개 미만일 확률

(3) 5개의 표본 중 한 개 이상이 불량일 확률

(4) 7개의 표본 중 정확히 한 개가 불량일 확률

3.4 어떤 부품 제조공정에서 평균적으로 1%의 불량품이 발생한다고 알려져 있다. 10개의 부품을 무작위로 추출하여 1개 이상의 불량품이 발견되면 공정을 정지한다. 공정이 정지될 확률을 구하라.

3.5 못을 생산하는 기계가 1.5%의 불량률을 가지고 작동하고 있다. 다음 물음에 답하라(미니탭 활용 가능).

(1) 임의로 추출한 400개의 표본 중 불량품이 3개 미만일 확률을 구하라(이항분포의 포아송 근사 활용).

(2) 임의로 추출한 64개의 표본 중 불량품이 4개 이상일 확률을 구하라(이항분포의 포아송 근사 활용).

(3) (1),(2)에 대해서 평균과 표준편차를 구하라.

3.6 기계 가동준비를 하는 작업자 A가 성공적으로 준비를 끝낼 확률은 0.9이다. 다음의 확률을 구하라.

(1) 3번 시도에서 처음으로 성공할 확률

(2) 3번 이상 시도하여 성공할 확률

3.7 어떤 책에 10페이지 당 평균 1자의 오자가 있다고 가정할 때

(1) 1페이지에서 30페이지까지 오자가 없을 확률을 구하라.

(2) 1페이지에서 30페이지까지 오자 수의 평균과 표준편차를 구하라.

3.8 여행안내소에 시간당 평균 6통의 전화가 걸려오고 있으며, 걸려오는 전화 통화수는 포아송분포를 따른다고 할 때 다음에 답하라.

(1) 10분 동안 전화가 걸려오지 않을 확률을 구하라.

(2) 4시간 동안 많아야 15통의 전화가 걸려올 확률을 구하라(미니탭 활용 가능).

(3) 30분 동안 걸려오는 전화 통화수의 평균과 표준편차를 구하라.

3.9 전자부품에 사용되는 박판에는 6 ㎡ 당 평균 4개의 결함이 있고, 결함의 개수는 포아송분포를 따른다고 한다. 9 ㎡의 박판을 검사했을 때, 두 개 이상의 결함이 발견될 확률을 구하라.

3.10 어떤 주물의 불량률이 0.005이다. 100개의 주물을 임의로 검사했을 때, 다음 확률을 구하라.

(1) 정확히 한 개가 불량일 확률

(2) 불량이 한 개 이하일 확률

(3) 한 개 이상이 불량일 확률

(4) 많아야 두 개가 불량일 확률

3.11 문제 3.10을 포아송 근사를 이용하여 계산하라.

3.12 확률변수 X가 $N=10$, $n=2$, $k=4$인 초기하분포를 따를 때 $P(X=0)$을 구하라.

3.13 12명으로 구성된 팀이 있다. 어느 안건에 대해서 실제로 8명이 찬성하고 있다. 팀원 중에서 4명을 임의로 추출했을 때 X를 찬성자 수라 하자.

(1) X의 확률밀도함수를 구하라.

(2) X의 평균과 분산을 구하라.

3.14 불량품 5개가 포함된 크기 50의 로트에서 5개를 추출하였다. 표본에 포함된 불량품 수를 X라 할 때 다음을 구하라.

(1) $P(X=1)$

(2) $E[X]$, $Var(X)$

3.15 $X \sim Poi(\lambda)$일 때, 다음을 보여라.

(1) $E[X]=\lambda$

(2) $E[X(X-1)]=\lambda^2$

(3) $Var(X)=\lambda$

제4장 연속확률분포

❖ 학습목표

1. 정규 확률변수의 적용 상황과 정규분포의 특성을 설명할 수 있다.
2. 표준정규분포표를 사용하여 정규확률변수의 확률을 계산할 수 있다.
3. 정규 확률변수가 갖는 각종의 성질을 설명할 수 있다.
4. 지수, 와이블, 대수정규, 균등분포의 특성을 설명할 수 있다.

제4장 연속확률분포

이 장에서는 연속형 확률모형에 대해서 다룬다. 연속형 확률모형은 길이, 무게, 시간 등과 같은 계량형 확률변수를 묘사하는 모형이다. 연속형 확률분포에는 정규분포, 지수분포, 와이블분포, 대수정규분포, 균등분포 등이 있다.

제1절에서는 정규분포모형에 대해서 다루고, 제2절에서는 정규분포의 각종 성질에 대해서 다룬다. 제3절에서는 지수분포, 와이블분포, 대수정규분포, 제4절에서는 균등분포에 대해서 소개한다.

4.1 정규분포

4.1.1 정규 확률밀도함수

제2장에서 연속형 확률변수의 확률밀도함수를 "히스토그램을 나타내는 곡선"으로 정의하였다(2.2.3절). 관측한 데이터의 히스토그램을 그려보면 거의 대칭에 가깝고, 종 모양을 가진 형태로 나타나는 경우가 많다. 데이터의 히스토그램이 종모양이면, 모집단도 종모양의 확률밀도함수를 갖는 것으로 가정할 수 있다. 이와 같이 확률밀도함수가 종모양으로 나타내는 확률변수를 정규 확률변수라 한다. 정규 확률변수의 확률분포모형을 정규분포(normal distribution)라 한다.

정규분포는 연속형 확률분포 중 가장 많이 사용되는 분포이다. 1733년 프랑스의 수학자 드 므아브르(De Moivre)가 처음 정규분포모형을 만들었으나 정규분포를 이론적으로 규명하고 광범위하게 응용시킨 사람은 19세기 독일의 수학자 가우스(K. Gauss)이다. 가우스의 업적을 기념하는 의미에서 정규분포를 가우스분포(Gaussian distribution)라 부르기도 한다.

[정의 4.1] (정규 확률변수) 확률변수 X의 확률밀도함수가 다음과 같을 때, X를 평균 μ, 표준편차 σ인 정규 확률변수(Normal random variable)라 하고, $X \sim N(\mu, \sigma^2)$으로 표기한다.

$$f(x) = \frac{1}{\sqrt{2\pi}\,\sigma} e^{-\frac{1}{2}\left(\frac{x-\mu}{\sigma}\right)^2}, \quad -\infty < x < \infty \tag{4.1}$$

예를 들어, 데이터의 히스토그램이 그림 4.1과 같을 때, 히스토그램의 모양을 나타내는 곡선이 종모양에 가까움을 확인할 수 있다. 데이터로 작도한 히스토그램의 모양이 이와 같은 경우 모집단은 정규분포를 따르는 확률변수라 할 수 있다.

정규분포의 확률밀도함수는 평균 μ를 중심으로 좌우대칭인 종과 같은 형태이며, 확률밀도함수의 변동성은 표준편차 σ에 의하여 결정된다. 그림 4.2는 평균이 다르고

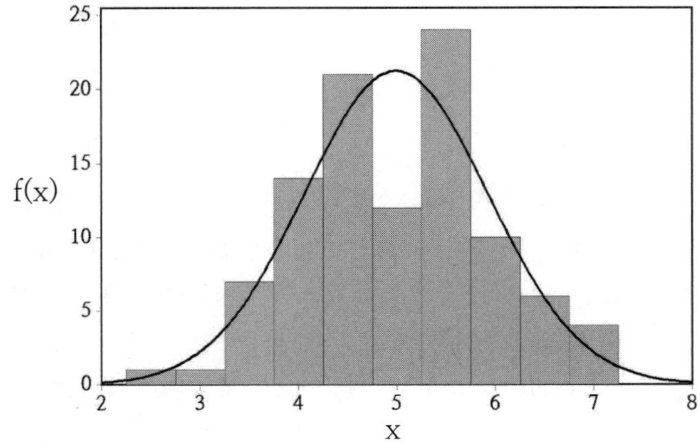

그림 4.1 정규분포모형

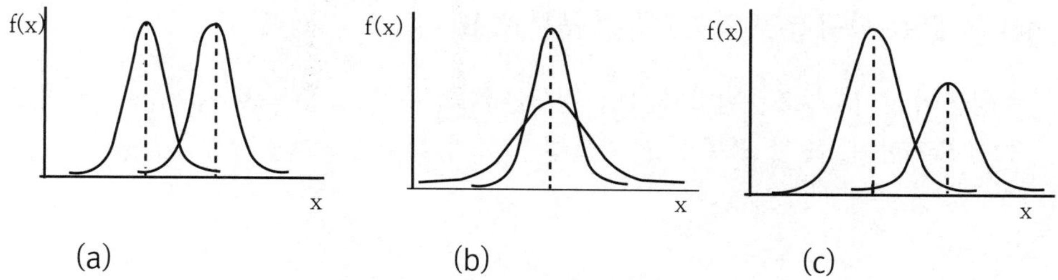

그림 4.2 정규분포의 확률밀도함수

표준편차가 같은 경우(a), 평균은 같으나 표준편차가 다른 경우(b), 평균과 표준편차가 모두 다른 경우(c) 각각에 대해서 정규분포의 확률밀도함수를 비교한 것이다.

평균이 다르고 표준편차가 같은 경우(a), 분포모양은 동일하나 중심위치를 평균의 차이만큼 x축에 평행하게 이동한 모양이 된다. 평균은 같으나 표준편차가 다른 경우(b), 분포의 중심은 동일하나 분포모양이 표준편차가 작을수록 더 뾰족하게 된다.

그림 4.3은 정규분포에서 평균을 중심으로 각각 1배의 표준편차, 2배의 표준편차, 3배의 표준편차 범위 내에 들어갈 비율을 계산한 것이다. 평균에서 1배의 표준편차 이내에 있을 비율은 68.26%, 2배의 표준편차 이내에 있을 비율은 95.44%, 3배의 표준편차 이내에 있을 비율은 99.72%이다.

표준편차의 1배 이내에 들어가는 관측치는 보통의 관측치라 할 수 있고, 3배의 표준편차를 벗어난 관측치는 특이한 관측치라 할 수 있다. 이러한 사실을 이용하면 개별 데이터에 대해서 다양한 해석을 할 수 있다.

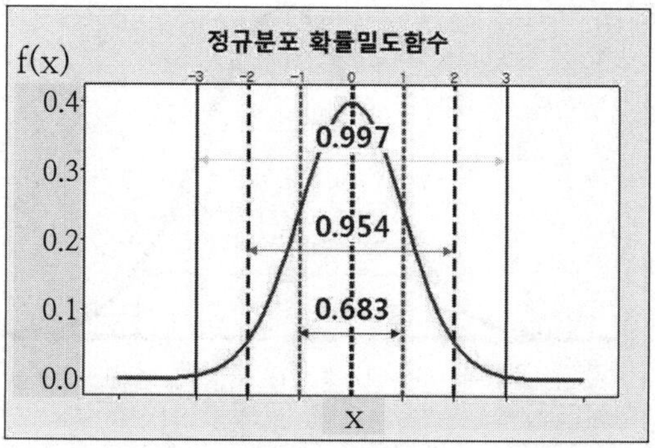

그림 4.3 정규분포에서 평균을 중심으로 각 표준편차 사이에 들어갈 확률

4.1.2 표준정규분포와 표준정규분포표

평균이 0이고, 표준편차가 1인 정규 확률변수를 표준정규 확률변수라 하고, 보통 Z로 표기한다. 또한 표준정규 확률변수 Z의 확률밀도함수 $\phi(z)$는

$$\phi(z) = \frac{1}{\sqrt{2\pi}} e^{-z^2}, \quad -\infty < z < \infty \tag{4.2}$$

이다. 그림 4.4은 표준정규분포의 확률밀도함수를 나타낸 것이다.
표준정규분포의 누적확률은

$$\Phi(z) = P(Z \le z) = \int_{-\infty}^{z} \phi(t)dt = \int_{-\infty}^{z} \frac{1}{\sqrt{2\pi}} e^{-\frac{1}{2}t^2} dt \tag{4.3}$$

이다.

식(4.3)의 적분은 간단하게 떨어지지 아니므로 컴퓨터를 사용하여 수치적으로 적분값을 계산할 수 있다. 또한 엑셀을 포함한 각종의 소프트웨어를 사용하면 복잡한 과정을 거치지 않고 간단히 누적확률값을 구할 수 있다.

표준정규분포표는 표준 정규확률변수 Z에 대한 누적확률 $\Phi(z)$를 Z의 값이 $z =$ -3.99, -3.98, ..., -0.02, -0.01, 0.00, 0.01, 0.02, ..., 3.98, 3.99에 대해 계산한 표이다(부록 B.2). 표준정규분포표는 컴퓨터를 사용할 수 없는 상황에서 정규분포의 확률을 계산하는데 사용된다.

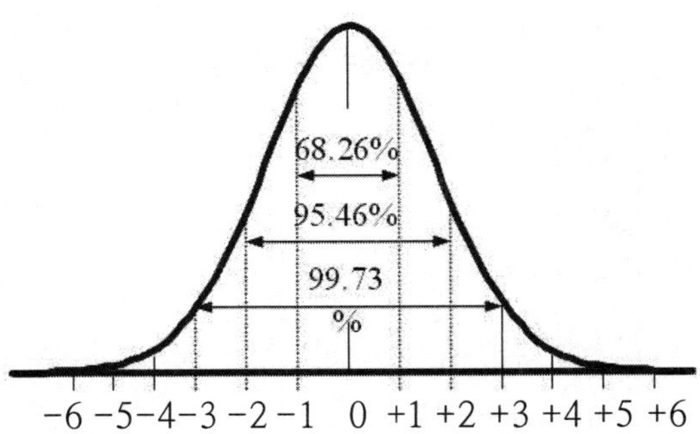

그림 4.4 표준정규분포의 확률밀도함수

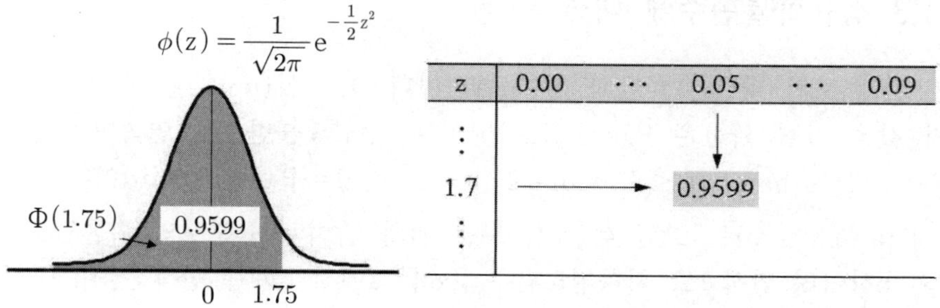

그림 4.5 표준정규분포의 확률과 표준정규분포표

예를 들어, $P(Z \le 1.75)$는 부록 B.2에서 1.7로 표시된 행과 0.05로 표시된 열이 교차하는 칸의 값을 읽으면 된다. 그림 4.5에서 값을 읽으면 0.9599이다. 따라서 $P(Z \le 1.75) = \Phi(1.75) = 0.9599$이다.

예제 4.1

부록 B.2(표준정규분포표)를 이용하여 $P(-1.00 < Z \le 0.80)$를 구하라.

풀이

$P(-1.00 < Z \le 0.80) = P(Z \le 0.80) - P(Z \le -1.00)$이다. 이 확률은 그림 4.6의 (c)부분의 면적으로 (a)의 검게 칠해진 영역에서 (b)의 검게 칠해진 영역을 빼면 얻을 수 있다. 부록 B.2에서 $P(Z \le 0.80) = \Phi(0.80) = 0.7881$, $P(Z \le -1.00) = \Phi(-1.00) = 0.1587$이므로 $P(-1.00 \le Z \le 0.80) = 0.78814 - 0.15866 = 0.62948$이다. ■

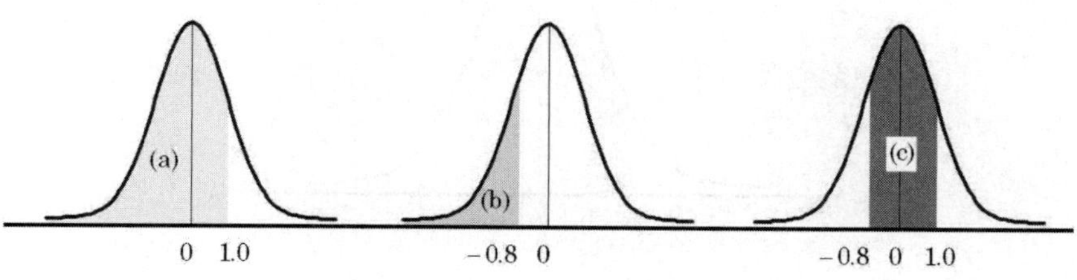

그림 4.6 표준정규분포의 확률 계산

4.1.3 정규확률변수에 대한 확률

정규분포의 확률은 다음과 같이 계산한다. $X \sim N(\mu, \sigma^2)$일 때 X가 a와 b 사이의 값을 가질 확률은 $P(a \le X \le b)$이다. 정규확률변수는 연속형 확률분포이므로 $P(a \le X \le b) = P(a \le X < b) = P(a < X \le b) = P(a < X < b)$이다.

$P(a \le X \le b)$는 그림 4.7에서 보는 바와 같이 정규분포의 확률밀도함수 f(x)의 a와 b사이의 면적으로 확률밀도함수 f(x)를 a에서 b까지 정적분하여 구할 수 있다. 또한 누적확률을 이용하면

$$P(a \le X \le b) = P(X \le b) - P(X \le a) \quad (4.4)$$

이다.

$X \sim N(\mu, \sigma^2)$일 때, X를 $Z = -(X - \mu)/\sigma$로 변환하면 Z는 $Z \sim N(0,1)$, 즉 평균이 0, 표준편차 1인 표준정규분포를 따르게 된다. 예를 들어, $X \sim N(50, 10^2)$일 때, $Z = (X - 50)/10$이면 $Z \sim N(0,1)$이 된다. 이와 같이 평균이 0, 표준편차가 1이 되도록 변환하는 것을 확률변수의 표준화라 한다.

정규분포의 누적확률은 확률변수를 표준정규분포로 변환하고, 표준정규분포의 누적확률을 나타낸 표준정규분포표를 사용하여 구한다. 물론 엑셀과 같은 소프트웨어를 사용하면 표준화를 하지 않고 바로 값을 얻을 수 있다.

확률 $P(X \le x)$는 X를 표준화하면

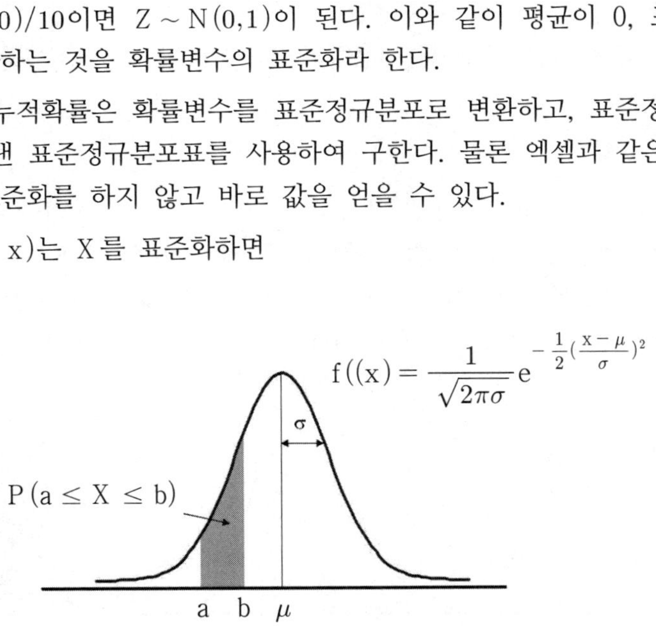

그림 4.7 정규분포의 확률 계산

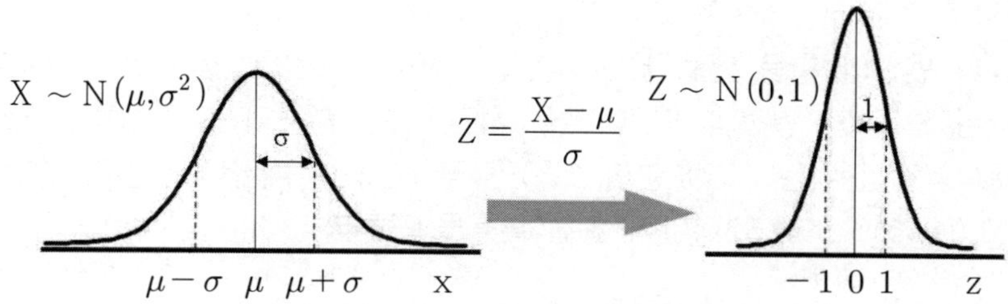

그림 4.8 정규분포의 표준화

$$P(X \leq x) = P\left(\frac{X-\mu}{\sigma} \leq \frac{x-\mu}{\sigma}\right) = P\left(Z \leq \frac{x-\mu}{\sigma}\right) \qquad (4.5)$$
$$= \Phi\left(\frac{x-\mu}{\sigma}\right) = \Phi(z) = P(Z \leq z)$$

가 된다. 따라서 $P(X \leq x)$는 $z = (x-\mu)/\sigma$라 할 때 $P(Z \leq z)$로 구할 수 있다. 그림 4.8는 정규분포의 표준화를 그림으로 나타낸 것이다.

식(4.5)에서 $z = (x-\mu)/\sigma$를 x의 표준화 값이라 부른다. a, b를 표준화한 값을 각각 a′, b′이라 하면 $P(a \leq X \leq b)$를 다음과 같이 구할 수 있다.

$$P(a \leq X \leq b) = P(X \leq b) - P(X \leq a) \qquad (4.6)$$
$$= P(Z \leq b') - P(Z \leq a')$$

예를 들어, $X \sim N(50, 10^2)$일 때, $P(45 \leq X \leq 60)$은 다음과 같이 구한다. $\mu = 50$, $\sigma = 10$이므로 45와 60을 표준화하면 각각 $(45-50)/10 = -0.5$, $(60-50)/10 = 1.0$ 이므로

$$P(45 \leq X \leq 60) = P(Z \leq 1.0) - P(Z \leq -0.5)$$
$$= \Phi(1.0) - \Phi(-0.5) = 0.8413 - 0.3085 = 0.5328$$

이다.

예제 4.2

자동차 엔진의 힘은 연료가 내부 연소 엔진의 실린더 안에 전달되는 시간에 의해 결정된다. 어떤 엔진의 연료 전달 시간 X는 평균과 표준편차가 각각 3.0153, 0.0004(각 단위는 1,000분의 1초)인 정규분포를 따른다고 한다. 연료 전달 시간이 3.0146과 3.0162사이에 있을 확률을 구하라.

풀이

$x_1 = 3.0146$에 대한 표준화 값은 $z_1 = (3.0146 - 3.0153)/0.0004 = -1.75$이다. $x_2 = 3.0162$에 대한 표준화 값은 $z_2 = (3.0162 - 3.0153)/0.0004 = 2.25$이다. 따라서 식(4.6)로부터 $P(3.0146 \le X \le 3.0162) = P(-1.75 < Z < 2.25) = P(Z \le 2.25) - P(Z \le -1.75)$이다. 그리고 부록 B.2에서 보면 $P(Z \le 2.25) = 0.9878$이고, $P(Z \le -1.75) = 0.0402$이다. 따라서 $P(3.0146 < X < 3.0162) = 0.9878 - 0.0402 = 0.9476$가 된다. ■

[정의 4.2] (백분위수) 연속형 확률변수 X에 대해서 $P(X \le x_p) = p$ (단, $0 < p < 1$)를 만족하는 x_p를 X의 제100p백분위수라 한다.

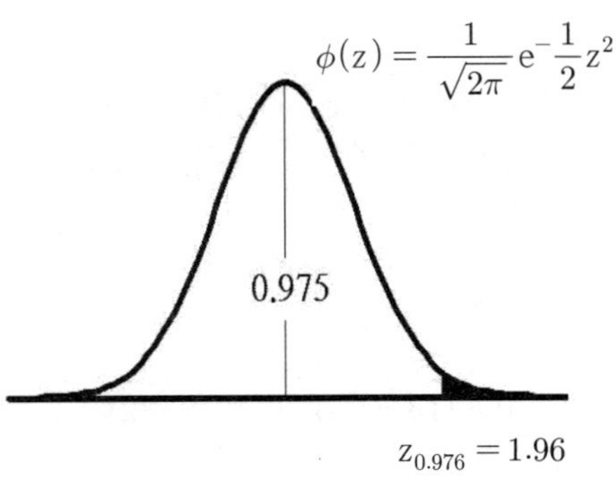

그림 4.9 표준정규분포의 제97.5백분위수

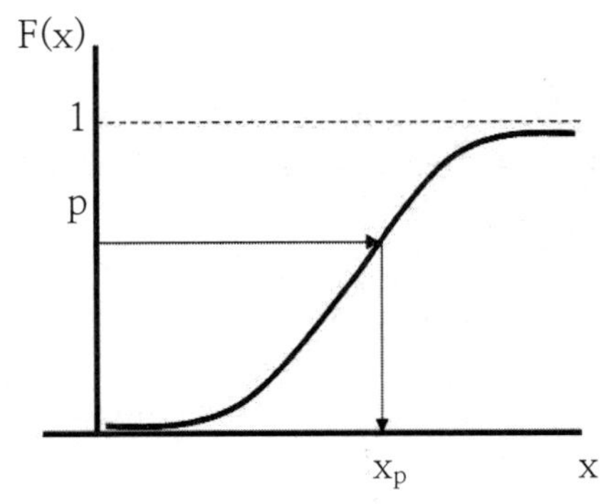

그림 4.10 역누적분포함수

표준정규분포의 제100p백분위수 z_p는 부록 B.2의 표준정규분포표의 확률값에서 행과 열의 값을 읽어서 구할 수 있다. 예를 들어, 표준정규분포의 제97.5백분위수 $z_{0.975}$를 구해보자. 그림 4.9에서 $P(Z > a) = 0.025$인 a의 값은 $P(Z \le a) = 1 - P(Z > a) = 0.975$이므로 Z의 97.5백분위수가 된다. 부록 B.2를 보면 $P(Z \le 1.96) = 0.9750$이므로 $a = 1.96$이고, $z_{0.975} = 1.96$이 된다.

백분위수는 역누적분포함수의 값이다. 확률변수 X의 누적분포함수를 F(x)라 하면 제100p백분위수 x_p는 $P(X \le x_p) = F(x_p) = p$를 만족하므로 $x_p = F^{-1}(p)$이다(그림 4.10).

$X \sim N(\mu, \sigma^2)$일 때, X의 제100p백분위수는 $P(X \le x_p) = p$를 만족하는 x_p이다. $P(X \le x_p) = P[Z \le (x_p - \mu)/\sigma] = p$에서 $(x_p - \mu)/\sigma = z_p$이므로 $x_p = \mu + z_p\sigma$로 구할 수 있다.

【정리 4.1】 (정규분포의 백분위수) $X \sim N(\mu, \sigma^2)$일 때, X의 제100p백분위수 x_p는

$$x_p = \mu + z_p\sigma \tag{4.7}$$

이다. 단, z_p는 표준정규분포의 제100p백분위수이다.

예제 4.3

어떤 제어기기의 저항 X(단위 : 옴, ohm)는 $\mu = 19.19$이고, $\sigma = 0.735$인 정규분포를 따른다. X의 제10백분위수 $x_{0.1}$을 구하라.

풀이

표준정규분포의 제10백분위수는 $z_{0.1} = -1.28$이므로 X의 제10백분위수는 식 (4.7)을 이용하면 $x_{0.1} = 19.19 + (-1.28)(0.735) = 18.25$이다. 따라서 이 제어기기에 대한 저항의 10%는 18.25옴을 초과하지 않는다. ■

4.2 정규분포의 성질

4.2.1 정규성 검정

정규분포를 이용하여 확률값을 구하고, 이를 근거로 어떤 의사결정을 하기 위해서는 모집단이 정규분포를 따른다는 것을 확인할 수 있어야 한다. 그러나 현실의 데이터에서 정확하게 정규분포를 따른다는 것을 확신하는 것이 쉬운 일이 아니다. 이 절에서는 정규성을 평가하는 방법에 대해서 소개한다.

1) 정규확률도 작성

정규확률도(normal probability plot)는 표준정규분포의 제100p백분위수에 대응하는 표본의 백분위수를 나타낸 그래프이다. X가 평균이 μ이고, 표준편차 σ인 정규분포를 따른다고 하면 $x_p = \mu + z_p\sigma$이다. 즉, x_p와 z_p는 절편이 μ이고, 기울기가 σ인 직선 관계로 표현된다.

$x_{(1)}, x_{(2)}, \cdots, x_{(n)}$을 X의 분포로부터 크기 n인 표본을 순서대로 정렬한 데이터라 하면, $x_{(i)}$는 표본의 제$100[i/(n+1)]$백분위수에 대응한다. 또한 $p_i = i/(n+1)$에 대응하는 표준정규분포의 제$100p_i$백분위수 z_{p_i}는 $\Phi(z_{p_i}) = P(Z \le z_{p_i}) = p_i$로부터 구할 수 있다. 정규확률도는 $(z_{p_i}, x_{(i)})$를 좌표평면상에 나타낸 그래프이다.

정규확률지(normal probability paper)는 정규확률도의 작성이 편하도록 y-축을 조정하여 $(p_i,\ x_{(i)})$를 타점하면 정규확률도가 완성되도록 제작한 그래프용지이다. $x_{(1)}, x_{(2)}, \cdots, x_{(n)}$가 정규모집단에서 추출한 확률표본, 즉 정규분포를 따르는 데이터인 경우에 $(p_i, x_{(i)})$, $i = 1, 2, \ldots, n$를 정규확률지에 타점하면 직선으로 나타나며, 직선의 절편은 평균, 기울기는 표준편차가 된다. 따라서 정규확률도 상의 점들이 직선 관계이면 정규분포를 따르는 데이터로 판정하고, 아니면 정규분포를 따르지 않는 데이터로 판정한다.

2) 경험적 분포함수를 이용한 검정

데이터가 특정의 확률분포를 따르는지를 판정해야 하는 경우, 데이터로부터 구한 경험적 분포함수(empirical distribution function)를 이용하여 정규성 검정을 할 수 있다. 경험적 분포함수를 이용한 정규성 검정법의 이론은 이 책의 수준을 벗어나므로 생략하고, 결과에 대한 해석법만 여기서 소개한다(자세한 내용은 배도선 · 전영록(1999)를 참고하기 바란다).

경험적 분포함수를 이용하는 방법에서는 정규분포의 누적분포함수값과 데이터로부터 구한 경험적 누적분포값의 차이로 정규성을 검정한다. 두 분포값의 차이가 작으면 정규분포를 따른다고 할 수 있고, 크면 정규분포를 따른다고 할 수 없다. 이 차이를 계산하는 방법에 따라 AD(Anderson-Darling) 통계, KS(Kolmogorov- Smiraov) 통계, CM(Cramer-von Mises) 통계가 있다. 이들 통계의 값이 기준값 보다 크면 정규분포가 아니라고 판정한다.

예제 4.4

데이터 104, 97, 83, 113, 107, 119, 161, 123, 129, 134, 124, 146에 대한 정규확률도가 그림 4.11과 같다. 이 데이터가 정규분포를 따른다고 할 수 있는가?

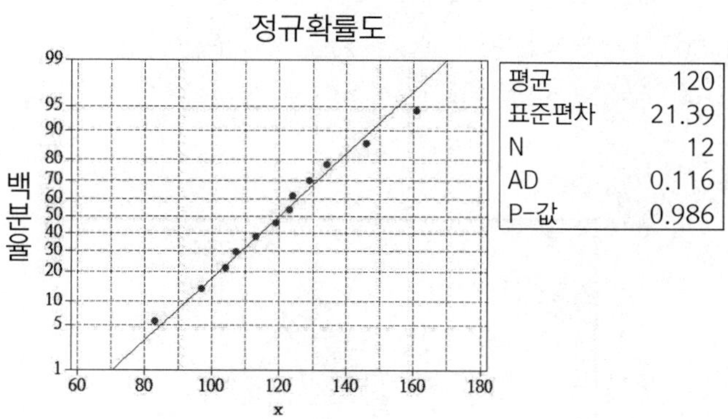

그림 4.11 정규확률도와 AD통계량

풀이

그림 4.11의 정규확률도는 미니탭을 사용하여 작도한 것이다. 그림 4.11에서 보면 점들이 직선을 따라서 분포하므로 정규성 가정에 맞는다고 할 수 있다. 또한 이 데이터에 대한 AD통계량은 0.116이다(이 통계량에 대한 검정에 대해서는 제7장에서 상세히 다루기로 함). ■

4.2.2 이항확률에 대한 정규 근사

정규분포를 이용하면 이항분포의 확률을 근사적으로 구할 수 있다. 이항분포에서 시행횟수 n이 큰 경우에는 확률의 계산이 어렵다. 이런 경우에 이항분포의 정규근사를 사용하면 쉽게 확률을 계산할 수 있다.

$X \sim B(n,\theta)$일 때, n이 충분히 크면 X는 평균이 $\mu = n\theta$, 분산 $\sigma^2 = n\theta(1-\theta)$인 정규분포에 근사한다. 즉, 다음 식이 성립한다.

$$\lim_{n\to 0} P\left(a \le \frac{X - n\theta}{\sqrt{n\theta(1-\theta)}} \le b\right) = \Phi(b) - \Phi(a) \tag{4.8}$$

이 때 n이 $n\theta \ge 5$이고, $n(1-\theta) \ge 5$이면, n이 충분히 큰 것으로 간주할 수 있다. 예를 들어, $X \sim B(10, 0.50)$이면, 평균 $\mu = 10(0.50) = 5$, 분산$\sigma^2 = 10(0.50)(0.50) = 2.50$이므로 X는 $N(5, 2.50)$으로 근사시킬 수 있다. 그림 4.12는 $B(10, 0.50)$의 확률밀도함수와 $N(5, 2.50)$의 확률밀도함수를 나타낸 것이다. 그림에서 보면 이항분포가 근사적으로 정규 곡선에 근접함을 알 수 있다.

$X \sim B(10, 0.50)$일 때 확률 $P(X \le 7)$을 정규근사를 이용하여 구해보자. $Y \sim N(5, 2.50)$라 두고, 그림 4.12에서 보면 $P(Y \le 7)$보다 $P(Y \le 7.50)$이

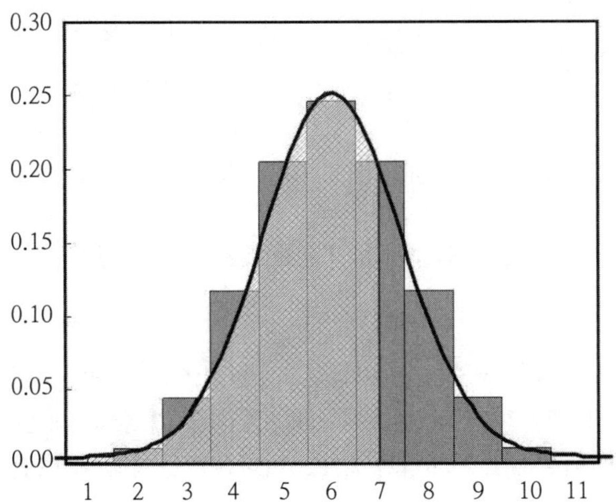

그림 4.12 이항분포의 정규근사

$P(X \le 7)$에 더 근사함을 보여주고 있다. 이것은 히스토그램에서 [6.5,7.5]의 윗부분의 면적이 $P(Y \le 7.50)$을 이용할 때 포함되기 때문이다. 따라서 이항확률에 대한 추정값을 정규확률로부터 얻기 위해 $P(X \le 7) \simeq P(Y \le 7.50)$을 이용한다. 부록 B.2에서 $P(Y \le 7.50) \simeq P(Z \le 1.58) = 0.9430$이다. 따라서 $P(X \le 7) \simeq 0.9430$으로 구한다. 이항확률분포를 사용하여 정확하게 계산하면 $P(X \le 7) = 0.9453$으로 오차의 크기는 0.0023이다.

만약 $P(Y \le 7.00) \simeq P(Z \le 1.26) = 0.8962$을 이용하면 오차의 크기는 0.0491가 되어 상대적으로 크다. 이것은 $P(Y \le 7.50)$이 그림 4.12의 히스토그램에서 검게 칠해진 부분의 면적으로 위쪽 반의 수정값을 포함한 반면에 $P(Y \le 7.00)$은 $X = 7$에서 히스토그램의 위쪽 반의 수정값을 포함하고 있지 않기 때문이다. 이를 연속성 수정(correction for continuity)이라 부른다.

【정리 4.2】 (연속성의 수정) $X \sim B(n,\theta)$가 $Y \sim N(n\theta, n\theta(1-\theta))$로 근사되는 경우에 다음 식이 성립한다.

$$P(a \le X \le b) \simeq P\left(\frac{a-0.5-n\theta}{\sqrt{n\theta(1-\theta)}} < Z < \frac{b+0.5-n\theta}{\sqrt{n\theta(1-\theta)}}\right) \tag{4.9a}$$

$$P(X = b) \simeq P\left(\frac{b-0.5-n\theta}{\sqrt{n\theta(1-\theta)}} < Z < \frac{b+0.5-n\theta}{\sqrt{n\theta(1-\theta)}}\right) \tag{4.9b}$$

예제 4.5

$X \sim B(100, 0.20)$일 때, 정규근사를 사용하여 (1) $P(10 \le X \le 25)$를 구하라. (2) $P(X = 11)$을 구하라.

풀이

$\mu = 100(0.20) = 20$, $\sigma^2 = 100(0.20)(0.80) = 16$이고, $n\theta = 100(0.20) = 20 \ge 5$이고, $n\theta(1-\theta) = 100(0.80) = 80 \ge 5$이므로 X는 $N(20,16)$으로 근사시킬 수 있다. $Y \sim N(20,16)$이라 두자. (1) 식(4.9a)를 이용하면 $P(10 \le X \le 25) \simeq P(Y \le 25.5) - P(Y \le 9.5) = P(Z \le 1.38) - P(Z \le -2.62) = 0.9162 - 0.0044 =$

0.9118이 된다. 이항 확률밀도함수를 이용하면 $P(X \le 25) = 0.9125$이고 $P(X \le 9) = 0.0023$이다. 따라서 $P(10 \le X \le 25) \simeq 0.9125 - 0.0023 = 0.9102$이다. (2) 식(4.9b)을 사용하면 $P(X = 11) \simeq P(Y \le 11.5) - P(Y \le 10.5) = P(Z \le -2.13) - P(Z \le -2.38) = 0.0166 - 0.0087 = 0.0079$이다. ■

4.2.3 정규 확률변수의 선형결합

정규분포는 다양한 확률적 상황을 모형화하는데 사용된다. 먼저 서로 독립인 정규확률변수들의 선형결합의 확률분포에 대해서 살펴보자. 다음은 정규확률변수들의 선형결합의 확률분포를 정리한 것으로 증명없이 사용하기로 한다.

【정리 4.3】 $X_i \sim N(\mu_i, \sigma_i^2)$, $i = 1, 2, \ldots, n$이고 서로 독립일 때, 0이 아닌 상수 $a_1, a_2, \ldots, a_n$에 대해서 $W = a_1X_1 + a_2X_2 + \cdots + a_nX_n$은 정규분포를 따르며, 평균과 분산은 각각

$$\mu = a_1\mu_1 + a_2\mu_2 + \cdots + a_n\mu_n \tag{4.10a}$$

$$\sigma^2 = a_1^2\sigma_1^2 + a_2^2\sigma_2^2 + \cdots + a_n^2\sigma_n^2 \tag{4.10b}$$

이다.

예제 4.6

세 개의 부품을 그림 4.13과 같이 조립할 경우 조립품의 두께에 대해서 살펴보자. 부품 A, 부품 B, 부품 C의 두께(단위 : cm) X_1, X_2, X_3는 각각 평균 1.250, 1.350, 1.150, 표준편차 0.005, 0.005, 0.005인 정규분포를 따른다고 할 때 (1) 조립품 두께의 확률분포를 구하라. (2) 조립품 두께의 규격이 3.750 ± 0.025일 때 불량품이 발생할 확률을 구하라.

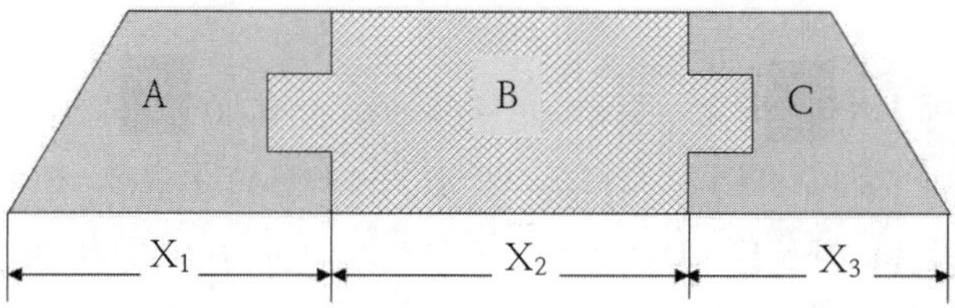

그림 4.13 세 부품의 조립 상태

풀이

(1) 조립품의 두께를 W라 하면, $W = X_1 + X_2 + X_3$이다. W의 평균은 $\mu = 1.250 + 1.350 + 1.150 = 0.375$, 분산은 $\sigma^2 = 0.005^2 + 0.005^2 + 0.005^2 = 0.000075$이다. 따라서 $W \sim N(0.375,\ 0.000075)$이다. (2) 조립품 두께가 규격 이내에 있을 확률은 $P(3.725 \le W \le 3.775)$이다. W의 평균이, 0.375 표준편차가 $\sigma = \sqrt{0.000075} = 0.00866$이므로 3.725와 3.775를 표준화하면 -2.8868, 2.8868**이다.** $P(3.725 \le W \le 3.775) = P(-2.8868 \le Z \le 2.8868) = 1 - 2P(Z \le -2.8868) = 1 - 2(0.0019459) = 0.99618$ 이므로 불량품이 발생할 확률은 0.003892이다. ■

예제 4.7

그림 4.14에 나타난 것처럼 외부 치수가 X_1인 축이 내부 치수가 X_2인 베어링과 결합되는 경우를 생각해 보자. 베어링이 들어가기 위해서는 $W = X_2 - X_1$이 0 이상의 값을 가져야 한다. X_1은 평균 1.00 cm, 표준편차 0.002 cm인 정규분포를 따르고, X_2도 평균 1.005 cm, 표준편차 0.003 cm인 정규분포를 따르는 경우에 조립 시 간섭을 받을 확률은 얼마인가?

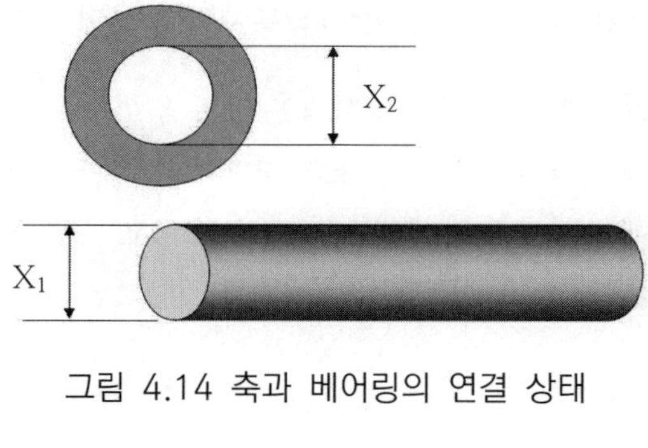

그림 4.14 축과 베어링의 연결 상태

풀이

정리 4.3에 의해 W는 평균 $\mu = \mu_2 - \mu_1 = 0.005$, 분산 $\sigma^2 = \sigma_1^2 + \sigma_2^2 = 0.002^2 + 0.003^2 = 13(10^{-6})$인 정규분포를 따른다. W가 0보다 작을 때 간섭을 받으므로 간섭을 받을 확률은 $P(W < 0) = P(Z \le (0 - 0.005)/0.0036) \simeq P(Z \le -1.39) \simeq 0.0823$이다. ■

4.3 지수, 와이블, 대수정규 분포

제품의 고장 간 시간(time between failure)이나 부품의 고장까지의 시간(time to failure)을 수명이라 하고, 이런 유형의 데이터를 수명데이터(life data)라 한다. 수명데이터는 정규분포와 달리 오른쪽으로 꼬리가 긴 비대칭 분포모형을 갖는 경우가 많다. 이러한 분포모형을 나타내는 확률분포로 지수분포, 와이블분포, 대수정규분포 등이 있다.

4.3.1 지수분포

지수분포(exponential distribution)는 수명데이터에 대한 확률모형으로 널리 사용되는 확률분포이다.(수명데이터의 분석에 대해서는 배도선·전영록(1999)을 참고하기 바란다).

지수분포는 히스토그램의 모양이 그림 4.15(a)의 확률밀도함수와 유사한 모집단에 대한 확률분포 모형이다. 지수분포를 따르는 예를 들면 다음과 같은 것들이 있다.

- 특정한 장치의 핵심 부품의 고장까지 시간
- 방사성 물질이 사라질 때까지의 소요 시간
- 서비스 창구에 한 고객에 대한 서비스가 끝나고 다음 고객이 서비스를 요구할 때까지의 시간

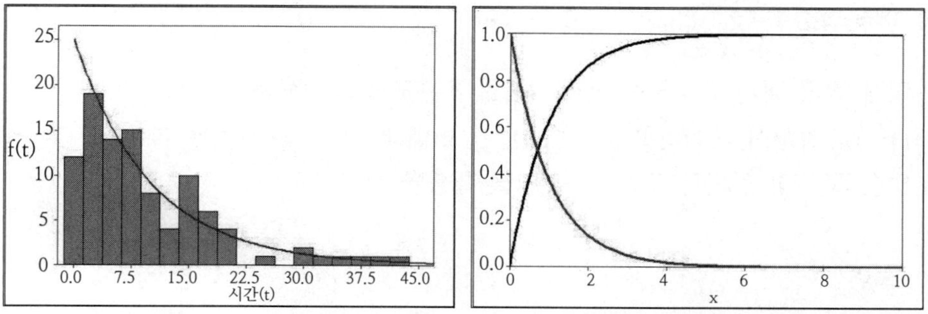

(a) 지수분포의 히스토그램 (b) 확률밀도함수, 누적분포함수

그림 4.15 지수분포의 확률밀도함수와 누적분포함수

[정의 4.3] (지수분포) 확률변수 X의 확률밀도함수를 다음과 같이 나타낼 수 있는 경우, X는 지수분포를 따른다하고, $X \sim \mathrm{Exp}(\theta)$로 표기한다.

$$f(x) = \frac{1}{\theta} e^{-x/\theta}, \ x \geq 0 \tag{4.11}$$

여기서 θ는 양의 실수이다.

$X \sim \mathrm{Exp}(\theta)$일 때, X의 누적분포함수 $F(x) = P(X \leq x)$는

$$F(x) = 1 - e^{-x/\theta}, \ x \geq 0 \tag{4.12}$$

이다. 그림 4.15(b)는 $X \sim \mathrm{Exp}(3)$인 지수분포의 누적분포함수 F(x)의 그래프이다.

지수분포의 평균과 분산은 다음과 같이 얻을 수 있다(증명 생략).

【정리 4.4】 (지수분포의 평균과 분산) $X \sim \mathrm{Exp}(\theta)$일 때, X의 평균은 θ, 분산은 θ^2이다.

예제 4.8

어떤 전기 장치의 수명은 평균 4년인 지수분포를 따르는 것으로 알려져 있다.

(1) 이 장치의 초기고장 기간인 90일 이내에 고장 날 확률을 구하라. (2) 적어도 5년 동안 이 장치가 고장 나지 않을 확률을 구하라.

풀이

이 장치의 수명을 X라 하면 평균이 4년이므로 $X \sim Exp(4)$이다.

(1) 90일은 약 0.25년이므로 초기고장 기간 내에 고장이 발생할 확률은 $P(X \le 0.25)$이다. 식(4.12)의 누적분포함수를 이용하면 $P(X \le 0.25) = F(0.25) = 1 - e^{-0.25/4} = 0.06$이다. (2) 적어도 5년 동안 이 장치가 고장 나지 않을 확률은 $P(X > 5) = 1 - = 1 \ P(X \le 5) - F(5) = e^{-5/4} = 0.2865$이다. ■

지수분포의 제100p백분위수 x_p를 구해보자. $x_p(0 < p < 1)$는 $P(X \le x_p) = p$를 만족하는 값이므로 $P(X \le x_p) = F(x_p) = 1 - e^{-x_p/\theta} = p$로부터 x_p는 다음과 같이 된다.

【정리 4.5】 (지수분포의 제100p백분위수) $X \sim Exp(\theta)$라 할 때, X의 제100p백분위수 x_p는

$$x_p = -\theta \ln(1 - p) \tag{4.13}$$

이다(단, $0 < p < 1$).

예제 4.9

예제 4.8에서 전기장치의 수명은 평균이 4년인 지수분포를 따른다.

(1) 이 장치의 제10백분위수를 구하라. (2) 50%가 고장 나는 시점은 언제인가?

풀이

(1) 식(4.13)을 활용하면 제10백분위수 $x_{0.1}$은 $x_{0.1} = -4\ln(1-0.1) \simeq 0.4214$ 년이다.

(2) 장치의 50%가 고장나는 시점은 제50백분위수이다. $x_{0.50} = -4\ln(1-0.50) = 2.77$이다. ■

제품이나 부품의 수명을 중점적으로 다루는 신뢰도이론(reliability theory) 분야에서는 누적분포함수 보다는 확률변수 X가 특정 값 x_0보다 클 확률 $P(X \geq x_0)$를 더 중요한 특성으로 다룬다. 일반적으로 $R(x) = P(X \geq x)$을 신뢰도함수(reliability function)라 하며, $R(x) = 1 - F(x)$로 요구한다. 여기서 F(x)는 X의 누적분포함수이다. X가 부품의 수명을 나타낼 때, 신뢰도 $R(x_0) = P(X \geq x_0)$는 시점 x_0에서 부품이 정상 작동하고 있을 확률을 나타낸다.

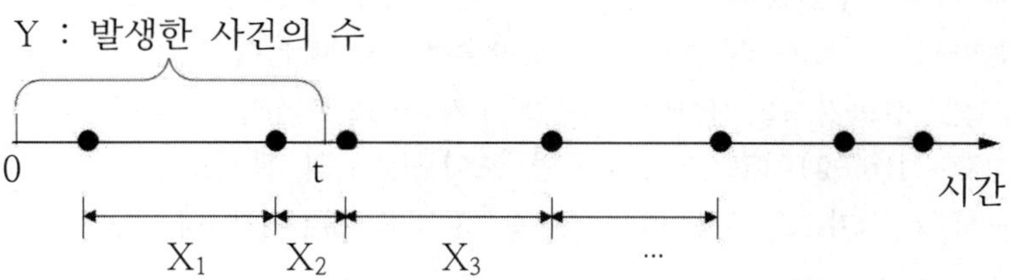

그림 4.16 지수분포와 포아송분포

$X \sim Exp(\theta)$일 때, X의 신뢰도함수 R(x)는

$$R(x) = e^{-x/\theta}, \quad x \geq 0 \tag{4.14}$$

이다. 예를 들어, 예제 4.8의 전기장치의 신뢰도함수는 $R(x) = e^{-x/4}$, $x \geq 0$이고, 이 장치가 1년이 지난 시점에서 정상 작동하고 있을 확률은 $R(1) = e^{-1/4} = 0.7788$이 된다.

주어진 기간 동안 발생한 사건의 수가 포아송분포를 따른 경우, 사건 발생 간 시간은 지수분포를 따른다(그림 4.16). 단위시간 동안 발생하는 사건의 수가 평균 λ인 포아송분포를 따른다고 하자. Y를 t시간 동안 발생한 사건의 수라 하면, $Y \sim Poi(\lambda t)$이다. T를 사건 발생 간 시간이라 하고 $P(T > t)$를 구하면

$$P(T>t)=P\{\text{구간 } [0,t]\text{에서 사건이 발생하지 않음}\}=P(Y=0)$$
$$=\frac{(\lambda t)^0 e^{-\lambda t}}{0!}=e^{-\lambda t}$$

이다. T의 누적분포함수는 $F(t)=1-P(T>t)$이므로

$$F(t)=1-e^{-\lambda t},\ 0\le t<\infty \tag{4.15}$$

가 된다. 따라서 $F(t)$를 미분하여 T의 확률밀도함수 $f(t)$를 구하면

$$f(t)=\lambda e^{-\lambda t},\ t\ge 0$$

이므로 T는 평균 $1/\lambda$인 지수분포를 따른다.

많은 회사들은 수신자가 요금을 부담하는 080전화를 운영하고 있다. 1분 동안 걸려오는 전화의 수 X가 평균이 2인 포아송분포를 따른다고 할 때, 한 통의 전화가 오고 그 다음 전화가 올 때까지의 시간 T가 30초 이상일 확률은 다음과 같이 구할 수 있다. $X\sim Poi(2)$이고, 지수분포와 포아송분포의 관계로부터 사건 발생간 시간 T는 평균 1/2인 지수분포를 따른다. 즉, $T\sim Exp(1/2)$이다. 따라서 T가 30초 이상일 확률은 $P(T\ge 0.5)=e^{-(2)(0.5)}=0.3679$이다.

예제 4.10

어떤 구리선은 100 m 당 평균 두 개의 결함을 가지며, 근사적으로 포아송분포를 따른다고 알려져 있다. 첫 번째 결함이 발견되기 전에 검사된 전선의 길이가 적어도 75 m일 확률을 구하라.

풀이

X를 첫번째 결함이 발견될 때까지 검사된 전선의 길이라 하자. 단위 m 당 결함수는 $\lambda=2/100=0.02$이므로 X는 평균 $1/0.02=50$인 지수분포를 따른다. 따라서 첫 번째 결함이 발견되기 전에 조사된 전선이 적어도 75 m가 될 확률은 $P(X>75)=1-P(X\le 75)=e^{-75/50}\simeq 0.223$이다. ■

4.3.2 와이블분포*

와이블분포(Weibull distribution)는 지수분포 보다 다양한 형태의 확률분포를 모형화할 수 있는 확률모형이다. 그림 4.17(a)는 와이블분포를 따른 전형적인 데이터의 히스토그램을 나타낸 것이다. 그림 4.17(b)는 와이블분포의 확률밀도함수를 나타낸 것으로 다양한 형태의 확률밀도함수를 가짐을 볼 수 있다.

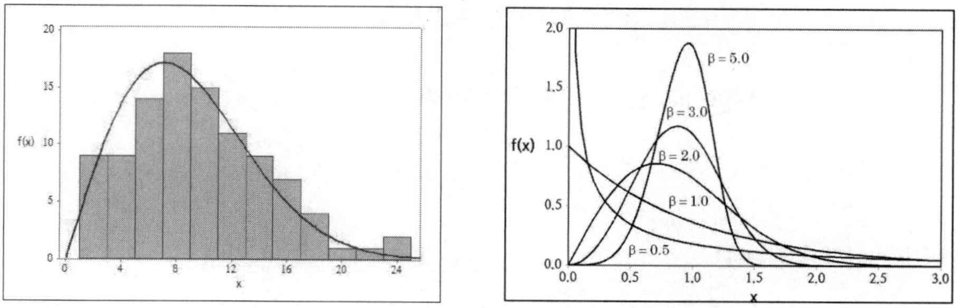

(a) 히스토그램 (b) 확률밀도함수

그림 4.17 와이블분포의 확률밀도함수

[정의 4.4] (와이블분포) 확률변수 X의 확률밀도함수를 다음과 같이 나타낼 수 있는 경우, X는 와이블분포를 따른다하고, $X \sim \mathrm{Wei}(\beta,\theta)$로 표기한다.

$$f(x) = \frac{\beta}{\theta}\left(\frac{x}{\theta}\right)^{\beta-1} e^{-(x/\theta)^{\beta}},\ x \ge 0 \tag{4.16}$$

여기서 $\theta(\theta > 0)$를 척도모수(scale parameter), $\beta(\beta > 0)$를 형상모수(shape parameter)라 한다.

와이블분포는 형상모수 β의 값에 다양한 모양을 갖는다. 그림 4.17(b)는 $\beta = 0.5, 1, 2, 3, 5$인 경우의 확률밀도함수를 나타낸 것이다. 특히, $\beta = 1$이면, 평균이 θ인 지수분포와 동일하다. 또한 $\beta = 2.0$인 경우의 확률밀도함수는 감마분포(gamma distribution)라 한다.

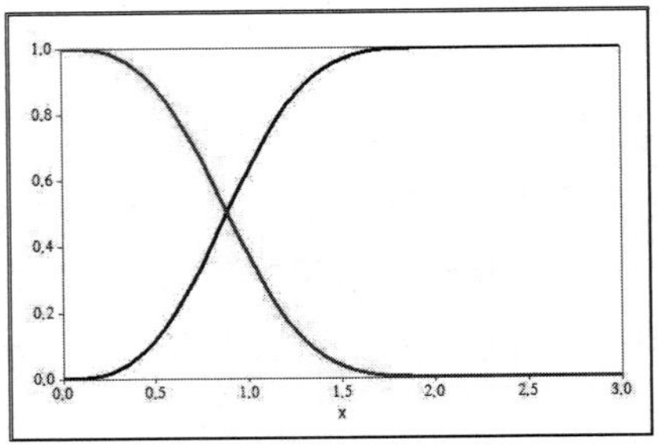

그림 4.18 누적분포함수와 신뢰도함수

$X \sim Wei(\beta,\theta)$일 때, X의 누적분포함수 F(x)는

$$F(x) = 1 - e^{-(x/\theta)^{\beta}}, \ x \ge 0 \tag{4.17}$$

이고, 신뢰도함수는

$$R(x) = e^{-(x/\theta)^{\beta}} \tag{4.18}$$

로 구할 수 있다. 그림 4.18은 와이블분포의 누적분포함수와 신뢰도함수를 나타낸 것이다.

또한 제100p백분위수 x_p는 $F(x_p) = 1 - e^{-(x_p/\theta)^{\beta}} = p$로부터

$$x_p = \theta[-\ln(1-p)]^{1/\beta} \tag{4.19}$$

이다. 특히, $p = 0.632$일 때 $x_{0.632} \simeq \theta$이다. 즉, 와이블분포의 제63.2백분위수는 척도모수 θ와 동일하다.

와이블분포의 평균과 표준편차는 다음과 같다.

【정리 4.6】 (와이블분포의 평균과 분산) 확률변수 X가 $X \sim Wei(\beta,\theta)$일 때, X의 평균과 분산은

$$\mu = \theta\Gamma(1+1/\beta) \tag{4.20a}$$

$$\sigma^2 = \theta^2\left[\Gamma(1+2/\beta) - \Gamma^2(1+1/\beta)\right] \tag{4.20b}$$

이다. 단, 여기서 $\Gamma(\nu)$는 감마함수(gamma function)로써 $\Gamma(\nu) = \int_0^\infty z^{\nu-1}e^{-z}dz$이고, ν가 정수일 때 $\Gamma(\nu) = (\nu-1)!$이다.

예제 4.11

어떤 부품의 수명(단위 : 시간)은 $\beta = 1.50$, $\theta = 2000$인 와이블분포를 따른다.
(1) 이 부품의 신뢰도함수를 구하라. (2) 2000시간에서 이 부품이 정상 작동하고 있을 확률은 얼마인가?

풀이

(1) 식(4.18)에 $\beta = 1.50$, $\theta = 2000$를 대입하면 $R(x) = 1 - F(x) = e^{-(x/2000)^{1.5}}$이다. (2) 2000시간에서 정상 작동할 확률은 $P(X \geq 2000) = R(2000) = e^{-1} \simeq 0.368$이다. ■

4.3.3 대수정규분포*

대수정규분포(lognormal distribution)는 와이블분포와 함께 수명분포모형으로 자주 사용되는 분포 중의 하나이다. 확률변수 X의 대수 $Y = \log(X)$가 평균 μ, 표준편차 σ인 정규분포를 따르는 경우, X는 대수정규분포를 따르게 되며, $X \sim LN(\mu,\sigma)$로 표현한다. $X \sim LN(\mu,\sigma)$일 때 X의 확률밀도함수는

$$f(x) = \frac{1}{\sqrt{2\pi}\,\sigma x} e^{-\frac{1}{2}\left(\frac{\log(x)-\mu}{\sigma}\right)^2}, \ t > 0 \tag{4.21}$$

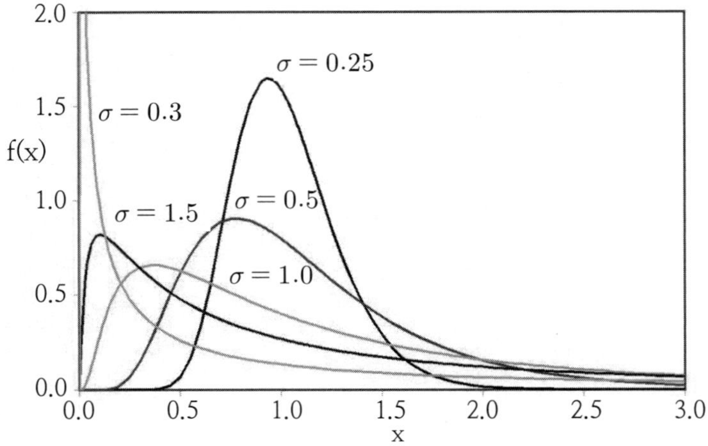

그림 4.19 대수정규분포의 확률밀도함수

이다. 대수정규분포는 σ의 값에 따라 다양한 형태의 분포모형을 나타낼 수 있으며, 대수변환한 확률변수가 정규분포를 따르므로 정규분포가 갖는 여러 특성을 이용할 수 있다는 장점이 있으므로 자주 사용된다. 그림 4.19는 $\sigma = 0.25, 0.5, 1.5, 3.0$인 경우의 확률밀도함수를 나타낸 것이다. 그림에서 보면 $\sigma > 0.5$인 경우에는 오른쪽으로 꼬리가 긴 형태를 취하는 것을 알 수 있다. 또한 $\sigma > 0.25$인 경우에는 정규분포와 비슷한 형태를 취한다.

$X \sim LN(\mu, \sigma)$일 때, $Y = \log(X) \sim N(\mu, \sigma^2)$이므로 대수정규분포의 누적분포함수는 정규분포의 누적분포함수로부터 다음 같이 됨을 알 수 있다.

$$F(x) = \Phi\left(\frac{\log(x) - \mu}{\sigma}\right), \ t > 0 \tag{4.22}$$

X의 제100p백분위수는 $x_p = e^{\mu + z_p \sigma}$이고, $x_{0.5} = e^{\mu}$이다. 여기서 z_p는 표준정규분포의 제100p백분위수이다.

대수정규분포의 평균과 표준편차는 다음과 같다.

【정리 4.7】 (대수정규분포의 평균과 분산) 확률변수 X가 $X \sim LN(\mu,\sigma)$일 때, X의 평균과 분산은

$$\mu = e^{\mu + \sigma^2/2} \tag{4.23a}$$

$$\sigma^2 = \mu^2[e^{\sigma^2} - 1] \tag{4.23b}$$

이다.

예제 4.12

어떤 기계부품의 수명(단위:천km)이 $\mu = 5.0$, $\sigma = 0.6$인 대수정규분포를 따른다고 한다. (1) 이 기계부품의 평균수명을 구하라. (2) 시점 100까지 이 기계부품이 정상 작동하고 있을 확률을 구하라.

풀이

(1) 기계부품의 수명 X가 $X \sim LN(5,0.6)$이므로 평균수명은 $\mu = e^{5.0 + 0.6^2/2} = 177.86$이다. (2) 시점 100까지 정상 작동할 확률은 100에서 신뢰도함수 값과 같으므로 $1 - \Phi[(\log(100) - 5.0)/0.6] = 0.7422$이다. ■

4.4 균등분포

균등분포(uniform distribution)는 확률변수가 특정 구간에 포함될 확률이 구간의 폭에 비례하는 상황을 묘사하는 확률분포이다. 균등분포는 확률변수가 정의된 전 구간에서 확률밀도함수의 값이 동일하다. 컴퓨터 시뮬레이션에서 사용하는 난수는 균등분포로부터 생성되며, 부록 B.1의 난수표는 균등분포로부터 생성된 값들이다. 균등분포는 자연재해, 사고, 전쟁 등에 따른 손실의 크기를 평가하는데 사용되기도 한다.

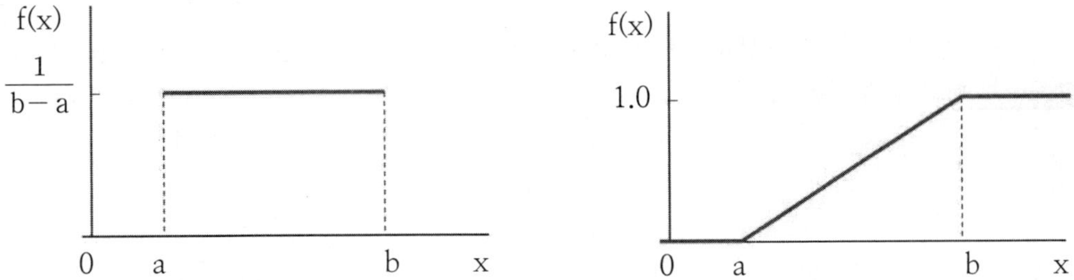

(a) 균등분포의 확률밀도함수 (b) 균등분포의 누적분포함수

그림 4.20 균등분포의 확률밀도함수와 누적분포함수

그림 4.20은 구간 [a,b]에서 확률밀도함수의 값이 동일한 균등분포의 확률밀도함수와 누적분포함수를 나타낸 것이다.

[정의 4.5] (균등분포)

확률변수 X의 확률밀도함수를 다음과 같이 나타낼 수 있는 경우, X는 구간 [a,b]에서 균등분포를 따른다 하고, $X \sim U[a,b]$로 표기한다.

$$f(x) = \frac{1}{b-a}, \quad a \le x \le b \tag{4.24}$$

여기서 a, b는 확률변수가 정의되는 구간의 하한과 상한이다.

$X \sim U[a,b]$일 때, X의 누적분포함수 $F(x) = P(X \le x)$는

$$F(x) = \begin{cases} 0, & x < a \\ \dfrac{x-a}{b-a}, & a \le x \le b \\ 1, & x > b \end{cases} \tag{4.25}$$

이다. 특히, $a=0$, $b=1$인 경우, $X \sim U[0,1]$이며, 확률밀도함수는 $f(x)=1$, $0 \le x \le 1$이고, 누적분포함수는 $x<0$에서는 $F(x)=0$이고, $0 \le x \le 1$에서는 $F(x)=x$, $x>1$에서는 $F(x)=1$이다.

균등분포의 평균과 분산은 다음과 같이 얻을 수 있다(증명 생략).

【정리 4.8】 (균등분포의 평균과 분산)

$X \sim U[a,b]$일 때, X의 평균은 $(a+b)/2$, 분산은 $(b-a)^2/12$이다.

예제 4.13

목재건물 건축에 사용하고 남은 목재조각의 길이(단위 : cm)는 하한 2, 상한 20인 균등분포를 따른다. (1)확률밀도함수와 누적분포함수를 구하라. (2) 목재조각 길이의 평균과 표준편차를 구하라. (3) 목재조각의 길이가 15 이상일 확률과 4에서 10 사이일 확률을 구하라.

풀이

목재조각의 길이를 X라 하면, $X \sim U[2,20]$이다. (1) $a=2$, $b=20$이고 $b-a=20-2=18$이므로 X의 확률밀도함수는 $f(x)$, $=1/182 \le x \le 20$이다. 누적분포함수는 식(4.25)로부터 $x<2$에서는 $F(x)=0$이고, $2 \le x \le 20$에서는 $F(x)=(x-2)/18$, $x>20$에서는 $F(x)=1$이다. (2) 정리 4.4를 이용하면, 평균은 $(a+b)/2=(2+20)/2=11$, 분산은$(b-a)^2$ $/12=18^2/12=27$이고, 표준편차는 $\sqrt{27}=3\sqrt{3}=5.196$이다. (3) $P(X \ge 15)=1-P(X<15)=1-F(15)=1-(15-2)/18=5/18$이고, $P(4 \le X \le 10)=F(10)-F(4)=8/18-2/18=1/3$이다. ■

4.5 미니탭 활용

4.5.1 정규분포의 확률계산

$X \sim N(\mu,\sigma^2)$일 때, $f(x)$를 X의 확률밀도함수, $F(x)$를 X의 누적분포함수라 하자. 미니탭을 사용하면 정규분포의 확률분포와 관련하여 다음 세 가지의 값을 구할 수 있다.

- 확률 밀도 : 정규분포의 확률밀도함수의 값 $f(x)$

- 누적 확률 : 정규분포의 누적확률 $F(x) = P(X \leq x)$
- 역 누적 확률 : 누적확률이 p가 되는 x의 값 x_p, $x_p = F^{-1}(p)$

계산 절차는 다음과 같다.

1. [계산]►[확률 분포]에서 [정규 분포] 선택
2. [확률 밀도], [누적 확률], [역 누적 확률] 중에서 원하는 계산값을 지정하고, 평균과 표준편차를 입력한 후, 계산할 변수값의 입력 방식을 지정하고, 변수값을 입력

예제 4.14

$X \sim N(10, 2.5^2)$일 때, (1) $f(5)$, (2) $P(5 \leq X \leq 6)$, (3) $x_{0.05}$, $x_{0.95}$를 구하라.

풀이

(1) $x = 5$에서 확률밀도함수의 값은 다음과 같이 구한다(그림 4.21).

1. [계산]►[확률 분포]에서 [정규 분포]를 선택
2. 계산값을 [확률 밀도]로 지정하고(❶), [평균] 10, [표준편차] 2.5를 입력한 후(❷), [입력 상수]에 5를 입력(❸)
3. $f(5)$의 값을 세션창에서 읽으면(❹) $f(5) = 0.0215964$임

(2) $P(5 \leq X \leq 6) = P(X \leq 6) - P(X \leq 5)$이므로 $x = 5$와 6에서 누적확률 $F(5)$, $F(6)$을 구하여 계산한다. C1열에 5와 6을 입력하고(❶), 누적확률을 다음과 같이 구한다(그림 4.22).

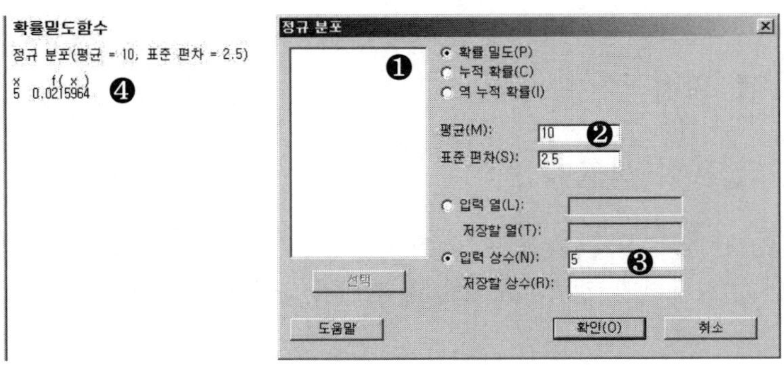

그림 4.21 정규확률밀도 계산

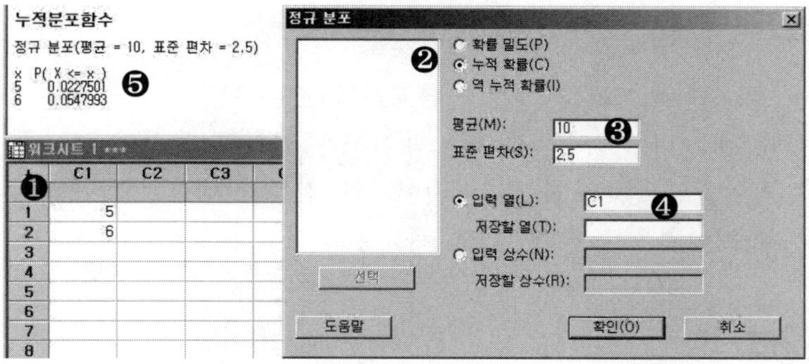

그림 4.22 정규분포의 누적확률 계산

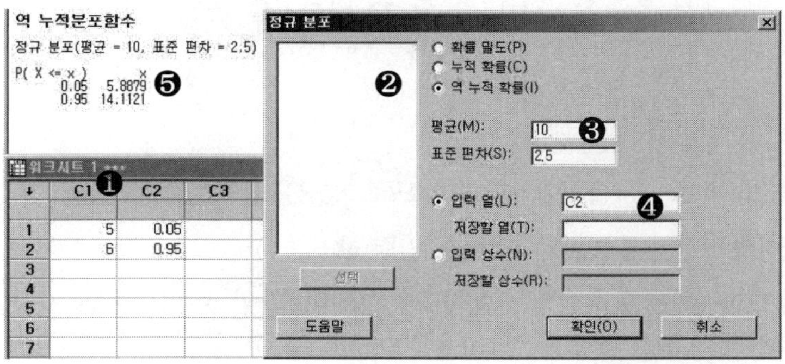

그림 4.23 정규분포의 역 누적확률 계산

1. 그림 4.21의 창에서 계산값을 [누적 확률]로 지정하고(❷), [평균] 10, [표준 편차] 2.5를 입력한 후(❸), [입력 열]에 C1을 입력(❹)
2. $F(5)$와 $F(6)$의 값을 세션창에서 읽으면(❺), 각각 0.02275, 0.05480이므로 $P(5 \le X \le 6) = 0.05480 - 0.02275 = 0.03205$임

(3) $x_{0.05}$, $x_{0.95}$는 역 누적확률을 사용한다. C2열에 0.05, 0.95를 입력하고(❶) 다음과 같이 구한다(그림 4.23).

1. 그림 4.22의 창에서 계산값을 [역 누적 확률]로 지정하고(❷), [평균] 10, [표준편차] 2.5를 입력한 후(❸), [입력 열]에 C2를 입력(❹)
2. $x_{0.05}$와 $x_{0.95}$의 값을 세션창에서 읽으면(❺), $x_{0.05} = 5.8879$, $x_{0.95} = 14.1121$임 ■

4.5.2 확률도 작성

확률도는 주어진 데이터가 특정의 분포를 따르는 모집단에서 추출된 표본인가 여부를 판단하는데 사용된다. 확률도는 데이터가 선택한 특정의 분포를 따르면 타점된 점들이 직선을 형성하도록 만든 것이므로 점들이 대략적으로 직선 관계이면 해당 분포를 따르는 것으로 판단한다.

예제 4.15

데이터 13.3, 9.4, 6.8, 8.0, 11.0, 9.1, 11.5, 9.7, 10.0, 7.8이 정규분포를 따르는 모집단에서 추출한 표본이라 할 수 있는지를 판단하라.

풀이

정규분포를 따르는지를 판단해야 하므로 정규확률도를 작도하여 판정한다.

1. 워크시트의 한 열 C1에 데이터 입력(❶)
2. [그래프]►[확률도] 선택. [확률도] 창에서 단일 데이터이면 [단일], 다중 데이터이면 [다중]을 선택
3. [그래프 변수]에 데이터가 입력된 열 입력(❷), [분포]를 클릭하여 [정규 분포] 선택(❸) 후 [확인] 클릭
4. 확률도를 해석하여 판단(❹) ■

그림 4.24의 확률도에서 점들이 거의 직선상에 있다고 볼 수 있으므로 정규분포를 따르는 모집단에 추출한 표본이라고 할 수 있다. 확률도의 상자 안에 있는 수치를 이용하면 통계적으로 더 명확한 판정을 할 수 있으나 이 장에서는 다루지 않는다.

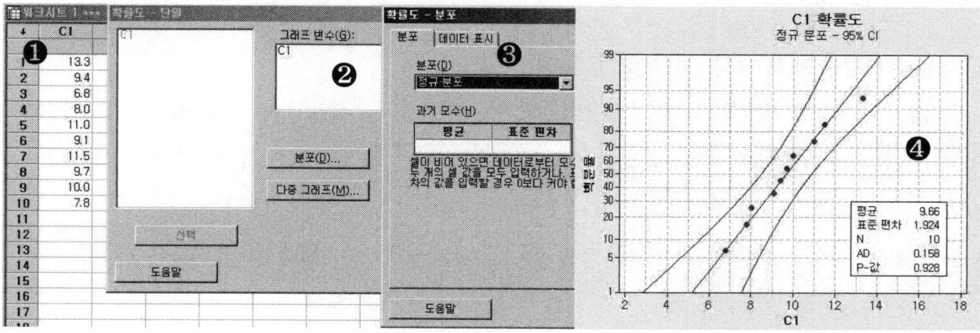

그림 4.24 정규확률도 작도

연습문제

4.1 표준정규분포표에서 다음을 구하라.

(a) $P(Z \geq 2.12)$ (b) $P(Z < -0.72)$ (c) $P(-1.49 < Z < 1.67)$

(d) $P(Z \leq 1.85)$ (e) $P(Z > -0.43)$ (f) $P(-1.49 < Z \leq 3.00)$

4.2 확률변수 Z가 표준정규분포를 따를 때, $P(Z \geq c) = 0.2843$을 만족하는 c값을 구하라.

4.3 표준정규분포를 따르는 확률변수에 대하여 다음을 구하라.

(a) 제95백분위수 (b) 제5백분위수 (c) $z_{0.025}$ (d) $z_{0.995}$

4.4 확률변수 X가 평균이 70이고, 분산이 36인 정규분포를 따를 때, 다음을 구하라.

(a) 60의 표준정규화한 값 (b) 82의 표준정규화한 값

(c) 표준정규화된 값이 1.32인 X의 값 (d) 표준정규화된 값이 −2.4인 X의 값

4.5 X가 평균이 20이고 표준편차가 3인 정규분포를 따를 때 다음을 구하라.

(a) 제95백분위수 (b) 제12.5백분위수 (c) $x_{0.6224}$

4.6 확률변수 X가 평균이 5이고 분산이 4인 정규분포를 따를 때, 다음을 구하라.

(a) $P(-8 < X < 2)$ (b) $P(6 < X \leq 10)$ (c) $P(X \leq 0)$

4.7 확률변수 X가 평균이 3.35이고 분산이 0.25일 때, 다음을 구하라.

(a) $P(X > 3.5)$ (b) $P(X < 2.60)$ (c) $P(3.50 < X \leq 3.72)$

4.8 전압은 평균이 250밀리볼트이고 표준편차가 40밀리볼트인 정규분포를 따른다. 전압의 규격하한이 180밀리볼트일 때, 규격을 만족하지 못할 확률을 구하라.

4.9 전선의 직경이 평균 1.95 cm이고, 표준편차 0.025 cm인 정규분포를 따를 때 다음을 구하라.

(a) 직경이 2.00 cm을 초과할 확률

(b) 규격이 1.98±0.05 cm일 때 규격을 만족하지 못할 확률

4.10 어떤 단조물 구멍의 직경은 평균이 2.5 cm이고, 표준편차가 0.006 cm인 정규분포를 따른다. 이 단조물의 규격이 2.500±0.01 cm일 때, 단조물의 불량 확률을 구하라.

4.11 부품 A의 길이sms 평균이 1.50이고 분산이 0.04인 정규분포를 따른다. 이 부품의 99.5%가 1.50± Δ인 규격을 만족한다고 할 때, Δ를 구하라.

4.12 무작위로 추출한 12개의 강철봉에 대한 연신도가 40, 43, 36, 34, 40, 31, 38, 37, 41, 42, 44로 측정되었다. 이 데이터가 정규분포를 따른다고 할 수 있는가?

4.13 30개의 표본 데이터 2.19, 2.00, 1.79, 2.03, 1.77, 1.86, 1.78, 1.86, 1.78, 1.88, 1.54, 2.03, 1.91, 2.23, 1.85, 2.06, 1.95, 1.66, 1.93, 1.93, 1.98, 2.22, 2.03, 1.42, 1.98, 1.67, 1.74, 1.98, 1.74, 1.87, 1.87, 2.06이 정규분포를 따른다고 할 수 있는가?

4.14 두 부품 X_1과 X_2를 조립하려고 한다. 첫 번째 부품은 $\mu_1 = 0.1065$, $\sigma_1 = 0.00035$이고, 두 번째 부품은 $\mu_2 = 0.0827$, $\sigma_2 = 0.002$이다. X_1과 X_2가 정규분포를 따른다고 할 때, 조립된 부품이 규격 0.200±0.005을 만족하지 못할 확률을 구하라.

4.15 서로 독립인 확률변수 X와 Y는 $X \sim N(20,16)$, $Y \sim N(15,9)$이다. 새로운 확률변수 $W = X + Y$라 할 때, $P(W > 40)$일 확률을 구하라.

4.16 확률변수 X가 분산이 4인 지수분포를 따른다고 할 때, $P(X > 2.50)$을 구하라.

4.17 확률변수 X는 평균이 θ인 지수분포를 따른다. 확률변수 X의 중위수가 $\theta \ln(2)$임을 보여라.

4.18 평균이 20인 지수분포에 대하여 제10백분위수를 구하라.

4.19 T는 평균이 5년인 지수분포를 따른다. 신뢰도가 95%일 때의 t값을 구하라.

4.20 무작위로 추출된 전자기기의 고장시간을 다음과 같이 얻었다.

1860, 2200, 2020, 440, 760, 850, 3430, 3650, 1700, 880, 2930, 1240, 160, 2370, 3040, 580, 480, 690, 4650, 4960

(a) 정규확률도와 지수확률도를 작도하라.

(b) 어느 확률분포가 적합한지를 정하라.

4.21 전자기기의 수명은 평균이 5년인 지수분포를 따른다. 보증기간 이전에 5% 미만의 기기가 고장이 나도록 보증기간을 결정하고자 한다. 보증기간을 구하라.

4.22 자동차의 수명이 $\beta = 2.0$인 와이블분포를 따른다고 할 때, 다음에 답하라.

(a) $P(X > 9) = 0.105$일 때, θ의 값을 구하라.

(b) $X \sim Wei(6,2)$일 때, X의 확률밀도함수 그래프를 그려라.

(c) $X \sim Wei(6,2)$일 때, X의 신뢰도함수 그래프를 그려라.

4.23 어떤 전자기기의 수명 X는 $X \sim Wei(270, 3.0)$이다. 다음을 구하라.

(a) $P(X \geq 350)$　　(b) $P(X \leq 200)$　　(c) $P(250 < X \leq 400)$

4.24 50개의 회로기판을 가지고 신뢰성시험을 하여 다음의 고장시간 데이터를 얻었다.

(a) 지수확률도, 와이블확률도, 대수정규확률도를 작도하라.

(b) 어느 확률분포가 적합한 분포인지를 정하라.

2406, 3717, 1602, 3625, 4338, 3318, 3079, 1483, 1885, 4462,
3593, 3000, 2909, 2375, 3318, 3719, 3717, 1612, 3306, 2857,
3000, 2069, 3223, 3050, 2066, 3318, 2109, 1998, 2375, 2043,

3000, 2910, 2860, 2188, 3607, 3318, 3319, 2186, 2889, 3006,
3000, 3629, 1602, 2738, 3717, 2375, 3041, 3000, 3717, 2729

4.25 인터넷 설치과정에서 생기게 되는 전선 조각 중 길이(단위 : cm)r가 3에서 30 사이의 것은 재사용한다. 이 때 재사용 가능한 전선조각의 길이는 하한 3, 상한 30인 균등분포를 따른다. (a) 재사용 가능한 전선 조각 중에서 한 개를 임의로 선택하는 경우, 전선 길이의 기댓값, 분산, 표준편차를 구하라. (b) 선택된 전선의 길이가 10 이상일 확률, 20 미만일 확률, 5에서 15 사이일 확률을 각각 구하라.

4.26 컴퓨터가 발생시키는 난수의 값은 구간 $[0,1]$에서 균등분포를 따른다. (a) 임의로 발생시킨 난수가 0.1 보다 클 확률, 0.24 보다 작을 확률, 0.31에서 0.67 사이에 있을 확률을 각각 구하라. (b) 이 난수의 기댓값, 분산, 표준편차를 구하라.

제5장 통계적 추정

❖ **학습목표**

1. 점추정과 구간추정의 의미를 설명할 수 있다.
2. 데이터로부터 모평균에 대한 신뢰구간을 구할 수 있다.
3. 이항 데이터로부터 모비율에 대한 신뢰구간을 구할 수 있다.
4. 데이터로부터 모분산에 대한 신뢰구간을 구할 수 있다.

제5장 통계적 추정

모집단의 특성은 모집단의 확률분포와 모수에 의해 결정된다. 따라서 모집단의 확률분포모형을 찾고, 분포 모수의 값을 추정하는 것은 통계학의 핵심 주제이다. 이 장에서는 모집단의 확률분포모형이 정규분포인 경우에 대해서 모평균과 모표준편차의 추정 방법에 대해서 다루고. 이항모집단의 모비율의 추정에 대해서 소개한다.

제1절에서는 점추정과 구간추정의 기본 개념에 대해서 소개하고, 제2절에서는 모평균에 대한 추정의 기초 이론에 대해서 다룬다. 제3절에서는 정규모집단의 모평균의 구간추정에 대해서 다루고, 제4절에서는 이항모집단의 모비율에 대한 추정, 제5절에서는 정규모집단의 모분산에 대한 추정에 대해서 다루기로 한다.

5.1 점추정과 구간추정

5.1.1 추정의 개념

제1장에서 통계학은 데이터로부터 정보를 얻는 방법이라고 정의했다. 우리가 얻는 데이터는 거의 대부분 표본 데이터이다. 반면에 우리가 알아야 할 정보는 모집단에 대한 정보이다. 모집단의 정보는 모집단의 특성을 요약하는 모수, 예를 들어, 평균, 표준편차 등을 통해 파악할 수 있다. 표본 데이터로부터 모집단의 모수의 참

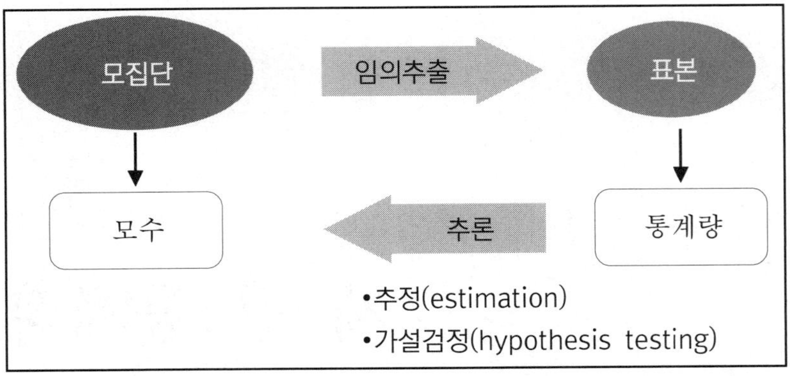

그림 5.1 통계적 추론

값을 정하는 것을 추정(estimation)이라하고, 모수의 참값이 특정 값인지 여부를 판정하는 것을 가설검정(hypothesis testing)이라 한다(그림 5.1).

표본을 이용하여 모수의 참값을 추정하는 식을 추정량(estimator)이라 한다. 또한 관측 데이터로 계산한 추정량의 값을 추정치(estimate)라 한다. 예를 들어, 특정지역 고등학교 1학년 재학생의 월평균 과외비 μ가 얼마인지 알아보기 위해 ① 임의추출한 고등학교 1학년 재학생 50명의 월평균 과외비의 평균 $\overline{X}$로 μ을 추정하기로 하고, ② 임의추출한 50명의 월평균 과외비의 평균을 $\overline{x}=27$로 구했다고 하자. 이 경우 모수는 μ, 추정량은 표본평균의 계산식 $\overline{X}$, 추정치는 표본평균의 계산식에 수치를 대입하여 얻은 값 27이다.

어떤 부품무게의 평균에 관심이 있다고 하자. A는 30개의 부품의 무게를 측정하여 구한 평균값 1.45를 평균무게로 추정하고, B는 30개 중에서 가장 큰 값과 가장 작은 값의 평균 1.40을 평균으로 추정하고, C는 어림짐작으로 1.44를 평균으로 추정한다고 할 때, 누구의 추정방법이 가장 바람직하다고 생각하는가? 대부분의 사람들은 표본평균으로 추정하는 A의 방법이 가장 바람직하다고 할 것이다.

모수를 추정하는 방법은 수없이 많이 있을 수 있다. 예를 들어, 모평균을 추정하는 방법은 표본평균, 표본중위수, 표본최빈수, 제49백분위수, 어림짐작으로 57.7 등 수없이 많이 있다. 모평균의 추정에 표본평균을 사용하는 것은 표본평균이 가장 바람직한 성질을 갖고 있기 때문이다.

먼저 추정량의 확률분포에 대해서 살펴보자. 어떤 모수 θ의 추정량을 $\hat{\theta}$라 하자.[3)]

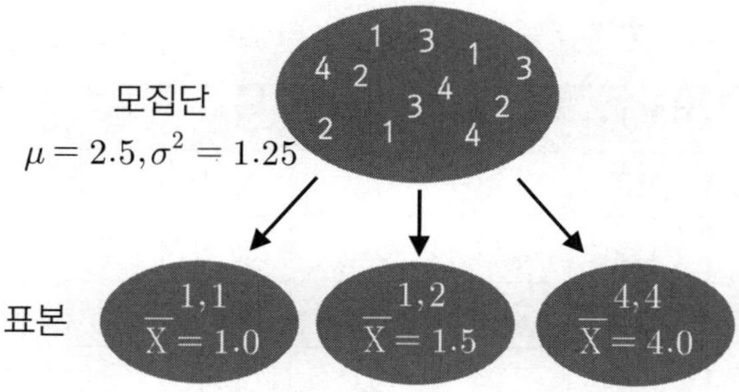

그림 5.2 모집단으로부터 n=2인 임의표본 추출

모집단에서 n개의 표본을 추출하여 추정치 $\hat{\theta}$를 계산한다고 하면, 모집단에서 n개의 표본을 추출하는 방법의 수와 동일한 개수의 추정치 $\hat{\theta}$를 얻을 수 있다. 따라서 $\hat{\theta}$는 뽑힌 표본에 따라 값이 변하는 확률변수가 된다. 이때 $\hat{\theta}$는 표본으로부터 계산되는 값이므로 $\hat{\theta}$의 확률분포를 표본분포(sampling distribution)라 한다.

그림 5.2와 같이 1, 2, 3, 4가 동일한 비율로 구성되어 있는 모집단에서 2개의 표본을 취하는 경우, 모평균의 추정량인 표본평균의 확률분포를 구해보자. 모집단의 확률분포는 4개 개체의 비율이 1/4로 동일하므로 표 5.1과 같이 나타낼 수 있다. 또한 모집단의 평균은 $\mu_X = 2.5$, 표준편차는 $\sigma_X = \sqrt{1.25} = 1.118$이다.

이제 모평균의 추정량으로 사용되는 표본평균의 확률분포를 구해보자. 1, 2, 3, 4로 구성된 모집단에서 $n = 2$개의 표본을 뽑는다고 하자. 이때 가능한 표본은 (1,1), (1,2), ..., (3,4), (4,4)이고, 각 표본으로 계산한 표본평균은 표 5.2에서 나타낸 바와 같이 1.0, 1.5, ..., 4.0이 된다.

표 5.1 모집단의 확률밀도함수

x	1	2	3	4	합계
f(x)	1/4	1/4	1/4	1/4	1

3) 모수와 모수의 추정량을 구별하기 위해서 $\hat{\theta}$을 사용한다. 즉, 모수 θ의 추정량을 $\hat{\theta}$로 표기한다.

표 5.2 n=2일 때 가능한 모든 표본과 표본평균

표본	표본평균	표본	표본평균	표본	표본평균	표본	표본평균
1, 1	1.0	2, 1	1.5	3, 1	2.0	4, 1	2.5
1, 2	1.5	2, 2	2.0	3, 2	2.5	4, 2	3.0
1, 3	2.0	2, 3	2.5	3, 3	3.0	4, 3	3.5
1, 4	2.5	2, 4	3.0	3, 4	3.5	4, 4	4.0

표 5.3 표본평균의 확률밀도함수

$\overline{x}$	1.0	1.5	2.0	2.5	3.0	3.5	4.0	합계
$f(\overline{x})$	1/16	2/16	3/16	4/16	3/16	2/16	1/16	1

표 5.2에 나타난 표본평균의 확률변수공간은 {1.0, 1.5, 2.0, 2.5, 3.0, 3.5, 4.0}이다. 확률변수공간의 각 원소에 대응하는 확률은 다음과 같이 계산된다. $n=2$일 때 가능한 경우의 수는 16이다. $P(\overline{X}=1.0)$은 $\overline{X}=1.0$이 되는 표본은 (1,1)의 한 가지이므로 1/16이다. $\overline{X}=2.0$이 되는 표본은 (1,3), (2,2), (3,1)이므로 $P(\overline{X}=2.0)=3/16$이 된다. 이와 같은 방식으로 모든 확률변수공간의 원소에 대해 확률을 구하면 $n=2$일 때 표본평균 $\overline{X}$의 확률밀도함수를 표 5.3과 같이 얻는다. 또한 표 5.3의 확률밀도함수로부터 표본평균의 평균과 표준편차는 각각 $\mu_{\overline{X}}=2.5, \sigma_{\overline{X}}=\sqrt{0.625}=0.7906$가 됨을 확인할 수 있다.

그림 5.3은 표 5.1과 표 5.3의 확률밀도함수를 그림으로 나타낸 것이다. 그림 5.3에서 보면 표본평균은 좌우대칭인 정규분포모형에 가깝다는 것을 확인할 수 있다.

표본분포는 모집단의 확률분포와 표본 크기에 크게 의존한다. 그림 5.4는 모집단이 정규분포인 경우에 표본 수가 n을 변화시키며 구한 표본평균 $\overline{X}$의 확률분포를 나타낸 것으로 표본수가 증가함에 따라 표본평균의 표준편차가 작아짐을 확인할 수 있다. 그림에서 표본 수 n=1인 그래프는 모집단의 확률밀도함수를 나타낸다.

추정량의 확률분포는 통계적 추론의 기반이 된다. 특히 추정량의 평균은 추론의 정확성(accuracy), 표준편차는 추론의 정밀도(precision)와 관련이 있다.

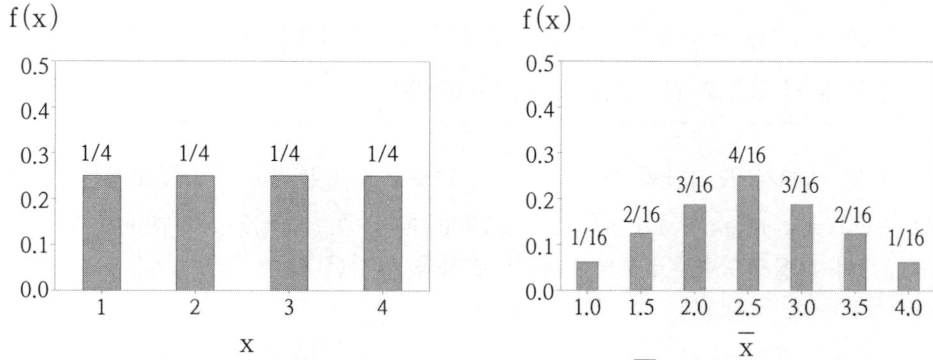

(a) 모집단의 확률밀도함수 (b) $\overline{X}$ 의 확률밀도함수(n=2)

그림 5.3 표본평균의 분포

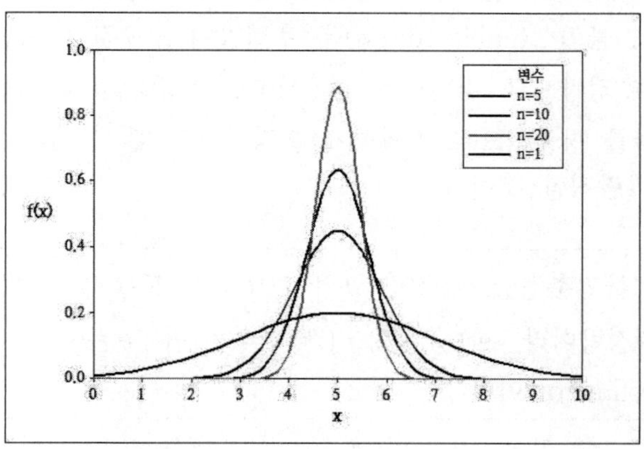

그림 5.4 추정량의 확률분포(n=5, 10, 20)

[정의 5.1] (표준오차) 추정량의 표준편차를 표준오차(standard error)라 하고, 추정량 $\hat{\theta}$의 표준오차를 $SE(\hat{\theta})$로 표기한다.

모평균을 추정하는데 사용하는 표본평균의 표준오차는 통계적 추정에서 매우 중요하다. 다음 정리는 표본평균의 표준오차를 구하는 식을 정리한 것으로 간단하게 증명할 수 있다.

【정리 5.1】 (표본평균의 표준오차) 모집단의 표준편차가 σ일 때 n개 표본의 표본평균 $\overline{X}$의 표준오차는 $SE(\overline{X}) = \sigma/\sqrt{n}$이다.

앞의 예에서 모집단의 표준편차는 1.118이다. 표본평균의 표준오차는 $n = 2$이므로 $SE(\overline{X}) = \sigma/\sqrt{n} = 1.118/\sqrt{2} = 0.7906$이다. 즉, $SE(\overline{X}) = 0.7906$이다. 이 값은 표 5.3의 확률밀도함수로부터 계산한 결과와 일치한다.

5.1.2 추정량의 바람직한 성질

바람직한 추정량을 판단하는 기준으로 불편성, 효율성, 일치성의 세 가지 기준을 많이 사용한다. 불편성(unbiasedness)은 추정량이 모수값을 평균적으로 정확하게 추정하면 좋은 추정량으로 판단하는 기준이다. 추정량 $\hat{\theta}$의 확률분포의 평균이 θ와 같으면, $\hat{\theta}$는 θ를 평균적으로 정확하게 추정한다고 할 수 있다. 추정량이 이러한 성질을 가지면 바람직할 것이다.

[정의 5.2] (불편추정량) 추정량 $\hat{\theta}$의 기댓값이 모수 θ와 동일할 때 $\hat{\theta}$는 모수 θ의 불편추정량이라 한다. 즉, $E[\hat{\theta}] = \theta$이면 $\hat{\theta}$는 모수 θ의 불편추정량(unbiased estimator)이다.

앞의 예에서 모집단의 평균 $\mu_X = 2.5$이고, 표본평균의 평균 $\mu_{\overline{X}} = 2.5$이므로 표본평균 $\overline{X}$는 모평균 μ의 불편추정량이다. 일반적으로 n개 표본의 표본평균 $\overline{X}$는 모평균 μ의 불편추정량이다. 또한 하나의 표본 X_1도 μ의 불편추정량이다. 표본분산

$$S^2 = \frac{1}{n-1}\sum_{i=1}^{n}(X_i - \overline{X})^2 \tag{5.1}$$

은 모분산 σ^2의 불편추정량임을 보일 수 있다. 그러나 표본표준편차 S는 모표준편차 σ의 불편추정량이 아니다.

효율성(efficiency)은 추정량의 분산이 작을수록 좋은 추정량으로 판단하는 기준이

다. 추정량 $\hat{\theta}$의 확률분포의 분산이 작으면, 즉 추정치 $\hat{\theta}$가 모수 θ 주위에 모여 있으면 추정치가 모수를 정확하게 추정할 가능성이 높다.

불편성을 갖추고 있으면서 효율성이 더 좋으면 더 바람직한 추정량이다. 모표준편차가 σ일 때, 모평균에 대한 불편추정량 $\overline{X}$의 분산은 σ^2/n이고, 또 다른 불편추정량 X_1의 표준편차는 σ^2이므로 $\overline{X}$가 X_1보다 더 효율적인 추정량이다.

[정의 5.3] (최소분산불편추정량) 불편추정량 중에서 분산이 가장 작은 추정량을 최소분산불편추정량(minimum variance unbiased estimator)이라 한다.

예를 들어, n개 표본의 표본평균 $\overline{X}$는 모평균 μ의 불편추정량 중에서 분산이 가장 작은 추정량임을 보일 수 있다. 즉, $\overline{X}$는 μ의 최소분산불편추정량이다. 표본분산 S^2은 모분산 σ^2의 최소분산불편추정량이다. 우리가 모평균과 모분산의 추정에 표본평균과 표본분산을 사용하는 것은 이들 두 추정량이 최소분산불편추정량이기 때문이다. 일치성(consistency)은 표본의 크기를 충분히 크게 하면 모수를 근접하게 추정할 수 있는 성질이다. 표본의 크기를 크게 함에도 불구하고 모수를 근접하게 추정할 수 없는 추정량이라면 좋은 추정량이 될 수 없을 것이다.

[정의 5.4] (일치추정량) 표본의 크기가 무한히 증가함에 따라 추정량 $\hat{\theta}$가 모수 θ에 근접할 때, $\hat{\theta}$를 θ의 일치추정량(consistent estimator)이라 한다.

표본평균 $\overline{X}$와 표본분산 S^2은 모평균 μ와 모분산 σ^2의 일치추정량이 된다.

5.1.3 점추정과 구간추정

모수를 하나의 값으로 추정하는 것을 점추정(point estimation)이라 한다. 점추정을 하는 수식 또는 방법을 점추정량, 표본데이터로 추정한 값을 점추정치라 한다. 보통의 경우 모수 θ에 대한 점추정량을 $\hat{\theta}$로 표기한다. 모평균을 하나의 값으로 추정하는 수식 또는 방법이 모평균의 점추정량이고, 표본데이터로 추정한 하나의 값은 점추정치이다.

점추정에서는 모수 θ의 참값을 하나의 값 $\hat{\theta}$로 추정한다. 점추정치 $\hat{\theta}$가 θ의 참값과 정확하게 일치하는 경우는 거의 없다. 예를 들어, 모평균 μ에 대한 추정량으로 표본평균 $\overline{X}$를 이용한다. 이때 특정의 표본 데이터 $x_1, x_2, \ldots, x_n$을 계산한 표본평균 $\overline{x}$가 μ의 참값과 일치하는 경우는 거의 없다. 그러므로 참값이 포함되어 있을 것으로 추정되는 구간을 정하는 것이 더 합리적이라고 할 수 있다.

모수 θ의 참값이 포함되어 있으리라고 추정되는 구간을 정하는 것을 구간추정(interval estimation)이라 한다. 구간추정에서는 θ의 참값이 포함되어 있으리라고 하는 확신의 정도를 나타내는 측도인 신뢰계수 또는 신뢰수준을 함께 표현한다.

[정의 5.5] (신뢰구간) 미지의 모수 θ에 대해서 표본 정보에 근거하여 일정한 확률 $(1-\alpha)$범위 내에 모수가 포함될 가능성이 있는 구간을 나타내는 식

$$P(A < \theta < B) = 1 - \alpha \tag{5.2}$$

에서 A와 B의 추정치 a, b를 사용하여 표현한 구간 $a < \theta < b$를 θ에 대한 $100(1-\alpha)\%$ 신뢰구간(confidence interval)이라 한다. 이때 $100(1-\alpha)$를 신뢰수준(confidence level) 또는 신뢰도라 한다.

예를 들어, A부품의 무게 X가 평균 μ, 표준편차 σ인 정규분포를 따른다고 하면 A부품 75개 표본의 표본평균 $\overline{X}$는 μ, 표준편차 $\sigma/\sqrt{75}$인 정규분포를 따른다. 정규분포의 확률을 이용하면

$$P\left(\mu - 2\frac{\sigma}{\sqrt{75}} \le \overline{X} \le \mu + 2\frac{\sigma}{\sqrt{75}}\right) = 0.954 \tag{5.3}$$

이다(그림 5.5). 즉, 확률변수 $\overline{X}$가 $\mu - 2\sigma/\sqrt{75}$와 $\mu + 2\sigma/\sqrt{75}$ 사이의 값을 가질 확률은 0.954이다. 식(5.3)의 괄호안의 내용을 정리하면 다음의 식을 얻을 수 있다.

$$P\left(\overline{X} - 2\frac{\sigma}{\sqrt{75}} \le \mu \le \overline{X} + 2\frac{\sigma}{\sqrt{75}}\right) = 0.954 \tag{5.4}$$

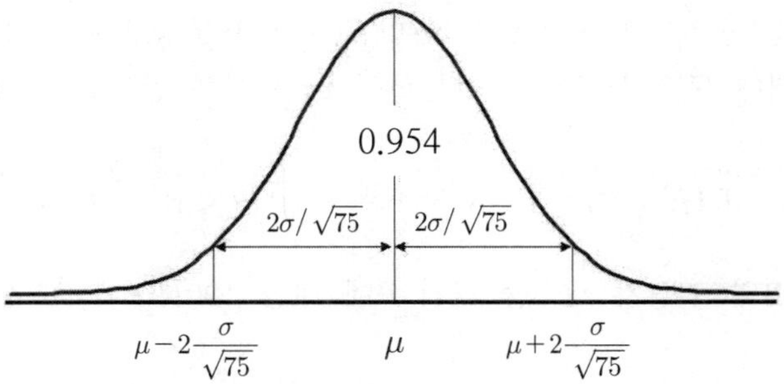

그림 5.5 정규분포의 확률

식(5.4)에서 확률구간 $(\overline{X}-2\sigma/\sqrt{75},\ \overline{X}+2\sigma/\sqrt{75})$가 μ를 포함하고 있을 확률은 0.954라고 할 수 있다. 이 구간에서 σ의 값을 알면 μ에 대한 신뢰구간을 계산할 수 있다. 표본으로 추출된 A부품 75개의 평균이 $\overline{x}=1.525$이고, 표준편차 $\sigma=0.1$이라 하면 μ에 대한 95.4% 신뢰구간은 $1.525 \pm 2(0.1/\sqrt{75}) \approx (1.525 \pm 0.023) = (1.502, 1.548)$이다. 이때 0.023을 오차한계라 하기도 한다. 따라서 A부품의 평균무게의 참값은 1.502 kg과 1.548 kg 사이에 있다는 것을 약 95.4% 확신할 수 있다.

예를 들어, 중요 이슈에 대한 여론조사 결과 발표에서 '찬성비율 52.4%이고 신뢰수준 95%에서 오차한계 3.1%p(percent point)[4]'라고 하는 것은 찬성률에 대해 구간추정을 정한 것이다. 이것은 찬성률이 52.4±3.1≡(49.3, 55.5)에 있을 것으로 95%의 확률로 확신한다는 의미이다.

모수가 포함될 구간을 하한과 상한을 함께 정하는 것이 보통이지만 하한 또는 상한을 정하는 것이 의미가 없는 경우에는 둘 중 하나만 정한다. 예를 들어, 품질보증에서 제품의 불량률의 하한을 정하는 것은 큰 의미가 없다. 즉, 제품의 불량률이 일정값 이하라는 것만 보증하면 충분하다. 또한 부품의 수명을 보증해야 하는 경우에 수명이 특정 값 이상이 된다는 것만 보증하면 될 것이다. 이와 같이 신뢰구간의 한쪽만 정하는 경우의 구간추정치를 '신뢰하한(lower confidence limit)' 또는 '신뢰상한(upper confidence limit)'이라 한다.

---

4) 퍼센트(%, percent)와 퍼센트 포인트(%p, percent point) : 퍼센트는 백분율을 의미하고, 퍼센트 포인트는 백분율로 나타낸 수치의 절대적 크기를 나타냄. 예를 들어, 5%는 기준값에 대한 상대적 크기가 0.05임을 의미하고, 5%p는 값의 크기가 5라는 의미임.

[정의 5.6] (신뢰한계) 미지의 모수 θ에 대해서 표본정보에 근거하여 일정한 확률 $(1-\alpha)$범위 내에 모수가 포함될 가능성이 있는 한쪽 한계를 나타내는 식

$$P(A < \theta) = 1 - \alpha \quad \text{또는} \quad P(\theta < B) = 1 - \alpha \tag{5.5}$$

에서 A 또는 B의 추정치 a, b를 각각 θ에 대한 $100(1-\alpha)\%$ 신뢰하한, 신뢰상한이라 한다.

이 책에서는 신뢰구간을 구하는 구하는 방법을 중심으로 다루고, 신뢰하한 및 신뢰하한을 구하는 방법에 대해서는 제6절의 미니탭 활용에서 소개하기로 한다.

5.2 모평균에 대한 추정

모평균은 모집단의 특성을 규정하는 가장 핵심적인 측도이다. 이 절에서는 모평균에 대한 점추정과 추정량인 표본평균의 확률분포에 대해서 다룬다.

5.2.1 점추정

모평균의 점추정은 표본평균으로 한다. 표본평균이 모평균을 추정하는 가장 바람직한 추정량이다. 어떤 모집단에서 10개의 표본을 추출하여 계산한 평균이 2.75이면, 이 모집단의 모평균은 2.75로 추정할 수 있다.

평균 μ, 표준편차 σ인 모집단에서 크기 n인 확률표본 $X_1, X_2, \ldots, X_n$을 얻었다고 하면, $X_1, X_2, \ldots, X_n$는 서로 독립이고 모집단분포와 동일한 확률분포를 따른다. 이때 표본평균 $\overline{X}$는

$$\overline{X} = \frac{X_1 + X_2 + \cdots + X_n}{n} = \frac{1}{n}\sum_{i=1}^{n} X_i \tag{5.6}$$

로 나타낼 수 있다. $\overline{X}$의 평균을 $\mu_{\overline{X}}$로 표기하면

$$\mu_{\overline{X}} = E[\overline{X}] = \frac{1}{n}\sum_{i=1}^{n}\mu = \left(\frac{1}{n}\right)(n\mu) = \mu \tag{5.7}$$

이다. 즉, $\overline{X}$는 모평균 μ의 불편추정량이다. $\overline{X}$의 분산을 $\sigma^2_{\overline{X}}$로 표기하면

$$\sigma^2_{\overline{X}} = Var(\overline{X}) = \left(\frac{1}{n}\right)^2\sum_{i=1}^{n}\sigma^2 = \left(\frac{1}{n}\right)^2(n\sigma^2) = \frac{\sigma^2}{n} \tag{5.8}$$

이고, 표준오차 $SE(\overline{X})$는

$$SE(\overline{X}) = \sqrt{Var(\overline{X})} = \frac{\sigma}{\sqrt{n}} \tag{5.9}$$

이다.

5.2.2 표본평균의 분포

표본평균의 확률분포는 모평균에 대한 추정방법의 이론적 토대가 된다. 표본평균의 분포는 모집단의 확률분포에 따라 다르다.

1) 모집단이 정규분포인 경우

먼저 모집단이 정규분포인 경우에 대해서 살펴보자. 모집단이 정규분포를 따르는 경우에는 정규확률변수의 선형결합은 정규분포를 따른다는 정규분포의 성질을 이용하면 표본평균은 다음과 같이 정규분포를 따른다.

【정리 5.2】 $X_1, X_2, \ldots, X_n$이 $X \sim N(\mu, \sigma^2)$로부터 추출한 확률표본일 때, 표본평균 $\overline{X} = (X_1 + X_2 + \cdots + X_n)/n$이면 $\overline{X} \sim N(\mu, \sigma^2/n)$이다.

표본평균의 확률분포를 알면 표본평균과 관련된 각종의 확률을 구할 수 있다.

예제 5.1

A사에서 생산하고 있는 금속봉의 지름은 평균 5 mm, 분산 0.01 mm^2인 정규분포를 따른다. A사에서 생산한 금속봉에서 16개의 표본을 추출하여 구한 표본평균이 4.99 mm에서 5.01 mm 사이에 있을 확률을 구하라.

풀이

정리 5.2을 사용하면 $\overline{X}$는 평균 5 mm, 분산 0.01/16=0.00025 mm^2인 정규분포를 따른다는 것을 알 수 있다. 4.99와 5.01의 표준화된 값은 $z_1 = (4.99-5)/0.05 = -0.40$, $z_2 = (5.01-5)/0.025 = 0.40$이므로 $P(4.99 \leq \overline{X} \leq 5.01) = \Phi(0.40) - \Phi(-0.40) = 0.6554 - 0.3446 \simeq 0.3108$이다. ■

5.2.3 중심극한정리

모집단이 정규분포가 아닌 경우에는 표본평균의 정확한 확률분포를 구하는 것이 간단하지 않다. 그러나 소위 중심극한정리를 적용하면 표본평균의 분포를 근사적으로 구할 수 있다.

그림 5.6는 여러 가지 모집단 분포(균등, 지수, 정규)에 대해서 표본 크기가 2, 5, 30이 경우의 표본평균의 분포를 그림으로 나타낸 것이다. 균등분포의 경우에는 표본크기가 5개일 때 대략적으로 정규분포와 비슷해진다는 것을 볼 수 있다. 지수분포의 경우에는 표본크기가 대략 30이 되면 정규분포에 근접한다는 것을 볼 수 있다. 즉, 모집단의 분포가 정규분포가 아니더라도 표본평균은 표본의 크기가 크면 정규분포에 근접한다는 것을 볼 수 있다.

중심극한정리는 표본크기가 충분히 클 때, 표본평균은 모집단의 분포에 관계없이 대략적으로 정규분포에 근접한다는 이론이다. 일반적으로 이러한 근사는 표본크기가 30 이상인 경우에 사용될 수 있는 것으로 알려져 있다. 그러나 그림 5.6에 나타난 바와 같이 큰 표본이 항상 필요한 것은 아니다. 모집단의 분포가 대칭인 경우에는 4개 또는 5개의 표본크기로도 충분할 수 있다. 특히, 모집단이 정규분포인 경우에는 표본평균은 표본크기에 관계없이 정규분포를 따른다.

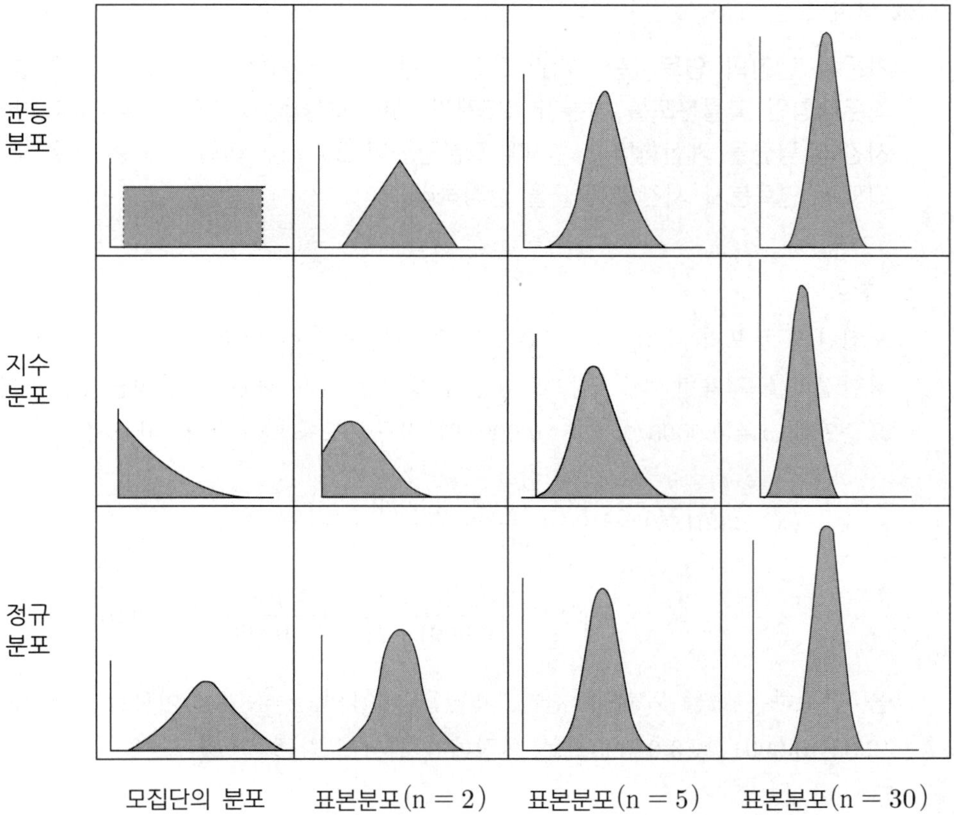

그림 5.6 중심극한정리

【정리 5.3】 (중심극한정리, central limit theorem) 평균 μ, 표준편차 σ인 모집단으로부터 크기 n의 확률표본을 추출했을 때, 표본크기가 증가하면 표본평균 $\overline{X}$는 평균 μ, 표준편차 σ^2/n인 정규분포에 접근한다. 즉, n이 충분히 클 때, $\overline{X} \dot{\to} N(\mu, \sigma^2/\sqrt{n})$이다.

중심극한정리를 사용하면 모집단의 확률분포를 모르는 경우에 대해서 표본평균에 대한 각종의 확률을 구할 수 있다.

예제 5.2

자동차 엔진의 연료 분사 시간 X는 표준편차 $\sigma = 0.0005$이고, 평균을 중심으로 좌우대칭인 확률분포를 따른다. 25개의 제어 모듈을 표본으로 추출하여 연료분사 시간의 평균을 계산한다고 할 때 표본평균이 3.0130 이하가 되는 비율이 1%가 되도록 연료분사 시간의 평균을 설정하라.

풀이

모집단의 분포가 대칭이고, 표본크기 25개는 충분히 크다고 할 수 있으므로 중심극한정리를 적용할 수 있다. 모집단의 평균을 μ라 하면, 표본평균 $\overline{X}$는 평균 μ, 표준편차 $\sigma = 0.0005/\sqrt{25} = 0.0001$인 정규분포에 근사한다. 따라서

$$P(\overline{X} \le 3.0130) = P\left(\frac{\overline{X}-\mu}{0.0001} \le \frac{3.0230-\mu}{0,0001}\right)$$

$$= P\left(Z \le \frac{3.0230-\mu}{0.0001}\right) = \Phi\left(\frac{3.0230-\mu}{0.0001}\right) = 0.01$$

을 만족하는 μ를 구해야 한다. $\Phi(z) = 0.01$인 $z = -2.33$이므로 $\mu = 3.0130 + (2.33)(0.0001) \approx 3.01323$으로 설정해야 한다(그림 5.7). ■

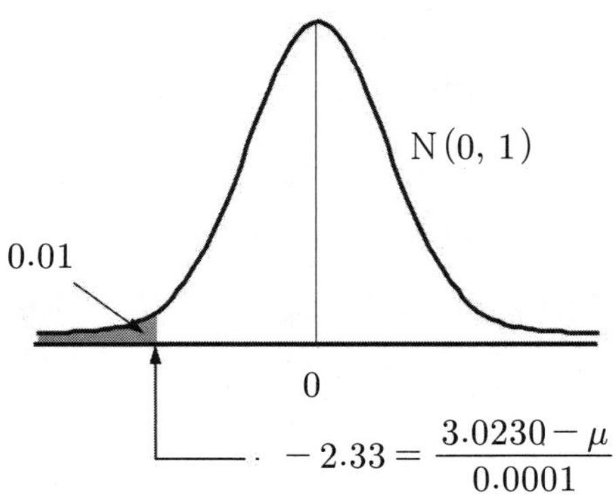

그림 5.7 공정평균의 설정

【정리 5.4】 (변형된 중심극한정리) $X_1, X_2, \ldots, X_n$가 평균 μ, 표준편차 σ인 모집단에서 추출한 확률표본이면, n이 충분히 클 때 $X_1 + X_2 + \cdots + X_n$은 대략적으로 평균 $n\mu$, 분산 $n\sigma^2$인 정규분포를 따른다.

예제 5.3

A회사의 숙련된 기술자가 어떤 작업을 수행하는데 걸리는 시간 X는 서로 독립이며, 평균 1시간, 표준편차 1시간인 확률분포를 한다. 숙련된 기술자가 50개의 작업을 수행하는 데 걸리는 전체시간이 40시간 이하일 확률을 구하여라.

풀이

X_i를 i번째 작업을 수행하는데 걸리는 시간이라 하면 X_i의 평균은 $\mu = 1$이고, 분산은 $\sigma^2 = 1$이다. 정리 5.4의 중심극한정리에 의해 전체시간 $W = X_1 + X_2 + \cdots + X_{50}$은 평균 $n\mu = 50$, 분산 $n\sigma^2 = 50$인 정규분포를 따른다. 따라서 전체시간이 40시간 이하일 확률 $P(W \le 40) = P(Z \le (40 - 50)/\sqrt{50}) = P(Z \le -1.414) = 0.0787$이다. ■

5.3 모평균에 대한 구간추정

모평균에 대한 신뢰구간은 모집단의 확률분포모형, 모수에 대한 정보, 표본의 크기에 따라 각각 다른 방법을 적용하여 구해야 한다. 표 5.4는 모집단의 확률분포와 표본 크기에 따라 모평균의 구간추정치를 구하는 방법을 정리한 것이다.

모집단이 정규분포이고 표본 크기가 작은 경우에는 모분산을 이미 알고 있으면(모분산 기지), Z-구간을 사용하고, 데이터로부터 표본분산을 계산해야 하면(모분산 미지), T-구간을 사용한다. 표본 크기가 큰 경우(대개 30개 이상)에는 모집단의 분포와 관계없이 Z-구간을 사용한다. 모집단이 정규분포가 아니고, 표본 크기가 작은 경우에는 다른 고급기법을 사용해야 한다.

표 5.4 모평균에 대한 구간추정

모집단 분포 \ 표본 크기		소표본	대표본(n≥30)
정규분포	모분산 기지	1표본 Z-구간(5.3.1절)	
	모분산 미지	1표본 T-구간(5.3.2절)	
비정규분포		고급기법 사용	1표본 Z-구간(5.3.3절)

5.3.1 모분산 기지 정규분포

먼저 표준편차 σ기지인 경우에 대해서 살펴보자. σ기지는 데이터를 취하기 이전에 σ값을 이미 알고 있다는 의미이다. 이는 과거의 경험이나 이력데이터(historical data)로부터 얻은 σ값을 의미한다.

모집단이 평균 μ, 표준편차 σ인 정규분포일 때, n개의 확률표본 $X_1, X_2, \ldots, X_n$의 평균 $\overline{X}$는 평균 μ, 표준편차 $\sigma/\sqrt{n}$인 정규분포를 따른다. 즉, $\overline{X} \sim N(\mu, \sigma^2/n)$이므로 $Z = \dfrac{\overline{X} - \mu}{\sigma/\sqrt{n}}$은 표준정규분포를 따른다.

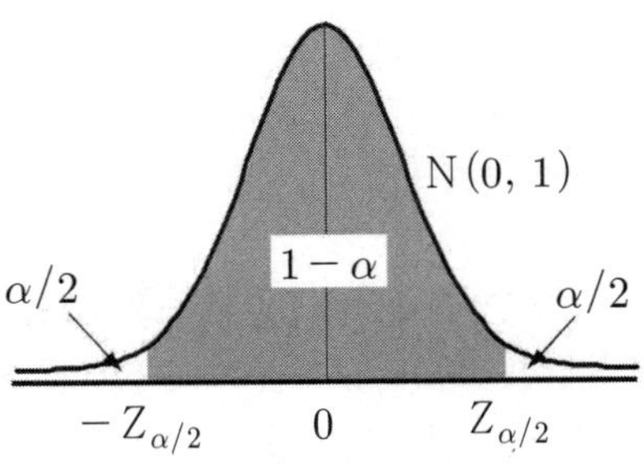

그림 5.8 표준정규분포의 확률

신뢰계수 $(1-\alpha)$가 주어졌을 때, $Z = \dfrac{\overline{X} - \mu}{\sigma/\sqrt{n}} \sim N(0,1)$이므로 신뢰계수가 $(1-\alpha)$가 되도록 적절한 구간을 정하면

$$P\left(-z_{\alpha/2} \le \frac{\overline{X}-\mu}{\sigma/\sqrt{n}} \le z_{\alpha/2}\right) = 1-\alpha \tag{5.10}$$

가 성립한다(그림 5.8 참조). 식(5.10)을 μ를 중심으로 정리하면

$$P\left(\overline{X} - z_{\alpha/2}\frac{\sigma}{\sqrt{n}} \le \mu \le \overline{X} + z_{\alpha/2}\frac{\sigma}{\sqrt{n}}\right) = 1-\alpha \tag{5.11}$$

가 된다.

정규모집단에서 표준편차 σ를 알고 있는 경우 모평균에 대한 신뢰구간은 식(5.11)의 구간을 정리하여 다음 정리와 같이 얻는다. 또한 이 신뢰구간은 표준정규분포값을 사용하므로 Z-구간이라 부르기도 한다.

【정리 5.5】 (Z-구간) $x_1, x_2, \ldots, x_n$을 평균 μ, 표준편차 σ인 정규모집단에서 취한 n개의 표본이라 할 때, σ를 이미 알고 있는 경우, μ에 대한 $100(1-\alpha)\%$ 신뢰구간은

$$\overline{x} \pm z_{\alpha/2}\frac{\sigma}{\sqrt{n}} \equiv \left(\overline{x} - z_{\alpha/2}\frac{\sigma}{\sqrt{n}}, \overline{x} + z_{\alpha/2}\frac{\sigma}{\sqrt{n}}\right) \tag{5.12}$$

이다. 여기서 $z_{\alpha/2}\sigma/\sqrt{n}$을 오차한계(margin of error)라 한다.

식(5.12)에서 $\sigma/\sqrt{n}$은 $\overline{X}$의 표준오차, 즉 $SE(\overline{X}) = \sigma/\sqrt{n}$이므로 오차한계는 표준오차의 $z_{\alpha/2}$배임을 알 수 있다.

예제 5.4

어떤 소재의 파열강도는 정규분포를 따르고, 표준편차는 8로 알려져 있다. 이 소재의 파열강도를 높이기 위해 신제조공법을 개발하였다. 신공법으로 생산한 소재 16개의 파열강도를 측정하여 평균을 계산했더니 103이었다. 이 소재의 파열강도

의 표준편차는 변화가 없다고 할 때 신공법으로 제조한 소재의 파열강도의 모평균에 대한 95% 신뢰구간을 구하라.

풀이

$\bar{x} = 103$, $n = 16$, $\sigma = 8$이다. $\bar{X}$의 표준오차 $SE(\bar{X}) = 8/\sqrt{16} = 2$이고, $100(1-\alpha) = 95$에서 $\alpha = 0.05$이므로 $z_{\alpha/2} = z_{0.025} = 1.96$이다. 식(5.11)을 적용하면 오차한계는 $(1.96)(2) = 3.9$이므로 모평균 μ에 대한 95% 신뢰구간은 $103 \pm 3.9 \equiv (99.1, 106.9)$이다. ■

5.3.2 모분산 미지 정규분포

이제 모분산 σ^2의 값을 모르는 경우에 대해서 살펴보자. 이 경우에는 데이터로부터 σ를 추정해서 사용해야 한다. σ의 추정치로는 표본표준편차 S를 사용한다.

모집단이 평균 μ, 표준편차 σ인 정규분포를 따른다고 하자. 표준편차 σ를 알고 있는 경우에는 $Z = \frac{\bar{X}-\mu}{\sigma/\sqrt{n}} \sim N(0,1)$임을 이용하여 신뢰구간을 구했다. σ를 모르는 경우에는 σ 대신 추정량인 표본표준편차 S를 사용한다. 그러나 σ 대신 추정량 S를 대입한 추정량

$$T = \frac{\bar{X}-\mu}{S/\sqrt{n}} \tag{5.13}$$

는 표준정규분포를 따르지 않으므로 정리 5.5의 Z-구간을 적용할 수 없다. 식(5.13)의 T는 소위 t-분포(t-distribution)를 따른다. t-분포에 대해서 살펴보자.

t-분포는 고셋(W. S. Gosset)이 1908년에 스튜던트(Student)라는 익명으로 발표한 확률분포이다(이러한 이유로 흔히 스튜던트의 t-분포라고 부른다). t-분포는 자유도 ν를 갖는 확률분포로써 확률밀도함수가 복잡한 분포이다. 0을 중심으로 대칭이며, 분포의 양쪽 꼬리부분이 표준정규분포보다 두텁다. 그림 5.9는 여러 가지 자유도 ν에 대해서 t-분포의 확률밀도함수를 나타낸 것으로 자유도가 증가함에 따라 t-분포는 표준정규분포에 접근한다.

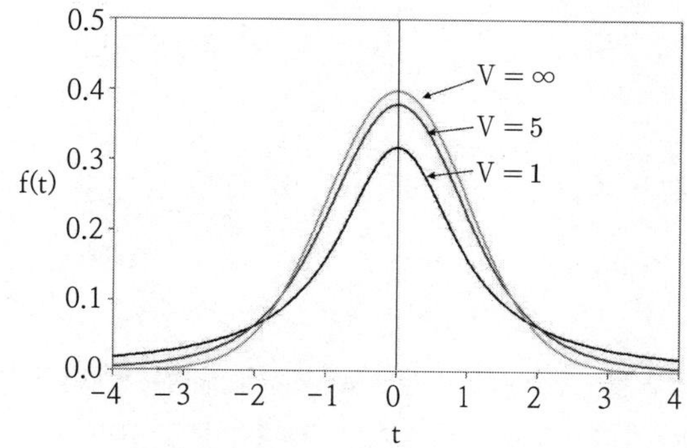

그림 5.9 t-분포의 확률밀도함수

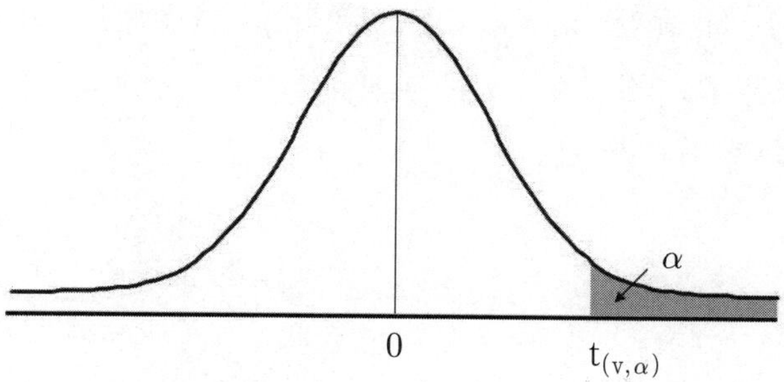

그림 5.10 t-분포의 꼬리확률값

t−분포는 평균과 관련된 각종의 통계적 추론에 주로 사용하는 확률분포이다. 부록 B.3의t−분포표는 여러 가지 자유도 ν와 꼬리확률 α에 대응하는 t−분포의 값 $t_{(\nu:\alpha)}$를 나타낸 것이다. 예를 들어 $t_{(10:0.025)} = 2.228$은 자유도 10인 t−분포의 오른쪽 꼬리확률이 0.025가 되는 t의 값이 2.228임을 나타낸다. 이 값은 자유도 10인 t−분포의 제97.5백분위수이다(그림 5.9).

식(5.13)의 $T = \dfrac{\overline{X} - \mu}{S/\sqrt{n}}$는 자유도 $\nu = n-1$인 t−분포를 따른다는 것을 보일 수 있다. 자유도 n−1인 t−분포의 오른쪽 꼬리확률이 $\alpha/2$인 점을 $t_{(n-1:\alpha/2)}$라 하고 신뢰계수가 $(1-\alpha)$가 되도록 적절한 구간을 정하면

$$P\left(-t_{(n-1:\alpha/2)} \le \frac{\overline{X}-\mu}{S/\sqrt{n}} \le t_{(n-1:\alpha/2)}\right) = 1-\alpha$$

$$\Rightarrow \quad P\left(\overline{X}-t_{(n-1:\alpha/2)}\frac{S}{\sqrt{n}} \le \mu \le t_{(n-1:\alpha/2)}\frac{S}{\sqrt{n}}\right) = 1-\alpha \qquad (5.14)$$

를 얻는다.

정규모집단에서 σ를 모르는 경우 모평균에 대한 신뢰구간은 식(5.14)의 구간을 정리하여 얻을 수 있다. 또한 t-분포를 사용하므로 이 구간을 T-구간(T-interval)이라 부른다.

【정리 5.6】 (T-구간) $x_1, x_2, \ldots, x_n$을 평균 μ, 표준편차 σ인 정규모집단에서 취한 n개의 표본이라 할 때, σ를 표본표준편차 s로 추정하는 경우, μ에 대한 $100(1-\alpha)\%$ 신뢰구간은

$$\overline{x} \pm t_{(n-1:\alpha/2)}\frac{s}{\sqrt{n}} \equiv \left(\overline{x}-t_{(n-1:\alpha/2)}\frac{s}{\sqrt{n}},\ \overline{x}+t_{(n-1:\alpha/2)}\frac{s}{\sqrt{n}}\right) \qquad (5.15)$$

이다. 여기서 s는 표본표준편차로써 $s^2 = \frac{1}{n-1}\sum_{i=1}^{n}\left(x_i-\overline{x}\right)^2$이다.

σ 미지인 경우 $\overline{X}$의 표준오차는 $s/\sqrt{n}$이고, 오차한계는 $SE(\overline{X})$의 $t_{(n-1:\alpha/2)}$배이다. t-분포값은 표준정규분포값 보다 크므로 $SE(\overline{X})$가 동일한 경우에는 오차한계가 더 크다.

예제 5.5

예제 5.4에서 모집단의 표준편차를 새로 추정해서 사용하기로 했다. 16개 데이터로 계산한 표본표준편차가 7.5라 할 때 파열강도의 모평균 μ에 대한 95% 신뢰구간을 구하라.

풀이

$\overline{x}=103$, $n=16$, $s=7.5$이다. $\overline{X}$의 표준오차 $SE(\overline{X})=7.5/\sqrt{16}=1.88$이고, $100(1-\alpha)=95$에서 $\alpha=0.05$이므로 $t_{(n-1:\alpha/2)}=t_{(15:0.025)}=2.131$이다. 오차한계는 $(2.131)(1.88)=4.01$이므로 모평균 μ에 대한 95%신뢰구간은 $(103\pm4.01)=(98.99,107.01)$이다. ■

예제 5.6

한 커피공장에서 일회용으로 생산되는 커피 한 봉지의 무게는 정규분포를 따른다고 한다. 평균 무게를 추정하기 위해 크기 9의 일회용 커피를 표본으로 뽑아 무게(단위 : g)를 측정하여 12.0, 12.1, 11.8, 12.1, 12.0, 12.4, 12.2, 11.8, 11.6을 얻었다. 일회용 커피의 평균 무게 μ에 대한 95% 신뢰구간을 구하라.

풀이

$\overline{x}=12.0$이고, 표본표준편차 s는

$$s^2=\frac{1}{9-1}\{(12.0-12.0)^2+(12.1-12.0)^2+\cdots+(11.6-12.0)^2\}$$
$$=\frac{0.46}{8}=0.575$$

이므로 $s=0.24$이다. $t_{(n-1:0.025)}=t_{(8:0.025)}=2.306$이므로 오차한계는 $(2.306)(0.24/\sqrt{9})=0.184$이다. 따라서 모평균 μ에 대한 95% 신뢰구간은 $12.0\pm0.184\equiv(11.816,12.184)$이다. ■

5.3.3 대표본인 경우

표본 크기가 충분히 큰 경우에는 중심극한정리를 적용한다. 즉, 표본 크기 n이 충분히 큰 경우, 표본평균은 모집단의 분포와 무관하게 정규분포에 근사한다. 중심극한정리를 적용하기 위한 표본 크기로 $n\geq30$이면 충분한 것으로 알려져 있다.

모집단 평균이 μ이고, 표준편차가 σ인 경우, 표본평균 $\overline{X}$의 평균은 μ, 표준편차

는 $\sigma/\sqrt{n}$이다. 표본 크기 n이 충분히 큰 경우

$$Z = \frac{\overline{X} - \mu}{\sigma/\sqrt{n}} \quad \dot{\rightarrow} \quad N(0,1) \tag{5.16}$$

이다. 표준편차 σ 미지인 경우에 표본표준편차 S를 대입하여도 식(5.15)의 Z는 표준정규분포를 따른다. 이 결과를 이용하면 표본 크기가 큰 경우에 모평균에 대한 $100(1-\alpha)\%$ 신뢰구간을 다음과 같이 구할 수 있다.

【정리 5.7】 $x_1, x_2, \ldots, x_n$을 평균 μ, 표준편차 σ인 모집단에서 취한 n개의 표본이라 할 때, n이 충분히 큰 경우 μ에 대한 $100(1-\alpha)\%$ 신뢰구간은

$$\overline{x} \pm z_{\alpha/2}\frac{s}{\sqrt{n}} \equiv \left(\overline{x} - z_{\alpha/2}\frac{s}{\sqrt{n}}, \overline{x} + z_{\alpha/2}\frac{s}{\sqrt{n}}\right) \tag{5.17}$$

이다. 여기서 s는 표본표준편차이다.

예제 5.7

어떤 약품에 대해서 화학성분 분석을 하여 특정 성분의 함량을 측정하였다. 30개의 약품 시료를 취하여 특정 성분 함량을 측정하여 구한 평균이 0.874이었다. 표준편차 $\sigma = 0.021$로 알려져 있다고 할 때, 평균 μ에 대한 90%신뢰구간을 구하라.

풀이

표본의 크기가 $n = 30$으로 충분히 크므로 식(5.17)을 이용할 수 있다. 또한 $\sigma = 0.021$로 알려져 있으므로 표본표준편차 s를 계산하는 대신 $\sigma = 0.021$을 사용한다. $\overline{x} = 0.874$이고, $z_{\alpha/2} = z_{0.05} = 1.645$이므로 평균 μ에 대한 90% 신뢰구간은 $0.874 \pm 1.645(0.021/\sqrt{30}) \approx 0.874 \pm 0.004 \equiv (0.870, 0.878)$이 된다. ■

예제 5.8

자동차에 사용되는 특정 기기의 디스플레이의 색깔은 램프에서 방출되는 빛의 색도에 의해 영향을 받는 것으로 알려져 있다. 램프의 색도 평균 μ를 추정하기 위해 30개의 램프를 추출하여 색도를 측정하였다. 30개 데이터로부터 $\overline{x} = 0.50871$, $s = 0.00195$를 얻었다. μ에 대한 99% 신뢰구간을 구하라.

풀이

$n = 30$으로 충분히 크므로 식(5.17)을 적용할 수 있다. $\overline{x} = 0.50871$, $s = 0.00195$, $z_{\alpha/2} = z_{0.01/2} = 2.576$이므로 μ에 대한 99% 신뢰구간은 $0.50871 \pm (0.47031)(0.00195) \approx 0.50871 \pm 0.00092 = (0.50779, 0.50963)$이다. ■

5.3.4 신뢰구간의 해석

신뢰수준 95%의 신뢰구간이 (98.7,107.3)라고 했을 때, 이 구간이 갖는 의미는 무엇일까? 통계적으로 엄밀하지 않게 설명한다면 "구간 (98.7,107.3)에 모평균이 포함될 가능성이 95% 정도다"라고 할 수 있다. 그러나 통계적으로 엄밀한 의미는 약간 다르다.

200개의 종이쪽지에 숫자가 적혀 있고, 이 숫자들은 평균 2, 표준편차 1.715인 정규분포를 따른다. 수업 중에 30명의 학생들에게 복원추출로 $n = 4$개의 쪽지를 뽑아 표본을 구성하게 하고, 각 표본의 평균과 표준편차를 계산하게 했다. 학생들에게 모집단의 표준편차를 알려주지 않고 모평균에 대한 신뢰수준 95%의 신뢰구간을 구하도록 했다.

자유도 3인 t-분포에 대한 제97.5백분위수 $t_{(4,0.025)} = 3.182$이므로 모평균에 대한 신뢰수준 95%의 신뢰구간은

$$\overline{x} \pm 3.182\frac{s}{\sqrt{4}} = \overline{x} \pm 1.591s$$

로 계산된다. 여기서 $\overline{x}$는 학생 개개인이 뽑은 표본의 평균이며, s는 표준편차이다.

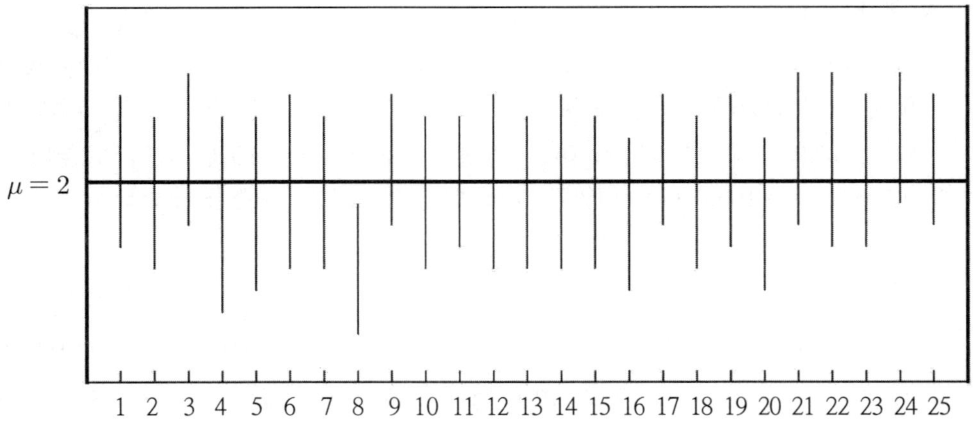

그림 5.11 평균에 대한 95%신뢰구간 실험

그림 5.11은 25명의 학생이 구한 신뢰구간을 나타낸 것이다. 그림에서 보면 25명 중 24명이 구한 신뢰구간이 모평균 $\mu = 2$를 포함하고 있다. 실험을 25번 더 실행하여 50개의 신뢰구간을 구했을 때 약 96%가 μ를 포함하였다. 이 과정을 계속하면 신뢰구간이 μ를 포함하는 비율이 95%에 접근한다는 것을 확인할 수 있다.

신뢰수준 95%의 신뢰구간은 동일한 표준추출과정을 통해 반복적으로 신뢰구간을 구했을 때 이 중 95%는 모수를 포함한다는 의미이다. 즉, 100번 실험하면 이 중 95번 정도는 모수가 포함되는 구간을 구할 수 있다는 의미이다.

5.3.5 표본크기의 결정

신뢰구간은 폭이 좁을수록 더 정밀하게 모수를 추정한다고 할 수 있다. 또한 신뢰수준이 높을수록 신뢰구간을 모수를 포함할 가능성이 높으므로 더 바람직하다. 따라서 신뢰수준이 높고, 신뢰구간의 폭이 좁을수록 더 좋은 구간추정이다.

앞절에서 설명한 구간추정법은 주어진 표본 크기와 신뢰수준에서 신뢰구간의 폭이 가장 좁은 신뢰구간을 구하는 방법이다. 주어진 신뢰수준에서 신뢰구간의 폭을 좁게 하려면 표본 크기를 증가시켜야 한다. 그러나 표본 크기를 증가시키면 데이터를 얻는데 더 많은 비용이 소요되므로 비용을 고려한 적절한 표본 크기를 정해야 한다.

요구하는 신뢰구간의 폭이 주어지면, 이를 만족시키기 위한 표본 크기 n을 정할 수 있다. 모평균의 구간추정에서 신뢰구간의 폭은 오차한계의 2배와 같다. 모집단이 표준편차 σ가 알려져 있는 정규분포를 따르는 경우에 신뢰수준 $100(1-\alpha)\%$인 신뢰구간의 오차한계가 Δ 이하가 되도록 표본 크기를 정해 보자.

모분산 σ 기지인 경우, 모평균에 대한 $100(1-\alpha)\%$ 신뢰구간은 $\bar{x} \pm z_{\alpha/2}\sigma/\sqrt{n}$ 이고, 오차한계가 $z_{\alpha/2}\sigma/\sqrt{n}$ 이므로 $\Delta = z_{\alpha/2}\sigma/\sqrt{n}$ 을 만족하는 n을 구하면 된다. $\Delta = z_{\alpha/2}\sigma/\sqrt{n}$ 을 n에 대해서 풀어 표본 크기를 구하면

$$n = \left(\frac{z_{\alpha/2}\sigma}{\Delta}\right)^2 \tag{5.18}$$

이므로 $n \geq (z_{\alpha/2}/\Delta)^2$ 으로 구한다.

식(5.18)은 표본의 크기가 크면, 즉 계산한 표본의 크기가 30 이상이면 모집단이 비정규분포인 경우에도 사용할 수 있다. 또한 식(5.18)을 이용하기 위해서는 모표준편차 σ를 알고 있어야 한다. σ가 미지일 경우에 예비표본을 사용하여 표본표준편차 s를 σ 대신 사용한다. 이 때 식(5.18)에서 계산한 표본 크기가 예비표본의 수보다 크면 나머지 개수의 표본만 추가로 추출하면 된다.

예제 5.9

어떤 회로기판의 뒤틀림 평균에 대한 95% 신뢰구간을 구하려고 한다. 정밀한 추정을 위해 오차한계 Δ를 0.002 이하가 되도록 하기로 했다. 표준편차를 모르므로 예비표본으로 선택된 40개의 기판에 대한 뒤틀림을 측정하여 $s = 0.007$이라는 것을 알았다. 표본의 크기를 몇 개로 해야 하는가?

풀이

식(5.18)에서 $z_{\alpha/2} = z_{0.025} = 1.96$이고, $s = 0.007$, $\Delta = 0.002$이므로 필요한 표본의 크기는 $n \geq (z_{0.025}s/\Delta)^2 = [(1.96)(0.007)/0.002]^2 = 47.0596$이다. 따라서 $n = 48$로 한다. 표본의 크기가 충분히 크므로 중심극한정리를 적용하여 신뢰구간을 구

할 수 있다. 또한 40개의 기판을 이미 측정했으므로 추가적으로 8개의 기판에 대해서 측정하여 얻은 뒤틀림 데이터를 사용하여 신뢰구간을 구하면 된다. ■

5.4 모비율에 대한 추정

모집단이 특정의 속성을 가진 개체와 그렇지 않은 개체로 구성되어 있을 때, 이를 이항모집단(binomial population)이라 하고 특정의 속성을 가진 개체의 비율 θ를 모비율(population proportion)이라 한다. 예를 들어, 어떤 부품의 불량품 비율, 특정의 정책에 대한 지지자의 비율, 혈액형이 A인 사람의 비율 등이 모비율의 예이다. 이 절에서는 모비율 θ의 추정에 대해서 다룬다.

5.4.1 점추정

모비율에 대한 추정은 이항모집단에서 추출한 표본 중에서 특정의 속성을 가진 개체의 비율로 정의되는 표본비율(sample proportion)로 한다. X를 n개의 표본 중 특정 속성을 가진 개체의 수라 하면 표본비율은 $\mathrm{X/n}$이다.

X를 모비율이 θ인 모집단에서 추출한 n개의 표본 중 특성 속성을 가진 개체의 수라 하면 모비율에 대한 추정은 표본비율 $\mathrm{P = X/n}$로 하는 것이 합리적이다. 예를 들어, 자재창고에 저장되어 있는 특정 부품의 품질을 평가하기 위해서 부품 중 100개를 뽑아 검사를 한 결과 이 중 3개가 불량이었다면 불량 비율은 $3/100 = 0.03$으로 추정할 수 있다.

표본비율 P는 모비율 θ의 불편추정량이며, 분산이 최소인 추정량이다. n개의 개체에 포함된 특정 속성을 가진 개체의 X는 시행회수 n, 성공확률 θ인 이항분포를 따른다. 즉, $\mathrm{X} \sim \mathrm{B}(\mathrm{n},\theta)$이다. 표본비율 $\mathrm{P = X/n}$의 평균을 μ_{p}라 하면

$$\mu_{\mathrm{P}} = \mathrm{E}\left[\frac{\mathrm{X}}{\mathrm{n}}\right] = \frac{\mathrm{E}[\mathrm{X}]}{\mathrm{n}} = \frac{\mathrm{n}\theta}{\mathrm{n}} = \theta \tag{5.19}$$

이므로 P는 θ의 불편추정량이다. 또한 P의 분산 σ_P^2는 다음과 같다.

$$\sigma_P^2 = Var\left(\frac{X}{n}\right) = \frac{Var(X)}{n^2} = \frac{n\theta(1-\theta)}{n^2} = \frac{\theta(1-\theta)}{n} \tag{5.20}$$

예제 5.10

회로제조공정에서 회로선 접착공정의 품질 불량률을 추정하기 위해 174개의 부품을 임의로 추출하여 검사한 결과 55개가 회로선 접착불량으로 판명되었다. 회로선 접착공정의 불량률 θ를 추정하고, 불량률 추정치의 표준편차를 추정하라.

풀이

표본 개수 $n = 174$, 불량 개수 $x = 55$이므로 불량률의 추정치는 $p = 55/174 = 0.3161$이다. 식(5.20)의 θ에 추정치 0.3161을 대입하면, 불량률 추정치의 분산은 $0.3161(1-0.3161)/174 = 0.001242$이고, 표준편차는 0.035이다. ■

5.4.2 구간추정

이제 모비율의 구간추정에 대해서 살펴보자. 모비율에 대한 신뢰구간은 표본 크기가 충분히 큰 경우에는 중심극한정리를 적용하고, 그렇지 않은 경우에는 다른 방법을 적용해야 한다. 여기서는 표본 크기가 충분히 큰 경우를 중심으로 다루고, 표본 크기가 작은 경우에는 미니탭을 이용하여 구하는 방법만 다루기로 한다.

표본비율 $P = X/n$의 평균은 θ, 분산은 $\theta(1-\theta)/n$이다. 또한 X/n은 성공확률이 θ인 베르누이 모집단에서 추출한 크기 n의 확률표본의 표본평균이라 할 수 있으므로 n이 충분히 큰 경우에는 다음 정리와 같이 중심극한정리를 적용할 수 있다. 일반적으로 $n\theta \geq 5$, $n(1-\theta) \geq 5$이면 n이 충분히 큰 것으로 간주한다.

【정리 5.8】 X를 모비율이 θ인 모집단에서 추출한 n개의 표본 중 특성 속성을 가진 개체의 수라 하고, 표본비율을 $P = X/n$이라 할 때, 표본 크기 n이 충분히 크면

$$Z = \frac{P-\theta}{\sqrt{\theta(1-\theta)/n}} \quad \rightarrow \quad N(0,1) \tag{5.21}$$

이다(단, $n\theta \geq 5$, $n(1-\theta) \geq 5$).

어떤 안정된 제조공정의 불량률이 10%인 것으로 알려져 있다고 하자. X를 이 공정에서 추출한 100개의 표본에 포함된 불량품의 수라 하면, X는 $n=100$, $\theta=0.10$인 이항분포를 따른다. 즉, $X \sim B(100, 0.10)$이다. 이때 $n\theta = 100(0.10) = 10 > 5$, $n(1-\theta) = 100(0.90) = 90 > 5$로써 표본 크기가 충분히 크다고 할 수 있으므로 $P = X/100$는 평균이 0.10이고, 분산 $\theta(1-\theta)/n = (0.10)(0.90)/100 = 0.0009$인 정규분포로 근접한다.

이제 모비율 θ의 신뢰구간을 구해보자. 식(5.21)의 확률분포로부터

$$P\left[-z_{\alpha/2} \leq \frac{P-\theta}{\sqrt{\theta(1-\theta)/n}} \leq z_{\alpha/2}\right] \simeq 1-\alpha$$

이고, 괄호 안을 θ를 중심으로 정리하면

$$P\left[P - z_{\alpha/2}\sqrt{\frac{\theta(1-\theta)}{n}} \leq \theta \leq P + z_{\alpha/2}\sqrt{\frac{\theta(1-\theta)}{n}}\right] \simeq 1-\alpha \tag{5.22}$$

이다. 식(5.22)에서 $\theta(1-\theta)$ 대신 추정량 $P(1-P)$를 대입하면

$$P\left[P - z_{\alpha/2}\sqrt{\frac{P(1-P)}{n}} \leq \theta \leq P + z_{\alpha/2}\sqrt{\frac{P(1-P)}{n}}\right] \simeq 1-\alpha \tag{5.23}$$

이 된다. 식(5.23)을 정리하면 모비율 θ에 대한 신뢰구간을 다음과 같이 얻는다.

【정리 5.9】 모비율이 θ인 모집단에서 추출한 n개의 표본 중 특성 속성을 가진 개체의 수를 x라 하고, $p = x/n$라 할 때, 표본 크기 n이 충분히 크면 θ에 대한 $100(1-\alpha)\%$ 신뢰구간은

$$p \pm z_{\alpha/2}\sqrt{\frac{p(1-p)}{n}} \tag{5.24}$$

이다. 단, 표본 크기 n은 $np \geq 5$, $n(1-p) \geq 5$를 만족한다.

식(5.24)에서 $z_{\alpha/2}\sqrt{p(1-p)/n}$를 모비율 추정치의 오차한계라 한다. 예를 들어, 서울시에 거주하는 성인남여 1,000명을 대상으로 전면무상급식에 대해 전화여론조사를 한 결과 355명이 찬성하는 것으로 응답했다고 하자. 찬성률 $p = 355/1000 = 0.355$이고, 신뢰수준 95%인 오차한계는 $1.96\sqrt{0.355(1-0.355)/1000} = 0.0297$이다. 즉, 찬성률 35.5%이고, 신뢰수준 95%인 오차한계는 2.97%p이다.

예제 5.11

(예제 5.10 계속) 회로선 접착공정의 불량률 θ에 대한 95% 신뢰구간을 구하라.

풀이

$n = 174$개의 부품 중에 포함된 전선접착 불량 부품의 수 $x = 55$이므로 표본 불량률 $p = 55/174 = 0.316$이다. $np = 174(0.316) = 55$, $n(1-p) = 174(0.684) = 119$로써 표본 크기가 충분히 크므로 식(5.24)를 적용할 수 있다. $z_{\alpha/2} = z_{0.025} = 1.96$이고, $\sqrt{p(1-p)/n} = \sqrt{0.316(1-0.316)/174} = 0.0352$이므로 θ에 대한 대략적인 95% 신뢰구간은 $0.316 \pm 1.96(0.0352) = [0.247, 0.285]$이다. ■

표본의 크기가 충분히 크기 않은 경우($np \geq 5$, $n(1-p) \geq 5$를 만족시키지 않는 경우)에는 중심극한정리의 조건을 만족시키지 못하므로 식(5.24)를 이용할 수 없다. 이 경우에는 이항방법을 사용한다. 이항방법에서는 n개의 표본 중 특정 속성을 가진 개체 수 X는 이항분포를 따른다는 사실을 이용한다. 이 교재에서는 이항방법에

대한 이론적인 설명은 생략하고, 미니탭을 이용하는 방법에 대해서만 제6절에서 소개한다.

5.4.3 표본 크기의 결정

이제 모비율 θ의 구간추정에 필요한 표본 크기를 구하자. 식(5.22)에서 신뢰수준 $100(1-\alpha)\%$인 신뢰구간의 오차한계는 $z_{\alpha/2}\sqrt{\theta(1-\theta)/n}$ 이다. 오차한계가 Δ 이하가 되는 표본 크기 n은 Δ를 $z_{\alpha/2}\sqrt{\theta(1-\theta)/n}$ 와 같게 놓고 n에 대해 풀어

$$n = \theta(1-\theta)\left(\frac{z_{\alpha/2}}{\Delta}\right)^2 \tag{5.25}$$

로 구한다.

식(5.25)에서 θ가 미지일 경우에는 θ의 추정치를 대신 사용한다. 예를 들어, 이전의 경험에 의하여 θ가 대략 0.18인 것을 알고 있다면 식(5.25)에 θ=0.18을 사용한다. θ에 대한 이전의 정보가 없다면 어떻게 할 것인가? $z_{\alpha/2}$와 Δ는 일정하므로 n은 θ의 함수이다. $0 \le \theta \le 1$이고, $h(\theta)=\theta(1-\theta)$라 하면, h의 그래프는 [0,1]에 걸쳐 위쪽으로 볼록한 포물선의 일부이고 $\theta=1/2$에서 최대값을 갖는다. 따라서 θ에 대한 정보가 전혀 없는 경우 $\theta=1/2$라 두어 구한 식 $n=(z_{\alpha/2}/\Delta)^2/4$를 표본 크기로 한다.

예제 5.12

A사의 마케팅부에서는 판매 예정인 신제품에 대한 구매 의향이 있는 사람의 비율 θ을 추정하려고 한다. 95% 신뢰수준에서 오차한계가 0.03이 되도록 신뢰구간을 구하고 싶다. (1) θ에 대한 정보가 전혀 없는 경우와 (2) 과거 경험에 의해 $\theta \le 0.15$로 알려져 있는 경우에 대해서 적절한 표본 크기를 구하라.

풀이

(1) θ에 대한 정보가 없는 경우, 식(5.25)에 $\theta = 1/2$를 대입하여 $n = [1.96/2(0.03)]^2 \approx 1,068$개로 한다. (2) $\theta \le 0.15$이므로 $\theta = 0.15$를 식(2.25)에 대입하면 $n = (0.15)(0.85)(1.96/\ \ 0.01)^2 \approx 545$개로 한다. ■

5.5 모분산에 대한 추정

모집단의 변동성을 나타내는 측도에는 범위, 사분위 범위, 표준편차, 분산 등이 있다. 범위와 사분위 범위의 추정치를 계산하는 것은 간단하지만 관련된 통계 이론이 비교적 복잡하다. 반면에 모분산의 추정치는 계산식이 복잡하지만 관련 통계 이론은 쉬운 편에 속한다. 이 절에서는 모분산과 모표준편차의 추정에 대해서 살펴본다.

5.5.1 점추정과 표본분산의 분포

모분산은 표본분산으로 추정한다. $X_1, X_2, \ldots, X_n$을 평균 μ, 분산 σ^2인 모집단에서 추출한 n개의 표본이라 할 때 표본분산 S^2은

$$S^2 = \frac{1}{n-1}\sum_{i=1}^{n}(X_i - \overline{X})^2 = \frac{1}{n-1}\left\{\sum_{i=1}^{n}X_i^2 - n(\overline{X})^2\right\} \tag{5.26}$$

이다. 여기서 $\overline{X}$는 표본평균이다. 모표준편차는 표본분산의 양의 제곱근, 즉 표본표준편차

$$S = \sqrt{S^2} = \sqrt{\frac{1}{n-1}\sum_{i=1}^{n}(X_i - \overline{X})^2} = \sqrt{\frac{1}{n-1}\left\{\sum_{i=1}^{n}X_i^2 - n(\overline{X})^2\right\}} \tag{5.27}$$

로 추정한다.

예제 5.13

한 커피공장에서 일회용으로 생산되는 커피 한 봉지 무게의 변동성을 파악하기 위해 크기 9의 일회용 커피를 표본으로 뽑아 무게(단위 : g)를 측정하여 12.0, 12.1, 11.8, 12.1, 12.0, 12.4, 12.2, 11.8, 11.6을 얻었다. 일회용 커피 한 봉지 무게의 모분산과 모표준편차의 추정치를 구하라.

풀이

$\overline{x} = 12.0$이고, 표본분산은

$$\begin{aligned} s^2 &= \frac{1}{9-1}\{(12.0-12.0)^2+(12.1-12.0)^2+\cdots+(11.6-12.0)^2\} \\ &= \frac{0.46}{8} = 0.575 \end{aligned}$$

이므로 모분산의 추정치는 0.575이다. 표본표준편차는 $s = \sqrt{0.575} = 0.24$이므로 모표준편차의 추정치는 0.24이다. ■

모집단이 정규분포인 경우에는 표본분산 S^2과 관련된 확률분포를 구할 수 있다. 다음은 표본분산 S^2과 관련된 정리로써 증명없이 사용하기로 한다.

【정리 5.10】 $X_1, X_2, \ldots, X_n$을 평균 μ, 분산 σ^2인 정규모집단에서 추출한 n개의 표본이고, S^2을 식(5.26)의 표본분산이라 할 때

$$W = \frac{(n-1)S^2}{\sigma^2} \tag{5.28}$$

은 자유도 $(n-1)$인 카이제곱분포(chi-square distribution)를 따른다. 이때 $W \sim \chi^2(n-1)$로 나타내기로 한다.

카이제곱분포는 자유도의 값에 따라 다양한 모양을 갖는 확률분포이다. 그림 5.12는 여러 가지 자유도값에 따른 카이제곱분포의 확률밀도함수를 나타낸 것이다.

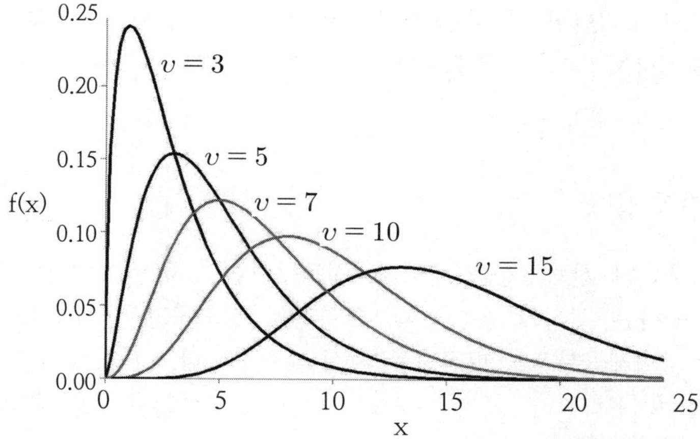

그림 5.12 자유도 ν 값에 따른 카이제곱분포의 확률밀도함수

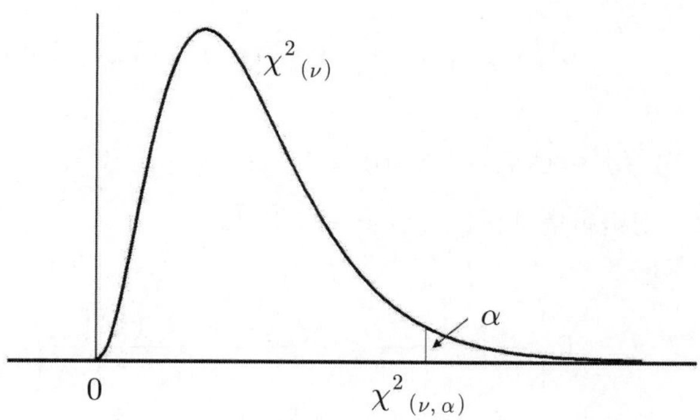

그림 5.13 카이제곱분포표값

부록 B.4는 카이제곱분포표를 나타낸 것으로 자유도 ν인 카이제곱분포의 오른쪽 꼬리확률의 값이 α가 되는 카이제곱분포의 값 $\chi^2_{(\nu:\alpha)}$를 나타낸 것이다(그림 5.13). 예를 들어, 자유도 3인 카이제곱분포에서 오른쪽 꼬리확률이 0.05가 되는 값을 표에서 읽으면 0.352이다.

카이제곱분포는 비대칭분포이며, 자유도가 ν일 때 평균은 ν, 분산은 2ν이다. 식 (5.28)의 W가 자유도 $(n-1)$인 카이제곱분포를 따르므로

$$n-1 = E[W] = E\left[\frac{(n-1)S^2}{\sigma^2}\right] = \frac{n-1}{\sigma^2}E[S^2] \tag{5.29}$$

이다. 따라서 모집단이 정규분포인 경우에 $E[S^2] = \sigma^2$으로 표본분산 S^2은 모분산의 불편추정량이다. 그러나 표본표준편차는 모표준편차의 불편추정량이라 할 수는 없다.

5.5.2 구간추정

이제 모분산의 신뢰구간을 구하자. 신뢰구간을 구하는 절차는 모평균에 대한 신뢰구간을 구하는 절차와 유사하다. 모분산의 신뢰구간은 식(5.28)의 W가 자유도 (n − 1)인 카이제곱분포를 따른다는 사실을 이용한다. 그림 5.14와 같이 카이제곱분포의 양쪽꼬리 확률이 각각 $\alpha/2$가 되는 카이제곱분포의 값은 $\chi^2_{(n-1:1-\alpha/2)}$, $\chi^2_{(n-1:\alpha/2)}$이다. 따라서 다음 식이 성립한다.

$$P\left[\chi^2_{(n-1:1-\alpha/2)} \le W \le \chi_{(n-1:\alpha/2)}\right] = 1-\alpha \tag{5.30}$$

$W = (n-1)S^2/\sigma^2$이므로 식(5.30)의 W를 $(n-1)S^2/\sigma^2$로 대체하고 괄호 안을 σ^2을 중심으로 정리하면 다음을 얻을 수 있다.

$$P\left[\frac{(n-1)S^2}{\chi^2_{(n-1:\alpha/2)}} \le \sigma^2 \le \frac{(n-1)S^2}{\chi_{(n-1:1-\alpha/2)}}\right] = 1-\alpha \tag{5.31}$$

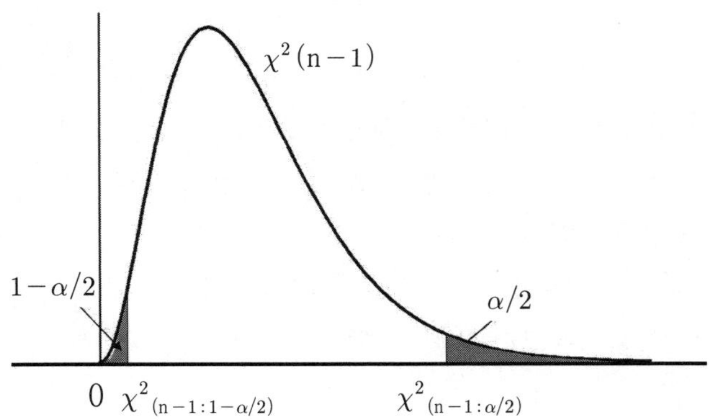

그림 5.14 카이제곱분포의 양쪽 꼬리 확률

식(5.31)의 결과를 정리하면 모분산 σ^2에 대한 다음의 신뢰구간을 얻는다.

【정리 5.11】 $x_1, x_2, \ldots, x_n$을 평균 μ, 모분산 σ^2인 정규모집단에서 취한 n개의 표본이라 할 때, 모분산 σ^2에 대한 $100(1-\alpha)\%$ 신뢰구간은

$$\left(\frac{(n-1)s^2}{\chi^2_{(n-1:\alpha/2)}}, \frac{(n-1)s^2}{\chi_{(n-1:1-\alpha/2)}} \right) \tag{5.32}$$

이다. 여기서 s^2는 표본분산이고, $\chi^2_{(\nu:\alpha)}$은 자유도 ν인 카이제곱분포의 오른쪽 꼬리 확률 α에 대응하는 카이제곱분포의 값이다.

예제 5.14

어떤 저항기의 저항은 정규분포를 따르는 것으로 알려져 있다. 로트로부터 15개의 저항기를 추출하여 저항을 측정하여 표본분산 441을 얻었다. 저항의 모분산에 대한 95% 신뢰구간을 구하라.

풀이

표본분산 $s^2 = 441$이고, $n = 15$이므로 카이제곱분포의 자유도는 14이다. $\alpha = 0.05$이므로 $\chi^2_{(14:0.05/2)}$과 $\chi^2_{(14:1-0.05/2)}$의 값을 찾으면 각각 26.119, 5.629이다. 따라서 σ^2에 대한 95% 신뢰구간은 $\left(\frac{14(441)}{26.119}, \frac{14(441)}{5.629} \right) \equiv (236.38, 1096.82)$ 가 된다. ■

모표준편차 σ에 대한 신뢰구간은 모분산 σ^2에 대한 신뢰구간 (5.32)의 양의 제곱근으로 구한다. 즉, 모표준편차 σ의 $100(1-\alpha)\%$ 신뢰구간은 다음과 같다.

$$\left(\sqrt{\frac{(n-1)s^2}{\chi^2_{(n-1:\alpha/2)}}}, \sqrt{\frac{(n-1)s^2}{\chi_{(n-1:1-\alpha/2)}}} \right) \tag{5.33}$$

예제 5.15

예제 5.14에서 모표준편차에 대한 95% 신뢰구간을 구하라.

풀이

예제 5.15에서 모분산 σ^2의 95% 신뢰구간이 $[236.38,1096.82]$이므로 표준편차 σ에 대한 95%신뢰구간은 $[\sqrt{236.38}, \sqrt{1096.82}] \equiv [15.37,33.12]$이다. ■

5.6 미니탭 활용

5.6.1 모평균에 대한 추정

모집단이 정규분포인 경우에 모평균에 대한 구간추정은 [통계분석]►[기초 통계]에서 (1) 모분산을 이미 알고 있는 경우에는 [1-표본 Z 검정]을 사용하고, (2) 모분산을 데이터로 추정해야 하는 경우 즉, 모분산 미지인 경우에는 [1-표본 t 검정]을 사용한다. 또한 미니탭에서는 원시 데이터가 주어진 경우와 원시 데이터를 정리한 요약 데이터가 주어진 각 경우에 대해서 신뢰구간을 구할 수 있도록 하고 있다.

1) 원시 데이터가 주어진 경우

모분산 기지이고, 원시 데이터가 주어진 경우에는 다음의 절차로 신뢰구간을 구한다.

1. 워크시트의 한 열에 데이터 입력
2. [통계분석]►[기초 통계]에서 [1-표본 Z 검정]를 선택하여 나타난 창에서 [표본이 있는 열]과 [표준 편차]에 정보 입력
3. [옵션]을 클릭하여 나타난 창에서 [신뢰 수준]의 값을 입력하고, [대립 가설]의 유형을 정함

- 같지 않음 : 양측 신뢰구간을 계산해 줌
- 보다 큼 : 단측 신뢰하한을 계산해 줌
- 보다 작음 : 단측 신뢰상한을 계산해 줌

4. 세션창에서 신뢰구간 또는 신뢰한계를 읽음

예제 5.16

어떤 제품 10개를 무작위로 추출하여 중량(단위 g) 데이터 120, 116, 125, 110, 119, 121, 118, 122, 121, 120을 얻었다. 모집단이 정규분포를 따르고, 표준편차가 3으로 알려져 있다고 할 때 평균중량에 대한 95%신뢰구간을 구하라.

풀이

다음의 절차로 미니탭을 실행시키면 95% 신뢰구간 (117.341,121.059)을 얻는다.

1. C1열에 데이터를 입력(❶)
2. [통계분석]►[기초 통계]►[1-표본 Z 검정]을 선택
3. [표본이 있는 열]에 C1입력(❷), [표준 편차]에 3을 입력(❸)한 후 [옵션] 클릭
4. [1-표본 Z 검정 – 옵션] 창에서 [신뢰 수준] 95.0 입력(❹), [대립 가설]을 '같지 않음'으로 지정(❺) 후 [확인]
5. 세션창에서 각종의 통계를 읽음(❻) ■

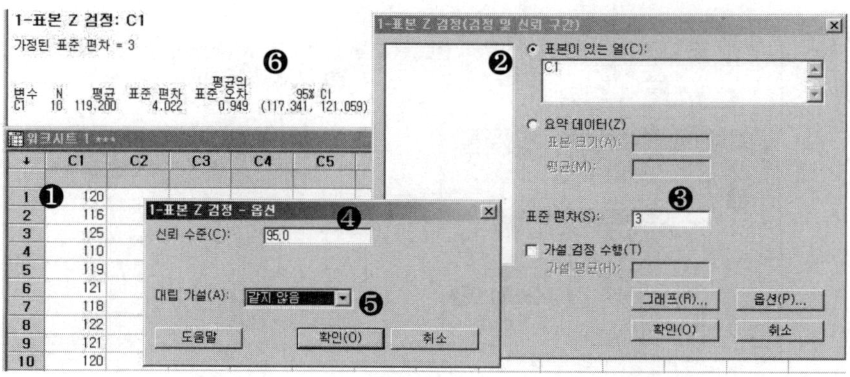

그림 5.15 1-표본 Z 검정 : 95% 신뢰구간

모분산 미지이고, 원시 데이터가 주어진 경우에는 다음의 절차로 신뢰구간을 구한다.

1. 워크시트의 한 열에 데이터 입력
2. [통계분석]►[기초 통계]에서 [1-표본 t 검정]을 선택하여 나타난 창에서 [표본이 있는 열]에 데이터가 저장된 열 입력
3. [옵션]을 클릭하여 나타난 창에서 [신뢰 수준]의 값을 입력하고, 가설 검정의 유형을 정함
4. 세션창에서 신뢰구간 또는 신뢰한계를 읽음

예제 5.17

예제 5.16의 데이터에 대해 표준편차 미지일 때 평균중량에 대한 90% 신뢰하한을 구하라.

풀이

다음의 절차로 미니탭을 실행시키면 90% 신뢰하한 117.44을 얻는다.

1. C1열에 데이터를 입력(❶)
2. [통계분석]►[기초 통계]►[1-표본 t 검정] 선택
3. [표본이 있는 열]에 C1입력(❷) 후 [옵션] 클릭

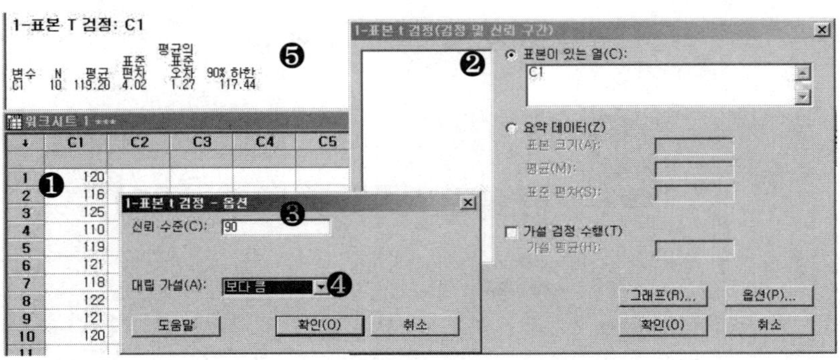

그림 5.16 1-표본 t 검정 : 90% 신뢰하한

4. [1-표본 t 검정 - 옵션] 창에서 [신뢰 수준] 90.0 입력(❸), [대립 가설]을 '보다 큼'으로 지정(❹) 후 [확인]
5. 세션창에서 각종의 통계를 읽음(❺) ■

2) 요약 데이터가 주어진 경우

요약 데이터가 주어진 경우에는 워크시트에서 데이터를 읽지 않고, [1-표본 Z 검정] 또는 [1-표본 t 검정] 창에서 [요약 데이터]에 값을 직접 입력한다.

예제 5.18

n = 20개 데이터의 평균이 12.3, 표준편차 1.1이다. 모평균에 대한 95% 신뢰구간을 구하라.

풀이

20개 데이터로 평균과 표준편차를 구했으므로 [1-표본 t 검정]을 사용한다. 다음의 절차로 미니탭을 실행시키면 95% 신뢰구간 (11.4852,12.5148)을 얻는다.

1. [통계분석]►[기초 통계]►[1-표본 t 검정] 선택
2. [요약 데이터]에 [표본 크기] 20, [평균] 12, [표준 편차] 1.1 입력(❶) 후 [옵션] 클릭

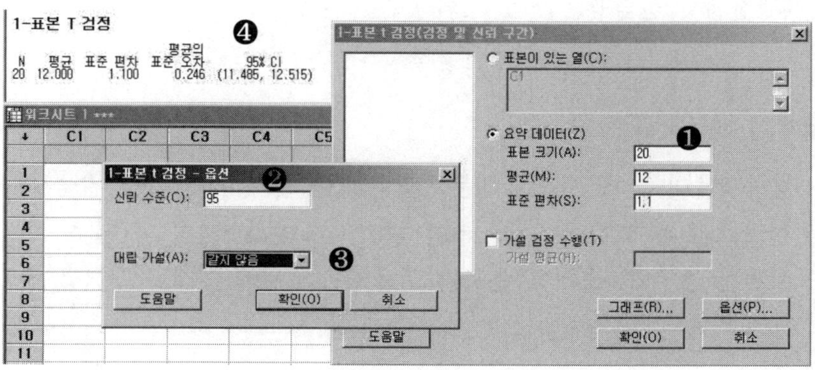

그림 5.17 1-표본 t 검정 : 요약 데이터

3. [1-표본 t 검정 - 옵션] 창에서 [신뢰 수준] 95.0 입력(❷), [대립 가설]을 '같지 않음'으로 지정(❸) 후 [확인]
4. 세션창에서 각종의 통계를 읽음(❹) ■

5.6.2 모비율에 대한 추정

모비율에 대한 구간추정은 [통계분석]►[기초 통계]►[단일 비율 검정]을 사용한다. 미니탭에서는 기본적으로 이항분포를 이용하여 신뢰구간을 구하도록 하고 있고, 필요한 경우에 정규분포를 이용하여 신뢰구간을 구할 수 있도록 하고 있다. 또한 원시 데이터가 주어진 경우와 요약 데이터가 주어진 각 경우에 대해서 신뢰구간을 구할 수 있도록 하고 있다.

원시데이터가 주어진 경우에 모비율의 신뢰구간을 구하는 절차는 다음과 같다.

1. 워크시트의 한 열에 데이터 입력
2. [통계분석]►[기초 통계]에서 [단일 비율 검정]을 선택하여 나타난 창에서 [표본이 있는 열]에 데이터가 저장된 열 입력
3. [옵션]을 클릭하여 나타난 창에서 [신뢰 수준]의 값을 입력하고, [가설 검정]의 유형을 정함. 정규분포를 이용하여 신뢰구간을 구할 경우에는 해당 항목을 체크함
4. 세션창에서 신뢰구간 또는 신뢰한계를 읽음

예제 5.19

(1) 성공확률이 0.4인 베르누이분포를 따르는 난수 1000개를 발생시켜라.

(2) 이 데이터를 원시데이터로 하여 모비율의 95% 신뢰구간을 ① 이항분포를 이용하는 경우와 ② 정규분포를 이용하는 경우에 대해서 구하고 비교하라.

풀이

(1) 다음의 절차에 따라 성공확률이 0.4인 베르누이분포를 따르는 난수 1000개를 C1열에 저장한다.

1. [계산]►[랜덤 데이터]►[Bernoulli 분포] 선택
2. [생성할 데이터 행 수]에 발생시킬 난수의 개수 1000입력(❶), [저장 열]에 난수를 저장할 열 C1 입력(❷), [사건 확률]에 성공 확률 0.4 입력(❸) 후 확인
3. 워크시트의 C1열에서 발생시킨 난수 확인(❹)

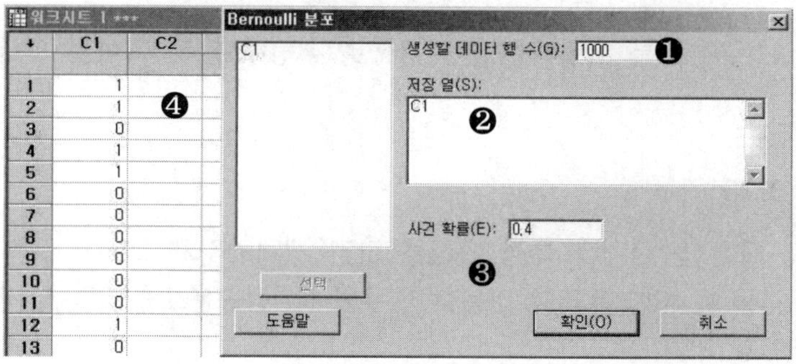

그림 5.18 베르누이 난수 1000개 발생 : 성공확률 0.4

(2) (1) 에서 얻은 난수를 원시 데이터로 하여 모비율에 대한 신뢰구간은 다음과 같이 구한다.

1. [통계분석]►[기초 통계]►[단일 비율 검정] 선택
2. [표본이 있는 열]에 데이터가 있는 열 C1 입력(❶) 후 [옵션] 클릭
3. [단일 비율 검정 - 옵션] 창에서 [신뢰 수준] 95.0(❷), [대립 가설]에서 '같지 않음' 지정(❸). 정규분포를 이용하여 신뢰구간을 구하는 경우에는 체크(❹)
4. 세션창에서 결과 확인(❺,❻)

이항분포를 이용하여 정확하게 추정한 신뢰구간은 (0.344900, 0.405838)이고 (그림 5.19(a)), 정규분포를 이용하여 근사적으로 추정한 신뢰구간은 (0.344994, 0.405006) 로써(그림 5.19(b)) 큰 차이는 없다. 따라서 표본 크기가 충분히 큰 경

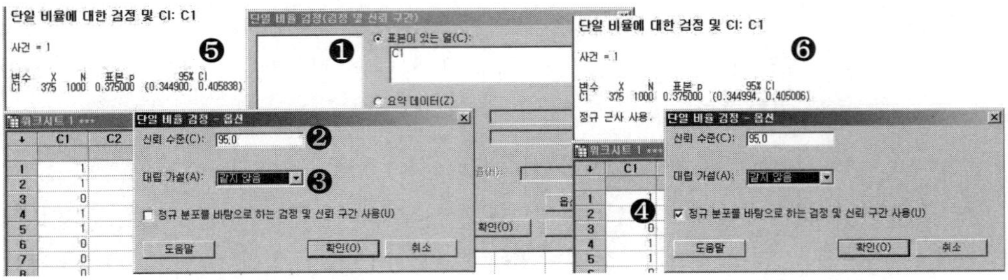

(a) 이항분포 사용 (b) 정규분포 사용

그림 5.19 모비율에 대한 신뢰구간 : 대표본의 경우

우에는 정규분포를 이용하여 근사적으로 추정해도 큰 차이는 없다. ■

예제 5.20

25개의 표본 중 3개가 특정 속성을 가진 개체였다고 할 때, 모비율에 대한 95% 신뢰구간을 ① 이항분포를 이용할 경우와 ② 정규분포를 이용할 경우에 대해서 구하고 비교하라.

풀이

요약데이터가 주어져 있으므로 다음의 절차로 신뢰구간을 구한다.

1. [통계분석]►[기초 통계]►[단일 비율 검정] 선택
2. [요약 데이터]에 [사건 발생 횟수] 3, [시행 횟수] 25 입력(❶) 후 [옵션] 클릭
3. [단일 비율 검정 – 옵션] 창에서 [신뢰 수준] 95.0(❷), [대립 가설]에서 '같지 않음' 지정(❸). 정규분포를 이용하여 신뢰 구간을 구하는 경우에는 체크(❹)
4. 세션창에서 결과 확인(❺,❻)

이항분포를 이용하여 정확하게 추정한 신뢰구간은 (0.025465,0.312190)이고(그림 5.20(a)), 정규분포를 이용하여 근사적으로 추정한 신뢰구간은 (0.000000,0.247383)로써(그림 5.20(b)) 차이가 크다. 따라서 표본 크기가 작은 경우에는 정규분포를 이

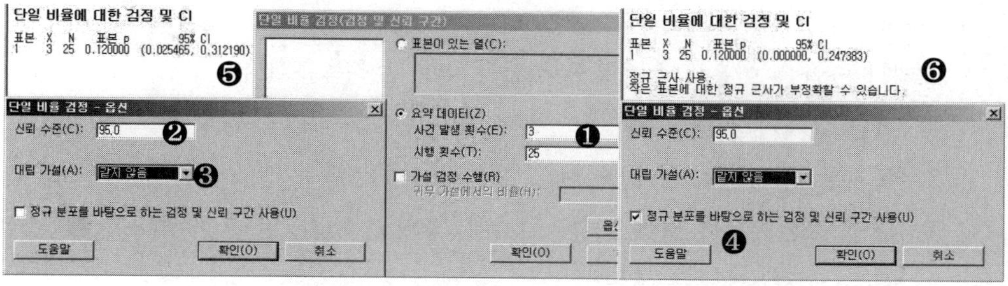

(a) 이항분포 사용 (b) 정규분포 사용

그림 5.20 모비율에 대한 신뢰구간 : 소표본의 경우

용하여 근사적으로 추정하면 값의 차이가 크므로 이항분포를 이용하여 신뢰구간을 구해야 한다. ■

5.6.3 모분산에 대한 추정

모분산의 구간추정은 [통계분석]►[기초 통계]►[단일 표본 분산]을 사용한다. 모분산의 구간추정은 다음의 절차에 따라 구한다.

1. 워크시트의 한 열에 데이터 입력
2. [통계분석]►[기초 통계]►[단일 표본 분산] 선택
3. [단일 표본 분산] 창에서 [데이터]에 데이터 입력 방식을 지정하여 데이터 입력한 후에 [옵션] 클릭
4. [단일 표본 분산 – 옵션] 창에서 [신뢰 수준]과 [대립 가설]의 유형 지정 후 확인

예제 5.21

20개의 데이터 118, 119, 125, 124, 122, 123, 120, 121, 121, 118, 118, 121, 119, 115, 119, 120, 116, 117, 120, 123가 주어졌다고 하자. 모집단이 정규분포를 따른다고 가정하고, 모표준편차와 모분산의 95% 신뢰구간을 구하라.

풀이

그래픽 요약을 이용하여 다음의 절차로 신뢰구간을 구한다.

1. C1열에 데이터 입력(❶)
2. [통계분석] ► [기초 통계] ► [단일 표본 분산] 선택
3. [단일 표본 분산] 창에서 [데이터]에 '표본이 있는 열'을 선택하고(❷), [열]에 C1 입력(❸) 후 [옵션] 클릭
4. [단일 표본 분산 - 옵션] 창에서 [신뢰 수준]에 95.0, [대립 가설]은 '같지 않음'(❹)으로 정한 후 [확인]
5. 세션창에서 모분산과 모표준편차에 대한 95% 신뢰구간을 확인(❺)

미니탭에서 카이제곱법과 보넷(Bonett)법으로 표준편차와 분산의 신뢰구간을 계산한다. 데이터가 정규분포를 따르는 경우에는 카이제곱법이 적절하고, 그렇지 않는 경우에는 보넷법이 적절하다. 그림 5.21에서 모표준편차에 대한 95% 신뢰구간은 카이제곱법을 사용하는 경우 (2.00,3.83)이고, 보넷법을 사용하면 (2.02,3.78)이다. 모분산에 대한 95% 신뢰구간도 마찬가지로 읽으면 카이제곱법으로 하면 (3.99,14.70)이고, 보넷법으로 하면 (4.09,14.29)이다. ■

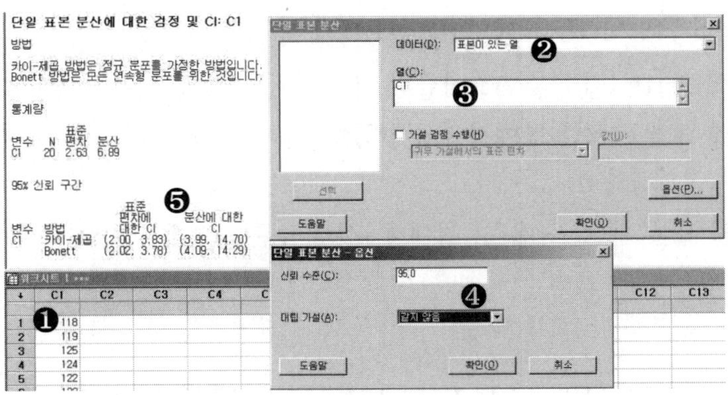

그림 5.21 모분산에 대한 신뢰구간

연습문제

5.1 어떤 부품의 무게는 평균 1.53, 표준편차가 0.11인 정규분포를 따른다고 한다. 크기 25인 표본의 평균이 1.485와 1.574사이에 있을 확률을 구하라.

5.2 어떤 전자부품의 저항은 평균 100, 표준편차 2인 정규분포를 따른다고 한다. 크기 16인 표본의 평균이 99.6과 100.7 사이에 있을 확률을 구하라.

5.3 원형 부품의 직경(단위: mm)이 평균 5.00, 표준편차 0.10인 정규분포를 따른다고 한다. 크기 20인 표본의 평균이 모평균에서 0.05 이내에 있을 확률을 구하라.

5.4 어떤 전자부품의 저항은 평균 55, 표준편차 1.5인 분포를 한다. 크기 100인 표본의 평균이 55.20을 초과할 확률을 구하라.

5.5 평균이 15, 표준편차가 10인 모집단에서 크기가 25인 표본을 취했다고 할 때, 표본평균이 24를 초과할 확률을 구하라.

5.6 어떤 부품의 길이(단위 : cm)는 평균 45, 표준편차 1.45인 분포를 한다.

(a) 크기 100인 표본평균이 45.25를 초과할 확률을 구하라.

(b) 크기 100인 표본평균이 구간 $45 \pm \Delta$에 포함될 확률이 90%가 되는 Δ값을 구하라.

5.7 대형마트의 계산대에서 손님 1명당 계산에 소요되는 시간(단위 : 분)의 평균이 3.2, 표준편차가 1.1이라고 한다. 손님 50명이 계산하는데 필요한 전체 시간이 3 시간을 초과할 확률을 구하라.

5.8 어떤 공정의 공정 시간(단위 : 분)은 평균 420, 표준편차 20인 정규분포를 따른다고 한다. 공정시간을 단축시키기 위해 새로운 작업방법을 도입하고, 20번의 실험을 한

결과 평균이 385분이었다. 표준편차의 변화가 없다고 할 때 새로운 작업방법에 의한 공정시간 평균의 90%신뢰구간을 구하라.

5.9 어떤 전자부품의 평균수명(단위 : 일)을 추정하기 위해 30개의 표본을 추출하여 평균을 구했더나 325이었다. 이 부품의 수명이 정규분포를 따르고, 표준편차가 10일 때 평균수명에 대한 99%신뢰구간을 구하라.

5.10 100개의 표본을 추출하여 구한 평균과 표준편차가 각각 24.6, 7.4이었다. 모평균 μ에 대한 90%신뢰구간을 구하라.

5.11 30개의 전자부품을 추출하여 저항을 측정한 결과 다음의 데이터를 얻었다.

32 28 31 33 34 33 28 29 33 30 32 27 26 33 28

29 32 31 34 32 34 33 33 30 31 33 35 33 36 31

(a) 이 부품의 저항 평균에 대한 90%신뢰구간을 구하라. 어떤 가정을 해야 하는가?

(b) (a)에서 설정한 가정이 만족되는가?

5.12 다음 40개의 표본 데이터에 대해서 모평균에 대한 95%신뢰구간을 구하라.

0.621 0.437 1.065 0.262 0.956 0.567 0.563 0.182 0.398 0.453

0.705 0.268 0.566 0.360 0.361 0.460 0.722 1.023 0.929 1.018

0.085 0.207 0.551 0.180 0.660 0.196 0.751 1.061 0.200 0.112

0.706 0.429 0.326 0.482 0.813 0.626 0.558 0.682 0.965 0.307

5.13 T가 자유도 ν를 갖는 t-분포를 따른다고 할 때, 다음을 구하라.

(a) $\nu = 7$일 때 $P(T > 1.895)$

(b) $\nu = 7$일 때 $P(|T| > 1.895)$

(c) $\nu = 13$일 때 $P(-1.350 < T < 2.160)$

(d) $\nu = 19$일 때 $P(T \le 1.5)$

5.14 25개의 표본을 취하여 어떤 특성을 측정한 결과가 다음과 같았다. 이 특성의 모평균에 대하여 다음을 구하라.

56.9 54.5 58.0 55.5 57.4 59.8 55.1 56.0 55.3 56.7 56.2 55.2 54.2
53.8 56.1 54.1 54.4 51.7 54.8 57.8 56.9 56.8 54.6 58.3 57.1

(a) 95% 신뢰구간 (b) 99% 신뢰구간 (c) 95% 신뢰상한 (d) 90% 신뢰하한

5.15 자동차 엔진을 생산하고 있는 A사는 유해가스 방출량(단위 : ppm)이 15보다 작은지 검사하려고 한다. 12개의 엔진을 추출하여 유해가스 방출량을 검사하였더니 평균이 12.2, 표준편차가 1.9이었다.

(a) 유해가스 방출량 평균의 95% 신뢰상한을 구하라. 어떤 가정이 필요한가?

(b) 신뢰상한이 목표값을 만족시키는가?

5.16 표준편차가 9인 정규분포를 따르는 확률변수의 평균을 추정하고자 한다. 신뢰수준 90%에서 오차한계 2가 되도록 할 때 최소로 필요한 표본의 크기는 얼마인가?

5.17 문제 5.14에서 95%의 신뢰구간이 $\overline{x} \pm 0.002$이내에 있을 확률이 최소한 0.90이 되도록 할 때 필요한 추가적으로 필요한 표본의 개수는 몇 개인가?

5.18 불량률이 3%인 부품 중에서 75개의 표본을 추출하였다. 추출한 표본에 5개 이상의 불량품이 포함될 확률을 구하라.

5.19 불량률이 2%인 부품에서 추출한 크기 300인 표본에 포함된 불량품의 수를 X라 하면 $Y = X/300$은 표본불량률이 된다.

(a) Y의 평균, 표준편차를 구하라.

(b) Y의 확률분포를 구하고, $P(Y \le 0.02)$를 구하라.

5.20 스마트폰 소유자 1000명을 조사한 결과 이들 중 75명이 스마트패드를 소유하고 있었다. 스마트폰과 스마트패드를 모두 갖고 있는 사람의 비율에 대한 95%신뢰구간을 구하라.

5.21 IC칩을 생산하는 회사에서 180개의 표본을 추출하여 조사하였더니 양품이 125개였다.

(a) 정규근사를 사용하여 양품의 비율에 대한 90% 신뢰구간을 구하라.

(b) 이항분포를 사용하여 양품의 비율에 대한 90% 신뢰구간을 구하라.

(c) (a)와 (b)의 결과를 비교하라.

5.22 스마트패드를 구입할 가능성이 있는 대학생의 수를 추정하려고 한다. 스마트패드를 구입할 의향이 있는 대학생 비율의 95% 신뢰구간의 오차한계가 0.05가 되어야 한다고 할 때 필요한 표본의 크기를 구하라.

5.23 유권자 1000명을 대상으로 대선 후보에 대한 지지율을 조사하였다면 신뢰수준 95%에 오차한계의 최대값은 얼마인가?

5.24 W가 자유도 ν를 갖는 카이제곱 분포를 갖는다고 할 때 다음에 답하라.

(a) 자유도가 13일 때 $P(W > 24.736)$

(b) 자유도가 22일 때 $P(12.338 \le W \le 33.924)$

(c) 자유도가 15일 때 $P(W < 24.996$

(d) 자유도가 7일 때 $P(W \le 1.239)$

5.25 표준편차가 5인 모집단으로부터 크기가 21인 확률표본을 추출하였다.

(a) 이 표본의 분산이 50을 초과할 근사확률은 얼마인가?

(b) 표본분산의 제5백분위수를 구하라.

(c) (a)와 (b)의 결과가 의미가 있으려면 어떤 가정이 만족되어야 하는가?

5.26 문제 5.14의 자료에서 표준편차에 대한 95% 신뢰구간을 구하라. 어떤 가정이 만족되어야 하는가?

5.27 어떤 모집단에서 추출한 9개의 표본으로 어떤 특성을 측정하여 459, 430, 474, 423, 419, 450, 409, 470, 435의 값을 얻었다.

(a) 정규성을 가정하고 표준편차에 대한 95%신뢰구간을 구하라.

(b) (a)의 결과에 비추어볼 때 모집단 표준편차가 50이라고 가정할 수 있는가?

(c) 정규확률도를 작도하고, 정규성 가정이 올바른지 판단하라.

제6장 통계적 가설검정

6.1 가설검정의 기본개념

6.2 모평균에 대한 검정

6.3 모비율에 대한 검정

6.4 모분산에 대한 검정

6.5 미니탭 활용

❖ **학습목표**

1. 가설검정의 의미와 관련 용어를 정의하고 설명할 수 있다.
2. 데이터로부터 모평균에 대한 가설검정을 할 수 있다.
3. 이항 데이터로부터 모비율에 대한 가설검정을 할 수 있다.
4. 데이터로부터 모분산에 대한 가설검정을 할 수 있다.

제6장 통계적 가설검정

통계적 가설검정(statistical hypothesis test)은 모수의 값이 얼마가 된다는 주장에 대해서 표본의 정보를 사용하여 합당성 여부를 판정하는 과정이다. 가설검정은 통계학을 활용하는 대부분의 영역에서 가장 일반적으로 활용하는 방법으로 통계의 꽃이라 할 수 있다.

제1절에서는 가설검정의 체계를 이해하는데 필요한 가설검정의 기본적인 개념들을 소개하고, 제2절에서는 모평균에 대한 가설검정, 제3절에서는 모비율에 대한 가설검정, 제4절에서는 모분산에 대한 가설검정을 다룬다. 제5절에서는 미니탭을 활용하여 가설검정을 수행하는 방법에 대해서 다루기로 한다.

6.1 가설검정의 기본개념

가설검정은 모집단의 모수에 대하여 어떤 가설을 세우고, 이 가설의 진위를 표본의 정보를 토대로 판단하는 과정이다. 모수는 어떤 대상 집단의 특성을 나타내는 속성(예, 무게, 수명, 길이 등)을 대표하는 척도로써 모평균, 모표준편차, 모비율 등이다. 예를 들어, 어떤 컴퓨터부품의 '평균수명이 10,000(시간) 이하'라고 주장할 때 이 주장의 진위를 따져야 하는 경우, 대상 집단은 컴퓨터부품, 속성은 수명, 모수는 평균수명, 가설은 '평균수명 < 10,000(시간)'이 된다.

가설검정은 보통 다음의 절차로 수행한다.

1. 모집단의 특성에 대한 가설을 설정한다.
2. 표본을 추출하여 검정통계량을 계산한다.
3. 주어진 유의수준에 대응하는 검정통계량의 기각역을 결정한다.
4. 검정통계량의 값이 기각역에 속하는지를 검토하여 가설에 대한 판정을 내린다.

가설검정의 절차를 적절하게 적용하여 가설에 대한 올바른 판정을 하기 위해서는 가설검정의 체계와 관련 용어들의 개념을 정확히 이해해야 한다.

6.1.1 가설과 오류

가설은 모집단의 특성, 즉 모수에 대한 주장 또는 가정이다. 가설은 귀무가설과 대립가설의 두 가지로 설정된다. 귀무가설(null hypothesis: H_0)은 검정의 대상으로 삼는 가설로써 보통 모집단의 모수를 하나의 값으로 표현한다. 귀무가설은 가설검정을 통하여 기각되기까지 해당 모수의 참값으로 간주되는 값이다.

예를 들어, 어떤 전자부품의 평균수명이 10,000 시간으로 알려져 있는데 평균수명이 10,000 시간이 되지 않는다는 고객 불만이 제기된 상태에 있다고 할 때 귀무가설은 'H_0: 평균수명 10,000 시간'이다. 이것은 형사 피의자가 '유죄' 판결을 받기 전까지는 '무죄'라는 원칙과 동일하다.

대립가설(alternative hypothesis: H_1)은 귀무가설에 반대되는 가설로써 데이터로부터 새롭게 입증하려는 가설이다. 앞의 전자부품의 평균수명 예에서 평균수명이 10,000 시간 보다 작다는 주장을 수명 데이터를 사용해서 입증해야 하므로 대립가설은 'H_1: 평균수명 $<$ 10,000 시간'이 된다. 이는 검사가 각종의 증거를 가지고 형사피의자가 '유죄'임을 입증하려는 상황과 동일하다.

표 6.1은 귀무가설과 대립가설의 예를 형사피의자에 대한 주장과 관련하여 나타낸 것이다.

통계적 가설검정에서 가설은 대개 모수에 대한 특정 값으로 설정한다. 예를 들어, 모수 θ가 특정값 θ_0라면 귀무가설은 '$H_0 : \theta = \theta_0$'로 쓴다. 대립가설은 귀무가설에

표 6.1 귀무가설과 대립가설

	귀무가설(H_0)	대립가설(H_1)
컴퓨터 부품의 평균수명	평균수명=10,000 시간	평균수명<10,000 시간
형사 피의자 A씨	A씨는 무죄	A씨는 유죄

대립되는 반대의 가설로 다음의 세 가지가 있을 수 있다.

(1) $H_1 : \theta \neq \theta_0$ 또는

(2) $H_1 : \theta > \theta_0$ 또는

(3) $H_1 : \theta < \theta_0$

대립가설의 형태가 (1)과 같은 경우 양측검정(two-sided test)라 하고, (2)(3)과 같은 경우 단측검정(one-sided test)라 한다.

예제 6.1

어떤 제조공정에서 제품 1개를 생산하는 데 걸리는 평균 소요시간은 100 초라고 알려져 있는데, 공장에서 일하는 작업자들은 100 초를 넘는다고 주장하고 있다. 이러한 주장을 검정하기 위한 가설을 설정하라.

풀이

현재 알려진 상태는 '평균 소요시간이 100 초이다'이고, 데이터로 주장하고자 하는 것은 '평균 소요시간이 100 초를 넘는다'이다. 평균소요시간은 μ라 두면 가설은 다음과 같다.

$$H_0 : \mu = 100 \text{ 대 } H_1 : \mu > 100 \tag{6.1}$$

예제 6.2

어떤 반도체 제조업체에서 제1공장에서 생산되는 반도체의 수율과 제2공장에서 생산되는 반도체의 수율에 차이가 있는지를 확인하고자 한다. 가설을 설정하라.

풀이

이 조사의 초점은 두 공장에서 생산되는 반도체의 수율이 같은지, 다른지를 알아보고자 하는 것이다. θ_1, θ_2를 제1공장과 제2공장의 수율이라 하자. '두 공장의 수율에 차이가 없다'는 현 상태($\theta_1 - \theta_2 = 0$)에 대해 '차이가 있다($\theta_1 - \theta_2 \neq 0$)'는 것을 확인하는 것이므로 가설을 다음과 같이 설정한다.

$$\mathrm{H}_0 : \theta_1 - \theta_2 = 0 \ \text{대} \ \mathrm{H}_1 : \theta_1 - \theta_2 \neq 0 \tag{6.2}$$

식(6.2)의 가설은

$$\mathrm{H}_0 : \theta_1 = \theta_2 \ \text{대} \ \mathrm{H}_1 : \theta_1 \neq \theta_2 \tag{6.3}$$

로 표현할 수도 있다. ■

가설검정은 모집단의 일부인 표본을 토대로 하기 때문에 검정의 오류를 피할 수 없다. 가설검정의 오류에는 표 6.2에서 보는 바와 같이 제1종오류와 제2종오류의 두 가지 오류가 있다. 제1종오류는 귀무가설이 옳은데도 불구하고 귀무가설을 기각하게 되는 오류이고, 제2종오류는 귀무가설이 틀린데도 불구하고 귀무가설을 기각하지 않게 되는 오류이다.

예를 들어, 형사피의자 A씨에 대한 판사의 판결에서 A씨가 죄를 범하지 않았는데도(H_0가 옳음) 유죄판결(H_0 기각)하는 오류가 제1종오류이고, A씨가 죄를 범했는데도(H_1이 옳음) 무죄판결(H_0 채택)하는 오류가 제2종오류이다. 죄가 없는 사람을 죄인으로 판결하는 오류는 매우 심각한 오류이므로 제1종오류라 한다고 생각하면 된다.

판사의 판결이든 엔지니어의 판정이든지 간에 판결에는 오류가 없어야 한다. 그러나 항상 옳은 판결을 할 정도의 완벽한 정보를 확보하는 것은 거의 불가능하다.

표 6.2 가설검정의 오류

미지의 실제 상황 / 검정결과	H_0옳음	H_0그름(H_1옳음)
H_0 채택	옳은 결정	제2종오류
H_0 기각	제1종오류	옳은 결정

가설검정에서는 불완전한 정보 — 표본 정보 — 에 근거하여 판결을 해야 하므로 제1종오류와 제2종오류를 범할 확률이 최소화되도록 판결하는 것이 최선이라고 할 수 있다. 통계학에서는 제1종오류를 범할 확률을 α로 표기하고, 제2종오류를 범할 확률을 β로 표기 한다. 또한 품질관리 분야에서는 제1종오류를 범할 확률을 생산자 위험(producer's risk), 제2종오류를 범할 확률을 소비자 위험(consumer's risk)이라 부르기도 한다.

6.1.2 검정통계량과 기각역

가설검정에서는 모수에 대한 가설('귀무가설' 대 '대립가설')을 설정하고, 모집단에서 추출한 표본 통계를 사용하여 귀무가설의 기각 여부를 판정한다. 예를 들어, 모집단의 평균이 10,000 시간 보다 짧은가를 판정하는 데는 표본평균을 사용하는 것이 합리적이다. 표본평균이 6,000 시간이라면 쉽게 모집단의 평균이 10,000 시간 보다 짧다고 판정할 수 있다. 그러나 표본평균이 9,600 시간이라면 어떻게 하겠는가?

가설검정에서 귀무가설의 기각여부를 판정하는데 사용하는 통계를 검정통계(test statistic)이라 한다. 예를 들어, 모평균에 대한 가설검정에서 표본평균을 사용하여 기각여부를 판정한다면 표본평균이 이 가설검정의 검정통계이다.

가설검정에서는 검정통계의 값이 특정구간에 포함되면 귀무가설을 '기각'하고, 그렇지 않으면 귀무가설을 '채택'하는 판정을 한다. 귀무가설을 기각하는 검정통계의 구간을 기각역(rejection region)이라 하고, 채택하는 구간을 채택역(acceptance region)이라 한다. 또한 기각역과 채택역을 구분 짓는 경계를 임계치(critical value)라 한다.

예를 들어, 평균 μ, 표준편차 σ인 모집단에 대해서 가설 $H_0 : \mu = 100$ 대

$H_1 : \mu > 100$를 검정한다고 하자. 모평균 μ에 대한 검정이므로 모집단에서 추출한 n개의 표본 $X_1, X_2, \ldots, X_n$의 평균 $\overline{X}$를 사용하여 귀무가설 H_0의 기각여부가 결정한다. 이때 $\overline{X}$가 이 검정의 검정통계가 된다. 또한 $\overline{X} \geq 110$이면 H_0를 기각하는 판정을 한다면, 기각역은 '$\overline{X} \geq 110$'이고, 임계치는 110이 된다.

6.1.3 유의수준과 유의확률

가설검정은 기각역을 어떻게 설정하느냐에 따라 제1종오류의 확률 α와 제2종오류의 확률 β가 변한다. 예를 들어, 가설 '$H_0 : \mu = 100$ 대 $H_1 : \mu > 100$'에 대해서 기각역을 $\overline{X} \geq 200$으로 하면 제1종오류의 확률 α는 작아지고, 제2종오류의 확률 β가 크게 된다(매우 확실한 경우에만 H_0 기각 판정). 반면에 $\overline{X} \geq 105$로 설정하면 α는 크고, β는 작아지게 된다(확실하지 않은 경우에도 H_0 기각 판정). 표본 크기 n이 고정되어 있는 경우, 제1종오류의 확률 α를 작게 하면, 제2종오류의 확률는 β는 증가하고, 반대로 β를 작게 하면 α가 커지게 된다. 즉, 표본의 크기가 주어진 경우에 오류의 확률 α, β를 동시에 최소화하는 최적의 가설검정법은 없다.

통계적 가설검정에서는 이러한 어려움을 반영하여 두 오류 중에서 오류를 범할 경우에 결말이 더 심각한 제1종오류를 범할 확률 α의 최대한계를 미리 정하고, 주어진 α에 대해서 β가 최소가 되는 가설검정법을 사용한다. 제1종오류를 범할 확률 α의 최대 허용한계를 유의수준(significance level)이라 하며, 보통 0.01, 0.05, 0.1과 같은 값을 사용한다.

주어진 데이터를 근거로 귀무가설을 '기각' 판정을 한다고 할 때, 이 판정이 틀린 판정일 확률(제1종 오류를 범할 확률)을 유의확률(significance probability) 또는 P-값(P-value)이라 한다. 유의확률은 검정통계의 확률분포를 이용하여 구한다. 통계처리용 소프트웨어에서는 유의수준에 근거한 가설검정의 결과를 제공하지 않고, 검정통계량의 값으로부터 계산한 P-값을 제공한다.

P-값이 주어진 경우에 가설에 대한 판정은 다음과 같이 한다. P-값은 제1종오류를 범할 확률이고, 유의수준은 제1종오류를 범할 확률의 최대 허용한계이므로 P-값이 이 허용한계 보다 크면 귀무가설을 기각해서는 안 된다. 따라서 P-값과 주어진 유의수준(α)를 비교하여 'P-값〈유의수준(α)'이면 유의수준 α로 귀무가설 H_0를 기

각하는 판정을 한다. 예를 들어, P-값이 0.03으로 계산된 경우, 유의수준이 0.05이면 '$0.03 < 0.05$'이므로 H_0를 기각하는 판정을 한다. 그러나 유의수준이 0.01인 경우에는 '$0.03 > 0.01$'이므로 H_0를 기각할 수 없다.

6.2 모평균에 대한 검정

평균 μ, 표준편차 σ인 모집단의 모평균 μ에 대한 가설

$$H_0 : \mu = \mu_0 \text{ 대 } H_1 : \mu > \mu_0 \tag{6.4}$$

의 검정에 대해서 살펴보자. 여기서 μ_0는 특정의 값으로써 현재 $\mu = \mu_0$로 알려져 있는 값이다. 예를 들어, 특정의 작업에 소요되는 시간의 평균이 $\mu = 100$ 초로 알려져 있으나 작업자들은 소요시간이 100초 보다 크다고 주장하는 경우, 가설을 '$H_0 : \mu = 100$ 대 $H_1 : \mu > 100$'으로 설정하여 작업자들의 주장에 대한 진위를 판정한다.

식(6.4)는 모평균 μ에 대한 가설이므로 표본평균을 이용하여 판정하는 것이 합리적이다. 모집단에 추출한 n개의 표본 $X_1, X_2, \ldots, X_n$의 평균을 $\overline{X}$라 하자. 식(6.4)의 대립가설 H_1이 $\mu > \mu_0$이므로 $\overline{X}$가 어떤 값 c(임계치) 보다 크면 H_0를 기각하는 판정을 한다. 즉, $\overline{X} \geq c$이면 H_0를 기각하는 판정을 하고, 임계치 c를 주어진 유의수준을 만족하도록 결정하면 된다.

가설검정의 유의수준은 제1종오류를 범할 확률의 최대한계이므로 제1종오류를 범할 확률이 α이면서 제2종오류를 범할 확률 β가 최소가 되도록 c를 정한다. 즉,

$$P[\overline{X} \geq c | \mu = \mu_0] = \alpha \tag{6.5}$$

를 만족하는 c 중에서 β가 최소가 되는 c를 임계치로 한다. 여기서 $P[\overline{X} \geq c | \mu = \mu_0]$는 모평균이 μ_0일 때 '$\overline{X} \geq c$'일 확률을 의미한다.

표 6.3 모평균에 대한 가설검정법

모집단 분포 \ 표본 크기		소표본	대표본(n≥30)
정규분포	모분산 기지	1표본 Z-검정(6.2.1절)	
	모분산 미지	1표본 T-검정(6.2.2절)	
비정규분포		고급기법 사용	1표본 Z-검정(6.2.3절)

모평균에 대한 가설검정은 모집단이 정규분포인 경우와 정규분포가 아닌 경우로 구분하여 다룬다. 정규분포인 경우에는 모분산 기지인 경우에는 1표본-Z검정을 사용하고, 미지인 경우에는 1표본-T검정을 사용한다. 정규분포가 아닌 경우의 검정법은 이 책의 범위를 벗어난다. 다만 표본 크기가 충분히 큰 경우에는 중심극한정리를 적용하여 1표본-Z검정을 사용할 수 있다. 표 6.3은 모평균에 대한 검정법을 정리한 것이다.7

6.2.1 모분산 기지 정규분포

모분산 기지는 이미 알고 있는 모표준편차 σ를 사용할 수 있다는 것을 의미한다. σ가 주어진 경우에 $Z = \sqrt{n}(\overline{X} - \mu)/\sigma \sim N(0,1)$이므로 식(6.5)는

$$P\left[\overline{X} \geq c|\mu = \mu_0\right] = P\left[\frac{\overline{X} - \mu_0}{\sigma/\sqrt{n}} \geq \frac{c - \mu_0}{\sigma/\sqrt{n}}\right] = P\left[Z \geq \frac{c - \mu_0}{\sigma/\sqrt{n}}\right] = \alpha \tag{6.6}$$

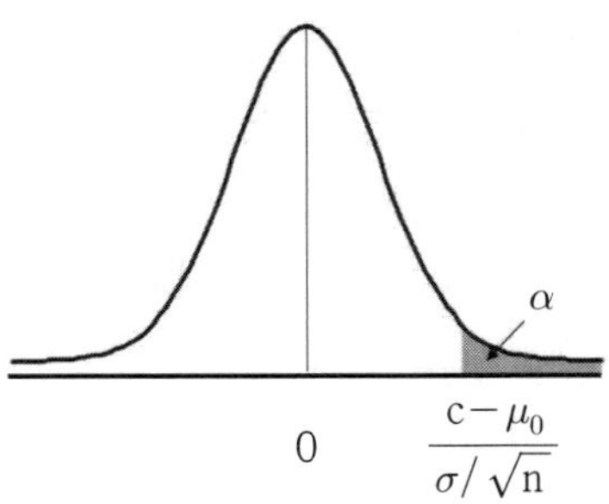

그림 6.1 단측 Z-검정의 확률

이 된다. 식(6.6)을 만족시키는 c는 $\sqrt{n}(c-\mu_0)/\sigma = z_\alpha$이므로 $c=\mu_0+z_\alpha\sigma/\sqrt{n}$이다(그림 6.1). 따라서 이 검정의 기각역은 $\overline{x} \geq \mu_0+z_\alpha\sigma/\sqrt{n}$이다. 또한 $z_0 = \sqrt{n}(\overline{x}-\mu_0)/\sigma$라 두면 기각역은 $z_0 \geq z_\alpha$로 나타낼 수 있다.

예를 들어, 가설 '$H_0 : \mu = 100$ 대 $H_1 : \mu > 100$'의 검정에 대해서 작업소요시간이 정규분포이고, 표준편차가 $\sigma = 2.0$으로 알려져 있다고 하자. 작업소요시간을 10번 측정하고, 작업소요시간의 평균 107초를 얻었다. 이 때 유의수준 $\alpha = 0.05$인 기각역은 $z_0 \geq z_{0.05} = 1.645$가 된다. $z_0 = \sqrt{n}(\overline{x}-\mu_0)/\sigma = \sqrt{10}(107-100)/2 = 11.068$은 기각역에 속하므로 '$H_0$ 기각' 판정을 한다.

대립가설이 $H_1 : \mu < \mu_0$인 경우에는 '$\overline{X} \leq c$'일 때 H_0를 기각할 것이다. 위와 동일한 방법으로 임계치 c를 구하여 정리하면 기각역은 $\overline{x} \leq \mu_0 - z_\alpha\sigma/\sqrt{n}$가 된다. 또한 $z_0 = \sqrt{n}(\overline{x}-\mu_0)/\sigma$라 두면 기각역은 $z_0 \leq -z_\alpha$가 된다.

대립가설이 $H_1 : \mu \neq \mu_0$인 경우에는 H_1을 $H_1 : \mu < \mu_0$ 또는 $\mu > \mu_0$로 쓸 수 있으므로 $\overline{X} \leq c_1$ 또는 $\overline{X} \geq c_2$이면 H_0를 기각할 수 있다. 유의수준 α를 정규분포의 양쪽 끝에 동일하게 $\alpha/2$를 할당하여 c_1과 c_2를 구하면 기각역은 $\overline{x} \leq \mu_0 - z_{\alpha/2}\sigma/\sqrt{n}$ 또는 $\overline{x} \geq \mu_0 + z_{\alpha/2}\sigma/\sqrt{n}$이 된다. $z_0 = \sqrt{n}(\overline{x}-\mu_0)/\sigma$라 두면 기각역은 $z_0 \leq -z_\alpha$ 또는 $z_0 \geq z_{\alpha/2}$이고, 양쪽의 기각역을 통합하여 $|z_0| \geq z_{\alpha/2}$로 표현한다(그림 6.2).

모집단이 모분산 기지인 정규분포인 경우 표평균에 대한 가설검정은 다음과 같이 정리할 수 있다. 또한 이 검정법은 단일 모집단에 대한 검정으로 표준정규분포를 이용하므로 1표본-Z검정(1-sample Z-test)이라 부른다.

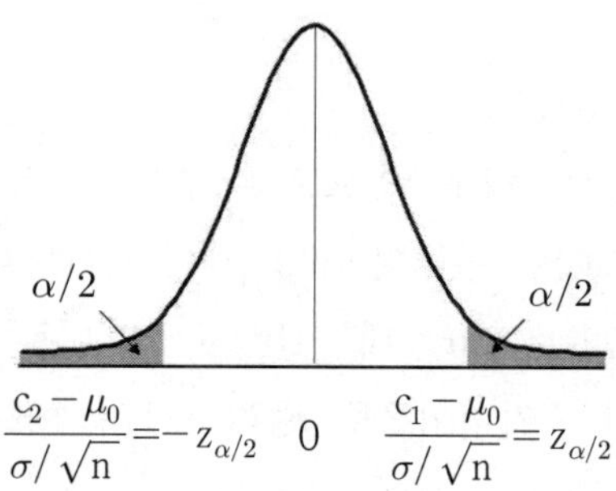

그림 6.2 양측 Z-검정의 확률

【정리 6.1】(1표본-Z검정) 모집단이 평균 μ, 표준편차 σ인 정규분포이고, σ 기지인 경우, 모집단에서 추출한 n개 표본 $x_1, x_2, \dots, x_n$의 평균을 $\bar{x}$라 하면 모평균에 대한 귀무가설 $H_0 : \mu = \mu_0$에 대한 검정통계값 z_0는

$$z_0 = \frac{\bar{x} - \mu_0}{\sigma / \sqrt{n}} = \sqrt{n}\,(\bar{x} - \mu_0)/\sigma \tag{6.7}$$

이고, 대립가설에 따른 유의수준 α인 기각역은 다음과 같다.

표 6.4 σ기지 정규모집단에서 모평균에 대한 가설검정 : 1표본-Z검정

귀무가설(H_0)	대립가설(H_1)	기각역(유의수준 α)
$\mu = \mu_0$	$\mu > \mu_0$	$z_0 \geq z_\alpha$
	$\mu < \mu_0$	$z_0 \leq -z_\alpha$
	$\mu \neq \mu_0$	$\lvert z_0 \rvert \geq z_{\alpha/2}$

예제 6.3

봉지사탕을 제조하는 공정에서 봉지사탕의 내용물 함량을 평균 300 g, 표준편차 10 g이 되도록 관리하고 있다. 그러나 함량이 부족하다는 일부 소비자의 불만이 있어서 이에 대해 조사하기로 했다. 이 제조공정에서 16개의 사탕봉지를 추출하여 내용물의 함량을 측정하였더니 평균이 294.4 g이었다. 내용물의 함량 평균이 300g 미만이라고 할 수 있는가? 유의수준 5%로 검정하라. 내용물의 함량은 정규분포를 따른다고 가정할 수 있다.

풀이

평균을 300 g으로 관리하고 있으므로 귀무가설은 $H_0 : \mu = 300$이다. 데이터로 입증하고자 하는 사실은 '평균이 300 g 미만'이므로 대립가설은 $H_1 : \mu < 300$이다. 즉, 가설은 '$H_0 : \mu = 300$ 대 $H_1 : \mu < 300$'로 설정한다. 모집단이 정규분포를 따르고, 표준편차 σ기지이므로 정리 6.1의 1표본-Z검정을 적용할 수 있다. 표본평균 $\bar{x} = 294.4$, $\mu_0 = 300$, $\sigma = 10$, $n = 16$이므로 식(6.7)의 검정통계값은

$z_0 = \sqrt{n}(\overline{x} - \mu_0)/\sigma = \sqrt{16}(294.4 - 300)/10 = -2.24$이다. $H_1 : \mu < 300$이므로 표 6.4에서 기각역은 $z_0 \le -z_\alpha$이고, $\alpha = 0.05$일 때, $z_\alpha = z_{0.05} = 1.645$이므로 기각역은 $z_0 \le -1.645$이다. $z_0 = -2.24 < -1.645$이므로 유의수준 α로 H_0를 기각한다. 즉, 내용물의 함량이 300 g 미만이라고 할 수 있다. ■

예제 6.4

금속엔지니어 A씨는 망간의 용융점이 1260 ℃인지의 여부를 검정하고자 한다. A씨는 네 번의 실험에서 망간의 용융점 1269, 1271, 1263, 1265를 얻었다. 용융점이 표준편차가 4인 정규분포를 따른다고 할 때, 망간의 용융점이 1260℃인지 여부를 유의수준 5%로 검정하라.

풀이

망간의 용융점이 1260℃인 것으로 알려져 있으므로 귀무가설은 $H_0 : \mu = 1260$이고, 입증하고자 하는 것이 용융점이 1260 ℃가 맞는지 여부이므로 $H_1 : \mu \ne 1260$이다. 즉, 가설은 $H_0 : \mu = 1260$ 대 $H_1 : \mu \ne 1260$이다. 모집단이 정규분포를 따르고, 표준편차 σ기지이므로 정리 6.1의 1표본-Z검정을 사용한다. 표본평균 $\overline{x} = 1267$, $\mu_0 = 1260$, $\sigma = 4$, n=4이므로 검정통계값 $z_0 = \sqrt{n}(\overline{x} - \mu_0)/\sigma = \sqrt{4}(1267 - 1260)/4 = 3.50$이다. 대립가설이 $H_1 : \mu \ne 1260$이므로 표 6.4에서 기각역은 $|z_0| \ge z_{\alpha/2}$이다. $\alpha = 0.05$일 때, $z_{\alpha/2} = z_{0.025} = 1.96$이므로 기각역은 $|z_0| \le 1.96$이다. $|z_0| = 3.50 > 1.96$이므로 유의수준 α로 H_0를 기각한다. 즉, 망간의 용융점이 1260이 아니라고 할 수 있다. ■

6.2.2 모분산 미지 정규분포

평균에 대한 가설검정에서 모분산을 알고 있는 경우는 많지 않다. 모분산 σ^2 미지인 경우에는 표본분산 S^2을 대신 사용한다. 모평균 μ에 대한 가설 $H_0 : \mu = \mu_0$ 대 $H_1 : \mu > \mu_0$의 검정에서 유의수준 α를 만족하는 기각역의 임계치 c는 6.2.1절에서와 마찬가지로 식(6.5)를 만족하는 c 중에서 제2종오류를 범할 확률 β가 최소가 되는 c가 된다.

모표준편차 σ가 미지이므로 σ 대신 표본표준편차 S를 사용하면 통계 $T = \sqrt{n}(\overline{X} - \mu_0)/S$가 자유도 $(n-1)$인 t-분포를 따르므로 식(6.5)는

$$P\left[\overline{X} \geq c|\mu = \mu_0\right] = P\left[\frac{\overline{X} - \mu_0}{S/\sqrt{n}} \geq \frac{c - \mu_0}{S/\sqrt{n}}\right] = P\left[T \geq \frac{c - \mu_0}{S/\sqrt{n}}\right] = \alpha \qquad (6.8)$$

가 된다. 식(6.8)을 만족시키는 c는 $\sqrt{n}(c - \mu_0)/s = t_{(n-1:\alpha)}$이므로 $c = \mu_0 + t_{(n-1:\alpha)} s/\sqrt{n}$이다(그림 6.3). 따라서 이 검정의 기각역은 $\overline{x} \geq \mu_0 + t_{(n-1,\alpha)} s/\sqrt{n}$이다. 또한 $t_0 = \sqrt{n}(\overline{x} - \mu_0)/s$라 두면 기각역은 $t_0 \geq t_{(n-1,\alpha)}$로 나타낼 수 있다.

모표준편차 기지인 경우와 마찬가지 방법으로 대립가설이 $H_1 : \mu < \mu_0$인 경우와 $H_1 : \mu \neq \mu_0$의 검정을 구하면 σ미지인 경우의 모평균에 대한 가설점정을 다음과 같이 정리할 수 있다. 이 검정법은 t-분포를 사용하므로 1표본-T검정(1-sample T-test)이라 한다.

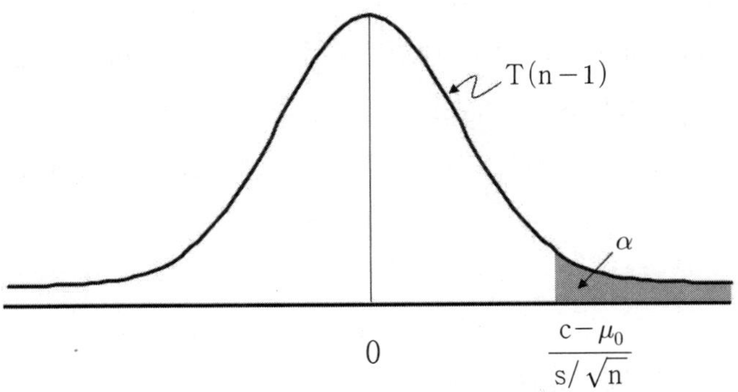

그림 6.3 자유도 (n-1)인 t-분포의 확률

【정리 6.2】 (1표본-T검정) 모집단이 평균 μ, 표준편차 σ인 정규분포이고, σ 미지 경우, 모집단에서 추출한 n개 표본 $x_1, x_2, \ldots, x_n$의 평균을 $\bar{x}$, 표본표준편차를 s 하면, 귀무가설 $H_0 : \mu = \mu_0$에 대한 검정통계값 t_0는

$$t_0 = \frac{\bar{x} - \mu_0}{s/\sqrt{n}} = \sqrt{n}(\bar{x} - \mu_0)/s \tag{6.9}$$

고, 대립가설에 따른 유의수준 α인 기각역은 다음과 같다.

표 6.5 σ미지 정규모집단에서 모평균에 대한 가설검정 : 1표본-T검정

귀무가설(H_0)	대립가설(H_1)	기각역(유의수준 α)
$\mu = \mu_0$	$\mu > \mu_0$	$t_0 \geq t_{(n-1,\alpha)}$
	$\mu < \mu_0$	$t_0 \leq -t_{(n-1,\alpha)}$
	$\mu \neq \mu_0$	$\lvert t_0 \rvert \geq t_{(n-1,\alpha/2)}$

예제 6.5

어떤 금속제품의 알루미늄 막의 두께(단위 : nm)가 4000 이상이 되는지 확인하고자 한다. 알루미늄 막 두께는 파괴를 요하는 측정이므로 10개의 측정 데이터 4050, 4185, 4080, 4100, 4160, 4230, 4290, 4320, 4350, 4210을 얻었다. 알루미늄 막의 두께가 4000 이상인지 여부를 유의수준 0.01로 검정하라. 알루미늄 막의 두께는 정규분포를 하는 것으로 알려져 있다.

풀이

현재 알고 있는 두께가 4000 이므로 귀무가설은 $H_0 : \mu = 4000$이다. 입증하고자 하는 내용이 두께가 4000을 넘는지 여부이므로 $H_1 : \mu > 4000$으로 설정할 수 있다. 즉, 가설은 '$H_0 : \mu = 4000$ 대 $H_1 : \mu > 4000$'이다. 모집단이 정규분포를 따르고, 표준편차 σ미지이므로 정리 6.2의 1표본-T검정을 사용한다. $n = 10$개의 측정 데이터의 평균은 $\bar{x} = 4197.5$, 표준편차는 $s = 102.56$, $\mu_0 = 4000$이므로 검정

통계값 $t_0 = \sqrt{n}(\bar{x} - \mu_0)/s = \sqrt{10}(4197.5 - 4000)/102.56 = 6.090$이다. 대립가설이 $H_1 : \mu > 4000$이므로 표 6.5에서 기각역은 $t_0 \geq t_{(n-1:\alpha)}$이다. $\alpha = 0.01$일 때, $t_{(n-1:\alpha)} = t_{(10-1:0.01)} = 2.821$이므로 기각역은 $t_0 \geq 2.821$이다. $t_0 = 6.090 > 2.821$이므로 유의수준 0.01로 H_0를 기각한다. 즉, 알루미늄 막의 두께가 4000 이상이라고 할 수 있다. ■

6.2.3 대표본인 경우

표본 크기가 충분히 큰 경우에는 중심극한정리를 적용하여 평균에 대한 가설검정을 할 수 있다. 즉, 표본 크기가 30개 이상이면 모집단의 확률분포에 관계없이 1표본-Z검정을 적용할 수 있다.

모평균 μ에 대한 가설 $H_0 : \mu = \mu_0$ 대 $H_1 : \mu > \mu_0$의 검정에서 유의수준 α를 만족하는 기각역의 임계치를 구하는 절차는 앞의 경우와 같다. 표본 크기 n이 충분히 크면 모집단의 확률분포와 관계없이 표본평균 $\bar{X}$가 정규분포를 따르고, 모표준편차 σ 대신 표본표준편차 S를 대입하여도 통계량 $Z = \sqrt{n}(\bar{X} - \mu_0)/S$는 표준정규분포를 따른다는 사실을 이용하여 임계치를 구한다.

대표본인 경우의 모평균에 대한 가설검정은 다음과 같이 정리할 수 있다.

【정리 6.3】 (대표본 Z-검정) 평균 μ, 표준편차 σ인 모집단의 모평균에 대한 가설검정에서 표본 크기가 충분히 큰 경우($n > 30$), 모집단에서 추출한 n개 표본 $x_1, x_2, \ldots, x_n$의 평균을 $\bar{x}$, 표본표준편차를 s라 하면, 귀무가설 $H_0 : \mu = \mu_0$에 대한 검정통계값 z_0는 할 때

$$z_0 = \frac{\bar{x} - \mu_0}{s/\sqrt{n}} = \sqrt{n}(\bar{x} - \mu_0)/s \tag{6.10}$$

이고, 대립가설에 따른 유의수준 α인 기각역은 다음과 같다.

표 6.6 대표본인 경우의 모평균에 대한 가설검정 : 대표본-Z검정

귀무가설(H_0)	대립가설(H_1)	기각역(유의수준 α)
$\mu = \mu_0$	$\mu > \mu_0$	$z_0 \geq z_\alpha$
	$\mu < \mu_0$	$z_0 \leq -z_\alpha$
	$\mu \neq \mu_0$	$\lvert z_0 \rvert \geq z_{\alpha/2}$

예제 6.6

어떤 제어장치에 있는 구멍의 편차에 대한 규격은 [0,0.13]이다(단위 : mm). 특정한 날에 생산된 제어장치에 있는 구멍의 편차 평균이 규격중심 0.065과 차이가 있는지를 확인하기로 했다. 50개의 제어 장치를 추출하고, 구멍의 편차를 측정하여 얻은 데이터의 평균은 0.0.069, 표준편차는 0.005이었다. 규격중심과 차이가 있다고 할 수 있는가? 유의수준 5%로 검정하라.

풀이

규격중심이 0.065이므로 귀무가설은 $H_0 : \mu = 0.065$, 입증하고자 하는 내용이 규격중심 0.065를 벗어나는지 여부이므로 대립가설은 $H_1 : \mu \neq 0.065$로 한다. 모집단의 분포가 알려져 있지 않으나 표본 크기가 50으로 충분히 크므로 대표본 Z-검정을 적용한다. 표본평균 $\overline{x} = 0.069$, $\mu_0 = 0.065$, $s = 0.005$, n=50이므로 검정통계값 $z_0 = \sqrt{n}(\overline{x} - \mu_0)/s = \sqrt{50}(0.069 - 0.065)/0.005 = 5.659$이다. $H_1 : \mu \neq 0.065$이므로 기각역은 $\lvert z_0 \rvert \geq z_{\alpha/2}$이다. $\alpha = 0.05$일 때, $z_{\alpha/2} = z_{0.025} = 1.96$이므로 기각역은 $\lvert z_0 \rvert \geq 1.96$이다. $\lvert z_0 \rvert = 5.659 > 1.96$이므로 유의수준 0.05로 H_0를 기각한다. 즉, 규격중심 0.065와 차이가 난다. ■

6.3 모비율에 대한 검정

모비율은 모집단을 구성하는 개체들 중에서 특정의 속성을 가진 개체의 비율이다. 예를 들어, 100개의 부품으로 구성된 로트에 5개의 불량품이 포함되어 있는 경우, 불량품은 특정의 속성을 가진 개체이고, 모비율, 즉 불량률은 5/100이다. 모비율에 대한 검정은 모비율 θ가 특정의 값 θ_0인지 여부를 검정하는 것이다. 현 공정의 불량률을 2%라 할 때 공정개선을 통한 불량률 감소 여부에 관심이 있다면 가설 $H_0 : \theta = 0.02$ 대 $H_1 : \theta < 0.02$를 검정하면 된다.

모비율에 대한 가설검정은 정규근사를 이용한 검정 방법과 이항분포를 이용한 검정 방법이 있다. 표본 크기가 충분히 큰 경우에는 정규분포를 이용한 검정법을 사용할 수 있고, 표본 크기가 충분히 크지 않은 경우에는 이항분포를 이용한 검정법을 사용한다.

6.3.1 정규근사 검정

모비율에 대한 검정을 위해 사용할 수 있는 가장 좋은 추정량은 표본비율이다. X를 모비율이 θ인 모집단에서 추출한 n개 표본에 포함된 특정 속성을 가진 개체의 수라 하면, 표본비율은 X/n이다.

귀무가설 $H_0 : \theta = \theta_0$에 대해서 대립가설이 $H_1 : \theta < \theta_0$인 경우, 표본비율 X/n가 충분히 작으면 대립가설이 옳은 것으로 할 수 있으므로 유의수준이 α가 되는 기각역의 임계치 c는

$$P\left[\frac{X}{n} \le c | \theta = \theta_0\right] = \alpha \tag{6.11}$$

를 만족하도록 정한다.

식(6.11)의 표본비율 X/n는 표본 크기 n이 충분히 크면($n\theta_0 > 5$, $n(1-\theta_0) > 5$) 중심극한정리에 의해 평균 θ_0, 분산 $\theta_0(1-\theta_0)/n$인 정규분포로 근사한다. 따라서 식(6.11)은

$$P\left[\frac{X}{n} \le c|\theta=\theta_0\right] = P\left[\frac{X/n-\theta_0}{\sqrt{\theta_0(1-\theta_0)/n}} \le \frac{c-\theta_0}{\sqrt{\theta_0(1-\theta_0)/n}}\right] \quad (6.12)$$
$$\doteq P\left[Z \le \frac{c-\theta_0}{\sqrt{\theta_0(1-\theta_0)/n}}\right] = \alpha$$

가 된다.

식(6.12)을 만족시키는 c는 $(c-\theta_0)/\sqrt{\theta_0(1-\theta_0)/n} = -z_\alpha$이므로 $c=\theta_0 - z_\alpha\sqrt{\theta_0(1-\theta_0)/n}$ 이다. 따라서 이 검정의 기각역은 $x/n \le \theta_0 - z_\alpha\sqrt{\theta_0(1-\theta_0)/n}$ 이다. 또한 $z_0 = (x/n-\theta_0)/\sqrt{\theta_0(1-\theta_0)/n}$ 라 두면 기각역은 $z_0 \le -z_\alpha$로 나타낼 수 있다.

앞 절에서와 마찬가지 방법으로 대립가설이 $H_1:\theta>\theta_0$인 경우와 $H_1:\theta\ne\theta_0$의 검정을 구하여 정리하면 다음의 1비율-Z검정(1-proportion Z-test)을 얻는다.

【정리 6.4】 (1비율-Z검정) 모비율 θ에 대한 가설검정에서 표본 크기 n이 충분히 큰 경우, x를 모집단에서 추출한 n개 표본에 포함된 특정 속성을 가진 개체의 수라 하면 가설 $H_0:\theta=\theta_0$에 대한 검정통계값은

$$z_0 = \frac{x/n-\theta_0}{\sqrt{\theta_0(1-\theta_0)/n}} \quad (6.13)$$

이고, 대립가설에 따른 유의수준 α인 기각역은 다음과 같다. 일반적으로 $n\theta_0>5$, $n(1-\theta_0)>5$이면 표본 크기가 충분히 큰 것으로 한다.

표 6.7 표본크기가 충분히 큰 경우의 모비율 검정 : 1비율-Z검정

귀무가설(H_0)	대립가설(H_1)	기각역(유의수준 α)
$\theta=\theta_0$	$\theta>\theta_0$	$z_0 \ge z_\alpha$
	$\theta<\theta_0$	$z_0 \le -z_\alpha$
	$\theta\ne\theta_0$	$\lvert z_0\rvert \ge z_{\alpha/2}$

예제 6.7

어떤 집적회로 생산 공정의 불량률이 0.32인 것으로 파악되었다. 불량률 감소를 위해 공정개선을 하고 효과를 검정하고자 한다. 개선된 공정에서 생산된 제품에서 174개의 시료를 검사한 결과 27개의 불량품을 발견하였다. 공정불량률이 감소했는지를 유의수준 5%로 검정하라.

풀이

불량률이 0.32 보다 작아졌는지를 검정하는 것이므로 귀무가설은 $H_0 : \theta = 0.32$이고, 대립가설은 $H_1 : \theta < 0.32$이다. $n = 174$이고, $\theta_0 = 0.32$이므로 $n\theta_0 > 5$, $n(1-\theta_0) > 5$로 표본 크기가 충분히 크므로 1비율-Z검정을 적용한다. $x/n = 27/174 = 0.1552$, $n = 174$이므로 식(6.13)의 검정통계값은 $z_0 = (x/n - \theta_0)/$ $re\sqrt{\ }\theta_{0(1-\theta_0})/n = (0.1552 - 0.32)/\sqrt{0.32(1-0.32)/174} = -4.66$이다. 대립가설이 $H_1 : \theta < 0.32$이고, $z_{0.05} = 1.645$이므로 기각역은 $z_0 \le -1.645$이다. $z_0 = -4.66 < -1.645$이므로 H_0를 기각한다. 즉, 공정 불량률이 감소했다고 할 수 있다. ■

6.3.2 이항확률 검정

표본 크기가 충분히 크지 않을 경우에는 이항분포의 확률을 이용하여 가설을 검정한다. 모비율 θ가 특정 속성을 가진 개체의 비율일 때, 크기 n인 표본에 포함된 특정 속성을 가진 개체의 수 X는 이항분포를 따른다. 즉, $X \sim B(n,\theta)$이다.

가설 $H_0 : \theta = \theta_0$ 대 $H_1 : \theta < \theta_0$에 대한 가설검정에서 X가 작을수록 대립가설이 옳다는 증거가 강해진다. 따라서 n개의 표본에 포함된 특성 속성을 가진 개체의 수를 검정통계로 사용하면 유의수준 α인 기각역의 임계치는

$$P[X \le c | \theta = \theta_0] \le \alpha \tag{6.14}$$

를 만족하는 c로 정한다. 여기서 X는 $B(n,\theta_0)$이므로 이항분포의 확률로 계산한다.

이항분포를 이용한 검정법에 대한 자세한 내용은 이 책에서는 다루지 않고, 미니탭을 이용하여 가설검정을 하는 방법에 대해서만 제5절에서 다루기로 한다.

6.4 모분산에 대한 검정

모분산은 모집단의 변동성을 나타내는 측도이다. 예를 들어, 어떤 기계부품의 직경은 다른 부품과 조립되기 위해서 표준편차가 0.5 mm 이하라야 한다고 하면, 부품 직경의 표준편차를 0.5 mm 이하로 관리해야 한다. 부품직경의 표준편차가 0.5 mm 이하로 관리되고 있는지에 관심이 있다면 '가설 $H_0 : \sigma^2 = 0.5^2$ 대 $H_1 : \sigma^2 > 0.5^2$'를 검정하면 된다.

모분산에 대한 가설검정은 모집단이 정규분포인 경우에는 간단하게 구할 수 있으나 그렇지 않은 경우에는 다소 복잡하다. 이 절에서는 모집단이 정규분포인 경우의 가설검정에 대해서만 다루기로 한다.

정리 5.9에 의하면 $X_1, X_2, \ldots, X_n$을 평균 μ, 분산 σ^2인 정규모집단에서 추출한 n개의 표본인 경우, 표본분산을 S^2이라 하면 $W = (n-1)S^2/\sigma^2$는 자유도 $(n-1)$인 카이제곱분포를 따른다.

귀무가설 $H_0 : \sigma^2 = \sigma_0^2$에 대해서 대립가설이 $H_1 : \sigma^2 > \sigma_0^2$인 경우, 표본분산 S^2이 충분히 크면 대립가설이 옳은 것으로 할 수 있으므로 유의수준이 α가 되는 기각역의 임계치 c는

$$P\left\{S^2 \geq c | \sigma^2 = \sigma_0^2\right\} = P\left\{(n-1)S^2/\sigma_0^2 \geq (n-1)c/\sigma_0^2\right\} \tag{6.15}$$

$$= P\left\{W_0 \geq (n-1)c/\sigma_0^2\right\} = \alpha$$

를 만족하도록 정한다. $W_0 \sim \chi^2(n-1)$이므로 c는 $(n-1)c/\sigma_0^2 = \chi^2_{(n-1:\alpha)}$에서 $c = \sigma_0^2 \chi^2_{(n-1:\alpha)}/(n-1)$이다. 따라서 $S^2 \geq \sigma_0^2 \chi^2_{(n-1:\alpha)}/(n-1)$에서 $W_0 = (n-1)S^2/\sigma_0^2 \geq \chi^2_{(n-1:\alpha)}$이면 유의수준 α로 H_0를 기각 판정한다(그림 6.4).

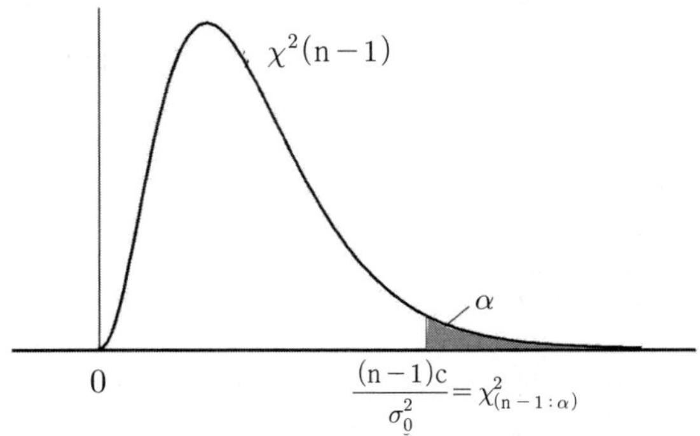

그림 6.4 모분산 검정의 확률 : 단측검정

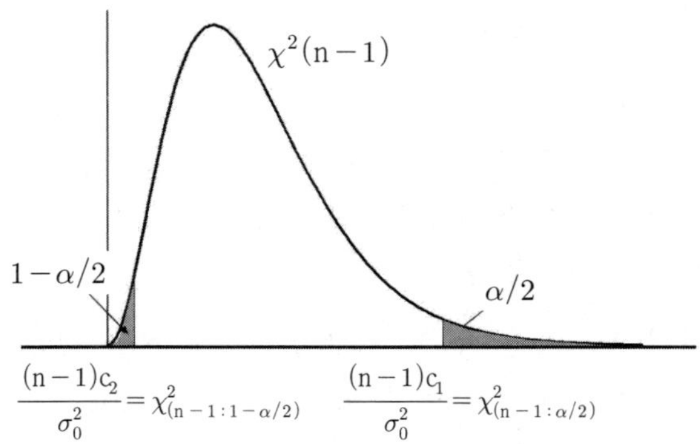

그림 6.5 모분산 검정의 확률 : 양측검정

앞 절에서와 마찬가지 방법으로 대립가설이 $H_1 : \sigma^2 < \sigma_0^2$인 경우와 $H_1 : \sigma^2 \neq \sigma_0^2$의 검정을 구하여 정리하면 다음의 1분산-$\chi^2$검정(1-variance χ^2-test)을 얻는다(그림 6.5).

【정리 6.5】 (1분산-χ^2검정) 모분산 σ^2에 대한 가설검정에서 모집단이 정규분포인 경우, s^2을 모집단에서 추출한 n개 표본의 표본분산이라 하면 가설 $H_0 : \sigma^2 = \sigma_0^2$에 대한 검정 통계값은

$$w_0 = \frac{(n-1)s^2}{\sigma_0^2} \tag{6.16}$$

이고, 대립가설에 따른 유의수준 α인 기각역은 다음과 같다.

표 6.8 정규모집단의 모분산 검정 : 1분산-χ^2검정

귀무가설(H_0)	대립가설(H_1)	기각역(유의수준 α)
$\sigma^2 = \sigma_0^2$	$\sigma^2 > \sigma_0^2$	$w_0 \geq \chi^2_{(n-1:\alpha)}$
	$\sigma^2 < \sigma_0^2$	$w_0 \leq \chi^2_{(n-1:1-\alpha)}$
	$\sigma^2 \neq \sigma_0^2$	$w_0 \geq \chi^2_{(n-1:\alpha/2)}$ 또는 $w_0 \leq \chi^2_{(n-1:1-\alpha/2)}$

예제 6.8

판재를 생산하는 공장에서 판의 두께(단위 : mm)의 표준편차를 1.2 이내에서 관리한다. 어느 날 점검에서 10개의 판을 임의 추출하여 두께를 측정하여 얻은 표본표준편차가 1.5 이었다. 판의 두께가 정규분포를 따른다고 가정하고, 표준편차가 1.2 이내에서 관리되고 있는지를 유의수준 5%에서 검정하라.

풀이

판재의 표준편차가 1.2 보다 큰 지를 검정하는 것이므로 가설은 '$H_0 : \sigma^2 = 1.2^2$ 대 $H_1 : \sigma^2 > 1.2^2$'로 설정한다. $n = 10$, $\sigma_0 = 1.2$이고, 표본표준편차가 $s = 1.5$이므로 식(6.16)의 검정통계값은 $w_0 = (10-1)(1.5)^2/1.2^2 = 14.0625$이다. 대립가설이 $H_1 : \sigma^2 > 1.2^2$이므로 기각역은 $w_0 \geq \chi^2_{(10-1:0.05)}$에서 $\chi^2_{(9:0.05)} = 16.92$이므로 기각역은 $w_0 \geq 16.92$이다. $w_0 = 14.0625 < 16.92$이므로 H_0를 기각 판정할 수 있다. 즉, 표준편차가 1.2 를 벗어났다고 할 수 없다. ■

6.5 미니탭 활용

미니탭의 가설검정은 신뢰구간 추정에 사용했던 도구를 그대로 사용한다. 다만 가설검정에서는 검정을 위해 필요한 모수의 값을 추가로 입력하고, 대립가설의 유형을 지정해야 한다. 미니탭을 사용할 경우에는 P-값(유의확률)을 사용하여 귀무가설의 기각 여부를 판단한다. 즉, P-값(제1종오류를 범할 확률)이 유의수준(제1종오류를 범할 확률의 최대허용한계)보다 작으면 귀무가설을 기각하는 판정을 한다.

6.5.1 모평균에 대한 검정

모집단이 정규분포인 경우에 모평균에 대한 가설검정은 [통계분석]►[기초 통계]에서 (1) 모분산을 이미 알고 있는 경우에는 [1-표본 Z 검정]을 사용하고, (2) 모분산을 데이터로 추정해야 하는 경우 즉, 모분산 미지인 경우에는 [1-표본 t 검정]을 사용한다.

1) 원시 데이터가 주어진 경우

모분산 기지이고, 원시 데이터가 주어진 경우에는 다음의 절차로 가설검정을 한다.

1. 워크시트의 한 열에 데이터 입력
2. [통계분석]►[기초 통계]에서 [1-표본 Z 검정]을 선택하여 나타난 창에서 정보 입력
3. [옵션]을 클릭하여 나타난 창에서 '대립 가설'을 지정함
4. 세션창에서 P-값을 읽고 판정함

예제 6.9

어떤 제품의 중량(단위 : g)의 평균은 125로 관리하고 있으나 중량이 이 보다 작다는 주장이 있다. 10개 제품을 무작위로 추출하여 중량을 측정하였더니 122, 118, 127, 112, 121, 123, 120, 124, 123, 122이었다. 이 제품의 중량은 정규분포를 따르고, 표준편차는 3으로 알려져 있다. 유의수준 5%로 하여 중량이 125 보다 작다는 주장이 옳은지를 검정하라.

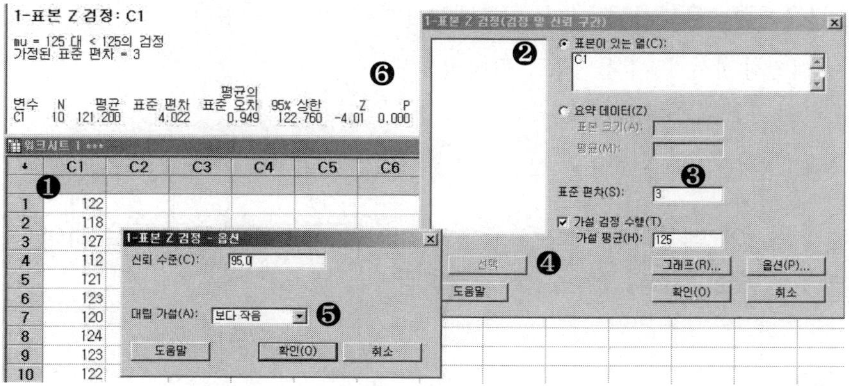

그림 6.6 1-표본 Z 검정 : 원시데이터

풀이

중량의 평균을 μ라 하면, 가설 ‘$H_0 : \mu = 125$ 대 $H_1 : \mu < 125$’를 검정하는 문제가 된다. 모분산 기지이므로 [1-표본 Z 검정]을 사용한다.

1. C1열에 데이터를 입력(❶)
2. [통계분석]►[기초 통계]►[1-표본 Z 검정] 선택
3. [표본이 있는 열]에 C1입력(❷), [표준편차]에 3 입력(❸), [가설 검정 수행]을 체크한 다음 [가설 평균]에 125 입력(❹) 후 [옵션] 클릭
4. [1-표본 Z 검정- 옵션] 창에서 [대립 가설]을 ‘보다 작음’으로 지정(❺) 후 확인
5. 세션창에서 P-값을 읽고(❻) 판정

세션 창에서 P-값을 읽으면 P=0.000이다. P가 유의수준 0.05보다 작으므로 H_0를 기각 판정한다. 즉, 중량의 평균이 125 g 이하이다. ■

모분산 미지이고, 원시 데이터가 주어진 경우에는 다음의 절차로 가설검정을 한다.

1. 워크시트의 한 열에 데이터 입력
2. [통계분석]►[기초 통계]에서 [1-표본 t 검정]을 선택하여 나타난 창에서 정보 입력

3. [옵션]을 클릭하여 나타난 창에서 [대립 가설]을 정함
4. 세션창에서 P-값을 읽고 판정함

예제 6.10

예제 6.9의 데이터에 대해 표준편차 미지일 때 유의수준 5%로 하여 중량이 125보다 작다는 주장이 옳은지를 검정하라.

풀이

모분산 미지인 경우에 가설 '$H_0 : \mu = 125$ 대 $H_1 : \mu < 125$'를 검정하는 문제이다.

모분산 미지이므로 [1-표본 t 검정]을 사용한다.

1. C1열에 데이터를 입력(❶)
2. [통계분석]►[기초 통계]►[1-표본 t 검정] 선택
3. [표본이 있는 열]에 C1입력(❷), [가설 검정 수행]을 체크한 다음 [가설 평균]에 125 입력(❸) 후 [옵션] 클릭
4. [1-표본 t 검정 - 옵션] 창에서 [대립 가설]을 '보다 작음'으로 지정(❹) 후 [확인]
5. 세션창에서 P-값을 읽고(❺) 판정

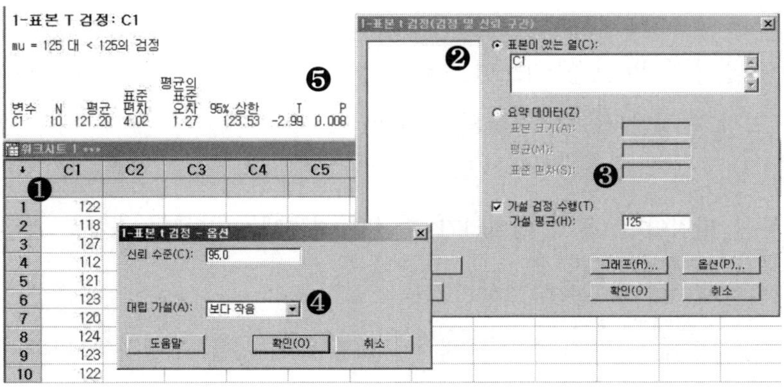

그림 6.7 1-표본 t 검정 : 원시데이터

세션 창에서 P-값을 읽으면 P=0.008이다. P가 유의수준 0.05보다 작으므로 H_0를 기각 판정한다. 즉, 중량의 평균이 125 g 이하이다. ■

2) 요약 데이터가 주어진 경우

요약 데이터가 주어진 경우에는 워크시트에서 데이터를 읽지 않고, [1-표본 Z 검정] 또는 [1-표본 t 검정] 창의 요약 데이터에 값을 직접 입력한다.

예제 6.11

$n = 20$개 데이터의 평균이 12.3, 표준편차 1.1이다. 평균이 12.0 보다 크다고 할 수 있는가? 유의수준 5%로 검정하라.

풀이

가설은 $H_0 : \mu = 12.0$ 대 $H_1 : \mu > 12.0$이다. 모분산 미지이므로 [1-표본 t 검정]을 사용한다.

1. [통계분석]►[기초 통계]►[1-표본 t 검정] 선택
2. [요약 데이터]에 [표본 크기] 20, [평균] 12.3, [표준 편차] 1.1 입력(❶), [가설 검정 수행]을 체크한 다음 [검정 평균]에 12.0 입력(❷) 후 [옵션] 클릭

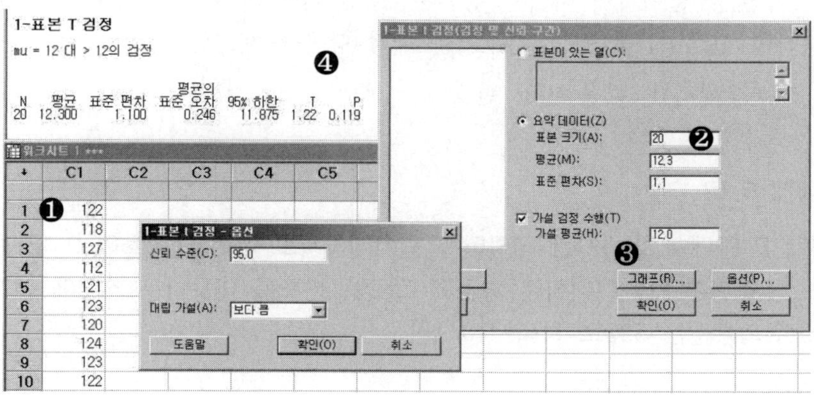

그림 6.8 1-표본 t 검정 : 요약데이터

3. [1-표본 t 검정 - 옵션] 창에서 [대립 가설]을 '보다 큼'으로 지정(❸) 후 [확인]
4. 세션창에서 P-값을 읽고(❹) 판정

세션 창에서 P-값을 읽으면 P=0.119이다. P가 유의수준 0.05보다 크므로 H_0를 기각 할 수 없다. 즉, 평균이 12.0 보다 크다고 할 수 없다. ■

6.5.2 모비율에 대한 검정

모비율에 대한 가설검정은 [통계분석]►[기초 통계]►[단일 비율 검정]을 사용한다. 미니탭에서는 기본적으로 이항분포를 이용하여 가설검정을 하도록 하고 있고, 필요한 경우에 정규분포를 이용하여 가설검정을 할 수 있도록 하고 있다. 또한 원시 데이터가 주어진 경우와 요약 데이터가 주어진 각 경우에 대해서 가설검정을 할 수 있도록 하고 있다.

원시데이터가 주어진 경우에 모비율에 대한 가설검정을 하는 절차는 다음과 같다.

1. 워크시트의 한 열에 데이터 입력
2. [통계분석]►[기초 통계]에서 [단일 비율 검정]을 선택하여 나타난 창에서 정보 입력
3. [옵션]을 클릭하여 나타난 창에서 '대립 가설'의 유형을 정함. 정규분포를 이용하여 신뢰구간을 구할 경우에는 해당 항목을 체크함
4. 세션창에서 P-값을 읽고 판정

예제 6.12

예제 5.19에서 발생시킨 데이터를 원시데이터로 하여 모비율이 0.42 보다 작은지를 ① 이항분포를 이용하는 경우와 ② 정규분포를 이용하는 경우에 대해서 검정하라. 유의수준은 5%로 하라.

풀이

가설은 $H_0: \theta = 0.42$ 대 $H_1: \theta < 0.42$이다. 모비율 검정이므로 [단일 비율 검정]을 사용한다.

1. 워크시트의 C1열에 데이터 입력(❶)
2. [통계분석]►[기초 통계]►[단일 비율 검정] 선택
3. [표본이 있는 열]에 C1 입력(❷), [가설 검정 수행]을 체크한 다음 [귀무 가설에서의 비율]에 0.42 입력(❸) 후 [옵션] 클릭
4. [단일 비율 검정 - 옵션] 창에서 [대립 가설]을 [보다 작음]으로 지정(❹), 정규 분포를 가정하는 경우에는 [정규분포를 바탕으로 하는 검정 및 신뢰 구간 사용]을 체크(❺) 후 [확인]
5. 세션창에서 P-값을 읽고(❻,❼) 판정

세션 창에서 P-값을 읽으면 이항분포를 이용하는 경우에는 P=0.008이고, 정규근사를 이용하는 경우에는 P=0.007이다. 두 방법 모두 P가 유의수준 0.05보다 작으므로 H_0를 기각한다. 즉, 모비율은 0.42 보다 작다고 할 수 있다. ■

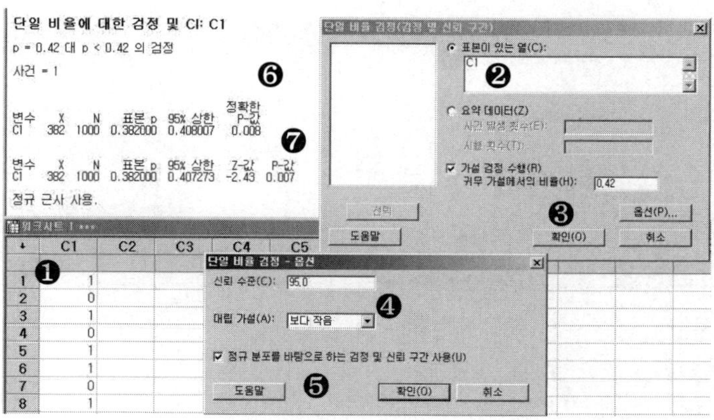

그림 6.9 단일 비율 검정 : 원시데이터

예제 6.13

25개의 표본 중 3개가 특정 속성을 가진 개체였다고 할 때, 모비율이 0.27보다 작은지를 ① 이항분포를 이용할 경우와 ② 정규분포를 이용할 경우에 대해서 검정하고 비교하라.

풀이

가설은 $H_0 : \theta = 0.27$ 대 $H_1 : \theta < 0.27$이다. 모비율 검정이므로 [단일 비율 검정]을 사용한다. 요약데이터가 주어져 있으므로 다음의 절차로 검정을 수행한다.

1. [통계분석]►[기초 통계]►[단일 비율 검정] 선택
2. [요약 데이터]에 [시행횟수] 25, [사건발생횟수] 3 입력(❶), [가설 검정 수행]을 체크한 다음 [귀무 가설에서의 비율]에 0.27 입력(❷) 후 [옵션] 클릭
3. [단일 비율 검정 - 옵션] 창의 [대립 가설]을 '보다 작음'으로 지정(❸), 정규분포를 가정하는 경우에는 [정규분포를 바탕으로 하는 검정 및 신뢰 구간 사용]을 체크(❹) 후 [확인]
4. 세션 창에서 결과 확인(❺,❻)

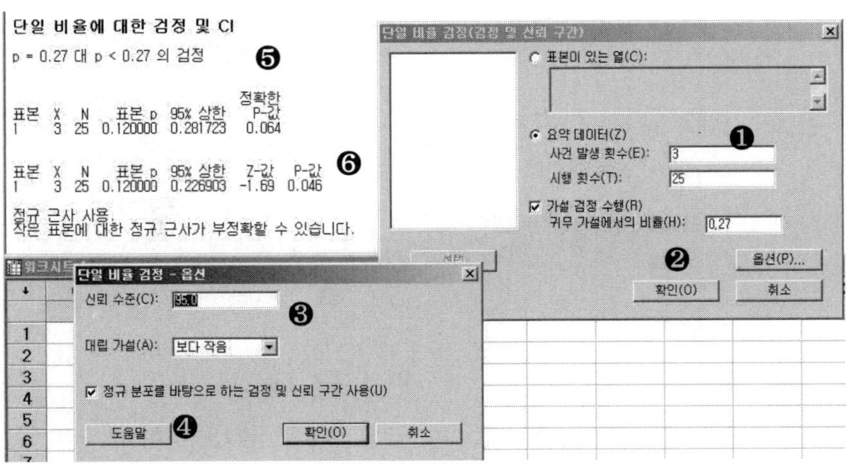

그림 6.10 단일 비율 검정 : 요약데이터

세션 창에서 P-값을 읽으면 이항분포를 이용하는 경우에는 P=0.064이고(❺), 정규근사를 이용하는 경우에는 P=0.046이다(❻). 유의수준을 0.05로 하면 이항분포를 이용하는 경우에는 기각할 수 없으나 정규분포를 이용하면 기각할 수 있다. 이 문제에서는 표본수가 충분히 크지 않으므로 이항분포를 이용하는 검정을 사용해서 판정해야 한다. 따라서 유의수준 5%에서 모비율은 0.27 보다 작다고 할 수 없다. ■

6.5.3 모분산에 대한 검정

모분산 또는 모표준편차에 대한 가설검정은 [통계분석]►[기초 통계]►[단일 표본 분산]을 사용한다. 미니탭에서는 모집단이 정규분포일 경우에 적용하는 카이제곱법으로 검정한 결과를 제공하며, 원시데이터가 주어진 경우에는 모집단이 정규분포가 아닌 경우에도 적용할 수 있는 보넷법으로 검정한 결과를 함께 제공한다.

원시데이터가 주어진 경우에 모분산에 대한 가설검정을 하는 절차는 다음과 같다.

1. 워크시트의 한 열에 데이터 입력
2. [통계분석]►[기초 통계]에서 [단일 표본 분산]을 선택하여 나타난 창에서 정보 입력
3. [옵션]을 클릭하여 나타난 창에서 [대립 가설]의 유형을 정한 후 [확인] 클릭
4. 세션창에서 P-값을 읽고 판정

예제 6.14

중량(단위 : g) 224로 표기된 캔 포장 식품의 표준편차는 2.80 미만이어야 한다. 관리되고 있는 공정에서 생산한 캔 중에서 10개의 캔을 랜덤으로 추출하여 중량을 측정하여 222.60, 221.20, 223.44, 224.28, 223.16, 222.88, 224.84, 224.56, 225.12, 224.56을 얻었다. 표준편차에 대한 이 요구사항을 만족시키고 있는지를 검정하라.

풀이

관리되고 있는 공정이므로 가설은 $H_0 : \sigma = 2.80$ 대 $H_1 : \sigma > 2.80$로 설정한다. 모표준편차에 대한 검정이므로 [단일 표본 분산]을 사용한다. 요약데이터가 주어져 있으므로 다음의 절차로 검정을 수행한다.

1. 워크시트의 C1열에 데이터 입력(❶)
2. [통계분석]►[기초 통계]►[단일 표본 분산] 선택
3. [데이터]에 '표본이 있는 열'을 선택하고, [열]에 C1을 입력(❷), [가설 검정 수행]을 체크한 다음 [귀무 가설에서의 표준 편차]에 2.80 입력(❸) 후 [옵션] 클릭
4. [단일 표본 분산 - 옵션] 창의 [대립 가설]을 '보다 큼'으로 지정(❹)한 후 [확인]
5. 세션창에서 결과 확인(❺)

세션 창에서 P-값을 읽으면 카이제곱법을 이용하는 경우에는 P=0.995이고, 보넷법을 이용하는 경우에는 P=1.000이다(❺). 유의수준을 0.05로 하는 경우에 귀무가설을 기각할 수 없다. 즉, 표준편차는 2.80보다 크다고 할 수 없다. ■

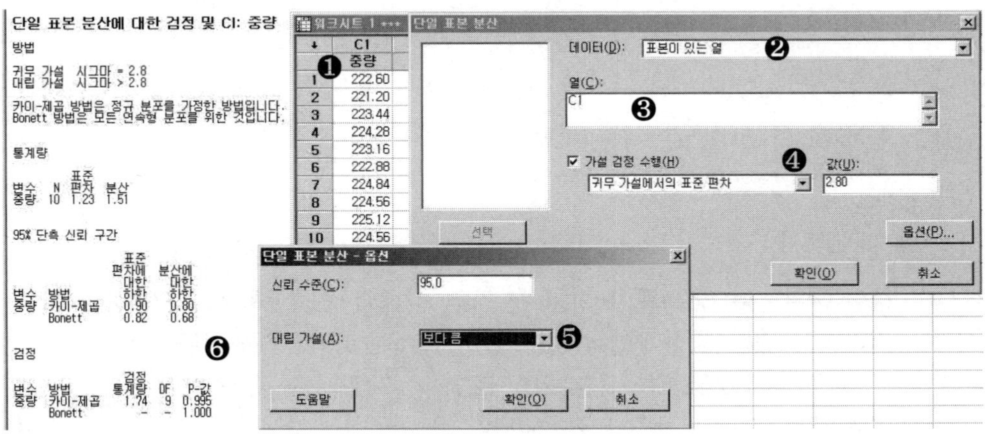

그림 6.11 모표준편차에 대한 검정 : 원시데이터

예제 6.15

35개의 표본으로부터 평균 0.107, 표준편차 0.022를 얻었다. 가설 $H_0 : \sigma = 0.04$ 대 $H_1 : \sigma \neq 0.04$를 유의수준 0.10으로 검정하라.

풀이

요약데이터가 주어져 있으므로 다음의 절차로 검정을 수행한다.

1. [통계분석] ► [기초 통계] ► [단일 표본 분산] 선택
2. [데이터]에 '표본 표준 편차'를 선택하고(❶), [표본 크기]에 35, [표본 표준 편차]에 0.022 입력(❷), [가설 검정 수행]을 체크한 다음 [귀무 가설에서의 표준편차]에 0.04 입력(❸) 후 [옵션] 클릭
3. [단일 표본 분산 - 옵션] 창의 [대립 가설]을 '같지 않음'으로 지정(❹)한 후 [확인]
4. 세션창에서 결과 확인(❺)

세션 창에서 P-값을 읽으면 P=0.000으로 유의수준 0.10 보다 작으므로 귀무가설을 기각한다. 즉, 표준편차는 0.04라고 할 수 없다. 요약데이터를 사용하는 경우에는 보넷법으로 가설검정을 할 수 없다. ■

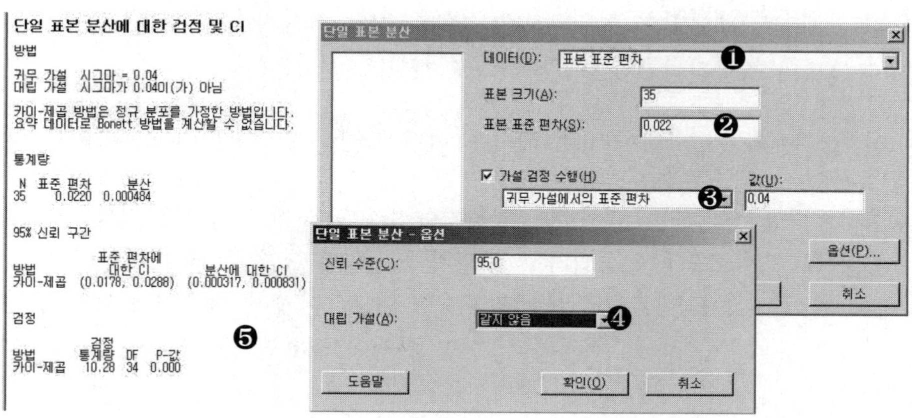

그림 6.12 모표준편차에 대한 검정 : 요약데이터

연습문제

6.1 [문제 5.8]의 데이터가 공정평균시간에 대한 가설검정을 위해 얻어졌다고 할 때 다음에 답하라.

(a) 귀무가설과 대립가설을 설정하라.

(b) $\alpha = 0.05$일 때 (a)의 검정을 위한 기각역을 정하라.

(c) 표본의 증거로부터 공정의 변화가 평균 시간을 감소시켰다고 할 수 있는지 판정하라.

6.2 [문제 5.9]의 수명 데이터에 대하여 다음에 답하라.

(a) 귀무가설과 대립가설을 설정하라.

(d) $\alpha = 0.01$일 때 (a)의 검정을 위한 기각역을 정하라.

(b) 주어진 표본통계량을 사용하여 검정을 수행하고 해석하라.

6.3 볼트 제조하는 설비는 볼트의 길이(단위 : cm)가 평균 2.5가 되도록 설정되어 있다. 길이의 평균이 2.5인지를 검정하기 위해 50개의 볼트를 추출하여 길이를 측정하였다. 50개 볼트의 길이의 평균이 2.56, 표준편차 0.10이었다.

(a) 적절한 가설을 설정하라.

(b) 유의수준을 0.01로 하여 (a)의 검정을 위한 기각역을 정하라.

(c) 볼트의 평균길이가 2.5가 아니라고 할 수 있는가?

(d) (c)의 결과가 타당하기l 위해서는 어떤 가정이 만족되어야 하는가?

6.4 플라스틱을 생산하는 A사는 현재 하루에 1,500 kg씩 생산하고 있다. 비용을 절감하는 새로운 제조공정을 도입하고 50일간 생산량을 조사한 결과 평균이 1,410 kg, 표준편차 30 kg이었다. 새로운 제조공정의 일 평균 생산량이 이전보다 적다고 할 수 있는가 유의수준 5%로 검정하라. 어떤 가정이 필요한가?

6.5 문제 6.4에서 검정의 P-값을 구하고 해석하라.

6.6 승용차의 1년 평균 주행거리(단위 : km)는 15,000으로 알려져 있으나 연간 주행거리가 감소했다는 주장이 있다. 무작위로 추출된 100대의 자동차를 대상으로 주행거리를 조사한 결과 평균이 13,500, 표준편차가 2,500이었다. 앞의 주장에 동의하는가? 적절한 절차를 사용하여 검정하라.

6.7 자동차를 생산하는 H사는 휘발유 1리터당 평균 주행거리가 18 km가 초과한다고 믿고 있다. 이를 입증하기 위한 증거를 얻기 위하여 무작위 추출된 40대의 차를 대상으로 200 km를 주행한 후 리터당 주행거리(단위 : km)를 측정하였다. 40대의 표본으로부터 리터당 주행거리의 평균은 18.8 표준편차는 2 라는 결과를 얻었다. 이 데이터가 생산자의 믿음을 입증하는데 충분한가? 유의수준 5%로 판정하라.

6.8 회로기판 생산에 사용되는 적층판(laminate)의 뒤틀림(단위 : cm)은 평균이 0.15였다. 새로운 유형의 적층판을 사용하기로 하고 40개의 적층판을 대상으로 뒤틀림을 측정한 결과 다음의 데이터를 얻었다.

0.143 0.145 0.145 0.143 0.150 0.140 0.148 0.140 0.140 0.140
0.135 0.145 0.145 0.140 0.148 0.140 0.132 0.143 0.148 0.153
0.132 0.137 0.148 0.140 0.137 0.148 0.158 0.143 0.137 0.135
0.172 0.143 0.145 0.148 0.143 0.135 0.153 0.162 0.150 0.132

새로운 적층판의 뒤틀림이 이전 것보다 작다고 할 수 있는가? 검정에 대한 P-값을 구하고 해석하라.

6.9 어떤 공정의 작업 완료기간(단위 : 일)을 측정하여 12, 14, 21, 16, 17, 18, 12, 14를 얻었다. 작업완료기간이 13.5일 보다 길다고 할 수 있는가? 유의수준 5%로 검정하라.

6.10 오일이 담긴 10개의 통을 무작위로 추출하여 함량(단위 : 리터)을 측정하였더니 11.2, 9.7, 11.1, 12.3, 9.5, 10.8, 11.9, 11.4, 10.6, 9.9이었다. 함량이 정규분포를 따른다고 할 때 오일의 평균함량이 10리터라고 할 수 있는가? P-값을 추정하고 해석하라.

6.11 못을 제조하는 설비에서 생산한 못에서 5개를 무작위 추출하여 길이(단위 : cm)를 측정하였더니 2.75, 2.76, 2.77, 2.78, 2.75였다.

(a) 유의수준 0.01로 하여 가설 $H_0 : \mu = 2.75$, $H_1 : \mu > 2.75$을 검정하라.

(b) 못의 평균 길이에 대한 99% 신뢰하한을 구하라.

(c) (b)의 결과가 (a)의 가설검정과 어떤 관계를 갖는가?

6.12 K사 구매부에서는 용제(solvent)를 100리터짜리 드럼 단위로 대량 구매한다. 수입검사를 위해 20개의 드럼을 무작위 추출하여 함량(단위 : 리터)을 측정하여 평균 98, 표준편차 1을 얻었다. 함량이 100리터에 미달한다고 할 수 있는가? 유의수준 5%로 검정하라. 필요한 모든 가정을 명시하라.

6.13 엔진 제작자는 엔진의 오염물질 방출량(단위 : ppm)이 20 미만이라는 것을 입증하기 위해 10개의 엔진을 무작위로 추출하여 오염물질 방출량을 측정했다. 오염물질 측정치의 평균이 18.5, 표준편차 3.0이라 할 때 요구사항을 충족시킨다고 할 수 있는가? 유의수준 5%로 검정하라. 오염물질 방출량은 정규분포를 따른다고 한다.

6.14 12개의 강철봉을 무작위 추출하여 연신율(elongation)을 측정햐여 41, 43, 37, 35, 37, 41, 32, 39, 38, 42, 43, 44를 얻었다. 유의수준 5%로 가설 $H_0 : \mu = 42$ 대 $H_1 : \mu \neq 42$를 검정하라.

6.15 무작위로 추출한 10개의 전자부품의 저항(단위 : 옴)을 측정하여 데이터를 얻었다. 10개 데이터의 저항기 표본에 대한 저항의 평균은 110.2이고, 표준편차는 0.32이며, 저항은 정규분포를 따른다.

(a) 가설 $H_0 : \mu = 110$ 대 $H_1 : \mu > 110$의 검정에 대한 P-값을 구하라.

(b) 유의수준을 2%로 할 때 $H_0 : \mu = 110$을 기각할 수 있는가? 설명하라.

6.16 현재 생산하고 있는 A사 이어폰의 불량률은 1%이다. 이 이어폰의 불량원인을 제거한 신형모형은 불량률이 감소될 것으로 예상하고 있다. 10,000대의 신형 이어폰을

검사한 결과 20개가 불량인 것으로 판명되었다.

(a) 신형 이어폰의 불량률이 구형 보다 작은 지의 여부를 판정하라. 단, 유의수준은 5%로 하라.

(a) (a)의 절차가 타당하다고 할 수 있는가?

6.17 불량률이 4%로 알려져 있는 제품에 대하여 250개를 무작위 추출하여 검사한 결과 3개의 불량품이 발견되었다.

(a) 불량률이 4% 미만.이라고 할 수 있는가? 유의수준 5%로 검정하라.

(a) 불량률에 대한 95% 신뢰상한을 구하고, (a)의 결과와 비교하라.

6.18 600개의 전구를 무작위로 추출하여 조사한 결과 12개의 불량 전구를 발견하였다. 전구의 불량률이 3%미만이라고 할 수 있는가? P-값을 이용하여 결론을 내려라.

6.19 [문제 5.21]에서 무작위로 추출된 180개의 제품 중에 125개가 양품이었다. 양품의 비율이 65% 이상이라고 할 수 있는가?

6.20 무작위 추출된 1000명의 직장인에 대해 두 개 이상의 직업을 갖고 있는지 여부를 조사한 결과 85명이 두 개 이상의 직업을 갖고 응답하였다. 두 개 이상의 직업을 갖고 있는 사람들의 비율이 5% 이상이라고 할 수 있는가? P-값을 이용하여 답하라.

6.21 방어용 미사일 시스템을 위해 도입된 새로운 레이더 설비에 대하여 모의실험 하였다. 300번 시행 중에서 250번 성공하였다면 새로운 시스템의 성공률이 0.80보다 크다고 할 수 있는가? 유의수준 5%로 검정하라.

6.22 어떤 베어링의 직경은 분산이 0.00156이라고 알려져 있다. 비용을 줄이기 위하여 새로운 제조공법을 개발하였다. 새로운 제조공법으로 1주일 동안 생산된 제품들 중에서 100개의 베어링을 무작위 추출하여 직경을 측정하고 분산을 계산하였더니 0.00211이었다. 새로운 공법으로 생산하면 변동성이 커진다고 할 수 있는가? 유의수준 5%로 검정하라. 어떤 가정이 필요한가?

6.23 판을 생산하는 공장에서 판의 두께의 표준편차가 1.2 mm를 상회하면 공정에 이상이 있는 것으로 간주한다. 어느 날 10개의 판을 무작위 추출하여 두께(단위 : mm)를 측정한 값이 126, 128, 126, 125, 132, 128, 127, 129, 125, 130이었다. 제조공정에 이상이 있다고 할 수 있는가? 유의수준 5%로 검정하라. 단, 두께는 정규분포를 따른다고 한다.

제7장 두 모집단의 비교

❖ **학습목표**

1. 두 모집단 비교의 의미를 알고, 필요성을 설명할 수 있다.
2. 데이터로부터 두 모평균 차에 대한 가설검정을 할 수 있다.
3. 데이터로부터 두 모분산 비에 대한 가설검정을 할 수 있다.
4. 이항 데이터로부터 두 모비율 차에 대한 가설검정을 할 수 있다.

제7장 두 모집단의 비교

이 장에서는 두 모집단을 비교하는 방법에 대해서 다룬다. 일반적으로 두 모집단의 비교는 모평균, 모분산, 모비율을 사용하며, 제100p백분위수를 포함한 다른 모수들도 비교의 대상이 될 수 있다. 두 모집단의 비교에서는 추정 보다는 가설검정이 더 의미가 있으므로 가설검정에 대해서만 다루기로 한다.

제1절에서는 두 모평균의 동일성에 대한 검정을 다루고, 제2절에서는 두 모분산의 동일성에 대한 검정을 다룬다. 제3절에서는 두 모비율의 동일성을 검정하는 방법에 대해서 다루기로 한다.

7.1 두 모평균의 비교

두 모평균의 동일성은 두 모평균의 차를 검정하는 것과 같다. 예를 들어, 구형 엔진에 비해 새로 개발한 엔진의 연비가 더 좋은지를 검정해야 하는 경우, 구형 엔진의 평균연비와 신형 엔진의 평균연비의 차가 있는지 여부를 통계적으로 검정하면 된다. 이때 구형 엔진의 연비가 한 모집단이고 신형 엔진의 연비가 두 번째 모집단이 된다.

첫 번째 모집단의 평균을 μ_1, 분산을 σ_1^2라 하고, 두 번째 모집단의 평균을 μ_2, 분산을 σ_2^2라 하자. 이때 두 모평균의 차는 $\mu_1 - \mu_2$이므로 귀무가설은 $\mathrm{H}_0 : \mu_1$

$-\mu_2=\delta_0$로 표현할 수 있고, 대립가설은 $H_1: \mu_1-\mu_2>\delta_0$, $H_1: \mu_1-\mu_2<\delta_0$, $H_1: \mu_1-\mu_2 \neq \delta_0$ 중의 한 가지이다. 예를 들어, 신형엔진의 평균연비가 구형엔진 평균연비보다 2 km 이상 좋은지 여부를 평가해야 하는 경우, 가설은 '$H_0: \mu_1-\mu_2=2$ 대 $H_0: \mu_1-\mu_2>2$'로 설정한다. 만일 신형 엔진의 연비가 구형엔진의 연비보다 더 좋은지 여부를 평가하는 경우에는 가설을 '$H_0: \mu_1-\mu_2=0$ 대 $H_0: \mu_1-\mu_2>0$'으로 설정하면 될 것이다.

두 모평균의 차이의 검정에서는 두 모집단에서 독립적으로 추출한 표본의 표본평균의 차이를 사용하는 것이 합리적이다. $\overline{X}_1$를 첫 번째 모집단에서 추출한 n_1개 표본의 표본평균, $\overline{X}_2$를 두 번째 모집단에서 추출한 n_2개 표본의 표본평균이라 할 때 두 표본평균의 차 $\overline{X}_1-\overline{X}_2$가 가설 $H_0: \mu_1-\mu_2=\delta_0$에 대한 검정통계량이 된다. 대립가설이 $H_1: \mu_1-\mu_2>\delta_0$인 경우, $\overline{X}_1-\overline{X}_2$가 δ_0 보다 충분히 크면 H_0를 기각하는 판정을 할 것이므로 기각역은 $\overline{X}_1-\overline{X}_2 \geq c$와 같이 된다. 유의수준 α를 만족하는 기각역의 임계치 c는 검정통계량 $\overline{X}_1-\overline{X}_2$의 확률분포에 의해 결정된다. $\overline{X}_1-\overline{X}_2$의 확률분포는 두 모집단의 확률분포와 표본 크기에 의해 결정된다.

7.1.1 모분산 기지 정규분포

먼저 두 모집단이 정규모집단이고, 모분산 σ_1^2, σ_2^2을 알고 있는 경우에 대해서 살펴보자. 귀무가설이 참이면 $\overline{X}_1-\overline{X}_2$의 기대값은 δ_0이고, 분산은 $\sigma_1^2/n_1+\sigma_2^2/n_2$이 된다. 또한 모집단이 정규분포를 따르므로 $\overline{X}_1-\overline{X}_2 \sim N(\delta_0, \sigma_1^2/n_1+\sigma_2^2/n_2)$이다. 이 사실을 이용하면, 대립가설이 $H_1: \mu_1-\mu_2>\delta_0$인 경우 유의수준이 α인 기각역의 임계치 c는 $P(\overline{X}_1-\overline{X}_2 \geq c|\mu_1-\mu_2=\delta_0)=\alpha$을 만족하도록 정한다.

$$
\begin{aligned}
P\left[\overline{X}_1-\overline{X}_2>c|\mu_1-\mu_2=\delta_0\right] &= P\left[\frac{(\overline{X}_1-\overline{X}_2)-\delta_0}{\sqrt{\sigma_1^2/n_1+\sigma_2^2/n_2}}>\frac{c-\delta_0}{\sqrt{\sigma_1^2/n_1+\sigma_2^2/n_2}}\right] \\
&= P\left[Z_0>\frac{c-\delta_0}{\sqrt{\sigma_1^2/n_1+\sigma_2^2/n_2}}\right]=\alpha
\end{aligned}
$$

에서 $(c-\delta_0)/\sqrt{\sigma_1^2/n_1+\sigma_2^2/n_2}=z_\alpha$라 두면 $c=\delta_0+z_\alpha\sqrt{\sigma_1^2/n_1+\sigma_2^2/n_2}$이다. 따라서 이 가설의 유의수준 α인 기각역은 $\overline{x}_1-\overline{x}_2>\delta_0+z_\alpha\sqrt{\sigma_1^2/n_1+\sigma_2^2/n_2}$이고, $z_0=[(\overline{x}_1-\overline{x}_2)-\delta_0]/\sqrt{\sigma_1^2/n_1+\sigma_2^2/n_2}$라 두면 기각역은 $z_0\geq z_\alpha$로 표현할 수 있다.

제6.2절의 단일 모집단의 모평균에 대한 검정에서와 마찬가지 방법으로 대립가설이 $H_1:\mu_1-\mu_2<\delta_0$인 경우와 $H_1:\mu_1-\mu_2\neq\delta_0$의 검정을 구하여 정리하면 다음의 두 집단 Z-검정을 얻는다.

【정리 7.1】 (두 집단 Z-검정) 첫 번째 모집단이 평균 μ_1, 분산 σ_1^2인 정규분포를 따르고, 두 번째 모집단은 평균 μ_2, 분산 σ_2^2인 정규분포를 따를 때, 두 모분산 기지인 경우, 귀무가설 $H_0:\mu_1-\mu_2=\delta_0$에 대한 검정통계값은

$$z_0=\frac{(\overline{x}_1-\overline{x}_2)-\delta_0}{\sqrt{\sigma_1^2/n_1+\sigma_2^2/n_2}} \tag{7.1}$$

이다. 여기서 $\overline{x}_1$, $\overline{x}_2$는 각각 첫 번째 모집단과 두 번째 모집단에서 추출한 n_1, n_2개 표본의 표본평균이다. 이 때 유의수준 α인 기각역은 다음과 같다.

표 7.1 두 집단 Z-검정

귀무가설(H_0)	대립가설(H_1)	기각역(유의수준 α)
$\mu_1-\mu_2=\delta_0$	$\mu_1-\mu_2>\delta_0$	$z_0\geq z_\alpha$
	$\mu_1-\mu_2<\delta_0$	$z_0\leq -z_\alpha$
	$\mu_1-\mu_2\neq\delta_0$	$\lvert z_0\rvert\geq z_{\alpha/2}$

예제 7.1

상표A와 상표B의 두 나사의 지름(단위 : cm) 평균에 차이가 있는지를 검정하려고 한다. 나사의 지름은 정규분포를 따르며, 상표A 나사의 모분산은 0.012, 상표B의 모분산은 0.012로 알려져 있다. 각 상표별로 20개의 표본을 추출하여 나사의 지름을 측정하여 상표A의 지름 평균은 0.41, 상표B의 지름 평균은 0.45로 얻었다. 두 상표의 나사의 지름 평균에 차이가 있다고 할 수 있는가? 유의수준 5%로 검정하라.

풀이

상표A와 상표B 나사 지름의 평균을 μ_A, μ_B라 하자. 데이터로 검정하고자 하는 것은 두 모평균에 차이가 있는지 여부이므로 귀무가설은 $H_0 : \mu_A - \mu_B = 0$, 대립가설은 $H_1 : \mu_A - \mu_B \neq 0$로 한다. 모집단이 정규분포이고, 모분산이 알려져 있으므로 정리 7.1의 두 집단 Z-검정을 적용한다. 식(7.1)의 검정통계값은 $\overline{x}_1 = 0.41$, $\overline{x}_2 = 0.45$, $\delta_0 = 0$, $\sigma_1^2 = \sigma_2^2 = 0.12$, $n_1 = n_2 = 20$이므로 $z_0 = [(\overline{x}_1 - \overline{x}_2) - \delta_0] / \sqrt{\sigma_1^2/n_1 + \sigma_2^2/n_2} = [(0.41 - 0.45) - 0] / \sqrt{0.12/20 + 0.12/20}$ $= -0.3652$이다. 대립가설이 $H_1 : \mu_A - \mu_B \neq 0$이므로 $|z_0| \geq z_{\alpha/2}$이다. $z_{0.05/2} = z_{0.025} = 1.96$이므로 유의수준 5%인 기각역은 $|z_0| > 1.96$이고, $|z_0| = |-0.3652|$ $= 0.3652 < 1.96$이므로 H_0를 기각할 수 없다. ■

7.1.2 모분산 미지 정규분포

모분산 미지인 경우에는 두 모분산이 동일하다고 할 수 있는 경우(등분산)와 동일하다고 할 수 없는 경우(이분산)의 가설검정에 차이가 있으므로 분리하여 다룬다.

1) 등분산인 경우

두 모집단이 정규모집단이고, 두 모분산이 $\sigma_1^2 = \sigma_2^2 = \sigma^2$으로 동일한 경우에 대해서 살펴보자. 귀무가설이 참이면 $\overline{X}_1 - \overline{X}_2$의 기대값은 δ_0이고, 분산은 $\sigma^2(1/n_1$

$+1/n_2)$이 된다. 또한 모집단이 정규분포를 따르므로 $\overline{X}_1 - \overline{X}_2 \sim N[\delta_0, \sigma^2(1/n_1 + 1/n_2)]$)이다. σ^2가지이면, $Z = [(\overline{X}_1 - \overline{X}_2) - \delta_0]/\sqrt{[\sigma^2(1/n_1 + 1/n_2)}\ \sim N(0,1)$임을 이용하여 가설검정을 구할 수 있다. 동일한 분산 σ^2이 미지인 경우에는 σ^2 대신 표본분산 S_p^2을 대입한 통계량 $T = [(\overline{X}_1 - \overline{X}_2) - \delta_0]/\sqrt{[S_p^2(1/n_1 + 1/n_2)} \sim T(n_1 + n_2 - 2)$임을 사용한다. 여기서 S_p^2은 두 모집단에서 추출한 n_1, n_2개 표본의 합동추정량(pooled estimator)

$$S_p^2 = \frac{(n_1 - 1)S_1^2 + (n_2 - 1)S_2^2}{n_1 + n_2 - 2} \tag{7.2}$$

이다. 여기서 S_1^2, S_2^2은 첫 번째 모집단과 두 번째 모집단에서 추출한 표본의 표본분산이다. 즉, $X_{11}, X_{12}, \ldots, X_{1n_1}$을 첫 번째 모집단에서 추출한 n_1개 표본, $X_{21}, X_{22}, \ldots, X_{2n_2}$를 두 번째 모집단에서 추출한 n_2개 표본이라 하면

$$S_1^2 = \frac{1}{n_1 - 1}\sum_{i=1}^{n_1}(X_{1i} - \overline{X}_1)^2,\ S_2^2 = \frac{1}{n_2 - 1}\sum_{i=1}^{n_2}(X_{2i} - \overline{X}_2)^2$$

이다.

대립가설이 $H_1 : \mu_1 - \mu_2 > \delta_0$인 경우, 유의수준이 α인 기각역의 임계치 c는 $P(\overline{X}_1 - \overline{X}_2 \geq c | \mu_1 - \mu_2 = \delta_0) = \alpha$을 만족하도록 정한다. 즉,

$$\begin{aligned} P\left[\overline{X}_1 - \overline{X}_2 > c | \mu_1 - \mu_2 = \delta_0\right] &= P\left[\frac{(\overline{X}_1 - \overline{X}_2) - \delta_0}{s_p\sqrt{1/n_1 + 1/n_2}} > \frac{c - \delta_0}{s_p\sqrt{1/n_1 + 1/n_2}}\right] \\ &= P\left[T > \frac{c - \delta_0}{s_p\sqrt{1/n_1 + 1/n_2}}\right] = \alpha \end{aligned}$$

에서 $(c - \delta_0)/(s_p\sqrt{1/n_1 + 1/n_2}) = t_{(n_1 + n_2 - 2 : \alpha)}$라 두면 $c = \delta_0 + t_{(n_1 + n_2 - 2 : \alpha)} s_p$

$\sqrt{1/n_1+1/n_2}$ 이므로 기각역은 $(\bar{x}_1-\bar{x}_2)>\delta_0+t_{(n_1+n_2-2:\alpha)}s_p\sqrt{1/n_1+1/n_2}$ 이다. $t_0=[(\bar{x}_1-\bar{x}_2)-\delta_0]/[s_p\sqrt{1/n_1+1/n_2}]$ 라 두면 기각역은 $t_0 \geq t_{(n_1+n_2-2:\alpha)}$ 이 된다.

앞 절에서와 마찬가지 방법으로 대립가설이 $H_1:\mu_1-\mu_2<\delta_0$ 인 경우와 $H_1:\mu_1-\mu_2\neq\delta_0$ 의 검정을 구하여 정리하면 다음의 두 집단 등분산 T-검정을 얻는다.

【정리 7.2】 (두 집단 등분산 T-검정) 첫 번째 모집단이 평균 μ_1, 분산 σ_1^2 인 정규분포를 따르고, 두 번째 모집단은 평균 μ_2, 분산 σ_2^2 인 정규분포를 따를 때, 두 모분산이 $\sigma_1^2=\sigma_2^2=\sigma^2$ 으로 동일하고 미지인 경우, 귀무가설 $H_0:\mu_1-\mu_2=\delta_0$ 에 대한 검정통계값은

$$t_0=\frac{(\bar{x}_1-\bar{x}_2)-\delta_0}{s_p\sqrt{1/n_1+1/n_2}} \tag{7.3}$$

이다. 여기서 $\bar{x}_1$, $\bar{x}_2$ 는 각각 첫 번째 모집단과 두 번째 모집단에서 추출한 n_1, n_2 개 표본의 표본평균이며, s_p^2 은 식(7.2)의 값이다. 이 때 유의수준 α 인 기각역은 다음과 같다.

표 7.2 두 집단 등분산 T-검정

귀무가설(H_0)	대립가설(H_1)	기각역(유의수준 α)
$\mu_1-\mu_2=\delta_0$	$\mu_1-\mu_2>\delta_0$	$t_0 \geq t_{(n_1+n_2-2:\alpha)}$
	$\mu_1-\mu_2<\delta_0$	$t_0 \leq -t_{(n_1+n_2-2:\alpha)}$
	$\mu_1-\mu_2\neq\delta_0$	$\lvert t_0\rvert \geq t_{(n_1+n_2-2:\alpha/2)}$

예제 7.2

어떤 제품의 제조공법에 따른 압축강도에 차이가 있는지를 검정하기 위하여 실험을 수행하였다. 표 7.3은 공법A와 공법B로 제조한 제품의 압축강도를 측정한 데이터이다. 압축강도는 정규분포를 따르는 것으로 알려져 있다. 압축강도의 분산이 동일하다고 할 때 평균 압축강도에 차이가 있는지를 유의수준 5%에서 검정하여라.

표 7.3 압축강도 데이터

제조공법	데이터
A	54.5 53.6 54.6 54.7 54.7 53.8 54.9 55.1 55.0 55.6
B	54.0 54.5 54.7 52.4 55.7 56.3 55.3 56.6 57.3

풀이

μ_1, μ_2를 공법 A와 공법 B로 제조한 제품의 압축강도 평균이라 하자. 압축강도 평균에 차이가 있는지를 검정하는 것이므로 귀무가설은 $H_0 : \mu_1 - \mu_2 = 0$이고, 대립가설은 $H_1 : \mu_1 - \mu_2 \neq 0$이다. 모집단이 정규분포이고, 등분산이므로 정리 7.2의 두 집단 등분산 T-검정을 적용한다. $\overline{x}_1 = 54.65$, $\overline{x}_2 = 55.20$이고, $s_1^2 = 0.349$, $s_2^2 = 2.232$, $n_1 = 10$, $n_2 = 9$이므로 합동표본분산은 $s_p^2 = [(n_1 - 1)s_1^2 + (n_2 - 1)s_2^2] / (n_1 + n_2 - 2) = [(10-1)(0.349) + (9-1)(2.232)] / (10+9-2) = 1.235$이다. 식 (7.3)의 검정통계값은 $t_0 = (\overline{x}_1 - \overline{x}_2) / (s_p\sqrt{1/n_1 + 1/n_2}) = (54.65 - 55.20) / (1.111\sqrt{1/10 + 1/9}) = -1.077$이다. 대립가설이 $H_1 : \mu_1 - \mu_2 \neq 0$이므로 기각역은 $|t_0| \geq t_{(n_1 + n_2 - 2 : \alpha/2)}$에서 $t_{(10+9-2:0.025)} = t_{(17:0.025)} = 2.11$이므로 기각역은 $|t_0| \geq 2.11$이다. $|t_0| = 1.077 < 2.11$이므로 H_0를 기각할 수 없다. 즉, 압축강도에 차이가 있다고 할 수 없다. ■

2) 이분산인 경우

두 모집단이 정규모집단이고, 두 모분산이 $\sigma_1^2 \neq \sigma_2^2$으로 이분산인 경우, 귀무가설이 참이면 $\overline{X}_1 - \overline{X}_2$의 기대값은 δ_0이고, 분산은 $\sigma_1^2/n_1 + \sigma_2^2/n_2$이다. 또한 모집단이 정규분포를 따르므로 $\overline{X}_1 - \overline{X}_2 \sim N[\delta_0, \sigma_1^2/n_1 + \sigma_2^2/n_2)$이다. σ_1^2, σ_2^2기지이면, $Z = [(\overline{X}_1 - \overline{X}_2) - \delta_0] / \sqrt{\sigma_1^2/n_1 + \sigma_2^2/n_2} \sim N(0,1)$임을 이용하여 가설검정을 구할 수 있다. σ_1^2, σ_2^2 미지인 경우에는 표본분산 s_1^2, s_2^2을 대입한 통계량 $T = [(\overline{X}_1 - \overline{X}_2) - \delta_0] / \sqrt{s_1^2/n_1 + s_2^2/n_2} \sim T(\phi)$임을 사용한다. 여기서 ϕ은 등가자유도로

$$\phi = \frac{\left(\dfrac{s_1^2}{n_1} + \dfrac{s_2^2}{n_2}\right)^2}{\dfrac{(s_1^2/n_1)^2}{n_1 - 1} + \dfrac{(s_2^2/n_2)^2}{n_2 - 1}} \tag{7.4}$$

이다.

대립가설이 $H_1 : \mu_1 - \mu_2 > \delta_0$인 경우, 유의수준이 α인 기각역의 임계치 c는 $P[\overline{X}_1 - \overline{X}_2 \geq c | \mu_1 - \mu_2 = \delta_0] = \alpha$을 만족하도록 정한다. 즉,

$$\begin{aligned} P\left[\overline{X}_1 - \overline{X}_2 > c | \mu_1 - \mu_2 = \delta_0\right] &= P\left[\frac{(\overline{X}_1 - \overline{X}_2) - \delta_0}{\sqrt{s_1^2/n_1 + s_2^2/n_2}} > \frac{c - \delta_0}{\sqrt{s_1^2/n_1 + s_2^2/n_2}}\right] \\ &= P\left[T > \frac{c - \delta_0}{\sqrt{s_1^2/n_1 + s_2^2/n_2}}\right] = \alpha \end{aligned}$$

에서 $(c - \delta_0)/\sqrt{s_1^2/n_1 + s_2^2/n_2} = t_{(\phi : \alpha)}$라 두면 $c = \delta_0 + t_{(\phi : \alpha)}\sqrt{s_1^2/n_1 + s_2^2/n_2}$이므로 기각역은 $(\overline{x}_1 - \overline{x}_2) > \delta_0 + t_{(\phi, \alpha)}\sqrt{s_1^2/n_1 + s_2^2/n_2}$이다. $t_0 = [(\overline{x}_1 - \overline{x}_2) - \delta_0] / \sqrt{s_1^2/n_1 + s_2^2/n_2}$라 두면 기각역은 $t_0 \geq t_{(\phi : \alpha)}$이 된다. 앞 절에서와 마찬가지 방법으로 대립가설이 $H_1 : \mu_1 - \mu_2 < \delta_0$인 경우와 $H_1 : \mu_1 - \mu_2 \neq \delta_0$의 검정을 구하여 정리하면 다음의 두 집단 이분산 T-검정을 얻는다.

【정리 7.3】(두 집단 이분산 T-검정) 첫 번째 모집단이 평균 μ_1, 분산 σ_1^2인 정규분포를 따르고, 두 번째 모집단은 평균 μ_2, 분산 σ_2^2인 정규분포를 따를 때, 두 모분산이 $\sigma_1^2 \neq \sigma_2^2$이고 미지인 경우, 귀무가설 $H_0 : \mu_1 - \mu_2 = \delta_0$에 대한 검정 통계값은

$$t_0 = \frac{(\overline{x}_1 - \overline{x}_2) - \delta_0}{\sqrt{s_1^2/n_1 + s_2^2/n_2}} \tag{7.5}$$

이다. 여기서 $\overline{x}_1$, $\overline{x}_2$는 각각 첫 번째 모집단과 두 번째 모집단에서 추출한 n_1,

n_2개 표본의 표본평균이며, s_1^2과 s_2^2은 첫 번째 모집단과 두 번째 모집단에서 추출한 표본의 표본분산이다. ϕ를 식(7.4)의 자유도라 할 때, 유의수준 α인 기각역은 다음과 같다.

표 7.4 두 집단 이분산 T-검정

귀무가설(H_0)	대립가설(H_1)	기각역(유의수준 α)
$\mu_1 - \mu_2 = \delta_0$	$\mu_1 - \mu_2 > \delta_0$	$t_0 \geq t_{(\phi : \alpha)}$
	$\mu_1 - \mu_2 < \delta_0$	$t_0 \leq - t_{(\phi : \alpha)}$
	$\mu_1 - \mu_2 \neq \delta_0$	$\lvert t_0 \rvert \geq t_{(\phi : \alpha/2)}$

예제 7.3

두 유형의 구조강의 평균 인장강도(단위 : 1000psi)를 비교하기 위한 실험을 하였다. 과거 자료에 의하면 두 구조강의 인장강도는 근사적 정규분포를 따르고, 모분산은 다른 것으로 알려져 있다. 첫 번째 유형의 철근에서 추출한 16개 표본의 평균은 74.6, 표준편차 3.5이고, 두 번째 유형의 철근에서 추출한 13개 표본의 평균은 70.2, 표준편차 9.2이다. 두 유형의 철근의 인장강도 평균에 차이가 있는지 유의수준 5%로 검정하라.

풀이

인장강도 평균에 차이가 있는지를 검정하는 것이므로 귀무가설은 $H_0 : \mu_1 - \mu_2 = 0$이고, 대립가설은 $H_1 : \mu_1 - \mu_2 \neq 0$이다. 두 모집단이 정규분포이고, 모분산이 동일하지 않으므로 정리 7.3의 두 집단 이분산 T-검정을 적용한다. $\overline{x}_1 = 74.6$, $\overline{x}_2 = 70.2$이고, $s_1 = 3.2$, $s_2 = 9.2$, $n_1 = 16$, $n_2 = 13$이므로 등가자유도는 $\phi = 14$이다. 식(7.5)의 검정통계값은 $t_0 = (\overline{x}_1 - \overline{x}_2)/\sqrt{s_1^2/n_1 + s_2^2/n_2} = (74.6 - 70.2)/\sqrt{3.2^2/16 + 9.2^2/13} = 1.65$이다. 대립가설이 $H_1 : \mu_1 - \mu_2 \neq 0$이므로 기각역은 $\lvert t_0 \rvert \geq t_{(\phi : \alpha/2)}$에서 $t_{(14 : 0.025)} = t_{(14 : 0.025)} = 2.145$이므로 기각역은 $\lvert t_0 \rvert \geq 2.145$이다. $\lvert t_0 \rvert = 1.65 < 2.145$이므로 H_0를 기각할 수 없다. 즉, 압축강도에 차이가 있다고 할 수 없다. ■

7.1.3 대표본인 경우

두 모집단이 정규모집단이고, 두 모분산이 σ_1^2, σ_2^2일 때 귀무가설 $H_0 : \mu_1 - \mu_2 = \delta_0$가 참이면 $\overline{X}_1 - \overline{X}_2$의 기대값은 δ_0이고, 분산은 $\sigma_1^2/n_1 + \sigma_2^2/n_2$이다. 또한 모집단이 정규분포를 따르므로 $\overline{X}_1 - \overline{X}_2 \sim N[\delta_0, \sigma_1^2/n_1 + \sigma_2^2/n_2)$이다.

σ_1^2, σ_2^2미지인 경우에 표본 크기 n_1, n_2이 충분히 크면($n_1 \geq 30$, $n_2 \geq 30$), 표본분산 s_1^2, s_2^2을 대입한 통계량 $Z = [(\overline{X}_1 - \overline{X}_2) - \delta_0]/\sqrt{s_1^2/n_1 + s_2^2/n_2} \sim N(0,1)$임을 사용하여 가설검정을 구할 수 있다. 앞 절에서와 동일한 방법으로 대립가설의 각 경우에 대한 검정을 구하여 정리하면 다음의 두 집단 Z-검정을 얻는다.

【정리 7.4】 (두 집단 대표본 Z-검정) 첫 번째 모집단이 평균 μ_1, 분산 σ_1^2인 정규분포를 따르고, 두 번째 모집단은 평균 μ_2, 분산 σ_2^2인 정규분포를 따를 때, 두 모분산이 σ_1^2, σ_2^2이고 미지인 경우, 표본 크기 n_1, n_2가 충분히 크면, 귀무가설 $H_0 : \mu_1 - \mu_2 = \delta_0$에 대한 검정통계값은

$$z_0 = \frac{(\overline{x}_1 - \overline{x}_2) - \delta_0}{\sqrt{s_1^2/n_1 + s_2^2/n_2}} \tag{7.6}$$

이다. 여기서 $\overline{x}_1$, $\overline{x}_2$는 각각 첫 번째 모집단과 두 번째 모집단에서 추출한 n_1, n_2개 표본의 표본평균이며, s_1^2과 s_2^2은 첫 번째 모집단과 두 번째 모집단에서 추출한 표본의 표본분산이다. 이때 유의수준 α인 기각역은 다음과 같다.

표 7.5 두 집단 대표본 Z-검정

귀무가설(H_0)	대립가설(H_1)	기각역(유의수준 α)
$\mu_1 - \mu_2 = \delta_0$	$\mu_1 - \mu_2 > \delta_0$	$z_0 \geq z_\alpha$
	$\mu_1 - \mu_2 < \delta_0$	$z_0 \leq -z_\alpha$
	$\mu_1 - \mu_2 \neq \delta_0$	$\lvert z_0 \rvert \geq z_{\alpha/2}$

예제 7.4

다음은 휴대폰에 사용되는 A, B 유형의 배터리의 지속시간을 비교한 것이다. 두 유형의 배터리 30개를 임의로 추출하여 동일한 휴대폰에 장착하여 재충전이 필요할 때까지의 시간을 측정하였다. 신형인 유형 B 배터리의 지속시간의 평균이 더 길다고 할 수 있는가? 유의수준 5%로 검정하라.

표 7.6 배터리의 지속시간 데이터

배터리 유형	지속시간(단위 : 분)									
A	65.5	82.0	78.2	79.9	52.5	67.7	75.5	80.7	97.9	81.5
	51.5	85.8	83.3	86.4	87.8	75.9	92.2	115.6	94.3	101.4
	93.1	83.8	82.9	69.7	79.5	76.2	81.5	88.6	79.2	83.1
B	89.3	114.5	90.8	106.4	92.3	102.2	80.4	57.5	93.8	98.5
	93.3	82.8	73.5	94.2	88.6	96.6	96.2	85.3	96.6	96.9
	97.5	83.5	123.5	85.3	52.1	86.6	91.9	99.1	89.6	93.5

풀이

유형 A와 유형 B 배터리의 지속시간 평균을 각각 μ_1, μ_2라 하자. 유형 B 배터리의 지속시간 평균이 더 긴지 여부를 검정하는 것이므로 귀무가설은 $H_0 : \mu_1 - \mu_2 = 0$이고, 대립가설은 $H_1 : \mu_1 - \mu_2 < 0$이다. 두 모집단의 분포는 알 수 없으나 표본 크기가 $n_1 = n_2 = 30$으로 충분히 크므로 정리 7.5의 두 집단 대표본 Z-검정을 적용한다. $\overline{x}_1 = 81.8$, $\overline{x}_2 = 91.1$이고, $s_1 = 12.7$, $s_2 = 13.6$, $n_1 = n_2 = 30$, $n_2 = 13$이므로 식(7.6)의 검정통계값은 $z_0 = (\overline{x}_1 - \overline{x}_2)/\sqrt{s_1^2/n_1 + s_2^2/n_2} = (81.8 - 91.1)/\sqrt{12.7^2/30 + 13.6^2/30} = -2.75$이다. 대립가설이 $H_1 : \mu_1 - \mu_2 < 0$이므로 기각역은 $z_0 \le -z_{0.95} = -1.645$이고, $z_0 = -2.75 < -1.645$이므로 H_0를 기각한다. 즉, 유형 B 배터리의 지속시간 평균이 유형 A 보다 더 길다고 할 수 없다. ■

7.1.4 짝진 모집단의 경우

두 모집단의 평균을 비교할 때 비교 대상의 쌍들을 짝으로 조사하고, 쌍내에서의 차를 이용하여 모평균의 차에 대한 검정을 수행하는 것이 타당한 경우가 있다. 예를 들어, 두 종류의 진통제의 효과를 비교할 때, 진통제의 효과는 실험 대상의 특성에 따라 다를 수 있으므로 앞의 분석법을 적용하는 것이 타당하지 않을 수 있다. 이런 경우에 동일한 실험 참여자를 대상으로 두 진통제를 복용하도록 하고 그 차이를 표본으로 하여 효과를 비교할 수 있다. 이와 같이 두 확률변수의 쌍으로 구성된 모집단을 짝진 모집단이라 한다.

짝진 모집단에서 첫 번째 모집단의 평균을 μ_1, 두 번째 모집단 평균을 μ_2라 하고, 두 집단의 평균차를 $\mu_D = \mu_1 - \mu_2$라 두고, 평균의 차 μ_D에 관심이 있다고 하자. 이때 귀무가설 $H_0 : \mu_D = \delta_0$에 대한 검정에서는 짝진 두 표본의 짝 (X_{1i}, X_{2i})으로부터 확률변수의 차

$$D_i = X_{1i} - X_{2i}, \ \ i = 1, 2, \ldots, n \tag{7.7}$$

를 이용한다. 이때 D_i는 주어진 변수의 변화량만을 나타내는 변수가 된다. 또한 첫 번째 모집단과 두 번째 모집단이 모두 정규분포이면, D_i도 정규모집단에서 추출한 확률표본이라 할 수 있다.

D_i의 표본평균과 표본분산을 $\overline{D}$, S_D^2 라 두면, 귀무가설이 참일 때 $\overline{D}$는 평균 δ_0, 표준편차 $\sigma_D / \sqrt{n}$ 인 정규분포를 따른다. σ_D는 미지이므로 D_i의 표본표준편차 s_D를 사용하면 귀무가설 하에서

$$\frac{\overline{D} - \delta_0}{s_D / \sqrt{n}} \sim T(n-1) \tag{7.8}$$

이다.

대립가설 $H_1 : \mu_D > \delta_0$인 경우, 유의수준이 α인 기각역의 임계치 c는 $P(\overline{D} \geq c | \mu_D = \delta_0) = \alpha$을 만족하도록 정한다. 즉,

$$P\{\overline{D} > c|\mu_D = \delta_0\} = P\left\{\frac{\overline{D} - \delta_0}{s_D / \sqrt{n}} > \frac{c - \delta_0}{s_D / \sqrt{n}}\right\} = P\left\{T > \frac{c - \delta_0}{s_D \sqrt{n}}\right\} = \alpha$$

에서 $(c - \delta_0)/(s_D \sqrt{n}) = t_{(n-1:\alpha)}$라 두면 $c = \delta_0 + t_{(n-1:\alpha)} s_D / \sqrt{n}$이므로 기각역은 $\bar{d} = \delta_0 + t_{(n-1:\alpha)} s_D / \sqrt{n}$이다. $t_0 = (\bar{d} - \delta_0)/(s_D / \sqrt{n})$라 두면 기각역은 $t_0 \geq t_{(n-1:\alpha)}$이 된다.

앞 절에서와 마찬가지 방법으로 대립가설이 $H_1 : \mu_D < \delta_0$인 경우와 $H_1 : \mu_D \neq \delta_0$의 검정을 구하여 정리하면 다음의 짝진 두 집단 T-검정을 얻는다.

【정리 7.5】 (짝진 두 집단 T-검정) $(x_{11}, x_{21}), (x_{12}, x_{22}), \ldots, (x_{1n}, x_{2n})$을 크기 n의 짝진 표본이라 하고, 첫 번째 모집단의 모평균을 μ_1, 두 번째 모집단의 모평균을 μ_2라 할 때, 두 모평균 차 μ_D에 대한 가설 $H_0 : \mu_D = \delta_0$에 대한 검정통계값은

$$t_0 = \frac{\bar{d} - \delta_0}{s_D / \sqrt{n}} \tag{7.9}$$

이다. 여기서 $\bar{d}$와 s_D는 각각 $d_i = x_{1i} - x_{2i}$, $i = 1, 2, \ldots, n$의 평균과 표준편차이다. 이때 유의수준 α인 기각역은 다음과 같다.

표 7.7 짝진 두 집단 T-검정

귀무가설(H_0)	대립가설(H_1)	기각역(유의수준 α)
$\mu_D = \delta_0$	$\mu_D > \delta_0$	$t_0 \geq t_{(n-1:\alpha)}$
	$\mu_D < \delta_0$	$t_0 \leq -t_{(n-1:\alpha)}$
	$\mu_D \neq \delta_0$	$\lvert t_0 \rvert \geq t_{(n-1:\alpha/2)}$

예제 7.5

자동차의 연비(단위 : km/L)를 연구하는 팀에서 보통의 휘발유와 고옥탄가의 고급 휘발유의 연비를 조사하였다. 표 7.8은 10대의 승용차를 임의로 선정하고, 보통휘발유를 주유한 경우와 고급휘발유를 주유한 경우의 연비를 측정한 결과이다. 고급 휘발유의 연비가 더 길다고 할 수 있는가? 유의수준 5%로 검정하라.

표 7.8 자동차의 연비 데이터

휘발유 종류	자동차									
	1	2	3	4	5	6	7	8	9	10
고급휘발유(A)	12.8	13.6	14.6	17.0	20.4	15.9	13.0	15.1	17.0	13.3
보통휘발유(B)	12.0	14.1	13.6	16.7	19.1	15.4	13.0	16.5	16.2	14.3

풀이

휘발유의 종류에 따른 연비의 차이를 확인하기 위해 동일한 차량에 두 종류의 휘발유를 주유하고 시험하였으므로 짝진 모집단의 평균 검정을 적용한다. 고급휘발유와 보통휘발유에 따른 연비 차를 $D = X_A - X_B$라 하자. D의 평균을 μ_D라 하면, 귀무가설은 $H_0 : \mu_D = 0$이고, 대립가설은 $H_1 : \mu_D > 0$이다. 각 자동차별 연비 차를 계산하면 표 7.9와 같다.

표 7.9 자동차의 연비 차

휘발유 종류	자동차									
	1	2	3	4	5	6	7	8	9	10
연비차 $(X_A - X_B)$	0.8	-0.5	1.1	0.3	1.3	0.5	0.0	-1.3	0.8	-1.1

표 7.9의 연비 차에 대해서 평균과 표준편차를 구하면 $\bar{d} = 0.2$, $s_D = 0.9$이므로 식(7.9)의 검정통계값은 $t_0 = \sqrt{n}(\bar{d} - \delta_0)/s_D = \sqrt{10}(0.2 - 0)/0.9 = 0.703$이다. 대립가설이 $H_1 : \mu_D > 0$이므로 기각역은 $t_0 \geq t_{(n-1:0.05)} = t_{(9:0.05)} = 1.833$ 이고, $t_0 = 0.703 < 1.833$이므로 H_0를 기각할 수 없다. 즉, 고급휘발유의 연비가 보통휘발유 보다 길다고 할 수 없다. ■

7.2 두 모분산의 비교

분산은 모집단의 변동성을 나타내는 측도로써 분산이 작을수록 변동성이 작다. 분산은 또한 제조공정의 공정능력[5]을 나타내는 중요한 측도이다. 공정능력의 향상을 위해서 새로운 공정관리 방법을 도입하고, 유효성을 평가하기 위해서는 제품의 주요 특성치의 분산이 감소하였는지를 비교한다. 또한 7.1절의 모평균 차의 검정에서와 같이 두 모분산이 동일한가 여부에 따라 가설검정에 사용하는 검정통계량이 다르므로 두 모분산이 동일한지 여부를 통계적으로 검정해야 한다. 두 모분산의 동일성 검정을 위해서는 소위 F-분포를 사용해야 한다.

7.2.1 F-분포

F-분포는 카이제곱분포를 따르는 두 확률변수의 비에서 유도된 확률분포이다. U를 자유도 ϕ_1인 카이제곱분포를 따르는 확률변수라 하고, V를 자유도 ϕ_2인 카이제곱분포를 따르는 확률변수라 할 때

$$F = \frac{U/\phi_1}{V/\phi_2} \tag{7.10}$$

는 자유도 ϕ_1, ϕ_2인 F-분포를 한다. 이때 ϕ_1을 분자의 자유도, ϕ_2를 분모의 자유도라 하고, $F \sim F(\phi_1, \phi_2)$로 나타기로 한다.

F-분포의 확률밀도함수는 수식이 복잡하며, 자유도 ϕ_1, ϕ_2의 값에 따라 다양한 형태를 가진다. 그림 7.1은 자유도 ϕ_1, ϕ_2의 몇 가지 값에 대해서 확률밀도함수의 그래프를 나타낸 것이다.

F-분포표는 주어진 꼬리확률 α에 대응하는 분위수의 값 $F_{(\phi_1, \phi_2 : \alpha)}$을 나타낸 표이다. 예를 들어, $F_{(10, 9 : 0.05)}$는 확률변수 F가 분자자유도 $\phi_1 = 10$, 분모자유도 $\phi_2 = 9$인 F-분포일 때 분포의 오른쪽 꼬리부분의 확률이 0.05가 되는 확률변수 F의 값이 된다(그림 7.2). 부록의 표 B.5에서 분자자유도 $\phi_1 = 10$, 분모자유도 $\phi_2 = 9$가 만나는 칸에서 $\alpha = 0.05$인 값을 읽으면 $F_{(10, 9 : 0.05)} = 3.14$이다.

---

5) 공정능력(process capability) : 제조공정이 규격을 만족 시킬 수 있는 능력. 보통 규격 폭 대비 6σ로 계산하는 공정능력지수로 나타냄(단, σ로 공정표준편차).

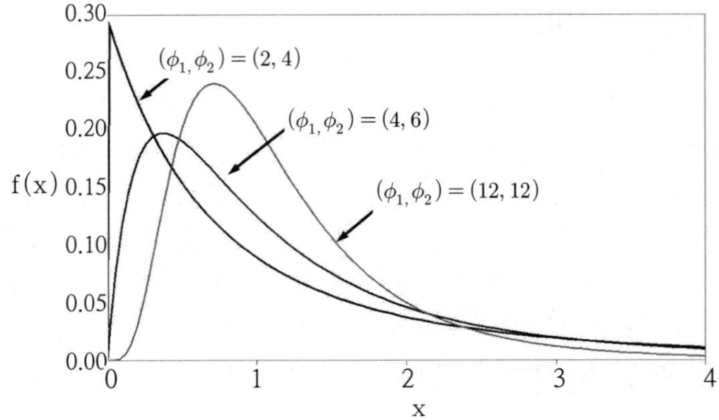

그림 7.1 F-분포의 여러 가지 모양

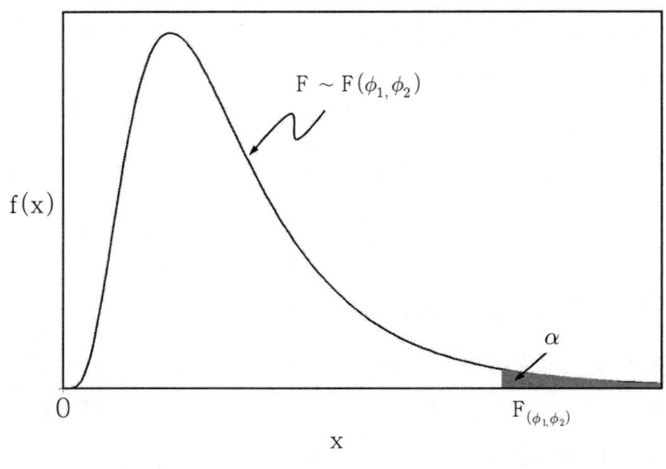

그림 7.2 F-분포표값 $F_{(\phi_1, \phi_2 : \alpha)}$

식(7.10)이 카이제곱분포를 따르는 두 확률변수의 비이므로 역수 $1/F$도 F-분포를 따른다. 즉, $F \sim F(\phi_1, \phi_2)$이면, $1/F \sim F(\phi_2, \phi_1)$이 된다. 이 사실을 이용하면

$$F_{(\phi_1, \phi_2 : 1-\alpha)} = \frac{1}{F_{(\phi_2, \phi_1 : \alpha)}} \tag{7.12}$$

가 됨을 보일 수 있다. 예를 들어, $F_{(10,9:0.95)}$는 $F_{(10,9:0.95)} = 1/F_{(9,10:0.05)} = 1/3.02 = 0.33$로 구할 수 있다.

예제 7.6

F-분포표에서 $F_{(12,20:0.05)}$, $F_{(12,20:0.95)}$, $F_{(15,24:0.025)}$, $F_{(15,24:0.0975)}$를 찾아라.

풀이

부록 B.5 F-분포표에서에서 값을 찾으면 $F_{(12,20:0.05)} = 2.28$이다. 식(7.12)를 이용하면 $F_{(12,20:0.95)} = 1/F_{(20,12:0.05)} = 1/2.54 = 0.394$이 된다. 마찬가지 방법으로 F-분포표에서 값을 찾으면 $F_{(15,24:0.025)} = 2.44$, $F_{(15,24:0.0975)} = 1/F_{(24,15:0.025)} = 1/2.70 = 0.370$이 된다. ■

7.2.2 두 모분산비의 검정

두 모분산의 비교에서는 모분산의 비를 사용한다. 첫 번째 모집단을 평균 μ_1, 분산 σ_1^2인 정규모집단이라 하고, 두 번째 모집단을 평균 μ_2, 분산 σ_2^2인 정규모집단이라 하자. 이때 모분산의 비 $\sigma_1^2/\sigma_2^2 = 1$이면, 두 모분산이 동일한 것으로 판정하고, 1보다 충분히 크거나 0에 가까우면 동일하지 않는 것으로 판정하면 될 것이다.

S_1^2, S_2^2를 첫 번째 모집단과 두 번째 모집단에서 추출한 n_1, n_2개 표본의 표본분산이라 하면, 분산비 σ_1^2/σ_2^2는 표본분산의 비 S_1^2/S_2^2로 추정하는 것이 합리적일 것이다. 모분산 비에 대한 가설검정은 표본분산의 비 F의 확률분포가

$$F = \frac{S_1^2/\sigma_1^2}{S_2^2/\sigma_2^2} = \left(\frac{S_1^2}{S_2^2}\right)\left(\frac{\sigma_1^2}{\sigma_2^2}\right) \sim F(n_1 - 1, n_2 - 1) \tag{7.13}$$

임을 이용하여 구한다.

귀무가설 $H_0 : \sigma_1^2/\sigma_2^2 = 1$에서 식(7.13)의 F는 $F = S_1^2/S_2^2$가 되므로 대립가설이

$H_1 : \sigma_1^2/\sigma_2^2 > 1$인 경우, $F = S_1^2/S_2^2$가 충분히 크면 H_0를 기각하는 판정을 할 것이다. 귀무가설 H_0가 참이면 $F = S_1^2/S_2^2 \sim F(n_1-1, n_2-1)$이므로 유의수준이 α인 기각역의 임계치 c는 $P[S_1^2/S_2^2 \geq c] = P[F > c] = \alpha$를 만족하도록 정하면 된다. $F = S_1^2/S_2^2 \sim F(n_1-1, n_2-1)$임을 이용하면 $c = F_{(n_1-1, n_2-1 : \alpha)}$이다. 여기서 $F_{(\phi_1, \phi_2 : \alpha)}$는 분자자유도 ϕ_1, 분모자유도 ϕ_2인 F-분포의 오른쪽 꼬리확률이 α가 되는 값이다.

앞에서와 마찬가지 방법으로 대립가설이 $H_1 : \sigma_1^2/\sigma_2^2 < 1$인 경우와 $H_1 : \sigma_1^2/\sigma_2^2 \neq 1$의 검정을 구하여 정리하면 다음의 분산비 F-검정을 얻는다.

【정리 7.6】 (분산비 F-검정) 첫 번째 모집단이 평균 μ_1, 분산 σ_1^2인 정규분포를 따르고, 두 번째 모집단은 평균 μ_2, 분산 σ_2^2인 정규분포를 따를 때, 두 분산의 비에 대한 귀무가설 $H_0 : \sigma_1^2/\sigma_2^2 = 1$에 대한 검정통계값은

$$F_0 = \frac{s_1^2}{s_2^2} \tag{7.14}$$

이다. 여기서 s_1^2는 첫 번째 모집단에서 추출한 n_1개 표본의 표본분산, s_2^2는 두 번째 모집단에서 추출한 n_2개 표본의 표본분산이다. 이때 유의수준 α인 기각역은 다음과 같다.

표 7.10 분산비 F-검정

귀무가설(H_0)	대립가설(H_1)	기각역(유의수준 α)
$\sigma_1^2/\sigma_2^2 = 1$	$\sigma_1^2/\sigma_2^2 > 1$	$F_0 \geq F_{(n_1-1, n_2-1 : \alpha)}$
	$\sigma_1^2/\sigma_2^2 < 1$	$F_0 \leq F_{(n_1-1, n_2-1 : 1-\alpha)}$
	$\sigma_1^2/\sigma_2^2 \neq 1$	$F_0 \geq F_{(n_1-1, n_2-1 : \alpha/2)}$ 또는 $F_0 \leq 1/F_{(n_2-1, n_1-1 : \alpha/2)}$

모집단이 정규분포를 따르지 않는 경우에는 소위 '레비검정'을 사용할 수 있다 레비검정의 이론적 배경은 8장 2절을 참고하기 바란다.

예제 7.7

경험이 많은 작업자와 경험이 적은 작업자의 업무완료시간의 분산이 동일한지 여부를 검정하기 위해 실험을 수행하였다. 경험이 적은 작업자는 16회, 경험 많은 작업자는 10회 실시하여 업무완료시간을 측정한 결과, 경험이 적은 작업자의 표본표준편차는 1.93, 경험이 많은 작업자의 표본표준편차는 1.01으로 계산되었다. 경험 많은 작업자의 분산이 더 작다고 할 수 있는가? 유의수준 5%로 검정하라. 단, 작업자들의 업무완료시간은 정규분포를 따른다고 가정하라.

풀이

경험 적은 작업자의 분산을 σ_1^2, 경험 많은 작업자의 분산을 σ_2^2이라 하면 귀무가설은 $H_0 : \sigma_1^2/\sigma_2^2 = 1$이고, 대립가설은 $H_1 : \sigma_1^2/\sigma_2^2 > 1$이다. 작업자들의 업무완료시간이 정규분포를 따른다고 가정하면 정리 7.6의 분산비 F-검정을 적용할 수 있다. 표본 크기가 $n_1 = 16$, $n_2 = 10$이고, $s_1 = 1.93$, $s_2 = 1.01$이므로 식(7.14)의 검정통계값은 $F_0 = s_1^2/s_2^2 = 1.93^2/1.01^2 = 3.6515$이다. 대립가설이 $H_1 : \sigma_1^2/\sigma_2^2 > 1$이므로 기각역은 $F_0 \geq F_{(16-1,10-1:0.05)} = 3.01$이고, $F_0 = 3.6515 > 3.01$이므로 H_0를 기각한다. 즉, 경험 적은 작업자의 업무완료시간의 분산이 더 크다고 할 수 없다. ■

7.3 두 모비율의 비교

두 모비율의 비교에서는 모비율의 차를 검정의 대상으로 한다. 두 모비율의 비교는 두 납품업체에서 납품하는 제품의 불량률의 차이가 있는지, '결혼을 꼭 해야 한다'고 생각하는 사람의 비율에 남학생과 여학생 집단의 차가 있는지 등의 평가에서 활용된다.

X_1을 모비율이 θ_1인 모집단에서 추출한 n_1개 표본에 포함된 특정 속성을 가진 개체의 수, X_2를 모비율이 θ_2인 모집단에서 추출한 n_2개 표본에 포함된 특정 속성을 가진 개체의 수라 하면, 두 집단의 표본비율은 각각 X_1/n_1, X_2/n_2이다.

표본 크기가 충분히 큰 경우에는 중심극한정리를 적용하여 가설검정을 구한다. n_1, n_2가 충분히 크면, $X_1/n_1 \dot{\to} N(\theta_1, \theta_1(1-\theta_1)/n_1)$, $X_2/n_2 \dot{\to} N(\theta_2, \theta_2(1-\theta_2)/n_2)$이므로 $X_1/n_1 - X_2/n_2 \dot{\to} N(\theta_1-\theta_2, \theta_1(1-\theta_1)/n_1 + \theta_2(1-\theta_2)/n_2)$이다.

귀무가설 $H_0: \theta_1 - \theta_2 = 0$에 대해서 귀무가설이 참이면, 표본비율의 차 $X_1/n_1 - X_2/n_2$는 $\theta_1 = \theta_2$이므로 평균 0, 분산 $\theta(1-\theta)(1/n_1 + 1/n_2)$인 정규분포로 근사한다. 또한, 귀무가설이 참이면 $\theta = \theta_1 = \theta_2$이다. 따라서 표본 크기 n_1, n_2이 충분히 크면

$$Z_0 = \frac{X_1/n_1 - X_2/n_2}{\sqrt{\theta(1-\theta)(1/n_1 + 1/n_2)}} \dot{\to} N(0,1) \tag{7.15}$$

이다.

대립가설이 $H_1: \theta_1 - \theta_2 > 0$일 때 표본비율의 차 $X_1/n_1 - X_2/n_2$가 충분히 큰 경우에 대립가설이 옳은 것으로 할 수 있으므로 유의수준이 α가 되는 기각역의 임계치 c는 다음과 같이 정할 수 있다.

$$P\left[\frac{X_1}{n_1} - \frac{X_2}{n_2} > c|\theta_1 = \theta_2 = \theta\right] = P\left[Z > \frac{c}{\sqrt{\theta(1-\theta)(1/n_1 + 1/n_2)}}\right] = \alpha$$

$c/\sqrt{\theta(1-\theta)(1/n_1 + 1/n_2)} = z_\alpha$라 두면, $c = z_\alpha\sqrt{\theta(1-\theta)(1/n_1 + 1/n_2)}$이다. 여기서 θ는 미지이므로 합동표본비율 $p = (x_1 + x_2)/(n_1 + n_2)$을 사용하여 $z_0 = (x_1/n_1 - x_2/n_2)/\sqrt{p(1-p)(1/n_1 + 1/n_2)}$라 두면 기각역은 $z_0 \ge z_\alpha$가 된다.

앞 절에서와 마찬가지 방법으로 대립가설이 $H_1: \theta_1 - \theta_2 < 0$인 경우와 $H_1: \theta_1 - \theta_2 \neq 0$의 검정을 구하여 정리하면 다음의 두 모비율 차 Z-검정을 얻는다.

【정리 7.7】 (두 모비율 차 Z-검정) x_1를 모비율이 θ_1인 모집단에서 추출한 n_1개 표본에 포함된 특정 속성을 가진 개체의 수, x_2를 모비율이 θ_2인 모집단에서 추출한 n_2개 표본에 포함된 특정 속성을 가진 개체의 수라 할 때, 표본 크기 n_1, n_2가 충분히 크면($n_1p > 5$, $n_1(1-p) > 5$, $n_2p > 5$, $n_2(1-p) > 5$), 두 모비율 차 $\theta_1 - \theta_2$에 대한 가설 $H_0 : \theta_1 - \theta_2 = 0$에 대한 검정통계값은

$$z_0 = \frac{x_1/n_1 - x_2/n_2}{\sqrt{p(1-p)(1/n_1 + 1/n_2)}} \tag{7.16}$$

이다. 여기서 $p = (x_1 + x_2)/(n_1 + n_2)$이다. 이때 유의수준 α인 기각역은 다음과 같다.

표 7.11 두 모비율 차 Z-검정

귀무가설(H_0)	대립가설(H_1)	기각역(유의수준 α)
$\theta_1 - \theta_2 = 0$	$\theta_1 - \theta_2 > 0$	$z_0 \geq z_\alpha$
	$\theta_1 - \theta_2 < 0$	$z_0 \leq -z_\alpha$
	$\theta_1 - \theta_2 \neq 0$	$\lvert z_0 \rvert \geq z_{\alpha/2}$

예제 7.8

어떤 제조공정에서 월요일에 생산된 제품에서 추출한 100개의 표본에서 12개의 불량품을 관찰하였고, 화요일에 생산된 제품에서 추출한 200개의 표본에서 16개의 불량품을 관찰하였다. 월요일과 화요일에 생산된 제품의 불량률에 차이가 있는가? 유의수준 5%로 검정하라.

풀이

불량률에 차이가 있는지를 검정하는 것이므로 귀무가설은 $H_0 : \theta_1 - \theta_2 = 0$이고, 대립가설은 $H_1 : \theta_1 - \theta_2 \neq 0$이다. 두 표본으로부터 합동 표본비율을 구하면 $p = (12 + 16)/(100 + 200) = 0.1267$이고, $n_1p > 5$, $n_1(1-p) > 5$, $n_2p > 5$, $n_2(1-p)$

> 5으로 표본 크기가 충분히 크므로 두 모비율 차 Z-검정을 적용한다. $x_1/n_1 = 12/100 = 0.12$, $x_2/n_2 = 16/300 = 0.053$이고, $p = 0.1267$이므로 식(7.16)의 검정통계값은

$$z_0 = \frac{\frac{x_1}{n_1} - \frac{x_2}{n_2}}{\sqrt{p(1-p)\left(\frac{1}{n_1} + \frac{1}{n_2}\right)}} = \frac{0.12 - 0.053}{\sqrt{0.1267(1-0.1267)\left(\frac{1}{100} + \frac{1}{300}\right)}} = 1.7444$$

이다. 대립가설이 $H_1 : \theta_1 - \theta_2 \neq 0$이므로 기각역은 $|z_0| \geq z_{\alpha/2}$에서 $z_{0.025} = 1.96$ 이므로 기각역은 $|z_0| \geq 1.96$이다. $|z_0| = 1.7444 < 1.96$이므로 H_0를 기각할 수 없다. 즉, 불량률에 차이가 있다고 할 수 없다. ■

7.4 미니탭 활용

두 모집단의 비교를 2-표본 검정(two sample test)이라 한다. 미니탭에서는 2-표본 검정으로 두 모평균의 비교에 사용되는 [2-표본 t 검정]과 [쌍체 t 검정], 두 모분산의 비교에 사용되는 [두 표본 분산], 두 모비율의 비교에 사용되는 [두 비율 검정] 등이 있다.

표 7.12 미니탭의 두 모집단 비교

비교의 내용	미니탭의 도구
두 모평균 차	2-표본 t 검정
짝진 집단의 모평균 차	쌍체 t 검정
두 모비율 차	두 비율 검정
두 모분산 비	두 표본 분산

워크시트 1 ***

↓	C1	C2	C3	C4
	1	2	3	
1	66	61	68	
2	64	62	69	
3	65	67	66	
4				
5				

(a) 분할형

워크시트 1 ***

↓	C1	C2	C3
	X	ID	
1	66	1	
2	64	1	
3	65	1	
4	61	2	
5	62	2	
6	67	2	
7	68	3	
8	69	3	
9	66	3	

(b) 쌓기형

그림 7.3 원시데이터 입력 방식

두 개 이상의 집단에서 얻은 데이터를 미니탭의 워크시트에 입력하는 방식에는 분할(unstack)형과 쌓기(stack)형의 두 가지가 있다. 분할형은 집단별로 하나의 열을 할당하여 데이터를 입력하는 방식이고(그림 7.3(a)), 쌓기형은 하나의 열에 개별 데이터 입력하고, 다른 하나의 열에 데이터의 출처를 나타내는 구분자를 입력하는 방식이다(그림 7.3(b)).

미니탭은 분석도구에 따라 특정의 방식을 요구하는 경우도 있으나 대부분의 경우에는 두 방식 모두 사용할 수 있도록 하고 있다. 그러나 분할형 보다는 쌓기형으로 데이터를 입력하는 것이 데이터 분석에 더 편하다.

이 장에서는 두 모집단의 비교와 관련하여 모평균 차, 두 모비율 차, 두 모분산비에 대한 가설검정만 다루었으나 신뢰구간도 제6장에서와 마찬가지의 방법으로 구할 수 있다.

7.4.1 모평균 차의 비교

미니탭의 두 모평균 차의 비교는 [통계분석]►[기초 통계]에서 [2-표본 t 검정]을 이용한다. 또한 짝진 집단의 경우에는 [쌍체 t 검정]을 이용한다.

1) 2-표본 t 검정

원시 데이터가 주어진 경우에 [2-표본 t 검정]은 다음의 절차로 가설검정을 한다.

1. 워크시트에 쌓기형 또는 분할형으로 데이터 입력
2. [통계분석]►[기초 통계]►[2-표본 t 검정]을 선택
3. [2-표본 t 검정] 창에서 데이터의 유형을 지정하여 데이터를 입력하고, 등분산인지 여부 체크
4. [옵션]을 클릭하여 나타난 창에서 [검정 차이]를 입력하고, [대립 가설] 지정
5. 세션창에서 P-값을 읽고 판정

예제 7.9

다음의 데이터는 두 작업방법을 적용할 때의 작업소요시간을 측정한 것이다. (1) 방법1의 평균시간이 방법2의 평균시간 보다 작다고 할 수 있는가? (2) 평균작업시간 차에 대한 95% 신뢰구간을 구하라. 단, 두 모분산은 동일하다고 가정할 수 있다.

방법1	15	20	11	23	16	21	18	16	27	24
방법2	23	31	13	19	23	17	28	26	25	28

풀이

방법1과 2의 평균을 각각 μ_1, μ_2라 하면, 가설 '$H_0 : \mu_1 = \mu_2$ 대 $H_1 : \mu_1 < \mu_2$'를 검정하는 문제가 된다. 두 모평균 차의 비교이므로 [2-표본 t 검정]을 사용한다.

1. C1열에 데이터를 입력하고, C2열에 구분자 입력(❶)
2. [통계분석]►[기초 통계]►[2-표본 t 검정] 선택
3. [한 열에 표본이 있는 경우]를 지정하고, [표본]에 C1 입력, [첨자]에 C2 입력(❷), 등분산을 가정하므로 [등분산 가정]을 체크(❸) 후 [옵션] 클릭
4. [2-표본 t 검정 - 옵션] 창에서 [검정 차이]에 귀무가설의 두 모평균 차 '0'을 입력(❹), [대립 가설]을 '보다 작음'으로 지정(❺) 후 [확인]
5. 세션창에서 P-값을 읽고(❻) 판정

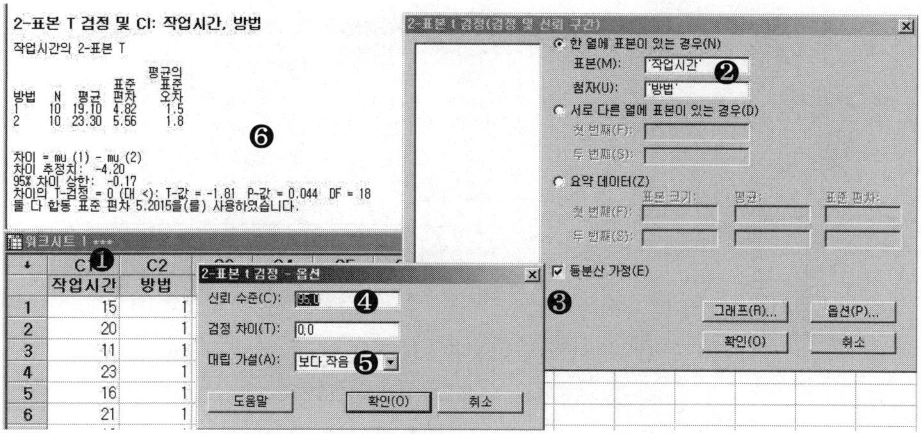

그림 7.4 2-표본 t 검정 : 원시데이터(등분산)

세션 창에서 T-값을 읽으면 검정통계값은 -1.81이고, 등분산을 가정하여 구한 합동표준편차는 $s_p = 5.2015$, 자유도는 18이다. P-값을 읽으면 P=0.044로써 유의수준 0.05보다 작으므로 H_0를 기각 판정한다. 즉, 방법1의 평균작업시간이 방법2 보다 작다. 그림 7.4의 옵션 창에서 신뢰수준을 95.0으로 하고, 대립가설을 '같지 않음'으로 하면 세션 창에서 두 모평균 차의 95% 신뢰구간을 (-9.09,0.69)로 얻을 수 있다. ■

[2-표본 t 검정]를 이용하는 방법을 정리하면 다음과 같다. 그림 7.5는 [2-표본 t 검정] 창을 나타낸 것으로 쌓기형 데이터의 경우에는 [한 열에 표본이 있는 경우]를 선택하고 데이터를 입력하고(❶), 분할형 데이터의 경우에는 [서로 다른 열에 표본이 있는 경우]를 선택하고 데이터를 입력하며(❷), 요약데이터가 주어진 경우에는 두 모집단에서 추출한 표본에 대해서 [표본 크기], [평균], [표준 편차]를 입력한다(❸). 또한 두 모집단의 분산이 동일한 경우에는 [등분산 가정]을 체크하고, 그렇지 않으면 그대로 둔다(❹).

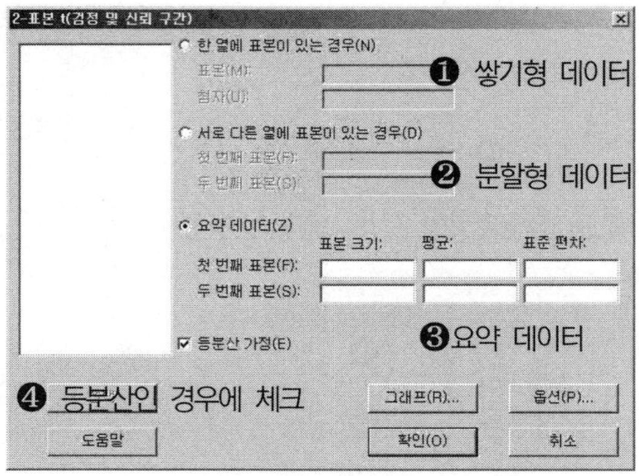

그림 7.5 [2-표본 t 검정] 창

예제 7.10

다음은 두 모집단에서 무작위 추출한 표본으로 얻은 데이터를 정리한 것이다. 집단A의 평균이 집단B의 평균 보다 크다고 할 수 있는가? 두 모분산은 동일하지 않는 것으로 하여 판정하라.

집단	표본크기	평균	표준편차
A	20	191.33	32.60
B	23	172.44	16.92

풀이

집단 A와 B의 평균을 각각 μ_A, μ_B라 하면, 가설 '$H_0 : \mu_A = \mu_B$ 대 $H_1 : \mu_A$' $> \mu_B$를 검정하는 문제가 된다. 두 모평균 차의 비교이므로 [2-표본 t 검정]을 사용한다.

1. [통계분석]►[기초 통계]►[2-표본 t 검정] 선택
2. [요약 데이터]를 지정하고, 첫 번째 표본과 두 번째 표본에 대해서 [표본 크기], [평균], [표준 편차] 입력(❶). 등분산을 가정하지 않으므로 [등분산 가정]을 체크하지 않고(❷) [옵션] 클릭

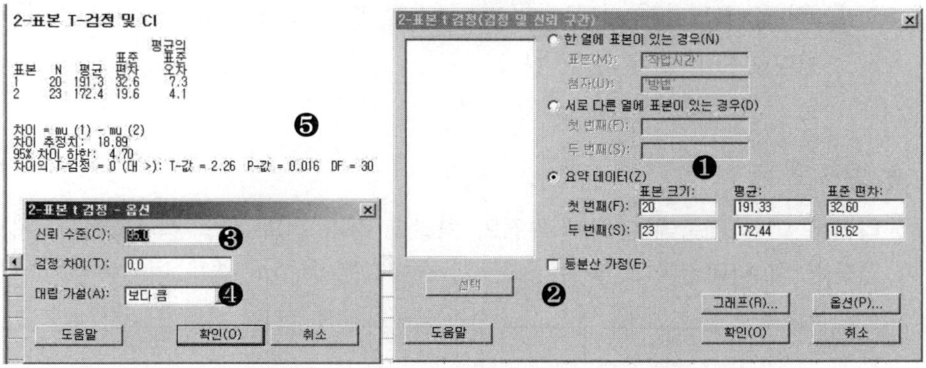

그림 7.6 2-표본 t 검정 : 요약데이터(이분산)

3. [2-표본 t 검정 - 옵션] 창에서 [검정 차이]에 귀무가설의 두 모평균 차 '0'을 입력(❸), [대립 가설]을 '보다 큼'으로 지정(❹) 후 [확인]
4. 세션창에서 P-값을 읽고(❺) 판정

세션 창에서 T-값을 읽으면 검정통계값은 2.26이고, 자유도는 30이다. P-값을 읽으면 P=0.016로써 유의수준 0.05보다 작으므로 H_0를 기각 판정한다. 즉, 집단A의 평균이 집단B의 평균보다 크다. 그림 7.6의 옵션 창에서 신뢰수준을 95.0으로 하고, 대립가설을 '같지 않음'으로 하면 세션 창에서 두 모평균 차의 95% 신뢰구간을 (1.82,35.96)로 얻을 수 있다. ■

2) 쌍체 t 검정 : 짝진 집단의 모평균 비교

짝진 집단의 모평균 비교는 [쌍체 t 검정]을 사용한다. [쌍체 t 검정]은 원시데이터가 주어진 경우와 요약데이터가 주어진 경우에 대해서 사용할 수 있다. 원시데이터는 분할형으로 데이터가 입력되어 있어야 하며, 요약데이터는 짝진 데이터의 차분에 대한 평균, 표준편차, 표본 크기가 입력되어야 한다.

1. 워크시트에 분할형으로 데이터 입력
2. [통계분석]►[기초 통계]에서 [쌍체 t 검정]을 선택하여 나타난 창에서 데이터 입력

3. [옵션[을 클릭하여 나타난 창에서 [검정 평균]을 입력하고, [대립 가설]을 지정
4. 세션창에서 P-값을 읽고 판정

예제 7.11

다음은 어떤 제품에 대해서 특정의 처리를 하기 전과 후의 성능값이다. 처리 후의 성능이 더 나아졌다고 할 수 있는가? 성능값은 클수록 좋은 망대특성치이다.

	1	2	3	4	5	6	7	8	9	10
처리 전	17	25	23	37	44	30	21	35	33	26
처리 후	21	24	28	37	50	33	22	30	37	23

풀이

동일한 제품에 대해서 처리 전과 후를 비교하는 것이므로 짝진 집단의 비교이다. 처리 전과 후의 평균을 각각 μ_1, μ_2라 하면, 가설 '$H_0 : \mu_1 = \mu_2$ 대 $H_1 : \mu_1 < \mu_2$'를 검정하는 문제가 된다. 짝진 집단의 비교이므로 [쌍체 t 검정]을 사용한다.

1. C1열에 처리 전 데이터를 입력하고, C2열에 처리 후 데이터를 입력(❶)
2. [통계분석]►[기초 통계]►[쌍체 t 검정] 선택
3. [표본이 있는 열]을 지정하고, [첫 번째 표본]에 C1 입력, [두 번째 표본]에 C2 입력(❷) 후 [옵션] 클릭
4. [쌍체 t 검정 – 옵션] 창에서 [검정 평균[에 귀무가설의 두 모평균 차 '0'을 입력(❸), [대립 가설]을 '보다 작음'으로 지정(❹) 후 [확인]
5. 세션창에서 P-값을 읽고(❺) 판정

세션 창에서 값을 읽으면, 차분의 평균은 −1.40이고, 표준편차는 3.63이다. T-값을 읽으면 검정통계값은 −1.22이고, P-값은 0.127이다. P=0.127은 유의수준 0.05보다 크므로 H_0를 기각 판정할 수 없다. 즉, 처리 전과 후에 성능에 차이가 있다고 할 수 없다. ■

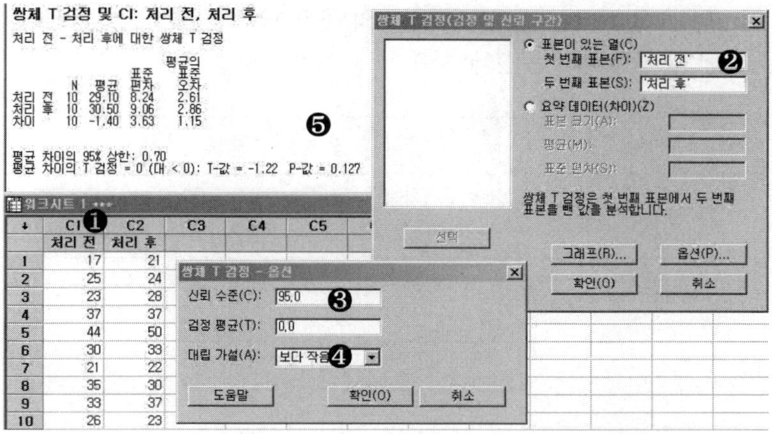

그림 7.7 쌍체 t 검정 : 원시데이터

7.4.2 두 모분산의 비교

두 모분산의 비교는 [통계분석]►[기초 통계]►[두 표본 분산]을 사용한다. 원시데이터는 쌓기형 또는 분할형으로 입력할 수 있다. 요약데이터에는 첫 번째 표본과 두 번째 표본의 표본 크기와 분산을 입력해야 한다. 원시데이터가 주어진 경우에 두 모분산 비에 대한 가설검정을 하는 절차는 다음과 같다.

1. 워크시트에 쌓기형 또는 분할형으로 데이터 입력
2. [통계분석]►[기초 통계]►[두 표본 분산]을 선택
3. [두 표본 분산] 창의 [데이터]에 데이터 입력 유형을 선택하고 필요한 정보 입력
4. [옵션]을 클릭하여 나타난 창에서 필요한 정보 입력
5. 세션창에서 P-값을 읽고 판정

예제 7.12

동기부여가 판매원의 판매량에 어떤 영향을 미치는가를 조사하였다. 24명의 판매원을 무작위로 12명씩 두 개의 집단으로 나누고, 집단A에 대해서는 월급제로 임금을 지불하기로 하고, 집단B에 대해서는 판매량에 따라 수당을 지급하기로 했다.

다음 데이터는 일정기간 동안 두 집단의 판매원이 판매한 금액(단위 : 백만원)이다. 두 집단의 판매액의 분산에 차이가 있는가?

	판매액					
A(월급제 지불)	25.6	20.7	21.2	21.9	23.9	22.8
	21.6	22.5	22.2	24.1	23.6	23.0
B(판매수당 지불)	22.4	28.5	26.1	22.5	25.4	23.7
	22.8	23.2	27.3	27.7	23.4	24.5

풀이

집단A와 B의 판매액의 분산을 각각 σ_A^2, σ_B^2이라 하면 가설은 $H_0 : \sigma_A^2 = \sigma_B^2$ 대 $H_1 : \sigma_A^2 \neq \sigma_B^2$이 된다. 두 모분산 비에 대한 검정이므로 [두 표본 분산]을 사용한다.

1. C1열에 판매액 데이터, C2열에 집단 구분자를 입력(❶)
2. [통계분석]►[기초 통계]►[두 표본 분산] 선택
3. [데이터]에서 '한 열에 표본이 있는 경우'를 선택하고, [표본]에 C1, [첨자]에 C2를 입력(❷) 후 [옵션] 클릭
4. [두 표본 분산 - 옵션] 창의 [귀무 가설에서의 비율]에 '분산 1/분산 2'를 선택하고, [값]에 '1'을 입력하고(❸), [대립 가설]을 '같지 않음'으로 지정(❹) 후 확인
5. 세션창에서 P-값을 읽고(❺) 판정

세션 창에서 값을 읽으면, 집단 A와 B의 표본 표준편차는 각각 1.384, 2.159이다. 두 모집단이 정규분포인 경우에 사용하는 F-검정의 검정통계값은 0.41이고, P-값은 0.156이다. 모집단이 정규분가 아닌 경우에 사용하는 레비검정의 검정통계값은 2.62이고, P-값은 0.119이다. 두 경우 모두 P-값이 유의수준 0.05보다 크므로 H_0를 기각할 수 없다. 즉, 두 집단의 분산에 차이가 있다고 할 수 없다. ■

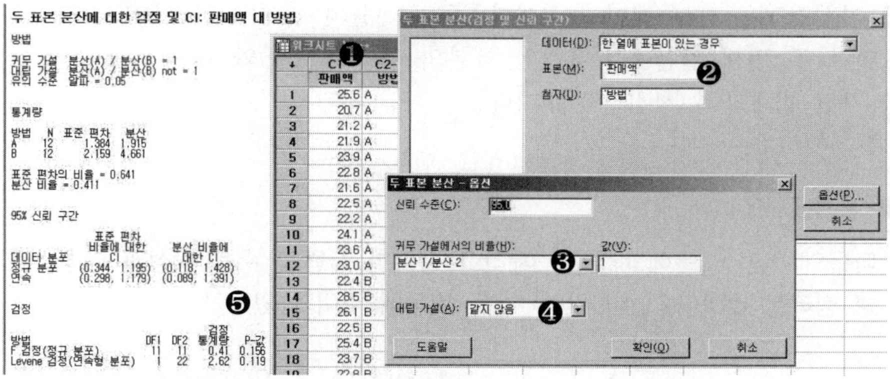

그림 7.8 두 분산비에 대한 검정 : 원시데이터(쌓기형)

7.4.3 두 모비율의 비교

두 모비율의 비교는 [통계분석]►[기초 통계]►[두 비율 검정]을 사용한다. 원시데이터는 쌓기형 또는 분할형으로 입력할 수 있다. 요약데이터에는 첫 번째 표본과 두 번째 표본의 시행회수와 사건발생수를 입력해야 한다.

원시데이터가 주어진 경우에 두 모비율 차에 대한 가설검정을 하는 절차는 다음과 같다.

1. 워크시트에 쌓기형 또는 분할형으로 데이터 입력
2. [통계분석]►[기초 통계]에서 [두 비율 검정]을 선택
   - 쌓기형인 경우 : [한 열에 표본이 있는 경우]에 데이터 입력
   - 분할형인 경우 : [서로 다른 열에 표본이 있는 경우]에 데이터 입력
3. [옵션]을 클릭하여 나타난 창에서 [검정 차이]를 입력하고, [대립 가설]의 유형을 정함. 검정에서 모비율을 합동추정치를 사용하여 추정하는 경우에는 [검정에 대한 p의 합동 추정치 사용]을 체크함[6]
4. 세션창에서 P-값을 읽고 판정

모비율 검정에서는 원시데이터를 바로 사용하기 보다는 데이터를 일차 정리한 후

6) 귀무가설이 $H_0 : \theta_1 = \theta_2$ 인 경우에는 합동추정치를 사용하는 것이 일반적임

에 가설검정을 하는 것이 보통이다. 두 모비율의 비교에서 필요한 정보는 첫 번째 집단과 두 번째 집단에서 추출한 표본의 수(시행회수)와 표본에 포함된 특성 속성을 가진 개체의 수(사건발생수)이다.

예제 7.13

다음의 어떤 설문에 대해서 '예'라고 응답한 사람의 수를 남성과 여성으로 구분하여 정리한 것이다. 남녀 간에 '예'의 비율에 차이가 있는가?

	'예' 응답자수	설문대상자수
남성	136	240
여성	224	260

풀이

남성과 여성의 '예' 응답자 비율을 각각 θ_1, θ_2라 하면 가설은 $H_0 : \theta_1 = \theta_2$ 대 $H_1 : \theta_1 \neq \theta_2$이다. 두 모비율 차에 대한 검정이므로 [두 비율 검정]을 사용한다.

1. [통계분석]►[기초 통계]►[두 비율 검정] 선택
2. [요약 데이터]를 선택하고, [첫 번째]의 [사건]에 136, [시행]에 240, [두 번째]의 [사건]에 224, [시행]에 260을 입력(❶)한 후 [옵션] 클릭
3. [두 비율 검정 - 옵션] 창에서 [검정 차이]에 0.0 입력(❷), [대립 가설]을 '같지 않음'으로 지정(❸), 귀무가설이 $H_0 : \theta_1 = \theta_2$이므로 [검정에 대한 p의 합동 추정치 사용] 부분을 체크(❹) 후 [확인]
4. 세션창에서 P-값을 읽고(❺) 판정

세션 창에서 값을 읽으면, 표본비율의 차는 -0.294872이고, 두 모비율 차 검정을 위한 검정통계값은 -7.34이다. P-값은 0.000으로 유의수준 0.05보다 충분이 작으므로 H_0를 기각 판정할 수 없다. 즉, 남녀 간에 차이가 있다. ■

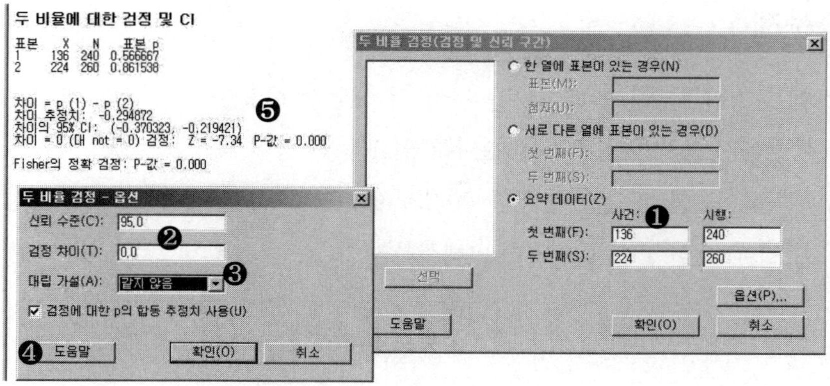

그림 7.9 두 비율 차에 대한 검정 : 요약데이터

연습문제

7.1 두 개의 모집단으로부터 데이터를 얻어 정리한 결과가 아래와 같다. 두 모집단이 동일한 분산을 갖는 정규분포를 따른다고 할 때 (a) 가설 $H_0 : \mu_1 = \mu_2$ 대 $H_1 : \mu_1 \neq \mu_2$의 귀무가설 H_0를 기각할 충분한 근거가 있는가? 유의수준 0.10으로 검정하라. (b) (a)의 검정에 대한 P-값을 구하고 해석하라.

공급자	표본크기	평균	표준편차
1	16	62	2
2	12	66	3

7.2 두 공급자가 납품하는 전자부품의 표본으로 성능특성을 측정하고, 데이터를 정리하여 다음의 결과를 얻었다. 공급자1의 성능특성의 평균이 더 크다고 할 수 있는가? P-값을 구하여 판정하라.

공급자	표본크기	평균	표본분산
1	11	531	400
2	11	492	625

7.3 두 개의 정규모집단으로부터 추출한 서로 독립인 무작위 표본으로부터 다음의 데이터를 얻었다. 가설 $H_0 : \mu_1 = \mu_2$ 대 $H_1 : \mu_1 \neq \mu_2$를 유의수준 0.05로 검정하라.

모집단	표본크기	평균	편차제곱합
1	10	74	1492
2	17	61	1841

7.4 부품A의 저항값이 부품B의 저항값 보다 큰 것으로 파악되어 실험을 통해 확인하기로 했다. 각 부품집단에서 표본을 추출하여 저항을 측정한 결과가 다음과 같았다. (a)

적절한 가설을 설정하라. (b) 두 부품의 저항값의 분산이 동일하고, 정규분포를 따른다고 할 때, 유의수준 0.10으로 검정하라. (c) (b)에서 가정한 조건이 만족되는지 확인하라.

부품	저항값							
A	0.141	0.139	0.144	0.143	0.144	0.141	0.139	0.140
B	0.136	0.141	0.143	0.137	0.139	0.138	0.140	

7.5 A사는 라디오수신기의 무소음도를 91.7 MHz에서 소음의 크기(단위 : 데시벨)로 측정한다. 기존 수신기와 신형 수신기 각 50개를 추출하고, 소음을 측정한 결과 기존수신기는 평균은 45.45이고, 표준편차는 2.5이었고, 신형 수신기는 평균 46.77, 표준편차 2.0이었다. 신형 수신기의 소음 평균이 더 크다고 할 수 있는가? 유의수준 5%로 검정하라.

7.6 두 종류의 강철로 만든 아이빔(I-beam)의 인장강도(tensile strength) 데이터가 다음과 같다. 두 아이빔의 인장강도가 동일하다고 할 수 있는가?

종류	인장강도						
A	68821	69641	68141	72311	69141	70641	70141
	72561	72061	74881	72191	70391	72061	67321
	69571	73461	69891	69391	69721	67821	71141
B	71223	69653	72233	70883	71473	71723	72133
	71793	70473	71133	72043	70883	73383	70383
	73383	73133	70053	71793	74133	70113	72533

7.7 회로판에 사용되는 기판에는 일반기판과 특수기판의 두 종류가 있다. 기판의 성능특성 중의 하나가 휨(warpage)의 크기(단위 : cm)이다. 특수기판의 휨이 일반기판의

휨 보다 작은지를 알아보기 위한 실험에서 다음의 데이터를 얻었다. (a) 적절한 가설을 설정하라. (b) 적절한 가정을 하고, 유의수준 0.01로 검정하라. (c) (b)의 가정이 만족되는지 확인하고, (a)의 가설에 대한 P-값을 구하고 해석하라.

종류	인장강도
일반기판	0.175 0.191 0.185 0.137 0.203 0.165 0.168 0.188 0.145 0.152 0.163 0.152 0.147 0.163 0.160 0.150 0.150 0.142 0.145 0.150 0.147 0.183 0.183 0.140 0.163 0.170 0.147 0.157 0.208 0.147 0.160 0.183 0.157 0.160 0.145 0.155 0.147 0.145 0.147 0.152
특수기판	0.145 0.147 0.147 0.145 0.152 0.142 0.150 0.142 0.142 0.142 0.137 0.147 0.147 0.142 0.150 0.142 0.135 0.145 0.150 0.155 0.135 0.140 0.150 0.142 0.140 0.150 0.160 0.145 0.140 0.137 0.175 0.145 0.147 0.150 0.145 0.137 0.155 0.165 0.152 0.135

7.8 위의 문제에 대해서 특수기판의 휨이 일반기판의 휨 보다 0.0127 작은지를 검정하고자 한다. (a) 적절한 가설을 설정하라. (b) 유의수준 0.05로 검정하라.

7.9 퓨즈를 생산하는 공장의 품질엔지니어는 퓨즈의 성능이 제조 요일 간에 차이가 있는 것으로 파악하고 있다. 퓨즈의 성능은 특정의 부하에서 퓨즈가 타버릴 때까지의 시간(단위 : 초)으로 측정한다. 월요일과 화요일에 생산된 퓨즈 중에서 무작위로 10개씩 추출하여 다음의 데이터를 얻었다. (a) 두 개의 표본에 대하여 정규확률도를 각각 작도하고 해석하라. (b) 가설 $H_0 : \mu_1 = \mu_2$ 대 $H_1 : \mu_1 \neq \mu_2$에에 대한 검정을 수행하라. 사용한 절차의 타당성에 대하여 설명하고 5%의 유의수준에서 얻은 검정의 결과를 해석하라. (c) (b)의 검정에 대한 P-값을 구하라.

요일	시간
월요일	53 56 79 83 101 119 131
화요일	80 120 124 129 164 182 199

7.10 두 공장에서 생산된 동일한 종류의 금속 소재의 인장강도에 차이가 있는지 알아보기 위해 다음의 데이터를 얻었다. (a) 두 데이터가 정규분포를 따르는 모집단에서 추출한 표본이라고 가정할 때, 가설 $H_0: \mu_1 = \mu_2$ 대 $H_1: \mu_1 \neq \mu_2$에 대한 검정을 P-값에 근거하여 수행하라. (b) 두 데이터에 대하여 각각 정규확률도를 작도하고 해석하라.

공장	인장강도
1	307 295 309 318 296 317 297
2	319 328 322 297 325 284 318 311 295

7.11 어떤 제품의 성능이 진동시험 전과 후에 차이가 있는지를 확인하기 위한 실험을 수행하였다. 10개의 제품을 무작위로 선택하고, 진동시험 전과 후에 성능을 측정하여 다음의 데이터를 얻었다(이 성능은 값이 작을수록 좋은 망소특성치이다). (a) 진동시험을 거치면 성능이 나빠진다고 할 수 있는가? P-값으로 판단하라. (b) (a)에서 사용한 방법이 적절한가? 설명하라. (c) 진동시험 전과 후의 데이터로 산점도를 작성하라. 시험 전과 후의 데이터에 선형 관계가 나타나는가?

구분	1	2	3	4	5	6	7	8	9	10
시험 전	16	14	22	10	13	17	19	20	11	9
시험 후	19	18	23	12	12	16	22	24	16	14

7.12 동일한 종류의 강철로 구조용 강을 만들 때, 형강(形鋼)과 봉강(棒鋼)의 항복강도(yield strength)에 차이가 있는지를 알아보기 위해 실험을 하였다. 10개의 온도조건에서 잉곳(ingot)을 만들고, 두 개의 그룹으로 나누어 하나는 형강을 만들고, 나머지 하나는 봉강을 만들어 항복강도(단위 : psi)를 측정한 결과가 다음과 같았다. 형강과 봉강의 항복강도 평균에 차이가 있는가?

온도	형강	봉강	온도	형강	봉강
1	99680	102140	6	96600	101740
2	92590	93690	7	104170	103670
3	92590	92490	8	93780	93840
4	93790	103640	9	97180	102620
5	100740	101680	10	96870	95370

7.13 K사는 특정의 부품을 두 공급자로부터 공급받고 있다. 공급자A와 B로부터 공급 받은 부품 중에서 각 200개를 추출하여 검사한 결과 A사 부품 중에서 30개의 불량품이 발견되었고, B사 부품 중에서는 11개의 불량품이 발견되었다. 공급자B의 부품의 불량률이 A사의 불량률 보다 작다고 할 수 있는가?

7.14 두 종류의 해충 제거용 살충제의 성능을 비교하는 실험을 수행하였다. 살충제A를 사용한 경우에는 500마리의 해충 중에서 300마리가 박멸되었고, 살충제B를 사용한 경우에는 600마리의 해충 중에서 400마리가 박멸되었다. 살충제A가 더 효과적이라고 할 수 있는가?

7.15 집적회로 제조공정의 합격률 향상을 위해 새로운 제조공법을 설계하였다. 기존 공정을 사용하는 경우, 180개의 집적회로 중 120개가 양품이었고, 신규공정을 사용하는 경우, 180개의 표본 중 150개가 양품이었다. 신규 공정의 합격률이 더 높다고 할 수 있는가? 유의수준 5%로 검정하라.

7.16 특정의 질병을 치료하는데 두 종류의 약을 사용할 수 있다. A약을 사용하는 사람 30명을 무작위 추출하여 조사한 결과 18명이 효과를 경험하였다고 하고, B약을 사용하는 사람 45명을 무작위 추출하여 조사한 결과 23명이 효과를 경험하였다고 한다. A약의 치료효과가 B약 보다 더 좋다고 할 수 있는가? 유의수준 10%로 검정하라.

7.17 12마리의 쥐에 질산화물을 35일 동안 주입하였더니 6마리의 쥐가 불임상태가 되었으며, 질산화물을 주입하지 않은 12마리의 경우에는 한 마리도 불임상태가 되지 않았다고 한다. 질산화물을 주입한 쥐의 불임률이 더 높다고 할 수 있는가?

7.18 캔디를 생산하는 A사는 어린이들이 좋아하는 지팡이 모양 캔디를 생산하고 있다. 품질엔지니어가 당면한 문제는 캔디의 지팡이 손잡이가 잘 부러진다는 것이다. 기존의 제조방식으로 생산한 300개의 캔디 중에서 26개가 손잡이 부분이 부러졌고, 새로운 방식으로 생산한 200개의 캔디 중에서 12개가 손잡이 부분이 부러졌다. 새로운 제조방식이 불량률을 감소시킨다고 할 수 있는가?

7.19 집단 X와 Y로부터 크기 25인 표본을 추출하여 계산한 결과, 집단 X와 Y의 표본 표준편차가 각각 $s_X = \sqrt{30}$, $s_Y = \sqrt{15}$ 이었다. 집단 X의 표준편차가 더 크다고 할 수 있는가? 유의수준 5%로 검정하라. 단, 두 모집단은 정규분포를 따른다고 가정할 수 있다.

7.20 다음은 두 종류의 강철의 연성(ductility)을 측정한 것이다. (a) 정규성을 가정할 때, 두 강철의 연성에 차이가 있다고 할 수 있는가? (b) 정규성의 가정이 만족되는지 확인하라.

종류	연신율										
A	71.3	72.8	70.8	72.1	69.3	71.4	72.6				
B	74.2	81.6	79.2	80.4	78.2	78.9	76.7	78.5	77.9	75.3	79.6

7.21 문제 7.6의 데이터에 대해서 대하여 (a) 정규성을 가정할 때, 인장강도의 변동성이 B 보다 A가 크다고 할 수 있는가? 유의수준은 5%로 검정하라. (b) 두 모집단의 정규성을 검정하라.

7.22 전류의 크기에 따라 레이저 전력(laser power)의 변동성에 차이가 있는지 알아보기 위해 실험을 하였다. 전류를 A암페어와 B암페어 수준으로 하여 레이저 전력을 측정한 결과가 다음과 같았다. (a) 정규성을 가정하고 두 전류 수준에서의 분산의 동일성을 검정하여라. (b) 상자그림을 작도하여 변동성을 비교하라.

전류	레이저 전력									
A	1.85	1.92	1.85	1.82	1.91	1.87	1.71	1.88	1.83	1.81
	1.84	1.88	1.71	1.83	1.71	1.62	1.70	1.59	1.67	1.72
	1.57	1.57	1.62	1.82	1.73	1.73	1.91			
B	2.83	2.83	2.74	2.82	2.87	2.79	2.58	2.88	2.78	2.55
	2.59	2.70	2.65	2.78	2.58	2.48	2.68	2.38	2.66	2.68
	2.53	2.48	2.38	2.58	2.69	2.73	2.70			

7.23 플립칩본딩(flip chip bonding)의 변동성을 개선하기 위한 새로운 제조공법이 제안되었다. 변동성을 목표값과 실제값의 차이로 측정할 때, 기존의 방법으로 하는 경우에 120개의 표본으로부터 구한 표준편차가 0.0355 mm이었고, 개선된 방법으로 하는 경우에는 125개의 표본으로부터 구한 표준편차가 0.0201 mm이었다. 기존 방법의 변동성이 더 크다고 할 수 있는가? 유의수준 5%로 검정하라. 사용된 가정을 모두 열거하라.

제8장 k개 모집단의 비교

❖ **학습목표**

1. k개 모집단 비교의 의미를 알고, 필요성을 설명할 수 있다.
2. 데이터로부터 k개 모평균의 동일성 검정을 할 수 있다.
3. 데이터로부터 k개 모분산의 동일성 검정을 할 수 있다.
4. 데이터로부터 k개 모비율의 동일성과 다항모집단의 동일성을 검정할 수 있다.

제8장 k개 모집단의 비교

이 장에서는 셋 이상의 모집단을 비교하는 방법에 대해서 다룬다. 두 모집단의 비교에서와 마찬가지로 모집단의 특성을 나타내는 모수의 값이 동일한지 여부에 대한 검정으로 비교한다. 모평균, 모분산, 모비율 등에 대한 비교가 일반적이며, 제100p백분위수를 포함한 다른 모수들도 비교의 대상이 될 수 있다.

제1절에서는 k개 모평균의 비교에 대해서 다루고, 제2절에서는 k개 모분산의 비교에 대해서 다룬다. 제3절에서는 k개 이항비율과 다항비율의 비교에 대해서 다루기로 한다.

8.1 모평균의 동일성 검정

먼저 k개 모집단의 평균을 비교해야 상황을 살펴보자. 특정의 의류에 사용되는 합성섬유는 면의 함량비율(%)에 따라 인장강도에 차이가 있을 것으로 추측하고 있다. 표 8.1은 면의 함량비율에 따라 인장강도 평균에 차이가 있는 지를 알아보기 위해서 면함량 비율이 다른 5종류의 섬유시편을 각각 5개 취하고, 인장강도를 측정한 데이터이다.

표 8.1 합성섬유의 인장강도 실험데이터

A	B	C	D	E
7	12	14	19	7
7	17	18	25	10
15	12	18	22	11
11	18	19	19	15
9	18	19	23	11

섬유의 종류 A, B, C, D, E의 인장강도 평균을 각각 μ_1, μ_2, μ_3, μ_4, μ_5라 하면 평균이 동일한지 여부를 검정하기 위한 가설은

$$H_0 : \mu_1 = \mu_2 = \mu_3 = \mu_4 = \mu_5 \text{ 대 } H_1 : H_0\text{가 아님} \quad (8.1)$$

로 나타낼 수 있다. 식(8.1)의 대립가설은 '어떤 i, j (i $\neq$ j)에 대해서 $\mu_i \neq \mu_j$'를 의미한다.

모평균의 동일성을 검정하는 식(8.1)의 가설은 소위 분산분석(ANOVA, analysis of variance)법으로 알려져 있는 방법을 사용하여 검정한다.

8.1.1 분산분석법

분산분석법은 관측한 데이터의 분산을 발생 원인별 분산 성분으로 세분하여 검정하는 방법이다. 전체 집단의 분산은 집단 간의 평균에 차이가 있기 때문에 나타나는 분산과 집단 내의 편차에 의해 나타나는 분산으로 구성된다. 분산분석법에서는 집단 간 평균의 차이에 기인한 분산이 집단 내의 편차에 기인한 분산보다 충분히 큰 경우에 "집단 간의 평균에 차이가 있는 것"으로 판정한다.

분산은 변동(variation)을 자유도(degree of freedom)로 나누어 계산한다. 변동은 편차의 제곱을 합산하여 구하므로 제곱합(sum of square)이라 한다. 식(8.2)에서 보는 바와 같이 개별 관측치(x_{ij})와 전체 평균($\overline{x}$)의 차이를 나타내는 '총 편차'는 각

집단의 평균($\overline{x}_i$)과 전체평균의 차이를 나타내는 '집단 간 편차'와 개별 관측치와 집단의 평균의 차이를 나타내는 '집단 내 편차'의 합이 된다.

$$x_{ij} - \overline{x} = (x_{ij} - \overline{x}_i) + (\overline{x}_i - \overline{x}) \tag{8.2}$$

$$(\text{총 편차}) = (\text{집단 내 편차}) + (\text{집단 간 편차})$$

$$\text{단, } \overline{x} = \frac{1}{n}\sum_{i=1}^{k}\sum_{j=1}^{n_i} x_{ij}, \quad \overline{x}_i = \frac{1}{n_i}\sum_{j=1}^{n_i} x_{ij}, \quad n = \sum_{i=1}^{k} n_i$$

n_i를 집단 i에서 얻은 데이터의 수, x_{ij}를 집단 i의 데이터 j ($i = 1, 2, \cdots, k$; $j = 1, 2, \cdots n_i$)라 하자. 식(8.2)의 양변을 제곱하고, 모든 데이터에 대해서 합하면

$$\sum_{i=1}^{k}\sum_{j=1}^{n_i}(x_{ij} - \overline{x})^2 = \sum_{i=1}^{k}\sum_{j=1}^{n_i}(x_{ij} - \overline{x}_i)^2 + \sum_{i=1}^{k}\sum_{j=1}^{n_i}(\overline{x}_i - \overline{x})^2 \tag{8.3}$$

를 얻는다. 식(8.3)의 좌변항은 총편차의 제곱합으로 총변동(total variation)이라 하고, 우변의 두 번째 항은 집단 간 편차의 제곱합으로 집단 간 변동(among-group variation), 첫 번째 항은 집단 내 편차의 제곱합으로 집단 내 변동(within-group variation)、또는 오차변동(error variation)이라 한다.

총변동을 SST, 집단 간 변동을 SSA, 집단 내 변동을 SSE 로 나타내기로 하면

$$SST = \sum_{i=1}^{k}\sum_{j-1}^{n_i}(x_{ij} - \overline{x})^2 = \sum_{i=1}^{k}\sum_{j-1}^{n_i} x_{ij}^2 - n(\overline{x})^2 \tag{8.4a}$$

$$SSA = \sum_{i=1}^{k} n_i(\overline{x}_i - \overline{x})^2 = \sum_{i=1}^{k} n_i(\overline{x}_i)^2 - n(\overline{x})^2 \tag{8.4b}$$

$$SSE = \sum_{i=1}^{k}\sum_{j=1}^{n_i}(x_{ij} - \overline{x}_i)^2 = \sum_{i=1}^{k}\sum_{j-1}^{n_i} x_{ij}^2 - \sum_{i=1}^{k} n_i(\overline{x}_i)^2 \tag{8.4c}$$

이고, $SST = SSA + SSE$ 이다.

평균제곱(mean square)는 변동을 자유도로 나눈 값으로 변동의 평균적인 크기이다. 이는 대응하는 변동의 요인에 의한 분산의 추정치이다. 변동의 자유도는 선형독립인 제곱의 개수로써 제곱을 한 편차의 개수에서 편차들의 선형제약조건의 수를 뺀 것과 같다. 따라서 총변동의 자유도는 (n − 1)이 되고, 집단 간 변동의 자유도는 (k − 1), 집단 내 변동의 자유도는 (n − k)가 된다. MST, MSA, MSE를 SST, SSA, SSE의 평균제곱이라 하면

$$\mathrm{MSA} = \frac{\mathrm{SSA}}{k-1},\ \mathrm{MSE} = \frac{\mathrm{SSE}}{n-k},\ \mathrm{MST} = \frac{\mathrm{SST}}{n-1} \tag{8.5}$$

가 되고, MST는 전체 데이터의 분산, MSA는 집단 간의 분산의 추정치이다. MSA는 집단 내의 분산으로 오차분산이라고도 한다.

집단 i의 모평균을 μ_i, 모분산을 σ_i^2이라 하자(i = 1,2,...,k). k개 집단의 모평균에 대한 가설 '$H_0 : \mu_1 = \mu_2 = \cdots = \mu_k$' 대 '$H_1 :$ μ_i가 모두 같지는 않다(i = 1,2,...,k)'를 검정하는 통계량으로

$$F = \frac{\mathrm{MSA}}{\mathrm{MSE}} \tag{8.6}$$

를 사용한다. 식(8.6)의 F는 가설 $H_0 : \mu_1 = \mu_2 = \cdots = \mu_k$이 참이면 집단 간 분산이 작게 되므로 0에 가까운 값을 가지게 되고, 그렇지 않으면 큰 값을 가지게 될 것이다.

각 집단이 정규분포를 따르고, 모분산이 $\sigma_1^2 = \sigma_2^2 = \cdots = \sigma_k^2 = \sigma^2$으로 동일하면 식(8.6)의 F는 분자의 자유도 $\phi_A = k-1$, 분모의 자유도 $\phi_E = n-k$인 F-분포를 따른다는 것을 보일 수 있다. k개 모집단의 평균의 동일성에 대한 가설검정은 다음과 같이 정리된다.

【정리 8.1】(k 집단 F-검정) k개 모집단에 대해서 모집단 i가 평균이 μ_i, i = 1,2,...,k이고, 분산이 $\sigma_1^2 = \sigma_2^2 = \cdots = \sigma_k^2 = \sigma^2$로써 동일한 정규모집단이라 할 때, 귀무가설 $H_0 : \mu_1 = \mu_2 = \cdots = \mu_k$에 대한 검정통계값 F_0는 식(8.6)을 데이터로 계산한 값이다. 이 때 대립가설 '$H_1 :$ μ_i가 모두 같지는 않다(i = 1,2,...,k)'에 대한 유의수준 α인 기각역은 $F_0 > F_{(k-1,n-k:\alpha)}$이다.

표 8.2 k개 모평균 동일성 검정을 위한 분산분석표

요인	제곱합	자유도	평균제곱	F_0	$F(\alpha)$
집단 간	SSA	$\phi_A = k-1$	MSA	MSA/MSE	$F_{(\phi_A, \phi_E : \alpha)}$
집단 내	SSE	$\phi_E = n-k$	MSE		
전체	SST	$\phi_T = n-1$			

정리 8.1을 적용하여 가설검정을 할 때에서는 표 8.2와 같은 분산분석표를 사용하면 편하다. 표 8.2의 분산분석표에서 F_0값이 $F_{(\phi_A, \phi_E : \alpha)}$보다 크면 유의수준 α로 귀무가설 $H_0 : \mu_1 = \mu_2 = \cdots = \mu_k$를 기각하는 판정을 한다.

예제 8.1

표 8.1의 섬유의 인장강도 데이터를 사용하여 면함량 비율에 따라 인장강도 평균에 차이가 있는지 유의수준 5%로 검정하라. 면함량 비율별로 인장강도는 정규분포를 따르고, 모분산은 동일한 것으로 가정하라.

풀이

검정하고자 하는 가설은 '$H_0 : \mu_1 = \mu_2 = \mu_3 = \mu_4 = \mu_5$ 대 $H_1 :$ μ_i들이 모두 동일하지는 않음'이다. 표 8.2의 분산분석표를 사용하여 검정한다. 표 8.1의 데이터는 표 8.3과 같이 정리할 수 있다.

표 8.3 섬유강도 데이터의 정리

	섬유의 종류					합계
	A	B	C	D	E	
1	7	12	14	19	7	
2	7	15	18	25	10	
3	15	12	18	22	11	
4	11	18	19	19	15	
5	9	18	19	23	11	
합계	49	75	88	108	54	374
평균	9.8	15	17.6	21.6	10.8	14.96

표 8.3의 결과를 사용하면 SST, SSA, SSW는 다음과 같이 계산된다.

$$SST = \sum_i \sum_j (x_{ij} - \overline{x})^2 = (7-14.96)^2 + (7-14.96)^2 + \cdots + (11-14.96)^2 = 632.96$$

$$SSA = \sum_i \sum_j (\overline{x}_i - \overline{x})^2 = \sum_i n_i (\overline{x}_i - \overline{x})^2$$
$$= 5[(9.8-14.96)^2 + (15-14.96) + \cdots + (10.8-14.96)^2 = 474.96$$

$$SSE = \sum_i \sum_j (x_{ij} - \overline{x}_i)^2 = (7-9.8)^2 + (7-9.8)^2 + \cdots + (15-10.8)^2 + (11-10.8)^2$$

$$= 158.00$$

이다. 여기서 SSE는 $SSE = SST - SSA = 632.96 - 474.96 = 158.00$로 구할 수도 있다. 총 데이터수가 25개이므로 SST의 자유도는 $\phi_T = 25 - 1 = 24$이고, SSA의 자유도는 인자의 수준수가 5개이므로 $\phi_A = 5 - 1 = 4$이다. SSE의 자유도는 $\phi_E = \phi_T - \phi_A = 24 - 4 = 20$이다.

표 8.4의 분산분석표에서 $F_0 = 15.03 > 2.87$이므로 유의수준 0.05에서 H_0를 기각한다. 즉, 섬유의 종류에 따라 인장강도 평균에 차이가 있다. 분산분석표에서 유의수준 0.05에서 유의한 경우에 F-분포표값 어깨에 '*' 표시를 하고, 0.01에서 유의한 경우에는 '**' 표시를 하여 한눈에 유의성을 확인할 수 있도록 하기도 한다.

그림 8.1은 섬유의 종류에 따른 인장강도 평균의 추정치를 나타낸 것으로 섬유종류 D의 인장강도가 가장 높다. ■

표 8.4 합성섬유 인장강도 데이터의 분산분석표

요인	제곱합	자유도	평균제곱	F_0	F(0.05)	F(0.01)
집단 간	474.96	4	118.74	15.03	2.87*	4.43**
집단 내	158.00	20	7.93			
전체	632.96	24				

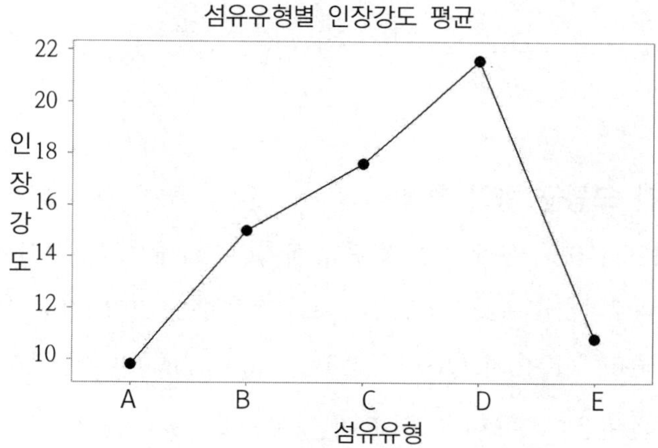

그림 8.1 섬유유형과 인장강도 평균

8.1.2 분산분석 후의 추정

집단 간의 평균에 유의한 차가 있다고 F-검정에 의하여 인정되는 경우에는 (1) 각 집단의 모평균의 추정; (2) 두 집단 간 모평균 차의 추정을 통해 추가적인 분석을 수행한다.

1) 각 집단의 모평균의 추정

집단 i의 모평균 μ_i의 추정을 생각하여 보자. 집단 i에서 얻은 n_i개의 데이터 x_{ij}, $j = 1, 2, \ldots, n_i$은 평균 μ_i, 분산 σ^2인 정규분포를 따른다. 집단 i에 얻은 데이터의 평균 $\overline{x}_i$는 평균 μ_i이고, 표준편차 $\sigma/\sqrt{n_i}$인 정규분포를 따른다. σ^2의 불편추정량은 MSE이고, SSE의 자유도가 $\phi_E = n - k$이므로

$$T = \frac{\overline{x}_i - \mu_i}{\sqrt{MSE/n_i}} \tag{8.7}$$

는 자유도 $\phi_E = n - k$인 t-분포를 따른다. 이 사실을 이용하면 μ_i의 $100(1-\alpha)\%$ 신뢰구간은

$$\bar{x}_i \pm t_{(n-k:\alpha/2)} \sqrt{\frac{MSE}{n_i}} \tag{8.8}$$

이 된다.

2) 두 집단 간 모평균 차의 추정

집단 i와 집단 $i'(i \neq i')$에서 모평균의 차 $\mu_i - \mu_{i'}$에 대한 신뢰구간과 가설 검정에 대해서 살펴보자. $\mu_i - \mu_{i'}$는 $\bar{x}_i - \bar{x}_{i'}$로 추정하는 것이 가장 합리적이다. 이때 $\bar{x}_i - \bar{x}_{i'}$는 평균 $\mu_i - \mu_{i'}$이고, 표준편차 $\sigma\sqrt{1/n_i + 1/n_{i'}}$인 정규분포를 따른다.

σ^2의 불편추정량은 MSE이고, SSE의 자유도가 $\phi_E = n-k$이므로

$$T = \frac{(\bar{x}_i - \bar{x}_{i'}) - (\mu_i - \mu_{i'})}{\sqrt{MSE\,(1/n_i + 1/n_{i'})}} \tag{8.9}$$

는 자유도 $\phi_E = n-k$인 t-분포를 따른다. 이 사실을 이용하면 $\mu_i - \mu_{i'}$의 100(1-α)% 신뢰구간은

$$(\bar{x}_{i.} - \bar{x}_{i'.}) \pm t_{(n-k:\alpha/2)} \sqrt{MSE\left(\frac{1}{n_i} + \frac{1}{n_{i'}}\right)} \tag{8.10}$$

이 된다.

예제 8.2

표 8.1의 인장강도 데이터를 사용하여 (1) 각 집단의 평균 인장강도에 대한 95% 신뢰구간을 구하라. (2) 면함량률이 D인 집단과 C인 집단의 평균 인장강도 차의 95% 신뢰구간을 구하라.

풀이

(1) 각 집단의 데이터수가 $n_i = 5$, 집단 내 평균제곱 MSE = 7.93, 자유도 $\phi_E = 25-5 = 20$이므로 신뢰수준 95%의 오차한계는 $t_{(n-k:\alpha/2)}\sqrt{MSE/n_i}$

표 8.5 평균인장강도의 추정

집단	평균($\bar{x}_i$)	95% 신뢰구간
A	9.8	$9.8 \pm 2.627 \equiv (7.173, 12.427)$
B	15.0	$15.0 \pm 2.627 \equiv (12.373, 17.627)$
C	17.6	$17.6 \pm 2.627 \equiv (14.973, 20.227)$
D	21.6	$21.6 \pm 2.627 \equiv (18.973, 24.227)$
E	10.8	$10.8 \pm 2.627 \equiv (8.173, 13.427)$

$= t_{(20:0.025)}\sqrt{7.93/5} = 2.086\sqrt{1.586} = 2.627$이다. 표 8.5는 각 집단의 인장강도 평균에 대한 95%신뢰구간을 나타낸 것이다. (2) 단 D와 집단 C의 평균 차는 $21.6 - 17.6 = 4.0$이고, 두 평균차에 대한 신뢰수준 95%의 오차한계는 $t_{(20:0.025)}\sqrt{7.93(1/5+1/5)} = 3.715$이다. 따라서 평균 차에 대한 95%신뢰구간은 $4.0 \pm 3.715 \equiv (0.285, 7.715)$이다. ■

예제 8.3

벽돌공장의 품질엔지니어는 벽돌의 품질특성 중의 하나인 밀도는 착화온도(firing temperature)에 영향을 받는 것으로 추측하고 있다. 착화온도가 벽돌의 밀도에 미치는 영향을 조사하기 위해서 4개의 온도수준(100, 125, 150, 175 ℃)에서 벽돌을 제작하고, 밀도를 측정하여 표 8.6의 데이터를 얻었다(125 ℃와 175 ℃ 수준에서 각각 1개의 결측치가 발생함). (1) 온도수준에 따라 평균 밀도에 차이가 있는지 검정하라. (2) 벽돌의 밀도가 가장 높은 수준에서 밀도평균의 95% 신뢰구간을 구하라. 각 온도수준에서 벽돌의 밀도는 정규분포를 따르고, 분산은 동일한 것으로 가정하라

풀이

(1) A_i수준에서 밀도의 평균을 μ_i라 하면 가설은 '$H_0: \mu_1 = \mu_2 = \mu_3 = \mu_4$ 대 $H_1:$ μ_i가 모두 동일하지는 않음'가 된다. 식(8.4)를 사용하여 변동을 계산하고, 분산분석표를 작성하면 표 8.7의 결과를 얻을 수 있다. 표 8.7에서 보면 가설

표 8.6 벽돌의 밀도 데이터

수준(온도 ℃)	벽돌의 밀도
$A_1(100)$	21.8 21.5 21.7 21.6 21.7
$A_2(125)$	21.7 21.4 21.5 21.4
$A_3(150)$	21.9 21.8 21.8 22.1 22.0
$A_4(175)$	21.9 21.7 21.8 21.4

표 8.7 벽돌 밀도 데이터의 분산분석표

요인	제곱합	자유도	평균제곱	F	F(0.05)	F(0.01)
집단 간	0.4094	3	0.1365	5.97	3.34*	5.56**
집단 내	0.32	14	0.0229			
전체	0.7294	17				

$H_0 : \mu_1 = \mu_2 = \mu_3 = \mu_4$는 유의수준 0.05에서 기각된다. 즉, 온도에 따라 벽돌의 밀도평균에 유의한 차이가 있다고 할 수 있다. (2) 각 수준에서 평균은 21.66, 21.50, 21.92, 21.70으로 계산되고, 온도 150 ℃인 A_3수준에서 밀도가 가장 높다. 식(8.8)을 이용하면 A_3수준에서의 모평균 μ_3에 대한 95% 신뢰구간을 구할 수 있다. A_3수준에서 얻은 데이터의 수 $n_3 = 5$, $MSE = 0.0229$, $\phi_E = n - k = 14$이고, $t_{(14,0.025)} = 2.145$이므로 μ_3 에 대한 95% 신뢰구간은 $21.92 \pm 2.145\sqrt{0.0229/5}$ $= 21.92 \pm 0.1452 \equiv (21.7748, 22.0652)$이다. ■

3) 다중비교방법

k개 모평균의 비교에서 쌍을 이루는 두 개 모평균 간의 비교를 다중비교(multiple comparison)라 한다. 다중비교는 비교의 유형과 오류를 범할 확률의 산정방식에 따라 다양한 형태로 할 수 있다. 이들 중 튜키방법(Tukey's method), 피셔방법(Fisher's method), 던넷방법(Dunnett's method), MCB 방법(Hsu's MCB method) 등이 많이

알려져 있다. 여기서는 이들 방법의 이론적 배경보다는 미니탭에서 제공하는 출력물을 중심으로 살펴본다.

튜키방법과 피셔방법은 쌍을 이루는 모든 모집단의 평균 간 차이에 대한 신뢰 구간을 제공한다. 던넷방법은 각 모집단에서의 평균과 기준이 되는 모집단의 평균의 차에 대한 신뢰 구간을 제공한다. MCB방법은 각 모집단에 대해서 해당 모집단의 평균과 나머지 모집단에서 최적(최대 또는 최소)인 모집단의 평균의 차에 대한 신뢰 구간을 제공한다.

튜키방법, 던넷방법, MCB방법에서는 개별 신뢰구간의 오류율(= 1 − 신뢰수준)을 종합한 오류율이 지정한 모임 오류율이 되도록 신뢰구간을 정한다[7]. 반면에 피셔방법에서는 개개 신뢰구간의 오류율을 독립적으로 지정하는 개별오류율을 사용한다. 표 8.8은 미니탭에서 제공하는 다중비교방법의 용도를 정리한 것이다.

표 8.8 다중비교방법별 특성

방법	비교내용	오류율
Tukey의 모임오류율	모든 모집단에 대해서 쌍을 이루는 두 평균 차에 대한 신뢰구간을 구하는데 사용	모임오류율
Fisher의 개별오류율	최소유의차를 사용하여 쌍을 이루는 모든 모집단의 평균 차에 대한 신뢰구간을 구하는데 사용	개별오류율
Dunnett의 모임오류율	각 모집단의 평균과 기준 모집단의 평균 간 차에 대한 신뢰구간을 구하는 경우에 사용	모임오류율
Hsu의 MCB 모임오류율	각 모집단의 평균과 다른 모집단의 평균 중에서 최적인 평균의 차에 대한 신뢰구간을 구하는 경우에 사용	모임오류율

7) 모임오류율을 고려한 신뢰구간을 본페로니 신뢰구간(Bonferroni confidence interval)이라 한다. 본페로니 신뢰구간은 2개 이상의 모수에 대한 동시 신뢰구간으로 각 신뢰구간의 오류율을 종합한 모임오류율이 α일 때, 신뢰수준 $100(1-\alpha)\%$ 본페로니 신뢰구간이라 한다.

8.2 모분산의 동일성 검정

제7.2절에서 본 바와 같이 분산 또한 제조공정의 공정능력을 나타내는 중요한 측도 중의 하나이다. 두 모분산의 동일성 검정과 마찬가지로 k개 집단의 모분산의 동일성을 검정해야 하는 경우가 있다. 특히, 8.1절의 k개 모평균의 동일성 검정에 사용한 분산분석법은 각 집단이 정규분포를 따르고, 모분산이 동일하다는 가정을 하였다. 따라서 분산분석법을 적용하기 위해서는 모집단의 정규성과 모분산의 동일성을 먼저 검정해야 한다. 이 절에서는 모분산의 동일성 검정에 많이 사용되는 바틀렛의 χ^2-검정(Bartlett's chi-square test)과 레벤의 F-검정(Levene's F-test)에 대해서 소개한다.

8.2.1 바틀렛 검정

바틀렛검정은 각 모집단이 모두 정규분포를 따르는 경우에 적용할 수 있는 검정법이다. 모집단 i가 정규분포를 따르고, 모분산이 σ_i^2이라 하자. 이때 S_i^2를 n_i개 표본으로부터 구한 표본분산이라 하면, $(n_i - 1)S_i^2/\sigma_i^2$은 자유도 $(n_i - 1)$인 카이제곱분포를 따른다.

k개 모분산의 동일성은 가설

$$H_0 : \sigma_1^2 = \sigma_2^2 = \cdots = \sigma_k^2 \text{ 대 } H_1 : \sigma_i^2\text{이 모두 동일하지는 않음} \tag{8.11}$$

로 나타낼 수 있다. 바틀렛은 가설 (8.11)을 검정하기 위한 통계량으로

$$\Lambda = \frac{1}{c}\left\{(n-k)\ln(S_p^2) - \sum_{i=1}^{k}(n_i - 1)\ln(S_i^2)\right\} \tag{8.12}$$

$$\text{단, } c = 1 + \frac{1}{3(k-1)}\left(\sum_{i=1}^{k}\frac{1}{n_i - 1} - \frac{1}{n-k}\right) \tag{8.13}$$

$$n = n_1 + n_2 + \cdots + n_k,\quad S_p^2 = \frac{1}{n-k}\sum_{i=1}^{k}(n_i - 1)S_i^2$$

를 사용한다.

식(8.12)의 Λ는 집단의 표본분산이 동일한 경우에는 0에 가까운 값을 가지고, 표본분산의 차이가 큰 경우에는 큰 값을 갖는다. 따라서 Λ가 큰 값을 가지면 식(8.11)의 귀무가설을 기각하는 판정을 하면 될 것이다. 바틀렛은 가설 $H_0 : \sigma_1^2 = \sigma_2^2 = \cdots = \sigma_k^2$가 성립할 경우에 Λ는 자유도 $(k-1)$인 카이제곱분포를 따름을 보였다. 따라서 k개 모집단의 모분산의 동일성에 대한 가설검정은 다음과 같이 정리된다.

【정리 8.2】(바틀렛 χ^2-검정) k개 모집단에 대해서 모집단 i의 분산이 σ_i^2, $i = 1, 2, \ldots, k$인 정규모집단이라 할 때, 귀무가설 $H_0 : \sigma_1^2 = \sigma_2^2 = \cdots = \sigma_k^2$에 대한 검정통계값 Λ_0는 식(8.12)을 데이터로 계산한 값이다. 이 때 대립가설 $H_1 :$ σ_i^2가 모두 같지는 않다$(i = 1, 2, \ldots, k)$에 대한 유의수준 α인 기각역은 $\Lambda_0 > \chi^2_{(k-1\,:\,\alpha)}$ 이다.

예제 8.4

표 8.1의 데이터로 섬유유형별 인장강도의 분산이 동일한지 여부를 바틀렛 검정법으로 검정하라. 섬유유형별 인장강도는 정규분포를 따른다고 가정하라.

풀이

섬유유형별 인장강도의 분산을 σ_i^2, $i = 1, 2, \ldots, 5$라 하면 모분산의 동일성을 검정하는 가설은 $H_0 : \sigma_1^2 = \sigma_2^2 = \cdots = \sigma_5^2$이다. 표 8.1의 데이터로부터 집단별 표본 수와 표본분산을 포함하여 식(8.12)의 계산에 필요한 값은 다음과 같다.

	A	B	C	D	E
표본 크기(n_i)	5	5	5	5	5
표본분산(S_i^2)	11.2	9	4.3	6.8	8.2
$\ln(S_i^2)$	2.42	2.20	1.46	1.92	2.10

$n = 25$, $k = 5$이므로 $S_p^2 = [(5-1)11.2 + (5-1)9 + \cdots + (5-1)8.2]/(25-5) = 158/20 = 7.9$이므로 식(8.12)의 첫 번째 항은 $(25-5)\ln(7.9) = 41.337$이고, 두 번째 항 $\sum_{i=1}^{5}(n_i - 1)\ln(S_i^2) = (5-1)2.42 + (5-1)2.20 + \cdots + (5-1)2.10 = 40.36$이다. 식(8.13)의 c는 1.1이므로 바틀렛통계값은 $\Lambda_0 = (41.337 - 40.36)/1.1 = 0.89$이다. $\Lambda_0 = 0.89 < 9.488(= \chi^2_{(4:0.05)})$이므로 H_0를 기각할 수 없다. 즉, 모분산은 동일하다고 할 수 있다. ■

8.2.2 레벤 검정

바틀렛 검정은 모집단이 정규분포를 따르는 것을 가정하고 있으므로 모집단이 정규분포가 아닌 경우에는 잘못된 판정을 할 수 있다. 레벤 검정은 모집단이 정규분포가 아닌 경우에도 모분산의 동일성 검정에 사용할 수 있다.

레벤 검정에서는 각 집단에서 개별 데이터의 절대편차(absolute deviation)을 사용한다. 절대편차는 모집단의 변동성을 나타내는 측도이므로 각 집단의 절대편차의 평균에 차이가 크면 모분산이 동일하지 않는 것으로 판정할 수 있다.

이제 식(8.11)의 가설에 대한 레벤검정에 대해서 살펴보자. x_{ij}를 집단 i의 데이터 $j\,(i = 1,2,\ldots,k;\ j = 1,2,\ldots,n_i)$, $\bar{x}_i$를 집단 i에서 취한 n_i개 표본의 평균이라 하자. 이때 $z_{ij} = |x_{ij} - \bar{x}_i|$라 두면 z_{ij}는 x_{ij}의 절대편차이다. 레벤은 절대편차 z_{ij}를 사용하여 가설 (8.11)을 검정하기 위한 통계량

$$F = \left(\frac{n-k}{k-1}\right)\frac{\sum_{i=1}^{k} n_i(\bar{z}_i - \bar{z})^2}{\sum_{i=1}^{k}\sum_{j=1}^{n_i}(z_{ij} - \bar{z}_i)^2} \tag{8.14}$$

$$\text{단, } \bar{z}_i = \frac{1}{n_i}\sum_{i=1}^{n_i} z_{ij},\quad \bar{z} = \frac{1}{n}\sum_{i=1}^{k}\sum_{j=1}^{n_i} z_{ij},\quad n = \sum_{i=1}^{k} n_i$$

를 사용하였다. 식(8.14)의 분자는 식(8.5)의 $MSA = SSA/(k-1)$와 같고, 분모는

MSE = SSE/(n − k)와 같다. 따라서 통계량 F는 식(8.6)의 분산비와 동일하다.

식(8.14)의 F에서 분자는 편차의 집단 간 변동, 분모는 집단 내 변동이라 할 수 있다. 따라서 분자의 크기가 충분히 크면 집단 간 편차 평균, 즉 모분산에 차이가 있다고 판정할 수 있다. 또한 귀무가설이 성립할 경우에 F는 분자의 자유도 (k − 1), 분모의 자유도 (n − k)인 F-분포를 따른다. 따라서 k개 모집단의 모분산의 동일성에 대한 가설검정은 다음과 같이 정리된다.

【정리 8.3】 (레벤의 F-검정) k개 모집단에 대해서 모집단 i의 분산이 σ_i^2, $i = 1,2,\ldots,k$일 때, 귀무가설 $H_0 : \sigma_1^2 = \sigma_2^2 = \cdots = \sigma_k^2$에 대한 검정통계값 F_0는 식(8.14)을 데이터로 계산한 값이다. 이 때 대립가설 H_1 : σ_i^2가 모두 같지는 않다 $(i = 1,2,\ldots,k)$에 대한 유의수준 α인 기각역은 $F_0 > F_{(k-1,n-k:\alpha)}$이다.

예제 8.5

표 8.6의 벽돌의 밀도 데이터에 대해서 집단별로 모분산이 동일한지 여부를 레벤의 F-검정법으로 검정하라.

풀이

착화온도별 벽돌밀도의 분산을 σ_i^2, $i = 1,2,3,4$라 하면 모분산의 동일성을 검정하는 가설은 $H_0 : \sigma_1^2 = \sigma_2^2 = \sigma_3^2 = \sigma_4^2$이다. 표 8.6의 데이터로부터 집단별 표본 수와 표본분산을 포함하여 식(8.12)의 계산에 필요한 값은 다음과 같다.

표 8.9 착화온도별 밀도데이터의 정리

착화온도	데이터					합계	평균
A	21.8	21.5	21.7	21.6	21.7	108.3	21.66
B	21.7	21.4	21.5	21.4		86.0	21.50
C	21.9	21.8	21.8	22.1	22.0	109.6	21.92
D	21.9	21.7	21.8	21.4		86.8	21.70

표 8.10 착화온도별 밀도데이터의 절대편차

착화온도	절대편차					합계	평균
A	0.14	0.16	0.04	0.06	0.04	0.44	0.088
B	0.20	0.10	0.00	0.10		0.40	0.100
C	0.02	0.12	0.12	0.18	0.08	0.52	0.104
D	0.20	0.10	0.10	0.40		0.80	0.200

표 8.10의 결과를 사용하여 식(8.4)의 SST, SSA, SSE는 다음과 같이 계산된다.

$$\begin{aligned} SST &= \sum_i \sum_j (z_{ij} - \bar{z})^2 = (0.14 - 0.12)^2 + (0.16 - 0.12)^2 + \cdots + (0.40 - 0.12)^2 \\ &= 0.1408 \end{aligned}$$

$$\begin{aligned} SSA &= \sum_i \sum_j (\bar{z}_i - \bar{z})^2 = \sum_i n_i (\bar{z}_i - \bar{z})^2 \\ &= 4(0.088 - 0.12)^2 + 3(0.100 - 0.12)^2 + 4(0.104 - 0.12)^2 + 3(0.200 - 0.12)^2 \\ &= 0.02552 \end{aligned}$$

$$\begin{aligned} SSE &= \sum_i \sum_j (z_{ij} - \bar{z}_i)^2 = (0.14 - 0.088)^2 + (0.16 - 0.088)^2 + \cdots + (0.1 - 0.2)^2 \\ &\quad + (0.4 - 0.2)^2 = 0.1072 \end{aligned}$$

이다. 여기서 SSE는 $SSE = SST - SSA = 0.1408 - 0.02552 = 0.1072$로 구할 수도 있다. 총 데이터수 $n = 16$, 수준수 $k = 4$이므로 식(8.14)의 값 F_0는

$$F_0 = \frac{0.02552/(4-1)}{0.1072/(16-4)} = 0.9522$$

이다. $F_0 = 0.9522 < 3.39 (= F_{(3,12\,:\,0.05)})$이므로 유의수준 5%로 H_0를 기각할 수 없다. 즉, 착화온도별 벽돌밀도의 모분산은 동일하다고 할 수 있다. ■

8.3 모비율의 동일성 비교

모집단이 서로 다른 c개의 범주로 구분되는 개체로 구성된 경우, 이를 다항모집단(multinomial population)이라 한다. 예를 들어, 5점 척도로 응답하는 설문조사의 응답은 범주 수가 5개인 다항모집단이 된다. 특히, 범주 수가 2개인 모집단을 이항모집단(binomial population)이라 한다. 이절에서는 k개의 이항모집단의 비교와 다항모집단의 비교에 대해서 다룬다.

다항모집단의 모수는 각 범주에 포함되는 개체수의 비율이 된다. k개 다항모집단의 비교에서는 각 범주에 포함되는 개체의 기대도수(expected frequency)와 관측도수(observed frequency)의 차이를 이용한다. 주어진 귀무가설 H_0에 대해서 H_0가 참일 때의 기대도수를 구하고, 기대도수와 실제 관측도수의 상대적 차이가 크면 귀무가설을 기각하는 판정을 한다. 이 때 사용하는 통계량은 표본의 크기가 충분히 크면 카이제곱분포를 따르게 되므로 이를 흔히 카이제곱검정이라 부른다.

8.3.1 k개 이항모집단의 비교

두 개의 이항모집단의 동일성은 7.3절의 두 모비율 비교에서 다룬 '두 모비율 Z-검정'을 사용하는 것이 보통이다. 그러나 이 절에서 소개하는 카이제곱검정을 사용하더라도 동일한 결론을 얻을 수 있다. 먼저 카이제곱검정을 사용한 두 이항모집단의 비교에 대해서 살펴보자.

이항모집단은 특정의 속성을 갖는 개체(범주1)와 그렇지 않은 개체(범주2)의 두 범주로 구성된다. 각 모집단에서 범주1에 속하는 개체의 비율을 θ_i, $i=1,2$라 하자. 두 모집단의 동일성에 대한 가설 $H_0:\theta_1=\theta_2$ 대 $H_1:\theta_1\neq\theta_2$의 검정에 카이제곱검정법을 적용한다.

두 모집단에서 취한 n_1, n_2개에 표본에 포함된 특정 속성을 갖는 개체의 수를 각각 x_1, x_2라 하자. 귀무가설 $H_0:\theta_1=\theta_2$가 성립하는 경우의 공통의 모비율을 $\theta_1=\theta_2=\theta$라 하면, 집단1과 집단2에서 취한 표본 중 범주1에 포함되는 개체의 기대도수는 $n_1\theta$, $n_2\theta$이고, 범주2에 포함되는 개체의 기대도수는 $n_1(1-\theta)$, $n_2(1-\theta)$

표 8.11 두 개 이항모집단에 대한 범주별 기대도수와 관측도수

	집단1		집단2	
	기대도수	관측도수	기대도수	관측도수
범주1	$n_1\theta$	x_1	$n_2\theta$	x_2
범주2	$n_1(1-\theta)$	$n_1 - x_1$	$n_2(1-\theta)$	$n_2 - x_2$

가 된다. 표 8.11은 각 집단에 대해서 범주별 기대도수와 관측도수를 나타낸 것이다. O_{ij}를 집단 i에서 범주 j에 포함되는 개체의 관측도수, E_{ij}를 를 집단 i에서 범주 j에 포함되는 개체의 기대도수$(i, j = 1,2)$라 하자. 가설 $H_0 : \theta_1 = \theta_2$에 대한 카이제곱검정에서는 관측도수와 기대도수의 차이의 상대적 크기를 이용한 통계량

$$W = \sum_{i=1}^{2}\sum_{j=1}^{2}\frac{(O_{ij} - E_{ij})^2}{E_{ij}} \tag{8.16}$$

를 검정통계로 사용한다. 이때 E_{ij}는 공통의 모비율 θ가 미지이므로 θ의 추정치로 합동표본비율

$$p = \frac{x_1 + x_2}{n_1 + n_2} \tag{8.17}$$

을 사용한다.

식(8.16)의 통계량 W는 귀무가설이 성립하는 경우에는 0에 가까운 값을 갖게 되고, 그렇지 않을 경우에는 큰 값을 갖게 될 것이다. 또한 표본이 충분히 큰 경우에 W는 자유도 1인 카이제곱분포를 따른다. 따라서 유의수준 α인 기각역은 데이터로부터 계산한 식(8.16)의 값 W_0가 $W_0 \geq \chi^2_{(1:\alpha)}$이면 귀무가설 $H_0 : \theta_1 = \theta_2$를 기각하는 판정을 한다.

예제 8.6

(예제 7.8 반복) 월요일에 생산된 제품에서 추출한 100개의 표본에서 12개의 불량품을 관찰하였고, 화요일에 생산된 제품에서 추출한 200개의 표본에서 16개의 불량품을 관찰하였다. 월요일과 화요일에 생산된 제품의 불량률에 차이가 있는가? 카이제곱검정법으로 수행하라.

풀이

$n_1 = 100$, $x_1 = 12$, $n_2 = 200$, $x_2 = 16$인 경우에 두 모비율 θ_1, θ_2의 동일성을 비교한다. 가설은 '$H_0 : \theta_1 - \theta_2 = 0$ 대 $H_1 : \theta_1 - \theta_2 \neq 0$'이다. 귀무가설 하에서 두 표본으로부터 합동 표본비율은 $p = (12+16)/(100+200) = 0.1267$이다. $p = 0.1262$이므로 월요일의 불량수 기대도수는 $n_1 p = 100(0.1257) = 12.67$, 양품수 기대도수는 $n_1(1-0.1267) = 87.33$, 화요일의 불량수 기대도수는 $n_2 p = \ = 25.34200(0.1257)$, $n_2(1-p) = 200(1-0.1267) = 174.66$이다.

표 8.12의 기대도수와 관측도수로부터 (8.16)의 W_0는

$$W_0 = \frac{(12-12.67)^2}{12.67} + \frac{(88-87.33)^2}{87.33} + \frac{(16-25.34)^2}{25.34} + \frac{(184-174.66)^2}{184} = 3.983$$

이다. 따라서 $W_0 = 3.983 > 3.84 (= \chi^2_{(1:0.05)})$이므로 유의수준 0.05에서 H_0를 기각한다. 이 결과는 예제 7.8의 결과와 동일하다는 것을 확인할 수 있다. ■

표 8.12 불량품과 양품의 기대도수와 관측도수

	월요일		화요일	
	기대	관측	기대	관측
불량수	12.67	12	25.34	16
양품수	87.33	88	174.66	184

표 8.13 k개 이항모집단에 대한 관측도수

	집단1	집단2	…	집단k	합계
범주1	x_1	x_2	…	x_k	x
범주2	n_1-x_1	n_2-x_2	…	n_k-x_k	$n-x$
표본 크기	n_1	n_2	…	n_k	n

이제 k개 이항모집단의 동일성 비교에 대해서 살펴보자. θ_i를 집단 i에서 범주1에 포함되는 개체의 비율이라 하면, k개 이항모집단의 동일성을 검정하는 가설은

$$H_0 : \theta_1 = \theta_2 = \cdots = \theta_k \quad \text{대} \quad H_1 : H_0\text{가 아니다} \tag{8.18}$$

로 설정할 수 있다. n_i를 집단 i에서 취한 표본의 수, x_i를 집단 i에서 취한 표본에서 특정 속성(성공)을 갖는 개체의 수($i=1,2,\ldots,k$)라 하면, 관측도수는 표 8.13과 같이 $k\times 2$ 분할표(contingency table)로 정리할 수 있다.

귀무가설 H_0하에서 공통의 성공률 $\theta_1 = \theta_2 = \cdots = \theta_k = \theta$의 추정값은 합동표본비율

$$p = \frac{x_1 + x_2 + \cdots + x_k}{n_1 + n_2 + \cdots + n_k} = \frac{x}{n} \tag{8.19}$$

$$\text{단, } x = \sum_{i=1}^{k} x_i, \quad n = \sum_{i=1}^{k} n_i$$

로 주어진다. 식(8.19)의 p를 이용하면 귀무가설 하의 기대도수의 추정값 E_{ij}, $i=1,2,\ldots,k$; $j=1,2$는

$$E_{i1} = n_i p, \quad E_{i2} = n_i(1-p), \quad i = 1,2,\ldots,k \tag{8.20}$$

가 된다. 이때 $O_{i1} = x_i$, $O_{i2} = n_i - x_i$, $i=1,2,\ldots,k$라 두면 식(8.17)의 가설을 검정하는 통계량은

$$W = \sum_{i=1}^{k}\sum_{j=1}^{2}\frac{(O_{ij}-E_{ij})^2}{E_{ij}} \tag{8.21}$$

으로 주어지고, 귀무가설 $H_0 : \theta_1 = \theta_2 = \cdots = \theta_k$가 사실일 때 표본 크기가 충분히 크면 W는 근사적으로 자유도 $(k-1)$인 카이제곱분포를 따른다. 이 사실을 이용하면 k개 이항모집단의 동일성 검정은 다음과 같이 정리할 수 있다.

【정리 8.4】(k 비율 χ^2 검정) k개 이항모집단의 비교를 위한 가설 $H_0 : \theta_1 = \theta_2 = \cdots = \theta_k$에 대한 검정통계값 W_0는 데이터로 계산한 식(8.21)의 값이다. 이 때 대립가설 H_1: θ_i가 모두 같지는 않다$(i = 1,2,\ldots,k)$에 대한 유의수준 α인 기각역은 $W_0 > \chi^2_{(k-1:\alpha)}$이다.

예제 8.7

어떤 자동차부품공장의 품질경영책임자는 요일별로 부품 불량률에 차이가 있는지를 확인하기 위해 한 주 동안 매일 100개의 표본을 무작위로 취하고, 품질검사를 수행하여 다음의 결과를 얻었다. 유의수준 5%에서 요일별로 불량률에 차이가 있는지 검정하라.

	월	화	수	목	금
불량품수	13	6	6	11	15
양품수	87	94	94	89	85
합계	100	100	100	100	100

풀이

요일별 불량률을 θ_i라 하면, 귀무가설은 $H_0 : \theta_1 = \theta_2 = \cdots = \theta_5$이고, 대립가설은 H_1:'H_0가 아니다'이다. 귀무가설 하에서 공통의 불량률은 $p = (13+6+6+11+15)/500 = 0.102$이다. $p = 0.102$를 이용하면 관측도수와 기대도수는 다음 표와 같이 구할 수 있다.

	월		화		수		목		금	
	관측	기대	관측	기대	관측	기대	관측	기대	관측	기대
불량품수	13	10.2	6	10.2	6	10.2	11	10.2	15	10.2
양품수	87	89.8	94	89.8	94	89.8	89	89.8	85	89.8
합계	100		100		100		100		100	

식 (8.21)의 검정통계값 W_0는

$$W_0 = \frac{(13-10.2)^2}{10.2} + \frac{(87-89.8)^2}{89.8} + \frac{(6-10.2)^2}{10.2} + \cdots + \frac{(85-89.8)^2}{89.8} = 7.293$$

이다. 따라서 $W_0 = 7.293 < 9.488 (= \chi^2_{(4:0.05)})$이므로 유의수준 0.05에서 H_0를 기각할 수 없다. 즉, 요일별 불량률에 차이가 있다고 할 수 없다. ■

8.3.2 다항모집단의 비교

이항모집단에 대해서 적용한 카이제곱검정은 다항모집단에 대한 검정으로 쉽게 확장할 수 있다. c개의 범주를 갖는 k 개의 다항모집단의 비교에 대해서 살펴보자. θ_{ij}를 집단 i에서 범주 j에 포함되는 개체의 비율이라 하면($i = 1,2,\ldots,k$; $j = 1,2,\ldots,c$), k개 다항모집단의 동일성을 검정하는 가설은

$$H_0 : \theta_{1j} = \theta_{2j} = \cdots = \theta_{kj} \ (j = 1,2,\ldots,c) \quad \text{대} \quad H_1 : H_0\text{가 아니다} \tag{8.22}$$

로 설정할 수 있다. 즉, 모든 모집단에서 범주 $j\,(j = 1,2,\ldots,c)$에 포함되는 개체의 비율이 모두 동일하면 귀무가설이 참이라 할 수 있다.

n_i를 집단 i에서 취한 표본의 수, x_{ij}를 집단 i에서 취한 표본에서 범주 j에 포함되는 개체의 수($i = 1,2,\ldots,k$; $j = 1,2,\ldots,c$)라 하자. 표 8.12은 관측도수를 $k \times c$ 분할표로 정리한 것이다.

표 8.14 k개 다항모집단에 대한 관측도수

	집단1	집단2	…	집단k	합계
범주1	x_{11}	x_{21}	…	x_{k1}	x_1
범주2	x_{12}	x_{22}	…	x_{k2}	x_2
…	…	…	…	…	…
범주c	x_{1c}	x_{2c}	…	x_{kc}	x_c
표본 크기	n_1	n_2	…	n_k	n

귀무가설 H_0하에서 범주 j에 포함되는 개체의 공통의 비율 $\theta_{1j}=\theta_{2j}=\cdots=\theta_{kj}=\theta_j$의 추정값은 합동표본비율

$$p_j=\frac{x_{1j}+x_{2j}+\cdots+x_{kj}}{n_1+n_2+\cdots+n_k}=\frac{x_j}{n},\ j=1,2,\ldots,c \tag{8.23}$$

$$\text{단, } x_j=\sum_{i=1}^{k}x_{ij},\ j=1,2,\ldots,c,\ n=\sum_{i=1}^{k}n_i$$

로 주어진다. 식(8.23)의 p_j로부터 귀무가설 하의 기대도수의 추정값 E_{ij}는

$$E_{ij}=n_ip_j,\ i=1,2,\ldots,k;\ j=1,2,\ldots,c \tag{8.24}$$

가 된다. 이때 $O_{ij}=x_{ij}$라 두면 식(8.21)의 가설을 검정하기 위한 통계량은

$$W=\sum_{i=1}^{k}\sum_{j=1}^{c}\frac{(O_{ij}-E_{ij})^2}{E_{ij}} \tag{8.25}$$

으로 주어지고, 귀무가설 $H_0:\theta_{1j}=\theta_{2j}=\cdots=\theta_{kj}\,(j=1,2,\ldots,c)$가 사실일 때 표본 크기가 충분히 크면 W는 근사적으로 자유도 $(k-1)(c-1)$인 카이제곱분포를 따른

다. 이 사실을 이용하면 범주의 수가 c개인 k개 다항모집단의 동일성 검정은 다음과 같이 정리할 수 있다.

【정리 8.5】 (k 다항비율 χ^2 검정) 범주의 수가 c개인 k개 다항모집단의 동일성을 비교하는 가설 $H_0 : \theta_{1j} = \theta_{2j} = \cdots = \theta_{kj}\ (j = 1,2,\ldots,c)$에 대한 검정통계값 W_0는 데이터로 계산한 식(8.25)의 값이다. 이 때 대립가설 'H_1 : H_0가 아니다'에 대한 유의수준 α인 기각역은 $W_0 > \chi^2_{((k-1)(c-1):\alpha)}$이다.

예제 8.8

예제 8.7의 품질경영책임자는 양품을 두 개의 등급(A급, B급)으로 분류하여 다음의 결과를 얻었다. 유의수준 5%에서 요일별로 부품 품질에 차이가 있는지 검정하라.

	월	화	수	목	금
A급 양품수	57	65	60	60	55
B급 양품수	30	29	34	29	30
불량품수	13	6	6	11	15
합계	100	100	100	100	100

풀이

요일별 부품 등급별 비율을 θ_{ij}라 하면, 귀무가설은 $H_0 : \theta_{1j} = \theta_{2j} = \cdots = \theta_{5j}$ $(j = 1,2,3)$이고, 대립가설은 H_1 :'H_0가 아니다'이다. 귀무가설 하에서 각 등급별 공통의 비율은 $p_1 = (57+65+\cdots+55)/500 = 0.594$, $p_2 = 0.304$, $p_3 = 0.102$ 이다. 공통의 비율을 이용하여 기대도수를 구하여 정리하면 다음 표와 같은 결과를 얻는다.

	월		화		수		목		금	
	관측	기대	관측	기대	관측	기대	관측	기대	관측	기대
A급 양품수	57	59.4	65	59.4	60	59.4	60	59.4	55	59.4
B급 양품수	30	30.4	29	30.4	34	30.4	29	30.4	30	30.4
불량품수	13	10.2	6	10.2	6	10.2	11	10.2	15	10.2
합계	100		100		100		100		100	

식 (8.24)의 검정통계값 W_0는

$$W_0 = \frac{(57-59.4)^2}{59.4} + \frac{(30-30.4)^2}{30.4} + \frac{(13-10.2)^2}{10.2} + \cdots + \frac{(15-10.2)^2}{10.2}$$

$$= 8.078$$

이다. 또한 $\chi^2_{((5-1)(3-1):0.05)} = \chi^2_{(8:0.05)} = 15.507$로써 $W_0 = 8.078 < 15.507$이므로 유의수준 0.05에서 H_0를 기각할 수 없다. 즉, 요일별 불량률에 차이가 있다고 할 수 없다. ■

8.4 미니탭 활용

k 모집단의 비교를 보통 k-표본 검정(k sample test)이라 한다. 미니탭을 사용할 경우에 k개 모평균의 비교는 [일원 분산 분석], k개 모분산의 비교는 [등분산 검정], k개 모비율 비교는 [교차표 및 카이-제곱 검정] 등을 사용한다.

8.4.1 k개 모평균의 동일성 검정

미니탭의 k개 모평균의 동일성 검정은 데이터가 쌓기형으로 입력된 경우에는 [통계분석]►[분산 분석]►[일원 분산 분석]을 이용하고, 분할형으로 입력된 경우에는 [통계분석]►[분산 분석]►[일원 분산 분석(분할된 데이터)]를 이용한다.

1) 모평균의 동일성 검정

쌓기형으로 데이터가 입력된 경우에는 다음의 절차로 모평균의 동일성을 검정한다.

1. 워크시트에 쌓기형으로 데이터 입력
2. [통계분석]►[분산 분석]►[일원 분산 분석]을 선택
3. [반응]에 데이터가 입력된 열을 입력하고, [요인]에 모집단 구분자가 입력된 열 입력 후 [확인]
4. 세션창에서 P-값을 읽고 판정함

예제 8.9

세 가지 공법 A, B, C로 생산된 금속부품 각 4개를 무작위 추출하여 인장강도를 측정한 결과가 다음과 같았다. 인장강도의 평균에 차이가 있는가? 제조공법별로 인장강도는 정규분포를 따르고, 모분산은 동일하다고 가정하라.

공법	인장강도
A	66 70 60 75
B	58 71 58 62
C	75 71 74 75

풀이

공법 A, B, C로 생산한 부품의 인장강도 평균을 각각 μ_A, μ_B, μ_C라 하면 가설은 '$H_0 : \mu_A = \mu_B = \mu_C$ 대 $H_1 : H_0$가 아님'이 된다. 세 개 모평균의 동일성 검정이므로 [일원 분산 분석]을 사용한다.

1. C1열에 인장강도 데이터, C2열에 공법 구분자를 입력(❶)
2. [통계분석]►[분산 분석]►[일원 분산 분석] 선택
3. [반응]에 C1, [요인]에 C2를 입력(❷) 후 [확인]
4. 세션창에서 P-값을 읽고(❸) 판정

그림 8.2 k 모평균의 동일성 검정 : 일원 분산 분석

세션 창의 분산분석표에서 P-값을 읽으면, P=0.037으로 유의수준 0.05보다 작으므로 $H_0 : \mu_A = \mu_B = \mu_C$를 기각 판정한다. 즉, 제조공법에 따라 인장강도 평균에 차이가 있다. 또한 표준편차의 추정치는 세션창의 '합동표준편차=5.209'가 된다. ■

2) 다중비교

미니탭에서는 표 8.8의 다중비교방법을 제공하고 있다. [통계분석]►[분산 분석]►[일원 분산 분석]을 선택하여 나타난 창에서 [비교]를 클릭하면 그림 8.3과 같은 [일원 다중 비교] 창이 나타난다. [일원 다중 비교] 창에서 원하는 분석을 선택하고, 요구하는 정보를 입력하면 계산결과를 얻을 수 있다.

예제 8.10

예제 8.9에서 세 가지 공법으로 생산된 금속부품의 인장강도 평균 차에 대한 95% 신뢰구간을 튜키방법과 피셔방법으로 구하고 비교하라.

풀이

튜키방법은 신뢰구간 전체에 대한 오류율 즉, 모임오류율이 5%가 되도록 하는 개별 신뢰구간을 구하는 것으로 개별 신뢰구간의 신뢰수준은 95%보다 크게 된다. 피셔방법은 개별 신뢰구간의 오류율이 5%가 되도록 신뢰구간을 구하는 것으로 모임오류율은 5% 보다 크다.

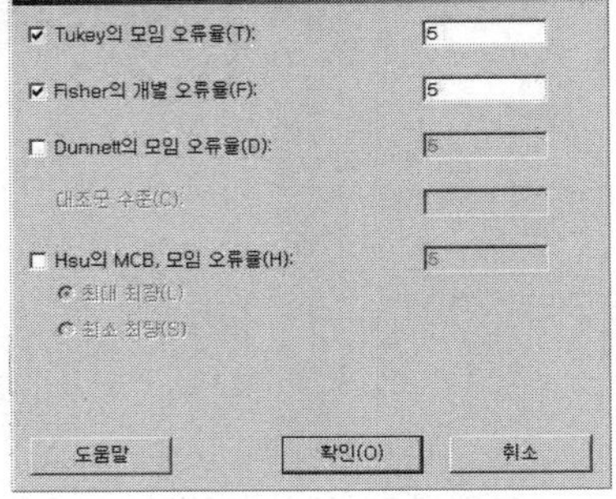

그림 8.3 일원 다중 비교

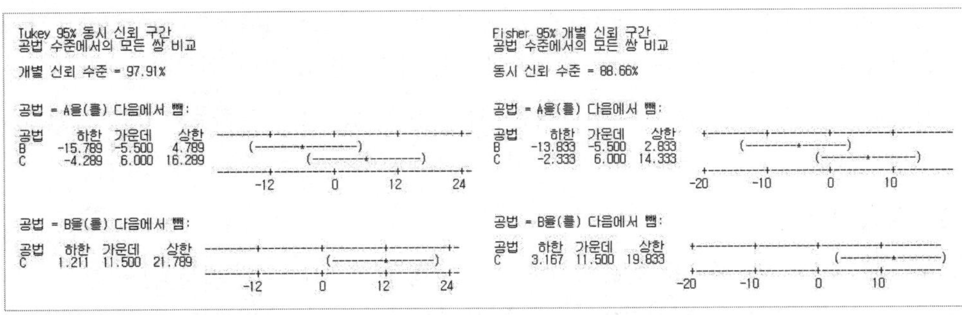

그림 8.4 다중비교 : 튜키방법과 피셔방법

1. [통계분석]►[분산 분석]►[일원 분산 분석]을 선택하여 나타난 [일원 분산 분석] 창에서 [비교]를 클릭하여 나타난 창에서 [Tukey의 모임 오류율], [Fisher의 개별 오류율]을 체크 후 [확인](그림 8.3)
2. 세션창에서 결과를 읽음(그림 8.4)

그림 8.4에서 튜키의 95% 동시 신뢰구간의 경우, 개별 신뢰구간의 신뢰수준은 97.91%이다. 신뢰구간의 값을 읽으면 $\mu_B - \mu_A$에 대한 신뢰구간은 (-15.789, 4.789)이고, $\mu_C - \mu_B$에 대한 신뢰구간은 (1.211, 21.789)이다. 피셔의 95% 개별 신뢰구간의 경우, 동시 신뢰수준은 88.66%(모임오류율=1-0.8866=0.1134)이다. 신뢰구간의 값을 읽으면 $\mu_B - \mu_A$에 대한 신뢰구간은 (-13.833, 2.833)이고, $\mu_C - \mu_B$에 대한 신뢰구간은 (3.167, 19.833)이다. ■

8.4.2 k개 모분산의 동일성 검정

미니탭의 k개 모분산의 동일성 검정은 [통계분석]►[분산 분석]►[등분산 검정]을 이용한다. 미니탭에서는 바틀렛 검정과 레벤 검정을 사용하여 모분산의 동일성 검정의 결과를 제공하며, 각 집단의 표준편차에 대한 본페로니(Bonferroni) 신뢰구간을 제공한다.

모분산의 동일성 검정 절차는 다음과 같다.

1. 워크시트에 쌓기형으로 데이터 입력
2. [통계분석]►[분산 분석]►[등분산 검정]을 선택
3. [반응]에 데이터가 입력된 열을 입력하고, [요인]에 모집단 구분자가 입력된 열 입력 후 [확인]
4. 세션창에서 P-값을 읽고 판정

예제 8.11

예제 8.9의 분산분석법은 각 모집단이 정규분포를 따르고, 모분산이 동일하다는 가정을 하고 있다. 모분산의 동일성을 검정하라.

풀이

공법 A, B, C로 생산한 부품의 인장강도 분산을 각각 σ_A^2, σ_B^2, σ_C^2라 하면 가설은 '$H_0 : \sigma_A^2 = \sigma_B^2 = \sigma_C^2$ 대 $H_1 : H_0$가 아님'이 된다. 세 개 모분산의 동일성 검정이므로 [등분산 검정]을 사용한다.

1. C1열에 인장강도 데이터, C2열에 공법 구분자를 입력(❶)
2. [통계분석]►[분산 분석]►[등분산 검정] 선택
3. [반응]에 C1, [요인]에 C2를 입력(❷) 후 [확인]
4. 세션창에서 P-값을 읽고(❸) 판정

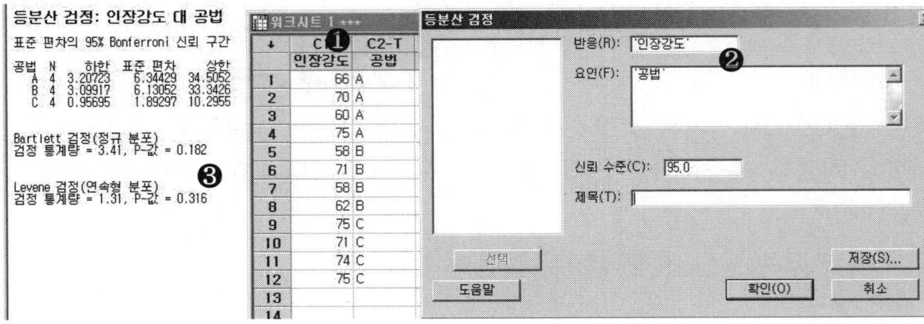

그림 8.5 k개 모분산의 동일성 검정 : 등분산 검정

그림 8.5에서 세션창에서 값을 읽으면, 바틀렛검정의 P-값은 0.182이고, 레벤검정의 P-값은 0.316이다. 두 검정 모두 값이 유의수준 0.05 또는 0.10 보다 크므로 귀무가설을 기각할 수 없다. 즉, 모분산이 동일하다고 할 수 있다. 또한 세션창에서 각 공법별 인장강도의 표준편차에 대한 95% 본페로니 신뢰구간을 확인할 수 있다. ■

8.4.3 k개 비율의 동일성 검정

미니탭의 k개 모비율의 동일성 검정은 [통계분석]►[표]에서 [교차표 및 카이-제곱 검정] 또는 [카이-제곱 검정(워크시트의 표)]를 이용한다. [교차표 및 카이-제곱 검정]은 원시데이터가 주어졌거나 빈도데이터가 주어진 경우에 사용하고, [카이-제곱 검정(워크시트의 이원표)]은 분할표가 주어진 경우에 사용한다.

그림 8.6은 미니탭의 [통계분석]►[표]에서 사용하는 데이터 입력 형식을 나타낸 것이다. 그림 8.6(a)는 원시데이터를 입력한 것으로 각 행은 한 응답자의 성별과 지지정당을 나타낸다. 그림 8.6(b)는 원시데이터를 정리하여 빈도데이터로 나타낸 것이다. 그림 8.6(b)의 첫 행은 성별이 남자이고 지지정당이 1인 응답자가 21명인 것을 나타낸다. 그림 8.6(c)는 분할표를 워크시트에 저장한 것으로 워크시트의 행은 하나의 범주형 변수로 취급한다. 즉, 그림 8.6(c)의 1행은 지지정당이 1인 남성이 17명, 여성이 18명인 것을 나타낸다.

↓	C1 성별	C2 지지정당	C3
1	1	1	
2	2	1	
3	2	3	
4	1	2	
5	1	2	
6	2	1	
7	1	3	
8	2	1	

(a) 원시데이터

↓	C1 성별	C2 지지정당	C3 빈도
1	1	1	21
2	1	2	25
3	1	3	31
4	2	1	35
5	2	2	24
6	2	3	14
7			
8			

(b) 빈도데이터

↓	C1 남성	C2 여성	C3
1	17	18	
2	10	19	
3	19	17	
4			
5			
6			
7			

(c) 분할표

그림 8.6 [통계분석]►[표]에서 사용하는 입력데이터 배열

미니탭의 [교차표 및 카이-제곱 검정]은 피어슨(Pearson) 카이제곱과 우도비 카이제곱 검정을 수행한 결과를 제공한다. 원시데이터 또는 빈도데이터 형식의 데이터가 입력된 경우에 k개 모비율의 동일성 검정 절차는 다음과 같다.

1. 워크시트에 원시데이터 또는 빈도데이터 형식으로 데이터 입력
2. [통계분석]►[표]에서 [교차표 및 카이-제곱 검정]을 선택
3. 범주형 변수와 응답값 또는 빈도를 다음과 같이 입력
   - 원시데이터 : [행 범주]에 모집단을 구분하는 범주형 변수가 입력된 열을 입력하고, [열 범주]에 범주형 특성치가 입력된 열을 입력
   - 빈도데이터 : [행 범주]와 [열 범주]에 모집단을 구분하는 범주형 변수가 입력된 열을 입력하고, [빈도]에 각 범주별 빈도가 입력된 열을 입력
4. [표시]에서 세션 창에 나타낼 통계를 지정하고, [카이-제곱]을 클릭하여 나타난 창에서 분석에 필요한 통계를 지정한 후 [확인]
5. 세션창에서 결과를 읽고 해석

예제 8.12

어떤 안건에 대한 찬성률이 집단 A, B, C간에 차이가 있는지를 확인하기 위해 조사를 실시하여 다음의 결과를 얻었다. 집단 간에 찬성률에 차이가 있는가?

	A	B	C
찬성	81	65	50
반대	19	35	50

풀이

집단 A, B, C의 찬성률을 각각 θ_A, θ_B, θ_C라 하면 가설은 '$H_0 : \theta_A = \theta_B = \theta_C$ 대 $H_1 : H_0$가 아님'이 된다. 세 개 모비율의 동일성 검정이고, 빈도데이터가 주어져 있으므로 [교차표 및 카이-제곱 검정]을 사용한다.

1. C1열에 집단 구분자, C2열에 찬반 구분자, C3열에 빈도를 입력(❶)
2. [통계학]►[표]►[교차표 및 카이-제곱 검정] 선택
3. [행 범주]에 C1, [열 범주]에 C2, [빈도]에 C3를 입력(❷). [표시]에서 [카운트] 체크 후 [카이-제곱...] 클릭(❸)
4. [교차표-카이-제곱] 창의 [표시]에서 [카이-제곱 분석]과 [기대되는 셀 카운트] 체크(❹) 후 [확인]
5. 세션창에서 P-값을 읽고 판정(❺)

그림 8.7에서 세션 창의 표는 행은 집단, 열은 찬반을 나타내고, 셀의 첫 번째 값은 관측도수, 두 번째 값은 기대도수를 나타낸다. 피어슨 카이제곱 통계값이

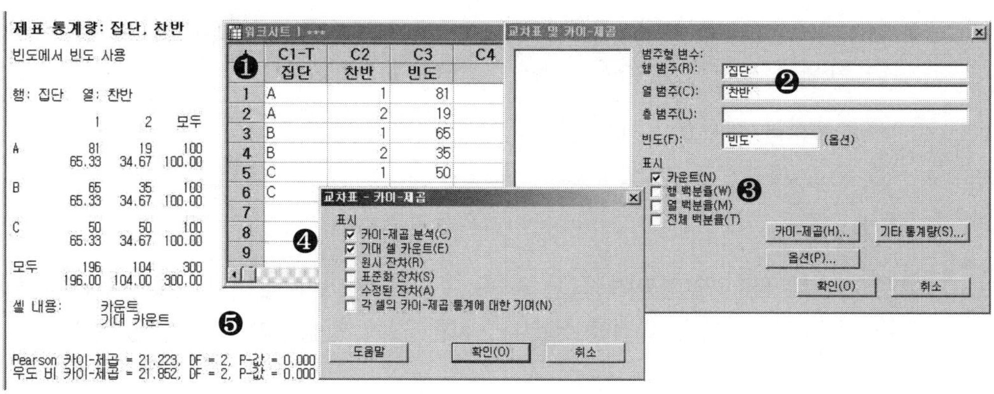

그림 8.7 k개 모비율의 동일성 검정 : 교차표 및 카이-제곱

21.223이고, P-값은 0.000이므로 귀무가설을 기각 판정한다. 즉, 집단 간에 찬성률에 차이가 있다. 우도비 카이제곱 검정의 경우에도 마찬가지의 결과를 얻는다. ■

예제 8.13

예제 8.12를 [카이-제곱 검정(워크시트의 이원 표)]를 이용하여 검정하라.

풀이

분할표를 워크시트에 입력하고, 카이제곱 검정을 수행한다.

1. C1, C2, C3열의 1행과 2행에 집단A, 집단B, 집단C의 찬반별 빈도를 입력(❶)
2. [통계학] ► [표] ► [카이-제곱 검정(워크시트의 이원 표)] 선택
3. [카이-제곱 검정(워크시트의 표)] 창의 [표를 포함하는 열]에 집단별 빈도가 입력된 열 C1, C2, C3를 입력(❷)한 후 [확인]
4. 세션창에서 P-값을 읽고 판정(❸)

그림 8.8의 세션창의 표는 그림 8.7의 결과와 동일하고, 카이-제곱 통계값도 21.223으로 동일한 것으로 확인할 수 있다. 이 경우에도 P-값이 0.000이므로 귀무가설을 기각 판정한다. ■

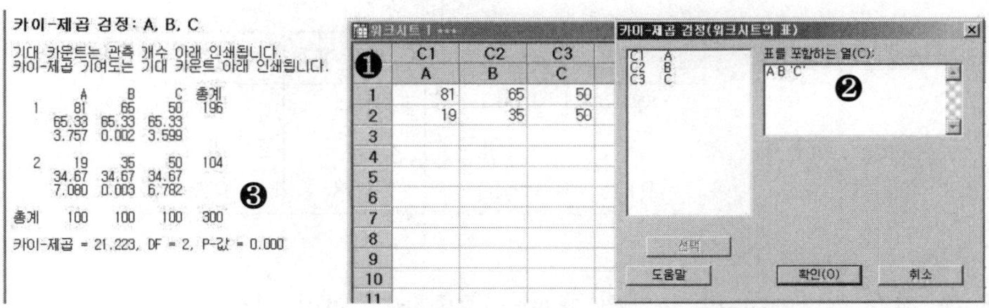

그림 8.8 k개 모비율의 동일성 검정 : 카이-제곱 검정

연습문제

8.1 5개의 집단에서 각 4개의 표본을 추출하여 어떤 성능을 나타내는 특성치를 측정하여 다음의 결과를 얻었다. 모집단의 평균에 차이가 있다고 할 수 있는가? 유의수준 5%로 검정하라. 성능 특성치는 집단별로 정규분포를 따르고, 모분산은 동일한 것으로 가정하라.

집단				
A	B	C	D	E
40	38	44	41	34
45	40	42	43	35
46	38	40	40	34
49	44	34	40	33

8.2 K사는 네 곳의 거래처로부터 전자부품을 납품받고 있다. 부품의 저항값이 거래처별로 차이가 없는지 확인하기 위해 각 거래처에서 납품한 부품 중에서 3개씩 추출하고, 저항값을 측정하여 다음의 결과를 얻었다. 거래처별 저항값 평균에 차이가 있다고 할 수 있는가? 유의수준 10%로 검정하라. 거래처별 저항값은 정규분포를 따르고, 모분산은 동일한 것으로 가정하라,

거래처			
A	B	C	D
99	99	104	98
98	100	102	99
100	101	103	97

8.3 세 개의 집단에서 각 10개의 표본을 추출하여, 어떤 성능특성을 측정하고 데이터를 얻어 분산분석표를 작성하고 있다. 아래 분산분석표를 완성하고, 세 집단의 성능특성치의 평균이 동일한지 검정하라. 유의수준은 5%를 사용하라.

요인	제곱합	자유도	평균제곱	F_0	F(0.05)
집단 간	92.64				
집단 내				–	–
전체	353.00		–	–	–

8.4 시중에 판매되고 있는 네 종류의 전지에 대해서 평균 수명에 차이가 없는지를 검정하기로 했다. 각 전지별로 5개의 전지를 무작위로 추출하여 수명을 측정한 결과가 다음과 같았다. 전지의 평균수명에 차이가 있다고 할 수 있는가? 유의수준 5%로 검정하라. 전지 종류별로 수명은 정규분포를 따르고, 모분산은 동일한 것으로 가정하라.

전지 종류			
A	B	C	D
99	100	94	97
99	100	95	97
99	100	95	98
101	100	95	98
101	101	96	99

8.5 토질이 동일하다고 판단되는 동일한 크기의 25개 농지구역이 있다. 각 구역의 농지를 무작위로 추출하여 비료의 양을 달리하여 동일한 농작물을 재배하고 생산량을 측정하였다. 비료의 양별로 생산량은 정규분포를 따르고, 모분산은 동일한 것으로 가정하라.

비료의 양				
0	10	20	30	40
75	80	91	90	88
80	84	92	94	90
78	86	84	86	91
82	85	95	97	92
74	82	88	99	87

(a) 비료의 양과 생산량에 대해 산점도를 작도하라.

(b) 비교의 양에 따라 생산량에 차이가 있다고 할 수 있는가? 유의수준 5%로 검정하라.

8.6 회로기판 제조공정에 사용되는 코팅의 전도율에 대해서 실험을 수행하였다. 네 종류의 코팅방법으로 각 5개씩 처리를 한 후에 전도율을 측정하였다. 코팅방법 별 전도율의 합은 다음과 같다. 코팅방법별 전도율은 정규분포를 따르고, 모분산은 동일한 것으로 가정하라.

	코팅방법				합계
	A	B	C	D	
데이터의 합	292	286	218	210	1,006

(a) 다음의 분산분석표를 완성하고, 코팅방법 별로 전도율 평균에 차이가 있는지 검정하라.

(b) 전도율이 가장 높은 방법에 대해서 평균 전도율의 95% 신뢰구간을 구하라.

(c) 전도율이 가장 높은 방법과 두 번째로 높은 방법의 평균 전도율 차의 95% 신뢰구간을 구하라.

8.7 K사의 생산관리 담당자는 특정 공정에 적용할 수 있는 4가지 작업방법의 효율성을 비교하는 실험을 수행하였다. 16명의 작업자를 무작위로 4명씩 나누고, 4가지 방식의 작업방법으로 작업을 하도록 하여, 작업완료시간(단위:초)을 측정하였다. 작업방법별 작업완료 시간은 정규분포를 따르고, 모분산은 동일한 것으로 가정하라.

작업방법			
A	B	C	D
31	29	33	35
36	32	35	34
33	28	33	37
34	30	34	36

(a) 작업방법 별로 평균에 차이가 있다고 할 수 있는가? 유의수준 10%로 검정하라.

(b) 작업방법 별 평균 작업시간에 대한 95% 신뢰구간을 구하고 그래프를 작도하라.

(d) 작업소요시간이 가장 짧은 방법과 두 번째로 짧은 방법의 평균 작업시간 차의 95% 신뢰구간을 구하라.

8.8 K공장에는 5대의 분말주입기가 있다. 품질담당자는 봉지에 주입되는 분말의 중량이 기계에 따라 차이가 있는 것으로 의심하고 있다. 각 기계에서 빠져나온 봉지를 무작위로 추출하여 분말의 중량을 측정하였더니 다음과 같았다. 기계별 중량은 정규분포를 따르고, 모분산은 동일한 것으로 가정하라.

기계				
1	2	3	4	5
334.60	341.04	340.48	343.00	338.80
336.00	339.08	340.20	344.40	337.12
343.00		338.24	338.80	336.56
338.80				336.56

(a) 기계들 간에 평균 중량에 차이가 있는가? 유의수준 5%로 검정하라.

(b) 기계별 평균 중량에 대한 95% 신뢰구간을 구하고 그래프를 작도하라.

(c) 평균중량이 가장 큰 기계와 가장 작은 기계의 평균 중량 차의 95% 신뢰구간을 구하라.

8.9 축전지를 생산하는 3개 사의 축전지에 대해 어떤 성능특성치를 측정하여 다음의 데이터를 얻었다. 제조사별로 평균에 차이가 있다고 할 수 있는가? 유의수준 5%로 검정하라. 제조사별 성능특성치는 정규분포를 따르고, 모분산은 동일한 것으로 가정하라.

제조사			
A	B		C
8.8	12.2	12.2	11.6
9.6	11.7	11.4	13.1
9.9	11.7	12.5	12.3
9.0			

8.10 문제 8.1에서 집단별 성능 특성치의 모분산이 동일하다고 할 수 있는가? 유의수준 5%로 검정하라.

8.11 문제 8.2에서 거래처별 저항값의 모분산이 동일하다고 할 수 있는가? 유의수준을 적절히 설정하고 검정하라.

8.12 문제 8.4에서 전지별 수명의 모분산이 동일하다고 할 수 있는가? 유의수준을 적절히 설정하고 검정하라.

8.13 문제 8.7에서 작업방법별 작업시간의 모분산이 동일하다고 할 수 있는가? 유의수준 5%로 검정하라.

8.14 문제 8.8에서 기계별 중량의 모분산이 동일하다고 할 수 있는가? 유의수준 10%로 검정하라.

8.15 문제 8.9에서 제조사별 축전지의 성능특성치의 모분산이 동일하다고 할 수 있는가? 유의수준을 적절히 설정하고 검정하라.

8.16 분할표가 다음과 같이 주어졌다고 할 때 (a) 기대도수를 계산하라. (b) 카이제곱 통계값을 계산하고, 유의수준 5%로 모비율의 동일성을 검정하라.

	집단			합계
	A	B	C	
1	20	30	25	75
2	30	20	25	75
합계	50	50	50	150

8.17 K패스트푸드사는 현재 TV, 인터넷, 라디오에 광고를 하고 있다. 광고 매체별로 광고효과에 차이가 있는지를 알아보기 위해 고객을 대상으로 자사의 광고를 기억하지는 여부를 조사하여 다음의 데이터를 얻었다.

	매체			합계
	TV	인터넷	라디오	
기억하는 사람	25	10	7	42
기억하지 못하는 사람	73	93	108	274
합계	98	103	115	316

(a) 매체별로 광고효과에 차이가 있다고 할 수 있는가? 유의수준 10%로 검정하라.

(b) 만일 라디오 광고를 기억하는 사람의 수가 115명 중 17명이라면 어떤 결론을 내릴 수 있는가?

8.18 S사는 특정의 업무에 대해서 고졸 신입사원의 채용을 검토하고 있다. 고졸 사원과 대졸 사원의 업무성취도에 차이가 있는지를 알아보기 위해 60명의 대학 졸업자와 40명의 고등학교 졸업자를 무작위로 추출하여 업무 역량을 상·중·하로 평가하였다. 고졸자와 대졸자의 업무 역량에 차이가 있는가? 유의수준 5%로 검정하라.

	업무 역량			합계
	상	중	하	
고졸 사원	15	14	11	40
대졸 사원	31	16	13	60
합계	46	30	24	100

8.19 K대학에서는 2학년 학생 350명, 4학년 학생 220명을 무작위로 추출하여 어떤 특강을 듣게 하고, 강의내용을 평가하도록 하여 다음의 데이터를 얻었다. 학년별로 강의에 대한 평가가 차이가 있는지 유의수준 5%로 검정하라.

	강의 평가				합계
	좋지 않다	보통이다	좋다	매우 좋다	
2학년	20	115	175	40	350
4학년	20	65	105	30	220
합계	40	180	180	70	570

8.20 K여론조사 기관은 C지역의 유권자 중에서 2,091명을 무작위 추출하여 대통령 선거의 지지후보를 조사하였다. 다음의 요약데이터를 이용하여 유권자의 연령대별로 지지후보에 차이가 있는지를 유의수준 5%로 검정하라.

	지지후보			합계
	A	B	C	
30세 미만	141	278	351	770
30세 이상 50세 미만	135	305	285	725
50세 이상	235	196	165	596
합계	511	779	801	2,091

제9장 상관과 회귀분석

❖ 학습목표

1. 산점도를 작도하고, 상관분석을 할 수 있다.
2. 단순회귀모형의 의미를 설명하고, 추정회귀식을 구할 수 있다.
3. 회귀계수와 반응치에 대한 신뢰구간을 구할 수 있다.
4. 중회귀모형의 의미를 설명하고, 추정회귀식을 구할 수 있다.

제9장 상관과 회귀분석

이 장에서는 상관분석과 회귀분석에 대해서 다룬다. 상관분석은 두 변량이 서로 관계가 있는가 여부와 관계의 정도를 해석하는 것이 주 관심이고, 회귀분석은 독립변수와 종속변수의 관계식을 추정하여 독립변수의 값이 주어질 때 종속변수의 값을 예측하는 최적의 모형을 만드는 것이 주 목적이다.

제1절에서는 상관분석에 대해서 다루고, 제2절에서는 하나의 독립변수만 고려하는 단순회귀모형에 대해서 다룬다. 제3절에서는 회귀모형과 관련된 추론에 대해서 다루고, 제4절에서는 두 개 이상의 독립변수를 고려하는 중회귀모형에 대해서 다루기로 한다.

9.1 상관분석

상관분석은 두 변수간의 선형적 상관관계가 있는지를 조사하는데 사용되는 통계적 방법이다. 계량형 데이터의 경우, 산점도나 상관계수를 이용하여 상관의 정도를 파악하며, 범주형 데이터의 경우에는 카이제곱검정법을 사용하여 상관여부를 검정한다.

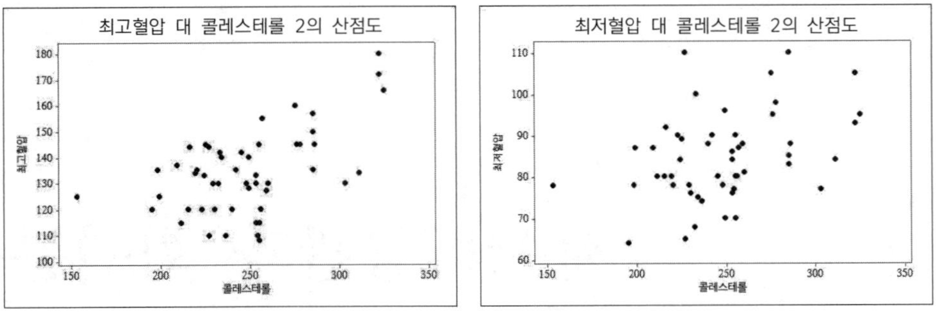

(a) (b)

그림 9.1 산점도의 예(콜레스테롤 대 혈압(최고혈압, 최저혈압)

9.1.1 산점도

산점도 또는 상관도(correlation plot)는 두 변량 X, Y의 대응되는 값 (X_i, Y_i)를 (x,y)-평면좌표에 표시한 도표이다. 두 확률변수 X와 Y간의 산점도를 작도하면 두 변수 간 관계의 방향, 형태, 관계의 강도를 시각적으로 알 수 있다. 그림 9.1은 혈중 콜레스테롤 수치와 혈관수축기 혈압(최고혈압), 혈관확장기 혈압(최저혈압)의 관계를 파악하기 위해 작도한 산점도이다. 그림 9.1에서 보면 콜레스테롤 수치의 값이 증가함에 따라 최고혈압과 최저혈압은 대략 선형적으로 증가하는 관계가 있음을 볼 수 있다.

산점도는 다음 사항에 착안하여 살펴보고, 해석한다.

1. 점들의 산재된 모양으로부터 두 변수 사이에 관계가 있는지 살펴본다.
2. 직선관계인지 곡선관계인지를 살펴본다. 상관분석은 선형관계의 있고 없음에 대하여 조사하는 것이기 때문에 곡선관계인 경우에는 별도의 분석이 필요하다.
3. 이상치가 있는지 살펴본다. 이상치는 데이터를 수집할 때 다른 모집단의 표본이 혼입되었거나 측정이나 계산의 잘못, 데이터 기입의 착오 등에 의해 나타날 수 있다. 이상치가 있으면 원인을 규명하고, 수정해야 한다.
4. 점들이 몇 개의 집단으로 층별되는지 살펴본다. 점들이 층별되어 나타나면 몇 개의 모집단으로부터의 추출된 데이터가 섞여 있다고 볼 수 있으므로 이에 유의하여 해석해야 한다.

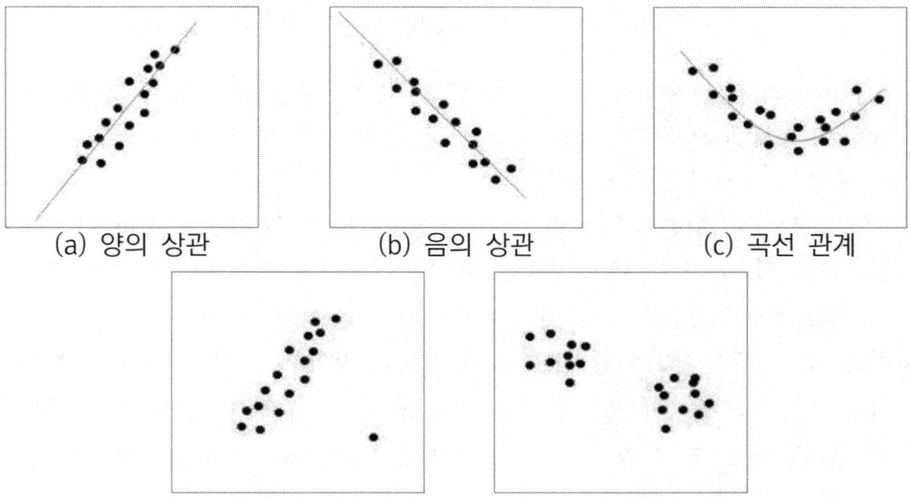

(a) 양의 상관 (b) 음의 상관 (c) 곡선 관계

(d) 이상치 존재 (e) 층별

그림 9.2 산점도의 유형

그림 9.2는 산점도의 여러 가지 형태를 나타낸 것이다. (a)와 (b)는 각각 양의 상관과 음의 상관이 있는 전형적인 산점도이다. (c)는 곡선 관계가 있는 산점도, (d)는 이상치가 있는 산점도이다. (e)는 두 집단의 데이터가 혼합되어 있는 데이터의 산점도를 나타낸 것이다.

9.1.2 상관계수

산점도를 이용하면 두 변량 사이의 관계를 시각적으로 쉽게 파악할 수 있다, 그러나 두 변량 사이의 관계를 통계적으로 엄밀하게 분석하기 위해서는 이를 수치화할 필요성이 있다. 상관계수는 두 변량 사이의 관계를 수치로 나타내는 대표적인 척도이다.

1) 공분산과 상관계수

공분산(covariance)은 두 확률변수 X와 Y의 선형적 상관관계를 측정하는 척도 중의 하나이다. μ_X, μ_Y를 X와 Y의 평균이라 할 때, 공분산 σ_{XY}는 다음과 같이 정의된다.

$$\sigma_{XY} = Cov(X,Y) = E[(X-\mu_X)(Y-\mu_Y)] = E[XY] - \mu_X\mu_Y \tag{9.1}$$

식(9.1)의 공분산에서 $E[XY]$는 X와 Y의 결합확률밀도함수(joint probability density function)로부터 구할 수 있다.[8] 결합확률밀도함수에 대한 구체적인 내용은 이 책에서 다루지 않기로 한다.

공분산은 두 확률변수 X와 Y가 각각의 평균을 중심으로 변화하는 관계와 정도를 나타낸다. X가 μ_X에서 멀어질 때 Y도 μ_Y에서 멀어지면 두 변수 X와 Y 사이의 공분산의 절대값은 커지게 된다. 또한 X와 Y의 움직이는 방향이 같으면 양의 값을 갖고, 서로 반대이면 음의 값을 갖는다. 반면에 X가 μ_X에서 멀어짐에도 불구하고 Y는 μ_Y 근처에 있으면 공분산은 0에 가까운 값을 갖게 된다. 따라서 공분산의 절대값이 크면, X와 Y는 서로 관계가 있고, 0에 가까우면 관계가 없는 것으로 평가할 수 있다.

공분산은 두 변수를 측정하는 단위에 따라 값이 크기가 달라진다. 예를 들어, 어떤 집단의 키와 몸무게를 나타내는 두 변수의 상관관계를 조사한다고 할 때, 단위를 cm와 kg으로 할 경우와 m와 kg으로 할 경우의 공분산의 크기가 서로 다르게 된다. 즉, 키의 단위를 cm로 한 경우의 공분산이 m로 한 경우의 공분산의 100배가 되므로 상관의 유무와 강도를 올바르게 평가를 할 수 없다. 따라서 공분산의 절대적 크기로 상관관계의 유무와 강도를 판정하기 어렵다.

상관계수(correlation coefficient)는 공분산을 두 확률변수의 표준편차로 나눈 것이다. 두 변수 X와 Y의 상관계수는

$$\rho_{XY} = \frac{Cov(X,Y)}{\sqrt{Var(X)}\sqrt{Var(Y)}} = \frac{\sigma_{XY}}{\sigma_X\sigma_Y} \tag{9.2}$$

로 정의한다. 상관계수는 공분산을 두 변량의 표준편차로 나누어 단위가 없어졌으므로 측정 단위에 무관한 값을 갖는다.

상관계수 ρ_{XY}는 -1에서 1 사이의 값을 가진다. ρ_{XY}의 절대값이 1에 가까울수록 두 변수 간의 상관의 강도가 강하며, 0에 가까우면 상관이 약한 것으로 판단한다.

---

8) 두 확률변수 X, Y의 결합확률밀도함수를 $f(x,y)$라 하면 $E[XY]$는 다음 식으로 구한다.

$$E[XY] = \int_{-\infty}^{\infty}\int_{-\infty}^{\infty} xyf(x,y)dxdy$$

2) 표본공분산과 표본상관계수

식(9.2)의 상관계수는 모집단 상관계수로써 모집단의 확률분포가 주어지면 구할 수 있다. 상관계수 ρ_{XY}는 표본데이터로부터 구한 표본상관계수(sample correlation coefficient)로 추정한다.

표본공분산은 다음과 같이 구한다. 두 변량 X와 Y에 대하여 쌍으로 얻은 데이터 (x_i, y_i), $i = 1, 2, \ldots, n$가 있을 때, 표본공분산 s_{xy}는

$$s_{xy} = \frac{1}{n-1}\sum_{i=1}^{n}(x_i - \overline{x})(y_i - \overline{y}) = \frac{1}{n-1}\left(\sum_{i=1}^{n}x_i y_i - n\overline{x}\,\overline{y}\right) \tag{9.3}$$

$$\text{단, } \overline{x} = \frac{1}{n}\sum_{i=1}^{n}x_i, \quad \overline{y} = \frac{1}{n}\sum_{i=1}^{n}y_i$$

이다. 표본상관계수 r_{xy}는 표본공분산을 두 변량의 표본표준편차로 나누어

$$r_{xy} = \frac{s_{xy}}{s_x s_y} = \frac{\sum_{i=1}^{n}(x_i - \overline{x})(y_i - \overline{y})}{\sqrt{\sum_{i=1}^{n}(x_i - \overline{x})^2}\sqrt{\sum_{i=1}^{n}(y_i - \overline{y})^2}} \tag{9.4}$$

$$= \frac{\sum_{i=1}^{n}x_i y_i - n\overline{x}\,\overline{y}}{\sqrt{\sum_{i=1}^{n}x_i^2 - n(\overline{x})^2}\sqrt{\sum_{i=1}^{n}y_i^2 - n(\overline{y})^2}}$$

로 구한다.

식(9.4)의 표본상관계수를 피어슨(Pearson)의 상관계수라 한다. 표본상관계수는 -1에서 1 사이의 값을 갖는다. 상관계수가 1일 때는 완전한 양의 선형관계를, -1일 때는 완전한 음의 선형관계가 있음을 의미한다. 즉 ± 1에 가까우면 X와 Y사이의 선형관계가 있음을 의미하고 반면에 0에 가까우면 선형적인 상관관계가 없음을 의미한다. 그림 9.2의 (a)와 (b)는 1에 가까운 상관계수값을 갖고, (c), (d), (e)는 0에 가까운 상관계수의 값을 갖는 경우의 상관도라 할 수 있다.

예제 9.1

다음은 두 변수 X, Y에 대해서 쌍으로 얻은 데이터이다. X와 Y의 표본상관계수를 구하라.

번호	1	2	3	4	5	6	7	8	9	10
x	0.58	0.43	1.42	0.83	0.73	2.58	1.19	0.94	1.57	1.31
y	0.72	0.51	1.54	0.81	0.69	2.87	1.30	0.98	1.46	1.40

풀이

x의 표본평균은 $\overline{x}$=1.158이며, 표본표준편자는 s_x=0.6224이다. 또한 y의 표본평균은 $\overline{y}$=1.228이며, 표본표준편차는 s_y=0.6816이다. $n = 10$이고, $\sum x_i y_i = 17.9987$이므로 공분산은 $s_{xy} = [(17.9987) - 10(1.158)(1.228)]/(10-1) = 0.4198$이다. 따라서 표본상관계수는

$$r_{xy} = \frac{s_{xy}}{s_x s_y} = \frac{0.4198}{(0.6224)(0.6816)} = 0.9896$$

이다. ■

9.1.3 상관계수에 대한 검정

표본상관계수가 얼마나 커야 두 변수간의 선형관계가 있다고 판단할 수 있을까? 물론 절대적인 판단 기준은 없다. 일반적으로 모집단의 성격과 상황에 맞추어 경험적으로 판단하는 것이 보통이다. 다만 표 9.1과 같은 기준을 가지고 판단하면 데이터 해석에 도움이 된다.

상관계수에 대한 검정은 귀무가설 $H_0 : \rho = 0$에 대한 검정과 $H_0 : \rho = \rho_0 (\rho_0 \neq 0)$에 대한 검정의 두 가지가 있다. 먼저 상관계수가 0이 아닌 값을 갖는지 여부에 대한 검정법에 대해서 살펴보자.

표 9.1 상관계수의 해석

상관계수의 절대값	상관의 수준
0.0 ~ 0.1	거의 무시될 수 있는 선형 상관관계
0.1 ~ 0.3	약한 선형 상관관계
0.3 ~ 0.7	뚜렷한 선형 상관관계
0.7 ~ 1.0	강한 선형 상관관계

1) 가설 $H_0 : \rho = 0$에 대한 검정

상관계수에 대한 검정은 표본상관계수 r을 사용하는 것이 합리적이다. 가설 $H_0 : \rho = 0$의 검정에는 통계량

$$T = \frac{r}{\sqrt{(1-r^2)/(n-2)}} \tag{9.5}$$

를 사용한다. 두 확률변수 X, Y가 정규분포일 때, 귀무가설 $H_0 : \rho = 0$가 참이면 T는 자유도 $n-1$인 t-분포를 따른다는 것을 보일 수 있다. 이 사실을 이용하면 귀무가설 $H_0 : \rho = 0$에 대한 가설검정은 다음과 같이 정리할 수 있다.

【정리 9.1】(상관계수에 대한 T-검정) 정규분포를 따르는 두 확률변수 X와 Y의 상관계수를 ρ라하고, n개의 표본 (x_i, y_i), $i = 1, 2, \ldots, n$으로 구한 표본상관계수를 r이라 할 때, 귀무가설 $H_0 : \rho = 0$에 대한 검정통계값은 데이터로 계산한 식(9.5)의 값 t_0이다. 이 때 유의수준 α인 기각역은 다음과 같다.

표 9.2 상관계수 T-검정

귀무가설(H_0)	대립가설(H_1)	기각역(유의수준 α)
$\rho = 0$	$\rho > 0$	$t_0 \geq t_{(n-2:\alpha)}$
	$\rho < 0$	$t_0 \leq -t_{(n-2:\alpha)}$
	$\rho \neq 0$	$\lvert t_0 \rvert \geq t_{(n-2:\alpha/2)}$

예제 9.2

두 변수 X, Y의 상관계수가 0인지 아닌지 여부를 판정하기 50개의 표본을 얻고, 표본상관계수 $r = 0.78$을 얻었다. 두 변수 X, Y는 정규분포를 따르는 것으로 가정할 수 있다고 할 때 유의수준 5%에서 검정하라.

풀이

상관계수가 0인지 여부를 검정하는 것이므로 가설은 '$H_0 : \rho = 0$ 대 $H_0 : \rho \neq 0$'이다. 두 변수 X, Y는 정규분포를 따르는 것으로 가정할 수 있으므로 정리 9.1을 적용한다. 표본상관계수 $r = 0.78$이므로 식(9.5)의 검정통계값은 $t_0 = 0.78/\sqrt{(1-0.78^2)/(50-2)} = 8.6356$이다. 대립가설이 $H_0 : \rho \neq 0$이므로 기각역은 $|t_0| \geq t_{(n-2:\alpha/2)} = t_{(48:0.025)} = 1.96$이다. $t_0 = 8.6356 > 1.96$이므로 $H_0 : \rho = 0$를 기각한다. 즉, 상관계수는 0이 아니다. ■

2) 가설 $H_0 : \rho = \rho_0$에 대한 검정

이제 ρ가 0이 아닌 임의의 값 ρ_0에 대해서 귀무가설 $H_0 : \rho = \rho_0$의 검정에 대해서 살펴보자. 가설 $H_0 : \rho = \rho_0$의 검정에 통계량

$$Z = \sqrt{n-3}\left[\frac{1}{2}\ln\left(\frac{1+r}{1-r}\right) - \frac{1}{2}\ln\left(\frac{1+\rho_0}{1-\rho_0}\right)\right] \tag{9.6}$$

을 사용한다. 식(9.6)의 Z는 표본 크기 n이 충분히 크면 대략 표준정분포를 따르는 것으로 알려져 있다. 이 사실을 이용하면 가설 $H_0 : \rho = \rho_0$에 대한 가설검정은 다음과 같이 정리할 수 있다.

【정리 9.2】 (상관계수에 대한 Z-검정) 두 확률변수 X와 Y의 상관계수를 ρ에 대해서 n개의 표본 (x_i, y_i), $i = 1, 2, \ldots, n$으로부터 구한 표본 상관계수를 r이라 할 때, 귀무가설 $H_0 : \rho = \rho_0$에 대한 검정통계값은 데이터로 계산한 식(9.6)의 값 z_0이다. 이 때 유의수준 α인 기각역은 다음과 같다.

표 9.3 상관계수 Z-검정

귀무가설(H_0)	대립가설(H_1)	기각역(유의수준 α)
$\rho=\rho_0$	$\rho>\rho_0$	$z_0 \geq z_\alpha$
	$\rho<\rho_0$	$z_0 \leq -z_\alpha$
	$\rho\neq\rho_0$	$\lvert z_0\rvert \geq z_{\alpha/2}$

예제 9.3

어떤 화섬제품의 물세척에 의한 신축성을 조사하기 위하여 물세척 전후의 길이를 측정하여 분석하기로 했다. 150점의 제품에 대해서 물세척 전후의 길이 데이터를 얻고, 표본상관계수를 구했더니 $r=0.65$이었다. 상관계수가 0.7이라고 할 수 있는가? 유의수준 1%로 검정하라.

풀이

상관계수가 0.7인지 여부를 검정하는 것이므로 가설은 '$H_0:\rho=0.7$ 대 $H_0:\rho\neq 0.7$'이다. 표본 크기 $n=150$으로 충분히 크므로 정리 9.2의 Z-검정을 적용한다. 표본상관계수 $r=0.65$이므로 식(9.6)의 검정통계값은

$$z_0=\sqrt{150-3}\left[0.5\ln\left(\frac{1+0.65}{1-0.65}\right)-0.5\ln\left(\frac{1+0.7}{1-0.7}\right)\right]=-1.1155$$

이다. 대립가설이 $H_0:\rho\neq 0.7$이므로 유의수준 0.01인 기각역은 $\lvert z_0\rvert \geq z_{0.005}=2.58$이다. $\lvert z_0\rvert=\lvert -1.1155\rvert=1.1155<2.58$이므로 $H_0:\rho=0.7$을 채택한다. 즉, $\rho=0.7$이 아니라고 할 증거는 없다. ■

9.1.4 범주형 데이터에 의한 독립성 검정

두 변량 X, Y가 범주형 변량인 경우에 두 변량이 서로 관련이 있는가를 검정하는 방법에 대해서 알아보자. 예를 들어, 승용차로 출퇴근 하는 직장인에 대해서 승

표 9.4 두 변량의 각 범주에 포함되는 개체의 비율 분포

X \ Y		범주2				합계
		1	2	⋯	c	
범주1	1	θ_{11}	θ_{12}	⋯	θ_{1c}	$\theta_{1.}$
	2	θ_{21}	θ_{22}	⋯	θ_{2c}	$\theta_{2.}$
	⋮	⋮	⋮	⋯	⋮	⋮
	r	θ_{r1}	θ_{r2}	⋯	θ_{rc}	$\theta_{r.}$
합계		$\theta_{.1}$	$\theta_{.2}$	⋯	$\theta_{.c}$	1

표 9.5 두 변량의 각 범주에 포함되는 개체의 관측도수

X \ Y		범주2				합계
		1	2	⋯	c	
범주1	1	O_{11}	O_{12}	⋯	O_{1c}	$n_{1.}$
	2	O_{21}	O_{22}	⋯	O_{2c}	$n_{2.}$
	⋮	⋮	⋮	⋯	⋮	⋮
	r	O_{r1}	O_{r2}	⋯	O_{rc}	$n_{r.}$
합계		$n_{.1}$	$n_{.2}$	⋯	$n_{.c}$	n

용차의 크기(X)와 통근거리(Y)가 관계가 있는지 여부를 검정한다고 하자. 이때 승용차로 출퇴근 하는 직장인을 대상으로 승용차의 크기(경차, 소형차, 중형차, 대형차)와 통근거리(10 km 이내, 10~20 km, 20~30 km, 30 km 이상)를 조사하면 관계가 있는지 여부를 확인할 수 있다.

변량 X, Y가 각각 r개와 c개의 범주를 갖는다고 하자. 변량 X에 대해서 각 범주에 속하는 개체의 비율을 $\theta_{i.}$, $i = 1,2,\ldots,r$, 변량 Y에 대해서 각 범주에 속하는 개체의 비율을 $\theta_{.j}$, $j = 1,2,\ldots,c$라 하고, θ_{ij}를 변량 X의 범주 i와 변량 Y의 범주 j에 속하는 개체의 비율이라 하자. 두 변량 X, Y의 각 범주에 포함되는 개체의 비율은 표 9.4과 같이 나타낼 수 있다. 또한 n개의 표본을 취한다고 할 때, 각 범주에 속하는 개체의 개수는 표 9.5와 같이 정리할 수 있다.

두 변량 X, Y가 서로 독립이기 위해서는 모든 i, j에 대해서 $\theta_{ij} = \theta_{i.}\theta_{.j}$ 성립해야 한다. 따라서 두 변수의 독립성을 검정하는 가설은

$$H_0 : \theta_{ij} = \theta_{i.}\theta_{.j} (i = 1,2,\ldots,r;\ j = 1,2,\ldots,c) \quad \text{대} \quad H_1 : H_0\text{가 아님} \tag{9.7}$$

로 설정한다. 식(9.7)의 귀무가설 하에서 두 범주의 조합에 포함되는 개체의 기대도수는 $n\theta_{i.}\theta_{.j} (i = 1,2,\ldots,r;\ j = 1,2,\ldots,c)$이다. 또한 $\theta_{i.}$의 추정값은 $p_{i.} = n_{i.}/n$으로 구하고, $\theta_{.j}$의 추정값은 $p_{.j} = n_{.j}/n$을 구할 수 있으므로 기대도수의 추정값은

$$E_{ij} = np_{i.}p_{.j} = \frac{n_{i.}n_{.j}}{n},\ i = 1,2,\ldots,r;\ j = 1,2,\ldots,c \tag{9.8}$$

로 구할 수 있다.

이때 가설 $H_0 : \theta_{ij} = \theta_{i.}\theta_{.j}(i = 1,2,...,r;\ j = 1,2,...,c)$를 검정하는데 사용하는 통계량은

$$W = \sum_{i=1}^{r}\sum_{j=1}^{c}\frac{(O_{ij} - E_{ij})^2}{E_{ij}} \tag{9.9}$$

이다. 귀무가설 $H_0 : \theta_{ij} = \theta_{i.}\theta_{.j}(i = 1,2,...,r;\ j = 1,2,...,c)$가 사실일 때 표본 크기가 충분히 크면 W는 근사적으로 자유도 $(r-1)(c-1)$인 카이제곱분포를 따른다. 이 사실을 이용하면 범주의 수가 r개와 c개인 두 변수의 독립성 검정은 다음과 같이 정리할 수 있다.

【정리 9.3】(두 범주형 변수의 독립성 검정) 범주의 수가 r개와 c개인 두 변수의 독립성을 검정하는 가설 $H_0 : \theta_{ij} = \theta_{i.}\theta_{.j}(i = 1,2,...,r;\ j = 1,2,...,c)$에 대한 검정통계값 w_0는 데이터로 계산한 식(9.9)의 값이다. 이 때 대립가설 'H_1 : H_0가 아니다'에 대한 유의수준 α인 기각역은 $w_0 > \chi^2_{((r-1)(c-1):\alpha)}$이다.

예제 9.4

여러 연령대의 남성 1,000명을 대상으로 좋아하는 스포츠에 대해서 설문조사를 하였다. 표 9.6는 각 연령대별 응답결과를 정리한 것이다. 연령대와 좋아하는 스포츠가 관련이 있는가? 유의수준 5%로 검정하라.

풀이

연령대를 변량1, 스포츠게임을 변량2라 하면 귀무가설은 $H_0 : \theta_{ij} = \theta_{i.}\theta_{.j}$ $(i = 1,2,...,5;\ j = 1,2,3,4)$이고, 대립가설은 H_1:'H_0가 아니다'이다. 귀무가설 하에서 두 범주의 각 조합에 포함되는 개체의 기대도수는 $E_{ij} = n_{i.}n_{.j}/n$, $i = 1,2,...,5$, $j = 1,2,3,4$로 구한다. 여기서 $n_{1.} = 150$, $n_{2.} = 250$, $n_{3.} = n_{4.} = n_{5.} = 200$이고, $n_{.1} = 381$, $n_{.2} = 301$, $n_{.3} = 207$, $n_{.4} = 111$이며 $n = 1,000$이다.

표 9.6 연령대와 선호 스포츠게임의 관측도수

연령대	야구	축구	농구	배구	합계
~19	31	57	41	21	150
20~29	48	84	80	38	250
30~39	72	68	38	22	200
40~49	96	48	30	26	200
50~	134	44	18	4	200
합계	381	301	207	111	1,000

표 9.7 연령대와 선호 스포츠게임의 기대도수

연령대	야구	축구	농구	배구	합계
~19	57.15	45.15	31.05	16.65	150
20~29	95.25	75.25	51.75	27.75	250
30~39	76.2	60.2	41.4	22.2	200
40~49	76.2	60.2	41.4	22.2	200
50~	76.2	60.2	41.4	22.2	200
합계	381	301	207	111	1,000

표 9.6은 두 변량의 각 범주조합에 포함되는 개체의 기대도수를 나타낸 것이다. 표 9.6의 관측도수와 표 9.7의 기대도수를 이용하면 식(9.9)의 검정통계값 w_0는

$$w_0 = \frac{(31-57.15)^2}{57.15} + \frac{(48-95.25)^2}{95.25} + \frac{(72-76.2)^2}{76.2} + \cdots + \frac{(4-22.2)^2}{22.2} = 152.34$$

이다. 또한 $\chi^2_{((5-1)(4-1):0.05)} = \chi^2_{(12:0.05)} = 21.026$이다. 따라서 $w_0 = 152.34 > 21.026$이므로 유의수준 0.05에서 H_0를 기각한다. 즉, 연령대와 선호하는 스포츠와 관련성이 있다고 할 수 있다. ■

9.2 단순선형회귀

회귀분석(regression analysis)은 변수들 간의 관련성을 규명하기 위하여 수학적 모형을 가정하고, 데이터로부터 모형을 추정하는 통계적 분석법이다. '회귀(regression)'라는 용어는 영국의 우생학자 갈톤(Francis Galton, 1822~1911)이 아들의 키와 아버지의 키의 관계를 조사한 논문에서 "아들의 키는 아버지의 키가 크면(작으면)대체적으로 크지만(작지만), 아버지의 키가 크(작)더라도 아들들의 키는 전제 평균키

에 회귀하는(돌아가려는) 경향이 있다(regression toward mediocrity)."라고 발표한 데서 유래한다.

예를 들어, 어떤 제품의 중요한 품질 특성치의 하나로 제품의 강도를 관리해야 한다고 하자. 강도에 영향을 주는 여러 요인 중에서 합성온도 x_1과 촉매 첨가량 x_2가 영향이 큰 요인으로 파악되었다 하자. 이 제품의 강도 y와 합성온도 x_1, 촉매첨가량 x_2의 관계를 정량적으로 파악할 수 있다면, 강도에 대한 요구 수준을 만족시키는 최적의 합성온도와 촉매첨가량을 찾을 수 있다. 이와 같이 변수간의 함수관계를 실험 데이터로부터 찾을 때 회귀모형을 유용하게 사용할 수 있다.

회귀모형에서는 변수를 독립변수와 종속변수로 구분한다. 앞의 예에서와 같이 관심 있는 특성치에 영향을 주는 변수(여기서는 합성온도와 촉매첨가량)를 독립변수(또는 설명변수)라 부르고, 독립변수의 값에 영향을 받는 변수(여기서는 강도)를 종속변수(또는 반응변수)라 한다.

회귀분석의 주 목적은 주어진 독립변수의 특정 값에 대해서 종속변수의 값을 정확히 추정하는데 있다. 반면에 제1절의 상관분석은 두 변수의 상호 관련성을 상관계수를 통해 알아내는데 목적이 있다.

회귀분석에서는 사용하는 모형은 다음의 네 가지로 분류할 수 있다.

(1) **단순회귀모형**(simple regression model) : 1개의 종속변수를 1개의 독립변수의 일차함수식으로 설명하는 회귀모형이다.

(2) **중회귀모형**(multiple regression model) : 1개의 종속변수를 2개 이상의 독립변수의 일차함수식으로 설명하는 회귀모형이다.

(3) **곡선회귀모형**(curvilinear regression model) : 1개의 종속변수를 1개의 독립변수의 이차 이상의 다항식으로 설명하는 회귀모형이다.

(4) **다변량회귀모형**(multivariate regression model) : 2개 이상의 종속변수를 2개 이상의 독립변수로 설명하는 회귀모형이다.

이 책에서는 단순회귀모형을 중점적으로 다루고, 중회귀모형과 곡선회귀모형에 대해서는 실제 적용방법을 중심으로 간략히 소개하는 것으로 한다.

9.2.1 단순회귀모형

단순회귀모형은 종속변수 y를 독립변수 x의 1차함수식으로 설명하는 모형이다. x와 y의 단순회귀식을

$$y = \beta_0 + \beta_1 x \tag{9.10}$$

라 하면, n개의 관측치 (x_i, y_i), $i = 1, 2, \ldots, n$는

$$y_i = \beta_0 + \beta_1 x_i + \epsilon_i, \quad i = 1, 2, \ldots, n \tag{9.11}$$

로 나타낼 수 있다. 여기서 β_0, β_1은 데이터로부터 추정해야 할 계수로써 회귀계수(regression coefficient)라 하고, ϵ_i는 i번째 y의 관측치 y_i에 관여된 오차항(error)을 나타낸다.

그림 9.3는 식(9.10)의 회귀모형을 도시한 것이다. 그림에서 보면 점 (x_i, y_i)의 독립변수 y_i는 독립변수 x_i에 대응한 직선식의 값 $\beta_0 + \beta_1 x_i$에 오차 ϵ_i를 더한 값임을 알 수 있다.

식(9.10)에서 β_1은 직선식의 기울기로서 x가 한 단위 증가할 때 y 변화량의 평균이며, β_0는 y의 절편으로 $x = 0$일 때 y 값의 평균이다. 회귀분석에서는 회귀식의 모수 β_0, β_1을 데이터로부터 추정하고, 추정한 회귀식을 이용하여 독립변수 x의 특정값에서 종속변수 y의 값을 예측한다. 독립변수 x는 확률변수가 아니므로 측정오차가 없다고 보면 회귀모형에 대한 가정 사항은 오차항 ϵ_i에 대한 가정 사항이 된다. 회귀모형에서는 오차항에 대해서 다음의 가정을 한다.

(1) 모든 i에 대해 오차 ϵ_i의 기댓값 $E[\epsilon_i] = 0$이다.

(2) 오차항은 서로 독립이다. 즉, $Cov(\epsilon_i, \epsilon_j) = 0$이다$(i \neq j)$.

(3) $Var(\epsilon_i) = \sigma^2$, $i = 1, 2, \ldots, n$이다.

(4) ϵ_i는 정규분포를 따른다.

즉 오차항 ϵ_i는 모든 관측값에 대하여 서로 독립이며, 동일한 분산 σ^2을 갖는 정

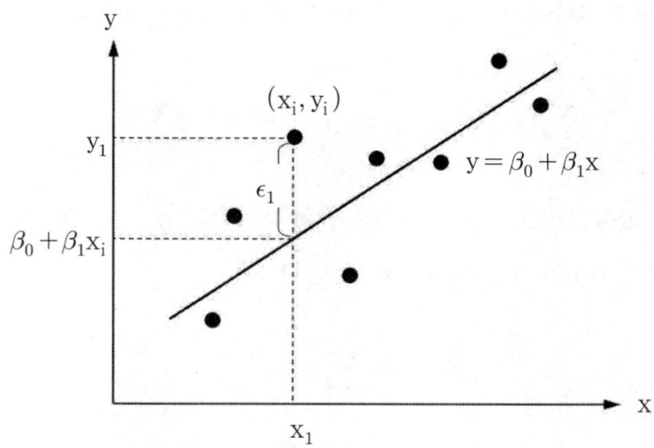

그림 9.3 단순회귀모형과 오차항

규분포 $N(0,\sigma^2)$을 따른다. 이를 종합하여 단순회귀모형을 다음과 같이 표현한다.

$$
\begin{aligned}
y_i &= \beta_0 + \beta_1 x_i + \epsilon_i, \qquad i = 1,2,\ldots,n \\
\epsilon_i &\sim N(0,\sigma^2),\ Cov(\epsilon_i,\epsilon_j) = 0(i \neq j)
\end{aligned}
\tag{9.12}
$$

9.2.2 β_0, β_1의 최소제곱 추정

회귀분석에서는 먼저 회귀모형에 포함된 모수, 즉 회귀계수를 추정해야 한다. 회귀계수 β_0, β_1는 그림 9.3에서와 같이 (x,y) 데이터를 산점도로 나타내었을 때 "가장 알맞은" 직선식의 절편과 기울기로 추정하는 것이 합리적일 것이다.

최소제곱법은 오차항 ϵ_i의 제곱합이 최소가 되도록 β_0, β_1를 정하는 방법이다. 식(9.12)에서 오차항 ϵ_i는 $\epsilon_i = y_i - (\beta_0 + \beta_1 x_i)$로 표현할 수 있으므로 오차제곱합 Q는

$$
Q = Q(\beta_0,\beta_1) = \sum_{i=1}^{n} \epsilon_i^2 = \sum_{i=1}^{n} (y_i - \beta_0 - \beta_1 x_i)^2 \tag{9.13}
$$

이다. 식(9.13)을 최소화 하는 β_0, β_1은 Q를 β_0와 β_1에 대해 일차편미분하여 0으

로 둔 식을 풀어서 구한다. Q를 β_0, β_1에 대해 일차편미분한 식은 다음과 같다.

$$\frac{\partial Q}{\partial \beta_0} = -2\sum_{i=1}^{n}(y_i - \beta_0 - \beta_1 x_i), \quad \frac{\partial Q}{\partial \beta_1} = -2\sum_{i=1}^{n}(y_i - \beta_0 - \beta_1 x_i)x_i$$

위의 편미분 식을 0으로 두고, 이를 만족시키는 β_0, β_1를 B_0, B_1이라 하면 다음의 정규방정식(normal equation)을 얻는다.

$$nB_0 + B_1\sum_{i=1}^{n}x_i = \sum_{i=1}^{n}y_i \tag{9.14a}$$

$$B_0\sum_{i=1}^{n}x_i + B_1\sum_{i=1}^{n}x_i^2 = \sum_{i=1}^{n}x_i y_i \tag{9.14b}$$

식(9.14)의 연립방정식을 풀어 정리하면 단순회귀식의 회귀계수 추정에 대한 다음의 정리를 얻는다.

【정리 9.4】 (회귀계수의 추정치와 추정회귀식) 독립변수 x와 종속변수 y의 쌍으로 얻은 n개의 표본을 (x_i, y_i), $i = 1, 2, \ldots, n$이라 할 때, 단순회귀식 $y = \beta_0 + \beta_1 x$의 계수 β_0, β_1는 각각

$$B_1 = \frac{\sum_{i=1}^{n}x_i y_i - n(\overline{x})(\overline{y})}{\sum_{i=1}^{n}x_i^2 - (\overline{x})^2} \tag{9.15a}$$

$$B_0 = \overline{y} - B_1\overline{x} \tag{9.15b}$$

으로 추정한다. 추정된 회귀계수에 의하여 얻어지는 종속변수의 값 η는

$$\eta = B_0 + B_1 x \tag{9.16}$$

이다. 여기서 식(9.16)을 추정회귀식이라 한다.

예제 9.5

어떤 제품의 제조공정에서 롤러의 압력이 제품의 두께 영향을 주는 것으로 파악하고 롤러의 압력과 두께의 관계를 구하기로 하였다. 표 9.8은 주어진 롤러의 압력으로 생산한 제품의 두께를 나타낸 것이다. (1) 산점도를 작도하고 해석하라. (2) 단순회귀모형을 가정하고, 추정회귀식을 구하라.

표 9.8 롤러의 압력과 제품두께 데이터

압력(lb)	3	4	5	6	7
두께	14, 12, 13	10, 9, 11	9, 10, 11	9, 8, 10	8, 9, 7

풀이

(1) 주어진 압력 수준에서 3개씩의 데이터를 얻었다. 그림 9.4는 롤러의 압력과 제품 두께의 산점도를 나타낸 것으로 압력과 두께는 음의 직선 관계가 있다고 할 수 있다.

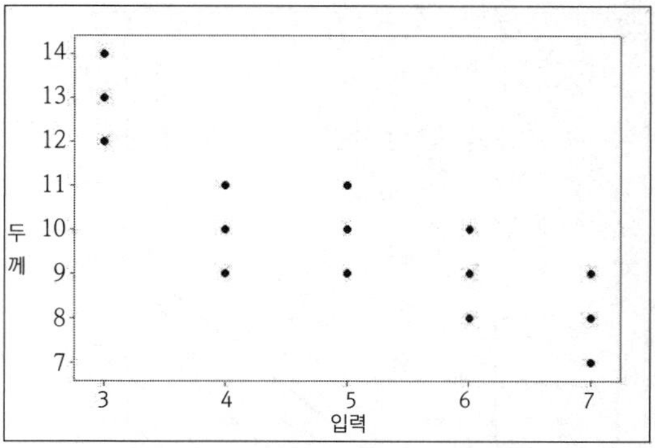

그림 9.4 롤러압력과 제품 두께의 산점도

(2) 회귀계수의 추정치는 식(9.15)를 이용한다. 식(9.15)의 값을 계산하기 위해서는 다음과 같은 형식의 표를 이용하면 편하다.

i	1	2	3	4	5	6	7	8	9	10	11	12	13	14	15	합계
x_i	3	3	3	4	4	4	5	5	5	6	6	6	7	7	7	75
y_i	14	12	13	10	9	11	9	10	11	9	8	10	8	9	7	150
x_iy_i	42	36	39	40	36	44	45	50	55	54	48	60	56	63	49	717
x_i^2	9	9	9	16	16	16	25	25	25	36	36	36	49	49	49	405

$n = 15$이므로 $\bar{x} = 75/15 = 5$, $\bar{y} = 150/15 = 10$이고, $\sum_{i=1}^{15} x_iy_i = 717$, $\sum_{i=1}^{15} x_i^2 = 405$ 이다. B_1, B_0의 값을 b_1, b_0라 하면, $b_1 = [717 - 15(5)(10)]/[405 - 15(5)^2] = -1.1$, $b_0 = 10 - (-1.1)(5) = 15.5$이다. 따라서 추정회귀식은 $\eta = 15.5 - 1.1x$ 이다. ■

9.2.3 회귀모형의 타당성

추정회귀식은 식(9.15)에 의하여 기계적으로 구할 수 있다. 그러나 추정회귀식이 x와 y간의 관계를 어느 정도 잘 기술하고 있는가는 알 수가 없다. 추정회귀식이 종속변수의 값을 정확하게 추정할 수 있다면 추정회귀식은 타당한 것으로 평가할 수 있다. 추정회귀식이 타당하지 않은 것으로 판단되면 다른 회귀모형을 찾아야 한다. 이 절에서는 회귀식의 타당성을 판단하는 방법에 대해서 소개한다.

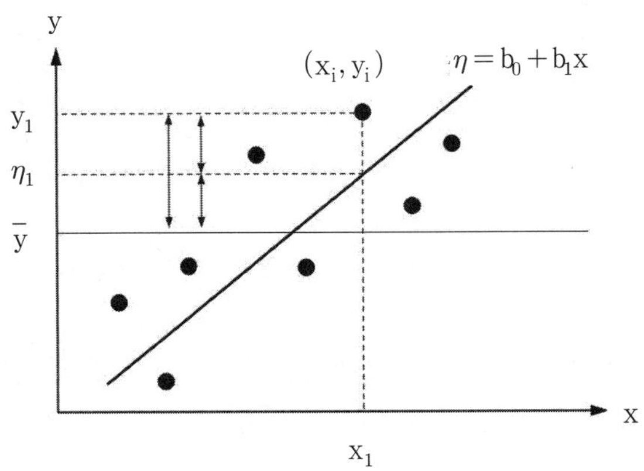

그림 9.5 단순회귀모형의 편차의 구성

1) F-검정법

F-검정법은 추정회귀식으로 독립변수가 종속변수를 설명할 수 있는지 여부를 판단하는 가장 일반적인 방법으로 분산분석을 사용한다. 그림 9.5는 하나의 관측 y_i와 y_i들의 평균 $\overline{y}$와의 차이인 총편차, 즉 $y_i-\overline{y}$의 구성요소를 그림으로 나타낸 것이다. 총편차는 다음과 같이 두 개 편차의 합으로 나타낼 수 있다.

$$y_i-\overline{y}=(y_i-\eta_i)+(\eta_i-\overline{y}) \tag{9.17}$$

(총편차) = (잔차) + (회귀에 의한 편차)

식(9.17)에서 $y_i-\eta_i$는 관측치를 추정회귀식으로 추정한 값으로 설명할 수 없는 각종의 오차를 나타내고, $\eta_i-\overline{y}$는 독립변수 x_i에서 추정한 값 η_i가 전체 평균과 차이가 나기 때문에 발생하는 편차이다. 특히, 추정회귀식으로 설명할 수 없는 편차 $y_i-\eta_i$를 잔차(residual)라고 부르고 e_i로 표시한다. e_i는 식(9.12)의 회귀모형의 오차항 ϵ_i의 추정량이다.

식(9.17)의 양변을 제곱하고, 모든 $i=1,2,\ldots,n$에 대해서 합하면

$$\sum_{i=1}^{n}(y_i-\overline{y})^2=\sum_{i=1}^{n}(y_i-\eta_i)^2+\sum_{i=1}^{n}(\eta_i-\overline{y})^2 \tag{9.18}$$

이 됨을 보일 수 있다. 여기서 총편차의 제곱합 $\sum_{i=1}^{n}(y_i-\overline{y})^2$을 총변동이라 부르고 SST로 나타낸다. $\sum_{i=1}^{n}(y_i-\eta_i)^2$는 잔차제곱합(residual sum of square)으로 SSE로 나타내며, $\sum_{i=1}^{n}(\eta_i-\overline{y})^2$는 회귀제곱합(regression sum of square)으로 SSR로 나타내면 $SST=SSR+SSE$가 됨을 알 수 있다.

주어진 데이터를 적합시키는데 있어서 회귀직선이 유의한가에 대한 검정은 회귀식의 계수 $\beta_1=0$인가 여부를 평가하는 것과 같다. β_1이 0에 가까우면 SSR이 작아지므로 SSR의 상대적 크기로 회귀식의 유의성을 평가할 수 있다. 가설검정에서는 제곱합 SSR과 SSE을 각각의 자유도 1과 $n-2$로 나눈 회귀평균제곱(regression mean square) MSR, 오차평균제곱(mean squqred error) MSE을 사용한다.

가설 H_0 : '회귀식으로 설명할 수 없다' 대 H_1 : '회귀식으로 설명할 수 있다'의 검정은 MSR과 MSE의 비율

$$F = \frac{MSR}{MSE} \tag{9.19}$$

를 사용한다. 식(9.19)의 비율 F가 충분히 크면 '회귀식으로 설명할 수 있다'고 할 수 있다. 또한 귀무가설이 참일 때 F는 분자의 자유도 1, 분모의 자유도 $n-2$인 F-분포를 따른다는 사실을 이용하면 가설 H_0 : '회귀식으로 설명할 수 없다'에 대한 검정은 다음과 같이 정리할 수 있다.

【정리 9.5】(회귀모형에 대한 F-검정) 회귀식 $y=\beta_0+\beta_1 x$에 대해서 n개의 표본 (x_i, y_i), $i=1,2,\ldots,n$로부터 구한 추정회귀식을 $\eta=b_0+b_1 x$라 할 때, 가설 H_0 : '회귀식으로 설명할 수 없다' 대 H_1 : '회귀식으로 설명할 수 있다'에 대한 검정통계값은 데이트로 계산한 식(9.19)의 값 F_0이다. 이 때 유의수준 α인 기각역은 $F_0 \geq F_{(1,n-2:\alpha)}$이다.

표 9.9는 단순회귀식의 타당성을 판단하는 분산분석을 표 형식으로 나타낸 것이다. 표 9.9의 칸을 채워 가설 H_0 : '회귀식으로 설명할 수 없다' 대 H_1 : '회귀식으로 설명할 수 있다'에 대한 검정을 한다.

표 9.9에서 자유도는 다음과 같이 구한다. 총제곱합의 자유도는 $\phi_T=n-1$이고, 회귀제곱합의 자유도 ϕ_R은 독립변수의 수(여기서는 1개)로 한다. 오차제곱합의 자유도 $\phi_E=\phi_T-\phi_R$로 한다. 제곱합 SST, SSR, SSE는 다음 식으로 구할 수 있다.

표 9.9 단순회귀의 분산분석표

요인	제곱합	자유도	평균제곱	F_0	$F(\alpha)$
회귀	SSR	$\phi_R=1$	MSR	MSR/MSE	$F_{(1,n-2:\alpha)}$
오차	SSE	$\phi_E=n-2$	MSE		
계	SST	$\phi_T=n-1$			

$$SST = \sum_{i=1}^{n}(y_i - \bar{y})^2 = \sum_{i=1}^{n} y_i^2 - n(\bar{y})^2,$$
$$SSE = \sum_{i=1}^{n}(y_i - \eta_i)^2,\ \ SSR = SST - SSE$$

식 (9.12)의 회귀모형에서 오차항 ϵ_i의 분산 σ^2의 추정값 s^2은 오차평균제곱 MSE로 추정한다. 즉,

$$s^2 = MSE = \frac{SSE}{n-2} = \frac{1}{n-2}\sum_{i=1}^{n}(y_i - \eta_i)^2 \tag{9.20}$$

이다.

예제 9.6

F-검정법을 사용하여 [예제 9.5]의 추정회귀식의 타당성을 유의수준 5%로 검정하라.

풀이

가설 H_0 : '회귀식으로 설명할 수 없다' 대 H_1 : '회귀식으로 설명할 수 있다'의 검정을 위해 정리 9.5를 적용한 표 9.8의 분산분석표를 사용한다. 제곱합의 계산을 위해서는 다음과 같은 표를 사용하면 편하다. 여기서 $e_i = y_i - \eta_i$는 데이터 (x_i, y_i)에 대응하는 잔차이다.

i	1	2	3	4	5	6	7	8	9	10	11	12	13	14	15	합계
y_i	14	12	13	10	9	11	9	10	11	9	8	10	8	9	7	150
y_i^2	196	144	169	100	81	121	81	100	121	81	64	100	64	81	49	1552
η_i	12.2	12.2	12.2	11.1	11.1	11.1	10	10	10	8.9	8.9	8.9	7.8	7.8	7.8	150
e_i	1.8	−0.2	0.8	−1.1	−2.1	−0.1	−1	0	1	0.1	−0.9	1.1	0.2	1.2	−0.8	0
e_i^2	3.24	0.04	0.64	1.21	4.41	0.01	1	0	1	0.01	0.81	1.21	0.04	1.44	0.64	15.7

표 9.10 분산분석표

요인	제곱합	자유도	평균제곱	F_0	$F(0.05)$
회귀	36.3	1	36.3	30.06	4.67*
오차	15.7	13	1.208		
계	52	14			

총제곱합 $SST = \sum_{i=1}^{n} y_i^2 - n(\bar{y})^2 = 1552 - 15(10)^2 = 52$이다. 잔차제곱합은 위의 표에서 $\sum_{i=1}^{n} e_i^2 = 15.7$이므로 $SSE = 15.7$이고, $SSR = SST - SSE = 52 - 15.7 = 36.3$이다. 표 9.10의 분산분석표를 작성하면 다음과 같다.

분산분석표에서 $F_0 = 30.6 > F_{(1,13:0.05)} = 4.67$이므로 유의수준 0.05로 H_0를 기각한다. 즉, 추정회귀식으로 설명할 수 있다. ■

2) 결정계수

결정계수(coefficient of determination)는 SSR과 SST의 비율

$$R^2 = \frac{SSR}{SST} \tag{9.21}$$

로써 R^2으로 표현한다.

결정계수 R^2은 총변동 중에서 회귀선에 의하여 설명되는 변동이 차지하는 비율로써 $0 \le R^2 \le 1$의 값을 가진다. 모든 관측값들이 추정회귀선 상에 위치하면 $SSR = SST$가 되어 $R^2 = 1$이 된다. 이와 반대로 독립변수 x가 종속변수 y에 전혀 영향을 주지 않아 추정회귀선의 기울기가 0(즉, $\beta_1 = 0$)이면 모든 i에 대해서 $\eta_i = \bar{y}$가 되고, 이에 따라 $SSR = 0$이 되므로 $R^2 = 0$이 된다. x와 y간의 상관관계가 강할수록 R^2의 값은 1에 가까워지며, R^2의 값이 0에 가까우면 추정회귀식은 의미가 없다. 즉, 독립변수 x로 종속변수 y를 설명할 수 없으므로 y를 설명하는 다른 독립변수를 찾아야 한다.

단순회귀모형에서 결정계수 R^2은 x와 y의 상관계수 r의 제곱과 같다. 따라서 단순회귀분석에서 얻은 결정계수 R^2으로부터 x와 y의 상관계수 r은 $r=\pm\sqrt{R^2}$이 된다. 이때 상관계수의 부호는 추정 회귀계수 b_1의 부호에 일치시키면 된다. 즉, b_1이 양이면 $r=\sqrt{R^2}$이며, 음이면 $r=-\sqrt{R^2}$이다.

예제 9.7

예제 9.5의 데이터에 대하여 결정계수 R^2을 구하고, 이로부터 상관계수 r을 구하라.

풀이

표 9.9의 분산분석표에서 $SST=52$, $SSR=36.3$이므로 결정계수 $R^2=36.3/52=0.6981$이다. x와 y의 상관계수 $\pm\sqrt{R^2}=\pm\sqrt{0.6981}=\pm0.8355$에서 $\beta_1=-1.1<0$이므로 $r=-0.8355$이다. ■

9.2.4 단순회귀모형의 진단

단순회귀모형의 모수 β_0, β_1의 추정은 단순회귀모형에 대한 몇 가지 가정에 바탕을 두고 있다. 이들 가정에 만족되지 않으면 데이터로부터 추정한 추정회귀식이 의미가 없다. 즉, 추정회귀식을 사용하여 특정의 독립변수 값 x_0에 대해서 종속변수 y의 추정을 신뢰할 수 없게 된다.

회귀분석에서 이들 가정들이 만족되는지의 여부는 평가하는 것을 회귀진단(regre-ssion diagnostic)이라고 한다. 단순회귀모형에서 기본적으로 가정하고 있는 사항을 정리하면 다음과 같다.

(1) (**선형성**) 독립변수 x와 종속변수 y는 선형관계이다.

(2) (**등분산성**) 오차항 ϵ_i의 분산은 모든 x_i에서 σ^2으로 동일하다. 즉, $Var(\epsilon_i)=\sigma^2$, $i=1,2,\ldots,n$이다. 단순회귀모형에서 β_0, β_1, x_i는 상수이므로 y_i의 분산도 ϵ_i의 분산과 같이 σ^2이다.

(3) (**독립성**)오차항 ϵ_i는 서로 독립이다. 즉, $Cov(\epsilon_i, \epsilon_j) = 0$, $i \neq j$, $i,j = 1,2,\ldots,n$ 이다.

(4) (**정규성**)오차항 ϵ_i는 정규분포를 따른다. 이때 ϵ_i의 평균은 0이고, 분산은 σ^2 이다.

오차항 ϵ_i들이 가정을 만족시키지 여부는 ϵ_i의 추정치인 잔차 e_i가 가정을 만족시키는지를 확인하여 판단할 수 있다. 잔차는 종속변수의 척도에 의존하기 때문에 값의 크기로 가정의 타당성을 평가하는데 어려움이 있다. 일반적으로 회귀진단에서는 표준화잔차를 사용한다. 표준화잔차에는 내표준화잔차와 외표준화잔차가 있다. 내표준화잔차는 각 잔차를 잔차의 표준오차로 나누어 표준화한 잔차이고, 외표준화잔차는 표준화잔차 e_i^*를 구할 때, i번째 관측치를 제외한 나머지 관측치로 회귀모형을 적합하는 경우의 잔차의 표준오차로 나누어 표준화한 잔차이다. 일반적으로 표준화잔차라고 하면 내표준잔차를 의미하므로 여기서는 내표준잔차를 표준화잔차로 하기로 한다.

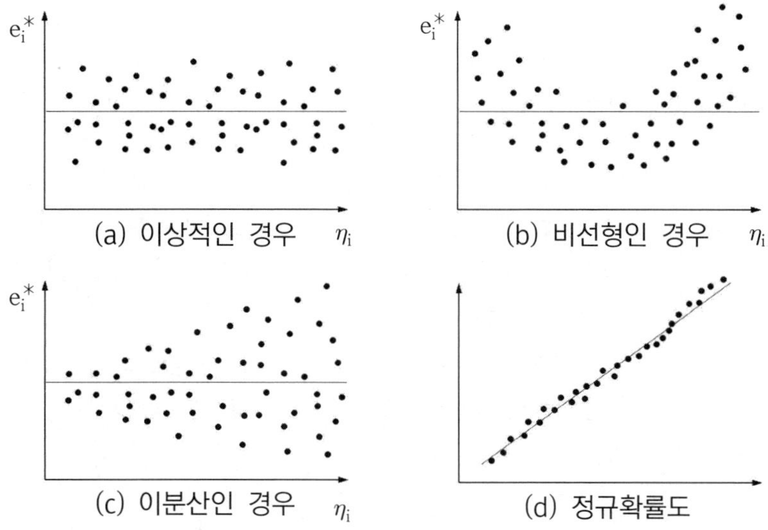

그림 9.6 잔차산점도와 잔차의 정규확률도

표준화잔차 e_i^*는 $e_i^* = e_i/SE(e_i)$로 표현할 수 있다. e_i^*는 e_i와 달리 척도에 영향을 받지 않는다. 가정된 모형이 타당할 경우 e_i^*는 평균 0, 표준편차 1을 가진다. 또한 정규분포를 따른다는 가정이 만족된다면 e_i^*의 95%는 -2에서 2 사이에 있고, 99.7%는 -3에서 3 사이에 있게 된다. 이 사실을 이용하면 쉽게 회귀모형의 가정의 타당성을 판단할 수 있다.

선형성과 등분산성은 표준화잔차 e_i^*와 η_i의 산점도인 잔차산점도(적합치 대 잔차)를 사용하여 평가한다. 그림 9.6은 여러 가지 형태의 잔차산점도를 나타낸 것이다. (a)는 잔차의 분포가 0을 중심으로 고르게 퍼져 있으므로 선형성과 등분산성 가정을 만족시키고 있음을 알 수 있다. (b)는 잔차의 값이 $-$에서 $+$로 증가한 뒤 다시 감소하고 있다. 잔차의 평균이 항상 0이어야 한다는 가정과 오차의 독립성 가정을 위반하고 있다. (c)는 잔차가 0을 중심으로 대칭이므로 선형성은 만족시키고 있으나 η_i이 커짐에 따라 잔차의 산포가 증가함을 볼 수 있다. 즉, 등분산성의 가정을 만족시키지 않는다. 이와 같이 산포가 일정하지 않은 경우를 이분산성이라 한다.

정규성은 잔차의 정규확률도로 평가한다. 잔차의 정규확률도에서 각 점들이 직선에 가까운 형태들 보이면 오차항이 정규분포를 따른다는 가정을 만족시키는 것으로 판단한다.

독립성은 일반적으로 잔차산점도로 평가한다. 오차항들이 독립이 아닌 경우에는 잔차산점도가 특정의 패턴을 가지고 나타나므로 특별한 패턴이 없는 경우에는 독립성을 만족시키는 것으로 판정한다. 시간적 순서에 따라 얻은 데이터의 경우에는 오차 간에 상관관계가 흔히 나타난다. 이 경우에는 오차항의 자기상관계수(autocorrelation coefficient)를 더빈-와트슨(Durbin-Watson)통계량을 사용하여 검정할 수 있다.

이와 같이 잔차를 이용하면 선형성, 등분산성, 정규성, 독립성을 평가할 수 있다. 회귀진단에서 회귀분석의 가정을 만족시키지 못하는 경우에는 변수를 변환하거나 다른 특수한 회귀모형을 사용하여 추정회귀식을 구해야 한다. 또한 적합한 회귀모형을 얻기 위해서는 이상치의 존재에 대해서 점검해야 한다. 하나의 이상치에 의해서도 회귀식의 기울기와 절편이 크게 달라질 수 있고, 이에 따라 추정회귀식이 왜곡될 수도 있다. 표준화된 잔차의 절대값이 2 이상인 관측치는 이상치일 가능성이 있으므로 세밀한 검토가 필요하다.

예제 9.8

예제 9.5에서 구한 추정회귀식에 대해서 회귀진단을 수행하라.

풀이

예제 9.5의 추정회귀식을 이용하여 잔차 $e_i = y_i - \eta_i$, $i - 1, 2, \ldots, 15$는 다음과 같다. 회귀진단을 위해 이 잔차를 이용한다.

i	1	2	3	4	5	6	7	8	9	10	11	12	13	14	15	합계
y_i	14	12	13	10	9	11	9	10	11	9	8	10	8	9	7	150
η_i	12.2	12.2	12.2	11.1	11.1	11.1	10	10	10	8.9	8.9	8.9	7.8	7.8	7.8	150
e_i	1.8	−0.2	0.8	−1.1	−2.1	−0.1	−1	0	1	0.1	−0.9	1.1	0.2	1.2	−0.8	0

그림 9.7은 미니탭을 이용하여 회귀진단에 필요한 잔차도를 작도한 것이다. 정규확률도에서보면 점들이 직선을 이루고 있으므로 정규성을 만족하며, 잔차산점도(잔차 대 적합지)에서 보면 등분산성과 선형성을 만족시키고 있음을 확인할 수 있다. 또한 잔차 대 데이터 순서 그림에서 특별한 패턴을 가진다고 볼 수 없으므로 독립성의 가정에 위배되지 않는 것으로 판단한다. ■

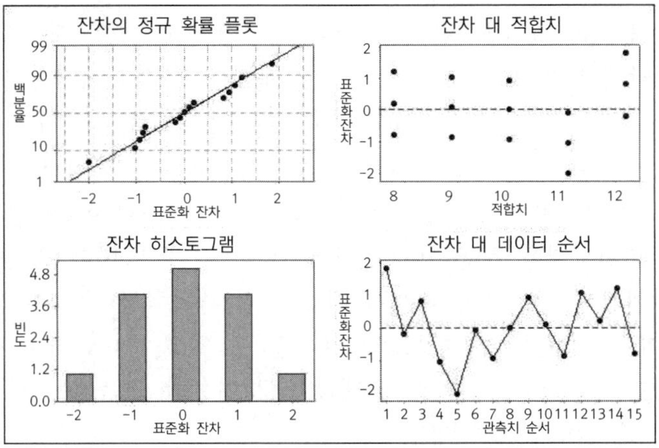

그림 9.7 잔차도

9.3 회귀에 대한 추론

회귀에 대한 추론은 회귀계수 β_0, β_1에 대한 추론과 독립변수의 특정값 x_0에서 종속변수의 평균반응치와 미래예측치에 대한 추론이 있다.

9.3.1 회귀계수에 대한 추론

1) β_1에 대한 추론

회귀계수 β_1의 추정량은 식(9.15)의 B_1이다. B_1은 β_1의 불편추정량이다. 또한 B_1은 y_i의 선형식이라는 사실을 이용하면 B_1은 평균 β_1, 분산 $\sigma^2/\Sigma(x_i-\bar{x})^2$인 정규분포를 따른다는 것을 보일 수 있다. 미지의 분산 σ^2 대신 불편추정량인 오차평균제곱 MSE를 사용하면

$$T = \frac{B_1 - \beta_1}{\sqrt{MSE/\Sigma(x_i-\bar{x})^2}} \tag{9.22}$$

는 자유도 $n-2$인 t-분포를 따른다.

β_1에 대한 $100(1-\alpha)\%$ 신뢰구간은 식(9.22)의 확률분포를 이용하면

$$b_1 \pm t_{(n-2:\alpha/2)}\sqrt{\frac{MSE}{\Sigma(x_i-\bar{x})^2}} \tag{9.23}$$

이다. 여기서 b_1은 데이터로부터 계산한 β_1의 추정치이다.

이제 가설검정에 대해서 살펴보자. 귀무가설 $H_0:\beta_1=\beta_{10}$에 대한 검정은 β_1의 추정량 B_1을 이용한다. 귀무가설이 참일 때 $T=(B_1-\beta_{10})/\sqrt{MSE/\Sigma(x_i-\bar{x})^2}$는 자유도 $n-2$인 t-분포를 따른다. 이 사실을 이용하면 회귀계수 β_1에 대한 가설검정은 다음과 같이 정리할 수 있다.

【정리 9.6】(회귀계수 β_1에 대한 T-검정) 독립변수 x와 종속변수 y의 쌍으로 얻은 n개의 표본 (x_i, y_i), $i = 1, 2, \ldots, n$로부터 구한 추정회귀식을 $\eta = b_0 + b_1 x$라 할 때, 가설 $H_0 : \beta_1 = \beta_{10}$에 대한 검정통계값은

$$t_0 = \frac{b_1 - \beta_{10}}{\sqrt{MSE / \Sigma(x_i - \overline{x})^2}} \tag{9.24}$$

이다. 이 때 유의수준 α인 기각역은 다음과 같다.

표 9.11 회귀계수 β_1에 대한 T-검정

귀무가설(H_0)	대립가설(H_1)	기각역(유의수준 α)
$\beta_1 = \beta_{10}$	$\beta_1 > \beta_{10}$	$t_0 \geq t_{(n-2:\alpha)}$
	$\beta_1 < \beta_{10}$	$t_0 \leq -t_{(n-2:\alpha)}$
	$\beta_1 \neq \beta_{10}$	$\lvert t_0 \rvert \geq t_{(n-2:\alpha/2)}$

2) β_0에 대한 추론

회귀계수 β_0의 추정량은 식(9.15)의 B_0이다. B_0은 β_0의 불편추정량이다. 또한 B_0은 y_i의 선형식이라는 사실을 이용하면 B_0은 평균 β_0, 분산 $\sigma^2[1/n + (\overline{x})^2 / \Sigma(x_i - \overline{x})^2]$인 정규분포를 따른다는 것을 보일 수 있다. 미지의 분산 σ^2 대신 불편추정량인 오차평균제곱 MSE를 사용하면

$$T = \frac{B_0 - \beta_0}{\sqrt{MSE[1/n + (\overline{x})^2 / \Sigma(x_i - \overline{x})^2]}} \tag{9.25}$$

는 자유도 $n-2$인 t-분포를 따른다.

β_0에 대한 $100(1-\alpha)\%$ 신뢰구간은 식(9.25)의 확률분포를 이용하면

$$b_0 \pm t_{(n-2:\alpha/2)} \sqrt{MSE\left(\frac{1}{n} + \frac{(\overline{x})^2}{\Sigma(x_i - \overline{x})^2}\right)} \tag{9.26}$$

이다. 여기서 b_0은 데이터로부터 계산한 β_0의 추정치이다.

이제 가설검정에 대해서 살펴보자. 귀무가설 $H_0 : \beta_0 = \beta_{00}$에 대한 검정은 β_0의 추정량 B_0을 이용한다. 귀무가설이 참일 때

$T = (B_0 - \beta_{00}) / \sqrt{MSE\,[1/n + (\overline{x})^2/\Sigma(x_i - \overline{x})^2]}$ 는 자유도 $n-2$인 t-분포를 따른다. 이 사실을 이용하면 회귀계수 β_0에 대한 가설검정은 다음과 같이 정리할 수 있다.

【정리 9.7】 (회귀계수 β_0에 대한 T-검정) 독립변수 x와 종속변수 y의 쌍으로 얻은 n개의 표본 (x_i, y_i), $i = 1, 2, \ldots, n$로부터 구한 추정회귀식을 $\eta = b_0 + b_1 x$라 할 때, 가설 $H_0 : \beta_0 = \beta_{00}$에 대한 검정통계값은

$$t_0 = \frac{b_0 - \beta_{00}}{\sqrt{MSE\,[1/n + (\overline{x})^2/\Sigma(x_i - \overline{x})^2]}} \tag{9.27}$$

이다. 이 때 유의수준 α인 기각역은 다음과 같다.

표 9.12 회귀계수 β_0에 대한 T-검정

귀무가설(H_0)	대립가설(H_1)	기각역(유의수준 α)
$\beta_0 = \beta_{00}$	$\beta_0 > \beta_{00}$	$t_0 \geq t_{(n-2:\alpha)}$
	$\beta_0 < \beta_{00}$	$t_0 \leq -t_{(n-2:\alpha)}$
	$\beta_0 \neq \beta_{00}$	$\lvert t_0 \rvert \geq t_{(n-2:\alpha/2)}$

예제 9.9

예제 9.5에서 구한 추정회귀식에 대해서 (1) 회귀계수 β_0, β_1에 대한 95% 신뢰구간을 구하라. (2) 회귀계수 β_0, β_1가 0인지 여부를 유의수준 5%에서 검정하라.

풀이

β_0, β_1의 추정치는 각각 $b_0 = 15.5$, $b_1 = -1.1$이다. 오차평균제곱은 $MSE = SSE/(n-2) = 15.7/13 = 1.208$, $\Sigma(x_i - \overline{x})^2 = \Sigma x_i^2 - n(\overline{x})^2 = 405 - 15(5)^2 = 30$, $t_{(n-2:\alpha/2)} = t_{(13:0.025)} = 2.160$이다.

(1) B_0의 분산은 $MSE[1/n + (\overline{x})^2/\Sigma(x_i - \overline{x})^2] = 1.208(1/15 + (5)^2/30) = 1.0872$이므로 β_0의 95% 신뢰구간은 $15.5 \pm 2.160 \sqrt{1.0872} = 15.5 \pm 2.25 \equiv (13.25, 17.75)$이다. B_1의 분산은 $MSE/\Sigma(x_i - \overline{x})^2 = 1.208/30 = 0.04027$이므로 β_1의 95% 신뢰구간은 $-1.1 \pm 2.160\sqrt{0.04027} = -1.1 \pm 0.4335 \equiv (-1.5335, -0.6665)$이다.

(2) 가설 $H_0 : \beta_0 = 0$ 대 $H_1 : \beta_0 \neq 0$의 검정통계값은 식(9.26)에서

$$t_0 = \frac{b_0 - \beta_{00}}{\sqrt{MSE[1/n + (\overline{x})^2/\Sigma(x_i - \overline{x})^2]}} = \frac{15.5 - 0}{\sqrt{1.0872}} = 14.87$$

이고, 기각역은 $|t_0| \geq t_{(13:0.025)} = 2.160$에서 $|t_0| = 14.87 > 2.160$이므로 유의수준 0.05로 H_0를 기각한다. 가설 $H_0 : \beta_1 = 0$ 대 $H_1 : \beta_1 \neq 0$의 검정통계값은 식(9.24)에서

$$t_0 = \frac{b_1 - \beta_{10}}{\sqrt{MSE/\Sigma(x_i - \overline{x})^2}} = \frac{-1.1 - 0}{\sqrt{0.04027}} = -5.48$$

이고, 기각역은 $|t_0| \geq t_{(13:0.025)} = 2.160$에서 $|t_0| = |-5.48| = 5.48 > 2.160$이므로 유의수준 0.05로 H_0를 기각한다. ■

9.3.2 반응치에 대한 추론

독립변수의 특정 값에서 종속변수의 값을 반응치라 한다. 반응평균치(mean response)는 반응치의 기댓값으로 무수히 많은 반응치의 평균을 의미하며, 반응예측치(future response)는 하나의 반응치를 의미한다.

1) 반응평균치에 대한 추론

$x = x_0$에서 반응평균치 y_0의 추정량은 추정회귀식으로부터 $\eta_0 = B_0 + B_1 x_0$이다. η_0은 는 $y_0 = \beta_0 + \beta_1 x_0$의 불편추정량이다. 또한 η_0은 y_i의 선형식이라는 사실을 이용하면 η_0은 평균 y_0, 분산 $\sigma^2[1/n + (x_0 - \overline{x})^2/\Sigma(x_i - \overline{x})^2]$인 정규분포를 따른다는 것을 보일 수 있다. 미지의 분산 σ^2 대신 오차평균제곱 MSE를 사용하면

$$T = \frac{\eta_0 - y_0}{\sqrt{MSE\,[1/n + (x_0 - \overline{x})^2/\Sigma(x_i - \overline{x})^2]}} \tag{9.28}$$

는 자유도 $n-2$인 t-분포를 따른다.

y_0에 대한 $100(1-\alpha)\%$ 신뢰구간은 식(9.28)의 확률분포를 이용하면

$$\eta_0 \pm t_{(n-2:\alpha/2)}\sqrt{MSE\left(\frac{1}{n} + \frac{(x_0 - \overline{x})^2}{\Sigma(x_i - \overline{x})^2}\right)} \tag{9.29}$$

이다. 여기서 η_0은 데이터로부터 계산한 y_0의 추정치이다. 이제 가설검정에 대해서 살펴보자.

귀무가설 $H_0 : y_0 = y_{00}$에 대한 검정은 y_0의 추정량 η_0 을 이용한다. 귀무가설이 참일 때 $T = (\eta_0 - y_{00})/\sqrt{MSE\,[1/n + (x_0 - \overline{x})^2/\Sigma(x_i - \overline{x})^2]}$ 는 자유도 $n-2$인 t-분포를 따른다. 이 사실을 이용하면 회귀계수 y_0에 대한 가설검정은 정리 9.8과 같이 정리할 수 있다.

【정리 9.8】(반응평균치 y_0에 대한 T-검정) 독립변수 x와 종속변수 y의 쌍으로 얻은 n개의 표본 (x_i, y_i), $i = 1, 2, \ldots, n$로부터 구한 추정회귀식을 $\eta = b_0 + b_1 x$라 할 때, 가설 $H_0 : y_0 = y_{00}$에 대한 검정통계값은

$$t_0 = \frac{\eta_0 - y_{00}}{\sqrt{MSE\,[1/n + (x_0 - \overline{x})^2/\Sigma(x_i - \overline{x})^2]}} \tag{9.30}$$

이다. 이 때 유의수준 α인 기각역은 다음과 같다.

표 9.13 반응평균치 y_0에 대한 T-검정

귀무가설(H_0)	대립가설(H_1)	기각역(유의수준 α)
$y_0 = y_{00}$	$y_0 > y_{00}$	$t_0 \geq t_{(n-2:\alpha)}$
	$y_0 < y_{00}$	$t_0 \leq -t_{(n-2:\alpha)}$
	$y_0 \neq y_{00}$	$\lvert t_0 \rvert \geq t_{(n-2:\alpha/2)}$

2) 반응예측치에 대한 추론

$x = x_0$에서 반응예측치 y_s의 추정량은 추정회귀식으로부터 $\eta_0 = B_0 + B_1 x_0$이다. η_0은 는 $y_0 = \beta_0 + \beta_1 x_0$의 불편추정량이다. 또한 η_0은 y_i의 선형식이라는 사실을 이용하면 η_0은 평균 y_s, 분산 $\sigma^2[1 + 1/n + (x_0 - \overline{x})^2/\Sigma(x_i - \overline{x})^2]$인 정규분포를 따른다는 것을 보일 수 있다. 미지의 분산 σ^2 대신 오차평균제곱 MSE를 사용하면

$$T = \frac{\eta_0 - y_s}{\sqrt{MSE[1 + 1/n + (x_0 - \overline{x})^2/\Sigma(x_i - \overline{x})^2]}} \tag{9.31}$$

는 자유도 $n-2$인 t-분포를 따른다.

y_s에 대한 $100(1-\alpha)\%$ 신뢰구간은 식(9.31)의 확률분포를 이용하면

$$\eta_0 \pm t_{(n-2:\alpha/2)} \sqrt{MSE\left(1 + \frac{1}{n} + \frac{(x_0 - \overline{x})^2}{\Sigma(x_i - \overline{x})^2}\right)} \tag{9.32}$$

이다. 여기서 η_0은 데이터로부터 계산한 y_s의 추정치이다. 식(9.32)의 신뢰구간을 보통 반응치에 대한 예측구간이라 한다.

이제 가설검정에 대해서 살펴보자. 귀무가설 $H_0 : y_s = y_{s0}$에 대한 검정은 y_s의 추정량 η_0을 이용한다.

귀무가설이 참일 때 $T = (\eta_0 - y_{s0}) / \sqrt{MSE[1 + 1/n + (x_0 - \overline{x})^2 / \Sigma(x_i - \overline{x})^2]}$ 는 자유도 n−2인 t-분포를 따른다. 이 사실을 이용하면 회귀계수 y_s에 대한 가설검정은 다음과 같이 정리할 수 있다.

【정리 9.9】(반응예측치 y_s에 대한 T-검정) n개의 표본 (x_i, y_i), $i = 1, 2, \ldots, n$로부터 구한 추정회귀식을 $\eta = b_0 + b_1 x$라 할 때, 가설 $H_0 : y_s = y_{s0}$에 대한 검정통계값은

$$t_0 = \frac{\eta_0 - y_{s0}}{\sqrt{MSE[1 + 1/n + (x_0 - \overline{x})^2 / \Sigma(x_i - \overline{x})^2]}} \tag{9.33}$$

이다. 이 때 유의수준 α인 기각역은 다음과 같다.

표 9.14 반응예측치 y_s에 대한 T-검정

귀무가설(H_0)	대립가설(H_1)	기각역(유의수준 α)
$y_s = y_{s0}$	$y_s > y_{s0}$	$t_0 \geq t_{(n-2,\alpha)}$
	$y_s < y_{s0}$	$t_0 \leq -t_{(n-2,\alpha)}$
	$y_s \neq y_{s0}$	$\lvert t_0 \rvert \geq t_{(n-2,\alpha/2)}$

신뢰구간 추정에서 주의해야 할 사항은 이 신뢰구간의 폭은 x_0가 $\overline{x}$일 때 식(9.29)와 식(9.32)의 폭이 가장 좁고, x_0가 $\overline{x}$에서 멀어질수록 그 폭이 커진다는 것이다. 또한 x_0가 $\overline{x}$에서 너무 멀리 떨어져 있어서 회귀직선이 의미가 있는 x의 영역을 벗어날 때에는 회귀직선 자체가 의미를 상실하므로 식(9.29), (9.32)의 신뢰구간도 전혀 의미가 없는 점에 주의하기 바란다.

x를 변화시켜 가면서 얻은 y_0 또는 y_s의 신뢰구간을 모두 구하여 그 상한(upper limit)과 하한(lower limit)을 각각 연결시키면 그림 9.8와 같은 하나의 띠가 얻어지는데 이를 신뢰대(confidence belt)라고 부른다.

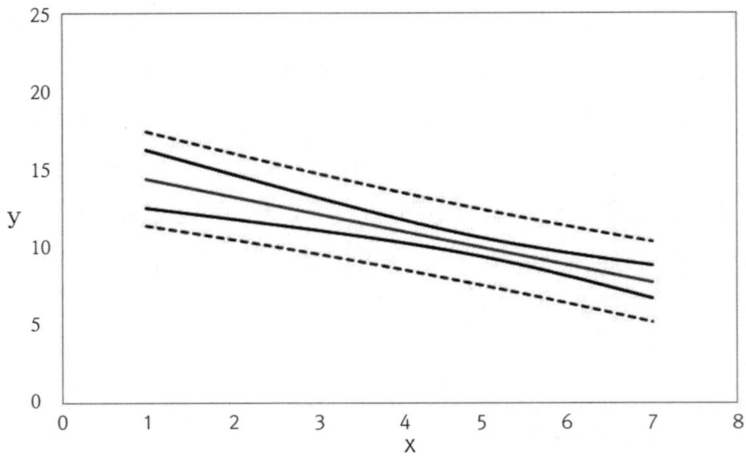

그림 9.8 예제 9.10의 신뢰대

예제 9.10

예제 9.5의 데이터에 대해여 회귀직선이 옳다고 가정하여 이를 적합시킬 때, (1) y_0의 신뢰구간을 $1 \le x \le 7$에서 구하여 그래프로 그려라. (2) $x = 7$에서 y_0에 대한 가설 $H_0 : y_0 = 8$ 대 $H_1 : y_0 \neq 8$를 유의수준 0.10으로 검정하라.

풀이

(1) β_0, β_1의 추정치는 각각 $b_0 = 15.5$, $b_1 = -1.1$, $MSE = 1.208$, $n = 15$, $\Sigma(x_i - \bar{x})^2 = 30$, $\bar{x} = 5$, $t_{(n-2:\alpha/2)} = t_{(13:0.025)} = 2.160$이다. $x = 1$에서 y_0의 추정치 $\eta_0 = 15.1 - 1.1(1) = 14.1$이고, 표준오차는

$$SE(\eta_0) = \sqrt{MSE\left(\frac{1}{n} + \frac{(x_0 - \bar{x})^2}{\Sigma(x_i - \bar{x})^2}\right)} = \sqrt{1.208\left(\frac{1}{15} + \frac{(1-5)^2}{30}\right)} = 0.8513$$

이다. 따라서 $x_0 = 1$에서 반응평균치 y_0의 95% 신뢰구간은 $14.1 \pm 2.160(0.8513) = (12.56, 16.24)$이다. 표 9.15는 $x_0 = 1, 2, \ldots, 7$에서 반응평균치와 반응예측치에 대한 95% 신뢰구간을 나타낸 것이다.

표 9.15 반응평균치와 반응예측치의 신뢰구간

x_0	η_0	반응평균치		반응예측치	
		신뢰하한	신뢰상한	예측하한	예측상한
1	14.4	12.56	16.24	11.40	17.40
2	13.3	11.86	14.74	10.52	16.08
3	12.2	11.14	13.26	9.60	14.80
4	11.1	10.35	11.85	8.61	13.59
5	10	9.39	10.61	7.55	12.45
6	8.9	8.15	9.65	6.41	11.39
7	7.8	6.74	8.86	5.20	10.40

(2) $x_0 = 7$에서 y_0의 추정치는 $\eta_0 = 7.8$이이므로 검정통계량의 값은

$$t_0 = \frac{\eta_0 - y_0}{\sqrt{MSE\,[1/n + (x_0 - \overline{x})^2 / \Sigma (x_i - \overline{x})^2]}}$$
$$= \frac{7.8 - 8.0}{\sqrt{1.208(1/15 + (7-5)^2/30)}} = -0.4069$$

이고, 기각역은 $|t_0| \ge t_{(13\,:\,0.025)} = 2.160$에서 $|t_0| = 0.4069 < 2.160$이므로 유의수준 0.05에서 H_0를 기각할 수 없다. ■

9.4 중회귀모형

이제까지 하나의 독립변수 x만을 포함하는 단순선형회귀에 대해서 살펴보았다. 그러나 실제로는 종속변수 y가 여러 개의 독립변수의 함수로 표현되는 경우가 흔하다. 예를 들어, 어떤 공정의 수율을 종속 변수로 잡고 여기에 영향을 주리라고 믿어지는 공정 상의 여러 독립변수들(온도, 압력, 습도, 시간 등)을 선택하여 독립변수와 종속변수간의 관련성을 함수의 형태로서 파악할 때 회귀모형을 이용할 수 있다.

k개($k \geq 2$)의 독립변수를 사용하여 종속변수의 변화를 설명할 때 독립변수와 종속변수의 관계를 선형으로 가정하는 회귀모형을 중(선형)회귀모형(multiple linear regression model)이라 한다. 독립변수들을 $x_1, x_2, \ldots, x_k$라 하면 n개의 데이터 $(x_{1i}, x_{2i}, \ldots, x_{ki}, y_i)$, $i = 1, 2, \ldots, n$에 대한 중회귀모형은

$$y_i = \beta_0 + \beta_1 x_{1i} + \beta_2 x_{2i} + \cdots + \beta_k x_{ki} + \epsilon_i \tag{9.34}$$

$$\epsilon_i \sim N(0, \sigma^2)\text{이고, 서로 독립, } i = 1, 2, \ldots, n$$

으로 표현된다.

9.4.1 회귀계수의 추정

중회귀모형의 회귀계수의 추정에 대해서 살펴보자. 종속변수 y와 독립변수 $x_1, x_2, \ldots, x_k$에 다음과 같은 관계식이 성립한다고 하자.

$$y = \beta_0 + \beta_1 x_1 + \beta_2 x_2 + \cdots + \beta_k x_k \tag{9.35}$$

여기서 $\beta_0, \beta_1, \beta_2, \ldots, \beta_k$는 미지의 모수이다. n개의 데이터 $(x_{1i}, x_{2i}, \ldots, x_{ki}, y_i)$, $i = 1, 2, \ldots, n$에 대하여 모형(9.35)는

$$y_i = \beta_0 + \beta_1 x_{1i} + \beta_2 x_{2i} + \cdots + \beta_k x_{ki} + \epsilon_i,\ \ i = 1, 2, \ldots, n \tag{9.36}$$

으로 표현된다.

최소제곱법을 이용하면 회귀계수 $\beta_0, \beta_1, \beta_2, \ldots, \beta_k$의 추정량은 오차제곱의 합

$$Q = \sum_{i=1}^{n} \epsilon_i^2 = \sum_{i=1}^{n} (y_i - \beta_0 - \beta_1 x_{1i} - \beta_2 x_{2i} - \cdots - \beta_k x_{ki})^2 \tag{9.37}$$

이 최소가 되도록 하는 $\beta_0, \beta_1, \beta_2, \ldots, \beta_k$이다. 식(9.37)을 $\beta_0, \beta_1, \beta_2, \ldots, \beta_k$에 대해서 일

차편미분하여 0으로 두고 정리하면 정규방정식을 얻을 수 있다.

독립변수가 두 개인 경우, 정규방정식은 다음과 같다.

$$
\begin{aligned}
&nB_0 + B_1\sum_{i=1}^{n} x_{1i} + B_2\sum_{i=1}^{n} x_{2i} = \sum_{i=1}^{n} y_i \\
&B_0\sum_{i=1}^{n} x_{1i} + B_1\sum_{i=1}^{n} x_{1i}^2 + B_2\sum_{i=1}^{n} x_{1i}x_{2i} = \sum_{i=1}^{n} x_{1i}y_i \\
&B_0\sum_{i=1}^{n} x_{2i} + B_1\sum_{i=1}^{n} x_{1i}x_{2i} + B_2\sum_{i=1}^{n} x_{2i}^2 = \sum_{i=1}^{n} x_{2i}y_i
\end{aligned}
\tag{9.38}
$$

예제 9.11

어떤 운송회사에서 선적물품의 무게(x_1)와 운송거리(x_2)와 소요 비용(y)과의 관계에 대한 연구에서 다음과 같은 데이터를 얻었다. (1) $y = \beta_0 + \beta_1 x_1 + \beta_2 x_2 + \epsilon$이 모형으로 적절하다고 가정하고 회귀계수의 추정치를 구하고, 추정회귀식을 적어라. (2) 무게가 2.0인 물품을 거리 1.8을 운송할 때 비용을 추정하라.

표 9.16 물품무게, 운송거리와 운송비용

번호	1	2	3	4	5	6
x_1	4.0	3.0	1.6	1.2	3.4	4.8
x_2	1.5	2.2	1.0	2.0	0.8	1.6
y	160	112	69	90	123	186

풀이

(1) 식(9.38)의 정규방정식에 필요한 값들은 다음의 계산표를 이용하여 구한다. $n = 6$, $\Sigma x_{1i} = 18$, $\Sigma x_{2i} = 9.1$, $\Sigma y_i = 740$, $\Sigma x_{1i}^2 = 63.6$, $\Sigma x_{2i}^2 = 15.29$, $\Sigma x_{1i}x_{2i} = 27$, $\Sigma x_{1i}y_i = 2505.4$, $\Sigma x_{2i}y_i = 1131.4$이므로 정규방정식은

번호	x_1	x_2	y	x_1^2	x_2^2	x_1x_2	x_1y	x_2y
1	4	1.5	160	16	2.25	6	640	240
2	3	2.2	112	9	4.84	6.6	336	246.4
3	1.6	1	69	2.56	1	1.6	110.4	69
4	1.2	2	90	1.44	4	2.4	108	180
5	3.4	0.8	123	11.56	0.64	2.72	418.2	98.4
6	4.8	1.6	186	23.04	2.56	7.68	892.8	297.6
합계	18	9.1	740	63.6	15.29	27	2505.4	1131.4

$$6b_0 + 18b_1 + 9.1b_2 = 740$$

$$18b_0 + 63.6b_1 + 27b_2 = 2505.4$$

$$9.1b_0 + 27b_1 + 63.6b_2 = 1131.4$$

이다. 정규방정식의 해를 구하면, $b_0 = 14.56$, $b_1 = 30.109$, $b_2 = 12.16$이다. 따라서 추정회귀식은 $\eta = 14.56 + 10.109x_1 + 12.16x_2$가 된다.

(2) 무게 2.0, 운송거리 1.8이므로 $x_1 = 2.0$, $x_2 = 1.8$이다. 따라서 운송비 추정치는 $\eta_0 = 14.56 + 10.109(2.0) + 12.16(1.8) = 56.67$이다. ■

독립변수의 수가 k개인 경우의 정규방정식은 다음과 같이 행렬(matrix)[9]로 표현할 수 있다.

$$(X^TX)B = X^T\mathbf{y} \tag{9.39}$$

$$\text{단, } X^TX = \begin{bmatrix} n & \Sigma x_{1i} & \cdots & \Sigma x_{ki} \\ \Sigma x_{1i} & \Sigma x_{1i}^2 & \cdots & \Sigma x_{1i}x_{ki} \\ \Sigma x_{2i} & \Sigma x_{1i}x_{2i} & \cdots & \Sigma x_{2i}x_{ki} \\ \vdots & \vdots & \cdots & \vdots \\ \Sigma x_{ki} & \Sigma x_{1i}x_{ki} & \cdots & \Sigma x_{ki}^2 \end{bmatrix},\ B = \begin{bmatrix} B_0 \\ B_1 \\ B_2 \\ \vdots \\ B_k \end{bmatrix},\ X^T\mathbf{y} = \begin{bmatrix} \Sigma y_i \\ \Sigma x_{1i}y_i \\ \Sigma x_{2i}y_i \\ \vdots \\ \Sigma x_{ki}y_i \end{bmatrix}$$

9) 행렬수학에서 A^T는 행렬 A의 전치행렬(transpose matrix), A^{-1}은 행렬 A의 역행렬(inverse matrix)을 나타낸다.

식(9.39)를 B에 대해서 풀면, 회귀계수의 추정치는

$$B = (X^TX)^{-1}X^T\mathbf{y} \tag{9.40}$$

가 된다. 또한 추정량 B의 분산은 분산-공분산행렬(variance-covariance matrix)

$$(X^TX)^{-1}\sigma^2 \tag{9.41}$$

로부터 구할 수 있다. 그러나 실제로 주어진 데이터로부터 회귀계수를 추정하기 위해서는 통계처리용 소프트웨어를 사용하면 편하다.

예제 9.12

세 가지 독립변수(기류 x_1, 냉각제 온도 x_2, 질산의 농도 x_3)와 암모니아 손실량(y)의 관계를 결정하기 위한 실험에서 다음 자료를 얻었다. (1) 모형 $y = \beta_0 + \beta_1x_1 + \beta_2x_2 + \beta_3x_3 + \epsilon$가 적절하다고 할 때, 최소제곱법으로 회귀계수를 추정하라. (2) $x_1 = 65$, $x_2 = 25$, $x_3 = 85$일 때 암모니아 손실량의 점추정값을 구하라.

표 9.17 기류, 냉각제 온도, 질산의 농도와 암모니아 손실량 데이터

번호	1	2	3	4	5	6	7	8	9	10	11	12	13	14	15	16	17	19	20	21
기류	80	80	75	62	62	62	62	62	58	58	58	58	58	58	50	50	50	50	50	56
온도	27	27	25	24	22	23	24	24	23	18	18	17	18	19	18	18	19	19	20	20
농도	89	88	90	87	87	87	93	93	87	80	89	88	82	93	89	86	72	79	80	82
손실량	42	37	37	28	18	18	19	20	15	14	14	13	11	12	8	7	8	8	9	15

풀이

미니탭의 [통계분석]►[회귀분석]►[회귀분석]를 사용하면 다음의 결과를 얻을 수 있다.

회귀 분석 : 손실량 대 기류, 온도. 농도

회기 방정식은
손실량 = - 39.9+0.716 기류 + 1.30 온도 - 0.152 농도

예측 변수	계수	SE 계수	T	P
상수	-39.92	11.90	-3.36	0.004
기류	0.7156	0.1349	5.31	0.000
온도	1.23953	0.3680	3.52	0.003
농도	-0.1521	0.1563	-0.97	0.344

S=3.24336　　R-제곱 = 91.4%　　R-제곱(수정) = 89.8%

분산 분석

출처	DF	SS	MS	F	P
회귀	3	1890.41	630.14	59.90	0.000
잔차 오차	17	178.83	10.52		
전체	20	2069.24			

그림 9.9 예제 9.11에 대한 미니탭 출력

(1) 그림 9.9의 결과로부터 β_0, β_1, β_2, β_3의 추정치는 각각 -39.92, 0.7156, 1.2953, -0.1521이다. 따라서 추정회귀식은 $\eta = -39.92 + 0.7156x_1 + 1.2953x_2 - 0.1521x_3$가 된다.

(2) 기류 65, 냉각제 온도 25, 질산의 농도 85이므로 $x_1 = 65$, $x_2 = 25$, $x_3 = 85$이다. 따라서 운송비 추정치는 $\eta_0 = -39.92 + 0.7156(65) + 1.2953(25) - 0.1521(85) = 26.048$이다. ■

9.4.2 중회귀모형에 대한 진단

중회귀모형의 적합도를 평가하는 방법은 여러 가지가 있으나 여기서는 분산분석표에 의한 F-검정, 결정계수 R^2, 수정결정계수 R^2_{adj}를 소개한다.

먼저 중회귀모형의 분산분석을 다루어 보자. 변동의 분해는 식(9.18)에 설명된 단순회귀의 변동의 분해와 동일하며, SST, SSR, SSE를 구하는 방식도 단순회귀에서와 동일하다.

총제곱합 SST의 자유도는 $\phi_T = n-1$이며, 회귀제곱합 SSR의 자유도는 독립변수

의 수가 k이므로 $\phi_R = k$이다. 오차제곱합 SSE의 자유도는 $\phi_E = \phi_T - \phi_R = n - k - 1$이다. 따라서 회귀평균제곱 MSR은 SSR을 자유도 k로 나눈 값이며, 오차평균제곱 MSE는 SSE를 자유도 n-k-1로 나눈 값이다. 회귀모형의 유의성을 검정하는 가설은

$$H_0 : \beta_1 = \beta_2 = \cdots = \beta_k = 0 \text{ 대 } H_1 : \text{적어도 하나의 } \beta_i \neq 0 \tag{9.42}$$

로 표현할 수 있다.

식(9.42)의 가설을 검정하는 통계량은 $F = MSR/MSE$로 한다. 식(9.42)의 귀무가설이 참인 경우에 $F \sim F(k, n-k-1)$이다. 단순회귀모형에서와 데이터로 계산한 F의 값을 F_0라 하면, 유의수준 α인 기각역은 $F_0 \geq F_{k,n-k-1:\alpha)}$이다. 표 9.18은 F-검정을 위한 분산분석표를 나타낸 것이다.

결정계수 R^2은 단순회귀에서와 마찬가지로

$$R^2 = \frac{SSR}{SST} = 1 - \frac{SSE}{SST} \tag{9.43}$$

로써 전체제곱합 중 회귀모형이 설명하는 제곱합의 비율이다. $0 \leq R^2 \leq 1$이고, R^2의 값이 1에 가까울수록 회귀모형의 적합도가 높다고 할 수 있다.

중회귀모형에서 모형에 포함되는 독립변수의 수는 적을수록 모형을 만드는 목적에 잘 부합한다. 즉, 적은 수의 독립변수로 종속변수 y를 설명할 수 있다면 그 모

표 9.18 중회귀모형의 분산분석표

요인	제곱합	자유도	평균제곱	F_0	$F(\alpha)$
회귀	SSR	$\phi_R = k$	MSR	MSR/MSE	$F_{(k,n-k-1:\alpha)}$
오차	SSE	$\phi_E = n-k-1$	MSE		
계	SST	$\phi_T = n-1$			

형은 좋은 모형이다. 그러나 R^2의 값은 새로운 독립변수를 추가하면 증가하므로(최소한 감소하지는 않는다) 모형의 적합도를 평가하는데 적합하다고 할 수 없다.

결정계수의 값은 독립변수를 추가하면 증가하는 성질을 갖고 있다. 예를 들어, '아버지의 키'와 '아들의 키'의 관계에서 종속변수인 '아들의 키'와 전혀 관계가 없는 '아버지 친구 아들의 키'를 독립변수로 추가하더라도 R^2은 증가할 수 있다. 수정결정계수(adjusted coefficient of determination) R_{adj}^2은 결정계수의 이러한 결점을 보완하여 다음과 같이 정의한 측도이다.

$$R_{adj}^2 = 1 - \frac{SSE/(n-k-1)}{SST/(n-1)} = 1 - \left(\frac{n-1}{n-k-1}\right)(1-R^2) \tag{9.44}$$

R_{adj}^2는 R^2과는 달리 독립변수의 추가에 따라 항상 증가하지는 않으므로 독립변수가 많은 경우에 선택 가능한 다수 개의 회귀모형에서 최적의 모형을 선택하는 판단 기준으로 사용된다.

예제 9.13

예제 9.10의 추정회귀식의 타당성을 분석분석표를 활용하여 평가하라. 결정계수와 수정결정계수는 얼마인가?

풀이

그림 9.9의 미니탭 출력물로부터 분산분석표를 작성하면 다음과 같다.

표 9.19 예제 9.10의 분산분석표

요인	제곱합	자유도	평균제곱	F_0	$F(0.05)$
회귀	8703.4	2	4351.7	17.18	9.55
오차	759.9	3	253.3		
계	9463.3	5			

가설 H_0: '회귀식으로 설명할 수 없다' 대 H_1: '회귀식으로 설명할 수 있다'에 대해서 $F_0 = 17.18 > F_{(2,3\,:\,0.05)} = 9.55$이므로 유의수준 0.05로 H_0를 기각한다.

즉, 추정회귀식이 타당하다. 그림 9.9에서 보면 $R^2 = 0.92$이고, $R^2_{Adj} = 0.866$이다. ■

9.4.3 회귀계수에 대한 추론

회귀계수 β_j, $j = 1, 2, \ldots, k$에 대한 구간추정 및 검정은 단순회귀에서와 마찬가지 방법으로 얻을 수 있다.

β_i의 추정량 B_j는 y_i의 선형식이므로 정규분포를 따른다. B_j의 기댓값은 β_j이고, 분산은 식(9.41)의 분산-공분산행렬 $\sigma^2(\mathbf{X}^T\mathbf{X})^{-1}$의 (j+1)번째 대각원소의 값이 됨을 보일 수 있다. B_j의 분산의 추정량은 분산-공분산행렬의 σ^2 대신 추정량 MSE를 대입한 행렬로부터 구할 수 있다. 따라서 B_j의 표준오차 $SE(B_j)$의 추정량은

$$SE(B_j) = MSE(\mathbf{X}^T\mathbf{X})^{-1}\text{의 (j+1)번째 대각원소의 제곱근} \tag{9.45}$$

이 된다.

미니탭을 포함한 통계처리용 소프트웨어는 식(9.45)의 표준오차를 출력한다. 그림 9.10은 미니탭 회귀분석에서 회귀계수의 추정량에 대한 표준오차 출력 결과를 나타낸 것이다. 그림 9.10의 'SE 계수' 부분이 대응하는 회귀계수의 표준오차이다. 즉, 회귀모형의 상수항 β_0의 추정량 B_0의 표준오차는 $SE(B_0) = 11.90$이고, 변수 '기류'에 대응하는 회귀계수 β_1의 추정량 B_1의 표준오차는 $SE(B_1) = 0.1349$, 변수 '온도'에 대응하는 회귀계수 β_2의 추정량 B_2의 표준오차는 $SE(B_2) = 0.3680$, 변수 '농도'에 대응하는 회귀계수 β_3의 추정량 B_3의 표준오차는 $SE(B_3) = 0.1563$이다.

예측 변수	계수	SE계수	T	P
상수	-39.92	11.90	-3.36	0.004
기류	0.7156	0.1349	5.31	0.000
온도	1.2953	0.3680	3.52	0.003
농도	-0.1521	0.1563	-0.97	0.344

그림 9.10 미니탭 회귀분석의 표준오차 출력

β_j의 추정량 B_j를 표준화한 확률변수 $T = (B_j - \beta_j)/SE(B_j)$는 SSE의 자유도가 $n-k-1$이므로 자유도 $n-k-1$인 t-분포를 따른다. β_j에 대한 신뢰구간과 가설검정은 이 사실을 이용하여 구한다. 즉, β_j, $j = 0,1,\ldots,k$에 대한 $100(1-\alpha)\%$신뢰구간은 다음과 같다.

$$b_j \pm t_{(n-k-1:\alpha/2)} SE(B_j) \tag{9.46}$$

가설 $H_0 : \beta_j = \beta_{j0}$에 대한 검정은 귀무가설이 참일 때 $T_0 = (B_j - \beta_{j0})/SE(B_j)$가 자유도 $n-k-1$인 t-분포를 이용한다. 대립가설이 $H_1 : \beta_j \neq \beta_{j0}$인 경에 유의수준 α인 기각역은 $|t_0| \geq t_{(n-k-1:\alpha/2)}$이 된다. 회귀계수 β_j, $j = 1,2,\ldots,k$에 대한 가설검정을 정리하면 다음과 같다.

【정리 9.10】(회귀계수 β_j에 대한 T-검정) n개의 데이터 $(x_{1i}, x_{2i}, \ldots, x_{ki}, y_i)$, $i = 1,2,\ldots,n$로부터 구한 추정회귀식을 $\eta = b_0 + b_1 x + b_2 x_2 + \cdots + b_k x_k$라 할 때, 가설 $H_0 : \beta_j = \beta_{j0}$에 대한 검정통계값은

$$t_0 = \frac{b_j - \beta_{j0}}{SE(B_j)} \tag{9.47}$$

이다. 여기서 $SE(B_j)$는 식(9.45)의 표준오차이다. 이 때 유의수준 α인 기각역은 다음과 같다.

표 9.20 회귀계수 β_j에 대한 T-검정

귀무가설(H_0)	대립가설(H_1)	기각역(유의수준 α)
$\beta_j = \beta_{j0}$	$\beta_j > \beta_{j0}$	$t_0 \geq t_{(n-k-1:\alpha)}$
	$\beta_j < \beta_{j0}$	$t_0 \leq -t_{(n-k-1:\alpha)}$
	$\beta_j \neq \beta_{j0}$	$\|t_0\| \geq t_{(n-k-1:\alpha/2)}$

예제 9.14

예제 9.11의 데이터를 회귀모형 $y = \beta_0 + \beta_1 x_1 + \beta_2 x_2 + \beta_3 x_3 + \epsilon$를 적합시킬 때 (1) 회귀계수 β_0, β_1, β_2, β_3에 대한 95% 신뢰구간을 구하라. (2) 회귀계수 β_0, β_1, β_2, β_3가 0인지 여부에 대해 유의수준 5%로 검정하라.

풀이

(1) 식(9.46)을 이용하면 β_j에 대한 95% 신뢰구간은 $b_j \pm t_{(17:0.025)} SE(B_j)$이다. 그림 9.9에서 회귀계수의 추정치와 표준오차를 얻고, $t_{(17:0.025)} = 2.110$임을 이용하면 회귀계수 β_0, β_1, β_2, β_3에 대한 95% 신뢰구간은 표 9.21과 같다.

표 9.21 회귀계수 β_0, β_1, β_2, β_3에 대한 95% 신뢰구간

회귀계수	추정치(b_j)	표준오차($SE(B_j)$)	신뢰하한	신뢰상한
β_0	−39.92	11.90	−65.029	−14.811
β_1	0.7156	0.1349	0.4310	1.0002
β_2	1.2953	0.3680	0.5188	2.0718
β_3	−0.1521	0.1563	−0.4819	0.1777

(2) 그림 9.9의 출력물에서 가설 $H_0 : \beta_i = 0$에 대한 검정통계값 t_0와 대응하는 P-값은 표 9.22와 같다. 표 9.22의 P-값으로 판정하면, β_3를 제외한 회귀계수에 대해서 가설 $H_0 : \beta_j = 0$에 대한 P-값이 유의수준 0.05보다 작으므로 H_0를 기각한다. 즉, 회귀계수 β_0, β_1, β_2은 0이 아니라고 할 수 있으나, β_3은 0이 아니라고 할 수 없다. ■

표 9.22 회귀계수 β_0, β_1, β_2, β_3에 검정통계값과 P-값

회귀계수	추정치(b_j)	검정통계값(t_0)	P-값
β_0	−39.92	−3.36	0.004
β_1	0.7156	5.31	0.000
β_2	1.2953	3.52	0.003
β_3	−0.1521	−0.97	0.344

9.4.4 변수선택법

종속변수를 설명하는 독립변수의 후보가 매우 많은 경우 어떤 독립변수를 모형에 포함시켜야 회귀모형이 가장 좋은가들 판단해야 한다. 모형은 가능한 한 간단한 것이 바람직하고, 해당분야에서 이미 알려진 이론을 최대한 반영하고, 논리적으로 인과관계가 강한 변수들을 선택하는 것이 좋다.

이 절에서는 모형에 포함시킬 변수선택의 판정기준에 대해서 살펴본다. k개의 독립변수 중 $p-1$개의 독립변수(회귀계수는 p개)를 갖는 중회귀모형은 다음과 같다.

$$y = \beta_0 + \beta_1 x_1 + \beta_2 x_2 + \cdots + \beta_{p-1} x_{p-1} + \epsilon \tag{9.48}$$

1) 수정결정계수

p개의 회귀계수로 구성되는 중회귀모형의 결정계수를 R_p^2이라 하면, R_p^2은 p가 증가함에 따라 커져 모든 독립변수가 다 포함된 모형에서 최대가 된다. 따라서 R_p^2 값이 최대가 되도록 모형을 선택하는 것은 의미가 없다. 일반적으로 변수를 하나씩 증가시키면서 R_p^2의 증가가 둔화되면 독립변수를 더 이상 추가하지 않는다.

식(9.43)의 수정결정계수는 결정계수의 결점을 보완한 것으로서 독립변수의 수가 증가하여도 항상 증가하지는 않는 특성을 갖고 있다. 따라서 수정결정계수가 최대가 되는 독립변수의 조합으로 모형을 선택한다.

2) 맬로우즈의 C_p 통계량

맬로우즈(Mallows)의 C_p통계량은 p개의 회귀계수를 갖는 모형이 k개의 독립변수를 모두 포함시킨 완전모형에 얼마나 가까운가를 나타내는 척도로써

$$C_p = \frac{SSE_p}{MSE} - n + 2p \tag{9.49}$$

로 정의한다. 여기서 MSE는 완전모형에서 σ^2의 추정량이며, SSE_p는 독립변수 $(p-1)$개를 포함시켰을 때의 잔차제곱합이다.

C_p는 p개의 회귀계수를 갖는 모형이 완전모형으로부터 편의(bias)가 없다면 기댓값 p를 갖고, 편의가 크면 C_p는 p보다 큰 값을 갖는다. 즉, $C_p = p$이면, 해당모형은 편의가 없는 모형이며, C_p가 p에 가까울수록 편의가 적은 모형이다. 따라서 맬로우즈의 C_p통계량을 이용하여 판정할 경우에는 p와 C_p를 (x,y)축에 나타낼 때 기울기가 1인 직선에 가깝게 위치하면서 변수의 수가 적은 모형을 적절한 모형으로 선택한다.

3) 모든 가능한 회귀

모든 가능한 회귀(all possible regression)는 독립변수들의 모든 가능한 조합에 대해 회귀모형을 만들고, 이들 중에서 가장 적합한 회귀모형을 찾는 방법이다. k개의 독립변수가 있는 경우 총 2^k개의 모형이 있을 수 있다. 모든 가능한 회귀모형에 대해서 결정계수와 C_p통계량을 계산하고, 이들 값을 기준으로 적합한 모형을 선정하는 것이 일반적이다.

예제 9.15

예제 9.11의 데이터에 대해서 모든 가능한 회귀법으로 최적의 회귀모형을 찾아라.

풀이

미니탭에서 [통계분석]►[회귀분석]►[최량 부분 집합]를 사용하여 모든 가능한 회귀모형에 대한 결정계수, 수정결정계수, 맬로우즈 C_p를 얻을 수 있다. 그림 9.11은 예제 9.11의 데이터로 [통계분석]►[회귀분석]►[최량 부분 집합]를 적용한 결과이다.

최량 부분 집합 회귀 분석 : 손상량 대 기류. 온도. 농도

반응은 손실량입니다.

변수	R-제곱	R-제곱(수정)	Mallows C-p	S	기류	온도	농도
1	84.6	83.8	13.3	4.0982	×		
1	76.7	75.4	28.9	5.0427		×	
1	16.0	11.	148.3	9.5654			×
2	90.9	89.9	2.9	3.2386	×	×	
2	85.1	83.4	14.4	4.1442	×		×
2	77.0	74.5	30.2	5.1373		×	×
3	91.4	89.8	4.0	3.2434	×	×	×

그림 9.11 예제 9.11에 대한 모든 가능한 회귀

그림 9.11에서 보면 수정결정계수('R－제곱(수정)')의 값이 가장 큰 것은 기류와 온도변수만 포함된 경우이고, 이 때 맬로우즈의 $C_p = 2.9$로 회귀계수의 수 $p = 3$에 가깝다. ■

4) 단계적 변수 선택

단계적 변수선택은 종속변수 y에 영향을 준다고 예상되는 설명변수를 특정의 규칙에 의해 단계적으로 선택하여 최적의 모형을 만드는 방법이다. 단계적 변수선택법에는 전진선택법(forward selection), 후진제거법(backward elimination), 단계적 회귀(stepwise regression)가 있다.

전진선택법은 독립변수 후보들 중에서 종속변수에 가장 큰 영향을 미치는 변수부터 선택하여 모형에 포함시키는 방법으로 더 이상 추가할 의미 있는 변수가 없다고 판단될 때 변수의 선택을 중단하는 방법이다.

k개의 변수들 각각에 대한 단순회귀모형에서 F-검정통계량이 가장 큰 독립변수가 처음으로 선택되고, k－1개의 독립변수 중 처음 선택된 변수의 영향을 뺀 부분 F－값(partial F-value)이 가장 큰 독립변수가 다음으로 선정되는 방식으로 진행되어 주어진 유의수준에서 의미 있는 변수가 없을 때까지 변수를 모형에 포함시킨다.

후진제거법은 k개의 독립변수들 모두를 포함시킨 모형에서 출발하여 가장 적은 영향을 주는 변수부터 하나씩 제거하면서 더 이상 제거할 변수가 없을 때의 모형을 최종 모형으로 선택하는 방법이다.

어느 단계에서 r개의 독립변수가 포함되어 있다고 할 때, r개의 각 독립변수가 마지막으로 모형에 포함된 것으로 보고 부분 F－값을 구한 후 주어진 유의수준에서 F－경계치보다 작은 변수들 중 부분 F-값이 가장 작은 변수를 제거한다. 이 때 모든 변수에 대한 부분 F－값이 유의수준에서의 F-경계치보다 크면 제거할 변수가 더 이상 없는 것으로 판단하여 과정을 끝내게 된다. 따라서 유의수준을 정하기에 따라 더 많은 독립변수들이 포함될 수 있다. 예를 들어, 변수제거의 유의수준을 0.05로 할 때, 각 독립변수의 p-값이 0.05보다 작으면 그 모형에 남고 0.05보다 크면 제거된다. 따라서 유의수준이 0.05인 경우 0.10의 경우보다 많은 독립변수들이 제거되어 간단한 모형이 될 것이다.

전진선택법에서는 일단 선택된 독립변수는 새로운 독립변수가 포함되면서 그 중요도를 상실하더라도 그대로 모형에 남아있게 된다. 반대로 후진제거법에서는 한번 제거된 변수는 다시 모형에 추가될 수 없다. 단계적 회귀는 전진선택법과 후진제거법의 결점을 보완하여 이들 방법을 결합시킨 방법으로 가장 일반적으로 사용하는 방법이다.

이 방법은 전진선택법에 의하여 변수들 추가하면서 새롭게 추가된 변수에 기인하여 기존 변수가 그 중요도가 약화되어 제거될 수 있는지를 매 단계별로 검토하여 해당변수를 제거하는 과정을 거치며 추가 또는 제거되는 변수가 더 이상 없을 때 해당 모형을 최종모형으로 선정한다.

예제 9.16

예제 9.11의 데이터에 대해서 단계적 회귀법으로 최적의 회귀모형을 찾아라.

풀이

미니탭에서 [통계분석]►[회귀분석]►[단계적회기분석]를 사용하여 단계적 회귀를 사용하여 최적회귀모형을 찾을 수 있다. 그림 9.12는 예제 9.11의 데이터로 [통계분석]►[회귀분석]►[단계적회기분석]를 적용한 결과이다.

단계적 회귀 : 손실량 대 기류, 온도, 농도

입력할 변수를 위한 아파 : 0.15 제거할 변수를 위한 알파 0.15

3개의 예측변수(N=21)에서 반응은 손실량입니다.

단계	1	2
상수	-44.13	-50.36
기류	1.02	0.67
T-값	10.21	5.30
P-값	0.000	0.000
		1.30
T-값		3.52
P-값		0.002
	4.10	3.24
R-제곱	84.58	90.88
R-제곱 (수정)	83.77	88.86
Mallows C-p	13.3	2.9

그림 9.12 예제 9.11에 대한 단계적 회귀

그림 9.11에서 보면 단계1에서 변수 '기류'가 선택되었고, 단계2에서 변수 '온도'가 선택되고 변수 '농도'는 모형에 포함되지 않고 종료되었다. 단계적 방법에 의한 최종의 추정회귀식은 $\eta = -50.36 + 0.67x_1 + 1.30x_2$이다. 이때 $MSE = 3.24$, $R^2 = 0.9088$, $R^2_{Adj} = 0.8936$이다. 맬로우즈의 C_p통계량은 $C_p = 2.9$로 회귀계수의 수 3에 가깝다. ■

9.5 미니탭 활용

상관분석은 [통계분석]►[기초 통계]►[상관 분석]을 사용하고, 두 범주형 변수의 독립성 검정은 [통계분석]►[표]를 사용한다. 회귀분석은 [통계분석]►[회귀 분석]►[회귀 분석]을 사용한다. 중회귀분석에서 최적의 회귀모형을 찾아야 하는 경우에는 [통계분석]►[회귀 분석]에서 [단계적 회귀 분석]와 [최량 부분 집합]을 사용한다.

반응변수가 연속형이 아닌 경우에는 로지스틱 회귀모형을 사용한다. 로지스틱 회귀모형의 분석은 [통계분석]►[회귀 분석]에서 [이항 로지스틱 회귀 분석], [순서형 로지스틱 회귀 분석], [명목형 로지스틱 회귀 분석]을 사용한다.

9.5.1 상관분석

미니탭의 [상관 분석]을 사용하여 두 개 이상의 변수들 간의 상관계수를 계산하고, 가설 $H_0 : \rho = 0$ 대 $H_1 : \rho \neq 0$을 검정하는 절차는 다음과 같다.

1. 워크시트에 분할형으로 데이터 입력
2. [통계분석]►[기초 통계]►[상관 분석] 선택
3. [상관 계수] 창에서 [변수]에 상관계수를 계산할 데이터가 입력된 열을 입력하고, 필요한 경우 [p-값 표시], [행렬 저장(표시 안 함)]을 체크한 후 [확인]
4. 세션창에서 P-값을 읽고 해석

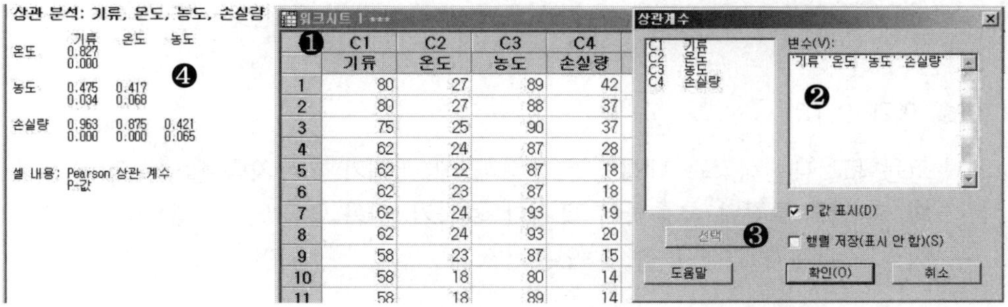

그림 9.13 상관 분석

예제 9.17

예제 9.11의 데이터로 4개 변수들 간의 상관계수를 구하고, 상관의 수준을 판단하라.

풀이

기류, 냉각제 온도, 질산의 농도, 암모니아 손실량 간의 상관계수를 구하고, 가설 '$H_0 : \rho = 0$ 대 $H_1 : \rho \neq 0$'을 검정한다.

1. C1열에 기류, C2열에 냉각제 온도, C3열에 질산, C4열에 암모니아 손실량 입력(❶)
2. [통계분석]►[기초 통계]►[상관 분석] 선택
3. [상관 계수] 창의 [변수]에 C1, C2, C3, C4를 입력(❷), 가설검정을 하는데 필요한 [p-값 표시] 부분 체크(❸) 후 [확인]
4. 세션창에서 상관계수와 P-값을 읽고(❹) 해석

그림 9.13의 세션 창에서 행과 열이 교차하는 부분의 값은 대응하는 두 변수간의 상관계수와 가설 $H_0 : \rho = 0$ 대 $H_1 : \rho \neq 0$에 대한 검정의 P-값이다. 예를 들어, 온도와 손실량의 상관계수는 0.875이고, P-값은 0.000으로 가설 $H_0 : \rho = 0$ 대 $H_1 : \rho \neq 0$가 기각된다. 반면에 농도와 손실량의 상관계수는 0.421이고, P-값은 0.065이다. 이 경우에는 유의수준 0.05로 가설 $H_0 : \rho = 0$ 대 $H_1 : \rho \neq 0$는 기각할 수 없다. 즉, 두 변수 간의 상관계수가 0이 아니라고 할 수 없다. ■

다음 예제를 통해 범주형 변수의 독립성 검정을 수행해 보자.

예제 9.18

고등학교 내신성적과 대학졸업 성적 간에 관계가 있는지를 알아보기 위해 250명의 학생을 무작위 추출하여 조사한 결과가 다음과 같았다. 내신성적과 대학졸업 성적과 관계가 있다고 할 수 있는가?

고교 성적	졸업평점 A	졸업평점 B	졸업평점 C	졸업평점 D	합계
1~2 등급	22	22	10	6	60
3~4 등급	11	31	18	10	70
5~6 등급	8	24	20	13	65
7등급 이하	5	22	12	16	55
합계	46	99	60	45	250

풀이

고등학교 성적과 대학성적 간의 연관성을 판정하는 문제이다. 분할표를 워크시트레 입력하고, 관련성 유무를 판정한다.

1. C1, C2, C3, C4열을 대학졸업평점 A, B, C, D에 대응시키고, 행 1, 2, 3, 4를 내신등급 1~2등급, 3~4등급, 5~6등급, 7등급 이하에 대응시켜 해당 졸업생 수를 입력(❶)
2. [통계분석]►[표]►[카이-제곱 검정(워크시트의 이원 표)] 선택
3. [카이-제곱 검정(워크시트의 표)] 창에서 [표를 포함하는 열]에 C1, C2, C3, C4를 입력(❷) 후 확인
4. 세션창에서 계산 결과(❸) 및 카이-제곱값과 P-값 읽고(❹) 해석

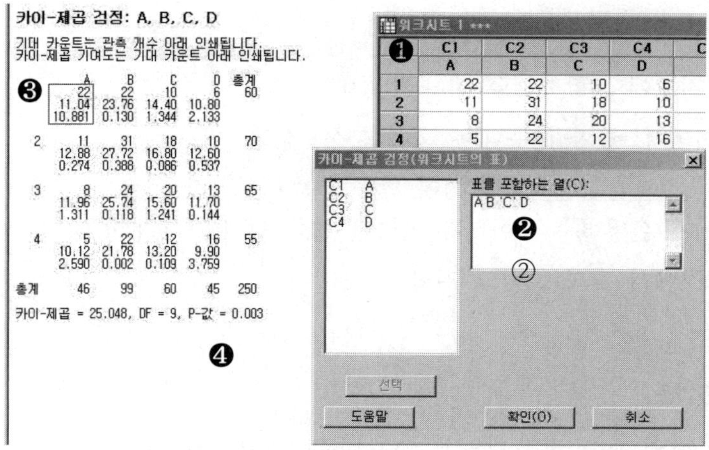

그림 9.14 범주형 변수의 독립성 검정 : 카이제곱검정

그림 9.14의 세션 창의 표에서 1번 행은 1~2등급을 나타낸다. 행과 열이 교차하는 부분의 값은 관측도수, 기대도수, 해당 셀의 카이제곱 값을 나타낸다. 예를 들어, 내신 1~2등급 학생이며, 졸업평점이 A인 졸업생 수는 250명 중 22명이며, 두 변수가 서로 독립일 때 기대도수는 11.04명이다(❸).

또한 $(22-11.04)^2/11.04=10/881$이다. 가설 H_0 : '고교내신과 졸업평점은 서로 독립' 대 H_1 : 'H_0가 아님'에 대한 검정통계값은 25.048이고, P-값은 0.003(❹)으로 유의수준 0.05에서 H_0를 기각 판정한다. 즉, 고교내신성적과 대학졸업성적은 연관성이 있다. ■

9.5.2 회귀 분석

미니탭에서는 회귀분석에 사용할 수 있는 여러 가지 도구를 제공하고 있다. 이 절에서는 추정회귀식을 구하고, 회귀모형의 유의성 검정, 모형의 타당성 검정 등에 사용하는 [회귀 분석]과 [적합선 그림]에 대해서 살펴본다.

1) 회귀식의 추정과 모형의 유의성 검정

미니탭의 [회귀 분석]을 사용하여 회귀식을 추정하고 모형의 유의성을 검정하는 절차는 다음과 같다.

1. 워크시트에 분할형으로 데이터 입력
2. [통계분석]►[회귀 분석]►[회귀 분석] 선택
3. [회귀 분석] 창에서 [반응]에 반응변수 데이터가 입력된 열을 입력하고, [예측 변수]에 설명변수 데이터가 입력된 열을 입력한 후 [확인]
4. 세션창에서 결과를 읽고 해석

예제 9.19

예제 9.11의 데이터에 대해서 (1) 반응변수가 암모니아 손실량이고, 설명변수가 기류일 때 회귀계수, 추정회귀식을 구하고, 모형의 유의성을 검정하라. (2) 반응변수가 암모니아 손실량이고, 설명변수가 기류, 온도, 농도일 때 회귀계수, 추정회귀식을 구하고, 모형의 유의성을 검정하라.

풀이

(1) 암모니아 손실량과 기류의 단순선형회귀식을 추정하고, 유의성을 검정한다.

- C1열에 기류, C2열에 냉각제 온도, C3열에 질산 농도, C4열에 암모니아 손실량 입력(❶)
- [통계분석]►[회귀 분석]►[회귀 분석] 선택
- [회귀 분석] 창에서 [반응]에 반응변수가 입력된 열 C4를 입력하고(❷), [예측 변수]에 설명변수 기류가 입력된 C1열을 입력한(❸) 후 [확인]
- 세션창에서 추정회귀식(❹), 회귀계수의 추정치(❺), 각종의 통계(❻), 분산분석표(❼)를 읽고 해석

암모니아 손실량을 y, 기류를 x라 하고, 단순회귀모형을 $y = \beta_0 + \beta_1 x + \epsilon$이라 하자. 그림 9.15세션 창의 값을 읽으면 회귀계수의 추정치는 $b_0 = -48.189$, $b_1 = 1.098$이다. 가설 $H_0 : \beta_0 = 0$ 대 $H_1 : \beta_0 \neq 0$에 대한 검정통계값 $t_0 = -10.93$이고, P-값은 0.000으로 H_0를 기각 판정한다. 또한 가설 $H_0 : \beta_1 = 0$

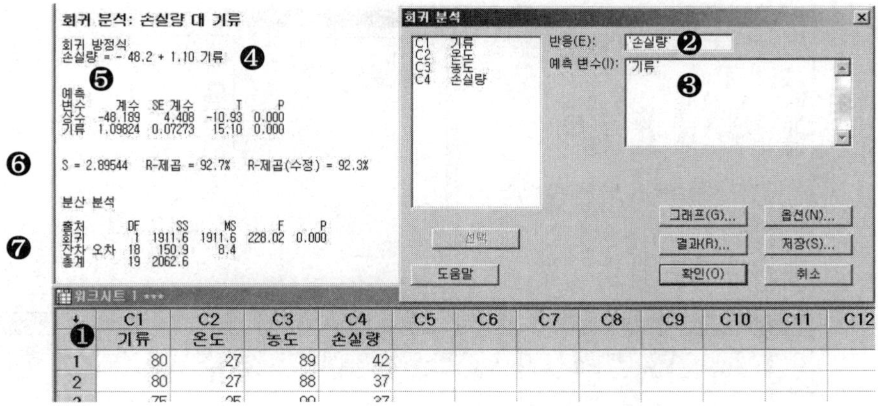

그림 9.15 단순회귀분석

대 $H_1 : \beta_1 \neq 0$에 대한 검정통계값 $t_0 = 15.10$이고, P-값은 0.000 으로 H_0를 기각 판정한다(❺). 추정회귀식은 $\eta = -48.2 + 1.10x$이다(❹). 오차항의 표준편차 σ의 추정치는 $s = \sqrt{MSE} = 2.895$이고, 결정계수(R-제곱)은 92.9%이고, 수정결정계수(R-제곱(수정))은 설명변수가 하나이므로 결정계수와 동일하게 92.9%이다(❻). 분산분석표(❼)에서 $SSR = 1911.6$, $SSE = 150.9$, $SST = 2062.6$이고, $MSE = 150.9/18 = 8.4$이다. F-검정의 검정통계값은 $F_0 = 228.02$이고, P-값은 0.000이다. 따라서 회귀모형이 유의한 것으로 판정한다.

(2) 설명변수에 기류, 냉각제 온도, 질산 농도를 모두 포함시키는 중회귀모형은 '예측 변수'에 모형에 포함시킬 설명변수를 모두 입력(❶)하여 쉽게 구할 수 있다. 그림 9.16의 세션 창의 값은 읽어보자. 설명변수 기류를 x_1, 온도를 x_2, 농도를 x_3라 하고, 중회귀모형을 $y = \beta_0 + \beta_1 x_1 + \beta_2 x_2 + \beta_3 x_3 + \epsilon$이라 하자. 추정회귀식은 $\eta = -43.7 + 0.889x_1 + 0.817x_2 - 0.107x_3$이다(❷). 회귀계수의 추정량, 표준오차, 검정통계값, P-값은 다음과 같이 정리할 수 있다(❸). 표 9.1에서 회귀계수의 추정량의 표준오차를 나타낸다. 검정통계값은 가설$H_0 : \beta_i = 0$에 대한 검정통계값으로 '추정치/표준오차'를 계산한 값이다. $H_0 : \beta_3 = 0$에 대한 검정의 P-값이 0.402로 크므로 귀무가설을 기각할 수 없다.

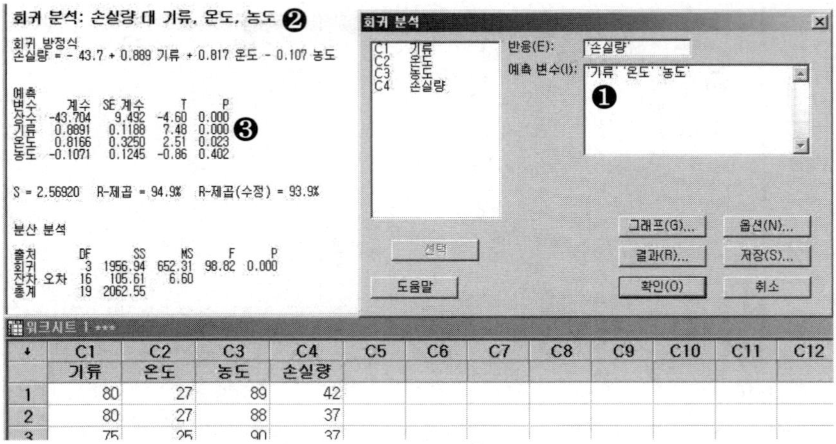

그림 9.16 중회귀분석

표 9.23 회귀계수의 추정치

회귀계수	추정치	표준오차	검정통계값(t_0)	P-값
β_0	−43.704	9.492	−4.60	0.000
β_1	0.8891	0.1188	7.48	0.000
β_2	0.8166	0.3250	2.51	0.023
β_3	−0.1071	0.1245	−0.86	0.402

즉, $\beta_3 = 0$이라 할 수 있으므로 설명변수로 기류와 온도만 포함된 회귀모형의 추정회귀식을 구하여 예측모형으로 해야 한다. ■

2) 잔차분석

회귀모형의 오차항(ϵ_i)에 대한 가정 '$\epsilon_i \sim N(0, \sigma^2)$이고 서로 독립'이 만족되는지 여부는 오차항의 추정치인 잔차 e_i를 이용하여 확인한다. 잔차분석은 다음의 절차로 수행한다.

1. [통계분석]►[회귀 분석]►[회귀 분석]을 선택하여 나타난 [회귀 분석] 창에서 [그래프] 클릭

2. [회귀 분석 - 그래프] 창의 [사용할 잔차]에서 잔차의 유형을 지정하고, [잔차 그림]에서 그래프를 지정한 후 [확인]
3. 그래프창에서 결과를 읽고 해석

예제 9.20

예제 9.18에서 찾은 회귀모형(설명변수가 기류와 온도인 모형)에 대해서 오차항에 대한 가정이 만족되는지 확인하라.

풀이

기류와 온도가 설명변수인 모형의 잔차분석은 다음과 같이 수행한다. C1열에 기류, C2열에 냉각제 온도, C3열에 질산, C4열에 암모니아 손실량이 입력되어 있다고 하자.

1. [통계분석]►[회귀 분석]►[회귀 분석] 선택
2. [반응]에 반응변수가 입력된 열 C4를 입력하고, [예측 변수]에 기류와 온도가 입력된 열 C1, C2열을 입력한(❶) 후, [그래프]를 클릭(❷)
3. [회귀분석 - 그래프] 창에서 [사용할 잔치]에서 [표준화 잔차] 지정(❸), [잔차 그림]에서 네 개 모두 지정(❹) 후 [확인]
4. [잔차 그림] 그래프창(❺)에서 그래프를 읽고 해석 ■

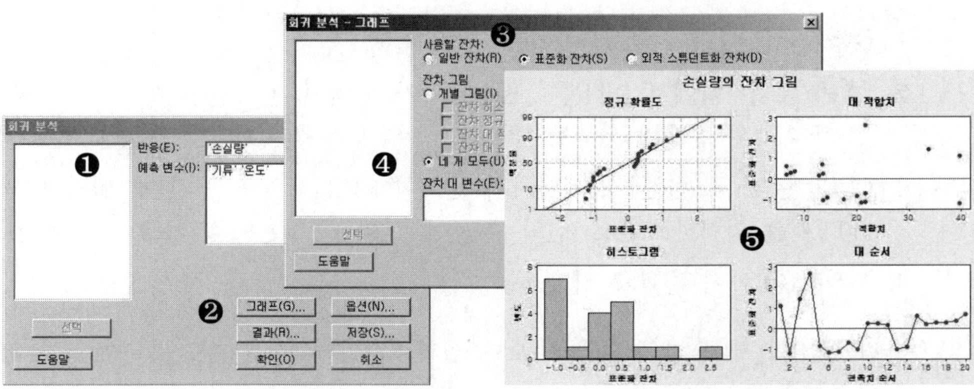

그림 9.17 잔차 그림

3) 반응치에 대한 신뢰구간과 예측구간

데이터로부터 최적의 추정회귀식을 찾은 다음에는 특정의 설명변수의 값이 주어지면 대응하는 반응변수의 예측값을 추정할 수 있다. 반응변수의 예측값은 다음과 같이 추정한다.

1. [통계분석]►[회귀 분석]►[회귀 분석]를 선택하여 나타난 [회귀 분석] 창에서 [옵션] 클릭
2. [회귀 분석 - 옵션] 창의 [새 관측치에 대한 예측 구간]에 설명 변수의 값 입력 후 [확인]
3. 세션창에서 결과를 읽고 해석

예제 9.21

예제 9.18에서 찾은 회귀모형(설명변수가 기류와 온도인 모형)에 대해서 기류 50, 온도 20에서 암모니아 손실량(반응치)의 추정치를 구하고, 반응평균치의 95% 신뢰구간과 반응예측치의 95% 예측구간을 구하라.

풀이

설명변수가 기류와 온도인 모형에서 기류 50, 온도 20에서 암모니아 손실량(반응치)에 대한 추정은 다음의 절차로 수행한다.

1. [통계분석]►[회귀 분석]►[회귀 분석] 선택
2. [회귀 분석] 창에서 [반응]에 반응변수가 입력된 열 C4를 입력하고, [예측 변수]에 기류와 온도가 입력된 열 C1, C2열을 입력한(❶) 후, [옵션] 클릭(❷)
3. [회귀 분석 - 옵션] 창에서 [새 관측치에 대한 예측 구간]에 설명변수의 값 '50 20'을 입력하고(❸), [신뢰 수준]에 신뢰수준 값 95입력(❹) 후 [확인]
4. 세션창(❺)에서 결과를 읽고 해석

그림 9.18의 세션 창의 값을 읽으면 설명변수가 기류와 온도인 경우의 추정회귀식은 $\eta = -51.1 + 0.863x_1 + 0.803x_2$이다. 여기서 x_1은 기류, x_2는 온도를 나타

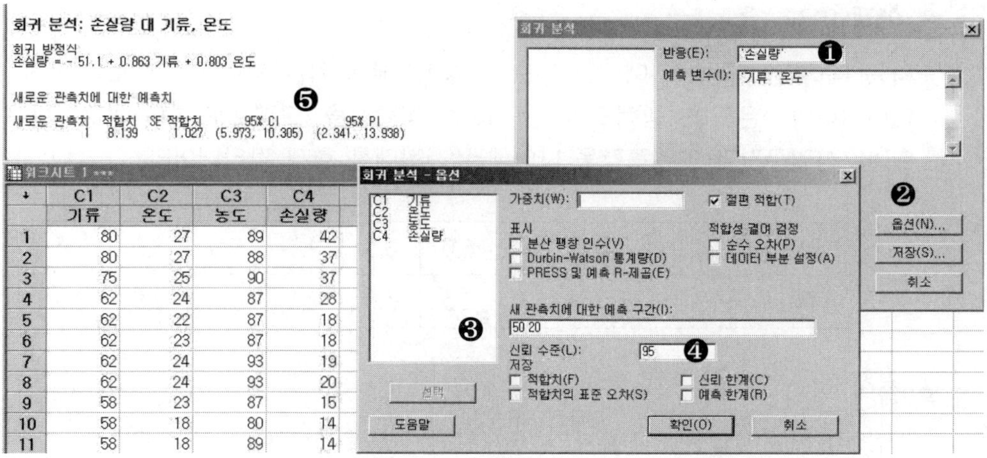

그림 9.18 반응치에 대한 신뢰구간과 예측구간

낸다. $(x_1, x_2) = (50, 20)$일 때 암모니아 손실량의 추정치(적합치)는 8.139이고, 반응평균치의 95% 신뢰구간(95% CI)은 (5.973,10.305)이다. 반응예측치의 95% 예측구간(95% PI)은 (2.341,13.938)이다(❺). ■

4) 적합선 그림

설명변수가 하나인 단순회귀모형의 경우에는 개별 관측치와 회귀적합선을 그래프로 표현할 수 있다. 적합선 그림을 작도하는 절차는 다음과 같다.

1. 워크시트에 분할형으로 데이터 입력
2. [통계분석]►[회귀 분석]►[적합선 그림] 선택
3. [적합선 그림] 창에서 [반응]에 반응변수 값이 입력된 열, [예측 변수]에 설명변수 값이 입력된 열을 입력
   - [회귀 모형 유형]을 지정하고, 필요한 경우에 [옵션]을 클릭하여 지정 후 [확인]
4. 그래프창에서 결과를 읽고 해석

예제 9.22

다음 데이터는 금속의 에이징 온도가 광택도에 미치는 영향을 알아보기 위해 얻은 데이터이다. 온도와 광택도의 산점도와 적합선을 그래프로 나타내고, 반응치의 95% 신뢰구간과 예측구간을 나타내는 신뢰대를 함께 나타내어라.

온도(x)	4.1	2.2	2.7	6.0	8.5	4.1	9.0	8.0	7.5
광택도(y)	2.1	1.5	1.7	2.5	3.0	2.1	3.2	2.8	2.5

풀이

다음 절차로 적합선과 신뢰대가 표시된 산점도를 그린다.

1. C1열에 온도 데이터, C2열에 광택도 데이터 입력(❶)
2. [통계분석]►[회귀 분석]►[적합선 그림] 선택
3. [적합선 그림] 창에서 [반응]에 C2를 입력하고, [예측 변수]에 C1을 입력(❷), [회귀 모형 유형]을 [선형]으로 지정(❸)한 후, [옵션] 클릭(❹)
4. [적합선 그림] 창의 [표시 옵션]에서 [신뢰 구간 표시]와 [예측 구간 표시]를 체크(❺)하고, [신뢰 수준] 95 입력 후 [확인]
5. [적합선] 그래프창(❻)에서 결과를 읽고 해석 ■

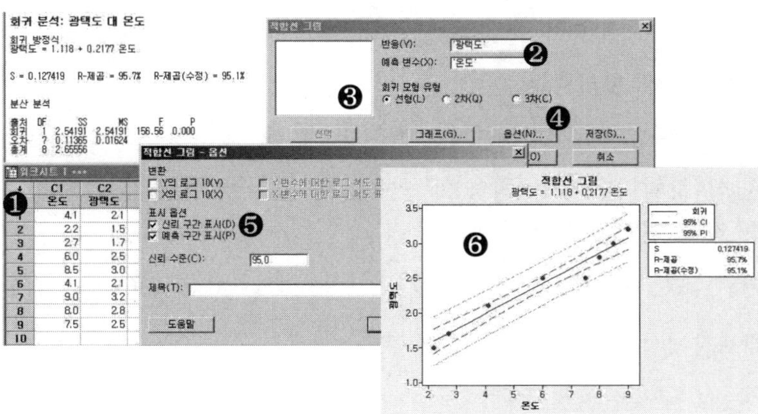

그림 9.19 적합선 그림

9.5.3 최적회귀모형 탐색

설명변수의 수가 2개 이상인 경우에는 반응변수를 설명하는 최적의 회귀모형을 찾아야 한다. 최적의 회귀모형은 [단계적 회귀 분석]와 [최량 부분 집합]을 이용하여 찾을 수 있다.

1) 단계적 회귀

단계적 회귀를 사용하여 최적의 회귀모형을 찾는 절차는 다음과 같다.

1. 워크시트에 분할형으로 데이터 입력
2. [통계분석]►[회귀 분석]►[단계적 회귀 분석] 선택
3. [단계적 회귀 분석] 창에서 [반응]에 반응변수 값이 입력된 열, [예측 변수]에 설명변수 값이 입력된 열, [모든 모형에 포함할 예측 변수]에 해당 변수가 입력된 열을 입력한 후 [방법] 클릭
4. [단계적 회귀 분석 - 방법] 창에서 '변수선택 기준값'과 '변수선택 방법'을 지정하고, 필요한 정보 입력 후 [확인]
5. 세션창에서 결과를 읽고 해석

예제 9.23

예제 9.11의 데이터에 대해서 단계적 회귀로 최적 회귀모형을 찾아라.

풀이

다음의 절차로 최적의 회귀모형을 찾는다. C1열에 기류, C2열에 냉각제 온도, C3열에 질산, C4열에 암모니아 손실량 입력(❶)되어 있다고 하자.

1. [통계분석]►[회귀 분석]►[단계적 회귀 분석] 선택
2. [단계적 회귀 분석] 창에서 [반응]에 반응변수가 입력된 열 C4를 입력하고(❷), [예측 변수]에 설명변수 기류가 입력된 C1열을 입력한(❸) 후, [방법] 클릭(❹) 후 [확인]

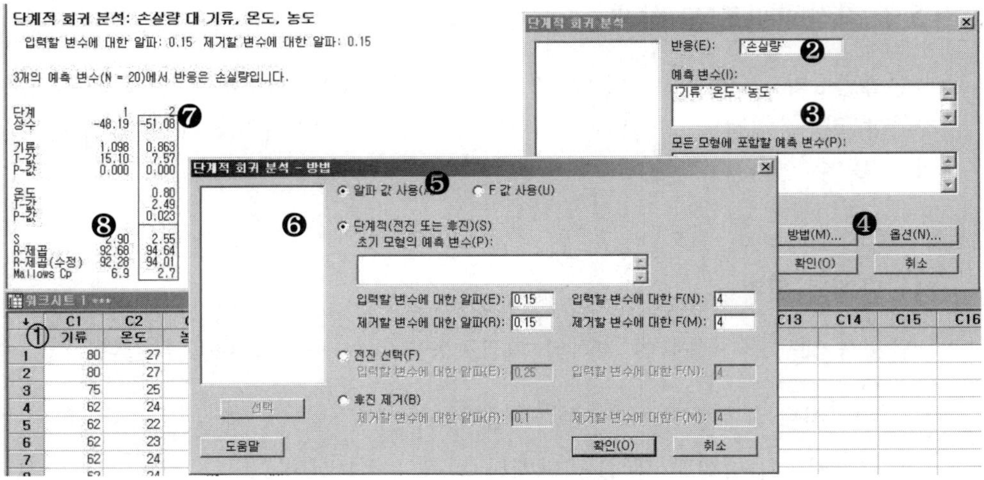

그림 9.20 단계적 회귀 분석

3. [단계적 회귀 분석 - 방법] 창에서 [알파 값 사용]을 지정하고(❺), [단계적(전진 또는 후진)]을 지정한(❻) 후 [확인]

4. 세션창에서 결과(❼,❽)를 읽고 해석

그림 9.19의 세션 창을 보면 1단계에서 기류가 모형에 포함되었고, 2단계에서 온도가 추가되고, 더 이상 추가할 설명변수가 없어 단계적 회귀가 종료되었다. 각 단계에서 모형에 포함된 변수에 대응하는 값을 읽으면(❼), 추정회귀식 $\eta = -51.08 + 0.863x_1 + 0.80x_2$를 얻는다. 이때 오차항의 표준편차 σ의 추정치는 $s = 2.55$이고, 결정계수는 94.64%, 수정결정계수는 94.01%이다(❽). ■

2) 최량 부분 집합

최량 부분 집합을 사용하면 주어진 조건을 만족하는 모든 가능한 회귀모형과 모형의 적합성 판정에 사용되는 결정계수, 수정결정계수, 맬로우즈 C_p, 오차항의 표준편차의 추정치를 제공한다. 최량 부분 집합을 사용하는 절차는 다음과 같다.

1. 워크시트에 분할형으로 데이터 입력

2. [통계분석]►[회귀 분석]►[최량 부분 집합] 선택

3. [최량 부분 집합 회귀 분석] 창에서 [반응]에 반응변수 값이 입력된 열, [자유

예측 변수]에 설명변수 값이 입력된 열, [모든 모형에서의 예측 변수]에 해당 변수가 입력된 열을 입력한 후 [옵션] 클릭

4. [최량 부분 집합 회귀 분석 – 옵션] 창에서 [모형별 자유 예측 변수]와 [출력할 각 크기의 모형]에 값을 지정한 후 [확인]
5. 세션창에서 결과를 읽고 해석

예제 9.24

예제 9.11의 데이터에 대해서 최량 부분 집합으로 모든 가능한 회귀모형을 출력하고, 최적 회귀모형을 찾아라.

풀이

다음의 절차로 최적의 회귀모형을 찾는다. C1열에 기류, C2열에 냉각제 온도, C3열에 질산, C4열에 암모니아 손실량 입력(❶)되어 있다고 하자.

1. [통계분석]►[회귀 분석]►[최량 부분 집합] 선택
2. [최량 부분 집합 회귀 분석] 창에서 [반응]에 반응변수가 입력된 열 C4를 입력(❷), [자유 예측 변수]에 설명변수 기류, 온도, 농도가 입력된 C1, C2, C3 열을 입력(❸), [옵션] 클릭(❹)
3. [최량 부분 집합 회귀 분석 – 옵션] 창에서 [모형별 자유 예측 변수]의 [최소값] 1, [최대값] 3을 입력(❺)), [출력할 각 크기의 모형]에 3을 입력(❻)한 후 [확인]
4. 세션창에서 결과(❼,❽)를 읽고 해석

그림 9.21의 세션 창을 보면 총 7개의 회귀모형에 대해서 결정계수(R-제곱), 수정결정계수(R-제곱(수정)), 맬로우즈 C_p(Mallows C-p), 오차항의 표준편차(s)가 제공된다(❼). 최적모형을 선택하는 기준을 적용하여 최적모형을 선택하면, 기류와 온도가 설명변수로 포함되는 회귀모형이다(❽). ■

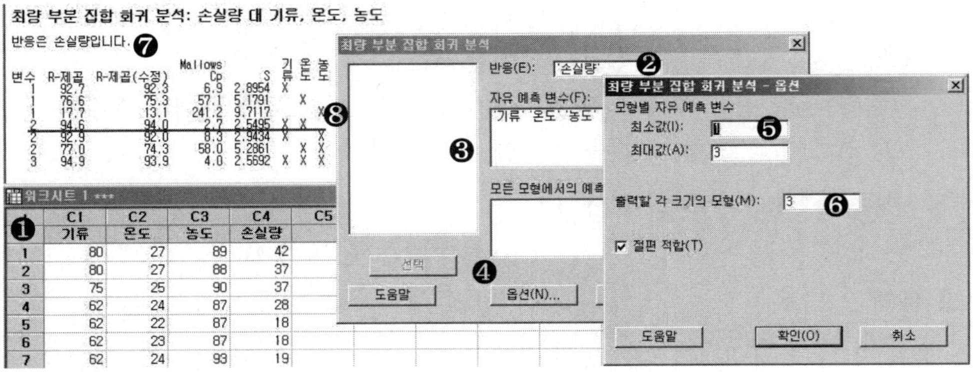

그림 9.21 최량 부분 집합 회귀 분석

연습문제

9.1 다음과 같이 11개의 데이터가 주어져 있다. (a) 표본상관계수를 구하라. (b) 두 변수 X, Y간에 상관관계가 있다고 할 수 있는가? 유의수준 5%로 검정하라.

x	7	5	8	3	6	10	12	4	9	15	8
y	21	15	24	9	18	30	36	12	27	45	54

9.2 다음은 연도별 미국 달러 대비 독일 마르크화와 일본 엔화의 환전금액을 나타낸 것이다. (a) 표본상관계수를 구하라. (b) 마르크화와 엔화의 환전금액에 상관관계가 있다고 할 수 있는가? 유의수준 5%로 검정하라.

연도	1988	1989	1990	1991	1992	1993	1994	1995	1996	1997
마르크화	1.76	1.88	1.62	1.66	1.56	1.65	1.62	1.50	1.54	1.80
엔화	128.17	138.07	145.00	134.59	126.78	111.20	102.21	103.35	115.87	130.38

9.3 다음은 직원의 업무 스트레스와 통근에 소요되는 시간과의 관련성을 알아보기 위해 조사한 데이터를 정리한 것이다.

통근시간	스트레스 수준			
	높음	보통	낮음	합계
15분 미만	9	5	18	32
15~45분	17	8	28	53
45분 이상	18	9	7	31
합계	44	19	53	116

(a) 통근소요시간과 업무스트레스 간에 관련이 있다고 할 수 있는가? 유의수준 1%로 검정하라.

(b) 통근소요시간과 업무스트레스 간에 관련이 있다고 할 수 있는가? 유의수준 5%로 검정하라.

9.4 K사는 직원의 업무수행 역량과 대학 성적 간의 연관성이 있는지를 알아보기 위해 조사를 실시하여 다음의 분할표를 얻었다. 업무수행 역량과 대학 성적 간에 연관성이 있다고 할 수 있는가? 유의수준 5%로 검정하라.

대학성적	업무수행역량			합계
	높음	보통	낮음	
4.0 이상	16	10	5	31
3.5~4.0	31	34	11	76
3.0~3.5	29	38	15	82
3.0 미만	14	12	7	33
합계	90	94	38	222

9.5 연속된 작업의 시간과 불량발생 건수와의 관계를 알아보기 위해 작업자로 하여금 일정시간 동안 연속작업을 하게 한 후에 정해진 기간 동안 작업을 하도록 하고, 발생한 불량품의 개수를 조사하여 다음의 데이터를 얻었다.

연속작업시간(x)	1.0	1.5	2.0	2.5	3.5	4.0	4.5	5.5	6.0
불량수(y)	13.0	14.0	14.0	16.0	15.0	18.0	20.0	18.0	20.0

(a) 최소제곱법으로 단순회귀모형의 회귀계수 β_0, β_1의 추정치를 구하라.

(b) 두 변수 간에 단순회귀모형이 적용된다고 할 때, 5시간 동안 계속 작업해 온 작업자에 의해 발생되는 평균 불량품 개수의 추정값을 구하라.

(c) 데이터 (2.0,14)에 대응되는 잔차를 계산하라.

(d) 산점도를 작도하고 해석하라.

9.6 다음 데이터는 어떤 강철시편에 가한 인장력(단위 : kg)과 늘어난 길이(단위 :mm)를 나타낸 것이다.

인장력(x)	500	1000	1500	2000	2500	3000
늘어난 길이(y)	0.36	0.84	1.02	1.60	1.93	2.16

(a) 최소제곱법으로 단순회귀모형의 회귀계수 β_0, β_1의 추정치를 구하라.

(b) 최소제곱직선을 포함하는 산점도를 작도하고 해석하라.

(c) 두 변수 간에 단순회귀모형이 적용된다고 할 때 2000 kg의 인장력을 작용시킬 때 늘어난 길이의 평균을 추정하라.

(d) (a)에서 구한 추정회귀식을 사용하여 독립변수의 각 값에 대응하는 추정치 η_i를 구하고, (η_i, y_i)의 산점도를 작도하라. 모든 점들이 원점을 지나고 기울기가 1인 직선 상에 있는가? 결과를 해석하라.

9.7 독립변수 x와 종속변수 y에 대해 50개의 (x,y) 데이터를 얻어 계산하였더니 $\overline{x} = 10$, $\overline{y} = 20$, $\Sigma(x_i - \overline{x})^2 = 40$, $\Sigma(y_i - \overline{y})^2 = 240$, $\Sigma(x_i - \overline{x})(y_i - \overline{y}) = -90$이었다. (a) 단순회귀식을 최소제곱법으로 추정하라. (b) 표본상관계수를 구하라.

9.8 $n = 15$, $\Sigma x_i = 20$, $\Sigma x_i^2 = 125$, $\Sigma y_i = 40$, $\Sigma y_i^2 = 517$, $\Sigma x_i y_i = -86$일 때 (a) 단순회귀식을 최소제곱법으로 추정하라. (b) 표본상관계수를 구하라.

9.9 다음은 어떤 독립변수의 몇 가지 수준에 대해 종속변수의 측정값을 나타낸 것이다.

독립변수(x)							
65	70		75		80		85
88.2	89.2	91.2	91.2	93.2	94.2	96.2	95.2
90.2	90.2	91.2	92.2	94.2	95.2		97.2
	90.2	92.2	92.2	95.2	95.2		

(a) 산점도를 작도하고, 단순회귀모형이 적절한 모형이 될 수 있는지를 판단하라.

(b) 추정회귀식을 구하라.

(c) 독립변수 x가 1단위 증가할 때, y의 평균 변화량은 얼마인가?

(d) 독립변수 x가 70일 때, y의 추정치를 구하고 잔차를 계산하라.

9.10 다음 데이터에 대해서 물음에 답하라.

x	0	1	3	4	6	7
y	4	6	9	8	14	15

(a) 산점도를 작도하고, 단순회귀모형의 추정회귀식을 구하라.

(b) 각 x_i에 대해서 η_i, $e_i = y_i - \eta_i$, e_i^2을 표로 나타내어라.

(c) 평균잔차제곱 MSE를 구하라.

(d) 결정계수를 구하고 해석하라.

9.11 문제 9.5와 관련하여 다음 물음에 답하라.

(a) 각 x_i에 대해서 η_i, $e_i = y_i - \eta_i$, e_i^2을 표로 나타내어라.

(b) 제곱합 SST, SSR, SSE를 구하라.

(c) 평균제곱 MSA, MSE를 구하라.

(d) 결정계수를 구하고 해석하라.

9.12 문제 9.5, 9.10과 관련하여 (a) 가설 $H_0 : \beta_1 = 0$ 대 $H_1 : \beta_1 \neq 0$의 검정으로 모형의 타당성을 검정하라. (b) β_1에 대한 95%신뢰구간을 구하고 해석하라.

9.13 문제 9.6에 대해서 (a) 가설 $H_0 : \beta_1 = 0$ 대 $H_1 : \beta_1 \neq 0$의 검정으로 모형의 타당성을 검정하라. (b) β_1에 대한 95%신뢰구간을 구하고 해석하라.

9.14 다음은 로트의 크기와 제품의 생산비용(단위:천원)의 관계를 조사한 데이터이다.

로트크기(x)	1	5	10	25	50	100	250	500
생산비용(y)	35	75	138	280	550	1012	2516	5027

(a) 산점도를 포함하는 추정회귀식을 작도하고 해석하라.

(b) 결정계수를 구하고 해석하라.

(c) SST, SSR, SSE를 구하고, 잔차평균제곱 MSE를 구하라.

(d) 가설 $H_0 : \beta_1 = 0$ 대 $H_1 : \beta_1 \neq 0$를 유의수준 5%로 검정하라.

(e) β_1에 대한 95%신뢰구간을 구하고 (d)의 결과와 비교하라.

9.15 다음은 단순회귀분석을 위한 분산분석표를 작성하는 중간단계의 표이다. (a) 분산분석표를 완성하라. (b) 가설 $H_0 : \beta_1 = 0$ 대 $H_1 : \beta_1 \neq 0$를 유의수준 5%로 검정하라.

표 9.111 예제 9.10의 분산분석표

요인	제곱합	자유도	평균제곱	F_0	F(0.05)
회귀	50				
오차					
계	250	29			

9.16 문제 9.9에 대해서 분산분석표를 작성하고 해석하라.

9.17 문제 9.14에 대해서 분산분석표를 작성하고 해석하라.

9.18 다음은 어떤 제품에 사용되는 금속봉과 관련하여 주물상태의 무게(x)와 완성품의 무게(y)를 측정한 데이터이다.

번호	1	2	3	4	5	6	7	8
x	4.85	4.80	4.79	4.78	4.78	4.77	4.77	4.76
y	4.09	4.06	4.06	4.02	4.05	4.03	4.02	4.02
번호	9	10	11	12	13	14	15	16
x	4.76	4.76	4.75	4.75	4.75	4.74	4.73	4.73
y	4.01	4.01	4.01	4.02	4.03	4.00	4.00	4.01
번호	17	18	19	20	21	22	23	24
x	4.73	4.72	4.72	4.72	4.72	4.71	4.69	4.69
y	4.00	3.98	4.00	4.00	4.01	4.00	3.99	4.01

(a) 추정회귀식이 포함된 산점도를 작도하고 해석하라.

(b) 결정계수를 구하고 해석하라.

(c) 분산분석표를 작성하고, $H_0 : \beta_1 = 0$ 대 $H_1 : \beta_1 \neq 0$를 유의수준 5%로 검정하고 해석하라.

(d) (c)의 결과가 타당하기 위해서 만족되어야 할 가정을 기술하라.

(e) 무게가 4.6인 주물로 만든 봉의 무게평균치를 추정하라.

9.19 문제 9.14의 데이터에 대해 다음 물음에 답하라.

(a) 로트 크기가 200일 때, 비용평균치의 점추정값을 구하라.

(b) 로트 크기가 200일 때, 비용평균치의 95% 신뢰구간을 구하고 해석하라

(c) 로트크기가 75일 때, 비용예측치의 95% 예측구간을 구하라.

9.20 문제 9.10의 데이터에 대해서 다음 물음에 답하라.

(a) $x = 5$일 때 y의 반응평균치에 대한 95% 신뢰구간을 구하고 해석하라.

(b) $x = 2$에서 y의 반응예측치에 대한 95% 예측구간을 구하고 해석하라.

9.21 문제 9.6의 데이터에 대해서 다음 물음에 답하라.

(a) 인장력이 500, 1000, 1500, 1750, 2000, 2250, 2500, 3000일 때, 늘어난 길이 평균치의 95% 신뢰구간을 구하라.

(b) (a)의 결과를 이용하여 95% 신뢰구간을 나타내는 신뢰대 그래프를 작도하라.

(c) 인장력이 500, 1000, 1500, 1750, 2000, 2250, 2500, 3000일 때, 늘어난 길이 예측치의 95% 예측구간을 구하라.

(d) (c)의 결과를 이용하여 95% 예측구간을 나타내는 예측대 그래프를 작도하라.

9.22 문제 9.5와 관련된 다음 물음에 답하라.

(a) 추정회귀식으로부터 잔차를 계산하라.

(b) 잔차의 정규확률도와 잔차산점도를 작도하라. 단순회귀모형의 가정이 만족된다고 할 수 있는가?

9.23 문제 9.9와 관련하여 다음 물음에 답하라.

(a) 추정회귀식으로부터 잔차를 계산하라.

(b) 잔차의 정규확률도와 잔차산점도를 작도하라. 단순회귀모형의 가정이 만족된다고 할 수 있는가?

9.24 세라믹기판을 절단하는데 사용되는 칼날의 절단속도와 수명의 관계에 대한 연구에서 다음의 데이터를 얻었다.

절단속도(x)				
4	5	6	7	8
8.84	8.84	7.34	6.64	4.34
9.34	7.34	6.84	5.84	4.84
7.84	7.84	6.54	5.24	3.84

(a) 추정회귀식을 포함하는 산점도를 작도하라.

(b) 잔차분석을 하라. 단순회귀모형의 가정이 만족되는가? 설명하라.

9.25 운송회사의 운송 중 손해비용에 대한 연구에서 다음과 같은 데이터를 얻었다.

물품무게(x_1)	1600	1200	640	480	1360	1920
운송거리(x_2)	240	352	160	320	128	256
손해비용(y)	160	112	69	90	123	186

(a) 회귀모형 $y = \beta_0 + \beta_1 x_1 + \beta_2 x_2 + \epsilon$를 가정하고 최소제곱법으로 회귀계수의 추정치를 구하라.

(b) 1000 kg의 물품을 300 km 운송할 때 발생하는 손해비용을 추정하라.

(c) 잔차분석을 수행하라. 회구모형의 가정이 만족되는가? 설명하라.

(d) 결정계수와 수정결정계수를 구하고 해석하라.

9.26 자동차 타이어에서 발생하는 열에 대해 연구하기 위해서 실내 주행실험을 하기로 했다. 타이어에 발생하는 열(y)은 타이어에 걸리는 하중(x_1), 속도(x_2), 타이어숄더(tire shoulder)의 두께(x_3), 실내 온도(x_4), 측정시간(x_5)에 영향을 받는 것으로 알려져 있다. 다음은 다섯 개의 변수의 여러 수준에 대해서 타이어의 발열량을 측정한 데이터이다.

(a) 회귀모형을 $y = \beta_0 + \beta_1 x_1 + \beta_2 x_2 + \beta_3 x_3 + \beta_4 x_4 + \beta_5 x_5 + \epsilon$으로 하여 추정회귀식을 구하고, 분산분석표를 작성하라. 분산분석표를 해석하라.

(b) (a)의 회귀모형에 대해서 가설 $H_0 : \beta_i = 0$ 대 $H_1 : \beta_i \neq 0$, $i = 0, 1, \ldots, 5$에 대한 검정을 수행하고 해석하라.

(c) 단계적회귀로 가장 적절한 회귀모형을 찾고, 추정회귀식을 구하라.

(d) 모든 가능한 회귀모형에 대해서 결정계수, 수정결정계수, 맬로우즈 C_p, 오차항

의 표준편차를 구하고, 가장 적절한 모형을 찾아라.

(e) (d)의 회귀모형에 대해서 추정회귀식을 구하라.

번호	1	2	3	4	5	6	7	8	9
x_1	70	70	70	70	70	70	90	90	90
x_2	70	70	90	90	110	110	70	70	90
x_3	36.5	36.0	37.0	36.3	36.5	36.0	36.5	36.3	36.6
x_4	36	36	37	37	39	39	38	38	39
x_5	5	6	6	6	4	5	5	6	5
y	91	89	105	106	113	114	117	115	125
번호	10	11	12	13	14	15	16	17	18
x_1	90	90	90	110	110	110	110	110	110
x_2	90	110	110	70	70	90	90	110	110
x_3	36.6	37.0	35.6	35.3	36.8	35.5	35.5	37.1	35.6
x_4	39	38	38	38	35	38	38	38	37
x_5	6	6	6	7	7	5	6	4	5
y	126	140	141	140	142	150	149	168	166

제10장 실험데이터 분석

❖ 학습목표

1. 실험과 관련된 용어를 정의하고, 실험데이터 분석의 내용을 설명할 수 있다.
2. 일원배치실험 데이터를 분석하고, 결과를 해석할 수 있다.
3. 이원배치실험 데이터를 분석하고, 결과를 해석할 수 있다.

제10장 실험데이터 분석

실험은 엔지니어가 일상적으로 수행하는 중요한 업무 중의 하나이다. 실험에는 많은 비용이 소요되고, 실험결과는 의사결정의 중요한 근거가 되므로 실험과정의 관리와 실험데이터의 분석을 매우 신중하게 해야 한다. 이 장에서는 실험의 기본 개념과 실험데이터 해석의 일반적인 방법에 대해서 소개한다.

제1절에서는 실험의 기본개념에 대해서 소개하고, 제2절에서는 일원배치실험에 대해서 다룬다. 제3절에서는 이원배치실험에 대해서 다루기로 한다.

10.1 실험의 기본 개념

실험(experiment)은 "일정한 조건을 인위적으로 설정하여 기대했던 현상이 일어나는지 어떤지 또는 어떤 현상이 일어나는지를 조사(측정)하는 일"로 정의한다. 여기서 일정한 조건은 관심있는 특성에 영향을 주는 변수에 대해서 설정하며, 어떤 현상이 일어나는지는 관심있는 특성을 측정하여 확인한다. 이때 관심있는 특성이 반응변수(또는 종속변수)이고, 반응변수에 영향을 주는 변수가 설명변수(또는 독립변수)가 된다. 이 절에서는 실험과 관련된 몇 가지 주요 개념에 대해서 설명한다.

10.1.1 인자와 모형

반응변수에 영향을 주는 주요 요인으로 실험에서 관리(통제)하는 설명변수를 인자(factor)라 한다. 예를 들어, 코팅방식이 알루미늄 부식 정도에 영향을 준다고 하면, 알루미늄의 부식도는 관심있는 특성치로써 반응변수이며, 코팅방식은 설명변수로써 실험의 인자가 된다.

인자의 수준은 주어진 인자에 대하여 설정한 실험조건 즉, 인자를 양적 또는 질적으로 변화시켜 설정한 인자의 실험조건이다. 예를 들어, 인자 '코팅방식'에 대해서 '코딩안함', '산화코팅', '크롬산염코팅'의 세 가지 방식으로 실험한다면 인자의 수준은 이 세 가지 코팅방식이 된다.

1) 인자의 분류

실험에서 사용하는 인자는 수준을 정하는 방법에 따라서 크게 고정인자(fixed factor)와 변량인자(random factor)로 분류한다. 고정인자를 모수인자로 부르기도 한다. 변량인자는 블록인자와 집단인자로 세분할 수 있다.

실험자가 인자의 수준을 미리 결정한 인자를 고정인자라 한다. 고정인자는 인자의 수준을 실험자가 설정할 수 있으므로 기술적인 의미가 있다고 할 수 있다. 온도, 압력, 작업방법 등 공학실험에서 사용되는 대부분의 인자들은 실험자가 기술적으로 통제할 수 있는 인자이므로 모두 고정인자이다. 인자의 수준을 기술적으로 통제할 수 있으므로 고정인자에 대해서는 인자의 최적 수준을 찾는 것이 실험의 주 목적이 된다.

인자의 수준이 랜덤으로 정해지는 인자를 변량인자라 한다. 변량인자는 실험자가 인자의 수준을 기술적으로 통제할 수 없으므로 인자의 수준이 기술적인 의미를 갖지 않는다. 예를 들어, 실험일을 3일 선택하여 실험했을 경우에 날짜라는 구분은 실험자가 통제할 수 없는 수준이다. 즉, 날짜는 무수히 많은 날짜 중에서 임의로 선택된 3일이며 선택된 하루하루는 아무런 기술적인 의미를 가지고 있지 않다. 다수의 로트에서 무작위로 3개의 로트를 추출하고, 각각의 로트를 인자의 수준으로 하여 실험을 하는 경우에 로트는 변량인자이다.

실험일과 같은 유형의 인자를 블록인자, 집단에서 무작위 추출하여 수준이 정해지는 인자를 집단인자라 한다. 변량인자에 대해서는 수준을 통제할 수 없으로므로 해당 인자에 의해 발생되는 변동성의 크기를 추정하고, 변동성을 감소시킬 수 있는 방안을 찾는 것이 실험의 주 목적이 된다.

2) 모형의 분류

실험에 사용되는 인자의 종류에 따라 데이터 분석의 내용과 방법에 차이가 있다. 공학실험에서 사용되는 대부분의 인자는 모수인자이지만 변량인자를 사용해야 하는 경우도 있다. 실험데이터의 분석에서는 사용되는 데이터의 구조 모형에 따라 고정모형, 변량모형, 혼합모형으로 분류한다.

- 고정모형(fixed model) : 고장인자만으로 구성된 데이터의 구조모형
- 변량모형(random model) : 변량인자만으로 구성된 데이터의 구조모형
- 혼합모형(mixed model) : 인자자 두 개 이상인 경우에 고장인자와 변량인자가 모두 포함된 데이터의 구조모형

인자가 두 개인 실험에서 한 인자가 고정인자이고, 나머지 한 인자가 변량인자인 이원배치실험을 난괴법(randomized block design)이라 한다. 이 책에서는 난괴법에 대한 분석방법은 따로 다루지 않는다. 다만 미니탭 활용법에서 간략하게 소개한다.

10.1.2 교호작용

반응변수에 영향을 주는 인자가 다수 개인 경우가 많다. 또한 두 개 이상의 인자가 상호작용하여 반응변수에 영향을 주는 경우도 많다. 두 개 이상의 인자가 상호작용하여 반응변수에 영향을 주는 것을 교호작용(interaction effect)라 한다.

예를 들어, 알루미늄 부식에 코팅방식(A인자 수준 : A_1, A_2)와 습도(B인자 수준 : B_1,B_2)의 두 인자가 영향을 준다고 하자. 그림 10.1은 인자의 각 수준조합에서 알루미늄 부식도를 가상적으로 나타낸 것이다. (a)는 코팅방식과 습도수준이 각각 부식도에 영향을 주지만 두 인자의 결합에 의한 영향은 없는 것을 보여주고 있다(교호작용이 없는 경우). 반면에 (b)는 두 인자 A, B가 상호작용하여 반응변수에 영향

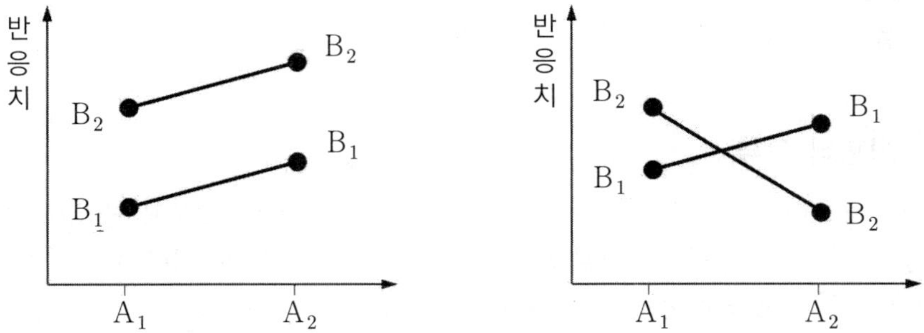

(a) 교호작용이 없는 경우 (a) 교호작용이 있는 경우

그림 10.1 두 인자 간의 교호작용

을 미치는 것을 나타낸다(교호작용이 있는 경우). 인자A의 낮은 수준에서는 인자B의 높은 수준에서 반응변수의 값이 큰 반면에 인자A의 높은 수준에서는 인자B의 낮은 수준에서 반응변수의 값이 크다는 것을 보여준다. 즉, A인자의 수준에 따라 B 인자의 영향이 다르므로 두 인자가 상호작용하여 반응변수에 영향을 준다고 판단할 수 있다.

10.1.3 실험연구의 절차

실험을 통해 연구를 수행하는 것을 실험연구라 한다. 실험연구는 실험목적의 설정, 실험설계 및 실험수행 계획 수립, 실험의 수행, 데이터 분석, 결과의 해석, 실험 보고서 작성의 순으로 진행된다. 실험의 각 단계에서 이루어져야 할 사항들은 다음과 같다.

1. **실험목적의 설정.** 실험연구의 목적을 설정하고, 실험을 통해 해결해야 할 문제를 구제적으로 정의한다. 연구의 가설을 설정한다.

2. **반응변수의 선정.** 실험의 반응변수를 선정한다. 반응변수는 관심있는 특성치로써 측정을 통해 데이터를 얻을 수 있어야 한다. 일반적으로 관심있는 특성치는 다수

개 존재하고, 각각의 특성치를 측정하기 위해 동일한 실험을 다시 수행하는 것이 쉽지 않으므로 관심 있는 여러 특성치의 값을 측정하여 데이터를 얻는 것이 좋다. 또한 측정장치와 측정시스템에 대한 평가도 실시해야 한다.

3. **인자와 인자의 수준 결정.** 반응변수에 영향을 미칠 가능성이 있는 인자는 기술문헌, 경험, 유사한 제품의 사례 등의 정보를 활용하여 찾을 수 있다. 대부분의 경우에 많은 수의 인자가 반응변수에 영향을 미치므로 이들 인자들을 제어 가능한 인자와 그렇지 않은 인자로 분류하고, 이들 인자 중에서 반응변수에 유의하게 영향을 줄 것으로 판단되는 인자를 선정한다.

   선정한 인자의 수준은 현재 사용하고 있거나 널리 알려져 있는 수준을 포함하여 일정 범위 내에서 정한다. 인자의 수준을 정할 때는 실험에 소요되는 시간, 비용도 함께 고려하는 것이 좋다.

4. **실험장비의 설치와 실험순서 결정.** 실험장비는 실험이 용이하고 외부환경의 영향을 통제할 수 있도록 설치해야 한다. 실험순서에 민감한 실험인 경우에는 무작위로 실험순서를 정하여야 한다.

5. **실험의 실시.** 실험을 완전한 관리 상태에 두기 위해서는 예비실험을 수행할 수도 있다. 예비실험 과정에서 발생한 문제점을 보완함으로써 본 실험에서 발생할 수도 있는 문제를 미리 제거할 수 있다.

6. **데이터 분석 및 결과 해석.** 인자의 유의성을 판정하기 위해서는 분산분석법을 사용한다. 필요한 경우에는 인자의 각 수준 또는 수준조합에서 반응변수의 평균을 추정한다. 결측치가 있는 경우에는 데이터 분석 전에 적절한 조치를 취해야한다. 공정 최적화를 목적으로 실험을 수행한 경우에는 인자의 최적 수준조합을 도출한다.

7. **실험보고서 작성.** 실험 보고서는 요구하는 양식에 맞추어 작성한다.

10.2 일원배치실험

인자의 모든 수준조합에서 실험이 수행되고, 실험을 랜덤한 순서로 이루어지는 실험을 요인실험(factorial experiments)이라 한다. 일원배치실험은 가장 단순한 요인실험으로 인자의 수가 하나인 실험으로 제8장의 k개 모평균의 비교에서와 분석방법이 동일하다. 여기서는 실험설계의 관점에서 다루기로 한다.

10.2.1 일원배치실험

일원배치실험은 일원배치법(one-way factorial design)으로 흔히 부른다. 관심있는 특성치, 즉 반응변수에 대하여 한 개 인자의 영향을 조사하기 위한 실험이다.

예를 들어, 어떤 공정의 수율에 관심이 있다고 하자. 반응변수인 수율에 유의한 영향을 미칠 것으로 예상되는 여러 요인들 중에서 하나의 인자, 즉 반응온도만을 선택하고, 3개의 수준의 반응온도에서 수율의 평균 간에 차가 있는가의 여부를 검토하여, 수율이 가장 좋은 반응온도를 찾아야 할 때 일원배치실험을 사용한다.

일원배치실험에서 인자의 수준수는 보통 3~5수준, 각 수준에서 반복수는 3~10정도로 한다. 또한 실험은 실험의 장 전체를 완전히 랜덤화하여 모든 실험조건에서의 실험을 랜덤한 순서로 진행하여 반응변수의 값을 얻어야 한다.

일원배치실험은 실험순서를 완전히 랜덤으로 하므로 완전확률계획법(completely randomized design)이라고도 부른다. 인자 A의 3수준(A_1, A_2, A_3)에서 반복 5회의 일원배치실험을 한다고 할 때, 완전랜덤화시키는 방법은 다음과 같다.

표 10.1 실험순서의 랜덤화

(a) 실험번호

	A_1	A_2	A_3
1	①	⑥	⑪
2	②	⑦	⑫
3	③	⑧	⑬
4	④	⑨	⑭
5	⑤	⑩	⑮

(b) 실험순서

	A_1	A_2	A_3
1	⑮	⑨	⑭
2	⑪	⑩	②
3	④	⑬	⑫
4	⑧	①	⑤
5	⑦	⑥	③

1. 표 10.1(a)와 같이 번호를 ①에서 ⑮까지 부여한다.
2. 1~15 사이의 난수를 발생시킨다. 발생시킨 난수가 9, 12, 15, 3, 14, 10, 5, 4, 6, 7, 2, 13, 8, 11, 1이라 하자.
3. 순서를 난수의 번호대로 한다. 실험은 표 10.1(b)에 주어진 것과 같이 A_2, A_3,A_3, A_1, A_3, A_2 …의 순으로 수행한다.

10.2.2 일원배치실험 데이터의 분석

표 10.2는 표 8.1을 다시 나타낸 것으로 합성섬유의 면 함량비율(%)이 섬유의 인장강도에 미치는 영향을 조사한 것이다. 5개 수준의 면함량 비율로 제작한 섬유시편을 각각 5개 취하고, 인장강도를 측정하여 데이터를 얻었다. 이 실험의 목표는 (1) 변함량률이 인장강도에 영향을 미치는지 확인하고, (2) 인장강도가 최적인 면함량률을 찾는 것이다.

표 10.2 합성섬유의 인장강도 실험데이터

면함량률(%)				
15	20	25	30	35
7	12	14	19	7
7	17	18	25	10
15	12	18	22	11
11	18	19	19	15
9	18	19	23	11

1) 데이터의 구조식

인자를 A라 하고, 인자 A의 수준수가 ℓ이라 하자. 인자 A의 i수준을 A_i, $i = 1,2,\ldots,\ell$로 표현하기로 하고, A_i에서 실험의 반복수가 동일하게 m이라 하자. A_i에서 얻은 j번째 반응변수의 값을 y_{ij}라 하면 일원배치실험의 데이터는 표 10.3와 같이 나타낼 수 있다. 여기서는 데이터가 반응변수이므로 x로 표현하지 않고 y

표 10.3 일원배치실험의 데이터 배열

	A_1	A_2	$\cdots$	A_ℓ	합계
1	y_{11}	y_{21}	$\cdots$	$y_{\ell 1}$	
2	y_{12}	y_{22}	$\cdots$	$y_{\ell 2}$	
$\vdots$	$\vdots$	$\vdots$	$\cdots$	$\vdots$	
m	y_{1m}	y_{2m}	$\cdots$	$y_{\ell m}$	
합계	$T_{1.}$	$T_{2.}$	$\cdots$	$T_{\ell .}$	T
평균	$\bar{y}_{1.}$	$\bar{y}_{2.}$	$\cdots$	$\bar{y}_{\ell .}$	$\bar{y}$

로 표현하기로 한다. $T_{i.}$와 $\bar{y}_{i.}$는 각각 A_i에서의 m개 데이터의 합과 평균이고, T와 $\bar{y}$는 각각 ℓm개의 전체 데이터의 합과 평균으로

$$T_{i.} = \sum_{j=1}^{m} y_{ij},\ \bar{y}_{i.} = T_{i.}/m,\ i = 1,2,\ldots,\ell \tag{10.1a}$$

$$T = \sum_{i=1}^{\ell} T_{i.},\ \bar{y} = T/\ell m \tag{10.1b}$$

이다.

반응변수의 특정 값 y_{ij}의 구성 성분에 대해서 살펴보자. y_{ij}는 전체평균 μ, 인자 A의 수준이 A_i이기 때문에 나타나는 효과 a_i, 오차항 ϵ_{ij}의 합으로 생각할 수 있다. 또한 오차항 ϵ_{ij}가 평균이 0이고, 분산 σ_E^2인 정규분포를 따른다고 하면

$$y_{ij} = \mu + a_i + \epsilon_{ij},\ i = 1,2,\ldots,\ell;\ j = 1,2,\ldots,m \tag{10.2}$$

$$\epsilon_{ij} \sim N(0, \sigma_E^2)\text{이고, 서로 독립}$$

으로 나타낼 수 있다.

이때 A_i에서의 평균은 $\mu_i = \mu + a_i$로써 전체평균 μ와 A_i수준이 주는 효과 a_i의 합으로 표시된다. 식(10.2)와 같이 데이터를 구성 성분으로 분해하여 나타낸 식을 데이터의 구조식이라 한다. 여기서 A_i수준의 효과 a_i는 인자의 수준에 따라 변하는

평균의 변화량이다. A_i수준에서 평균이 전체평균보다 크다면 $a_i > 0$이고, A_j수준에서는 평균이 전체평균보다 작으며 $a_i < 0$이 되므로 $\Sigma a_i = 0$이 된다(고정인자의 경우).

예제 10.1

표 10.2의 섬유의 인장강도 데이터를 사용하여 면함량률별로 인장강도의 평균과 효과를 계산하라.

풀이

표 10.2의 데이터를 표 10.3의 형식으로 정리하면 다음과 같다.

표 10.4 섬유강도 데이터의 정리

	면함량률(%)					합계
	15	20	25	30	35	
1	7	12	14	19	7	
2	7	15	18	25	10	
3	15	12	18	22	11	
4	11	18	19	19	15	
5	9	18	19	23	11	
합계	49	75	88	108	54	374
평균	9.8	15	17.6	21.6	10.8	14.96

면함량률의 수준을 A_1, A_2, A_3, A_4, A_5라 하고, A_i에서 인장강도의 평균을 μ_i라 하면 μ_i와 전체평균 μ의 추정치는 표 10.5와 같다. 표 10.5에서 효과의 추정치는 수준별 평균에서 전체평균을 뺀 값이다. 즉, A_1의 효과 a_1의 추정치는 $9.8 - 14.96 = -5.16$이다. ■

표 10.5 평균과 효과의 추정치

인자의 수준	A_1	A_2	A_3	A_4	A_5	전체
평균 μ_i의 추정치	9.8	15	17.6	21.6	10.8	14.96
효과 a_i의 추정치	−5.16	0.04	2.64	6.64	−4.16	0

2) 분산분석

실험의 일차적인 관심사는 인자의 수준을 변화시킬 때 반응변수의 평균이 변하는지 여부에 있다. 인자수준에 따라 반응변수의 변화가 없으면 해당 인자는 반응변수에 영향을 주지 않는 인자이고, 변화가 심하면 해당 인자는 반응변수에 영향을 주는 인자로 판단할 할 수 있다.

인자의 수준별 평균 μ_i가 서로 동일한가 여부의 검정에 대해서 살펴보자. 식(10.2)의 a_i는 A_i수준의 효과로써 a_i들이 모두 0이면, μ_i들이 모두 동일하다. 일원배치 실험에서 인자의 유의성은 가설 '$H_0 : a_1 = a_2 = \cdots = a_\ell = 0$ 대 $H_1 :$ a_i들이 모두 0은 아님'으로 검정한다. 또한 이 가설은 가설

$$H_0 : \sum_{i=1}^{\ell} a_i^2 = 0 \quad \text{대} \quad H_1 : \sum_{i=1}^{\ell} a_i^2 \neq 0 \tag{10.3}$$

으로 표현해도 동일한 의미를 갖는다.

식(10.3)의 가설은 분산분석법을 사용하여 검정한다. 제8장의 분산분석에서와 마찬가지로 편차를 분해하면 식(10.4)와 같이 분해할 수 있다.

$$y_{ij} - \bar{y} = (y_{ij} - \bar{y}_{i.}) + (\bar{y}_{i.} - \bar{y}) \tag{10.4}$$

총편차 = 오차편차 + 요인A에 의한 편차

식(10.4)의 양변을 제곱하고 모든 데이터에 대해서 합하면

$$\sum_{i=1}^{\ell}\sum_{j=1}^{m}(y_{ij}-\bar{y})^2 = \sum_{i=1}^{\ell}\sum_{j=1}^{m}(y_{ij}-\bar{y}_{i.})^2 + \sum_{i=1}^{\ell}\sum_{j=1}^{m}(\bar{y}_{i.}-\bar{y})^2 \tag{10.5}$$

을 얻을 수 있다. 식(10.5)의 좌변항을 총제곱합, 우변 첫째항을 오차제곱합, 두 번째 항을 인자 A의 제곱합이라 하고, 각각 SS_T, SS_E, SS_A로 표현하기로 한다. 또한 제곱합 SS_T의 자유도는 $\phi_T = \ell m - 1$, SS_A의 자유도는 $\phi_A = \ell - 1$, SS_E의 자유도는 $\phi_E = \ell(m-1)$이다.[10] 제곱합을 자유도로 나누면 인자A의 평균제곱 MS_A와 오차평균제곱 MS_E는

$$MS_A = \frac{SS_A}{\ell - 1},\ MS_E = \frac{SS_E}{\ell(m-1)} \tag{10.6}$$

가 된다.

식(10.3)의 가설에 대한 검정은 통계량 $F = MS_A/MS_E$를 사용하여 데이터로 계산한 F의 값이 충분히 크면 $\Sigma a_i^2 \neq 0$라고 할 수 있다. 귀무가설이 참일 때 F는 분자자유도 $\ell - 1$, 분모자유도 $\ell(m-1)$인 F-분포를 따른다는 것을 보일 수 있다. 이 사실을 이용하면 식(10.3)의 가설에 대한 검정통계값은

$$F_0 = \frac{MS_A}{MS_E} \tag{10.7}$$

이고, 유의수준 α인 기각역은 $F_0 > F_{(\ell-1,\ell(m-1):\alpha)}$이다.

표 10.6 일원배치 실험의 분산분석표

요인	제곱합	자유도	평균제곱	F_0	$F(\alpha)$
인자A	SS_A	$\phi_A = \ell - 1$	MS_A	MS_A/MS_E	$F_{(\phi_A,\phi_E:\alpha)}$
오차	SS_E	$\phi_E = \ell(m-1)$	MS_E		
전체	SS_T	$\phi_T = \ell m - 1$			

10) 일반적으로 총제곱합의 자유도는 'ϕ_T =총데이터수-1', 인자A의 제곱합의 자유도는 'ϕ_A =인자A의 수준수-1'로 구하며, 오차제곱합의 자유도는 '$\phi_E = \phi_T - \phi_A$'로 구한다.

이 결과를 정리하여 일원배치실험 데이터의 분석을 위한 분산분석표를 작성하면 표 10.6과 같이 된다.

예제 10.2

표 10.2의 섬유의 인장강도 데이터를 사용하여 면함량 비율이 인장강도에 유의한 영향을 미치는지를 검정하라.

풀이

검정하고자 하는 가설은 '$H_0 : a_1 = a_2 = a_3 = a_4 = a_5 = 0$ 대 $H_1 :$ a_i들이 모두 0은 아님'이다. 표 10.6의 분산분석표를 사용하여 검정한다.

$$SS_T = \sum_i \sum_j (y_{ij} - \bar{y})^2 = (7-14.96)^2 + (7-14.96)^2 + \cdots + (11-14.96)^2 = 632.96$$

$$SS_A = \sum_i \sum_j (\bar{y}_{i.} - \bar{y})^2 = m\sum_i (\bar{y}_{i.} - \bar{y})^2$$
$$= 5[(9.8-14.96)^2 + (15-14.96) + \cdots + (10.8-14.96)^2 = 474.96$$

$$SS_E = \sum_i \sum_j (y_{ij} - \bar{y}_{i.})^2 = (7-9.8)^2 + (7-9.8)^2 + \cdots + (15-10.8)^2 + (11-10.8)^2$$
$$= 158.00$$

이다. 여기서 SS_E는 $SS_E = SS_T - SS_A = 632.96 - 474.96 = 158.00$로 구할 수도 있다. SS_T의 자유도는 총 데이터수가 25개이므로 $\phi_T = 25 - 1 = 24$이고, SS_A의 자유도는 인자의 수준수가 5개이므로 $\phi_A = 5 - 1 = 4$이다. SS_E의 자유도는 $\phi_E = \phi_T - \phi_A = 24 - 4 = 20$이다.

표 10.7 합성섬유 인장강도 데이터의 분산분석표

요인	제곱합	자유도	평균제곱	F_0	F(0.05)	F(0.01)
인자A	474.96	4	118.74	15.03	2.87*	4.43**
오차	158.00	20	7.93			
전체	632.96	24				

표 10.7의 분산분석표에서 $F_0 = 15.03 > 2.87$이므로 유의수준 0.05에서 H_0를 기각한다. 즉, 인자의 수준별로 평균에 차이가 있다. ■

분산산석 후의 추정에 대해서 제8장에서 다루었으므로 생략한다. 또한 인자의 각 수준에서 실험회수가 다른 경우의 분석도 제8장에서와 동일하게 적용할 수 있다.

10.2.3 잔차분석

일원배치실험은 실험을 랜덤한 순서로 하고, 식(10.2)에서 표현한 바와 같이 반응변수가 독립성, 정규성, 등분산성을 갖고 있다고 가정하고 있다. 통계적 분석으로 얻은 정보가 신뢰성을 갖게 하기 위해서는 이러한 가정이 만족되어야 한다. 반응변수가 독립성, 정규성, 등분산성 가정에 대한 만족 여부는 잔차분석으로 확인할 수 있다. 또한 미니탭을 비롯한 대부분의 통계처리용 소프트웨어는 각종의 잔차 관련 분석도구를 제공한다.

1) 실험의 랜덤화와 독립성

일원배치실험은 완전히 랜덤화된 실험으로 관측값들이 얻어진다는 가정에 기초한다. 랜덤화는 실험순서를 램덤으로 정하여 수행함으로써 달성된다. 완전히 랜덤화하는 것이 불가능하거나 현실성이 없는 경우에는 랜덤화에 대한 제약을 반영한 실험을 설계하고, 분석해야 한다. 실험의 랜덤화는 오차의 독립이라는 가정에 심각하게 영향을 끼칠 수 있다. 오차의 독립성은 잔차산점도로 확인할 수 있다.

2) 정규성 가정에 대한 평가

고정모형에서는 정규성 가정이 추론의 신뢰성에 크게 양향을 미치지 않는 것으로 알려져 있다. 따라서 오차항이 정규분포를 따르지 않더라도 분포의 치우침이 크지 않고 인자의 각 수준에서 분산이 비슷하면 F-검정에 무리가 없다.

정규성 가정의 적합성은 인자의 각 수준에서 정규확률도를 작도하여 확인할 수 있다. 인자의 각 수준에서 표본의 크기가 작은 경우에는 전체 표본의 잔차를 사용하여 정규확률도를 작도하여 확인할 수 있다. 인자의 각 수준에서 얻은 데이터의 상자그림을 사용하여 이상치의 존재여부를 검토할 수 있다. 이상치가 감지된 경우에는 정규성 가정을 해서는 안 된다.

3) 등분산 가정에 대한 평가

고정모형에서는 분산의 차이가 크지 않고 표본의 크기가 같은 경우에는 등분산 가정이 F-검정에 별로 영향을 미치지 않는 것으로 알려져 있다.

회귀분석에서 사용되는 잔차의 추정값과 잔차의 그림은 모형의 적합성을 평가하는 데 유용한 방법이다. 표본평균이 증가함에 따라 잔차의 변동성이 증가 또는 감소하는 경향을 보이는 경우, 데이터를 대수변환(log transformation)이나 제곱근변환(square root transformation)하여 분석하면 등분산 가정의 문제를 해결할 수 있다.

예제 10.3

예제 10.3의 분산분석결과의 신뢰성을 확보할 수 있도록 잔차분석을 실시하라.

풀이

그림 10.2는 면함량률별로 인장강도의 상자그림을 작도한 것이다. 그림에서 보면 이상점을 발견할 수 없다. 그림 10.3은 잔차를 플롯한 것이다. 정규확률플롯의 점들이 직선을 이루고 있으므로 정규정 가정은 만족된다. 잔차 대 적합치 플롯에서

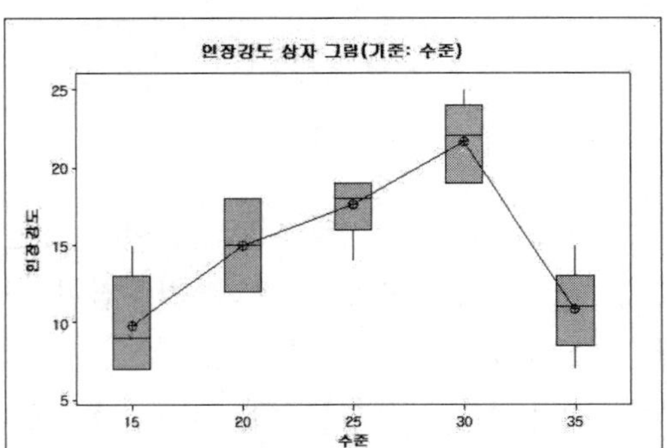

그림 10.2 준별 상자그림

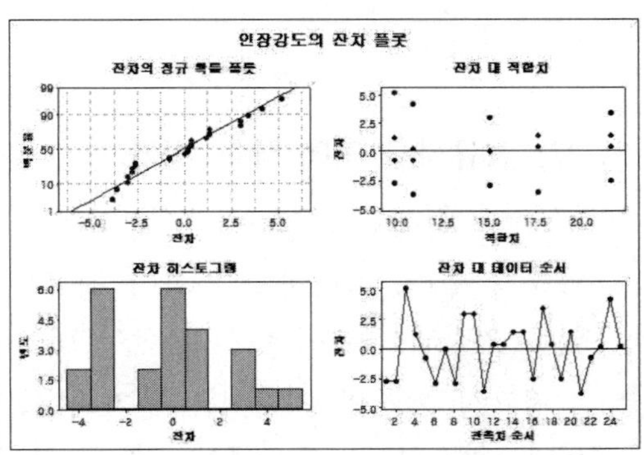

그림 10.3 인장강도의 잔차플롯

적합치에 따라 잔차의 크기에 큰 변화가 없으므로 등분산 가정이 만족된다. 잔차 대 데이터터 순서 플롯에서 특이한 추세를 발견할 수 없다. 따라서 모형에 대한 가정사항을 모두 만족한다고 할 수 있다. ■

10.3 이원배치실험

이원배치실험(two-factorial design)은 두 개의 인자를 취하여 실험을 하는 방법이다. 두 개의 인자 A와 B의 수준들의 조합에서 실험을 하여 얻은 데이터로 각 인자의 영향을 조사한다. 예를 들어, TV 수상관(television tube)의 휘도에 영향을 주는 인자로서 유리의 종류와 형광체의 종류가 있다고 할 때, 유리의 종류에 따라 수상관의 휘도에 차이가 있는지, 형광체의 종류에 따라 수상관의 휘도에 차이가 있는지를 동시에 검정하고자 하는 경우에 이원배치실험을 사용할 수 있다.

이원배치실험은 인자의 수준조합에서 1회의 실험만 하는 무반복 이원배치실험과 2회 이상 반복 실험하는 반복 이원배치실험으로 구분할 수 있다.

10.3.1 무반복 이원배치실험

1) 데이터의 구조와 분산분석

두 개의 고정인자를 A, B라 하고, 인자 A의 수준이 ℓ개, 인자 B의 수준이 m개라 하자. 인자의 모든 수준조합에서 한 번씩의 실험을 한다면 총 데이터의 수는 $N=\ell m$이다. ℓm개 데이터는 표 10.8과 같이 정리할 수 있다.

수준조합 A_jB_j의 데이터 y_{ij}는 다음과 같은 구조식으로 표현할 수 있다.

$$\begin{aligned} y_{ij} &= \mu + a_i + b_j + \epsilon_{ij},\ \ i=1,2,\ldots,\ell;\ j=1,2,\ldots,m \\ \epsilon_{ij} &\sim N(0,\sigma^2)\text{이고, 서로 독립} \end{aligned} \tag{10.8}$$

여기서 μ는 실험 전체의 모평균, a_i는 A_i의 효과, b_j는 B_j의 효과를 나타낸다.

표 10.8 무반복 이원배치실험의 데이터 배열

	A_1	A_2	⋯	A_ℓ	합계	평균
B_1	y_{11}	y_{21}	⋯	$y_{\ell 1}$	$T_{.1}$	$\bar{y}_{.1}$
B_2	y_{12}	y_{22}	⋯	$y_{\ell 2}$	$T_{.2}$	$\bar{y}_{.2}$
⋮	⋮	⋮	⋯	⋮	⋮	⋮
B_m	y_{1m}	y_{2m}	⋯	$y_{\ell m}$	$T_{.m}$	$\bar{y}_{.m}$
합계	$T_{1.}$	$T_{2.}$	⋯	$T_{\ell .}$	T	
평균	$\bar{y}_{1.}$	$\bar{y}_{2.}$	⋯	$\bar{y}_{\ell .}$		$\bar{y}$

무반복 이원배치 실험의 일차적 관심사는 인자 A의 수준변화에 따라 반응치에 차이가 있는지, 인자 B의 수준변화에 따라 반응치에 차이가 있는지 여부이다. 이는 다음과 같은 두 개의 귀무가설로 표현할 수 있다.

$$H_{0A} : a_1 = a_2 = \cdots = a_\ell = 0 \text{ 또는 } H_0 : \sum_{i=1}^{\ell} a_i^2 = 0 \tag{10.9a}$$

$$H_0 : b_1 = b_2 = \cdots = b_m = 0 \text{ 또는 } H_0 : \sum_{j=1}^{m} b_j^2 = 0 \tag{10.9b}$$

이 가설의 검정을 위해 총제곱합 SS_T를 인자A의 제곱합 SS_A, 인자B의 제곱합 SS_B, 오차제곱합 SS_E으로 분해한다. 즉

$$\sum_{i=1}^{\ell}\sum_{j=1}^{m}(y_{ij}-\bar{y})^2 = \sum_{i=1}^{\ell}\sum_{j=1}^{m}(y_{ij}-\bar{y}_{i.}-\bar{y}_{.j}+\bar{y})^2 \tag{10.10}$$

$$+\sum_{i=1}^{\ell}\sum_{j=1}^{m}(\bar{y}_{.j}-\bar{y})^2+\sum_{i=1}^{\ell}\sum_{j=1}^{m}(\bar{y}_{i.}-\bar{y})^2$$

$$= SS_E + SS_A + SS_B$$

제곱합 SS_A의 자유도는 $\phi_A = \ell - 1$, SS_B의 자유도는 $\phi_B = m-1$, SS_E의 자유도는 $\phi_E = (\ell-1)(m-1)$이다. 따라서 일원배치법과 유사한 방법으로 평균제곱을 구하고, 가설 (10.9)을 검정하기 위한 분산분석표의 양식은 표 10.9와 같다.

표 10.9 무반복 이원배치 실험의 분산분석표

요인	제곱합	자유도	평균제곱	F_0	$F(\alpha)$
인자A	SS_A	ϕ_A	MS_A	MS_A/MS_E	$F_{(\phi_A, \phi_E : \alpha)}$
인자B	SS_B	ϕ_B	MS_B	MS_B/MS_E	$F_{(\phi_B, \phi_E : \alpha)}$
오차	SS_E	ϕ_E	MS_E		
전체	SS_T	ϕ_T			

예제 10.4

표 10.10은 두 인자 A, B의 각 수준에서 어떤 반응치를 측정한 데이터이다. 이 반응치는 값이 클수록 좋다. 인자의 수준별로 평균에 차이가 있는지를 검정하라.

풀이

식 (10.10)을 이용하여 제곱합을 구하고, 표 10.9의 양식에 맞추어 분산분석표를 작성하면 표 10.11의 분산분석표를 얻는다.

표 10.10 무반복 이원배치 데이터

		A				합계	평균
		1	2	3	4		
B	1	36	39	36	32	143	35.8
	2	18	20	22	20	80	20.0
	3	30	37	33	34	134	33.5
합계		84	96	91	86	357	
평균		28.0	32.0	30.3	28.7		29.8

표 10.11의 분산분석표에서 보면 인자 A는 $F_0 = 60.4 > 5.14$이므로 평균에 유의한 차이가 있다고 할 수 있으나 인자 B는 $F_0 = 2.0 < 4.75$이므로 차이가 유의하지 않다. ■

표 10.11 예제 10.4의 분산분석표

요인	제곱합	자유도	평균제곱	F_0	F(0.05)
인자A	28.9	3	9.64	2.0	4.75
인자B	580.5	2	290.25	60.4**	5.14
오차	28.8	6	4.81		
전체	638.2	11			

2) 분산분석 후의 추정

무반복 이원배치실험의 분산분석 후의 추정은 다음 세 가지로 구분할 수 있다.

- 인자A와 B의 모평균의 추정
- 2인자의 수준을 조합한 조건에서의 모평균의 추정
- 인자 A와 B의 수준간의 모평균차의 추정

① 인자A와 B의 모평균의 추정

두 인자 A와 B 중 하나의 인자만 유의한 경우에 인자 A 또는 B의 특정 수준에서 평균에 대한 신뢰구간을 구할 필요성이 있다. 인자 A의 수준i에서의 모평균 $\mu(A_i)$의 점추정값은 $\bar{y}_{i.}$이다. $\bar{y}_{i.}$는 평균이 $\mu(A_i)$이고, 분산 σ^2/m인 정규분포를 따른다. 또한 σ^2의 추정량은 MS_E이고, SS_E의 자유도는 $\phi_E = (\ell - 1)(m - 1)$이므로 $\mu(A_i)$에 대한 100(1- α)% 신뢰구간은

$$\bar{y}_{i.} \pm t_{(\phi_E : \alpha/2)} \sqrt{\frac{MS_E}{m}} \tag{10.11}$$

이 된다.

마찬가지로 인자 B의 수준j에서의 모평균 $\mu(B_j)$의 점추정값은 $\bar{y}_{.j}$이다. $\bar{y}_{.j}$는 평균이 $\mu(B_j)$이고, 분산 σ^2/ℓ인 정규분포를 따른다. 따라서 $\mu(B_j)$에 대한 100(1- α)% 신뢰구간은 다음과 같다.

$$\bar{y}_{.j} \pm t_{(\phi_E : \alpha/2)} \sqrt{\frac{MS_E}{\ell}} \tag{10.12}$$

② 2인자의 수준을 조합한 조건에서의 모평균의 추정

두 인자 A, B 모두 유의한 경우에는 두 인자의 수준을 조합한 조건에서 모평균을 추정해야 한다. 경우에 따라서는 한 인자만 유의하더라도 경제적 조건 등으로 인하여 나머지 인자를 어떤 수준에 고정하고 공정의 대책을 수립하고자 하는 경우에는 두 인자의 수준을 조합한 조건에서 평균을 추정해야 한다.

무반복 이원배치실험에서는 A인자의 i수준과 B인자의 j수준에서 실험이 1회 밖에 이루어지지 않아 추정량의 정도가 좋지 않다. A_iB_j 수준에서 모평균 $\mu(A_iB_j)$의 점추정은

$$\begin{aligned} \hat{\mu}(A_iB_j) &= \widehat{\mu + a_i + b_j} = \widehat{\mu + a_i} + \widehat{\mu + b_j} - \hat{\mu} \\ &= \bar{y}_{i.} + \bar{y}_{.j} - \bar{y} \end{aligned} \tag{10.13}$$

으로 구한다. 식(10.13)으로 추정하면 n_e회의 반복실험을 한 것과 같은 결과를 얻는다. 이 때 n_e를 유효반복수[11]라 하고

$$n_e = \frac{\ell m}{\ell + m - 1} \tag{10.14}$$

로 구한다. 식(10.15)의 유효반복수를 이용하면 식(10.13)의 $\hat{\mu}(A_iB_j)$는 평균이 $\mu(A_iB_j)$이고 분산이 σ^2/n_e인 정규분포를 따른다. 따라서 $\mu(A_iB_j)$에 대한 $100(1-\alpha)\%$ 신뢰구간은

$$(\bar{y}_{i.} + \bar{y}_{.j} - \bar{y}) \pm t_{(\phi_E : \alpha/2)} \sqrt{\frac{MS_E}{n_e}} \tag{10.15}$$

로 구한다.

11) 유효반복수를 구하는 공식은 다음과 같다.

$$\frac{1}{n_e} = \frac{1}{\ell} + \frac{1}{m} - \frac{1}{\ell m} \Rightarrow n_e = \frac{\ell m}{\ell + m - 1}$$

③ 인자 A와 B의 수준간의 모평균 차의 추정

인자A의 i수준과 i′수준 간의 모평균차 $\mu(A_i)-\mu(A_{i'})$의 점추정값은 $\bar{y}_{i.}-\bar{y}_{i'.}$이다. $\bar{y}_{i.}-\bar{y}_{i'.}$는 평균 $\mu(A_i)-\mu(A_{i'})$이고, 분산 $2\sigma^2/m$인 정규분포를 따른다. 따라서 $\mu(A_i)-\mu(A_{i'})$의 $100(1-\alpha)\%$ 신뢰구간은

$$(\bar{y}_{i.}-\bar{y}_{i'.})\pm t_{(\phi_E:\alpha/2)}\sqrt{\frac{2MS_E}{m}} \tag{10.16}$$

이다. 마찬가지로 인자 B의 j수준과 j′수준 간의 모평균의 차 $\mu(B_j)-\mu(B_{j'})$에 대한 $100(1-\alpha)\%$ 신뢰구간은 다음과 같다.

$$(\bar{y}_{.j}-\bar{y}_{.j'})\pm t_{(\phi_E:\alpha/2)}\sqrt{\frac{2MS_E}{\ell}} \tag{10.17}$$

예제 10.5

(1) (예제 10.4 계속) 유의한 인자 B의 최적조건에서 평균에 대한 95%신뢰구간을 구하라. (2) 유의하지 않은 인자 A의 수준을 2수준으로 하고, B인자의 최적조건에서 반응치 평균의 95% 신뢰구간을 구하라.

풀이

(1) 값이 클수록 좋으므로 인자 B의 최적 수준은 1수준이다. B_1수준에서 반응치 평균은 $\bar{y}_{.1}=35.8$이고, $MS_E=4.81$, $m=4$, $\phi_E=6$에서 $t_{(6:0.025)}=2.447$ 이므로 $\mu(B_1)$의 95% 신뢰구간은 $35.8\pm 2.447\sqrt{4.81/4}=35.8\pm 2.683$이다. (2) A_2B_1수준에서 모평균의 추정치는 $\bar{y}_{2.}+\bar{y}_{.1}-\bar{y}=32.0+35.8-29.8=38$이고, 유효반복수 $n_e=12/(4+3-1)=2$이다. 식(10.15)를 사용하면 $\mu(A_2B_1)$의 95% 신뢰구간은 $38\pm 2.447\sqrt{4.81/2}=38\pm 3.795$이다. ■

10.3.2 반복 이원배치실험

반복 이원배치실험은 인자의 수준을 조합한 조건 A_iB_j에서 2회 이상 실험하는 이원배치실험이다. 실험계획의 기본원리 중의 하나가 반복의 원리이므로 가능하면 각 수준의 조합에서 관측을 2회 이상 실험하는 것이 바람직하다. 반복 이원배치실험은 무반복 이원배치실험에서 구할 수 없었던 교호작용을 분리하여 구할 수 있다는 장점이 있다.

반복 이원배치실험에서는 실험의 랜덤화에 특히 유의하여야 한다. 2인자 A, B의 수준수 ℓ, m, 반복수 r인 실험에서 반복 이원배치 실험은 ℓmr회 전체를 랜덤한 순서로 실험해야 한다. 만일 ℓm개의 수준조합을 랜덤하게 선택하고, 선택된 수준조합 A_iB_j에서 r회를 반복 실험하는 실험은 이원배치실험이라고 부르지 않고 분할실험법(split-plot design)이라고 부르며, 다른 방법으로 데이터 분석을 해야 한다.

1) 데이터의 구조와 분산분석

고정인자 A의 수준이 ℓ개이고, 고정인자 B의 수준이 m개일 때 모든 수준조합에서 r회씩 실험을 수행하는 반복 이원배치실험을 고려하여 보자. 반복 이원배치실험의 데이터는 표 10.12과 같이 배열하면 편하다. 또한 표 10.13와 같이 인자의 수준조합에서 데이터의 합과 평균을 정리하면 편하다.

반복 이원배치실험의 데이터 y_{ijk}, $i=1,2,\ldots,\ell$; $j=1,2,\ldots,m$; $k=1,2,\ldots,r$의 구조는 다음과 같이 나타낼 수 있다.

$$y_{ijk} = \mu + a_i + b_j + (ab)_{ij} + \epsilon_{ijk}, \tag{10.18}$$

$$\epsilon_{ijk} \sim N(0,\sigma^2)\text{이고, 서로 독립}$$

$$i=1,2,\ldots,\ell;\ j=1,2,\ldots,m;\ k=1,2,\ldots,r$$

여기서 $(ab)_{ij}$는 A_i수준과 B_j수준에서 나타나는 인자 A, B의 교호작용의 효과를 나타낸다. 반복 이원배치실험의 일차적 관심사는 인자 A의 수준변화에 따라 반응치에 차이가 있는지, 인자 B의 수준변화에 따라 반응치에 차이가 있는지, 인자 A와 B의

표 10.12 반복 이원배치실험의 데이터 배열

	A_1	A_2	…	A_ℓ	합계	평균
B_1	y_{111} y_{112} ⋮ y_{11r}	y_{211} y_{212} ⋮ y_{21r}	…	$y_{\ell 11}$ $y_{\ell 12}$ ⋮ $y_{\ell 1r}$	$T_{..1}$	$\bar{y}_{..1}$
B_2	y_{121} y_{122} ⋮ y_{12r}	y_{221} y_{222} ⋮ y_{22r}	…	$y_{\ell 21}$ $y_{\ell 22}$ ⋮ $y_{\ell 2r}$	$T_{..2}$	$\bar{y}_{..2}$
⋮	⋮	⋮	…	⋮	⋮	⋮
B_m	y_{1m1} y_{1m2} ⋮ y_{1mr}	y_{2m1} y_{2m2} ⋮ y_{2mr}	…	$y_{\ell m1}$ $y_{\ell m2}$ ⋮ $y_{\ell mr}$	$T_{..m}$	$\bar{y}_{..m}$
합계	$T_{1..}$	$T_{2..}$	…	$T_{\ell ..}$	T	
평균	$\bar{y}_{1..}$	$\bar{y}_{2..}$	…	$\bar{y}_{\ell ..}$		$\bar{y}$

표 10.13 인자의 수준조합에서 데이터의 합과 평균

	A_1		A_2		…	A_ℓ	
B_1	$T_{11.}$	$\bar{y}_{11.}$	$T_{21.}$	$\bar{y}_{21.}$	…	$T_{\ell 1.}$	$\bar{y}_{\ell 1.}$
B_2	$T_{12.}$	$\bar{y}_{12.}$	$T_{22.}$	$\bar{y}_{22.}$	…	$T_{\ell 2.}$	$\bar{y}_{\ell 2.}$
⋮	⋮	⋮	⋮	⋮	…	⋮	⋮
B_m	$T_{1m.}$	$\bar{y}_{1m.}$	$T_{2m.}$	$\bar{y}_{2m.}$	…	$T_{\ell m.}$	$\bar{y}_{\ell m.}$

교호작용 효과가 있는지 여부이다. 따라서 반복 이원배치실험의 가설은 인자 A와 B의 유의성을 검정하는 식(10.8)의 귀무가설과 A, B인자의 교호작용의 존재여부를 검정하는 귀무가설

$$H_0 : a_1 = a_2 = \cdots = a_\ell = 0 \text{ 또는 } H_0 : \sum_{i=1}^{\ell} a_i^2 = 0 \qquad (10.19a)$$

$$H_0 : b_1 = b_2 = \cdots = b_m = 0 \text{ 또는 } H_0 : \sum_{j=1}^{m} b_j^2 = 0 \qquad (10.19b)$$

$$H_0 : (ab)_{ij} = 0(\text{모든 } i,\ j\text{에 대해}) \text{ 또는 } H_0 : \sum_{i=1}^{\ell} (ab)_{ij}^2 = \sum_{j=1}^{m} (ab)_{ij}^2 = 0 \qquad (10.19c)$$

로 구성된다.

이 가설의 검정을 위해 총제곱합 SS_T를 인자 A의 제곱합 SS_A, 인자 B의 제곱합 SSB, 교호작용의 제곱합 $SS_{A\times B}$, 오차제곱합 SS_E으로 분해한다. 즉

$$\begin{aligned}\sum_{i=1}^{\ell}\sum_{j=1}^{m}(y_{ijk} - \bar{y})^2 &= \sum_{i=1}^{\ell}\sum_{j=1}^{m}(\bar{y}_{.j.} - \bar{y})^2 + \sum_{i=1}^{\ell}\sum_{j=1}^{m}(\bar{y}_{i..} - \bar{y})^2 \\ &+ \sum_{i=1}^{\ell}\sum_{j=1}^{m}(y_{ijk} - \bar{y}_{i..} - \bar{y}_{.j.} + \bar{y})^2 + \sum_{i=1}^{\ell}\sum_{j=1}^{m}(y_{ijk} - \bar{y}_{ij.})^2 \\ &= SS_A + SS_B + SS_{A\times B} + SS_E\end{aligned} \qquad (10.20)$$

제곱합 SS_A의 자유도는 $\phi_A = \ell - 1$, SS_B의 자유도는 $\phi_B = m - 1$, $SS_{A\times B}$의 자유도는 $\phi_{A\times B} = (\ell-1)(m-1)$, SS_E의 자유도는 $\phi_E = \ell m(r-1)$이다. 따라서 일원배치법과 유사한 방법으로 평균제곱을 구하고, 가설 (10.19)을 검정하기 위한 분산분석표의 양식은 표 10.14과 같다.

표 10.14 반복 이원배치 실험의 분산분석표

요인	제곱합	자유도	평균제곱	F_0	$F(\alpha)$
인자A	SS_A	$\phi_A = \ell - 1$	MS_A	MS_A/MS_E	$F_{(\phi_A, \phi_E : \alpha)}$
인자B	SS_B	$\phi_B = m - 1$	MS_B	MS_B/MS_E	$F_{(\phi_B, \phi_E : \alpha)}$
교호작용	$SS_{A\times B}$	$\phi_{A\times B} = (\ell-1)(m-1)$	$MS_{A\times B}$	$MS_{A\times B}/MS_E$	$F_{(\phi_{A\times B}, \phi_E : \alpha)}$
오차	SS_E	$\phi_E = \ell m(r-1)$	MS_E		
전체	SS_T	$\phi_T = \ell mr - 1$			

2) 오차항에의 풀링

분산분석에서 F-검정결과 유의하지 않은 교호작용을 오차항에 넣어서 새로운 오차항으로 만드는 과정을 "유의하지 않는 교호작용을 오차항에 풀링(pooling)한다"라고 한다. 예를 들어, 인자A와 B의 교호작용이 유의하지 않은 경우에는 교호작용을 오차항에 풀링하여 새로운 오차제곱합 $SS_{E'}$을

$$SS_{E'} = SS_E + SS_{A \times B} \tag{10.21}$$

로 하고, 자유도는 $\phi_{E'} = \phi_E + \phi_{A \times B}$로 하여 새로 분산분석을 수행한다.

유의하지 않은 교호작용을 오차항에 풀링하면 오차제곱합의 자유도가 커져 오차항의 분산 σ_E^2의 추정량 MS_E의 정도 좋아진다. 실험에서 고려하는 인자가 다수인 경우, 오차제곱합의 자유도가 작으면 유의하지 않은 인자자도 오차항에 풀링하여 분산분석을 하는 경우도 있다.

3) 분산분석 후의 추정

반복 이원배치법의 경우는 무반복인 경우의 확장이므로 분산분석 후의 추정은 거의 동일하다. 인자A와 B의 모평균의 신뢰구간은 다음과 같이 요약할 수 있다.

A_i수준에서 모평균 $\mu(A_i)$에 대한 점추정값 $\bar{y}_{i..}$은 mr개 데이터의 평균이므로 $100(1-\alpha)\%$ 신뢰구간은

$$\bar{y}_{i..} \pm t_{(\phi_E : \alpha/2)} \sqrt{\frac{MS_E}{mr}} \tag{10.22}$$

이다. 마찬가지로 인자 B의 수준j 에서의 모평균 $\mu(B_j)$의 점추정값 $\bar{y}_{.j.}$은 ℓr개 데이터의 평균이므로 $\mu(B_j)$에 대한 $100(1-\alpha)\%$ 신뢰구간은 다음과 같이 된다.

$$\bar{y}_{.j.} \pm t_{(\phi_E : \alpha/2)} \sqrt{\frac{MS_E}{\ell r}} \tag{10.23}$$

2인자의 수준 조합 A_iB_j에서 모평균의 추정은 (1) 교호작용이 무시되지 않는 경우와 (2) 교호작용이 무시되는 경우가 다르다.

교호작용이 무시되지 않는 경우에 A_iB_j에서 모평균 $\mu(A_iB_j)$는 A_iB_j에서 관측한 데이터의 평균 $\bar{y}_{ij.}$으로 추정한다. $\bar{y}_{ij.}$의 기댓값은 $\mu(A_iB_j)$이고, 분산은 r개 데이터의 평균이므로 σ^2/r이며, 정규분포를 따른다. 따라서 σ^2의 추정량 MS_E를 사용하면 $\mu(A_iB_j)$의 $100(1-\alpha)\%$ 신뢰구간은 다음과 같이 된다.

$$\bar{y}_{ij.} \pm t_{(\phi_E : \alpha/2)} \sqrt{\frac{MS_E}{r}} \tag{10.24}$$

교호작용이 무시되는 경우에는 A_iB_j수준에서 모평균 $\mu(A_iB_j)$의 점추정값은

$$\begin{aligned} \hat{\mu}(A_iB_j) &= \widehat{\mu + a_i + b_j} = \widehat{\mu + a_i} + \widehat{\mu + b_j} - \hat{\mu} \\ &= \bar{y}_{i..} + \bar{y}_{.j.} - \bar{y} \end{aligned} \tag{10.25}$$

로 한다. 이때 추정량의 유효반복수 n_e는 $n_e = \ell mr/(\ell + m - 1)$가 된다. 식(10.25)의 $\hat{\mu}(A_iB_j)$는 평균이 $\mu(A_iB_j)$이고 분산이 σ^2/n_e인 정규분포를 따르므로 $\mu(A_iB_j)$에 대한 $100(1-\alpha)\%$ 신뢰구간은

$$(\bar{y}_{i..} + \bar{y}_{.j.} - \bar{y}) \pm t_{(\phi_E : \alpha/2)} \sqrt{\frac{MS_E}{n_e}} \tag{10.26}$$

이 된다.

최적수준조합은 다음과 같이 구한다. (1) 교호작용이 유의한 경우에는 인자의 모든 수준조합 A_iB_j에서 반응치 평균 $\bar{y}_{ij.}$을 구하여, 값이 가장 좋은(최대, 최소, 또는 특정의 목표값에 가장 가까운) 수준조합을 최적수준조합으로 한다. (2) 교호작용이 유의하지 않아 무시되는 경우에는 $\bar{y}_{i..}$을 최적으로 하는 A_i수준과 $\bar{y}_{.j.}$을 최적으로 하는 B_j수준을 선택하여 A_iB_j를 최적수준조합으로 하면 된다.

표 10.15 TV수상관 전류데이터

		형광체(A)			합계	평균
		1	2	3		
유리(B)	1	280 290 285	300 310 295	290 285 290	2625	291.67
	2	230 235 240	260 240 235	220 225 230	2115	235.00
합계		1560	1640	1540	4740	
평균		260.00	273.33	256.67		263.33

인자A와 B의 모평균의 차의 신뢰구간은 다음과 같이 요약할 수 있다. 인자A의 i 수준과 i′수준 간의 모평균차 $\mu(A_i)-\mu(A_{i'})$의 점추정값 $\overline{y}_{i..}-\overline{y}_{i'..}$은 각각 mr개 데이터의 평균이므로 $\mu(A_i)-\mu(A_{i'})$의 $100(1-\alpha)\%$ 신뢰구간은

$$(\overline{y}_{i..}-\overline{y}_{i'..})\pm t_{(\phi_E:\alpha/2)}\sqrt{\frac{2MS_E}{mr}} \tag{10.27}$$

이다. 마찬가지로 인자 B의 j수준과 j′수준 간의 모평균의 차 $\mu(B_j)-\mu(B_{j'})$에 대한 $100(1-\alpha)\%$ 신뢰구간은 다음과 같다.

$$(\overline{y}_{.j.}-\overline{y}_{.j'.})\pm t_{(\phi_E:\alpha/2)}\sqrt{\frac{2MS_E}{\ell r}} \tag{10.28}$$

예제 10.6

유리와 형광체의 유형이 TV 수상관의 휘도에 영향을 주는 것으로 알려져 있다. 세 종류의 유리와 세 종류의 형광체를 선정하고, 유리와 형광체 조류의 각 조합에

서 수상관이 특정의 휘도수준에 도달하도록 하는데 필요한 전류를 측정하여 표 10.16의 데이터를 얻었다. (1) 분산분석을 수행하라. (2) 반응치가 작을수록 좋다고 할 때, 인자의 최적조건을 찾고, 최적조건에서 평균의 95% 신뢰구간을 구하라.

풀이

먼저 인자의 수준조합에서 합계와 평균의 보조표를 만들면 다음과 같다.

표 10.16 TV수상관 전류데이터의 합계와 평균

		형광체(A)			합계	평균
		1	2	3		
유리(B)	1	855	905	865	2625	291.67
		285	301.67	288.33		
	2	705	735	675	2115	235.00
		235	245	225		
합계		1560	1640	1540	4740	
평균		260.00	273.33	256.67		263.33

(1) 합을 계산하고, 표 10.14의 분산분석표를 작성하면 표 10.17의 분산분석표를 얻을 수 있다. 분산분석표에서 보면 인자 A, B는 유의수준 0.05에서 유의하지만 교호작용 $A \times B$는 유의하지 않다. (2) 호작용이 유의하지 않으므로 인자 A와 B 각각에서 최적 수준을 찾으면 된다. 전류의 평균이 가장 작은 수준을 찾으면, A인자는 3수준이고, B인자는 2수준이다. 따라서 최적 수준조합은 A_3B_2이다. $\mu(A_3B_2)$의 추정치는 $\bar{y}_{3..} + \bar{y}_{.2.} - \bar{y} = 2.5667 + 235.00 - 263.3 = 228.37$이다. $MS_E = 52.8$, $\phi_E = t_{(12:0.025)} = 2.179$, 유효반복수는 $n_e = (3)(2)(3)/(3+2-1) =$ 이므로 $\mu(A_3B_2)$의 95% 신뢰구간은 228.37 ± 2.179이다. ■

표 10.17 TV수상관 전류데이터의 분산분석표

요인	제곱합	자유도	평균제곱	F_0	$F(0.05)$
A	933.3	2	466.7	8.84	3.89
B	14450.0	1	14450.0	273.79	4.75
$A \times B$	133.3	2	66.7	1.26	3.89
E	633.3	12	52.8		
T	16150.0	17			

10.3.3 결측치의 취급

실험 중의 기록 잘못이나 실험 실패로 인해 어떤 수준조합에서 정확한 데이터를 얻지 못하는 경우가 있는데 이를 결측치(missing value)라 한다. 결측치가 있는 경우에는 추가적인 실험을 통해 데이터를 얻는 것이 바람직하나 결측치의 수가 한 두 개인 경우에는 추가적인 실험을 하지 않고 다른 데이터로부터 추정된 값을 사용하여 분산분석을 할 수 있다.

무반복 이원배치실험에서 한 개의 결측치가 발생한 경우에 결측치를 추정하는 방법은 다음과 같다. 인자 A의 수준이 ℓ개, 인자 B의 수준이 m개라 하고, A_iB_j수준에서 데이터를 얻지 못했다고 하자. 이 때 데이터를 결측치 x가 없는 상태에서 인자의 각 수준에서 데이터의 합을 표 10.18과 같이 정리한다.

표 10.18 결측가 있는 데이터의 정리

	A_1	⋯	A_i	⋯	A_ℓ	합계
B_1	y_{11}	⋯	y_{i1}	⋯	$y_{\ell 1}$	$T_{.1}$
⋮	⋮	⋯	⋮	⋯	⋮	⋮
B_j	y_{1j}	⋯	(x)	⋯	$y_{\ell j}$	$T_{.j}'$
⋮	⋮	⋯	⋮	⋯	⋮	⋮
B_m	y_{1m}	⋯	y_{im}	⋯	$y_{\ell m}$	$T_{.m}$
합계	$T_{1.}$	⋯	$T_{i.}'$	⋯	$T_{\ell .}$	T'

여기서 $T_{i.}'$, $T_{.j}'$, T'은 결측 부분을 제외하고 데이터를 합한 것임을 나타낸다.

표 10.18의 결측치는 오차제곱합이 최소가 되도록 정한다. 오차제곱합이 최소가 되도록 하는 x는

$$x = \frac{\ell T_{i.}' + m T_{.j}' - T'}{(\ell - 1)(m - 1)} \tag{10.29}$$

가 된다. 이때 총제곱합의 자유도는 총데이터의 수가 $\ell m - 1$이므로 $\phi_T = \ell m - 2$가 되고, 오차제곱합의 자유도는 $\phi_E = (\ell - 1)(m - 1) - 1$이 된다.

예제 10.7

A인자 4수준, B인자 3수준인 무반복 이원배치실험에서 실험의 실패로 A_3B_2수준 조합의 데이터를 얻지 못했다. 나머지 수준조합에서 얻은 데이터가 다음과 같을 때 (1) 결측치를 추정하라. (2) 제곱합의 자유도 ϕ_T, ϕ_A, ϕ_B, ϕ_E는 얼마인가?

	A_1	A_2	A_3	A_4	합계
B_1	8	10	13	15	46
B_2	6	8	(x)	13	27
B_3	6	9	11	12	38
합계	20	27	24	40	111

풀이

(1) 식(10.29)를 이용하면 결측치 x는 다음과 같이 추정된다.

$$x = \frac{4 \times 24 + 3 \times 27 - 111}{(4-1)(3-1)} = \frac{66}{6} = 11$$

(2) A인자와 B인자의 수준수가 각각 4, 3이므로 $\phi_T = 4 \times 3 - 2 = 10$, $\phi_A = 4 - 1 = 3$, $\phi_B = 3 - 1 = 2$, $\phi_E = 10 - 3 - 2 = 5$이다. ■

10.3.4 다원배치실험

인자의 수가 세 개 이상인 실험을 보통 다원배치실험이라 한다. 특히, 인자의 수가 n이고, 수준수가 모두 k인 실험을 k^n요인실험(k^n factorial experiments)이라 한다. k^n요인실험에서는 인자의 수준수가 2개 또는 3개인 실험을 널리 사용한다. 예를 들어, 2^2요인실험은 고려하는 인자가 2개이고, 인자의 수준수가 2개인 실험이다. 이것은 이원배치실험에서 수준수가 2개인 실험과 동일하다. 3^2요인실험은 수준수가 3개인 이원배치실험이다.

일반적으로 $p^m \times q^n$요인실험은 수준수가 p인 인자 m개와 수준수가 q인 인자 n개인 실험이다. 예를 들어, $2^3 \times 3^2$요인실험은 2수준 인자 3개, 3수준 인자 2개를 고려하는 실험이다. 다원배치실험의 분석은 제11장의 실험설계법에서 다루기로 한다.

10.4 미니탭 활용

미니탭의 [통계분석]►[분산 분석]을 사용하면 실험데이터의 분석을 쉽게 할 수 있다. 이원배치실험의 분석에는 [이원 분산 분석]을 사용하고, 변량인자가 있는 실험이나 다원배치실험의 분석에는 [균형 분산 분석]을 사용한다. 또한 인자의 효과를 나타내는 그래프의 작성에 [구간 그림], [주효과도], [교호작용도] 등을 사용한다.

미니탭의 분산분석에는 이들 외에 [평균 분석], [일반 선형 모형], [완전 내포 분산 분석], [균형 다변량 분산 분석], [일반 다변량 분산 분석] 등의 분석도구를 제공한다.

10.4.1 이원 분산 분석

두 인자가 모두 고정인자인 이원배치실험의 분석에는 [이원 분산 분석]을 사용한다. [이원 분산 분석]을 사용하여 이원배치실험 데이터를 분석하는 절차는 다음과 같다.

1. 워크시트에 쌓기형으로 데이터 입력
2. [통계분석]►[분산 분석]►[이원 분산 분석] 선택
3. [이원 분산 분석] 창에서 [반응]에 반응변수 데이터가 입력된 열을 입력, [행 요인], [열 요인]에 해당 인자의 수준이 입력된 열을 입력, 인자의 수준별 평균이 필요한 경우에는 [평균 표시]에 체크, [그래프]를 클릭하여 필요한 그래프 지정 후 [확인]
4. 세션창에서 결과를 읽고 해석

먼저 무반복 이원배치실험 데이터의 분석을 예를 통해 살펴보자.

예제 10.8

다음 데이터에 대해서 분산분석표를 작성하고, 각 인자의 유의성을 판정하라.

	A_1	A_2	A_3
B_1	20	12	17
B_2	26	16	25
B_3	30	17	23
B_4	32	23	27

풀이

다음의 절차로 분산분석표를 작성한다.

1. C1열에 반응, C2열에 A인자의 수준, C3열에 B인자의 수준을 입력(❶)
2. [통계분석]►[분산 분석]►[이원 분산 분석] 선택
3. [이원 분산 분석] 창에서 [반응]에 C1, [행 요인]에 C2, [열 요인]에 C3를 입력(❷)하고, [평균 표시] 부분을 체크(❸)한 후 [그래프] 클릭(❹)
4. [이원 분산 분석 - 그래프] 창에서 [개별 값 그림] 체크(❺) 후 [확인]
5. 세션창에서 분산분석표(❻)와 [개별 값 그림] 그래프창(❼)을 읽고 해석

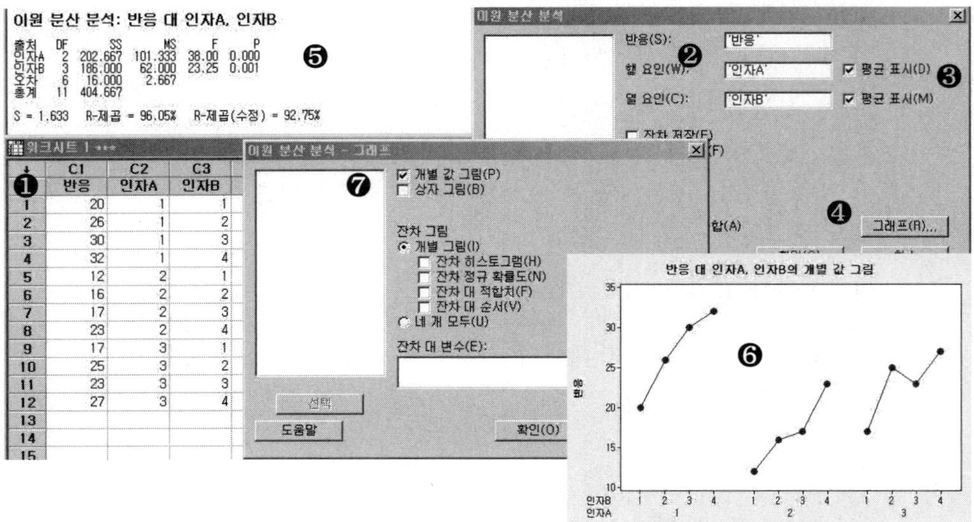

그림 10.4 무반복 이원배치실험데이터 분석 : 이원 분산 분석

그림 10.4에서 세션 창의 값을 읽으면 인자 A에 대응하는 F-검정의 검정통계값은 38.00이고 P-값은 0.000이다. 인자 B에 대응하는 F-검정의 검정통계값은 23.25이고 P-값은 0.001이다. 따라서 인자 A와 B는 모두 반응변수에 유의한 영향을 미친다고 할 수 있다. ■

반복 이원배치실험의 경우에는 교호작용을 고려하여 분산분석을 수행한다.

예제 10.9

세 수준 인자 A와 B에 대해서 다음의 데이터를 얻었다. 분산분석표를 작성하라. 인자 A와 B의 교호작용이 유의한가? 인자 A와 B는 반응변수에 유의한 영향을 미치는가?

풀이

다음의 절차로 분산분석표를 작성한다.

1. C1열에 반응, C2열에 A인자의 수준, C3열에 B인자의 수준을 입력(❶)

2. [통계분석]►[분산 분석]►[이원 분산 분석] 선택
3. [이원 분산 분석] 창에서 [반응]에 C1, [행 요인]에 C2, [열 요인]에 C3를 입력(❷), 교호작용을 고려하지 않는 경우에는 [가법 모형] 부분을 체크(❸)한 후 [그래프] 클릭(❹)
4. [이원 분산 분석 - 그래프] 창에서 [개별 값 플롯] 체크(❺) 후 [확인]
5. 세션창에서 분산분석표(❻)와 [개별 값 그림] 그래프창(❼)을 읽고 해석

그림 10.5에서 세션 창의 값을 읽으면 인자 A는 유의하나(P=0.001), 인자 B는 유의하지 않다(P=0.617). 그러나 두 인자 간의 교호작용은 P-값이 0.061로 유의수준을 10%로 하면 유의하다고 할 수 있다. 교호작용이 유의하지 않은 것으로 판정하여 이를 오차항에 풀링해야 하는 경우에는 [가법 모형 적합]을 체크하여 교호작용을 고려하지 않은 분산분석표를 얻을 수 있다. ■

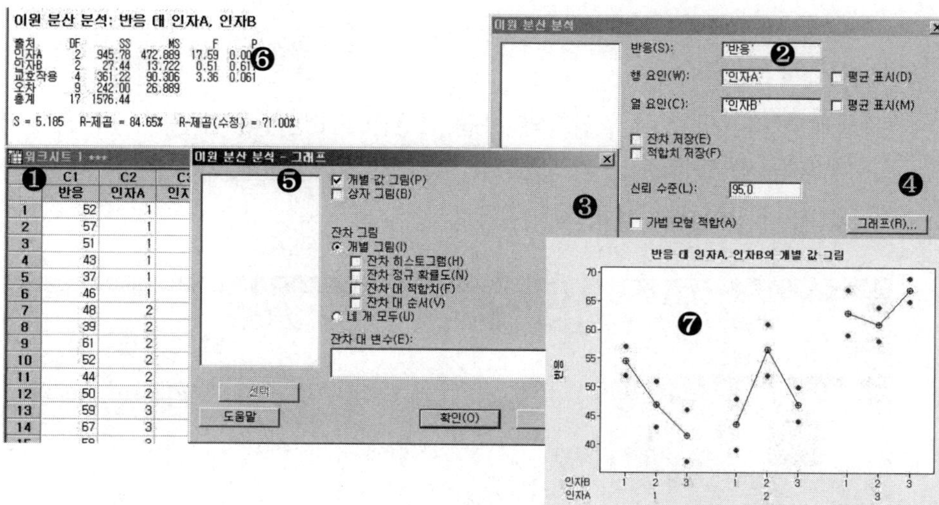

그림 10.5 반복 이원배치실험 데이터 분석 : 이원 분산 분석

10.4.2 각종의 플롯

미니탭의 분산분석에서는 데이터를 그래프로 표현하는 도구로 [구간 그림], [주효과도], [교호작용도]를 제공하고 있다.

1) 구간 그림

[구간 그림]은 하나 이상의 변수에 대해 평균과 신뢰 구간, 오차 표시선 등을 그래프 창에 나타낸다. [구간 그림]으로 데이터를 표현하는 절차를 다음 예를 통해 살펴보자.

예제 10.10

예제 10.9의 데이터에 대해서 인자 A와 B의 각 수준별 평균의 95% 신뢰구간을 그래프로 나타내어라.

풀이

C1열에 반응, C2열에 A인자의 수준, C3열에 B인자의 수준이 입력되어 있다고 할 때, 다음의 절차로 [구간 그림]을 작도한다.

1. [통계분석]►[분산 분석]►[구간 그림] 선택

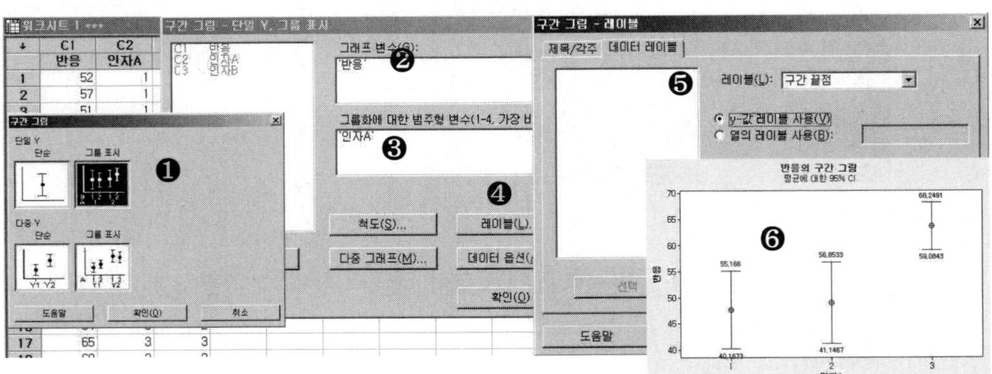

그림 10.6 인자의 수준별 평균에 대한 95% 신뢰구간 : 구간 그림

2. [구간 그림] 창에서 [단일 Y], [그룹 표시] 선택(❶) 후 [확인]
3. [구간 그림 - 단일 Y, 그룹 표시] 창에서 [그래프 변수]에 C1 입력(❷), [그룹화에 대한 범주형 변수]에 C2 입력(❸) 후 [레이블] 클릭(❹)
4. [구간 그림 - 레이블] 창에서 [데이터 레이블]의 [레이블]을 '구간 끝점'으로 선택하고, [y-값 레이블 사용]을 지정(❺) 후 [확인]
5. [구간 그림]의 그래프창(❻)을 읽고 해석 ■

2) 주효과도와 교호작용도

[주효과도]는 인자의 수준별 반응변수 평균을 나타내고, [교호작용도]는 두 인자 간의 교호작용을 작도한다.

예제 10.11

예제 10.9의 데이터에 대해서 인자 A와 B의 주효과와 교호작용을 그래프로 나타내어라.

풀이

C1열에 반응, C2열에 A인자의 수준, C3열에 B인자의 수준이 입력되어 있다고 할 때, 다음의 절차로 주효과를 나타내는 그림을 작도하며, 교호작용 그림도 마찬가지 방법으로 작도한다.

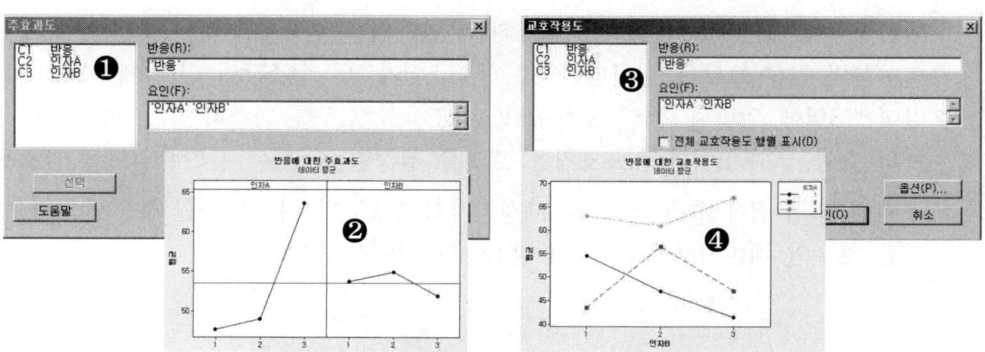

그림 10.7 주효과도와 교호작용도

1. [통계분석] ► [분산 분석] ► [주효과도](또는 [교호작용도]) 선택
2. [주효과도](또는 [교호작용도]) 창에서 [반응]에 C1, [요인]에 C2, C3 입력(❶, ❸) 후 [확인]
3. [주효과도](또는 [교호작용도]) 그래프창(❷,❹)을 읽고 해석 ■

10.4.3 균형분산분석

실험에서 고려한 모든 인자의 각 수준에서 실험회수가 동일한 실험을 균형설계(balanced design)라 하고, 그렇지 않은 실험을 불균형 설계(unbalanced design)라 한다. 균형설계로 얻은 데이터의 분석은 [균형 분산 분석]을 사용한다. 균형설계가 아닌 경우에는 [일반 분산 분석]을 사용하여 분석한다.

[균형 분산 분석]을 사용하는 절차는 다음과 같다.

1. 워크시트에 쌓기형으로 데이터 입력
2. [통계분석] ► [분산 분석] ► [균형 분산 분석] 선택
3. [균형 분산 분석] 창에서 [반응]에 반응변수 데이터가 입력된 열을 입력, [모형]에 반응변수에 영향을 주는 요인효과를 입력, 변량인자가 포함된 실험의 경우에는 [변량 인자]에 해당 요인을 입력한 후 [확인]
4. 세션창에서 결과를 읽고 해석

'모형'에는 반응변수 y에 영향을 줄 것으로 고려되는 인자의 주효과와 교호작용을 입력방식에 맞추어 입력한다. 주효과는 인자의 수준이 입력된 열이름, 교호작용은 열이름의 곱(*)으로 표현한다. 예를 들어, 인자A의 수준값이 C2열에, 인자B의 수준값이 C3열에 입력된 경우, 모형에 'C2 C3 C2*C3'를 입력하면 A인자의 효과, B인자의 효과, A와 B인자의 교호작용 효과를 검정할 수 있는 분산분석표를 제공한다.

이원배치실험에서 한 인자는 고정인자이고 한 인자는 변량인자인 난괴법으로 실험한 경우의 데이터분석은 [균형 분산 분석]을 사용한다.

예제 10.12

예제 10.9에서 인자 A는 모수인자이고 인자 B가 변량인자인 난괴법 실험인 경우에 분산분석표를 작성하고 해석하라.

풀이

C1열에 반응, C2열에 A인자의 수준, C3열에 B인자의 수준이 입력되어 있다고 할 때, 다음의 절차로 분산분석을 수행한다.

1. [통계분석]►[분산 분석]►[균형 분산 분석] 선택
2. [균형 분산 분석] 창에서 [반응]에 반응변수가 입력된 C1열 입력(❶), [모형]에 검출한 효과 'C2 C3 C2*C3' 입력(❷), [변량 인자]에 C3를 입력하여 (❸) B인자를 변량인자로 지정한 후 [확인]
3. 세션창의 결과(❹)를 읽고 해석

그림 10.8의 세션 창의 분산분석표에서 인자A의 효과 검정에 사용하는 검정통계값은 5.24는 MS_A를 $MS_{A \times B}$로 나누어서 구한다. 또한 인자B의 효과 검정에 사용하는 검정통계값은 0.15는 MS_B를 $MS_{A \times B}$로 나누어서 구한다. 그림 10.6의 분산분석표와 비교하여 차이점을 확인해 보기 바란다. ■

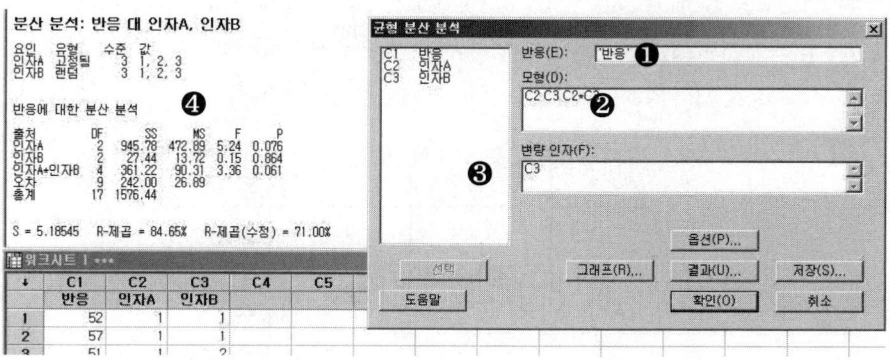

그림 10.8 난괴법 실험데이터의 분석 : 균형 분산 분석

연습문제

10.1 다음의 인자들은 모수인자인가? 변량인자인가? 구분하라.

(a) 3일에 걸쳐서 실험을 할 때의 실험일자

(b) 최적 수준을 찾기 위해 선택한 온도 인자

(c) 공장에서 생산된 많은 로트 중에서 무작위로 택한 5개의 로트를 인자의 수준으로 하는 경우

(d) 세 종류의 첨가물을 사용할 수 있는 경우에 인자로 택한 첨가물의 종류

(e) 원료가 들어있는 다수 개의 드럼통에서 무작위로 택한 4개의 드럼통을 인자의 수준으로 하는 경우

(f) 내용물을 다 사용한 드럼통에 남아있는 원료성분 K를 알칼리로 씻어낼 때, 사용하는 알칼리의 농도를 정하기 위해 실험을 수행하였다. 무수히 많은 드럼통에서 4개를 무작위로 선정하고, 알칼리 농도를 4개 수준으로 하여 씻은 후에 드럼통에 남아 있는 성분K의 농도를 측정하는 경우에 드럼통과 알칼리 농도

10.2 문제 8.4와 8.5의 데이터에 대해서 인자의 각 수준에서 효과를 계산하라.

10.3 다음은 3 수준 인자 A(모수)와 4수준 인자B(모수)에 대해 무반복 이원배치실험을 수행한 결과이다. 반응변수는 값이 클수록 좋은 망대특성이다. (a) 분산분석표를 작성하고, 해석하라. (b) 유의한 인자의 각 수준에서 모평균의 95% 신뢰구간을 구하라. (c) $\mu(A_3B_2)$의 추정치와 95% 신뢰구간을 구하라.

	A_1	A_2	A_3
B_1	62.83	62.84	62.96
B_2	62.82	62.95	62.85
B_3	62.84	62.87	62.85
B_4	62.85	62.86	62.85

10.4 반응시간 인자(A) 4수준과 첨가제의 종류 인자(B) 3수준으로 화학실험을 하여 특정 화학물질의 생성률을 측정하여 다음의 데이터를 얻었다.

	반응시간(단위 : 시간)			
	A_1(1.0)	A_2(1.5)	A_3(2.0)	A_4(2.5)
B_1	70.7	79.5	85.8	99.5
B_2	73.7	85.2	93.5	99.1
B_3	47.2	67.2	83.6	98.4

(a) 반응시간을 x축으로 하고 생성률을 y축으로 하여 데이터의 그래프를 작도하라.

(b) 분산분석표를 작성하고, 해석하라.

(c) 반응시간이 2.0일 때, 첨가제의 종류별 생성률 모평균의 95% 신뢰구간을 구하라.

(d) 첨가제가 B_2일 때, 반응시간별 생성률 모평균의 95% 신뢰구간을 구하라.

10.5 드럼통에 들어있는 원료를 알칼리를 씻어낼 때, 알칼리의 농도와 세척 방법이 세척도에 영향을 미치는지 알아보기 위해 실험을 수행하였다. 세척방법 3가지, 알칼리 농도를 4개 수준으로 하여 드럼통을 세척한 후에 드럼통에 남아 있는 성분K의 농도를 측정하여 다음의 데이터를 얻었다.

		알칼리 농도(%)			
		A_1(6)	A_2(7)	A_3(8)	A_4(9)
세척방법	I	10.9	10.2	7.5	4.6
	II	9.1	7.7	6.4	3.5
	III	7.6	7.4	7.1	4.3

(a) 분산분석표를 작성하라. 알칼리 농도가 유의한 영향을 미치는가? 세척방법이 유의한 영향을 미치는가?

(b) 세척방법III에 대해서 알칼리 농도별 성분K의 농도 모평균의 95% 신뢰구간을 구하라.

10.6 스테레오 녹음기에 사용되는 수신기와 앰프의 종류가 증폭에 영향을 미치는지 알아보기 위해 두 종류의 수신기와 4종류의 앰프를 사용하여 3번씩 반복실험을 수행하고, 증폭특성을 측정하여 다음의 데이터를 얻었다.

		앰프의 종류(A)			
		I	II	III	IV
수신기 종류(B)	R_1	9	8	8	10
		4	11	7	15
		2	16	1	9
	R_2	7	5	0	6
		1	9	1	7
		4	6	7	5

(a) 수신기와 앰프의 교호작용이 있는가? 앰프의 종류가 영향이 있는가? 수신기의 종류가 영향이 있는가? 유의수준 5%로 검정하라.

(b) 각 수신기별로 앰프별 증폭특성 평균의 그래프를 작도하라.

(c) 결과를 종합적으로 해석하라.

10.7 화학제품의 중합반응에서 약품의 흡수속도가 제조시간에 영향을 미치는 것으로 파악하고 있다. 흡수속도와 관련이 있는 인자로 촉매량(인자 A)과 반응온도(인자 B)를 찾고, 각 실험조합에서 2회 반복 실험하여 다음의 흡수속도 데이터를 얻었다.

(a) 분산분석표를 작성하고, 결과를 해석하라. 촉매량과 반응온도가 흡수속도에 영향을 준다고 할 수 있는가? 교호작용이 유의한가?

		촉매량			
		A_1	A_2	A_3	A_4
온도	B_1	102	101	105	98
		94	108	114	105
	B_2	106	121	118	116
		114	113	124	110

(b) 교호작용이 유의하지 않으면 이를 오차항에 풀링하여 분산분석표를 새로 작성하라.분산분석표를 작성하고, 결과를 해석하라. 촉매량과 반응온도가 흡수속도에 영향을 준다고 할 수 있는가? 교호작용이 유의한가?

(c) 교호작용이 유의하지 않으면 이를 오차항에 풀링하여 분산분석표를 새로 작성하라.

(d) 촉매량의 각 수준에서 흡수속도 평균에 대한 95% 신뢰구간을 구하라.

(e) 온도의 각 수준에서 흡수속도 평균에 대한 95% 신뢰구간을 구하라.

(f) 흡수속도를 최대로 하는 조건을 구하고, 흡수속도 평균에 대한 95% 신뢰구간을 구하라.

(g) 등분산 가정을 검토하라.

10.8 모터의 소음에 영향 주는 인자로 베어링의 유격과 진동이 선정되었다. 베어링 유격 3수준, 진동 3수준을 고려하고, 각 실험조합에서 3회 반복 실험하여 다음의 소음 데이터를 얻었다.

(a) 분산분석표를 작성하고, 결과를 해석하라. 베어링 유격과 진동이 소음 수준에 영향을 준다고 할 수 있는가? 교호작용이 유의한가?

(b) 소음을 최소로 하는 조건을 구하고, 소음 평균에 대한 95% 신뢰구간을 구하라.

(c) 등분산 가정을 검토하라.

		베어링 유격		
		A_1	A_2	A_3
진 동	B_1	72	71	71
		73	72	70
		73	73	72
	B_2	74	70	73
		76	69	74
		76	68	75
	B_3	77	73	76
		79	72	77
		79	71	78

10.9 가열온도와 촉매종류가 제품의 생성률에 영향을 주는지 알아보기 위하여 촉매종류 2수준, 가열온도를 세 수준으로 하여 2회 반복실험으로 다음의 생성률 데이터를 얻었다.

		가열온도		
		A_1	A_2	A_3
촉매의 종류	B_1	81.3	84.4	85.5
		80.5	83.5	86.4
	B_2	83.6	86.5	86.9
		83.0	85.7	87.5

(a) 분산분석표를 작성하고, 결과를 해석하라. 가열온도가 생성률에 영향을 준다고 할 수 있는가? 촉매의 종류가 생성률에 차이가 있다고 할 수 있는가? 교호작용이 유의한가?

(b) 가열온도의 각 수준에서 생성률의 95% 신뢰구간을 구하라.

(c) $\mu(A_3)-\mu(A_1)$의 95% 신뢰구간을 구하라.

(d) 등분산 가정을 검토하라.

10.10 섬유제조사의 품질엔지니어는 울서지(wool serge) 소재의 파열강도에 작업자와 기계설비가 미치는 영향을 알아보기로 하였다. 4명의 작업자에게 3대의 기계를 사용하여 각 3회씩 작업을 하여 울서지 소재를 제조한 후에 파열강도를 측정하여 다음의 데이터를 얻었다.

		기계설비(A)		
		I	II	III
작업자(B)	B_1	115	111	109
		115	108	110
		119	114	107
	B_2	117	105	110
		114	102	113
		114	106	114
	B_3	109	100	103
		110	103	102
		106	101	105
	B_4	112	105	108
		115	107	111
		111	107	110

(a) 작업자 인자는 모수인자인가, 변량인자인가? 어떤 경우에 변량인자로 취급해야 하는가?

(b) 작업자와 기계와 교호작용이 있는가? 작업자의 영향이 있는가? 기계의 영향이 있는가? 유의수준 5%로 검정하라.

(c) 각 작업자별로 기계별 파열강도 평균의 그래프를 작도하라.

(d) 결과를 종합적으로 해석하라.

10.11 무반복 이원배치실험을 하다가 실험이 잘못되어 다음과 같이 하나의 결측치가 생겼다. (a) 결측치를 추정하여 집어넣고 분산분석을 수행하라. (b) A인자의 각 수준에서 반응변수의 모평균의 95% 신뢰구간을 구하라.

	A_1	A_2	A_3	A_4
B_1	36.4	37.9	39.4	36.3
B_2	36.3	y	38.6	36
B_3	36.5	38.1	39.6	35.9

10.12 무반복 이원배치실험을 하다가 실험이 잘못되어 다음과 같이 하나의 결측치가 생겼다. (a) 결측치를 추정하여 집어넣고 분산분석을 수행하라. (b) 인자 B의 각 수준에서 반응치 평균의 95% 신뢰구간을 구하라.

	A_1	A_2	A_3	A_4
B_1	11.25	11.30	11.33	11.23
B_2	11.19	11.28	11.35	11.19
B_3	11.15	y	11.36	11.19
B_4	11.14	11.24	11.30	11.20

10.13 문제 10.5에서 인자B가 무작위로 선택한 드럼통이라 할 때, 분산분석표를 작성하고 해석하라.

10.14 문제 10.12에서 작업자를 많은 작업자 중에서 무작위로 뽑은 작업자라 할 때, 분산분석표를 작성하고 해석하라.

제11장 실험설계법

11.1 실험설계

11.2 2^n요인배치법

11.3 교락법과 일부실시법

11.4 요인실험의 중회귀모형

11.5 미니탭 활용

❖ **학습목표**

1. 실험설계의 필요성과 주요 실험설계법의 특성을 설명할 수 있다.
2. 2^n 요인배치실험 데이터를 분석하고, 결과를 해석할 수 있다.
3. 교락법과 일부실시법 실험을 설계할 수 있다.
4. 교락법과 일부실시법 실험 데이터를 분석하고, 해석할 수 있다.

제11장 실험설계법

실험설계(Design of Experiment, DOE)는 주어진 실험 여건에서 최대의 정보를 얻을 수 있도록 실험조건과 실험순서 등을 정하는 것을 의미한다. 이 장에서는 실험의 제반 여건을 고려하여 최적의 실험을 설계하는 방법들을 소개한다.

제1절에서는 실험설계의 일반원칙에 대해서 설명하고, 제2절에서는 2^n 요인배치실험설계에 대해서 다룬다. 제3절에서는 교락법과 일부실시법의 실험설계에 대해서 다루고, 제4절에서는 2^n 요인실험의 회귀모형에 대해서 소개한다.

11.1 실험설계

11.1.1 실험설계의 기본원리

좋은 실험설계는 실험의 정도가 좋고, 분석이 용이한 데이터를 제공하는 실험설계이다. 다음의 다섯 가지 기본원리를 적용하여 실험을 설계하면 좋은 실험설계를 얻을 수 있다.

■ 무작위화의 원리(principle of randomization)

무작위화는 인자들의 수준조합인 각 실험을 무작위한 순서로 수행하는 것을 의미한다. 실험의 무작위화는 선택한 인자를 제외한 다른 요인들이 실험 결과에 영향을 미치지 않도록 한다. 무작위화가 잘 되지 않은 경우에는 선택한 인자 외의 다른 요인이 데이터에 영향을 미칠 수 있으므로 어떤 결론을 내릴 때에는 상당히 주의해야 한다.

■ 반복의 원리(principle of replication)

실험은 각 수준의 조합에서 1회 행하는 것보다는 2회 이상 행하는 것이 실험 결과의 신뢰를 높일 수 있다. 반복 실험을 하면 오차제곱합의 자유도가 크게 되고, 이에 따라 오차분산의 정도가 좋게 되어 실험결과의 신뢰성이 높아진다. 일반적으로 오차제곱합의 자유도는 적어도 6, 많으면 20 정도 되게 하는 것이 좋다. 그러나 반복 실험을 하면 실험횟수가 증가하여 비용이 많이 소요되므로 적은 횟수의 실험에서 정도 좋은 결과를 얻을 수 있도록 실험을 설계해야 한다.

■ 블록화의 원리(principle of blocking)

실험에서 요인 효과를 정도 좋게 추정하기 위해서는 선택한 인자를 제외한 다른 외부의 환경은 될 수 있는 한 균일하게 유지되도록 해야 한다. 블록화는 전체 실험을 몇 개의 블록으로 나누고, 블록 내에서만 다른 외부 환경이 균일하도록 하여 실험하는 방법이다. 실험의 제반 여건이 실험 전체를 균일한 환경으로 유지하는 것이 어려운 경우에 블록화의 원리를 활용하여 문제를 해결할 수 있다.

■ 교락의 원리(principle of confounding)

교락(交絡, confounding)은 두 개 이상의 요인효과가 서로 연결되어 있어서 분리할 수 없는 것을 의미한다. 교락의 원리를 적용하여 검출할 필요가 없는 요인효과(주로 고차의 교호작용)를 적절히 교락하여 실험의 효율을 높이고, 검출해야 하는 요인효과(주로 인자의 주효과)를 정도 좋게 추정하는 실험을 설계할 수 있다.

■ 직교화의 원리(principle of orthogonality)

요인 간에 직교성을 갖도록 실험을 설계하여 데이터를 구하면 동일한 실험횟수로 시험하여 정도가 더 높은 추정을 할 수 있다. 직교배열표(orthogonal array table)는 직교화의 원리를 적용하여 실험회수를 최소화하면서 검출해야 하는 요인효과를 검출할 수 있는 실험을 설계할 수 있도록 고안된 것으로 다양한 실험설계에서 활용할 수 있다.

11.1.2 실험설계의 분류

실험을 설계하는 방법은 많이 있다. 여기서는 일반적으로 많이 사용하는 실험설계법에 대해서 간략히 소개한다.

■ 요인배치법(factorial design)

요인배치법은 인자 수준의 모든 조합에 대하여 실험순서를 무작위로 하여 실험을 행하는 실험방법이다. 요인배치법은 인자의 수에 따라서 인자가 하나인 경우는 일원배치법, 인자가 둘인 경우는 이원배치법, 인자가 세 개 이 상인 경우는 다원배치법이라 한다. 특히, 인자수가 n개 있고 각 인자의 수준이 2수준으로 동일한 실험을 2^n 요인배치법, 3수준인 경우는 3^n 요인배치법이다. 또한 p수준 인자가 n개, q수준 인자가 m개인 요인설계는 $p^n \times q^m$ 요인배치법이다.

■ 일부실시법(fractional factorial design)

일부실시법은 인자의 모든 수준 조합에서 실험하지 않고, 일부 수준 조합만 선택하여 실험을 실시하는 실험방법이다. 일부실시법에서는 불필요한 교호작용이나 고차의 교호작용은 무시하고, 인자의 주효과와 중요한 2인자 교호작용은 검출할 수 있도록 전체 실험 중의 일부 실험조건에서만 실험하는 방식으로 실험회수를 줄인다. 전체 실험의 1/2만 실시하는 실험을 ½-일부실시법, 전체 실험의 1/4만 실시하는 실험을 ¼-일부실시법이라 한다.

■ 다구찌실험설계(Taguchi design)

다구찌실험설계는 다구찌(G. Taguchi) 박사가 제안한 것으로 실험에서 고려하는 인자 외의 요인인 잡음인자(noise factor)로 인한 반응치의 변동성을 최소화하는 데 초점을 맞추는 실험설계법이다. 다구찌실험설계에서는 직교배열표를 사용하여 실험조건을 정하고, 각 실험조건에서 2회 이상의 반복실험을 수행하여 데이터를 얻는다.

■ 분할법(split-plot design)

분할법은 요인설계법 실험에서 실험순서를 완전히 무작위로 하지 않고, 실험전체를 몇 단계로 나누어 단계별로 무작위화하여 실험하는 실험설계이다. 분할법은 인자의 모든 수준조합에서 실험하는 것은 요인설계법과 동일하나 실험 순서를 정하는 방법이 다르므로 요인배치법과 분석 방법에 차이가 있다.

■ 교락법(confounding method)

교락법은 실험전체를 몇 개의 블록으로 나누고, 블록 내에서 실험 환경을 균일하게 하고, 무작위한 순서로 실험하는 실험설계이다. 실험 전체를 균일한 환경에서 무작위한 순서로 실험하는 것이 현실적으로 어렵거나 비용이 많이 소요되는 경우에 교락법을 사용하면 효율적인 실험을 할 수 있다. 교락법은 인자의 모든 수준조합에서 실험하는 것은 요인설계법과 동일하나 실험순서를 정하는 방법이 다르므로 요인배치법과 분석 방법에 차이가 있다.

■ 반응표면설계법(response surface design)

반응표면설계법은 반응표면분석(response surface analysis, RSM)[12)]을 염두에 두고 데이터 수집계획을 세울 때 사용되는 실험설계이다. 반응표면설계법에는 중심합성설계법

---

12) 반응표면분석은 다수 개의 설명변수(독립변수)와 하나 또는 그 이상의 반응변수(종속변수)의 관계식을 탐색하는 통계적 방법이다. 이 방법은 박스와 윌슨(G. E. P. Box and K. B. Wilson)이 제안한 것으로 실험설계를 통해 최적 반응치의 조건을 얻는다. 박스와 윌슨은 설명변수와 반응변수의 이차다항회귀모형을 많이 사용한다.

(central composite design), 회전설계법(rotatable design), EVOP법, 심플렉스법(simplex design) 등이 있다.

■ 혼합물실험설계(Mixture design)

혼합물 실험은 여러 가지 성분 또는 재료로 구성된 제품을 대상으로 수행하는 실험이다. 혼합물 실험의 실험 조건은 혼합물에 포함된 여러 성분의 비율로써 성분비율의 합은 항상 1이 되어야 하는 제약조건이 있다. 혼합물실험설계는 실험조건의 이러한 특성을 반영한 실험설계이다.

11.2 2^n요인배치법

인자의 수가 세 개 이상인 실험을 보통 다원배치실험이라 한다. 특히, 인자의 수가 n이고, 수준수가 모두 k인 실험을 k^n요인실험(k^n factorial experiments)이라 한다. k^n요인실험에서는 인자의 수준수가 2개 또는 3개인 실험을 널리 사용한다. 예를 들어, 2^2요인실험은 고려하는 인자가 2개이고, 인자의 수준수가 2개인 실험이다. 이것은 이원배치실험에서 수준수가 2개인 실험과 동일하다. 3^2요인실험은 수준수가 3개인 이원배치실험이다.

일반적으로 $p^m \times q^n$요인실험은 수준수가 p인 인자 m개와 수준수가 q인 인자 n개인 실험이다. 예를 들어, $2^3 \times 3^2$요인실험은 2수준 인자 3개, 3수준 인자 2개를 고려하는 실험이다. 이 절에서는 2^n요인실험을 중심으로 다원배치실험 데이터의 분석에 대해서 다룬다.

11.2.1 2^2요인실험

2^2요인실험은 인자 A, B에 수준수가 각각 2인 실험이다. 인자의 수준수가 2개인

2^2요인실험에서는 인자의 수준을 0, 1로 나타내면 편하다.

A_iB_j수준조합에서 반복실험의 수를 r이라 하면 A_iB_j수준에서 얻은 k번째 반복 데이터 y_{ijk}의 데이터 구조식은 반복 이원배치실험에서와 같이

$$y_{ijk} = \mu + a_i + b_j + (ab)_{ij} + \epsilon_{ijk},\ i = 0,1; j = 0,1;\ k = 1,2,\ldots,r \qquad (11.1)$$

$\epsilon_{ijk} \sim N(0,\sigma^2)$이고, 서로 독립

이다. 무반복인 경우에는 첨자 k가 없으므로 교호작용 $(ab)_{ij}$과 오차항 ϵ_{ij}가 동일하게 되어 교호작용과 오차항을 분리할 수 없다. 즉 교호작용을 분리하여 검출할 수 없다.

2^2요인실험의 데이터 배열을 반복 이원배치실험과 동일하게 표현하면 표 11.1과 같다. 분산분석을 활용한 인자의 유의성 검정은 반복 이원배치실험과 동일하게 할 수 있으나 2수준계의 요인실험에서는 인자의 주효과와 교호작용효과를 간단한 식으로 구하여 유의성을 평가할 수 있다.

주효과는 인자의 1수준에서의 평균반응치와 0수준에서 평균반응치의 차이이다. 즉 인자 A의 주효과는 $\mu(A_1) - \mu(A_0) = a_1 - a_0$이다. 인자 A와 B의 주효과와 A×B 교호작용효과를 각각 A, B, AB라 하면

표 11.1 2^2요인실험의 데이터 배열

	A_0	A_1	합계	평균
B_0	y_{001} y_{002} ⋮ y_{00r}	y_{101} y_{10r} ⋮ y_{10r}	$T_{.0.}$	$\bar{y}_{.0.}$
B_1	y_{011} y_{012} ⋮ y_{01r}	y_{111} y_{112} ⋮ y_{11r}	$T_{.1.}$	$\bar{y}_{.1.}$
합계	$T_{0..}$	$T_{1..}$	T	
평균	$\bar{y}_{0..}$	$\bar{y}_{1..}$		$\bar{y}$

$$A = \frac{1}{2r}(T_{1,,} - T_{0..}) = \bar{y}_{1..} - \bar{y}_{0..} \tag{11.2a}$$

$$B = \frac{1}{2r}(T_{.1.} - T_{.0.}) = \bar{y}_{.1.} - \bar{y}_{.0.} \tag{11.2b}$$

$$AB = \frac{1}{2r}\left[(T_{11.} + T_{00.}) - (T_{10.} + T_{01.})\right] \tag{11.2c}$$

$$= (\bar{y}_{11.} + \bar{y}_{00.}) - (\bar{y}_{10.} + \bar{y}_{01.})$$

로 구한다. 각 요인에 대한 제곱합은 식(11.2)의 각 효과의 제곱에 r을 곱하여

$$SS_A = r(A)^2 = \frac{1}{4r}(T_{1..} - T_{0..})^2 \tag{11.3a}$$

$$SS_B = r(B)^2 = \frac{1}{4r}(T_{.1.} - T_{.0.})^2 \tag{11.3b}$$

$$SS_{A\times B} = r(AB)^2 = \frac{1}{4r}[(T_{11.} + T_{00.}) - (T_{10.} + T_{01.})]^2 \tag{11.3c}$$

로 구한다. 총제곱합과 오차제곱합은 각각 다음과 같이 계산한다.

$$SS_T = \sum_{i=0}^{1}\sum_{j=0}^{1}\sum_{k=1}^{r} y_{ijk}^2 - 4r(\bar{y}_{...})^2 \tag{11.4a}$$

$$SS_E = SS_T - SS_A - SS_B - SS_{A\times B} \tag{11.4b}$$

위의 결과를 종합하여 인자 A와 B, A×B 교호작용의 유의성을 검정하는 분산분석표의 양식은 표 11.2와 같다.

표 11.2 2^2요인실험의 분산분석표

요인	제곱합	자유도	평균제곱	F_0	$F(\alpha)$
A	SS_A	1	$MS_A = SS_A$	MS_A/MS_E	$F_{(1,4(r-1):\alpha)}$
B	SS_B	1	$MS_B = SS_B$	MS_B/MS_E	$F_{(1,4(r-1):\alpha)}$
A×B	$SS_{A\times B}$	1	$MS_{A\times B} = SS_{A\times B}$	$MS_{A\times B}/MS_E$	$F_{(1,4(r-1):\alpha)}$
E	SS_E	4(r−1)	$MS_E = SS_E/[4(r-1)]$		
T	SS_T	4r−1			

예제 11.1

다음은 2수준 인자 A, B의 수준조합에서 반복수 3회인 실험의 결과이다. (1) 인자의 주효과 A, B와 교호작용효과 A×B를 구하라. (2) 제곱합을 구하고, 분산분석을 수행하라.

표 11.3 2^2요인실험의 데이터

	A_0		A_1		합계
B_0	28, 25, 27	합계=80	36, 32, 32	합계=100	180
B_1	18, 19, 23	합계=60	31, 30, 29	합계=90	150
합계	140		190		

풀이

(1) 식(11.2)를 이용하면 각 요인의 효과는 $A = (190-140)/(2\cdot 3) = 8.33$, $B = (150-180)/(2\cdot 3) = -5.00$, $AB = (90+80-100-60)/(2\cdot 3) = 1.67$이다.

(2) 식(11.3)을이용하면 $SS_A = (190-140)^2/(4\cdot 3) = 208.33$, $SS_B = (150-180)^2/(4\cdot 3) = 75.00$, $SS_{A\times B} = (90+80-100-60)^2/(4\cdot 3) = 8.33$이다.

표 11.4 2^2요인실험의 분산분석표

요인	제곱합	자유도	평균제곱	F_0	F(0.05)
A	208.33	1	208.33	53.15*	5.32
B	75.00	1	75.00	19.13*	5.32
A×B	8.33	1	8.33	2.13	5.32
E	31.34	8	3.92		
T	232.00	11			

데이터의 제곱합은 $28^2+25^2+\cdots+29^2=9398$이고, $\bar{y}_{\ldots}=330/12=27.5$이므로 식(11.4)를 사용하면 $SS_T=9398-4(3)(27.5)^2=323.00$이다. $SS_E=SS_T-SS_A-SS_B-SS_{A\times B}=323.00-208.33-75.00-8.33=31.34$이다. 제곱합을 정리하면 표 11.4의 분석분표를 얻는다.

표 11.4의 분산분석표에서 보면 인자 A와 B의 주효과는 유의하지만 교호작용은 유의하지 않다. ■

11.2.2 2^3요인실험

이 절에서는 인자 A, B, C의 수준이 둘인 2^3요인실험에 대해서 살펴보자. 2^3요인실험은 인자의 수준수가 모두 2인 삼원배치실험이다.

1) 반복이 없는 경우

먼저 무반복 2^3요인실험을 살펴보자. 데이터 y_{ijk}, $i,j,k=0,1$의 구조식은

$$y_{ijk}=\mu+a_i+b_j+c_k+(ab)_{ij}+(ac)_{ik}+(bc)_{ij}+\epsilon_{ijk},\quad i,j,k=0,1 \qquad (11.5)$$

$$\epsilon_{ijk}\sim N(0,\sigma^2)\text{이고 서로 독립}$$

으로 표현된다. 교호작용 $A\times B\times C$의 효과 $(abc)_{ijk}$는 오차 ϵ_{ijk}와 서로 교락되어

있다. 만약 $(abc)_{ijk}$를 분리시켜 검출하려면 반복이 있는 실험을 하여야 한다.

주효과 A, B, C와 교호작용 A×B, A×C, B×C는 다음 식으로 구한다.

$$\begin{aligned}
A &= \frac{1}{4}(T_{1..} - T_{0..}) \\
B &= \frac{1}{4}(T_{.1.} - T_{.0.}) \\
C &= \frac{1}{4}(T_{..1} - T_{..0}) \\
AB &= \frac{1}{4}(T_{11.} + T_{00.} - T_{01.} - T_{10.}) \\
AC &= \frac{1}{4}(T_{1.1} + T_{0.0} - T_{0.1} - T_{1.0}) \\
BC &= \frac{1}{4}(T_{.11} + T_{.00} - T_{.01} - T_{.10})
\end{aligned} \qquad (11.6)$$

각 요인별 변동은 다음 식으로 구한다.

$$\begin{aligned}
SS_A &= \frac{1}{8}(T_{1..} - T_{0..})^2 = 2(A)^2 \\
SS_B &= \frac{1}{8}(T_{.1.} - T_{.0.})^2 = 2(B)^2 \\
SS_C &= \frac{1}{8}(T_{..1} - T_{..0})^2 = 2(C)^2 \\
SS_{A\times B} &= \frac{1}{8}(T_{11.} + T_{00.} - T_{01.} - T_{10.})^2 = 2(AB)^2 \\
SS_{A\times C} &= \frac{1}{8}(T_{1.1} + T_{0.0} - T_{0.1} - T_{1.0})^2 = 2(AC)^2 \\
SS_{B\times C} &= \frac{1}{8}(T_{.11} + T_{.00} - T_{.01} - T_{.10})^2 = 2(BC)^2
\end{aligned} \qquad (11.7)$$

표 11.5 무반복 2^3요인실험의 분산분석표

요인	제곱합	자유도	평균제곱	F_0	$F(\alpha)$
A	SS_A	1	MS_A	MS_A/MS_E	$F_{(1,1:\alpha)}$
B	SS_B	1	MS_B	MS_B/MS_E	$F_{(1,1:\alpha)}$
C	SS_C	1	MS_C	MS_C/MS_E	$F_{(1,1:\alpha)}$
A×B	$SS_{A\times B}$	1	$MS_{A\times B}$	$MS_{A\times B}/MS_E$	$F_{(1,1:\alpha)}$
A×C	$SS_{A\times C}$	1	$MS_{A\times C}$	$MS_{A\times C}/MS_E$	$F_{(1,1:\alpha)}$
B×C	$SS_{B\times C}$	1	$MS_{B\times C}$	$MS_{B\times C}/MS_E$	$F_{(1,1:\alpha)}$
E	SS_E	1	MS_E		
T	SS_T	7			

그리고 총제곱합과 오차제곱합은 다음 식으로 구한다.

$$SS_T = \sum_{i=0}^{1}\sum_{j=0}^{1}\sum_{k=0}^{1} y_{ijk}^2 - 8(\bar{y})^2 \tag{11.8a}$$

$$SS_E = SS_T - (SS_A + SS_B + SS_{A\times B} + SS_{A\times C} + SS_{B\times C}) \tag{11.8b}$$

위의 결과를 종합하여 인자 A, B, C, 교호작용 A×B, A×C, B×C의 유의성을 검정하는 분산분석표의 양식은 표 11.5과 같다.

이 실험에서는 오차항의 자유도가 너무 작으므로 A×B, A×C, B×C 중에서 변동이 작은 교호작용을 오차항에 풀링한 후에 F-검정하는 것이 좋다.

예제 11.2

어떤 제품의 수율이 농도(A), 압력(B), 온도(C)에 영향을 받는 것으로 파악하고 있다. 인자 A, B, C에 대해 각 2수준의 수준을 정하고, 수준조합에서 1회의 실험을 수행하여 표 11.6의 데이터를 얻었다. (1) 분산분석을 실시하라. (2) 유의한 인자의 최적조건을 찾고, 최적조건에서 평균의 95% 신뢰구간을 구하라.

표 11.6 제품의 수율 데이터

	A_0		A_1	
	C_0	C_1	C_0	C_1
B_0	11	13	16	18
B_1	16	15	19	21

풀이

(1) 식(11.17), (11.18)을 이용하여 제곱합을 계산하고, 분산분석표를 작성하면 표 11.7과 같다.

표 11.7 수율데이터의 분산분석표

요인	제곱합	자유도	평균제곱	F_0	F(0.05)
A	45.125	1	45.125	40.11	161.45
B	21.125	1	21.125	18.78	161.45
C	3.125	1	3.125	2.78	161.45
A×B	0.125	1	0.125	0.11	161.45
A×C	1.125	1	1.125	1.00	161.45
B×C	1.125	1	1.125	1.00	161.45
E	1.125	1	1.125		
T	72.875	7			

오차항의 자유도가 작고, 교호작용이 유의하지 않으므로 교호작용 $A \times B$, $A \times C$, $B \times C$를 오차항에 풀링하여 분산분석표를 재작성하면 표 11.8과 같다. 표 11.8에서 보면 인자 A, B가 유의하다는 것을 알 수 있다. (2) A, B인자의 수준별 수율의 평균과 전체 데이터의 평균을 정리하면 표 11.9의 결과를 얻는다. 수율은 높을수록 좋으므로 A, B인자 모두 1수준이 최적의 조건이다. 즉, 최적조건은 A_1B_1이다.

표 11.8 오차항에 풀링한 수율데이터의 분산분석표

요인	제곱합	자유도	평균제곱	F_0	F(0.05)
A	45.125	1	45.125	51.57*	7.71
B	21.125	1	21.125	24.14*	7.71
C	3.125	1	3.125	3.57	7.71
E	3.500	4	0.875		
T	72.875	7			

표 11.9 유의한 인자의 수준별 평균

요인	0수준	1수준	전체평균
A	13.75	18.50	16.125
B	14.50	17.75	

최적조건에 평균의 추정치는 $\bar{y}_{1..} + \bar{y}_{.1.} - \bar{y} = 18.50 + 17.75 - 16.125 = 20.125$이다. $MS_E = 0.875$, 유효반복수는 $1/n_e = 1/4 + 1/4 - 1/8$에서 $n_e = 8/3 = 2.67$이다. $t_{(4:0.025)} = 2.776$이므로 95% 신뢰구간은 $20.125 \pm 2.776\sqrt{0.875/2.76} = 20.125 \pm 1.563$이다. ■

2) 반복이 있는 경우

이제 반복이 있는 경우에 대해서 살펴보자. 반복수가 r이라고 하면 2^3요인실험으로 얻은 데이터 $y_{ijk\ell}$, $i,j,k = 0,1;\ \ell = 1,2,\ldots,r$의 구조식은 다음과 같이 표현할 수 있다.

$$y_{ijk\ell} = \mu + a_i + b_j + c_k + (ab)_{ij} + (ac)_{ik} + (bc)_{ij} + (abc)_{ijk} + \epsilon_{ijk\ell}, \tag{11.9}$$

$$\epsilon_{ijk} \sim N(0, \sigma^2)\text{이고 서로 독립},\ i,j,k = 0,1;\ \ell = 1,2,\ldots,r$$

표 11.10 반복 2^3요인실험의 분산분석표

요인	제곱합	자유도	평균제곱	F_0	$F(\alpha)$
A	SS_A	1	MS_A	MS_A/MS_E	$F_{(1,7(r-1):\alpha)}$
B	SS_B	1	MS_B	MS_B/MS_E	$F_{(1,7(r-1):\alpha)}$
C	SS_C	1	MS_C	MS_C/MS_E	$F_{(1,7(r-1):\alpha)}$
A×B	$SS_{A\times B}$	1	$MS_{A\times B}$	$MS_{A\times B}/MS_E$	$F_{(1,7(r-1):\alpha)}$
A×C	$SS_{A\times C}$	1	$MS_{A\times C}$	$MS_{A\times C}/MS_E$	$F_{(1,7(r-1):\alpha)}$
B×C	$SS_{B\times C}$	1	$MS_{B\times C}$	$MS_{B\times C}/MS_E$	$F_{(1,7(r-1):\alpha)}$
A×B×C	$SS_{A\times B\times C}$	1	$MS_{A\times B\times C}$	$MS_{A\times B\times C}/MS_E$	$F_{(1,7(r-1):\alpha)}$
E	SS_E	7(r−1)	MS_E		
T	SS_T	8r−1			

식(11.9)의 구조식에서 보는 바와 같이 반복이 있는 경우에는 효과 $(abc)_{ijk}$를 오차 $\epsilon_{ijk\ell}$와 분리시켜 검출이 가능하다. 반복수가 r인 2^3요인실험의 총실험횟수는 8r회이며, 모든 실험을 랜덤한 순서로 수행하여 데이터를 얻은 경우에 각 요인 효과의 유의성 검정을 위한 분산분석표의 양식은 표 11.10과 같다. 제곱합은 다음 절에서 소개하는 일반공식 (11.14), (11.15)를 사용하여 구한다.

예제 11.3

탄산음료 제조업자는 주입기의 압력(A=25, 30), 탄산의 비율(B=10, 14), 공정속도(C=200, 250)가 병에 주입된 탄산음료의 양에 영향을 주는 것으로 파악하고 있다. 인자 A, B, C에 대해 각 2수준의 수준을 정하고, 수준조합에서 2회의 반복실험을 수행하여 표 11.11의 데이터를 얻었다. (1) 분산분석을 실시하라. (2) 유의한 인자의 최적조건을 찾고, 최적조건에서 평균의 추정치를 구하라.

표 11.11 탄산음료의 주입량 데이터

	A_0(25 psi)		A_1(30 psi)	
	C_0(200)	C_1(250)	C_0(200)	C_1(250)
B_0(10)	7 9	9 10	9 10	11 11
B_1(14)	15 14	17 16	17 19	20 21

풀이

(1) 식(11.14), (11.15)를 인자수 3개, 반복수 2인 경우로 하여 제곱합을 구하고, 분산분석표를 작성하면 표 11.12와 같다. ■

표 11.12 주입량 데이터의 분산분석표

요인	제곱합	자유도	평균제곱	F_0	F(0.05)
A	27.563	1	27.563	33.92*	5.32
B	248.063	1	248.063	305.31*	5.32
C	14.063	1	14.063	17.31*	5.32
A×B	5.063	1	5.063	6.23*	5.32
A×C	0.063	1	0.063	0.08	5.32
B×C	0.563	1	0.563	0.69	5.32
A×B×C	0.063	1	0.063	0.08	5.32
E	6.500	8	0.813		
T	72.875	15			

표 11.12에서 보면 인자 A, B, C, A×B가 유의하다는 것을 알 수 있다. (2) A, B인자의 수준조합에서 주입량의 평균과 인자 C의 수준별 평균을 정리하면 표 11.13과 11.14의 결과를 얻는다.

표 11.13 A, B인자의 수준조합에서 평균

	A_0	A_1	전체평균
B_0	8.75	10.25	13.4375
B_1	15.5	19.25	

표 11.14 C인자의 수준별 평균

	평균
C_0	12.5
C_1	14.375

주입량이 클수록 좋다고 하면, 표 11.13에서 A_1B_1수준조합이 최적이고, 표 11.14에서 C_1이 최적이다. 최적조건에서 평균의 추정치는 $\bar{y}_{11.}+\bar{y}_{..1}-\bar{y}=19.25+14.375-13.4375=20.1875$이다. ■

11.2.3 2^n요인실험

2^2과 2^3요인실험을 확장시키면 2^n요인실험 데이터의 분석방법을 얻을 수 있다. 인자의 각 수준조합에서 반복이 r회 있다고 하면 인자의 효과와 인자 간의 모든 조합에 의한 교호작용 효과를 포함하는 데이터 구조식을 얻을 수 있다. 예를 들어, 인자 수가 4개인 경우, 각 인자에 첨자 1개씩을 할당하고, 반복에 대해서 1개의 첨자를 할당하면 데이터 $y_{ijk\ell m}$, $i,j,k,\ell=0,1;\ m=1,2,\ldots,r$의 구조식은 다음과 같이 표현할 수 있다.

$$
\begin{aligned}
y_{ijk\ell m} &= \mu+a_i+b_j+c_k+d_\ell+(ab)_{ij}+(ac)_{ik}+(ad)_{i\ell}+(bc)_{jk}+(bd)_{j\ell}+(cd)_{k\ell} \\
&\quad (abc)_{ijk}+(abd)_{ij\ell}+(acd)_{ik\ell}+(bcd)_{jk\ell}+(abcd)_{ijk\ell}+e_{ijk\ell m} \qquad (11.10) \\
&\quad \epsilon_{ijk\ell m}\sim N(0,\sigma^2)\text{이고 서로 독립},\ i,j,k,\ell=0,1;\ m=1,2,\ldots,r
\end{aligned}
$$

1) 효과와 제곱합의 계산식

주효과 A, B, C, D 등은 다음의 공식에 의하여 얻는다.

$$
\text{주효과}=\frac{1}{2^{n-1}r}\left[\begin{pmatrix}\text{해당인자의 1수준}\\ \text{데이터의 합}\end{pmatrix}-\begin{pmatrix}\text{해당인자의 0수준}\\ \text{데이터의 합}\end{pmatrix}\right] \qquad (11.11)
$$

인자가 4개인 경우($n = 4$)의 A인자의 주효과 A는 $A = (T_{1....} - T_{0....})/(2^3 r)$이다. 2인자 교호작용은 다음과 같이 얻는다.

$$2\text{인자 교호작용} = \frac{1}{2^{n-1}r}\left[\begin{pmatrix}\text{해당인자의 수준합이}\\ \text{짝수인 수준조합의}\\ \text{데이터의합}\end{pmatrix} - \begin{pmatrix}\text{해당인자의 수준합이}\\ \text{홀수인 수준조합의}\\ \text{데이터의합}\end{pmatrix}\right] \quad (11.12)$$

인자가 4개인 경우(n=4)의 2인자의 교호작용 AB는 $AB = (T_{11...} + T_{00...} - T_{01...} - T_{10...})/(2^3 r)$이다. 3인자 교호작용은 다음과 같이 얻는다.

$$3\text{인자 교호작용} = \frac{1}{2^{n-1}r}\left[\begin{pmatrix}\text{해당인자의 수준합이}\\ \text{홀수인 수준조합의}\\ \text{데이터의합}\end{pmatrix} - \begin{pmatrix}\text{해당인자의 수준합이}\\ \text{짝수인 수준조합의}\\ \text{데이터의합}\end{pmatrix}\right] \quad (11.13)$$

4인자 교호작용은 해당인자의 수준의 합이 짝수인 처리조합의 데이터의 합에 홀수인 것의 합을 뺀 후에 이를 $(2^{n-1}r)$로 나누어 얻는다. 이 이상의 교호작용은 별로 의미가 없으므로 생략하기로 한다.

각 요인의 제곱합은 다음과 같이 구할 수 있다.

$$\begin{aligned}&\text{각 인자의 제곱합} = 2^{n-2}r(\text{주효과})^2\\ &2\text{인자 교호작용의 제곱합} = 2^{n-2}r(2\text{인자 교호작용})^2 \qquad (11.14)\\ &3\text{인자 교호작용의 제곱합} = 2^{n-2}r(3\text{인자 교호작용})^2\end{aligned}$$

총제곱합과 오차제곱합은 다음 식으로 구한다.

$$SS_T = (\text{데이터의 제곱합}) - (\text{총데이터의 수})(\text{전체평균})^2 \quad (11.15a)$$

$$SS_E = SS_T - (\text{모든 요인들의 제곱합}) \quad (11.15b)$$

2) 수준조합에서 모평균의 추정

반복 이원배치 실험에서 두 인자 A, B가 유의한 경우, $\mu(A_iB_j)$를 다음과 같이 추정하였다. 또한 교호작용이 유의하지 않은 경우, 유효반복수를 고려하여 신뢰구간을 구하였다.

$$\hat{\mu}(A_iB_j) = \begin{cases} \bar{y}_{ij.}, & \text{교호작용이 유의한 경우} \\ \bar{y}_{i..} + \bar{y}_{.j.} - \bar{y}, & \text{교호작용이 유의하지 않는 경우} \end{cases} \tag{11.16}$$

동일한 규칙을 인자의 수가 많은 경우에도 적용한다. 예를 들어, 반복수가 r인 2^3 요인실험에서 A, B, C, AB가 유의한 경우에 $\mu(A_0B_1C_0)$의 추정량은 다음과 같이 구한다. $\mu(A_0B_1C_0)$는 유의한 요인효과의 식

$$\mu(A_0B_1C_0) = \mu + a_0 + b_1 + (ab)_{01} + c_0 \tag{11.17}$$

으로 표현할 수 있다. 따라서 식(11.17)추정량은

$$\begin{aligned} \hat{\mu}(A_0B_1C_0) &= \mu + a_0 + \widehat{b_1 + (ab)}_{01} + c_0 \\ &= \mu + a_0 + \widehat{b_1} + (ab)_{01} + \widehat{\mu + c_0} - \hat{\mu} \\ &= \bar{y}_{01..} + \bar{y}_{..0.} - \bar{y} \end{aligned} \tag{11.18}$$

이다.

식(11.18)의 유효반복수는 평균계산에 사용한 데이터수를 고려하여 구한다. 즉, $\bar{y}_{01..}$은 2r개 데이터의 평균, $\bar{y}_{..0.}$은 4r개 데이터의 평균, $\bar{y}_{....}$은 8r개 데이터의 평균이므로 유효반복수 n_e는

$$\frac{1}{n_e} = \frac{1}{2r} + \frac{1}{4r} - \frac{1}{8r} = \frac{4+2-1}{8r} = \frac{5}{8r} \tag{11.19}$$

에서 $n_e = 8r/5$이다.

$\mu(A_0B_1C_0)$의 100(1-α)% 신뢰구간은 다음과 같다.

$$(\bar{y}_{01..} + \bar{y}_{..0.} - \bar{y}) \pm t_{\alpha/2,\phi_E}\sqrt{\frac{MS_E}{n_e}} \tag{11.20}$$

예제 11.4

무반복 2^7요인실험에서 A, B, C, D, F, H, AB, CD가 유의하다고 할 때, $\mu(A_0B_1C_1D_0F_1H_1)$의 추정치를 구하라.

풀이

교호작용 A×B, C×D가 유의하므로 $\mu(A_0B_1C_1D_0F_1H_1)$는 다음과 같이 효과의 식으로 표현할 수 있다.

$$\mu(A_0B_1C_1D_0F_1H_1) = \mu + a_0 + b_1 + (ab)_{01} + c_1 + d_0 + (cd)_{10} + f_1 + h_1$$

따라서 $\mu(A_0B_1C_1D_0F_1H_1)$의 추정치는

$$\hat{\mu}(A_0B_1C_1D_0F_1H_1) = \widehat{\mu + a_0 + b_1 + (ab)_{01}} + \widehat{\mu + c_1 + d_0 + (cd)_{10}} + \widehat{\mu + f_1} + \widehat{\mu + h_1} - 3\hat{\mu}$$

$$= \bar{y}_{01.....} + \bar{y}_{..10...} + \bar{y}_{....1..} + \bar{y}_{......1} - 3\bar{y}$$

이다. 또한 유효반복수는 $1/n_e = 1/32 + 1/32 + 1/64 + 1/64 - 3/128 = 9/128$에서 $n_e = 128/9$가 된다. ■

11.3 교락법과 일부실시법

이 절에서는 2수준 인자로 구성된 실험을 중심으로 교락법과 일부실시법에 대해서 살펴본다. 3수준 인자로 구성된 실험의 교락법과 일부실시법에 대해서는 실험계획법을 전문적으로 다룬 교재를 참고하기 바란다.

11.3.1 교락법

교락법(confounding method)에서 'confound'는 '...을 뒤섞다'라는 의미이고, '교락(交絡)'은 '서로 연결되어 있다'는 의미이다. 따라서 '두 요인효과가 교락되어 있다'라고 하는 것은 '두 요인효과가 서로 연결되어 뒤섞여 있어서 분리하여 구할 수 없다'라는 의미이다(실제로는 두 요인효과의 계산식이 동일하기 때문에 분리하여 구할 수 없음).

교락법은 실험 전체를 동일한 환경에서 실험하는 것이 어려울 때 실험을 몇 개의 블록으로 나누고, 블록 내에서만 동일한 환경에서 실험하여 실험 환경 변화의 영향이 상쇄되도록 하는 실험설계법이다. 예를 들어, 2^6요인설계법의 총 실험횟수는 $2^6 = 64$회이다. 만일 하루에 20회 밖에 실험을 할 수 없는 실험이라면 실험 전체를 동일한 환경에서 실험하는 것이 불가능하다. 이런 경우에 실험을 4일(블록)에 걸쳐서 하루에 16회씩 실험하는 교락법으로 실험을 설계하는 것이 적절하다.

하루에 최대 5회의 실험을 할 수 있는 실험에서 2^3요인실험을 해야 한다고 하자. 이 경우에 2^3요인실험의 전체 실험횟수는 8회이므로 '날짜'라는 외부 환경을 모두 동일하게 하여 실험하는 것은 불가능하다. 이런 경우에 '날짜'의 영향을 받지 않고 주효과와 교호작용을 검출하기 위해서는 전체 실험을 2일에 걸쳐서 하기로 하고, 첫째 날(블록1)과 둘째 날(블록2)에 실험할 인자의 수준조합을 잘 선정해야 한다.

교락법은 최고차의 교호작용 효과와 블록효과가 교락되도록 인자의 수준조합을 두 개의 블록으로 나눈다. 예를 들어, 2^3요인실험의 세 인자 A, B, C의 최고차 교호작용은 ABC이다. 데이터 y_{ijk}, $i,j,k = 0,1$를 $y_{ijk} = a^i b^j c^k$로 표현하면 교호작용 ABC의 계산식은

$$ABC = \frac{1}{4}\{(a+b+c+abc) - ((1)+ab+ac+bc)\} \tag{11.21}$$

로 표현할 수 있다. 여기서 $a = y_{100}$로서 인자 A의 1수준, 인자 B, C의 0수준 실험에서 얻은 데이터임을 나타내며, $y_{000} = (1)$로 표현하였다. 실험을 2개의 블록으로 나누어 실험하는 경우에 블록효과는

$$\text{블럭효과} = \frac{1}{4}\{(\text{블럭2의 반응치 합}) - (\text{블럭1의 반응치 합})\} \tag{11.22}$$

블록1	블록2
a	(1)
b	ab
c	ac
abc	bc

그림 11.1 ABC가 블록과 교락된 2^3요인실험

이다. 식(11.21)과 (11.22)가 동일하게 되도록 하기 위해서는 블록2의 반응치는 a, b, c, abc, 블록1의 반응치는 (1), ab, ac, bc가 되어야 한다. 그림 11.1과 같이 2^3 요인실험을 2개의 블록으로 나누어 실험할 경우 블록과 교호작용 ABC가 교락되게 된다.

그림 11.1과 같이 2개의 블록으로 나누어 실험한 경우 교호작용 ABC 이외의 모든 요인효과(주효과 A, B, C와 교호작용 AB, AC, BC)는 분리하여 구할 수 있다.

11.3.2 교락법의 배치

실험전체를 몇 개의 블록으로 나눌 때 고차의 교호작용 효과의 식을 사용하는 대신에 소위 정의대비(defining contrast)라는 표현식을 사용하면 편하다. 예를 들어, 2^4요인실험을 두 개의 블록으로 나누어 보자. 최고차의 교호작용 효과 ABCD를 블록 효과와 교락시키는 경우 정의대비를

$$I = ABCD \tag{11.23}$$

으로 표현하고, 식(11.23)으로부터 선형합동식

$$L = x_1 + x_2 + x_3 + x_4 \pmod 2 \tag{11.24}$$

를 만들어 L의 값(0 또는 1)에 따라 인자의 수준조합을 2개의 그룹으로 분류한다. 여기서 x_i는 i번째 인자의 수준으로 0, 1의 값을 지며, 'mod 2'는 L이 우변의 값을 2로 나눈 나머지임을 의미한다.

L=0		L=1	
(1)	bc	a	abc
ab	bd	b	abd
ac	cd	c	bcd
ad	abcd	d	acd

그림 11.2 ABCD를 교락시킨 2^4요인실험

예를 들어, 2^4요인실험을 정의대비 $I = ABCD$로 하여 두 개의 블록으로 나눈다고 할 때 선형합동식은 식(11.24)와 같으므로 인자의 수준조합을 2개의 블록으로 나누면 그림 11.2와 같이 된다. 여기서 수준조합 ab는 $L = 1+1+0+0 \pmod 2 = 0$이므로 블록1에 배치되었고, bcd는 $L = 3 \pmod 2 = 1$이므로 블록2에 배치되었다.

실험전체를 4개의 블록으로 만들어야 하는 경우에는 정의대비 2개를 먼저 선정한다. 이 때 두 정의대비의 곱하여 만든 식도 정의대비가 된다. 2수준 요인실험의 정의대비에서 거듭제곱 수는 'mod 2'로 계산하여 정리하면 간단한 식으로 표현된다.

예를 들어, 정의대비로 $I = ABC$와 $I = BCD$를 선정한 경우, 두 정의대비의 곱 $I = (ABC)(BCD) = AB^2C^2D = AD$도 정의대비가 된다. 이 경우에 정의대비를

$$I = ABC = BCD = AD \tag{11.25}$$

로 표현한다.

식(11.25)의 정의대비에 대응하는 선형합동식

$$L_1 = x_1 + x_2 + x_3 \pmod 2 \tag{11.26}$$

$$L_2 = x_2 + x_3 + x_4 \pmod 2$$

$$L_3 = x_1 + x_4 \pmod 2$$

에서 두 개를 골라 두 합동식의 값의 조합으로 4개의 블록으로 나눈다. 그림 11.3은 식(11.26)에서 L_1과 L_2를 선택하여 블록1($L_1 = L_2 = 0$), 블록2($L_1 = 0, L_2 = 1$), 블록3($L_1 = 1, L_2 = 0$), 블록4($L_1 = L_2 = 1$)로 나눈 것이다. 그림 11.3과 같이 배치

(1) bc abd acd	d ab ac bcd	a bd cd abc	c b ad abcd
$L_1=0$, $L_2=0$	$L_1=0$, $L_2=1$	$L_1=1$, $L_2=0$	$L_1=1$, $L_2=1$

그림 11.3 ABC, BCD, AD가 블록과 교락된 2^4요인실험

시켜 실험하면 블록효과가 교호작용 ABC, BCD, AD와 교락되고, 나머지 요인효과는 블록효과와 상관없이 구할 수 있다.

교락법으로 실험을 실시한 경우, 데이터는 요인설계실험에서와 동일하다. 다만 정의대비로 사용한 요인효과와 블록효과가 교락되어 있으므로 이를 분산분석에서 반영하면 된다. 예를 들어, 정의대비를 $I = ABC = BCD = AD$로 하여 2^4요인실험을 4개의 블록으로 나누어 실험을 실시했다고 할 때, 각 요인효과의 제곱합은 2^4요인실험에서와 동일하게 계산한다. 다만, 교호작용 ABC, BCD, AD의 제곱합을 합하여 블록간 제곱합으로 하여 분산분석을 수행한다. 즉 블록간 제곱합 SS_{Block}을

$$SS_{Block} = SS_{A \times B \times C} + SS_{B \times C \times D} + SS_{A \times D} \tag{11.27}$$

으로 계산한다. 이 때 SS_{Block}의 자유도는 3이 된다.

예제 11.5

2^5요인실험을 4개의 블록으로 나누어 실험해야 한다. (1) 교호작용 $ABCD$, ACE가 블록과 교락되도록 4개의 블록에 실험조건을 할당하라. (2) 최고차 교호작용인 $ABCDE$와 $BCDE$가 블록과 교락되도록 하면 어떤 문제가 발생할 수 있는가?

풀이

(1) $(ABCD)(ACE) = A^2BC^2DE = BDE$ 이므로 정의대비는 $I = ABCD =$

ACE = BDE이고, 선형합동식은

$$L_1 = x_1 + x_2 + x_3 + x_4 \pmod 2$$

$$L_2 = x_1 + x_3 + x_5 \pmod 2$$

$$L_3 = x_2 + x_4 + x_5 \pmod 2$$

으로 표현된다. L_1, L_2의 값으로 4개의 블록으로 나누면 그림 11.4와 같이 실험 조건을 할당할 수 있다.

$L_1=0,\ L_2=0$	$L_1=0,\ L_2=1$	$L_1=1,\ L_2=0$	$L_1=1,\ L_2=1$
(1) ade	e cd	b abc	a abd
ac bce	ab ace	d acd	c bcd
bd cde	ad bde	ae abde	be abce
abe abcd	bc abcde	ce bcde	de acde

그림 11.4 ABCD, ACE, BDE가 블록과 교락된 2^5요인실험

(2) ABCDE와 BCDE가 블록과 교락되면 (ABCDE)(BCDE) = $AB^2C2D^2E^2$ = A도 블록과 교락되게 된다. 이 경우에는 주효과 A가 블록과 교락되어 분리하여 구할 수 없는 문제가 발생한다. 따라서 최고차 교호작용과 다음 차수의 교호작용이 블록과 교락되도록 정의대비를 설정해서는 안 된다. ■

11.3.3 일부실시법 설계

일부실시법(fractional factorial design)은 요인실험의 수준조합 중의 일부 수준조합에 대해서만 실험하는 실험설계이다. 인자의 수가 많아지면 인자의 처리조합의 수는 급격히 증가한다. 예를 들어, 2수준인 인자의 수가 8개이면 요인실험의 회수는 $2^8 = 256$회가 된다. 이런 경우에 일부실시법으로 실험을 설계하면 실험의 횟수를 획기적으로 줄이면서 필요한 요인효과를 구할 수 있다.

일부실시법은 교락법의 블록 중에서 하나의 블록을 선택하고, 선택한 블록의 실험조건에서 실험하도록 설계하면 된다. 실험전체를 2개의 블록으로 나눈 교락법 실험배치에서 1개의 블록만 선택하여 실험하면 ½-일부실시법이 되고, 4개의 블록으로 나눈 교락법 실험배치에서 1개의 블록만 선택하여 실험하면 ¼-일부실시법이 된다.

2^3요인실험에서 교호작용 ABC를 정의대비로 하여 두 개의 블록으로 나눈 실험배치는 그림 11.1과 같다. 여기서 블록1에 있는 4개의 조합 a, b, c, abc만으로 실험을 하면 2^3요인실험의 ½-일부실시법이 된다. 또한 2^5요인실험의 ¼-일부실시법은 정의대비를 $I = ABCD = ACE = BDE$로 하여 그림 11.4와 같이 4개의 블록으로 나누고, 이들 중 하나의 블록에 있는 8개 조합(예를 들어, 블록2의 e, ab, ad, bc, cd, ace, bde, abcde)만으로 실험하면 된다.

11.3.4 별명과 해상도

일부실시법으로 실험하여 얻은 데이터의 경우에도 인자의 주효과와 교호작용 효과는 요인실험에서와 동일한 방식으로 구할 수 있다. 그러나 전체 실험의 일부 수준조합에 대해서만 데이터를 얻었으므로 효과 계산식이 동일한 요인효과가 발생한다.

2^3요인실험의 ½-일부실시법에서 그림 11.1의 블록1의 조건에서 실험한다고 하면, 실험조합 a, b, c, abc의 데이터를 얻는다. 이 때 주효과 A와 교호작용 BC의 계산식은 $A = [(a+abc)-(b+c)]/2$, $BC = [(a+abc)-(b+c)]/2$가 되어 동일하게 된다. 즉, A와 BC를 서로 교락되어 분리하여 구할 수 없는 문제가 발생한다.

일부실시법으로 실험하는 경우에는 서로 동일한 식으로 표시되는 요인효과가 반드시 나타난다. 이 때 이들 효과는 서로 별명(alias) 관계에 있다고 한다. 인자들이 서로 별명관계에 있는 경우, 구하려는 요인효과 외의 다른 요인효과가 존재하지 않는 경우에 효과를 구하는 것이 의미가 있다. A와 BC가 별명관계이면 교호작용 BC를 무시할 수 있는 경우에 효과 A의 계산이 의미가 있다.

서로 별명관계에 있는 효과는 정의대비에 해당 요인효과를 곱해서 얻을 수 있다. 정의대비가 $I = ABC$일 때, A의 별명은 $A \times I = A \times (ABC) = A^2BC = BC$에서 BC가 별명이 된다. B의 별명은 $B \times I = B \times (ABC) = AB^2C = AC$, C의 별명은

$C \times I = C \times (ABC) = ABC^2 = AB$이다.

¼-일부실시법은 정의대비가 3개이므로 각 효과별로 3개의 효과가 별명관계에 있게 된다. 2^5요인실험에서 정의대비를 $I = ABCD = ACE = BDE$ 로 하여 ¼-일부실시법 배치를 하였다면 각 요인효과별 별명은 다음과 같이 된다.

$$\begin{aligned} I &= ABCD = ACE = BDE \\ A &= BCD = CE = ABDE \\ B &= ACE = ABCE = DE \\ C &= ABD = AE = BEDE \\ D &= ABC = ACDE = BE \\ E &= ABCDE = AC = BD \\ AB &= CD = BCE = ADE \\ AD &= BC = CDE = ABE \end{aligned} \tag{11.28}$$

식(11.28)의 별명관계를 보면 주효과들이 모두 2인자 교호작용과 별명임을 알 수 있다. 따라서 2차 이상의 교호작용을 모두 무시할 수 있다면 8회의 실험으로 5개 인자 A, B, C, D, E의 주효과를 구할 수 있다.

예제 11.6

2^5요인실험의 ¼-일부실시법 설계를 하기 위해 교호작용 BCDE, ACE를 블록과 교락시켜 4개의 블록으로 나누고, 이 중 1개의 블록을 선택하였다. 각 요인효과들의 별명관계를 밝혀라.

풀이

정의대비가 $I = BCDE = ACE = ABD$이므로 각 요인효과들의 별명관계는 A = AB CDE = CE = BD, B = CDE = ABCE = AD, C = BDE = AE = ABCE,

D = BCE = ACDE = AB, E = BCE = AC = ABDE, BC = DE = ABE = ACD, BE = CD = ABC = ACE 이 된다. ■

일부실시법은 요인실험과 달리 모든 요인효과들을 분리하여 추정할 수 없다. 따라서 일부실시법에서는 주효과 및 저차의 교호작용 효과들을 제대로 추정하는 것이 중요하다. 일부실시법에서 요인효과들을 분리해서 검출하는 정도를 설계해상도(design resolution)라 한다.

해상도 R 설계(resolution R design)는 "어떠한 P-요인효과도 (R-P)-요인효과와 별명이 아닌 실험설계"를 의미한다. 해상도 R의 설계 중에서 해상도 III, IV, V인 설계의 개념이 중요하므로 이들 설계의 특성을 잘 알고 있어야 한다.

- **해상도 III 설계**는 어떤 주효과도 다른 주효과와 교락되어 있지는 않지만 2인자 교호작용들과는 교락이 있는 설계이다. 또한 2인자 교호작용들은 서로 교락되어 있을 수 있다. 해상도 III 설계는 후보가 되는 인자의 수가 많은 경우에 이들 중에서 유의한 인자를 선별하는 단계에서 주로 사용된다.
- **해상도 IV 설계**는 어떤 주효과도 다른 주효과나 2인자 교호작용과 교락되어 있지 않는 설계이다. 그러나 2인자 교호작용들은 서로 교락되어 있을 수 있다. 실험에서 2인자 교호작용의 검출이 중요한 경우가 많으므로 해상도 III의 경우와 마찬가지로 유의한 인자를 선별하는 단계에서 사용하는 것이 보통이다.
- **해상도 V 설계**는 어떤 주효과나 2인자 교호작용도 다른 주효과나 2인자 교호작용와 교락되지 않는 설계이다. 2인자 교호작용들은 3인자 교호작용들과 교락되어 있을 수 있으나 3인자 이상의 교호작용은 기술적으로 큰 의미를 갖지 못하는 경우가 많으므로 보통의 실험에서는 해상도 V이면 충분하다고 할 수 있다.

예를 들어, 식(11.28)의 별명관계가 있는 실험설계는 주효과와 2인자 교호작용이 별명으로 서로 교락되어 있으므로 해상도 III 실험설계이다. 따라서 주효과와 2인자 교호작용이 무시되는 경우에 실험으로 올바른 정보를 얻을 수 있다.

실험의 횟수가 많을수록 설계해상도는 높다. 완전 요인실험에서는 모든 교호작용 효과를 구할 수 있으므로 완전 해상도(resolution full)라 한다. 주어진 실험회수로 최상의 해상도를 갖는 실험설계를 위해서는 정의대비를 잘 정해야 한다.

11.4 요인실험의 중회귀모형

요인실험에 사용하는 인자가 모두 양적변수이면 인자의 수준 값을 설명변수로 하고, 반응값을 반응변수로 하는 회귀모형으로 분석할 수 있다. 특히, 인자의 수준수가 3개 이상인 경우에는 2차항을 갖는 곡선회귀모형을 만들 수 있다. 이 절에서는 2^n 요인실험에 대한 회귀모형을 소개한다.

11.4.1 2^n 요인실험의 회귀모형

2^n 요인실험에서 인자가 낮은 수준이면 -1, 높은 수준이면 1을 수준값으로 하여 중회귀모형을 만들 수 있다. 예를 들어, 반복수가 2인 2^2 요인실험에서 인자 A는 방향으로 '수직 방향'과 '수평 방향'을 수준으로 갖고, 인자 B는 길이로써 '50'과 '100'이 수준 값이라 하자. 이때 인자 A의 수준값 x_1과 인자 B의 수준값 x_2를

$$x_1 = \begin{cases} -1, & \text{수직방향} \\ 1, & \text{수평방향} \end{cases} \qquad x_2 = \begin{cases} -1, & \text{거리가 50 mm} \\ 1, & \text{거리가 100 mm} \end{cases} \tag{11.29}$$

로 정의하고 회귀모형을

$$y = \beta_0 + \beta_1 x_1 + \beta_2 x_2 + \beta_{12} x_1 x_2 + \epsilon \tag{11.30}$$

으로 설정하여 분석한다. 식(11.30)의 회귀모형에서 회귀계수의 유의성을 검정하여 해당 요인효과의 유의성을 판단한다. 이때 항 x_1과 x_2는 각각 인자 A와 B의 주효과, 항 x_1x_2는 2인자 교호작용을 나타낸다.

마찬가지 방법으로 2^3 요인실험의 회귀모형은

$$\begin{aligned} y = {} & \beta_0 + \beta_1 x_1 + \beta_2 x_2 + \beta_3 x_3 \\ & + \beta_4 x_1 x_2 + \beta_5 x_1 x_3 + \beta_6 x_2 x_3 + \beta_7 x_1 x_2 x_3 + \epsilon \end{aligned} \tag{11.30}$$

이 된다. 식(11.30)의 마지막 항 $x_1 x_2 x_3$는 3인자 교호작용 효과를 나타낸다.

2^n 요인실험의 회귀모형에서 회귀계수 β_i는 대응하는 요인효과 크기를 2로 나눈 값이 되고, β_0의 추정치는 데이터의 평균이 됨을 보일 수 있다. 예를 들어, 2^3 요인실험에서 A인자의 주효과가 4.5이면, β_1의 추정치는 $4.5/2 = 2.25$이고, AB교호작용 효과가 1.76이면, β_4의 추정치는 $1.76/2 = 0.88$이다. 데이터의 평균이 12.5이면 β_0의 추정치는 12.5가 된다.

예제 11.7

예제 11.3의 데이터로 요인효과를 계산한 결과가 다음과 같았다. 추정회귀식을 구하라.

효과명	M	A	B	C	AB	AC	BC	ABC
크기	13.34	2.625	7.875	1.875	1.125	0.125	0.375	0.125

풀이

각 요인효과에 대응하는 회귀계수는 효과 크기의 1/2로 추정하고, β_0는 평균으로 추정한다. 따라서 추정회귀식은 다음과 같다.

$$\begin{aligned} y = & \ 13.3475 + 1.3125x_1 + 3.9375x_2 + 0.9375x_3 \\ & + 0.5625x_1x_2 + 0.0625x_1x_3 + 0.1875x_2x_3 + 0.0625x_1x_2x_3 \end{aligned}$$

■

유의한 요인효과의 항으로 구성된 추정회귀식을 이용하면 유의한 인자의 특정 수준에서 반응변수의 값을 추정할 수 있다. 예를 들어, 예제 11.7에서 A, B, C, AB가 유의한 요인효과이면 추정회귀식은 $\eta = 13.3475 + 1.3125x_1 + 3.9375x_2 + 0.9375x_3 + 0.5625x_1x_2$이 된다. 이 식을 이용하면 주어진 x_1, x_2, x_3값에 대해서 반응변수의 값 η를 얻을 수 있다.

11.4.2 정규확률도 이용 검정

정규확률도를 사용하면 각 요인효과의 유의성을 간편하게 판별할 수 있다. 가설 H_0 : '모든 수준조합에서 반응치 평균은 같다' 대 H_1 : 'H_0가 아니다'에 대해서 검정한다고 하자. 인자의 각 수준조합을 하나의 모집단이라 하고, 각 모집단이 분산이 동일한 정규분포를 따른다고 할 때, 귀무가설이 만족되는 경우 각 요인효과는 표준정규분포로부터 추출한 무작위 표본과 동일하다. 따라서 효인효과들을 이용하여 정규확률도를 작도했을 때 점들이 직선 주위에 있는 요인효과는 유의하지 않은 효과로 판정하고, 직선에서 크게 벗어난 효과는 유의한 효과로 판정한다.

예제 11.8

예제 11.7의 요인효과를 정규확률도에 타점하고 유의한 효과를 찾아라.

풀이

미니탭의 확률플롯을 사용하여 평균 0, 표준편차 1인 정규확률도에 타점하면 그림 11.5의 정규확률도를 얻는다. 그림 11.5에서 요인 효과의 절대값의 크기가 큰 효인효과 중에서 신뢰구간을 벗어난 4개의 효과를 유의한 요인효과로 판정할 수 있다. 즉, B, A, C 주효과와 AB 교호작용을 유의한 효과로 판정한다. ■

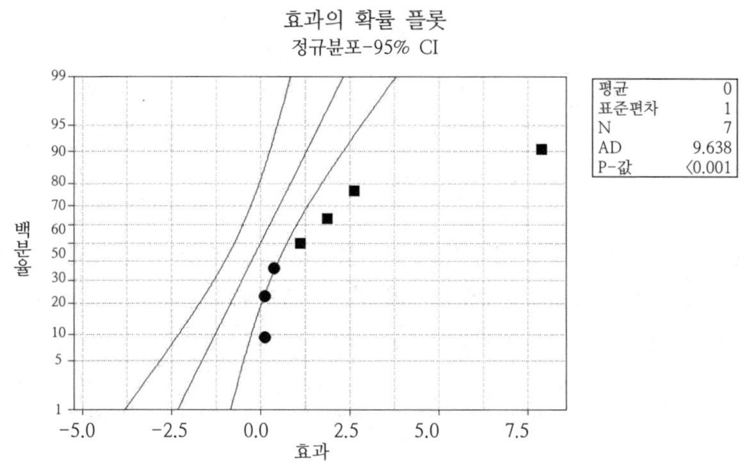

그림 11.5 요인효과의 정규확률도

11.5 미니탭 활용

미니탭은 실험을 설계하고, 분석할 수 있는 도구로 [실험계획법]을 제공하고 있다. [실험계획법]에서는 요인설계, 반응 표면 설계, 혼합물 설계, 다구찌 설계를 이용할 수 있고, 각 설계에서는 실험조건과 실험순서를 제공하는 실험 설계생성 부분과 실험데이터를 입력하여 분석하는 설계분석 부분으로 구성된다. 이 절에서는 요인실험을 중심으로 실험의 설계와 데이터 분석 도구를 소개한다.

11.5.1 요인실험설계

[통계분석]►[실험계획법]►[요인]에서는 요인배치법 설계, 일부실시법 설계, 교락법 설계 등을 할 수 있다. 요인실험 설계를 생성하는 절차는 다음과 같다.

표 11.15 [요인 설계 생성] 창의 추가 설정 항목

구분	항목	내용
설계	설계 유형	설계 유형(완전 요인설계 또는 부분 설계)을 지정
	블럭당 중앙점 개수	2수준계 실험에서 중간 수준을 추가하는 경우
	구석점에 대한 반복실험 횟수	동일 실험조건에서 실험의 반복회수 선택
	블럭 수	교락법 실험에서 블록의 개수 선택
요인	이름	요인의 이름 입력
	유형	양적인자이면 ‘숫자’, 질적인자이면 ‘텍스트’로 지정
	수준	인자의 수준값 입력(낮음 −1, 높음 1로 초기화)
옵션	설계 접기	교락법에서 부분교락 실험을 하는 경우에 지정
	부분 설계	일부실시법의 사용할 부분 지정
	런 랜덤화	실험 순서 랜덤화 지정
	워크시트에 설계 저장	워크시트에 실험설계 저장 지정
결과	인쇄된 결과	세션 창에 출력할 실험설계의 결과물 지정
	별칭 표 내용	세션 창에 표시하는 별명표의 내용 지정

1. [통계분석] ► [실험계획법] ► [요인] ► [요인 설계 생성] 선택
2. [요인 설계 생성] 창에서 [설계 유형]을 지정하고, [요인 수] 선택 후, [설계], [요인], [옵션], [결과]를 클릭하여 나타난 창에서 필요한 정보 입력 후 [확인]
3. 워크시트에 실험 설계의 결과인 실험조건과 실험순서가 생성됨. 세션창에는 실험설계에 대한 설명이 제공됨

[요인 설계 생성] 창에서 [설계], [요인], [옵션], [결과]를 클릭하여 실험설계의 세부사항을 설정할 수 있다. 표 11.15는 세부사항을 설정할 수 있는 항목을 나타낸 것이다. 미니탭을 이용하여 요인배치법 실험, 일부실시법 실험, 교락법 실험을 설계하는 방법은 다음과 같다.

1) 요인배치법 실험 설계

요인배치법 실험설계는 [요인 설계 생성 – 설계] 창에서 설계의 유형을 [완전 요인 설계]로 지정하여 얻는다.

예제 11.9

세 개의 2수준 인자 온도(100,200), 시간(1,2), 촉매(SM, YG)에 대해서 반복수 2인 2^3요인배치실험의 실험조건과 실험순서를 정하라.

풀이

[요인 설계 생성]을 이용하여 실험조건과 실험순서를 다음의 절차로 정한다.

1. [통계분석] ► [실험계획법] ► [요인] ► [요인 설계 생성] 선택
2. [요인 설계 생성] 창에서 [설계 유형]을 [2-수준 요인(기본 생성자)] 지정(❶), [요인 수] '3'을 선택(❷) 후 [설계], [요인] 클릭
   - [요인 설계 생성 – 설계] 창에서 [완전 요인 설계] 선택(❸), [구석점에 대한 반복실험 횟수] '2' 선택(❹)
   - [요인 설계 생성 – 요인] 창에서 인자의 [이름], [유형], [수준] 지정(❺)

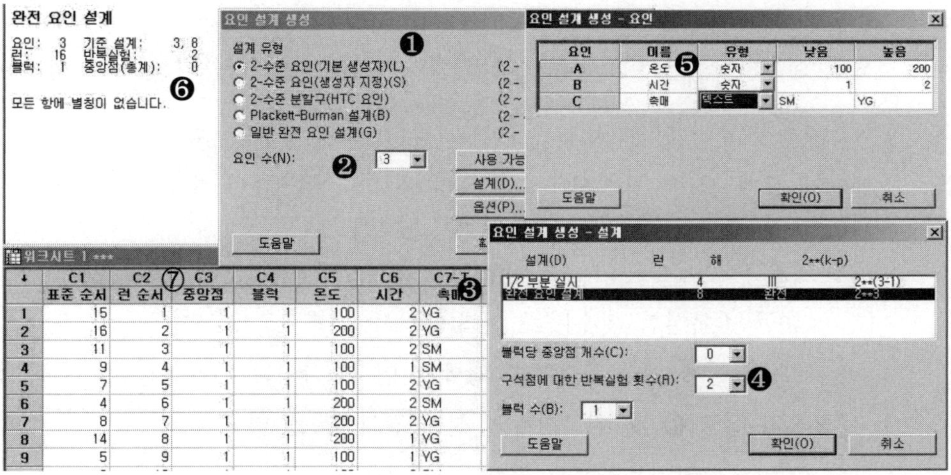

그림 11.6 요인배치법 설계

3. 세션창의 설명(❻)과 워크시트의 설계 결과(❼)를 읽고 해석

그림 11.6의 세션 창(❻)의 설명을 읽으면, 요인 3개, 실험회수(실행) 16회이다. 그림 11.6의 워크시트(❼)에서 C1열의 [표준순서]는 실험조건의 표준번호, C2열의 [런 순서]는 실험의 순서를 나타낸다. 따라서 첫 번째 실험의 (온도,시간,촉매) 조건은 (100,2,YG)이고, 두 번째 실험의 조건은 (200,2,YG)이다. 네 번째실험의 조건은 (100,1,SM)이 된다. ■

2) 일부실시법 실험설계

일부실시법 실험설계는 [요인 설계 생성 - 설계] 창에서 설계의 유형을 [부분실시]로 지정하여 얻을 수 있다.

예제 11.10

세 개의 2수준 인자 온도(100,200), 시간(1,2), 촉매(SM, YG)에 대해서 반복수 2인 2^3요인실험의 ½-일부실시법 실험을 설계하라.

풀이

[요인 설계 생성]을 이용하여 실험조건과 실험순서를 다음의 절차로 정한다.

1. [통계분석]►[실험계획법]►[요인]►[요인 설계 생성] 선택
2. [요인 설계 생성] 창에서 [설계 유형]을 [2-수준 요인(기본 생성자)] 지정(❶), [요인 수]에 3을 선택(❷) 후 [설계], [요인] 클릭
   - [요인 설계 생성 - 설계] 창에서 [1/2 부분 실시] 선택(❸), [구석점에 대한 반복실험 횟수] '2' 선택(❹)
   - [요인 설계 생성 - 요인] 창에서 인자의 [이름], [유형], [수준] 지정(❺)
3. 세션창의 설명(❻)과 워크시트의 설계 결과(❼)를 읽고 해석

그림 11.7의 세션 창(❻)의 설명을 읽으면, 요인 3개, 시험의 해상도는 III, 실험회수(실행) 8회이다. 별칭 구조는 I+ABC(정의대비 I=ABC)이고, 별칭은 A+BC, B+AC, C+AB이다. 즉 A=BC, B=AC, C=AB로써 주효과는 모두 2인자 교호작용과 교락되어 있다. 그림 11.14의 워크시트(❼)에서 첫 번째 실험의 (온도,시간,촉매) 조건은 (100,1,YG)이고, 두 번째 실험의 조건은 (200,2,YG)이다. 네 번째실험의 조건은 (200,1,SM)이 된다. ■

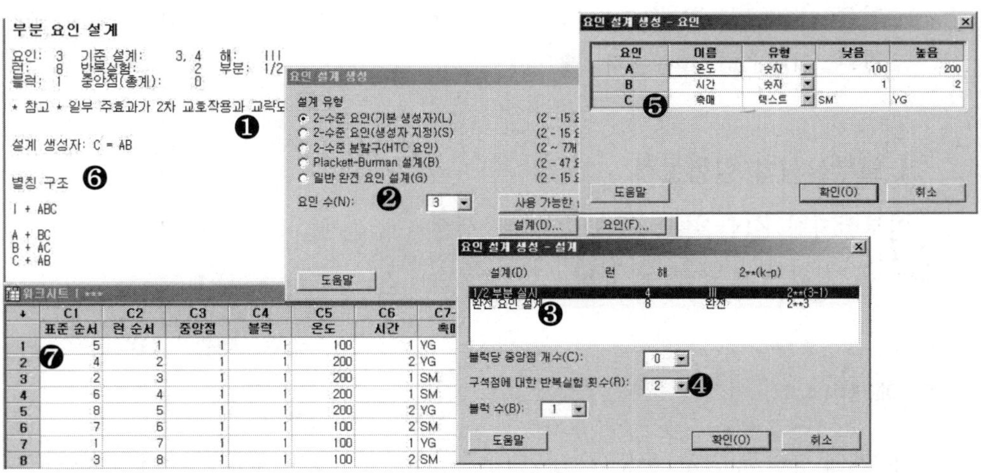

그림 11.7 일부실시법 실험 설계

3) 교락법 실험설계

교락법 실험은 [요인 설계 생성 - 설계] 창에서 블록 개수를 2 이상으로 선택하여 실험전체를 블록의 개수만큼 구분한 교락법 실험 설계를 얻는다.

예제 11.11

세 개의 2수준 인자 온도(100,200), 시간(1,2), 촉매(SM, YG)에 대해서 반복수 2인 2^3요인실험의 ½-일부실시법 실험을 2개의 블록으로 나누어 실험하는 교락법 실험을 설계하라.

풀이

[요인 설계 생성]을 이용하여 실험조건과 실험순서를 다음의 절차로 정한다.

1. [통계분석]►[실험계획법]►[요인]►[요인 설계 생성] 선택
2. [요인 설계 생성] 창에서 [설계 유형]을 [2-수준 요인(기본 생성자)] 지정(❶), [요인 수] 3을 선택(❷) 후 [설계], [요인] 클릭
   - [요인 설계 생성 - 설계] 창에서 [1/2 부분 실시] 선택(❸), [구석점에 대한 반복실험 횟수] '2' 선택(❹), [블럭 수] '2' 선택(❺) 후 [확인]
   - [요인 설계 생성 - 요인] 창에서 인자의 [이름], [유형], [수준] 지정(❻)
3. 세션창의 설명(❼)과 워크시트의 설계 결과(❽)를 읽고 해석

그림 11.8의 세션 창(❼)의 설명을 읽으면, 요인 3개, 시험의 해상도는 III, 실험회수(실행) 8회, 블록의 수 2이다. 별칭 구조는 I+ABC(정의대비 I=ABC)이고, 별칭은 A+BC, B+AC, C+AB이다. 즉 A=BC, B=AC, C=AB로써 주효과는 모두 2인자 교호작용과 교락되어 있다. 그림 11.14의 워크시트(❽)에서 [블럭]은 실험전체를 두 개의 집단으로 구분한 것으로 블럭의 값이 동일한 실험은 실험에 고려하는 인자 외의 다른 조건이 동일하게 되도록 해야 한다. ■

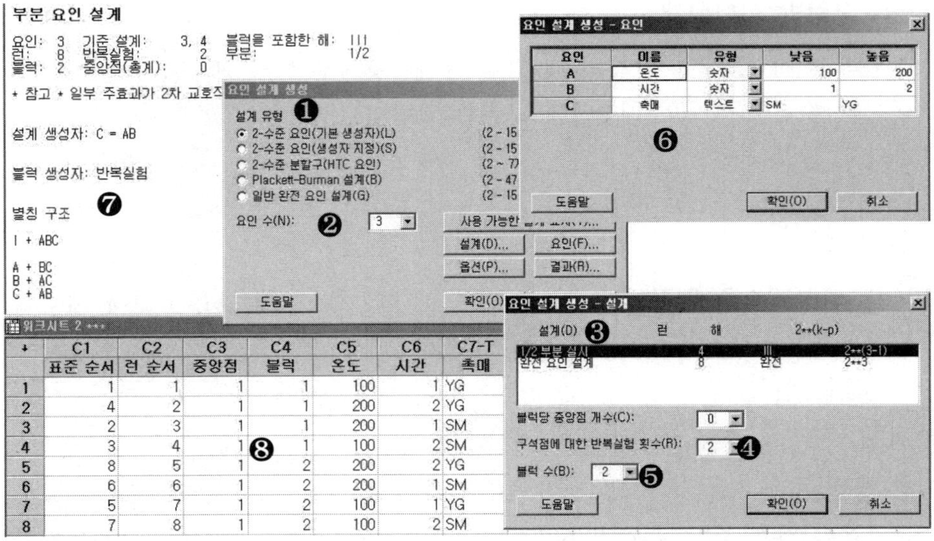

그림 11.8 교락법 실험 설계

11.5.2 요인실험분석

요인배치실험 데이터를 미니탭으로 분석할 경우에 [실험계획법]의 [요인]►[요인 설계 분석]과 [분산 분석]의 [균형 분산 분석]을 이용하여 분석할 수 있다. 요인 설계 분석은 반응변수와 설명변수 간에 회귀모형을 설정하고, 각 요인효과의 유의성을 검정한다. 반면에 균형 분산 분석은 각 요인효과의 유의성을 분산분석법으로 검정한다.

균형 분산 분석의 활용에 대해서는 제10장에서 이미 다루었다. 여기서는 인자의 수가 많은 경우에 [균형 분산 분석]의 모형식 축약 표현법만 간단히 소개한다. 인자가 A, B, C 세 개인 경우, 주효과와 모든 교호작용을 모형에 포함시키기 위해서는 [모형]에 'A B C A*B A*C B*C A*B*C'를 입력해야 한다. 이를 축약형으로 'A|B|C'로 표현해도 같은 결과가 된다. 표 11.16은 몇몇 모형에 대해서 축약형을 나타낸 것이다.

표 11.16 균형 분산 분석의 모형 기호 축약형

원래 형식	축약형
A B C A*B A*C B*C	A|B|C
A B C A*B A*C B*C	A|B|C-A*B*C
A B C D A*B A*C A*D B*C B*D C*D A*B*D* A*C*D B*C*D	A|B|C|D-A*B*C-A*B*C*D
A B(A) C A*C B*C(A)	A|B(A)|C

1) 미니탭 실험설계를 이용한 경우

미니탭의 [요인 설계 생성]을 통해 생성된 실험설계에 따라 실험을 수행하고, 반응변수의 값을 입력한 경우에는 [통계분석]►[실험계획법]►[요인]►[요인 설계 분석]을 사용하면 쉽게 유의한 요인 효과를 찾을 수 있다. 요인실험을 분석하는 절차는 다음과 같다.

1. 워크시트의 실험 설계에서 해당 실험조건에서 얻은 반응변수의 값을 한 열에 입력
2. [통계분석]►[실험계획법]►[요인]►[요인 설계 분석] 선택

표 11.17 [요인 설계 분석] 창의 추가 설정 항목의 내용

구분	내용	비고
항	모형에 포함시킬 항을 지정	[사용 가능 항]에서 선택
공변량	공변량분석에서 공변량 지정	50개까지 공변량 추가 가능
예측	인자의 주어진 수준에서 반응치 예측	요인, 공변량, 블록 수준 입력
그래프	요인효과와 잔차의 그래프 표현	효과 그림, 잔차 그림 등
결과	세션창에 출력하는 결과 선택	결과 표시, 별칭 표 표시 등
저장	워크시트에 저장할 결과 선택	적합지 및 잔차, 모형 정보 등
가중치	가중회귀분석을 위한 가중치 지정	가중치가 포함된 열 지정

3. [요인 설계 분석] 창의 [반응]에 반응변수의 값이 입력된 열 입력, [항], [공변량], [예측], [그래프], [결과], [저장], [가중치]를 클릭하여 나타난 창에서 필요한 정보 입력
4. 세션창과 그래프 창에서 결과를 읽고 해석

예제 11.12

세 개의 2수준 인자 촉매(SM, YG), 시간(1,2), 온도(100,200)에 대해서 2^3요인 배치실험을 설계하고 다음의 데이터를 얻었다. 유의한 요인효과를 찾고, 적절한 추정 회귀식을 구하라.

번호	1	2	3	4	5	6	7	8
온도(A)	1	2	1	2	1	2	1	2
시간(B)	1	1	2	2	1	1	2	2
촉매(C)	SM	SM	SM	SM	YG	YG	YG	YG
합성률	72	75	85	83	58	53	68	60

풀이

워크시트에 생성된 실험설계에 데이터를 입력한 후 다음의 절차로 분석한다.

워크시트에 생성된 실험설계에 데이터를 입력(❶)

1. [통계분석] ► [실험계획법] ► [요인] ► [요인 설계 분석] 선택
2. [요인 설계 분석] 창에서 [반응]에 반응변수의 값이 입력된 C8열 입력(❷), [항], [그래프] 클릭
   - [요인 설계 분석 – 항] 창의 [선택 항]에 'A, B, C, AB, AC, BC' 선택(❸)
   - [요인 설계 분석 – 그래프] 창의 [효과도]에서 [정규 분포], [1/2정규 분포], [Pareto] 부분 체크(❹)
3. 세션창의 결과(❺)와 그래프창의 결과(그림 11.10)를 읽고 해석

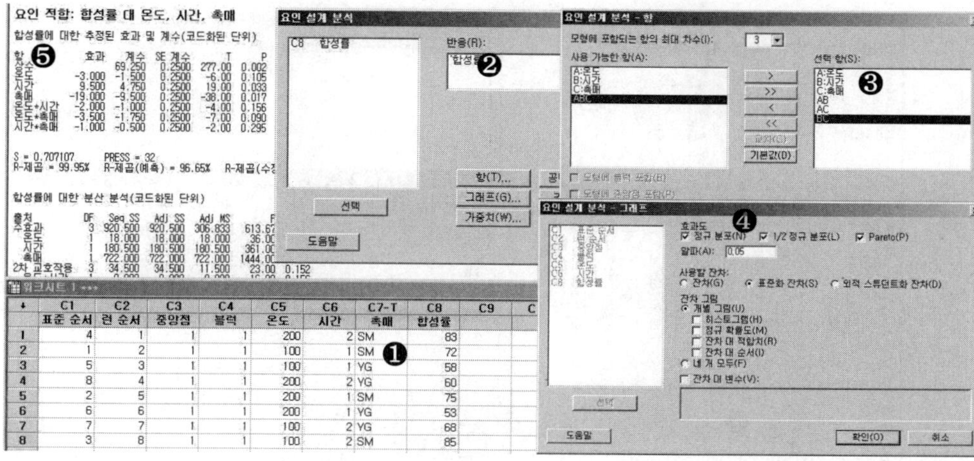

그림 11.9 요인 설계 분석

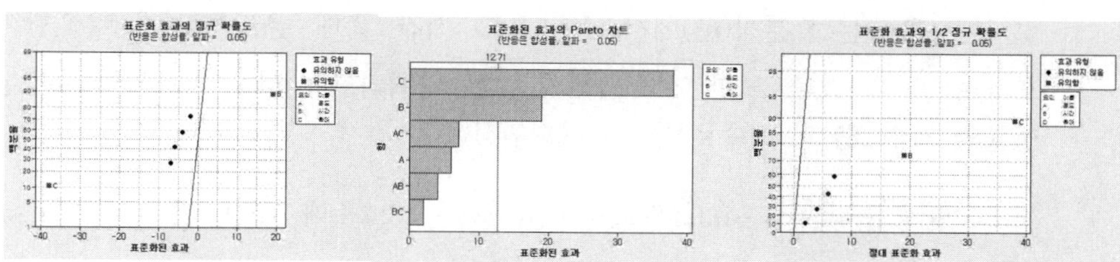

(a) 정규확률도 (b) Pareto 차트 (c) 1/2 정규확률도

그림 11.10 요인효과의 정규확률도, 파레토차트, 1/2 정규확률도

그림 11.9의 세션창의 추정 효과 및 계수(❺)를 읽으면 유의한 요인은 시간, 촉매이다. 그러나 오차제곱합의 자유도가 1이므로 유의하지 않은 교호작용 효과 '온도*시간', '시간*촉매'를 오차항에 풀링(선택 항에서 제외)하여 새로 분석을 한다. 세션창의 분산분석은 주효과, 2인자 교호작용 전체에 대한 분산분석표로써 주효과는 유의하며(P=0.030), 2인자 교호작용은 유의하지 않다고 판정을 할 수는 없는 P-값이다(P=0.152). 그림 11.10의 정규확률도와 파레토그림에서 보면 촉매, 시간의 주효과만 유의한 것으로 판정할 수 있다(유의수준 5%). 유의하지 않은 교호작용 효과 '온도*시간', '시간*촉매'를 오차항에 풀링(선택 항에서 제외)하여(❶) 요인설계분석을 하면 그림 11.11의 결과를 얻는다. 그림 11.11의 추정 효과

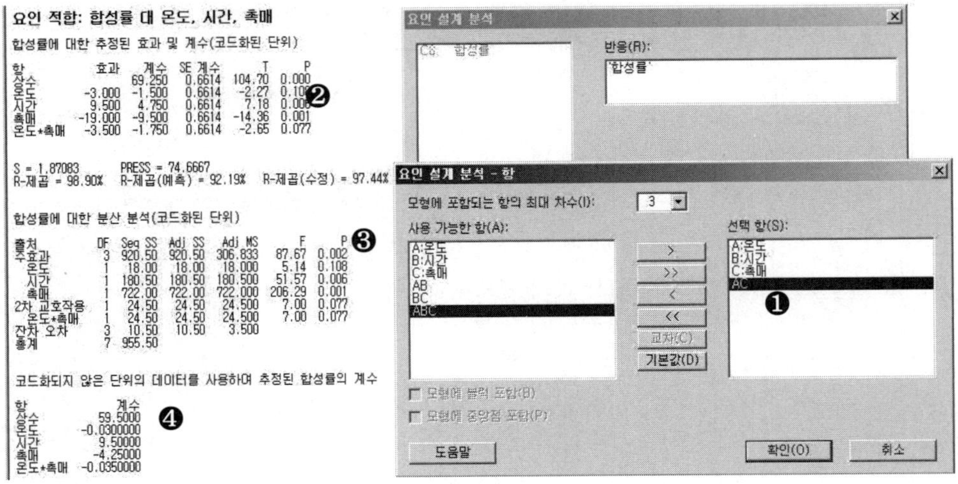

그림 11.11 요인 설계 분석 : 오차항 풀링

및 분석(❷), 분산 분석(❸)에서 보면 온도, 시간, 촉매, 온도*촉매를 유의한 요인 효과로 할 수 있다. 또한 '코드화되지 않은 단위의 데이터를 사용하여 추정된 합성률의 계수'(❹)의 계수로부터 추정회귀식은

$$합성률 = 59.5 - 0.03온도 + 9.50시간 - 4.25촉매 - 0.035온도 \times 촉매$$

이다. 추정회귀식에서 촉매는 SM이면 −1, YG이면 +1이다. ■

2) 사용자 정의 실험설계를 이용하는 경우

미니탭의 실험설계를 이용하지 않은 실험 데이터는 '사용자 정의 실험 설계 정의'를 사용하여 주어진 실험조건과 반응변수의 값으로 실험설계를 정의한 후에 '요인 설계 분석'을 수행한다. 다음 예제를 통해 분석 절차를 알아보자.

예제 11.13

다음의 반복수가 2인 2^3요인배치 실험 데이터에 대해서 [요인 설계 분석]을 할 수 있도록 [사용자 요인 설계 정의]를 하라.

		A_0	A_1
B_0	C_0	357, 300	271, 295
	C_1	343, 314	286, 352
B_1	C_0	370, 327	302, 330
	C_1	364, 349	313, 368

풀이

다음의 절차로 반복수 2인 2^3요인배치 실험 데이터를 '요인설계분석'을 수행한다.

1. 워크시트에 쌓기형으로 데이터를 입력(❶)
2. [통계분석]►[실험계획법]►[요인]►[사용자 요인 설계 정의] 선택
3. [사용자 요인 설계 정의] 창에서 [요인]에 정의할 인자의 수준이 입력된 열을 입력(❷), 2수준계 실험이면 [2-수준 요인 설계]를 지정(❸) 후 [낮은 수준/높은 수준], [설계] 클릭

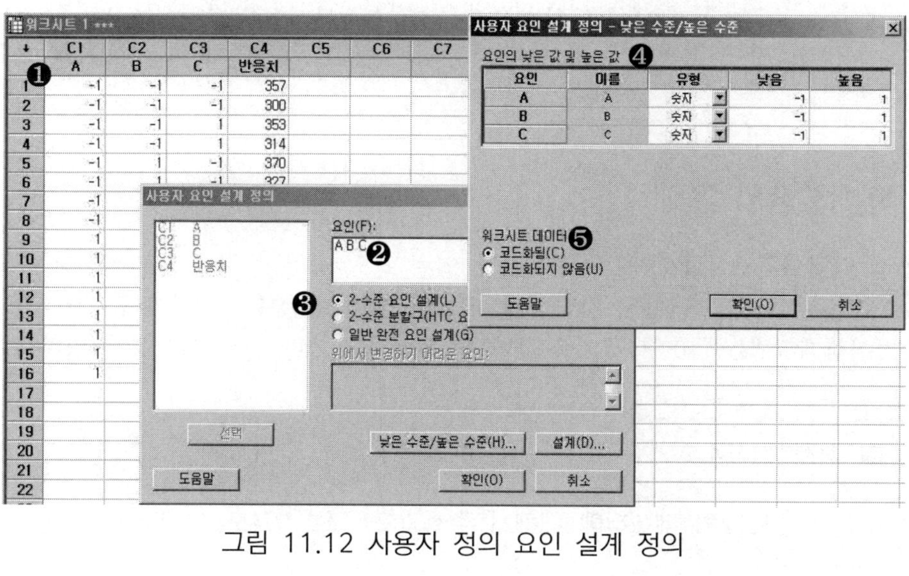

그림 11.12 사용자 정의 요인 설계 정의

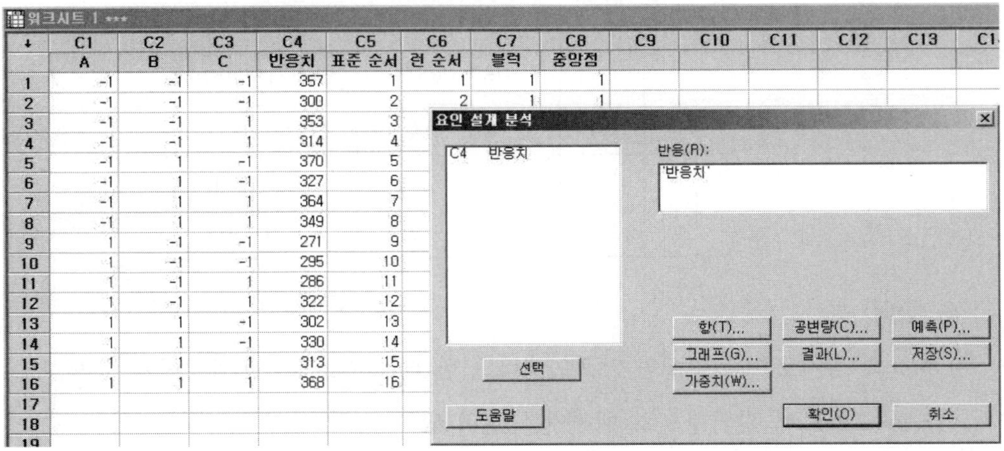

그림 11.13 사용자 정의 요인 설계 정의 후의 워크시트

- [낮은 수준/높은 수준] 창 : 인자의 유형과 수준값 입력(❹). 워크시트의 수준값의 코드화 여부 지정(❺). 낮은 수준 '−1', 높은 수준 '+1'로 코드화 된 경우에 [코드화 되어 있음] 지정
- [설계] 창에서 [표준 순서 열], [런 순서 열], [중앙점], [블록] 지정

4. 사용자가 정의한 실험 설계 데이터(그림 11.20)로 [요인 설계 분석] 수행 █

11.5.3 요인 그림

미니탭의 [실험계획법]►[요인]은 여러 가지 유용한 그래프를 작도하는 도구를 제공한다. [요인 그림]은 간단하게 데이터를 표현할 수 있는 도구로써 [통계분석]►[실험계획법]►[요인]►[요인 그림]을 선택하고, 요구하는 정보를 입력하는 얻는다.

예제 11.14

예제 11.12의 데이터에 대해서 주효과도, 교호작용도, 입방체도를 작도하고 해석하라.

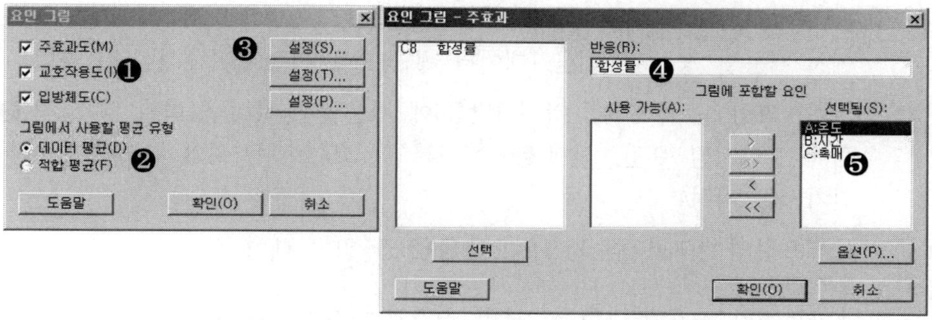

그림 11.14 요인 그림

풀이

워크시트에 생성된 실험설계에 데이터를 입력한 후 다음의 절차로 분석한다.

1. 워크시트에 생성된 실험설계에 데이터를 입력(❶)
2. [통계분석]►[실험계획법]►[요인]►[요인 그림] 선택

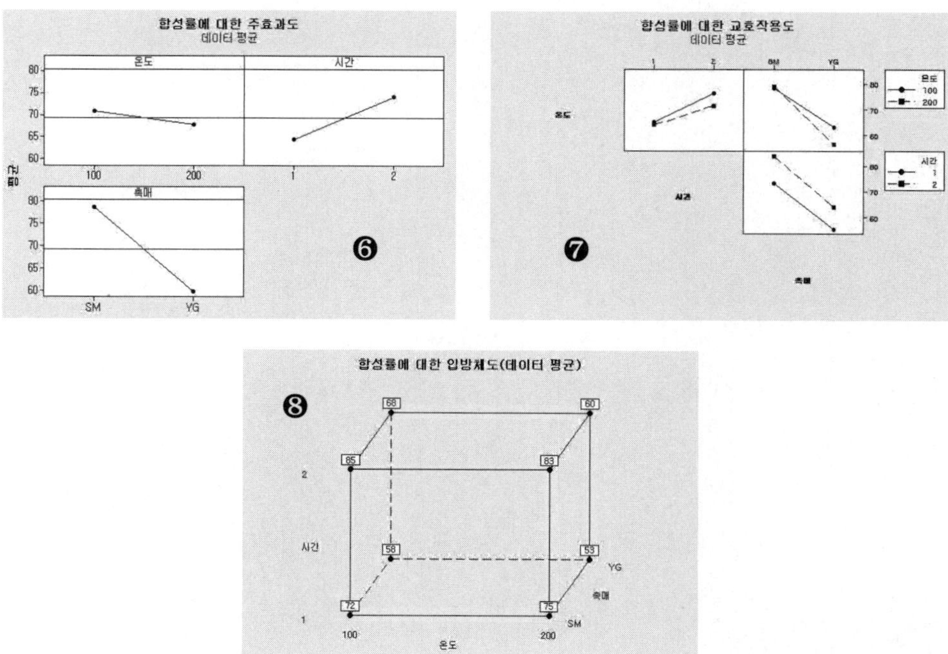

그림 11.15 요인 그림 : 주효과도, 교호작용도, 입방체도

3. [요인 그림] 창의 [주효과도], [교호작용도], [입방체도]에 체크(❷)하고, [그림에서 사용할 평균 유형]을 [데이터 평균]으로 지정(❸) 후 [설정] 클릭
4. [요인 그림 – 주효과]' 창의 [반응]에 반응변수 값이 입력된 열 입력(❹), [그림에 포함시킬 요인] 선택(❺) 후 [확인]. [교호작용도]와 [입방체도]에서도 마찬가지로 지정
5. 그래프창의 결과(그림 11.15의 ❻❼❽)를 읽고 해석

그림 11.15의 주효과도(❻)를 보면 시간과 촉매의 두 수준 간의 평균의 차이가 크다는 것을 확인할 수 있고, 교호작용도(❼)에서 촉매와 온도의 교호작용이 유의함을 볼 수 있다. 입방체도(❽)는 세 개 인자 모두 유의한 경우에 합성률이 가장 높은 조건을 찾는데 유용하다. 입방체도에서 보면 온도 100, 시간 2, 촉매 SM에서 합성률이 85로 최대가 됨을 확인할 수 있다. ■

연습문제

11.1 요인배치법, 일부실시법, 교락법, 분할법 실험을 비교하여 설명하시오.

11.2 온도(A)와 산화/환원 상태(B)가 철의 표면에 미치는 영향을 알아보기 위해 요인배치실험을 실시하여 다음의 데이터를 얻었다.

		온도(℃)	
		2000	2100
상태	산화	10.8, 10.5	11.3, 11.2
	환원	13.0, 14.0	8.9, 9.0

(a) 주효과 A, B와 교호작용 AB를 구하라.

(b) 제곱합을 계산한 후에 분산분석표를 작성하라.

(c) 특성치의 값이 가장 낮은 수준조합을 구하고, 이 조건에서 특성치의 95% 신뢰구간을 구하라.

11.3 접착제 생산 공정에서 기계의 제조국가(A)와 설계방식(B)에 따라 차이가 있는지 알아보기 위해 반복 5인 2^2요인배치실험을 하여 다음의 데이터를 얻었다.

		설계방식	
		표준형	신형
제조국가	국내	257 234 254 256 267	317 279 281 302 299
	국외	297 323 261 288 269	250 276 259 285 266

(a) 주효과 A, B와 교호작용 AB를 구하라.

(b) 제곱합을 계산한 후에 분산분석표를 작성하라.

(c) 특성치의 값이 가장 높은 수준조합을 구하고, 이 조건에서 특성치의 95% 신뢰구간을 구하라.

11.4 기계 나선부의 위치(A), 지지 압력(B), 속도(C)가 수축도(Y)에 미치는 영향을 알아보기 위해 2^3요인배치실험을 하여 다음의 데이터를 얻었다.

		나선부의 위치	
속도	압력	낮음	높음
낮음	낮음	2.84	1.96
	높음	2.87	1.71
높음	낮음	2.82	2.36
	높음	2.94	1.70

(a) 주효과 A, B, C 와 교호작용 AB, AC, BC를 구하라.

(b) 제곱합을 계산한 후에 분산분석표를 작성하라.

(c) 특성치의 값이 가장 높은 수준조합을 구하고, 이 조건에서 특성치의 95% 신뢰구간을 구하라.

11.5 기체A의 유입률(A), 기체B의 유입률(B), 전력(C)이 집적회로 생산공정에 미치는 영향 알아보기 위해 2^3 요인배치실험을 수행하고 다음의 데이터를 얻었다.

		전력	
기체A 유입률	기체B 유입률	낮음	높음
낮음	낮음	5.22	3.61
	높음	3.89	4.74
높음	낮음	2.74	3.47
	높음	4.27	3.07

(a) 주효과 A, B, C 와 교호작용 AB, AC, BC를 구하라.

(b) 제곱합을 계산한 후에 분산분석표를 작성하라.

(c) 특성치의 값이 가장 낮은 수준조합을 구하고, 이 조건에서 특성치의 95% 신뢰구간을 구하라.

11.6 문제11.5의 각 수준 조합에서 다음과 같이 4개의 관측값이 주어져 있을 때 다음 물음에 답하라.

		전력	
기체A 유입률	기체B 유입률	낮음	높음
낮음	낮음	5.22 3.29 3.03 3.46	3.61 3.66 3.62 3.62
	높음	3.89 3.78 3.87 4.04	4.27 4.17 4.20 4.18
높음	낮음	2.74 3.00 3.21 3.30	3.47 3.38 3.24 3.60
	높음	4.74 4.68 4.88 4.86	5.22 5.08 5.35 5.39

(a) 주효과 A, B, C 와 교호작용 AB, AC, BC를 구하라.

(b) 제곱합을 계산한 후에 분산분석표를 작성하라.

(c) 특성치의 값이 가장 낮은 수준조합을 구하고, 이 조건에서 특성치의 95% 신뢰구간을 구하라.

11.7 2^4요인배치의 ½-일부실시법 실험에 대해 I = ABCD를 이용하여 두 개의 블록으로 나눌 때 (1)을 포함하는 블록을 결정하라. 이때 별명관계를 모두 적어라.

11.8 2^4요인배치의 ½-일부실시법 실험에서 (1) = 6.08, ab = 6.43, ac = 6.09, bc = 6.12, ad = 6.68, bd = 6.73, cd = 6.77, abcd = 6.23의 데이터를 얻었다.

(a) ABCD가 블록과 교락되어 있음을 보여라.

(b) 별명 구조를 결정하라.

(c) 주효과와 2인자 교호작용의 효과를 구하라.

(d) 분산분석표를 작성하고, 해석하라.

(e) 유의한 인자의 최적 조건(반응치의 값이 가장 작은 조건)을 구하고, 반응치의 95% 신뢰구간을 구하라.

11.9 2^5요인배치실험의 ½-일부실시법 실험을 계획하고자 한다. I = ABCDE를 이용하여 주블록을 결정하고, 별명구조를 모두 밝혀라.

11.10 I = ABCD = BDEF = ACEF를 이용하여 2^6요인배치법의 ¼-일부실시법 실험을 설계하고자 한다.

(a) 실험설계의 별명구조를 밝혀라.

(b) (1)을 포함하는 블록으로 16개의 처리조합을 결정하라.

11.11 2^4요인배치실험의 ½-일부실시법 실험으로 다음의 데이터를 얻었다.

실험조건	a	b	c	d	abc	abd	acd	bcd
반응치	2.28	1.84	2.70	2.60	1.79	1.72	2.53	1.75

(a) 정의대비를 구하고, 별명 구조를 밝혀라.

(b) 주효과와 2인자 교호작용의 효과를 구하라.

(c) 분산분석표를 작성하고, 해석하라.

(d) 유의한 인자의 최적 조건(반응치의 값이 가장 작은 조건)을 구하고, 반응치의 95% 신뢰구간을 구하라.

11.12 2^6요인배치실험의 ¼-일부실시법 실험에서 A, B, C, D, E, F는 3차 이상의 교호작용과 별명관계에 있도록 실험설계를 하고 싶다. 정의대비를 구하고, 별명관계를 밝혀라.

11.13 문제 11.3의 데이터에 대해서 물음에 답하라.

(a) 이 실험의 회귀모형을 나타내어라.

(b) (a)의 모형을 이용하여 요인효과의 유의성을 검정하라.

(c) 추정회귀식을 구하라.

11.14 문제 11.4의 데이터에 대해서 물음에 답하라.

(a) 이 실험의 회귀모형을 나타내어라.

(b) (a)의 모형을 이용하여 요인효과의 유의성을 검정하라.

(c) 정규확률도와 파레토그림을 작도하고, 유의한 요인효과를 찾아라.

(d) 추정회귀식을 구하라.

11.15 문제 11.5의 데이터에 대해서 물음에 답하라.

(a) 이 실험의 회귀모형을 나타내어라.

(b) (a)의 모형을 이용하여 요인효과의 유의성을 검정하라.

(c) 정규확률도와 파레토그림을 작도하고, 유의한 요인효과를 찾아라.

(d) 추정회귀식을 구하라.

11.16 문제 11.8의 데이터에 대해서 물음에 답하라.

(a) 이 실험의 회귀모형을 나타내어라.

(b) (a)의 모형을 이용하여 요인효과의 유의성을 검정하라.

(c) 정규확률도와 파레토그림을 작도하고, 유의한 요인효과를 찾아라.

(d) 추정회귀식을 구하라.

11.17 문제 11.11의 데이터에 대해서 물음에 답하라.

(e) 이 실험의 회귀모형을 나타내어라.

(f) (a)의 모형을 이용하여 요인효과의 유의성을 검정하라.

(g) 정규확률도와 파레토그림을 작도하고, 유의한 요인효과를 찾아라.

(h) 추정회귀식을 구하라.

제12장 다구찌 실험설계

❖ **학습목표**

1. 다구찌 실험설계의 주요 특성을 설명할 수 있다.
2. 직교표를 이용하여 실험설계를 할 수 있다.
3. 직교표에 의한 실험설계 데이터를 분석하고, 해석할 수 있다.
4. 다구찌 실험 데이터를 분석하고, 해석할 수 있다.

제12장 다구찌 실험설계

이 장에서는 다구찌방법으로 널리 알려져 있는 다구찌 실험설계에 대해서 다룬다. 다구찌 실험설계는 일본의 다구찌(G. Taguchi)에 의해 고안된 것으로 제품의 성능특성치의 변동성을 최소화하는데 초점을 맞춘다.

제1절에서는 다구찌 실험설계의 핵심인 손실함수와 직교표에 대해서 소개하고, 제2절에서는 직교표를 이용한 실험설계에 대해서 다룬다. 제3절에서는 다구찌 실험설계법에 대해서 다루기로 한다.

12.1 다구찌 실험설계

다구찌 실험설계는 제품의 성능특성치의 변동을 최소화하는 설계 파라미터의 값을 찾는 실험설계이다. 다구찌는 제품설계의 단계를 시스템설계, 파라미터설계, 허용차설계의 3단계로 구분하였다. 또한 파라미터 설계단계에서 소위 직교표를 사용하여 실험을 설계하고, 제품의 성능특성으로부터 정의한 손실함수와 SN비를 반응변수로 하여 분산분석을 수행하여 설계 파라미터의 최적조건을 구하는 방법을 제안하였다.

12.1.1 제품설계의 3단계

다구찌는 제품설계가 시스템설계(system design), 파라미터설계(parameter design), 허용차설계(tolerance design)의 3단계에 걸쳐 전개된다고 보았다. 시스템설계 단계에서는 제품의 전체적인 기능에 초점을 맞추고 해당분야의 고유기술, 전문지식, 과거의 경험 등을 활용하여 제품의 원형을 개발한다. 처음부터 완벽한 시스템설계는 어려우므로 대개 두세 가지의 가능성 높은 설계를 개발한 후, 다음 단계인 파라미터 설계나 허용차 설계 단계에서 미비점을 보완하는 방식을 따르는 것이 보통이다.

파라미터는 제품의 성능특성에 영향을 주는 제어 가능한 인자를 의미하며, 이를 설계변수라고도 한다. 파라미터설계 단계에서는 설계의 성능특성의 변동에 영향을 주는 제어할 수 있는 파라미터를 찾아내고, 비용을 최소화하면서 제품의 성능을 최적화하는 파라미터의 값을 정한다. 파라미터의 값을 결정하기 위해서 실험을 사용하게 되는데 이를 파라미터 설계라 한다. 파라미터설계에서는 보통의 실험계획과 다른 방식을 사용하는데 이를 흔히 다구찌 실험계획이라 부른다.

허용차설계 단계에서는 각 설계파라미터의 허용차규격을 결정한다. 일반적으로 허용차를 좁거나 작게 하면 생산 및 검사비용이 증가한다. 그러므로 허용차가 작아야 하는 중대한 설계파라미터를 파악하여 이들 파라미터에 대한 허용차 범위를 정하고, 나머지 파라미터의 허용차값을 정하는 방식을 택한다.

다구찌는 품질을 "제품이 출하된 시점으로부터 성능특성치의 변동과 부작용 등으로 인하여 사회에 끼친 손실"로 정의하여 제품이 사회에 끼친 손실금액으로 품질의 우수성을 평가하였다. 따라서 좋은 품질의 제품은 손실금액은 적은 반면에 나쁜 품질의 제품은 손실 금액이 크다.

다구찌의 품질은 다음 식으로 표현할 수 있다.

$$\text{품질(quality)} = \text{기능산포에 의한 손실} + \text{폐해항목에 의한 손실} + \text{사용비용} \qquad (12.1)$$

식(12.1)의 기능산포에 의한 손실은 성능특성치의 변동에 의한 손실을 의미하며, 폐해항목에 의한 손실은 부작용 등에 의하여 소비자가 받는 손실이고, 사용비용은 제품을 사용할 때 발생되는 전기료와 같은 비용을 의미한다.

식(12.1)의 정의에 따르면 품질은 제품의 성능특성치의 변동에 의해 좌우된다. 성능특성치의 변동성은 제품의 설계단계에서 대부분 결정된다. 이에 따라 다구찌는 제품의 설계단계에 초점을 맞추고, 성능특성치의 변동을 손실함수(loss function)로 정의하여, 손실함수의 값이 작아지도록 제품을 설계하는 방안을 고안했다.

12.1.2 손실함수

손실함수는 제품의 성능특성치가 목표값을 벗어남에 따라 발생하는 비용을 나타내는 수식이다. 손실함수는 제품의 성능특성의 유형에 따라 다르다. 제품의 성능특성은 길이, 무게 등과 같이 지정된 목표치가 주어져 있는 망목특성(nominal-is-best characteristics), 마모, 진동, 불량률 등과 같이 작을수록 좋은 망소특성(smaller-is-best characteristics), 강도, 수명, 연료효율 등과 같이 클수록 좋은 망대특성(larger-is-best characteristics)이 있다. 또한 계측기의 정밀도, 통신시스템의 성능, 가속페달의 압력에 따른 자동차의 속도 등과 같이 입력신호의 변화에 대응하여 출력이 변화하는 동적특성(dynamic characteristic)이 있다.

다구찌의 정의에 따르면 손실은 성능특성이 목표값에서 벗어난 크기에 의해 결정된다. 망목특성의 경우에 성능특성의 관측치가 y이고, 목표값이 m인 경우에 손실함수 L(y)는

$$L(y) = k(y - m)^2 \tag{12.2}$$

로 얻는다(미지의 손실함수를 m에 대하여 테일러 급수전개하여 구할 수 있음).

식(12.2)의 상수 k는 성능특성치가 소비자 허용한계점 $m \pm \Delta$일 때 발생하는 소비자의 손실의 크기로부터 정한다(그림 12.1). 소비자 허용한계를 벗어나는 경우의

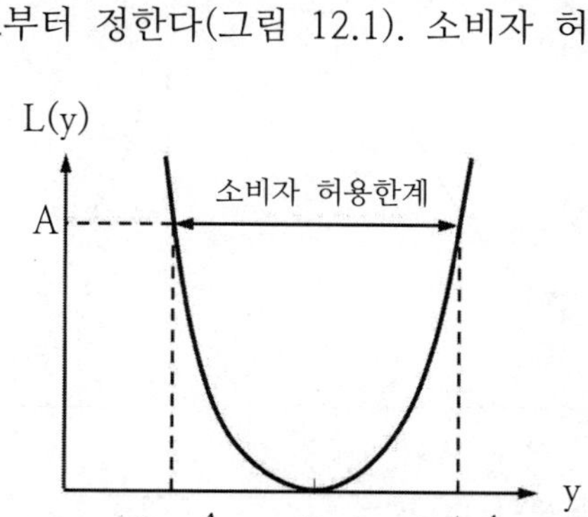

그림 12.1 망목특성의 손실함수

손실을 A원이라 하면 상수 k는 A/Δ^2이 된다. 따라서 소비자 허용한계에서 손실이 A일 때 망목특성의 손실함수는

$$L(y) = \frac{A}{\Delta^2}(y-m)^2 \tag{12.3}$$

이 된다. 성능특성 y의 평균과 분산을 각각 μ, σ^2이라 하면, 식(12.2)의 기댓값 $L = E[L(Y)] = (A/\Delta^2)[\sigma^2 + (\mu - m)^2]$이다. 즉, 기대손실은 산포의 크기와 평균이 목표값에서 벗어난 크기의 제곱에 비례한다. n개의 관측치 $y_1, y_2, \ldots, y_n$으로부터 구한 표본평균을 $\bar{y}$, 표본분산을 s^2라 하면, 기대손실의 추정값은 $k_1[s^2 + (\bar{y} - m)^2]$으로 구한다. 여기서 $k_1 = A/\Delta^2$이다.

망소특성의 경우에는 $m = 0$이므로 식(12.3)에서 $m = 0$으로 두면 손실함수는

$$L(y) = \frac{A}{\Delta^2}y^2 \tag{12.4}$$

이 되며, 기대손실은 $L = (A/\Delta^2)(\sigma^2 + \mu^2)$이 된다(그림 12.2). 또한 기대손실의 손실의 추정값은 $k_1[s^2 + (\bar{y})^2]$으로 구한다.

망대특성의 경우에는 $y' = 1/y$라 하면, y'은 망소특성이 되므로 손실함수는

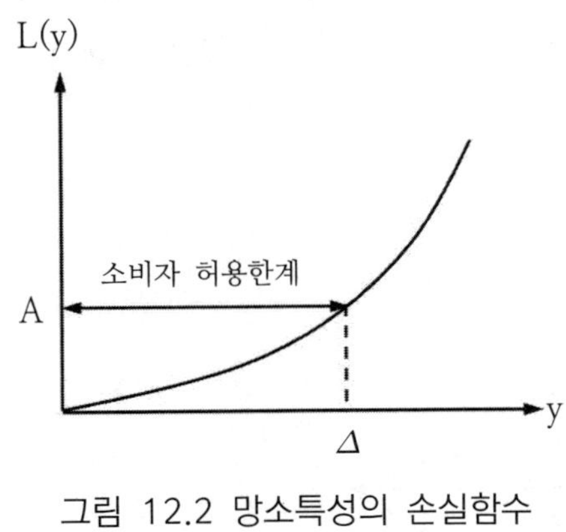

그림 12.2 망소특성의 손실함수

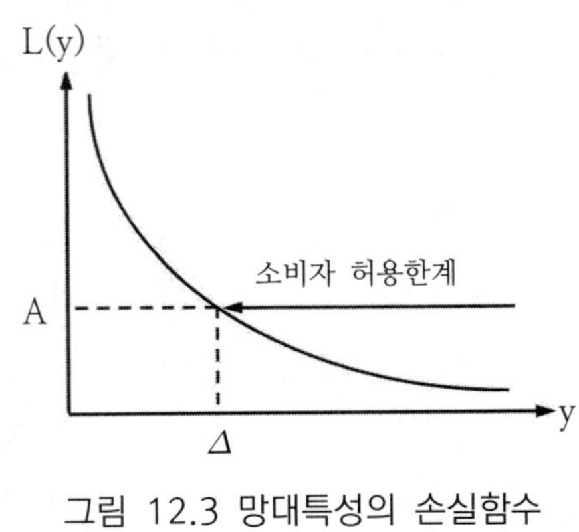

그림 12.3 망대특성의 손실함수

$$L(y) = A\Delta^2\left(\frac{1}{y^2}\right) \tag{12.5}$$

이 되며, 기대손실은 $L = k_2(1/\mu^2)(1+3\sigma^2/\mu^2)$로 알려져 있다. 기대손실의 손실의 추정값은 $k_2[1/(\bar{y})^2][1+3s^2/(\bar{y})^2]$으로 구한다. 여기서 $k_2 = A\Delta^2$이다.

예제 12.1

A공장에서 생산하는 제품의 성능특성치의 목표값은 m이고, 허용한계는 $m \pm 5$이다. 또한 허용한계를 벗어나는 경우의 손실은 2만원이다. 성능특성치가 평균 5, 표준편차 1.5인 정규분포를 따를 때 기대손실은 얼마인가?

풀이

성능특성치가 망목특성이고, $\Delta = 5$, $A = 2$이므로 $k_1 = A/\Delta^2 = 2/5^2 = 0.08$ 이다. 평균이 5, 표준편차 1.5이므로 기대손실은 $L = k_1[\sigma^2 + (\mu - m)^2] = 0.08[1.5^2 + (5-5)^2] = 0.18$ 만원이다. ■

n개의 관측치 $y_1, y_2, \ldots, y_n$이 주어진 경우에 기대손실의 크기는 평균제곱편차(mean squared deviation, MSD)를 이용하여 추정할 수 있다. 목표값이 m인 망목특성의 경우에 MSD는

$$MSD = \frac{1}{n}\sum_{i=1}^{n}(y_i - m)^2 \tag{12.6}$$

이고, 손실의 크기는

$$L = \frac{A}{\Delta^2}MSD \tag{12.7}$$

로 구한다.

망소특성의 경우에 MSD는

$$MSD = \frac{1}{n}\sum_{i=1}^{n} y_i^2 \qquad (12.8)$$

이고, 손실의 크기는 식(12.7)로 구한다. 망대특성의 경우에 MSD는

$$MSD = \frac{1}{n}\sum_{i=1}^{n} \frac{1}{y_i^2} \qquad (12.9)$$

이고, 손실의 크기는 다음과 같이 구한다.

$$L = A\Delta^2 MSD \qquad (12.10)$$

예제 12.2

5개의 반복측정값 2, 6, 3, 7, 5를 얻었다. (1) 성능특성치가 $m=4$인 망목특성이고, 허용한계 $\Delta=1.0$에서 소비자 손실이 5만원인 경우, (2) 성능특성치가 망소특성이고, 허용한계 $\Delta=1.0$에서 소비자 손실이 4만원인 경우, (3) 성능특성치가 망대특성이고, $\Delta=1.0$에서 소비자 손실이 3만원인 경우에 손실의 크기를 구하라.

풀이

(1) $MSD=(1/5)[(1-4)^2+(6-4)^2+\cdots+(5-4)^2]=19/5=3.8$ 이므로 손실 $L=(A/\Delta^2)MSD=(5/1.0^2)(3.8)=19$이다. (2) $MSD=(1/5)(2^2+6^2+\cdots+5^2)=123/5=24.6$ 이므로 손실 $L=(A/\Delta^2)MSD=(5/1.0^2)(24.6)=123$ 이다. (3) $MSD=(1/5)(1/2^2+1/6^2+\cdots+1/5^2)=1.3429/5=0.2686$이므로 손실 $L=(A/\Delta^2)MSD=(5)(1.0^2)(0.2686)=1.3429$이다. ■

12.1.3 SN비

SN비는 신호 대 잡음 비율(signal-to-noise ratio)을 의미하는 것으로 다음과 같이 신호입력의 힘과 잡음이 주는 영향의 힘의 비율로써

$$\text{SN비} = \frac{\text{신호입력이 산출물에 전달된 힘}}{\text{잡음이 산출물에 전달된 힘}} \tag{12.10}$$

$$= \frac{\text{신호의 힘(power of signal)}}{\text{잡음의 힘(power of noise)}}$$

로 표현된다. 식(12.10)의 SN비는 통신공학에서 신호입력과 잡음이 시스템의 산출물에 어느 정도의 영향을 주는가를 조사할 때 사용하는 특성치이다.

파라미터설계에서는 SN비를 성능특성의 변동을 나타내는 척도로 사용한다. SN비는 성능특성의 유형에 따라 다르게 정의하여 사용한다. n개의 데이터 $y_1, y_2, \ldots, y_n$으로부터 계산한 평균과 분산을 각각 $\bar{y}$, s^2이라 하자

망목특성의 경우에는 식(12.10)의 SN비를

$$\frac{\text{신호의 힘}}{\text{잡음의 힘}} = \frac{\text{모평균의 제곱}(\mu^2)\text{의 추정값}}{\text{분산 }\sigma^2\text{의 추정값}} \tag{12.11}$$

로 추정한다. μ^2와 σ^2는 각각 $(\bar{y})^2 - s^2/n$, s^2으로 추정할 수 있으므로

$$\text{SN비} = \frac{(\bar{y})^2 - s^2/n}{s^2} \tag{12.12}$$

를 얻는다.

그러나 파라미터설계에서 식(12.12)의 SN비에 대수를 취하고 10을 곱하여 데시벨(decibel, db)의 단위로 나타낸 값 SN을 사용한다. 즉,

$$\text{SN} = 10\log_{10}\left[\frac{(\bar{y})^2 - s^2/n}{s^2}\right] \tag{12.13}$$

으로 쓸 수 있으며, n이 충분히 크면 s^2/n이 무시될 수 있을 정도로 작아지므로

$$SN = 10\log\left[\frac{(\bar{y})^2}{s^2}\right] = 20\log\left(\frac{\bar{y}}{s}\right) \tag{12.14}$$

를 사용할 수도 있다.

망소특성인 경우에는 식(12.5)의 손실함수의 기댓값 $L = k_1 E[y^2]$를 최소화시키는 SN비를 고려한다. n개의 반복 측정 데이터 $y_1, y_2, \ldots, y_n$을 얻은 경우에 $E[y^2]$는 목표값인 0으로부터의 평균제곱편차로 추정할 수 있다. 따라서 데시벨 단위로 나타낸 SN값은 $10\log_{10}(MSD)$로 사용할 수 있다. 그러나 파라미터설계에서는 망목특성인 경우와 같이 SN값이 큰 것이 좋도록 하기 위해

$$SN = -10\log_{10}(MSD) = -10\log_{10}\left[\frac{1}{n}\sum_{i=1}^{n} y_i^2\right] \tag{12.15}$$

를 사용한다. 식(12.15)의 SN도 단위는 데시벨이다.

망대특성은 망소특성의 경우와 같이 기대손실 $L = k_2 E[1/y^2]$을 작게 해 주는 SN비를 고려한다. n개의 반복 측정 데이터 $y_1, y_2, \ldots, y_n$을 얻은 경우에 $E[1/y^2]$를 측정데이터의 역수인 $1/y_i$에 대해서 목표값 0으로부터의 평균제곱편차로 추정할 수 있다. 따라서 데시벨 단위로 나타낸 SN값은 망소특성의 경우와 마치가지로 생각하면

$$SN = -10\log_{10}(MSD) = -10\log_{10}\left[\frac{1}{n}\sum_{i=1}^{n} \frac{1}{y_i^2}\right] \tag{12.16}$$

를 얻는다.

망목특성의 경우에도 표준편차를 사용하여 식(12.17)과 같이 망소특성과 망대특성과 비슷한 SN값을 사용하기도 한다.

$$SN = -10\log_{10}(s^2) \tag{12.17}$$

예제 12.3

5개의 반복측정값 28, 26, 30, 27, 22을 얻었다. 성능특성치가 망목, 망소, 망대 특성인 각 경우에 대해서 SN을 구하라.

풀이

(1) 망목특성인 경우, $\bar{y}=(22+28+\cdots+27)/5=26.6$, $s^2=[(22-26.6)^2+\cdots+(27-26.6)^2]/4=8.8$ 이므로 식(12.13)을 이용하면

$$SN = 10\log_{10}\left[\frac{(26.6)^2-8.8/5}{8.8}\right] = 10\log_{10}(152.02) = 21.81(\text{db})$$

이 된다. 식(12.17)을 사용하면 $SN=-10\log_{10}(8.8)=-9.45$이다.

(2) 망소특성인 경우, 식(12.15)를 사용하면 $SN=-10\log_{10}\left[\frac{1}{5}(22^2+\cdots+27^2)\right]$

$=-10\log_{10}(714.6)=-28.54(\text{db})$이다.

(3) 망대특성인 경우, 식(12.16)을 사용하면 $SN=-10\log_{10}\left[\frac{1}{5}\left(\frac{1}{22^2}+\cdots+\frac{1}{27^2}\right)\right]$

$=-10\log_{10}(0.001461)=28.35(\text{db})$ 얻을 수 있다. ■

12.2 2수준계 직교표

12.2.1 직교표

직교표(orthogonal array table)는 직교화의 원리를 적용하여 실험회수를 최소화하면서 검출해야 하는 요인효과를 검출할 수 있는 실험을 설계할 수 있도록 고안된 표로서 직교배열표라 부르기도 한다. 직교표를 사용하면 교락법과 일부실시법 등의 실험을 쉽게 설계할 수 있고, 요인의 제곱합 계산이 용이하다.

직교표는 2수준계, 3수준계, 다수준계 직교표가 있다. 2수준계 직교표는 $L_a(2^b)$으로 나타낸다. 여기서 a는 직교표의 행의 수로써 실험의 크기가 되며, b는 직교표의 열의 수로써 배치 가능한 요인의 최대 크기가 된다. 2수준계 직교표는 인자의 수준수가 모두 2수준인 경우에 사용할 수 있으며, $L_4(2^3)$, $L_8(2^7)$, $L_{12}(2^{11})$, $L_{16}(2^{15})$, $L_{32}(2^{31})$ 등 있다. 표 12.1는 $L_8(2^7)$형 직교표를 나타낸 것이다.

직교표의 값 '0'과 '1'은 2수준 인자의 수준을 나타낸다. 인자의 수준은 '1'과 '2'

표 12.1 $L_8(2^7)$형 직교표

열번호 / 실험번호	1	2	3	4	5	6	7	데이터
1	0	0	0	0	0	0	0	
2	0	0	0	1	1	1	1	
3	0	1	1	0	0	1	1	
4	0	1	1	1	1	0	0	
5	1	0	1	0	1	0	1	
6	1	0	1	1	0	1	0	
7	1	1	0	0	1	1	0	
8	1	1	0	1	0	0	1	
기본표시	a	b	ab	c	ac	bc	abc	합 계
배치								

또는 '-1'과 '+1'로 표현하기도 한다. 기본표시는 각 열에 배치된 인자 간의 교호작용이 나타나는 열을 찾는데 유용하다. 예를 들어, 기본표시가 'a'인 1열과 'b'인 2열의 교호작용은 기본표시가 'ab'인 3열이 된다. 직교표를 사용하여 실험설계를 할 때 이 사실을 이용하면 인자의 주효과와 2인자 교호작용이 서로 교락되지 않도록 실험설계를 할 수 있다.

직교표는 실험에 고려하는 인자의 수가 많은 경우에 주효과와 기술적으로 있을 것으로 파악하고 있는 2인자 교호작용을 검출하고, 나머지 2인자 교호작용과 고차의 교호작용을 검출하지 않는 대신에 실험횟수를 적게 하여 실험설계를 할 때 사용한다.

12.2.2 실험설계법

직교표에 의한 실험설계는 교호작용은 모두 무시하고 주효과만 검출하는 경우와 그렇지 않은 경우로 구분하여 설명할 수 있다.

1) 교호작용을 무시하는 경우

교호작용을 고려하지 않고 인자의 주효과만 검출하는 경우에는 열의 수가 인자의 수보다 큰 직교표를 선택하고, 임의의 열에 인자를 배치한다. 예를 들어, 4개의 인자 A, B, C, D의 주효과를 검출해야 하는 경우에 대해서 생각해 보자. 인자의 수준 수를 모두 2수준으로 한다면 열의 수가 4개 이상인 2수준계 직교표를 선택하고, 선택한 직교표의 임의의 열에 인자를 배치하여 실험조건을 정한다. 이때 실험은 전체실험을 무작위한 순서로 진행한다.

예제 12.4

수준수가 2개인 인자 A, B, C, D, F의 주효과를 검출해야 한다. 직교표를 사용하여 최소의 실험회수로 주효과를 검출할 수 있도록 실험을 설계하라.

표 12.2 2수준 인자 A, B, C, D, F의 배치

열번호 / 실험번호	1	2	3	4	5	6	7	실험조건
1	0	0	0	0	0	0	0	$A_0B_0C_0D_0F_0$
2	0	0	0	1	1	1	1	$A_0B_0C_0D_1F_1$
3	0	1	1	0	0	1	1	$A_0B_1C_1D_0F_0$
4	0	1	1	1	1	0	0	$A_0B_1C_1D_1F_1$
5	1	0	1	0	1	0	1	$A_1B_0C_1D_0F_1$
6	1	0	1	1	0	1	0	$A_1B_0C_1D_1F_0$
7	1	1	0	0	1	1	0	$A_1B_1C_0D_0F_1$
8	1	1	0	1	0	0	1	$A_1B_1C_0D_1F_0$
기본표시	a	b	ab	c	ac	bc	abc	
배치	A	B	C	D	F	ⓔ	ⓔ	

풀이

인자의 수가 5개 이므로 열의 수가 5개 이상인 2수준계 직교표에서 크기가 가장 작은 $L_8(2^7)$형 직교표를 선택하고, 표 12.2과 같이 열 번호 1, 2, 3, 4, 5에 인자 A, B, C, D, F를 차례로 배치한다. 비어 있는 열 6, 7에는 ⓔ를 쓴다. 표 12.2의 실험조건은 각 실험번호에 해당하는 실험조건을 나타낸 것이다. 여기서 첨자는

인자의 수준을 나타내는 것으로 A_0는 인자 A의 0수준, A_1은 1수준임을 나타낸다. 실험의 무작위화는 (1) A, B, C, D, F인자를 임의로 정한 다음; (2) 0수준과 1수준을 임의로 정하고; (3) 실험번호별 실험순서로 임의로 정한다. ■

2) 교호작용을 고려하는 경우

교호작용을 고려하는 경우에는 검출해야 하는 2인자 교호작용이 나타나는 열에 다른 인자가 배치되지 않도록 한다. 직교표의 기본표시를 이용하거나 소위 선점도를 이용하면 어렵지 않게 인자를 배치할 수 있다.

선점도는 직교표의 두 열의 교호작용이 나타나는 열을 그림 12.4와 같이 열 번호로 표시한 그래프이다. 2수준계 직교표의 선점도에서 점과 선은 각각 하나의 열에 대응한다. 두 점을 연결한 선은 교호작용을 나타낸다. 그림 12.4는 $L_8(2^7)$형 직교표의 선점도를 나타낸 것이다. 그림 12.4의 선점도 (a)에서 보면 1이 표시된 점과 2가 표시된 점을 연결하는 선에 3이 표시된 것은 $L_8(2^7)$형 직교표의 1열과 2열의 교호작용은 3열이라는 의미이다.

예를 들어, 수준수가 2개인 4개의 인자 A, B, C, D에 대해서 주효과와 교호작용 A×B를 검출해야 하는 경우에 대해서 요인효과를 직교표에 배치해 보자. 주효과 A, B, C, D와 교호작용 A×B를 검출하기 위해서는 $L_8(2^7)$형 직교표를 사용하여 요인효과를 배치해야 한다. 먼저 기본표시를 이용하는 경우를 생각해 보자. 1열과 2열에 인자 A, B를 배치한 경우 기본표시에서 보면 1열과 2열의 교호작용이 3열에

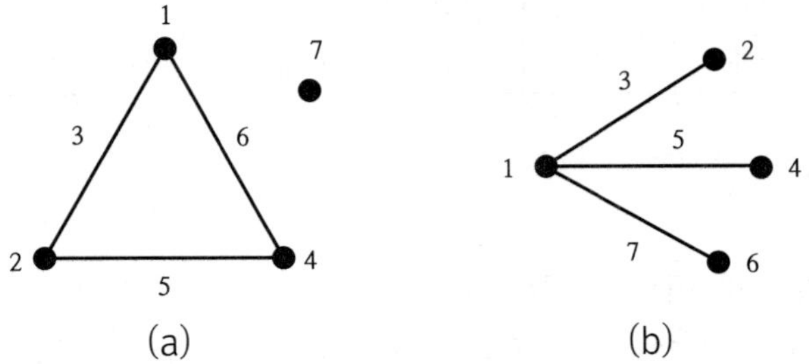

그림 12.4 $L_8(2^7)$형 직교표의 선점도

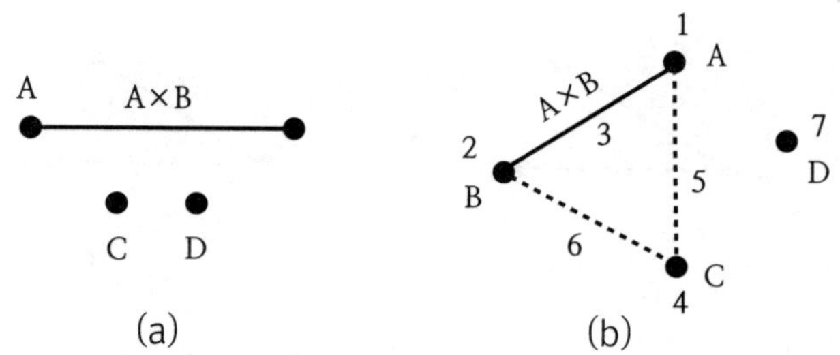

그림 12.5 효과 선점도와 직교표 선점도

나타나므로 3열에는 A×B가 배치되고, 나머지 열에 C, D를 배치하면 된다.

선점도를 이용하는 경우에는 (1) 검출할 요인효과로 효과 선점도를 만들고(그림 12.5(a)) (2) 효과 선점도를 포함하는 직교표 선점도의 열 번호에 대응하는 요인효과를 배치하면 된다. 예를 들어, 그림 12.5(a)의 효과 선점도를 그림 12.4(a)에 겹치면, 그림 12.5(b)와 같이 된다. 따라서 $L_8(2^7)$형 직교표의 1열에 A, 2열에 B, 3열에 A×B를 배치하고, 4열에 C, 7열에 D를 배치한다.

예제 12.5

수준수가 2개인 인자 A, B, C의 주효과와 교호작용 A×B, A×C를 검출해야 한다. 직교표를 사용하여 최소의 실험회수로 요구하는 주효과와 교호작용을 검출할 수 있도록 실험을 설계하라.

풀이

3개의 A, B, C의 주효과와 교호작용 A×B, A×C를 배치해야 하므로 열의 수가 5개 이상인 2수준계 직교표에서 크기가 가장 작은 $L_8(2^7)$형 직교표를 선택한다. 열 번호 1, 2에 인자 A, B가 배치되면 1열과 2열의 교호작용이 3열에 나타나므로 교호작용 A×B는 3열에 배치된다. 4열에 C가 배치되면 교호작용 A×C는 1열과 4열의 교호작용이 나타나는 5열에 배치된다. 선점도를 이용하는 경우에 효과 선점도와 직교표 선점도를 겹치면 그림 12.6과 같다. 표 12.3은 주효과 A, B, C와 교호작용 A×B, A×C가 배치된 결과를 나타낸 것이다. ■

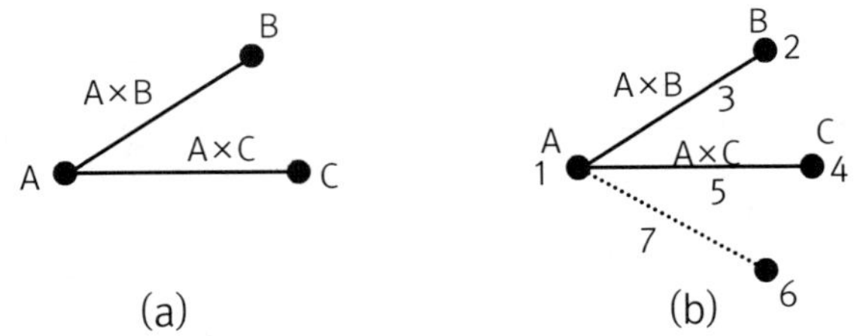

그림 12.6 예제 12.5의 효과 선점도와 직교표 선점도

표 12.3 2수준 인자 A, B, C와 A×B, A×C의 배치

열번호 / 실험번호	1	2	3	4	5	6	7	실험조건
1	0	0	0	0	0	0	0	$A_0B_0C_0$
2	0	0	0	1	1	1	1	$A_0B_0C_1$
3	0	1	1	0	0	1	1	$A_0B_1C_0$
4	0	1	1	1	1	0	0	$A_0B_1C_1$
5	1	0	1	0	1	0	1	$A_1B_0C_0$
6	1	0	1	1	0	1	0	$A_1B_0C_1$
7	1	1	0	0	1	1	0	$A_1B_1C_0$
8	1	1	0	1	0	0	1	$A_1B_1C_1$
기본표시	a	b	ab	c	ac	bc	abc	
배치	A	B	A×B	C	A×C	ⓔ	ⓔ	

12.2.3 효과와 제곱합의 계산

직교표를 이용한 실험에서 각 요인의 효과와 제곱합의 계산에 대해서 살펴보자. 2수준 인자의 실험에서 인자A의 주효과와 제곱합은 다음 식으로 계산한다.

$$A = \frac{2}{\text{총 데이터의 수}}\left[\begin{pmatrix}\text{A인자의 1수준}\\ \text{데이터의 합}\end{pmatrix} - \begin{pmatrix}\text{A인자의 0수준}\\ \text{데이터의 합}\end{pmatrix}\right]$$

$$SS_A = \frac{1}{\text{총 데이터의 수}}\left[\begin{pmatrix}\text{A인자의 1수준}\\ \text{데이터의 합}\end{pmatrix} - \begin{pmatrix}\text{A인자의 0수준}\\ \text{데이터의 합}\end{pmatrix}\right]^2$$

2수준계 직교표에서 열의 값은 인자의 수준을 나타낸다. 직교표의 열의 값을 이용하면 각 열의 효과와 변동을

$$\text{열i의 효과} = \frac{2}{\text{총 데이터의 수}}\left[\begin{pmatrix}\text{열의 값이 1인}\\ \text{데이터의 합}\end{pmatrix} - \begin{pmatrix}\text{열의 값이 0인}\\ \text{데이터의 합}\end{pmatrix}\right] \tag{12.18}$$

$$\text{열i의 제곱합} = \frac{1}{\text{총 데이터의 수}}\left[\begin{pmatrix}\text{열의 값이 1인}\\ \text{데이터의 합}\end{pmatrix} - \begin{pmatrix}\text{열의 값이 0인}\\ \text{데이터의 합}\end{pmatrix}\right]^2 \tag{12.19}$$

로 구할 수 있다.

직교표를 이용하여 실험을 설계한 경우에 각 요인의 효과와 제곱합은 해당 요인이 할당된 열의 효과와 제곱합으로 구한다. 총제곱합은 열의 제곱합을 모두 합한 것이고, 오차제곱합은 인자가 할당되지 않은 열의 제곱합을 합한 것과 같다.

예제 12.6

예제 12.5의 실험설계로 실험을 실시하여 표 12.4와 같이 데이터를 얻었다. 각 요인별 효과와 제곱합을 계산하라.

표 12.4 2수준 인자 A, B, C의 실험데이터

열번호 / 실험번호	1	2	3	4	5	6	7	실험조건	데이터
1	0	0	0	0	0	0	0	$A_0B_0C_0$	9
2	0	0	0	1	1	1	1	$A_0B_0C_1$	12
3	0	1	1	0	0	1	1	$A_0B_1C_0$	8
4	0	1	1	1	1	0	0	$A_0B_1C_1$	16
5	1	0	1	0	1	0	1	$A_1B_0C_0$	15
6	1	0	1	1	0	1	0	$A_1B_0C_1$	18
7	1	1	0	0	1	1	0	$A_1B_1C_0$	12
8	1	1	0	1	0	0	1	$A_1B_1C_1$	13
기본표시	a	b	ab	c	ac	bc	abc		T=103
배치	A	B	A×B	C	A×C	ⓔ	ⓔ		

풀이

각 열의 효과와 제곱합은 표 12.5의 계산표를 이용하면 편하다.

표 12.5 직교표의 효과와 제곱합계산표

열번호	1		2		3		4		5		6		7	
요 인	A		B		A×B		C		A×C		ⓔ		ⓔ	
수 준	0	1	0	1	0	1	0	1	0	1	0	1	0	1
데이터	9	15	9	8	9	8	9	12	9	12	9	12	9	12
	12	18	12	16	12	16	8	16	8	16	16	8	16	8
	8	12	15	12	12	15	15	18	18	15	18	18	18	15
	16	13	18	13	13	18	12	13	13	12	12	12	12	13
합 계	45	58	54	49	46	57	44	59	48	55	55	50	55	48
수준간 범위	13		5		11		15		7		5		7	
효 과	3.25		1.25		2.75		3.75		1.75		1.25		1.75	
제곱합	21.125		3.125		15.125		28.125		6.125		3.125		6.125	

각 요인별 효과는 $A = 3.25$, $B =- 1.25$, $C = 3.75$, $A \times B = 15.125$, $A \times C = 6.125$이다. 각 요인별 제곱합은 $SS_A = 21.125$, $SS_B = 3.125$, $SS_C = 28.125$, $SS_{A \times B} = 15.125$, $SS_{A \times C} = 6.125$이고, $SS_E = 3.125 + 6.125 = 9.25$, $SS_T = 21.125 + 3.125 + \cdots + 6.125 = 82.875$이다. ■

요인의 유의성은 분산분석표를 이용하여 판정한다. 직교표의 각 열은 두 개의 수준을 가지므로 각 열의 제곱합의 자유도는 1이 된다. 따라서 직교표를 사용한 실험설계에서 각 요인별 제곱합의 자유도는 해당 요인이 할당된 열의 자유도와 같다. 총제곱합의 자유도는 열의 자유도를 합한 것이며, 오차제곱합의 자유도는 요인이 할당되지 않은 열의 자유도 합이 된다.

예제 12.7

예제 12.6의 제곱합으로 분산분석표를 작성하라.

풀이

예제 12.6에서 각 요인의 제곱합의 자유도는 1이고, 오차제곱합의 자유도는 2, 총변동의 자유도는 7이다. 따라서 분산분석표는 다음과 같다. ■

표 12.6 예제 12.6의 분산분석표

요인	제곱합	자유도	평균제곱	F_0	F(0.05)
A	21.125	1	21.125	4.568	18.5
B	3.125	1	3.125	0.676	18.5
C	28.125	1	28.125	6.081	18.5
A×B	15.125	1	15.125	3.270	18.5
A×C	6.125	1	6.125	1.324	18.5
E	9.25	2	4.625		
T	82.875	7			

직교표를 이용한 실험설계에서 열i의 값이 1인 데이터의 합 T_{i1}과 값이 0인 데이터의 합 T_{i0}의 범위 R_i를 이용하여 요인의 유의성은 판정할 수 있다. 이 방법은 확률분포를 고려하지 않고 대략적으로 유의성을 판정하므로 흔히 간이분석법이라 한다.

열의 수가 k개인 직교표를 이용한 실험에서 각 열의 수준 간 범위는

$$R_i = |T_{i1} - T_{i0}|,\ i = 1,2,\dots,k \tag{12.20}$$

이다. 간이분석법에서는 다음의 식으로 계산한 각 열의 기여율을 사용한다. 열i의 기여율을 ρ_i라 하면

$$\rho_i = \frac{R_i}{R} \times 100,\ i = 1,2,\dots,k,\ R = \sum_{i=1}^{k} R_i \tag{12.21}$$

로 계산한다.

간이분석법에서는 각 요인의 기여율을 크기순으로 나열하고, 누적기여율이 80~90%에 포함되는 요인을 유의한 요인으로 한다.

예제 12.8

예제 12.6에 대해서 간이분석법으로 유의한 요인을 찾아라.

풀이

예제 12.6의 결과로부터 각 열의 기여율은 다음과 같은 계산표를 사용하여 계산한다.

열번호	1	2	3	4	5	6	7	합계
요 인	A	B	A×B	C	A×C	ⓔ	ⓔ	
수준간 범위	13	5	11	15	7	5	7	63
기여율(%)	20.63	7.94	17.46	23.81	11.11	7.94	11.11	100
순 위	2	5	3	1	4	5	4	

기여율이 높은 순서대로 요인을 정리하고, 누적기율을 계산하면 표 12.7를 얻을 수 있다. 표 12.7에서 누적기여율 80%에 포함되는 요인을 유의한 요인으로 하면, A, C, A×B, A×C가 유의한 요인이 된다. ■

표 12.7 간이분석법의 기여율표

열번호	1	2	3	4	5	6	7	합계
요 인	C	A	A×B	A×C	B	ⓔ	ⓔ	
수준간 범위	15	13	11	7	5	7	5	63
기여율(%)	23.81	20.63	17.46	11.11	7.94	11.11	7.94	100
누적기여율	23.81	45.44	62.90	74.01	81.95	93.06	100	

표 12.8 $L_9(3^4)$형 직교표

열번호 / 실험번호	1	2	3	4	데이터
1	0	0	0	0	
2	0	1	1	1	
3	0	2	2	2	
4	1	0	1	2	
5	1	1	2	0	
6	1	2	0	1	
7	2	0	2	1	
8	2	1	0	2	
9	2	2	1	0	
기본표시	a	b	ab	ab^2	합 계
배치					

12.3 3수준계 및 혼합형 직교표

3수준계 직교표는 $L_a(3^b)$로 표현하며, $L_9(3^4)$, $L_{27}(3^{13})$ 등이 있다. 3수준계 직교표의 수준값은 보통 0, 1, 2로 표시한다. 열의 수준 수가 3개이므로 각 열의 자유도는 2이다. 또한 두 열의 교호작용은 두 개의 열에 나타난다. 표 12.19는 $L_9(3^4)$형 직교표를 나타낸 것이다. 예를 들어, $L_9(3^4)$형 직교표의 1열에 인자A, 2열에 인자B가 배치되었다면, 교호작용 A×B는 3열과 4열에 나타난다. 교호작용의 자유도가 $2 \times 2 = 4$이므로 자유도가 2인 두 개의 열에 나타나는 것은 당연하다.

두 개의 다른 수준 수를 가진 직교표를 혼합형 직교표라 하며 $L_{18}(2^1 \times 3^7)$, $L_{36}(2^{11} \times 3^{12})$, $L_{36}(2^3 \times 3^{13})$, $L_{32}(2^1 \times 4^9)$, $L_{50}(2^1 \times 5^{11})$ 등이 있다. 혼합형 직교표는 교호작용을 구하지 않고 주효과만 검출하는 경우에 주로 사용된다. 또한 인자의 수가 과다하게 많고, 모든 교호작용을 무시하고 인자의 주효과만 검출하는 경우에 사용할 수 있는 직교표로 $L_{12}(2^{11})$, $L_{27}(3^{22})$이 있다. 예를 들어, $L_{12}(2^{11})$를 사용하면 12회의 실험으로 최대 11개 인자를 배치하여 인자의 주효과를 구할 수 있는 실험설계를 할 수 있다.

12.3.1 실험설계

2수준계 직교표에서와 마찬가지로 교호작용은 모두 무시하고 주효과만 검출하는 경우와 그렇지 않은 경우로 구분하여 살펴보자.

1) 교호작용을 무시하는 경우

교호작용을 고려하지 않고 인자의 주효과만 검출하는 경우에는 열의 수가 인자의 수보다 큰 직교표를 선택하고, 임의의 열에 인자를 배치한다. 예를 들어, 수준수가 3인 인자 A, B, C의 주효과를 검출해야 하는 경우에 대해서 생각해 보자. 교호작용을 검출하지 않아도 되므로 열의 개수가 3보다 큰 3수준계 직교표 중에서 실험회수가 작은 $L_9(3^4)$형 직교표를 선택한다. $L_9(3^4)$ 직교표의 4개의 열 중에서 3개의 열을 임의로 골라 그림 12.7과 같이 A, B, C를 배치하면 된다.

표 12.9 2수준 인자 A, B, C, D, F의 배치

열번호 / 실험번호	1	2	3	4	실험조건
1	0	0	0	0	$A_0B_0C_0$
2	0	1	1	1	$A_0B_1C_1$
3	0	2	2	2	$A_0B_2C_2$
4	1	0	1	2	$A_1B_0C_1$
5	1	1	2	0	$A_1B_1C_2$
6	1	2	0	1	$A_1B_2C_0$
7	2	0	2	1	$A_2B_0C_2$
8	2	1	0	2	$A_2B_1C_0$
	2	2	1	0	$A_2B_2C_1$
기본표시	a	b	ab	ab^2	
배치	A	B	C	ⓔ	

2) 교호작용을 고려하는 경우

교호작용을 고려하는 경우에는 검출해야 하는 2인자 교호작용이 나타나는 열에 다른 인자가 배치되지 않도록 한다. 직교표의 기본표시를 이용하거나 그림 12.21의 선점도를 이용하면 어렵지 않게 인자를 배치할 수 있다.

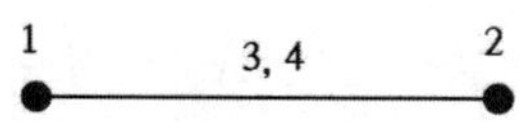

$L_9(3^4)$형 선점도

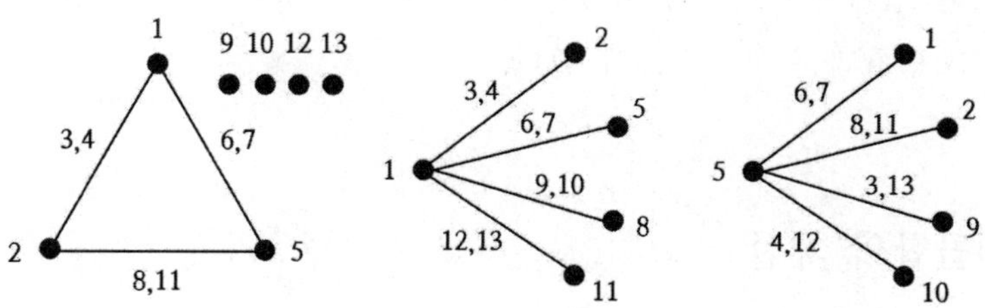

(a) (b) (c)

$L_{27}(3^{13})$형 선점도

그림 12.7 3수준계 직교표의 선점도

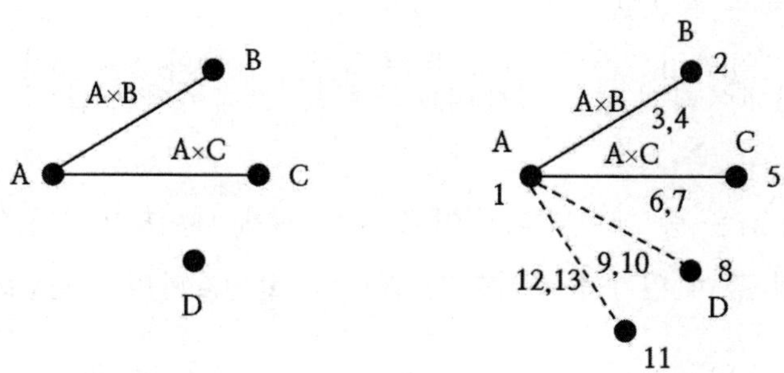

(a) (b)

그림 12.8 효과 선점도와 직교표 선점도

표 12.10 주효과 A, B, C, D와 교호작용 A×B, A×C의 배치

열번호	1	2	3	4	5	6	7	8	9	10	11	12	13
배 치	A	B	A×B	A×B	C	A×C	A×C	D	ⓔ	ⓔ	ⓔ	ⓔ	ⓔ

예를 들어, 수준수가 3인 4개의 인자 A, B, C, D에 대해서 주효과와 교호작용 A×B, A×C를 검출해야 하는 경우에 대해서 요인효과를 직교표에 배치해 보자. 주효과 A, B, C, D와 교호작용 A×B, A×C를 검출하기 위해서는 $L_{27}(3^{13})$형 직교표를 사용하여 요인효과를 배치해야 한다. 먼저 검출할 요인효과로 효과 선점도를 만들면 그림 12.8(a)와 같다. 그림 12.8(a)의 효과 선점도를 그림 12.7의 $L_{27}(3^{13})$형 선점도 (b)에 겹치면, 그림 12.8(b)와 같이 된다. 따라서 $L_9(3^{13})$형 직교표의 각 열에 배치된 요인효과는 표 12.10과 같다.

12.3.2 제곱합의 계산

3수준계 직교표를 활용한 실험에서 요인효과의 제곱합은 요인효과가 배치된 열의 제곱합으로 구한다. 각 열의 제곱합은 다음 식으로 구한다. $SS_{(i)}$를 열i의 제곱합이라 하면

$$SS_{(i)} = \frac{1}{\text{합한 데이터의 수}} \left\{ \begin{pmatrix} \text{i열의 0수준} \\ \text{데이터의 합} \end{pmatrix}^2 + \begin{pmatrix} \text{i열의 1수준} \\ \text{데이터의 합} \end{pmatrix}^2 + \begin{pmatrix} \text{i열의 2수준} \\ \text{데이터의 합} \end{pmatrix}^2 \right\} - n(\overline{y})^2 \tag{12.22}$$

이다. 여기서 n은 총 데이터의 수이고, $\overline{y}$는 전체 데이터의 평균이다.

표 12.10과 같이 인자를 배치한 경우에 각 요인효과의 제곱합은

$$SS_A = SS_{(1)},\ SS_B = SS_{(2)},\ SS_C = SS_{(5)},\ \ SS_D = SS_{(8)},$$

$$SS_{A\times B} = SS_{(3)} + SS_{(4)},\ \ SS_{A\times C} = SS_{(6)} + SS_{(7)}$$

이고, $SS_E = SS_{(9)} + SS_{(10)} + SS_{(11)} + SS_{(12)} + SS_{(13)}$이다.

예제 12.9

3수준 인자 A, B, C를 $L_9(3^4)$ 직교표에 다음과 같이 배치하고, 실험하여 다음과 같이 데이터를 얻었다. 분산분석표를 작성하고 해석하라.

표 12.11 3수준 인자 A, B, C의 실험데이터

실험번호 \ 열번호	1	2	3	4	실험조건	데이터
1	0	0	0	0	$A_0B_0C_0$	11
2	0	1	1	1	$A_0B_1C_1$	15
3	0	2	2	2	$A_0B_2C_2$	11
4	1	0	1	2	$A_1B_0C_2$	14
5	1	1	2	0	$A_1B_1C_0$	15
6	1	2	0	1	$A_1B_2C_1$	18
7	2	0	2	1	$A_2B_0C_1$	25
8	2	1	0	2	$A_2B_1C_2$	22
9	2	2	1	0	$A_2B_2C_0$	20
기본표시	a	b	ab	ab^2		151
배치	A	B	ⓔ	C		

풀이

각 열의 효과와 제곱합은 표 12.12의 계산표를 이용하면 편하다.

표 12.12 직교표의 제곱합 계산표

열번호	1			2			3			4		
요 인	A			B			ⓔ			C		
수 준	0	1	2	0	1	2	0	1	2	0	1	2
데이터	11	14	25	11	15	11	11	15	11	11	15	11
	15	15	22	14	15	18	18	14	15	15	18	14
	11	18	20	25	22	20	22	20	25	20	25	22
합 계	37	47	67	50	52	49	51	49	51	46	58	47
제곱합	155.56			1.56			0.89			29.56		

표 12.13 예제 12.9의 분산분석표

요인	제곱합	자유도	평균제곱	F_0	F(0.05)
A	155.56	2	77.78	174.79*	19.0
B	1.56	2	0.78	1.75	19.0
C	29.56	2	14.78	33.21*	19.0
E	0.89	2	0.445		
T	187.57	8			

표 12.14 $L_{18}(2^1 \times 3^7)$ 직교표에 2수준 인자와 3수준 인자의 배치

열번호 / 실험번호	1	2	3	4	5	6	7	8	실험조건
1	0	0	0	0	0	0	0	0	$A_0B_0C_0D_0E_0F_0$
2	0	0	1	1	1	1	1	1	$A_0B_0C_1D_1E_1F_1$
3	0	0	2	2	2	2	2	2	$A_0B_0C_2D_2E_2F_2$
4	0	1	0	0	1	1	2	2	$A_0B_1C_0D_1E_1F_2$
5	0	1	1	1	2	2	0	0	$A_0B_1C_1D_2E_2F_0$
6	0	1	2	2	0	0	1	1	$A_0B_1C_2D_0E_0F_1$
7	0	2	0	1	0	2	1	2	$A_0B_2C_0D_0E_2F_1$
8	0	2	1	2	1	0	2	0	$A_0B_2C_1D_1E_0F_2$
9	0	2	2	0	2	1	0	1	$A_0B_2C_2D_2E_1F_0$
10	1	0	0	2	2	1	1	0	$A_1B_0C_0D_2E_1F_1$
11	1	0	1	0	0	2	2	1	$A_1B_0C_1D_0E_2F_2$
12	1	0	2	1	1	0	0	2	$A_1B_0C_2D_1E_0F_0$
13	1	1	0	1	2	0	2	1	$A_1B_1C_0D_2E_0F_2$
14	1	1	1	2	0	1	0	2	$A_1B_1C_1D_0E_1F_0$
15	1	1	2	0	1	2	1	0	$A_1B_1C_2D_1E_2F_1$
16	1	2	0	2	1	2	0	1	$A_1B_2C_0D_1E_2F_0$
17	1	2	1	0	2	0	1	2	$A_1B_2C_1D_2E_0F_1$
18	1	2	2	1	0	1	2	0	$A_1B_2C_2D_0E_1F_2$
배치	A	B	C	ⓔ	D	E	F	ⓔ	

표 12.12의 계산표에서 각 요인별 제곱합은

$$SS_A = SS_{(1)} = \frac{1}{3}(37^2 + 47^2 + 67^2) - 9(151/9)^2 = 155.56$$

로 계산되고, 마찬가지 방법으로 $SS_B = SS_{(2)} = 1.56$, $SS_C = SS_{(4)} = 29.56$, $SS_E = SS_{(3)} = 0.89$이다. 각 열의 자유도가 2이므로 분산분석표는 표 12.13과 같다. 분산분석표에서 보면 요인 A와 C가 유의하다(유의수준 5%). ■

혼합형 직교표는 교호작용을 구하지 않고 주효과만 검출하는 경우에 주로 사용하므로 실험을 설계할 때에는 열 간의 교호작용을 고려하지 않고 무작위로 각 열에 인자를 배치하면 된다. 이때 인자의 수준도 무작위로 배치한다. 예를 들어, 2수준 인자 A, 3수준 인자 B, C, D, E, F의 주효과를 검출해야 하는 경우에는 혼합형 직교표 $L_{18}(2^1 \times 3^7)$를 사용하여 실험을 설계한다. 표 12.14는 2수준 인자 A와 3수준 인자 B, C, D, E, F를 $L_{18}(2^1 \times 3^7)$ 직교표에 배치한 결과를 나타낸 것이다.

각 인자의 유의성은 분산분석표를 사용하여 검정한다. 각 요인효과의 제곱합은 각 열의 제곱합고 같다. 수준수가 2개인 1열의 제곱합은 식(12.19)를 이용하여 구하고, 수준수가 3개인 2~8열의 제곱합은 식(12.22)를 이용하여 구한다.

12.4 다구찌실험설계

12.4.1 실험설계표

파라미터설계에서는 잡음인자의 영향 하에서도 성능특성치의 분산이 작고, 평균이 목표치에 근접하도록 제어인자[13](설계변수)의 조건을 찾는다. 파라미터설계에서는 보통의 실험설계와는 달리 하나의 실험조건에서 2개 이상의 성능특성치를 얻고, 성능특성치로 계산한 'SN'값을 반응변수로 하여 분석한다. 성능특성치는 보통 비제어인자의 여러 조건에서 얻는다.

13) 다구찌 실험계획에서는 설계자가 수준을 제어(결정)할 수 있는 인자를 제어인자라 하고, 제어할 수 없는 외부 영향 인자를 비제어인자 또는 잡음인자라 한다.

파라미터설계에서는 보통 직교표를 사용하여 제어인자들의 실험조건을 정하고, 각 실험조건에서 2개 이상의 데이터를 얻어 SN값을 계산한다. 제어인자들의 한 실험조건에서 (1) 비제어인자들의 수준을 정하고, 이들 수준조합에서 실험하거나 (2) 비제어인자들의 수준을 고려하지 않고 단순 반복 실험하는 방법으로 2개 이상의 데이터를 얻는다.

파라미터설계의 실험은 2개의 직교표를 교차하여 만든 실험설계표를 사용한다. 표 12.15는 파라미터설계를 위한 실험설계표의 예를 나타낸 것이다. 제어인자들로 이루어진 직교배열을 내측배열 또는 설계변수행렬이라 부르고, 비제어인자들로 이루어진 직교배열을 외측배열 또는 비제어인자행렬이라 부른다. 표 12.4의 SN은 반응변수의 특성에 맞추어 식(12.13)~(12.17)을 사용하여 계산한다.

파라미터설계의 방법은 반응변수가 망소/망대 특성인 경우와 망목특성인 경우로 나누어 생각할 수 있다.

표 12.15 파라미터설계를 위한 실험설계표

<table>
<tr><td colspan="2">구분</td><td colspan="7">내측배열($L_8(2^7)$)</td><td colspan="5">외측배열($L_4(2^3)$)</td></tr>
<tr><td colspan="2">요인배치</td><td>A</td><td>B</td><td>C</td><td>D</td><td>F</td><td>ⓔ</td><td>ⓔ</td><td colspan="4">원데이터</td><td>SN</td></tr>
<tr><td colspan="2">인자이름</td><td></td><td></td><td></td><td></td><td></td><td></td><td></td><td colspan="4">실험번호</td><td rowspan="2">비제어인자</td></tr>
<tr><td>수</td><td>0</td><td></td><td></td><td></td><td></td><td></td><td></td><td></td><td>1</td><td>2</td><td>3</td><td>4</td></tr>
<tr><td>준</td><td>1</td><td></td><td></td><td></td><td></td><td></td><td></td><td></td><td>0</td><td>0</td><td>1</td><td>1</td><td>U</td></tr>
<tr><td colspan="2" rowspan="2">열번호 / 실험번호</td><td rowspan="2">1</td><td rowspan="2">2</td><td rowspan="2">3</td><td rowspan="2">4</td><td rowspan="2">5</td><td rowspan="2">6</td><td rowspan="2">7</td><td>0</td><td>1</td><td>0</td><td>1</td><td>V</td></tr>
<tr><td>0</td><td>1</td><td>1</td><td>0</td><td>W</td></tr>
<tr><td colspan="2">1</td><td>0</td><td>0</td><td>0</td><td>0</td><td>0</td><td>0</td><td>0</td><td>y_{11}</td><td>y_{12}</td><td>y_{13}</td><td>y_{14}</td><td>SN_1</td></tr>
<tr><td colspan="2">2</td><td>0</td><td>0</td><td>0</td><td>1</td><td>1</td><td>1</td><td>1</td><td>y_{21}</td><td>y_{22}</td><td>y_{23}</td><td>y_{24}</td><td>SN_2</td></tr>
<tr><td colspan="2">3</td><td>0</td><td>1</td><td>1</td><td>0</td><td>0</td><td>1</td><td>1</td><td></td><td></td><td></td><td></td><td></td></tr>
<tr><td colspan="2">4</td><td>0</td><td>1</td><td>1</td><td>1</td><td>1</td><td>0</td><td>0</td><td></td><td></td><td></td><td></td><td></td></tr>
<tr><td colspan="2">5</td><td>1</td><td>0</td><td>1</td><td>0</td><td>1</td><td>0</td><td>1</td><td>⋮</td><td>⋮</td><td>⋮</td><td>⋮</td><td>⋮</td></tr>
<tr><td colspan="2">6</td><td>1</td><td>0</td><td>1</td><td>1</td><td>0</td><td>1</td><td>0</td><td></td><td></td><td></td><td></td><td></td></tr>
<tr><td colspan="2">7</td><td>1</td><td>1</td><td>0</td><td>0</td><td>1</td><td>1</td><td>0</td><td></td><td></td><td></td><td></td><td></td></tr>
<tr><td colspan="2">8</td><td>1</td><td>1</td><td>0</td><td>1</td><td>0</td><td>0</td><td>1</td><td>y_{81}</td><td>y_{82}</td><td>y_{83}</td><td>y_{84}</td><td>SN_8</td></tr>
</table>

12.4.2 망소특성과 망대특성

반응변수가 망소특성과 망대특성의 경우에는 다음의 절차에 따라 설계변수의 최적수준을 결정한다.

1. 각 실험조건의 반복측정 데이터로부터 SN을 계산하고, SN에 대한 분산분석을 통하여 SN에 영향을 미치는 제어인자를 찾는다.
2. 유의한 제어인자에 대해서는 SN이 최대가 되는 최적수준을 정하고, SN에 유의한 영향을 주지 않는 제어인자에 대해서는 경제성, 작업성 등을 고려하여 수준을 결정한다.
3. 제어인자의 최적수준조합에서 반응치의 평균을 추정하고, 확인실험을 실시하여 재현성을 조사한다.

표 12.16 망소특성 데이터

요인배치	A	B	A×B	C	ⓔ	ⓔ	D	반복실험				MSD	SN
열번호 \ 실험번호	1	2	3	4	5	6	7	1	2	3	4		
1	0	0	0	0	0	0	0	4.82	4.86	10.4	12.2	76.2	−18.82
2	0	0	0	1	1	1	1	4.47	4.49	7.85	8.27	42.5	−16.29
3	0	1	1	0	0	1	1	4.50	4.47	5.93	6.39	29.1	−14.63
4	0	1	1	1	1	0	0	4.81	4.73	8.56	10.3	56.2	−17.50
5	1	0	1	0	1	0	1	4.56	4.49	4.48	6.44	25.6	−14.09
6	1	0	1	1	0	1	0	4.74	4.78	8.71	8.53	48.5	−16.86
7	1	1	0	0	1	1	0	4.73	4.74	6.6	6.71	33.4	−15.23
8	1	1	0	1	0	0	1	4.50	4.47	4.40	6.47	25.4	−14.04

예제 12.10

$L_8(2^7)$ 직교표에 2수준 인자 A, B, C, D의 주효과와 교호작용 A×B를 배치하고, 각 실험조건에서 4회씩 반복실험하여 표 12.16의 데이터를 얻었다. 성능특성의 변동성을 최소화하는 조건을 구하라.

풀이

각 실험조건에서 얻은 4개의 관측치로부터 평균제곱편차 MSD와 SN는 다음 식으로 구했다.

$$MSD = \frac{1}{4}\sum_{i=1}^{4} y_i^2, \qquad SN = -10\log_{10}(MSD)$$

직교표의 각 열에 대해서 열의 값이 0인 실험의 SN값의 합과 1인 실험의 SN값의 합을 구하고, 수준 간 범위의 크기로 기여율을 구하면 표 12.17의 결과를 얻을 수 있다. 표 12.17에서 효과는 각 열의 효과, 제곱합은 각 열의 제곱합이다. 표 12.17의 계산결과로부터 표 12.18과 같이 간이분석표를 얻을 수 있다. 간이분석표에서 누적기여율이 80~90%가 되는 요인을 유의한 요인으로 하면, D, A, B가 유의한 효과임을 알 수 있다.

표 12.17 망소특성 SN에 대한 열의 효과 및 제곱합

열번호		1	2	3	4	5	6	7
요인배치		A	B	A×B	C	ⓔ	ⓔ	D
데이터 합	0수준	-67.24	-66.05	-64.38	-62.77	-64.35	-64.45	-68.40
	1수준	-60.22	-61.41	-63.07	-64.68	-63.10	-63.01	-59.05
수준 간 범위		7.02	4.64	1.31	1.92	1.24	1.44	9.36
효과		1.7552	1.1609	0.3264	0.4790	0.3109	0.3592	2.3389
제곱합		6.16	2.70	0.21	0.46	0.19	0.26	10.94

표 12.18 망소특성 SN에 대한 간이분석표

요인배치		D	A	B	C	A×B	합계
데이터 합	0수준	-68.40	-67.24	-66.05	-62.77	-64.38	T=-127.5
	1수준	-59.05	-60.22	-61.41	-64.68	-63.07	
수준 간 범위		9.36	7.02	4.64	1.92	1.31	24.24
기여율(%)		38.60	28.96	19.16	7.90	5.39	100.0
누적기여율		38.60	67.56	86.71	94.61	100.0	

유의한 인자의 최적조건은 다음과 같이 찾는다. 교호작용이 유의하지 않으므로 각 인자에 대해서 SN이 큰 수준을 최적 수준으로 잡으면 D인자는 1수준, A인자는 1수준, B인자는 1수준이 SN이 크다. C인자의 경우에도 SN이 큰 수준으로 정하면 0수준이 된다. 따라서 최적 수준조합은 $A_1B_1C_0D_1$이 된다. ■

예제 12.11

$L_8(2^7)$ 직교표에 2수준 인자 A, B, C, D의 주효과와 교호작용 A×B를 배치하고, 각 실험조건에서 4회씩 반복실험하여 표 12.19의 데이터를 얻었다. 성능특성의 변동성을 최소화하는 조건을 구하라.

풀이

각 실험조건에서 얻은 4개의 관측치로부터 평균제곱편차 MSD와 SN는 다음 식으로 구했다.

$$MSD = \frac{1}{4}\sum_{i=1}^{4} 1/y_i^2, \qquad SN = -10\log_{10}(MSD)$$

표 12.19 망대특성 데이터

요인배치	A	B	A×B	C	ⓔ	ⓔ	D	반복실험				MSD ($\times 10^{-4}$)	SN
열번호 / 실험번호	1	2	3	4	5	6	7	1	2	3	4		
1	0	0	0	0	0	0	0	23.2	23.3	28.8	30.6	11.95	29.23
2	0	0	0	1	1	1	1	22.9	22.9	26.3	26.7	13.36	28.74
3	0	1	1	0	0	1	1	22.9	22.9	24.3	24.8	14.27	28.46
4	0	1	1	1	1	0	0	23.2	23.1	27	28.7	12.63	28.99
5	1	0	1	0	1	0	1	23	22.9	22.9	24.8	14.67	28.33
6	1	0	1	1	0	1	0	23.1	23.2	27.1	26.9	12.94	28.88
7	1	1	0	0	1	1	0	23.1	23.1	25	25.1	13.85	28.59
8	1	1	0	1	0	0	1	22.9	22.9	22.8	24.9	14.72	28.32

직교표의 각 열에 대해서 열의 값이 0인 실험의 SN값의 합과 1인 실험의 SN값의 합을 구하고, 수준 간 범위의 크기로 효과를 구하면 표 12.20의 결과를 얻을 수 있다. 표 12.21에서 효과는 각 열의 효과, 제곱합은 각 열의 제곱합이다.

표 12.20의 계산결과로부터 표 12.21과 같이 간이분석표를 얻을 수 있다. 간이분석표에서 누적기여율이 80~90%가 되는 요인을 유의한 요인으로 하면, D, A, B가 유의한 효과임을 알 수 있다.

유의한 인자의 최적조건은 다음과 같이 찾는다. 교호작용이 유의하지 않으므로 각 인자에 대해서 SN이 큰 수준을 최적 수준으로 잡으면 D인자는 0수준, A인자는 0수준, B인자는 0수준이 SN이 크다. C인자의 경우에도 SN이 큰 수준으로 정하면 1수준이 된다. 따라서 최적 수준조합은 $A_0B_0C_1D_0$이 된다. ■

표 12.20 망대특성 SN에 대한 열의 효과 및 제곱합

열번호		1	2	3	4	5	6	7
요인배치		A	B	A×B	C	ⓔ	ⓔ	D
데이터 합	0수준	115.41	115.19	114.88	114.60	114.89	114.87	115.68
	1수준	114.13	114.35	114.66	114.93	114.65	114.67	113.86
수준 간 범위		1.29	0.84	0.22	0.33	0.24	0.20	1.83
효과		0.3218	0.2096	0.0553	0.0819	0.0588	0.0504	0.4567
제곱합		0.207	0.088	0.006	0.013	0.007	0.005	0.417

표 12.21 망대특성 SN에 대한 간이분석표

요인배치		D	A	B	C	A×B	합계
데이터 합	0수준	115.68	115.41	115.19	114.60	114.88	T=229.5
	1수준	113.86	114.13	114.35	114.93	114.66	
수준 간 범위		1.83	1.29	0.84	0.33	0.22	4.51
기여율(%)		40.59	28.60	18.62	7.28	4.92	100.0
누적기여율		40.59	69.09	87.71	94.99	100.0	

12.4.3 망목특성

망목특성의 경우에는 성능특성의 변동이 적으면서 동시에 성능특성의 목표수준을 만족시키는 제어인자의 수준을 정해야 하므로 반응치의 변동에 영향을 주는 인자 외에 반응치 평균 $\bar{y}$에 유의한 영향을 주는 인자를 찾아야 한다. 망목특성의 경우에는 다음의 절차에 따라 설계변수의 최적수준을 결정한다.

1. 각 실험조건의 반복측정 데이터로부터 SN을 계산하고, SN에 대한 분산분석을 통하여 SN에 영향을 미치는 제어인자(산포제어인자)를 찾는다.
2. 각 실험조건의 반복측정 데이터로부터 $\bar{y}$를 계산하고, $\bar{y}$에 대한 분산분석을 통해 $\bar{y}$에 영향을 주는 제어인자(평균조정인자)를 찾는다.
3. 인자를 산포제어인자와 평균조정인자로 분류하고(단, 어떤 제어인자가 SN과 $\bar{y}$에 동시에 영향을 주는 경우에는 산포제어인자로 분류함), 산포제어인자는 SN이 최대가 되는 수준으로 하고, $\bar{y}$가 목표값에 접근하도록 평균조정인자의 수준을 정한다. 나머지 제어인자에 대해서는 경제성, 작업성 등을 고려하여 수준을 결정한다.
4. 제어인자의 최적수준조합에서 반응치의 평균을 추정하고, 확인실험을 실시하여 재현성을 조사한다.

예제 12.12

$L_8(2^7)$ 직교표에 2수준 인자 A, B, C, D의 주효과와 교호작용 A×B를 배치하고, 각 실험조건에서 4회씩 반복실험하여 표 12.15의 데이터를 얻었다. 성능특성의 변동성을 최소화하는 조건을 구하라.

풀이

각 실험조건에서 얻은 4개의 관측치로부터 평균과 분산을 구하고, SN을 다음 식으로 구했다.

표 12.22 망목특성 데이터(목표값=50)

요인배치	A	B	A×B	C	ⓔ	ⓔ	D	반복실험				$\bar{y}$	s^2	SN
열번호 / 실험번호	1	2	3	4	5	6	7	1	2	3	4			
1	0	0	0	0	0	0	0	49.82	49.86	55.44	55.2	52.58	10.02	24.40
2	0	0	0	1	1	1	1	48.47	52.49	51.85	53.27	51.52	4.47	27.73
3	0	1	1	0	0	1	1	49.50	49.47	50.93	52.39	50.57	1.93	31.22
4	0	1	1	1	1	0	0	50.81	50.73	54.56	54.30	52.60	4.48	27.91
5	1	0	1	0	1	0	1	46.56	49.49	52.48	51.44	49.99	6.77	25.67
6	1	0	1	1	0	1	0	50.74	50.78	54.71	55.53	52.94	6.45	26.38
7	1	1	0	0	1	1	0	49.73	47.74	53.60	51.71	50.70	6.38	26.05
8	1	1	0	1	0	0	1	45.50	52.47	53.40	53.47	51.21	14.70	22.51

표 12.23 망목특성 SN에 대한 열의 효과 및 제곱합

열번호		1	2	3	4	5	6	7
요인배치		A	B	A×B	C	ⓔ	ⓔ	D
데이터 합	0수준	111.26	104.18	100.70	107.34	104.51	100.49	104.74
	1수준	100.60	107.68	111.17	104.53	107.36	111.38	107.13
수준 간 범위		10.7	3.5	10.5	2.8	2.9	10.9	2.4
효과		2.6642	0.8750	2.6188	0.7028	0.7128	2.7227	0.5965
제곱합		14.20	1.53	13.72	0.99	1.02	14.83	0.71

$$SN = 10\log_{10}\left[\frac{(\bar{y})^2 - s^2/n}{s^2}\right]$$

먼저 산포제어인자를 찾기 위해서 SN값으로 유의한 요인을 찾는다. 직교표의 각 열에 대해서 열의 값이 0인 실험의 SN값의 합과 1인 실험의 SN값의 합을 구하고, 수준 간 범위의 크기로 효과를 구하면 표 12.22의 결과를 얻을 수 있다. 표

12.23에서 효과는 각 열의 효과, 제곱합은 각 열의 제곱합이다.

표 12.23의 계산결과로부터 표 12.24와 같이 간이분석표를 얻을 수 있다. 간이분석표에서 누적기여율이 80~90%가 되는 요인을 유의한 요인으로 하면, A, B, A×B가 유의한 효과이므로 A와 B를 산포제어인자로 한다.

다음에는 평균조정인자를 찾는다. 평균조정인자는 $\bar{y}$에 유의한 영향을 미치는 인자이다. 직교표의 각 열에 대해서 열의 값이 0인 실험의 $\bar{y}$의 합과 1인 실험

표 12.24 망목특성 SN에 대한 간이분석표

요인배치		A	A×B	B	C	D	합계
데이터 합	0수준	111.26	100.70	104.18	107.34	104.74	T=211.9
	1수준	100.60	111.17	107.68	104.53	107.13	
수준 간 범위		10.7	10.5	3.5	2.8	2.4	29.9
기여율(%)		35.73	35.12	11.73	9.42	8.00	100.0
누적기여율		35.73	70.85	82.58	92.00	100.0	

표 12.25 망목특성 $\bar{y}$에 대한 열의 효과 및 제곱합

열번호		1	2	3	4	5	6	7
요인배치		A	B	A×B	C	ⓔ	ⓔ	D
데이터 합	0수준	209.44	209.89	209.13	205.90	210.24	209.81	210.74
	1수준	207.91	207.46	208.23	211.46	207.12	207.55	206.61
수준 간 범위		1.5	2.4	0.9	5.6	3.1	2.3	4.1
효과		0.3816	0.6078	0.2244	1.3900	0.7803	0.5641	1.0331
제곱합		0.29	0.74	0.10	3.86	1.22	0.64	2.13

표 12.26 망목특성 $\bar{y}$에 대한 간이분석표

요인배치		C	D	B	A	A×B	합계
데이터 합	0수준	205.90	210.74	209.89	209.44	209.13	T=417.4
	1수준	211.46	206.61	207.46	207.91	208.23	
수준 간 범위		5.6	4.1	2.4	1.5	0.9	14.5
기여율(%)		38.22	28.41	16.71	10.49	6.17	100.0
누적기여율		38.22	66.63	83.34	93.83	100.0	

의 $\bar{y}$의 합을 구하고, 수준 간 범위의 크기로 효과를 구하면 표 12.25의 결과를 얻을 수 있다. 표 12.25에서 효과는 각 열의 효과, 제곱합은 각 열의 제곱합이다. 표 12.25의 계산결과로부터 표 12.26과 같이 간이분석표를 얻을 수 있다. 간이분석표에서 누적기여율이 80~90%가 되는 요인을 유의한 요인으로 하면, C, D, B가 유의한 효과이다. 인자 B는 산포제어인자이므로 C와 D를 평균조정인자로 한다.

산포제어인자 A, B의 최적 수준은 A×B가 유의하므로 A인자와 B인자의 이원표에서 SN이 최대인 수준조합으로 한다. 표 12.27의 AB이원표에서 SN이 최대인 조건은 A_0B_1이다. 평균조정인자 C와 D는 각 수준에서 평균이 목표값에 가까운 수준으로 한다. C인자의 0수준에서 평균은 51.47이고, 1수준에서 평균은 52.86이므로 목표값 50에 가까운 수준이 0수준으로 한다. D인자의 0수준과 1수준의 평균은 각각 52.69, 51.65이므로 D인자는 1수준으로 한다.

산포제어인자와 평균조정인자의 최적 수준을 종합하면 최적 수준조합은 $A_0B_1C_0D_1$이 된다. 이제 최적 수준조합에서 SN평균과 특성치 평균의 추정치를 구한다, SN평균의 추정치는 다음 식으로 구한다.

표 12.27 SN에 대한 AB이원표

	A_0	A_1
B_0	52.14	52.05
B_1	59.12	48.56

$$\hat{\mu}_{SN}(A_0B_1C_0D_1) = \overline{A_0B}_1 + \overline{C}_0 + \overline{D}_1 - 2\overline{SN}$$
$$= \frac{59.12}{2} + \frac{107.34}{4} + \frac{107.13}{4} - 2 \times \frac{211.9}{8}$$
$$= 30.20$$

여기서 $\overline{A_0B}_1$는 A_0B_1에서 평균, $\overline{C}_0$는 C_0수준에서 평균, $\overline{D}_1$는 D_1에서 평균, $\overline{SN}$은 SN의 전체평균이다. 특성치 평균의 추정치는

$$\hat{\mu}_y(A_0B_1C_0D_1) = \overline{A}_0 + \overline{B}1_1 + \overline{C}_0 + \overline{D_1}$$
$$= \frac{209.44}{4} + \frac{207.46}{4} + \frac{205.90}{4} + \frac{206.61}{4} - 3 \times \frac{417.4}{8}$$
$$= 50.83$$

이다. 특성치의 평균 50.83이 목표값 50에 대한 허용오차 이내에 있으면 $A_0B_1C_0D_1$를 최적 수준조합으로 하면 된다. ■

12.5 미니탭 활용

미니탭은 다구찌 실험을 설계하고 데이터를 분석하는 도구로 [통계분석]►[실험계획법]►[Taguchi 설계]를 제공하고 있다. [Taguchi 설계]는 다음의 도구를 제공한다.

- Taguchi 설계 생성 : 미니탭의 다구찌 실험설계 생성
- 사용자 Taguchi 설계 정의 : 미니탭의 실험설계를 사용하지 않은 실험결과를 미니탭의 실험설계로 재 정의
- Taguchi 설계 분석 : 다구찌 실험 설계 데이터 분석
- Taguchi 결과 예측 : 유의한 인자의 수준조합에서 SN비값, 성능특성의 평균값 계산

12.5.1 다구찌 설계 생성

[Taguchi 설계 생성]은 원하는 요인효과를 검출할 수 있는 직교표에 인자를 배치하는 실험설계를 제공한다. 다구찌 실험설계를 생성하는 절차는 다음과 같다.

1. [통계분석]►[실험계획법]►[Taguchi 설계]►[Taguchi 설계 생성] 선택
2. [Taguchi 설계 생성] 창에서 [설계 유형]을 지정하고, [요인 수]를 선택한 후 [설계], [요인], [옵션]을 클릭하여 나타난 창에서 필요한 정보 입력
    - [설계] : 사용할 직교표 선택. 동적특성을 사용할 경우에 신호요인 추가 부분 체크
    - [요인] : 인자의 이름, 수준값, 인자를 배치할 열 번호 지정. 검출할 교호작용 효과 선택
    - [옵션] : 실험 설계를 워크시트에 저장할 것인지 여부 지정
3. 워크시트에 인자가 배치된 직교표의 열이 생성

예제 12.13

2수준 인자 5개(A, B, C, D, E)의 주효과를 검출할 수 있도록 직교표를 정하고, 인자를 할당하라.

풀이

2수준 인자 5개이므로 $L_8(2^7)$직교표를 사용하여 인자를 배치한다.

1. [통계분석]►[실험계획법]►[Taguchi 설계]►[Taguchi 설계 생성] 선택
2. [Taguchi 설계 생성] 창에서 [설계 유형]을 [2-수준 설계(2)] 지정(❶), [요인 수]에 '5' 선택(❷) 후 [설계], [요인] 클릭
    - [Taguchi 설계 – 설계] 창에서 [런] 'L8' 선택(❸)
    - [Taguchi 설계 – 요인] 창의 [요인 지정]에서 [배열의 열에 아래의 지정된 대로] 지정(❹), 인자의 이름, 수준값, 열 번호 지정(❺)
3. 세션창의 설명(❻)과 워크시트의 설계 결과(❼)를 읽고 해석

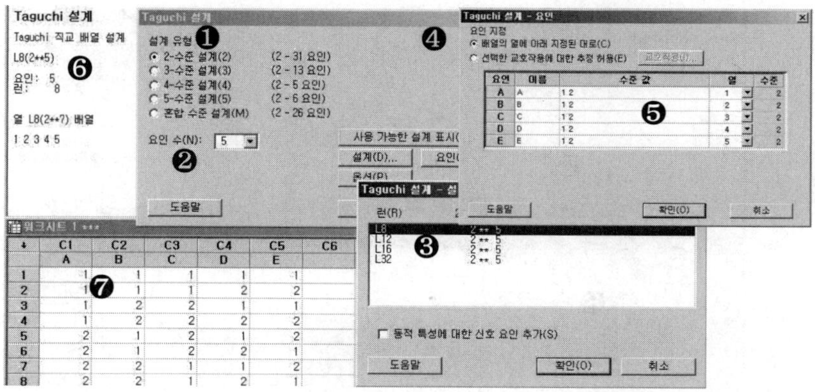

그림 12.9 Taguchi 설계 생성 : 주효과만 검출하는 경우

그림 12.9의 세션 창(❻)의 설명을 읽으면, 요인 5개, 실험회수(런) 8회이다. $L_8(2^7)$직교표의 1, 2, 3, 4, 5열에 인자가 배치되었다. 그림 12.9의 워크시트(❼)의 C1~C5열의 값이 인자 A, B, C, D, E의 수준을 나타낸다. 예를 들어, 이 실험설계에서 3번 실험의 실험조건은 A, D, E 인자는 1수준, B와 C인자는 2수준이다. 이때 실험의 무작위화는 (1) A, B, C, D, E 인자를 무작위로 정하고, (2) 1수준과 2수준 값을 무작위로 정하는 방법으로 하면 된다. ■

예제 12.14

2수준 인자 4개(A, B, C, D)의 주효과와 A×B, A×C를 검출할 수 있도록 직교표를 정하고, 인자를 할당하라.

풀이

2수준 인자 4개이고, 자유도가 1인 교호작용 2개를 검출하므로 $L_8(2^7)$직교표를 사용하여 인자를 배치할 수 있다.

1. [통계분석]►[실험계획법]►[Taguchi 설계]►[Taguchi 설계 생성] 선택
2. [Taguchi 설계 생성] 창에서 [설계 유형]을 [2-수준 설계(2)] 지정(❶), [요인 수]에 '4' 선택(❷) 후 [설계], [요인] 클릭

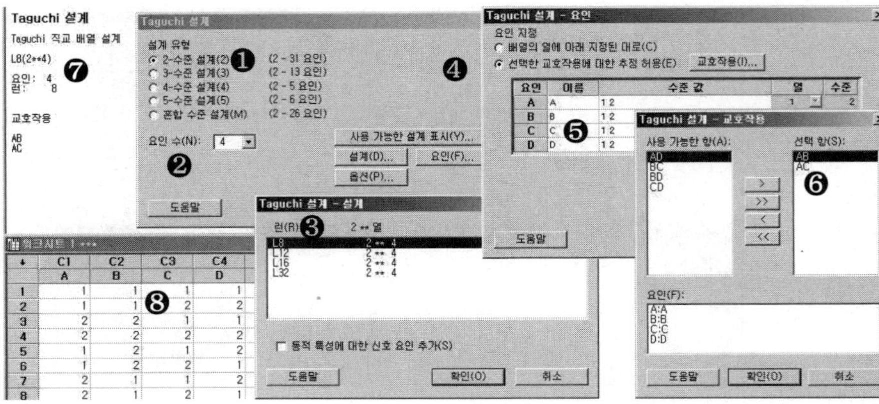

그림 12.10 Taguchi 설계 생성 : 주효과와 교호작용을 검출하는 경우

- [Taguchi 설계 생성 – 설계] 창에서 [런] 'L8' 선택(❸)
- [Taguchi 설계 생성 – 요인] 창에서 교호작용을 검출해야 하므로 [선택한 교호작용에 대한 추정 허용]을 지정하고(❹), 인자의 이름, 수준값, 열번호 지정(❺) 후 [교호작용] 클릭
- [Taguchi 설계 – 교호작용] 창에서 'AB', 'AC' [선택 항] 부분으로 이동(❻) 후 [확인]

3. 세션창의 설명(❼)과 워크시트의 설계 결과(❽)를 읽고 해석

그림 12.10의 세션 창(❼)의 설명을 읽으면, 요인 4개, 실험회수(런) 8회이고, 교호작용 A×B, A×C를 검출하는 실험설계이다. 그림 12.10의 워크시트(❽)의 C1~C4열의 값이 인자 A, B, C, D의 수준을 나타낸다. 예를 들어, 이 실험설계에서 3번 실험의 실험조건은 A와 B인자는 2수준, C와 D인자는 1수준이다. ■

예제 12.15

2수준 인자 1개(A) 3수준 인자(B, C, D, E, F)의 주효과를 검출할 수 있도록 직교표를 정하고, 인자를 할당하라.

풀이

2수준 인자 1개이고, 3수준 인자 5개이므로 혼합형 직교표 $L_{18}(2^1 \times 3^7)$를 사용하여 인자를 배치할 수 있다.

1. [통계분석] ► [실험계획법] ► [Taguchi 설계] ► [Taguchi 설계 생성] 선택
2. [Taguchi 설계 생성] 창에서 [설계 유형]을 [혼합 수준 설계(M)] 지정(❶), [요인 수]에 '6' 선택(❷) 후 [설계], [요인] 클릭
   - [Taguchi 설계 생성 – 설계] 창에서 2수준 1개열 이상, 3수준 5개열 이상으로 런이 가장 작은 직교표 'L36' 지정(❸)
   - [Taguchi 설계 생성 – 요인] 창에서 인자의 이름, 수준값, 열 번호 지정(❹)
3. 세션창의 설명(❺)과 워크시트의 설계 결과(❻)를 읽고 해석

그림 12.11의 세션창(❺)의 설명을 읽으면, 요인 6개, 실험회수(런) 18회이고, $L_{18}(2^1 \times 3^7)$ 직교표의 1~6열에 인자자 배치되었다(❻). ■

미니탭을 사용하여 실험 설계를 하지 않은 경우에는 [사용자 Taguchi 설계 정의]를 사용하여 미니탭의 실험 설계로 정의해야 [Taguchi 설계 분석]을 할 수 있다.

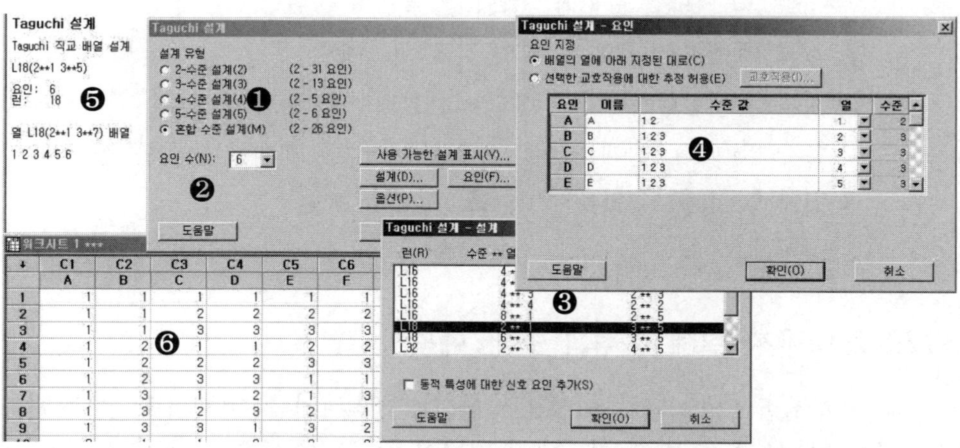

그림 12.11 Taguchi 설계 생성 : 2수준 인자와 3수준 인자의 혼합형 직교표

예제 12.16

$L_8(2^7)$ 직교표의 각 열에 인자가 다음과 같이 배치되었다. [사용자 Taguchi 설계 정의]를 사용하여 미니탭의 다구찌 실험설계로 정의하라.

열번호	1	2	3	4	5	6	7
인 자	A	B	A×B	C	D	ⓔ	ⓔ

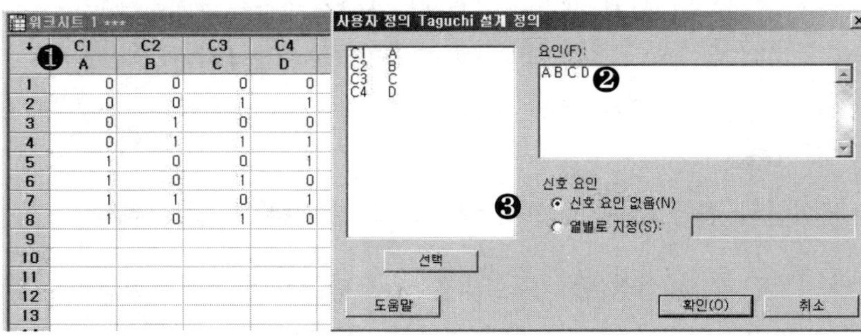

그림 12.12 사용자 Taguchi 설계 정의

풀이

다음의 절차로 미니탭 다구찌 실험설계 형태로 정의한다.

1. 워크시트에 인자가 배치된 열의 값을 입력(❶)
2. [통계분석]►[실험계획법]►[Taguchi 설계]►[사용자 Taguchi 설계 정의] 선택
3. [사용자 Taguchi 설계 정의] 창에서 [요인]에 정의할 인자를 선택(❷), [신호 요인]에 [신호 요인 없음] 지정(❸) 후 [확인] ■

12.5.2 다구찌 설계 분석과 결과 예측

다구찌 실험 데이터를 미니탭으로 분석할 경우에 [실험계획법]의 [Taguchi 설계] ►[Taguchi 설계 분석]을 이용한다. 다구찌 실험 데이터를 분석하는 절차는 다음과 같다.

1. 워크시트의 실험 설계에서 해당 실험조건에서 외측배열의 실험조건에 따라 얻은 성능특성치의 값을 실험조건 별로 한 열을 할당하여 입력
2. [통계분석] ► [실험계획법] ► [Taguchi 설계] ► [Taguchi 설계 분석] 선택
3. [Taguchi 설계 분석] 창에서 [반응 데이터 열]에 성능특성치가 입력된 열 입력, [그래프], [분석], [항], [분석 그래프], [옵션], [저장]을 클릭하여 나타난 창에서 필요한 정보 입력

   - [그래프] : 모형의 주효과도 및 교호작용도에 사용할 통계 지정, 교호작용도 표시방법 지정
   - [분석] : 반응 표 표시 대상 통계, 선형모형 적합 대상 통계 지정
   - [항] : 선형모형 또는 분산분석에 포함시킬 요인효과 지정
   - [옵션] : 신호 대 잡음 비 계산 방식 지정

4. 세션창과 그래프창에서 결과를 읽고 해석

예제 12.17

예제 12.16의 실험설계에서 각 실험조건에서 5번의 반복실험을 수행하여 다음의 데이터를 얻었다. 변동성에 영향을 미치는 유의한 요인을 찾아라. 단, 성능특성은 작을수록 좋은 망소특성이다.

반복	실험번호							
	1	2	3	4	5	6	7	8
1	34	32	24	27	30	19	25	26
2	22	24	18	22	25	16	33	27
3	29	26	25	26	27	33	24	27
4	14	16	27	23	29	34	25	28
5	25	28	22	25	20	19	21	26

풀이

워크시트에 생성된 실험설계에 데이터를 입력한 후 다음의 절차로 분석한다.

1. 워크시트에 생성된 실험설계에 데이터를 입력(❶)
2. [통계분석] ► [실험계획법] ► [Taguchi 설계] ► [Taguchi 설계 분석] 선택
3. [Taguchi 설계 분석] 창에서 [반응 데이터 열]에 성능특성치가 입력된 C5-C9 입력(❷), [그래프], [분석], [항], [옵션] 클릭
   - [Taguchi 설계 분석 - 그래프] 창의 [모형의 주효과도 및 교호작용도 생성 대상 통계량]에서 [신호 대 잡음 비] 선택(❸), [교호작용도]에서 [교호작용도 행렬 표시] 지정(❹)
   - [Taguchi 설계 분석 - 분석] 창에서 [반응 표 표시 대상 통계량]과 [선형 모형 적합 대상 통계량]을 [신호 대 잡음 비]로 지정(❺,❻)
   - [Taguchi 설계 분석 - 항] 창의 [선택 항]에 'A, B, C, D, AB' 선택(❼)
   - [Taguchi 설계 분석 - 옵션] 창의 [신호 대 잡음 비]를 [망소특성] 지정(❽)
4. 세션창의 결과(❸)와 그래프창의 결과(그림 12.14)를 읽고 해석

그림 12.13의 세션 창의 분산분석표를 읽으면 주효과 A와 교호작용 A×B가 어느 정도 유의하고, 나머지 요인효과는 유의하지 않은 것으로 나타났다. ■

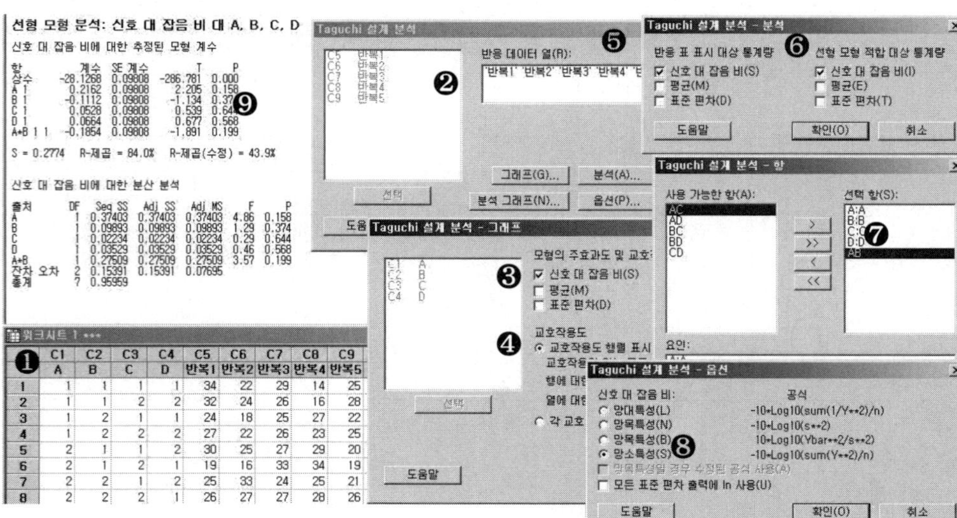

그림 12.13 Taguchi 설계 분석

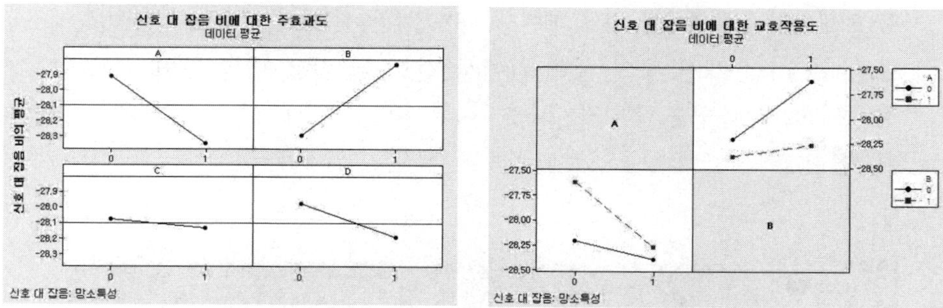

(a) 주효과도 (b) 교호작용도

그림 12.14 주효과도와 교호작용도

[실험계획법]►[Taguchi 설계]►[Taguchi 결과 예측]을 사용하면 유의한 인자의 최적조건을 쉽게 찾을 수 있다.

예제 12.18

예제 12.17에서 찾은 유의한 요인의 최적조건을 찾아라.

풀이

[Taguchi 설계 분석] 후에 다음의 절차로 유의한 인자의 수준 조합에서 [평균], [신호 대 잡음 비] 등을 다음의 절차로 계산하고, 최적조건을 찾는다.

1. 워크시트에 계산할 유의한 인자의 수준 값 입력(❶)
2. [통계분석]►[실험계획법]►[Taguchi 설계]►[Taguchi 결과 예측] 선택
3. [Taguchi 결과 예측] 창에서 [예측]에 계산할 변수 [평균], [신호 대 잡음 비] 체크(❷) 후, [항], [수준] 클릭
   - [Taguchi 결과 예측 – 항] 창에서 유의한 요인효과 A, B, AB 선택(❸)
   - [Taguchi 결과 예측 – 수준] 창의 [요인의 새 수준 지정]에서 [코드화된 단위]로 지정(❹), [새 요인 수준 지정 방법]을 [워크시트에 저장된 변수 선택]으로 지정(❺) 후, 요인의 수준에 계산할 인자의 수준이 입력된 열 C10, C11을 입력(❻)

4. 세션창의 결과(❼)를 읽고 해석

그림 12.15의 세션 창의 예측 값에서 신호 대 잡음 비의 값이 −27.6140으로 가장 큰 A인자 1수준, B인자 2수준이 최적이다. 이때 성능특성치의 평균은 23.9이다. ■

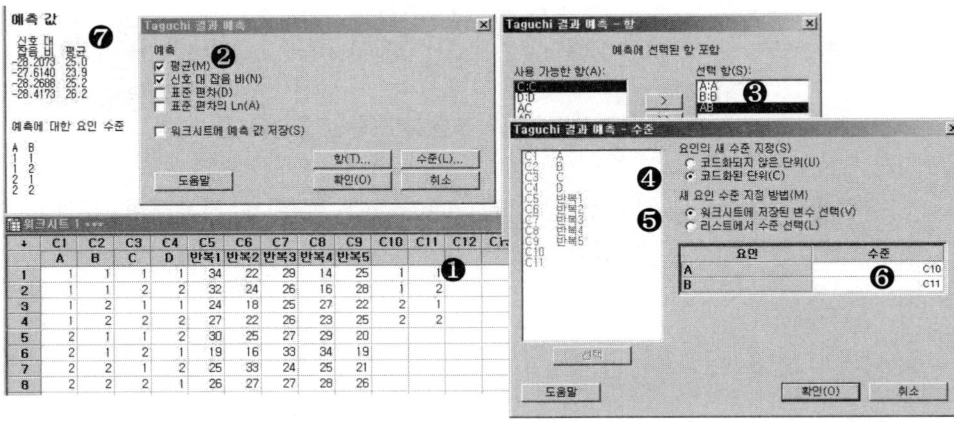

그림 12.15 Taguchi 결과 예측

연습문제

12.1 어떤 부품의 성능특성 y는 목표값 100을 갖는다. (a) y의 평균이 98이고, 표준편차가 5일 때 손실을 구하라. 단, y에 대한 비용함수는 $L(y) = 500(y-100)^2$원이다. (b) 신기술을 도입하여 이 부품의 표준편차를 3으로 줄였다면 손실의 크기는 얼마나 감소되는가?

12.2 두 개의 실험조건에서 잡음인자의 수준을 달리하여 다음의 데이터를 얻었다. 성능특성이 (a) 망목특성, (b) 망소특성, (c) 망대특성일 때 SN값을 구하고, 비교하라.

	1	2	3	4	5
실험조건 1	34	32	24	27	30
실험조건 2	25	28	22	25	20

12.3 두 개의 실험조건에서 잡음인자의 수준을 달리하여 다음의 데이터를 얻었다. 성능특성이 (a) 망목특성, (b) 망소특성, (c) 망대특성일 때 SN값을 구하고, 비교하라.

	1	2	3	4	5	6	7
실험조건 1	3.2	3.4	4.3	3.8	4.0	4.7	3.6
실험조건 2	5.6	5.8	5.7	5.5	5.6	5.9	5.8

12.4 어린이용 새총을 생산하는 K사는 새총의 총알 사거리 향상 방안을 찾아야 한다. 연구팀은 총알 사거리에 영향을 줄 수 있는 요인으로 다음의 8가지를 찾았다.

①새총의 형상	②고무줄 재질	③뒤로 잡아당기는 힘	④발사각도
⑤날씨변화	⑥총알종류	⑦총알싸개 크기	⑧고무줄 길이

(a) 도출된 요인을 제어인자와 잡음인자로 구분하라.

(b) 제어인자는 3수준으로 잡음인자는 2수준으로 할 때, 실험을 설계하라.

12.5 2수준 인자 A, B, C, 3수준 인자 D, E의 주효과만 검출하고자 한자. 실험을 설계하라.

12.6 자동차의 특정 배기가스를 줄이기 위해 관련이 있는 5개의 인자 A, B, C, D, E를 $L_8(2^7)$ 직교표에 다음과 같이 배치하였다.

	열번호						
	1	2	3	4	5	6	7
인자	A	B	C	D	E	ⓔ	ⓔ

또한 $L_8(2^7)$ 직교표의 8개 실험조건에서 잡음인자로 4종류의 도로를 선정하고, 주어진 방식으로 주행했을 때 이 배기가스의 양(단위 : g)을 측정하여 다음의 데이터를 얻었다.

	실험조건							
	1	2	3	4	5	6	7	8
도로1	2.17	2.55	2.14	2.63	2.41	2.27	2.46	2.46
도로2	2.15	2.89	2.36	3.00	2.47	2.39	2.55	2.65
도로3	2.67	3.23	2.65	3.38	3.18	3.01	3.23	3.26
도로4	2.15	2.55	2.36	3.38	2.41	2.39	3.23	2.46

(a) 망소특성으로 하여 SN값을 계산하라.

(b) SN값을 반응변수의 값으로 하여 분산분석표를 작성하라.

(c) 유의한 인자의 최적조건을 찾고, 최적조건에서 SN값을 구하라.

(d) 최적조건에서 변동성의 크기 MSD를 구하라.

(e) 이 배출가스의 규격상한이 5 g이고, 규격을 만족시키지 못할 때 손실의 크기가 10,000원인 경우, 최적조건에서 손실금액을 구하라. 단, 손실함수는 $L = (10{,}000/5^2) \times MSD$ 이다.

12.7 어떤 철강 제품의 인장강도에 세 개의 인자 A, B, C가 어떻게 영향을 주는지 알아보기 위해 $L_8(2^7)$ 직교표에 다음과 같이 인자를 배치하였다.

	열번호						
	1	2	3	4	5	6	7
인자	A	B	A×B	C	A×C	ⓔ	ⓔ

또한 $L_8(2^7)$ 직교표의 8개 실험조건에서 3번의 반복 실험을 하여 다음의 데이터를 얻었다.

반복	실험조건							
	1	2	3	4	5	6	7	8
1	62.7	78.1	53.6	53.5	48.2	69.9	64.1	44.4
2	69.7	63.2	58.6	56.3	65.2	62.2	58.4	54.7
3	67.8	66.1	61.1	52.2	63.5	63.2	60.2	56.4

(a) 망대특성으로 하여 SN값을 계산하라.

(b) SN값을 반응변수의 값으로 하여 분산분석표를 작성하라.

(c) 유의한 인자의 최적조건을 찾고, 최적조건에서 SN값을 구하라.

(d) 최적조건에서 변동성의 크기 MSD를 구하라.

(e) 인장강도의 규격하한이 50이고, 규격을 만족시키지 못할 때 손실의 크기가 10,000원인 경우, 최적조건에서 손실금액을 구하라. 단, 손실함수는 $L = (10{,}000)(50^2) \times \mathrm{MSD}$ 이다.

12.8 어떤 제품의 성능특성 개선을 위해 세 개의 제어인자(A, B, C)와 세 개의 잡음인자(M, N, O)를 선정하고 $L_4(2^3)$ 직교표를 사용하여 실험을 설계하고, 다음의 데이터를 얻었다. 이 특성은 망목특성이다.

실험 번호	열번호			M	0	0	1	1
	1	2	3	N	0	1	0	1
	A	B	C	O	0	1	1	0
1	0	0	0		1.00	1.04	1.20	1.26
2	0	1	1		1.24	1.28	1.30	1.35
3	1	0	1		1.12	1.14	1.15	1.18
4	1	1	0		1.20	1.24	1.30	1.35

(a) SN값과 평균을 계산하라.

(b) SN값을 반응변수로 분석하여 산포제어인자를 찾아라.

(c) 평균을 반응변수로 분석하여 중심조정인자를 찾아라.

(d) 인자들의 최적 수준을 찾아라.

(e) 최적조건에서 SN값은 얼마인가?

12.9 철강제품의 인장강도 향상을 위해 인장강도에 영향을 미치는 것으로 예상되는 7개의 인자를 선정하였다. 잡음인자 1개에 대해서 2개의 수준에서 시험하기로 했다. $L_8(2^7)$ 직교표의 7개 열에 인자 A, B, C, D, E, F, G를 배치하고 8개의 실험조건에서 다음의 데이터를 얻었다.

반복	실험조건							
	1	2	3	4	5	6	7	8
1	65	63	86	45	50	58	95	66
2	71	74	96	50	54	64	108	76

(a) SN값을 계산하라.

(b) SN값을 반응변수로 분석하여 유의한 제어인자를 찾아라.

(c) 인자들의 최적 수준을 찾아라.

(d) 최적조건에서 SN값은 얼마인가?

(e) 최적조건에서 인장강도의 평균은 얼마인가?

12.10 어떤 제품의 인장강도에 영향을 주는 제어인자(A, B, C, D)를 $L_9(3^4)$ 직교표를 사용하여 실험을 설계하고, 다음의 데이터를 얻었다.

실험번호	열번호				데이터	
	1	2	3	4		
	A	B	C	D	1회	2회
1	0	0	0	0	50	30
2	0	1	1	1	90	80
3	0	2	2	2	340	320
4	1	0	1	2	70	60
5	1	1	2	0	70	60
6	1	2	0	1	60	100
7	2	0	2	1	310	360
8	2	1	0	2	210	170
9	2	2	1	0	120	100

(a) SN값을 계산하라.

(b) SN값을 반응변수로 분산분석을 수행하고, 유의한 인자를 찾아라.

(c) 인자들의 최적 수준을 찾아라.

(d) 최적조건에서 SN값은 얼마인가?

12.11 용접제품의 접착강도 향상을 위해 접착강도에 영향을 미치는 것으로 예상되는 7개의 인자(2수준 인자 A, 3수준 인자 B, C, D, E, F, G)를 선정하였다. 잡음인자 1개에 대해서 2개의 수준에서 시험하기로 했다. $L_{18}(2^1 \times 3^7)$ 직교표의 1~7열에 인자 A, B, C, D, E, F, G를 배치하고 18개의 실험조건에서 다음의 데이터를 얻었다.

(a) SN값을 계산하라.

(b) SN값을 반응변수로 분석하여 유의한 인자를 찾아라.

(c) 인자들의 최적 수준을 찾아라.

(d) 최적조건에서 SN값은 얼마인가?

(e) 최적조건에서 접착강도의 평균은 얼마인가?

잡음 인자	실험번호																	
	1	2	3	4	5	6	7	8	9	10	11	12	13	14	15	16	17	18
K_0	10	15	16	16	17	21	14	17	21	15	11	16	14	18	20	17	19	22
K_1	19	17	16	17	20	22	17	19	22	15	21	17	17	19	21	18	21	24

부록A : 미니탭 사용법

부록 A : 미니탭 사용법

미니탭은 1972년 미국 펜실베이니아 주립대학 통계학과에서 처음 개발한 통계처리용 소프트웨어이다. 미니탭은 2000년 3월에 6시그마 경영에 필요한 통계기법을 보강한 Release 13을 출시한 이후에 6시그마 경영을 도입한 산업체를 중심으로 널리 사용되게 되었으며, 우리나라에서는 현재 Release 16 한글판을 많이 사용하고 있다.

미니탭은 6시그마 추진을 위한 기본 통계 소프트웨어로 6시그마 대표 기업인 GE에서 6시그마 공식 툴로 사용하고 있다. 3M, 포드자동차 등의 기업 뿐 아니라, 전 세계 1,000여개 대학에서 사용하고 있다. 국내에서는 LG화학, LG전자, 삼성전자, 삼성전기, 현대자동차 등 6시그마를 도입하고 있는 모든 기업들에서 기본 소프트웨어로 활용하고 있으므로 미니탭을 능숙하게 사용할 수 있으면 업무처리에 많은 도움이 될 것이다.

A.1 미니탭의 화면구성과 맛보기

가. 미니탭의 화면구성

미니탭 기본 화면은 세션창, 워크시트창, 프로젝트관리창, 그래프창 등으로 구성되어 있다(그림 A.1). 각 창의 주요 기능은 다음과 같다.

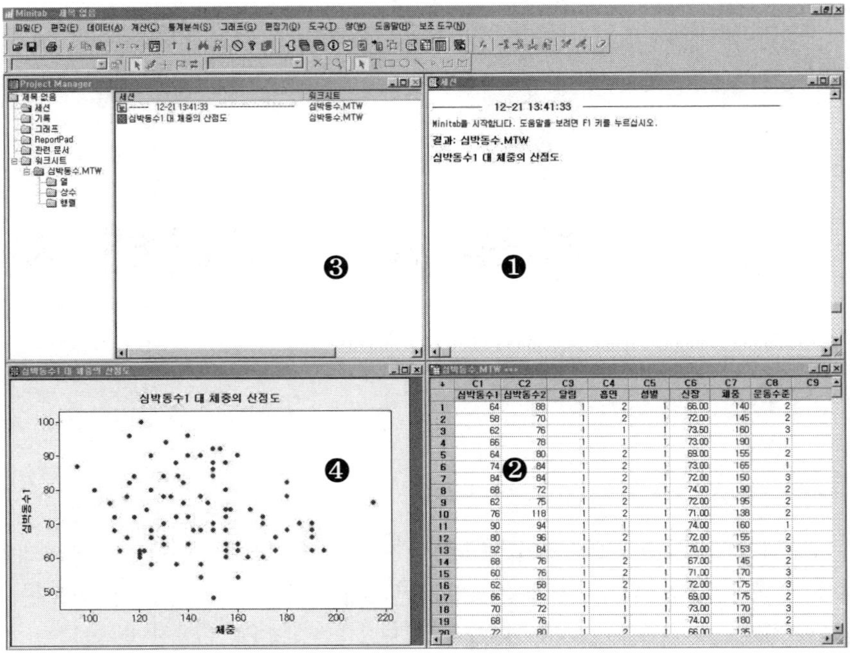

그림 A.1 미니탭의 기본 창

- 세션창(session window) : 미니탭의 수행 결과를 보여줌(❶)
- 워크시트창(worksheet window) 또는 데이터창(data window) : 데이터를 입력, 수정하고 입력된 데이터를 볼 수 있음(❷)
- 프로젝트관리창(project manager window) : 프로젝트를 구성하는 세션, 기록, 그래프, 리포트패드, 관련 문서, 워크시트 등을 조작, ·관리하는데 사용함(❸)
- 그래프창(graph window) : 고해상도 그래프를 보여줌(❹)

나. 미니탭 맛보기

미니탭은 데이터로부터 각종의 통계와 그래프를 만드는 소프트웨어이다. 미니탭에서 통계를 만들거나 그래프를 작도하기 위해서는 [미니탭 시작]►[데이터 입력]►[통계처리]►[결과의 해석]►[보고서 작성]►[미니탭 종료]의 과정을 거친다.

표 A.1 작업방법과 업무수행능력

사원 / 방법	1	2	3	4	5	6	7
기존 방법	78.5	60.3	81.7	69.0	64.0	62.6	86.7
신규 방법	82.0	74.9	88.1	62.1	78.5	79.9	94.4

예제를 통해서 미니탭의 기본적인 사용법을 익히자. 표 A.1은 신규 작업방법의 효율을 평가하기 위해서 7명의 직원을 대상으로 작업방법과 업무수행 능력을 조사하여 정리한 것이다. 이 데이터로 간단한 통계를 구해보기로 한다.

1 미니탭의 시작

미니탭은 바탕화면의 미니탭 아이콘을 더블클릭하거나 [시작] ► [모든 프로그램] ► [Minitab] ► [Minitab 16 Statistical Software]을 선택하면 그림 A.2와 같은 초기 화면이 나타난다. 이 초기화면에서 미니탭 작업을 시작한다.

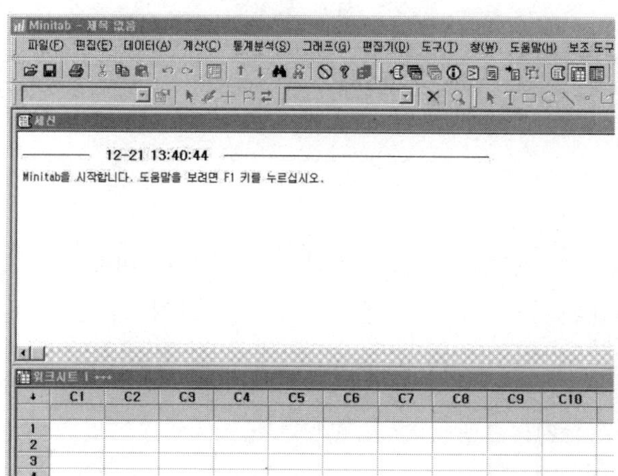

그림 A.2 미니탭의 시작과 초기화면

2 데이터 입력

데이터는 워크시트창에 입력한다. 미니탭의 워크시트는 엑셀의 워크시트와 동일한 형태이며 사용법도 엑셀과 유사하다. 표 A.1의 데이터를 다음과 같이 입력한다(그림 A.3).

1. C1열 아래 칸에 변수명 '기존'을, C2열 아래 칸에는 변수명 '신규'를 입력(❶)
2. (1, C1)셀에 마우스를 클릭한 후 78.5 [Enter↵], 60.3 [Enter↵], 81.7[Enter↵], 69.0 [Enter↵], 64.0 [Enter↵], 62.6 [Enter↵], 86.7(❷)
3. (1, C2)셀을 클릭한 후 82.0 [Enter↵], 74.9 [Enter↵], 88.1 [Enter↵], 62.1 [Enter↵], 78.5 [Enter↵], 79.9 [Enter↵], 94.4(❸)

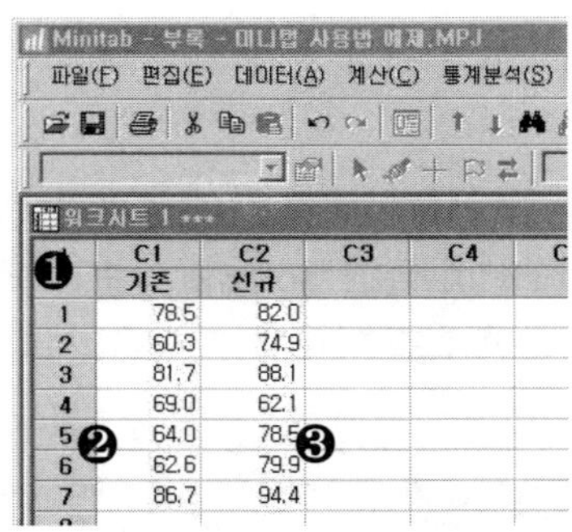

그림 A.3 데이터 입력

3 계산

직원별 업무 수행 능력이 신규방법이 기존방법에 비에 얼마나 향상되는지를 나타내는 변동률(=100(신규-기존)/기존)을 계산해 보자. 다음의 절차로 변수들의 식으로 값을 계산할 수 있다(그림 A.4).

1. [계산]►[계산기] 선택
2. [계산기] 창에서 [다음 변수에 결과 저장]에 새로 생성할 변수명 '변동률' 입력(❶), [식]에 변동률의 계산식 '100*(C2-C1)/C1' 입력(❷) 후 [확인]
3. 워크시트에 새로운 변수 [변동률] 생성(❸)

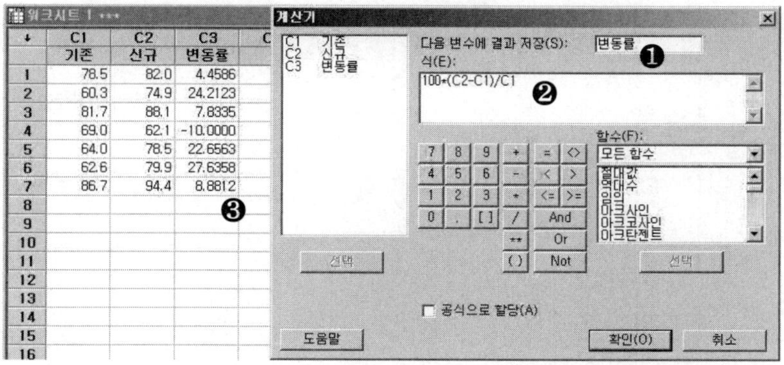

그림 A.4 [계산]►[계산기] 활용 변수 생성

4 통계 만들기

두 변수 기존과 신규에 대한 각종의 통계를 만들어 보자. 기초 통계량인 평균, 표준편차 등을 다음의 절차로 구해 보자(그림 A.5).

1. 워크시트에 데이터 입력(❶)
2. [통계분석]►[기초 통계]►[기술 통계량 표시] 선택
3. [기술 통계량 표시] 창의 [변수]에 통계를 계산할 변수 [기존], [신규] 입력(❷) 후 [통계량] 클릭
4. [기술 통계량 표시 - 통계량] 창에서 계산을 원하는 통계 선택(❸)
5. 세션창에 계산한 통계 출력(❹)

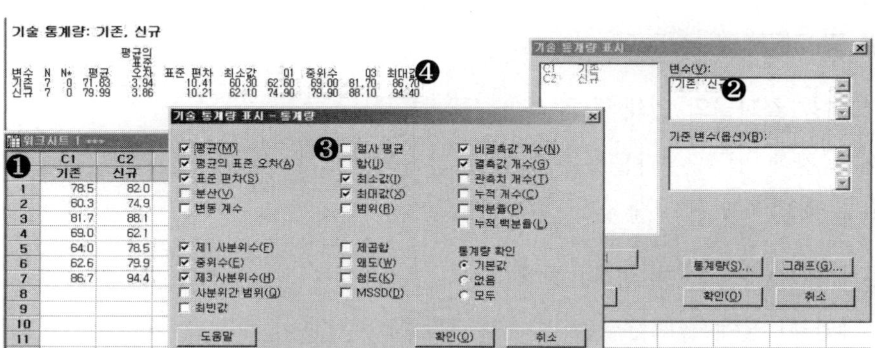

그림 A.5 기초 통계량 계산 : 기술 통계 표시

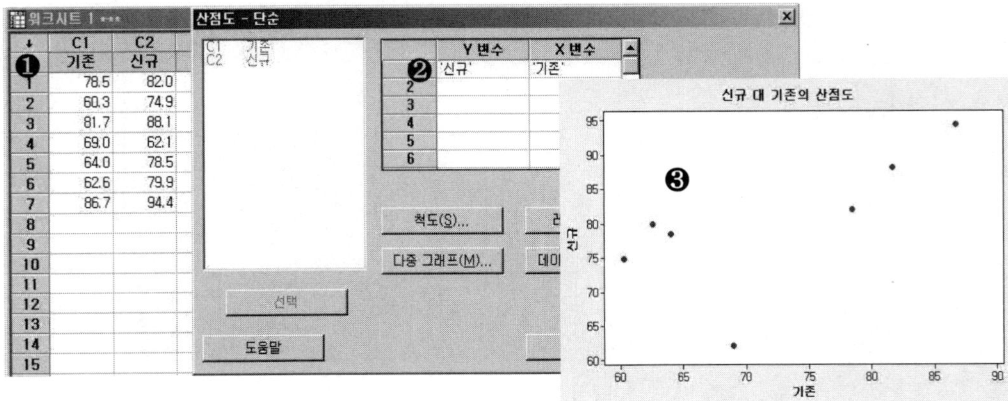

그림 A.6 그래프 그리기 : 산점도

수 그래프 그리기

데이터를 그래프로 표현하면 데이터의 특성을 쉽게 찾고, 해석할 수 있다. 기존 방법과 신규 방법의 수행도 점수 간의 산점도를 작도해 보자(그림 A.6).

1. 워크시트에 데이터 입력(❶)
2. [그래프]►[산점도] 선택하고, [산점도] 창에서 [단순] 지정 후 [확인]
3. [산점도 – 단순] 창의 [Y 변수]에 '신규', [X 변수]에 '기존' 입력(❷)
4. [산점도] 그래프창(❸)을 읽고 해석

6 출력 및 저장

(1) 세션창 결과물의 인쇄

세션 창에 있는 결과물을 프린터로 인쇄하여 읽을 수 있다. 인쇄는 세션창이 활성화된 상태에서 다음과 같이 명령한다.

1. [파일]►[세션 창 인쇄] 선택
2. [인쇄] 창에서 프린터를 선택 후 [확인]

(2) 세션창 결과물의 저장

세션 창에 있는 결과물을 파일 형태로 저장한다. 세션창이 활성화된 상태에서 다음과 같이 명령한다.

1. [파일]►[다른 이름으로 세션 창 저장] 선택
2. [다른 이름으로 저장] 창에서 [저장 위치] 지정, [파일 이름] 입력, [파일 형식] 선택 후 [확인]

(3) 워크시트창 데이터 저장

워크시트 창에 있는 데이터를 파일 형태로 저장한다. 미니탭의 데이터는 미니탭 워크시트 파일 형태나 엑셀파일 형태로 저장할 수 있다.

1. [파일]►[현재 워크시트 저장] 선택
2. [다른 이름으로 현재 재워크시트 저장] 창에서 [저장 위치] 지정, [파일 이름] 입력, [파일 형식] 선택 후 [확인]

(4) 작업 저장

수행된 작업, 즉 세션 창의 내용, 그래프, 데이터 윈도우의 내용을 하나의 파일(프로젝트) 형태로 저장해 둘 수 있다. 다음의 절차로 작업 전체를 프로젝트파일로 저장한다.

1. [파일]►[프로젝트 저장] 선택
2. [다른 이름으로 프로젝트 저장] 창에서 [저장 위치] 지정, [파일 이름] 입력, [파일 형식] 선택 후 [확인]

(5) 미니탭 끝내기

작업한 내용을 프로젝트로 저장한 다음에 미니탭 작업을 종료한다. 미니탭의 종료는 미니탭 창을 닫거나 메뉴에서 [파일]►[종료] 선택하면 된다.

A.2 데이터 생성 및 편집

워크시트 창의 행은 케이스(case), 즉 관찰치(observation)를 나타낸다. 예를 들어, 설문 조사에서 각 응답자의 응답은 하나의 관찰치이다. 열은 변수를 나타낸다. 행과 열이 교차하는 곳을 셀(cell)이라 하며, 각 셀에는 각 관찰치의 해당 변수에 대응하는 데이터가 위치하게 된다.

표 A.2 미니탭에서 정의되는 변수 유형

변수유형	설명	예	열 번호의 형태
숫자	숫자	5, 7, 8	C1
문자	숫자, 빈칸, 특수문자 등으로 구성	남, 여름	C1-T
시간/날짜	날짜, 시간 또는 두 가지를 합친 모양	62-11-18	C1-D

가. 변수다루기

1 변수 유형

변수의 종류와 표현 형태는 숫자, 문자, 시간/날짜의 세 가지로 구분된다. 변수 유형은 따로 지정하지 않으면 셀에 입력된 값의 형태에 따라 자동으로 결정된다.

열변수가 숫자가 아니면, 열 번호 옆에 데이터 종류를 알리는 문자가 추가된다. 예를 들어, 15번째 열의 변수유형이 문자이면 C15-T, 18번째 열의 변수 유형이 날짜/시간 변수이면 C18-D로 표시된다. 표 A.2는 미니탭에서 정의되는 변수의 종류를 나타낸 것이다.

미니탭은 입력된 데이터를 읽고 변수의 유형을 자동으로 결정하지만 필요한 경우에는 변수의 유형을 지정할 수 있다. 예를 들어, 숫자형 데이터를 문자형 데이터로 변수유형을 지정하는 절차는 다음과 같다(그림 A.7).

1. 워크시트에 데이터 입력(❶)
2. [데이터]►[데이터 유형 변경]►[숫자를 텍스트로] 선택

3. [숫자를 텍스트로] 창에서 [숫자 열 변경]에 데이터가 저장된 열 선택(❷), [텍스트 열 저장 위치]에 변경된 데이터를 저장할 열 지정(❸) 후 [확인]
4. 워크시트창에서 결과(❹) 확인

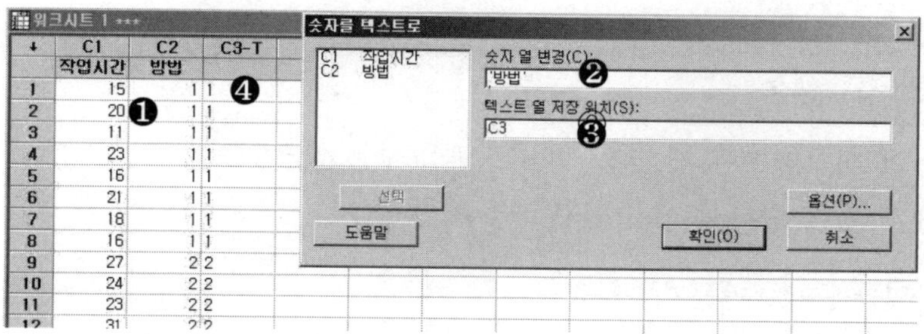

그림 A.7 데이터 유형 변경 : 숫자를 텍스트로

② 변수명

워크시트에서 정의되는 변수의 이름은 해당 변수의 열 번호 아래 셀에 변수의 이름을 입력한다. 변수명을 지정하지 않으면 각종 대화상자나 결과물에 열 번호가 변수명을 대신한다.

변수명을 지정할 때는 다음에 유의해야 한다.

- 변수명은 31자를 넘지 못하며, 빈칸으로 시작하거나 끝맺지 못함
- 영문자, 한글로 변수명을 작성할 수 있음
- 특수문자인 '와 #를 사용할 수 없으며, *으로 시작할 수 없음

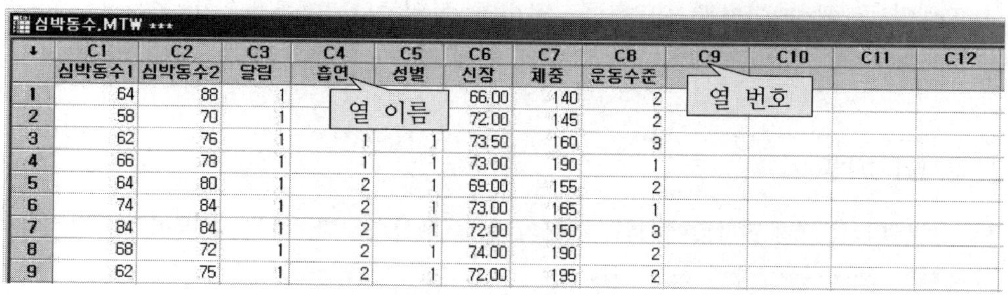

그림 A.8 열 번호와 열 이름

나. 워크시트창 다루기

통계처리를 위해서는 먼저 워크시트창에 데이터를 입력해야 한다. 워크시트에 데이터를 입력하고, 수정하는 방법은 엑셀의 워크시트에서 사용하는 방법과 큰 차이는 없다.

1 새 워크시트 생성

하나의 미니탭 프로젝트에서 다수 개의 워크시트를 사용할 수 있다. 새로운 워크시트는 다음의 절차로 생성한다(그림 A.9).

[파일] ► [새로 만들기] 선택

1. '새로 만들기' 대화상자에서 Minitab 워크시트를 선택(❶)하고 [확인]

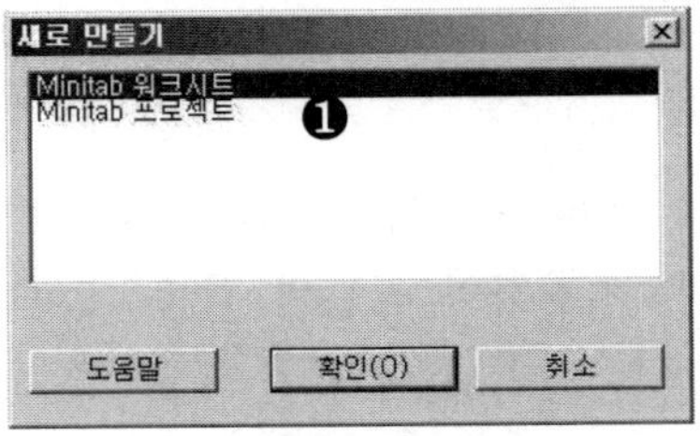

그림 A.9 새 워크시트 만들기

2 데이터 입력

데이터는 워크시트 윈도우에서 키보드를 통해 직접 입력할 수 있으며, 보통의 스프레드시트에 데이터를 입력하는 방법과 동일하다. 자동채우기 기능을 사용할 수 있으며, 패턴을 가진 데이터의 입력을 쉽게 할 수 있는 가능을 갖고 있다.

3 복사하기/붙이기

보통의 스프레드시트에서와 마찬가지로 복사하고자 하는 부분을 블록 선택하여 복사한 후에 붙이기를 하면 된다.

4 데이터 편집

데이터가 입력된 상태에서 셀이나 행, 열의 값의 수정, 삭제, 추가는 다음과 같이 한다.

(1) 셀 편집

- 값 수정 : 해당 셀을 클릭한 후 수정된 값을 입력하고 [Enter↵]를 누름.
- 값 삭제 : 해당 셀을 클릭한 후 [편집]►[셀 지우기] 선택.
- 셀 삭제 : 해당 셀을 클릭한 후 [편집]►[셀 삭제] 선택. 이 경우 해당 셀이 삭제됨에 따라 아래 쪽 셀이 해당 위치로 이동함

(2) 행·열 편집

편집의 대상이 행 전체 또는 열 전체인 경우, 행번호 또는 열의 이름을 클릭한다.

- 행 추가 : 하나 또는 몇 개의 행을 선택한 후 메뉴에서 [편집기]►[행 삽입]을 선택하면, 선택한 행의 위쪽에 선택한 행의 개수만큼의 행이 추가 됨(그림 A.10)

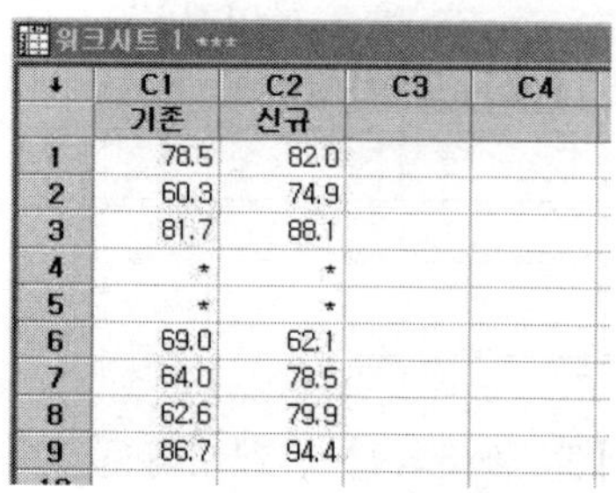

↓	C1	C2	C3	C4
	기존	신규		
1	78.5	82.0		
2	60.3	74.9		
3	81.7	88.1		
4	*	*		
5	*	*		
6	69.0	62.1		
7	64.0	78.5		
8	62.6	79.9		
9	86.7	94.4		

그림 A.10 행의 추가

- 행 삭제 : 해당 행을 선택한 후 [데이터]►[행 삭제] 선택 또는 [편집]►[셀 삭제] 선택
- 행 값 삭제 : 행을 선택한 후 [편집]►[셀 지우기]를 선택하면 해당 행을 없애지 않고 내용만 삭제됨
- 열 삭제 : [데이터]►[변수 지우기] 선택한 후 대화상자에서 해당되는 열, 상수, 행렬을 입력하고 [확인] 클릭
- 열복사 및 붙이기 : 열 번호를 클릭하여 열전체를 선택한 후 앞서 설명한 복사, 붙이기를 수행

수 데이터 저장

데이터를 파일로 저하고자 하는 경우에는 [파일]►[현재 워크시트 저장]를 선택하고, [다른 이름으로 현재 워크시트 저장] 창에서 파일이 저장될 위치를 지정하고 파일의 이름을 입력하며 파일 형식을 선택한다.

저장될 파일의 형식과 확장자는 표 A.3과 같다.

표 A.3 파일 형식과 확장자

파일형식	설명	확장자
Minitab	Minitab 저장형식	mtw
Minitab 13	Minitab Release 13 형식	mtw
Minitab project	Minitab 프로젝트 형식	mpj
Minitab Graphic	Minitab 그래프 형식	mgf
Excel 2003	Excel ~2003 형식	xls
Excel 2007	Excel 2007 형식	xls
Quattro Pro	Quattro Pro 파일형식	wbl
로터스 1-2-3	Lotus 1-2-3 파일형식	wkl
d Base	Database 파일형식	dbf
Text	Text 형식	txt

다. 데이터 파일 다루기

미니탭은 다양한 형태의 데이터를 불러와서 통계처리를 할 수 있다. 이미 만들어진 데이터 파일을 불러오는 방법에 대해서 살펴보자.

[1] 불러오기

미니탭에서 사용하는 파일 형식으로 저장되어 있는 데이터 파일은 [파일]►[워크시트 열기]를 선택한 후 대화상자에서 원하는 파일을 지정한다(그림 A.11). [워크시트 열기] 창에서 [미리보기]를 누르면 지정된 파일의 내용을 미리 볼 수 있다.

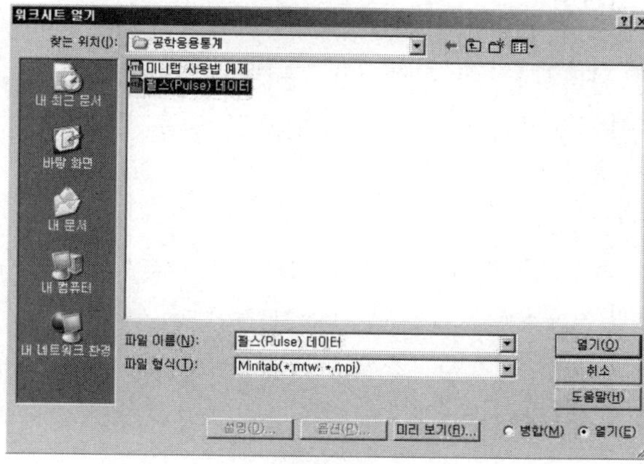

그림 A.11 데이터파일 불러오기

2 엑셀 파일 불러오기

엑셀 파일을 워크시트에 불러오기 위해서는 다음의 절차를 따른다(그림 A.12).

1. [파일]►[워크시트 열기] 선택
2. [워크시트 열기] 창에서 [파일 형식]을 'Excel(*.xls; *.xlsx)'로 지정하고, 파일 목록에서 해당 Excel 파일이름을 선택한 후 [옵션]을 클릭
3. [워크시트 열기 – 옵션] 창의 [변수 이름](❶), [첫째 데이터 행](❷), [데이터 행 수](❸) 등 지정 후 [확인]

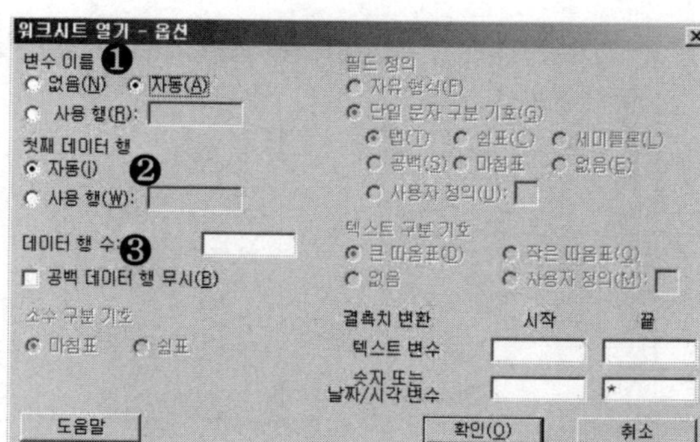

그림 A.12 엑셀파일 불러오기

③ 텍스트 파일 불러오기

각 변수 값을 하나 이상의 공백으로 구분하여 입력되어 있는 텍스트 파일의 경우에도 엑셀파일 불러오기와 마찬가지 방법으로 읽을 수 있다.

1. [파일]►[워크시트 열기] 선택
2. [워크시트 열기] 창에서 [파일 형식]을 '텍스트(*.txt)'로 지정하고, 파일목록에서 해당파일 이름을 선택한 후 [옵션]을 클릭
3. [워크시트 열기 - 옵션] 창에서 [변수 이름], [첫째 데이터 행], [데이터 행수] 등 지정 후 [확인]

A.3 데이터 변환

가. 새로운 변수 생성

워크시트에 입력된 데이터를 변환하거나 새로운 변수를 만들 수 있다. 예를 들어, C1열(가구당 전년도 소득액), C2열(올해의 소득액)로부터 소득액의 변화(C2-C1)를 계산하여 C3열에 넣을 때는 다음 절차를 따른다(그림 A.13).

1. 워크시트에 데이터 입력(❶)
2. [계산]►[계산기] 선택

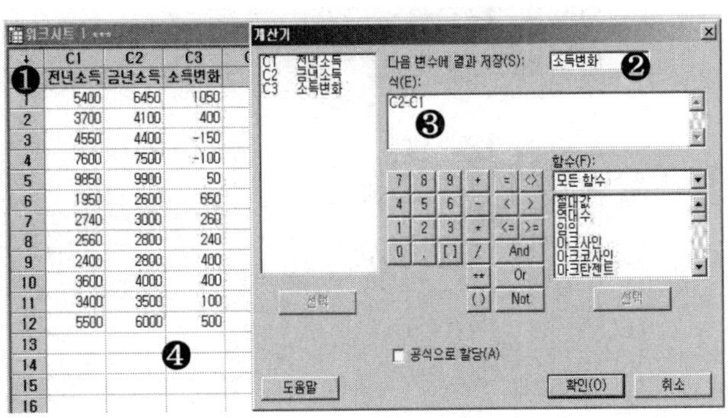

그림 A.13 새로운 변수의 생성

3. [계산기] 창의 [다음 변수에 결과 저장]에 새로 생성될 변수명 '소득변화' 입력(❷), [식]에 새 변수의 정의식 입력(❸) 후 [확인]

4. 워크시트창에 새로운 변수와 데이터가 출력(❹)

변수를 변환하거나 생성할 때 다음과 같은 규칙을 따라야 한다.

- 문자값을 정의할 때는 쌍따옴표로 값을 표시함
- 결측 문자값은 여백이 없이 쌍따옴표로 표시함
- 연산은 행단위로 수행되므로 각 데이터 케이스별로 결측치가 있거나 계산이 불가능할 때 숫자인 경우, '*'가 문자인 경우 여백이 결과 값이 됨
- 연산순서는 첨자, 함수, 열단위, 연산, 계승, 'NOT', 곱셈, 나눗셈, 더하기, 빼기, 비교연산, 'AND', 'OR'임
- 동일 순서일 경우 왼쪽에서 오른쪽 순으로 연산이 이루어짐
- ( )안의 연산이 먼저 수행됨

나. 자료 값의 코드화

특정 변수의 값을 새로운 유형의 값으로 지정하는 것을 코드화라 한다. 예를 들어, 점수(0~100)을 등급(A, B, C, D, F)으로 변경하는 것이 코드화 하는 것이다.

코드화는 [데이터]►[코드]를 선택한 후 코딩의 조건에 따라 [숫자를 숫자로], [숫자를 텍스트로], ..., [날짜/시간을 텍스트로] 중 적절한 명령어를 선택한다. 예를 들어, 숫자변수를 텍스트변수로 코딩하는 경우에 다음의 순서를 따른다(그림 A.14).

1. 워크시트에 데이터 입력(❶)
2. [데이터]►[코드]►[숫자를 텍스트로] 선택
3. [코드화 - 숫자를 텍스트로] 창의 [코드화할 데이터 열]에 코드를 변경할 대상 변수명을 입력(❷), [코드화된 데이터 저장 열]에 코드화 되어 새로 생성되는 데이터가 입력될 열 번호 또는 변수명을 입력(❸), [원본 값]의 각 행에 재 지정되어야 할 기존 데이터의 값 또는 값의 범위를 입력(❹), [새 값]에 재 지정하는 새로운 값을 입력(❺)
4. 워크시트에서 결과 확인(❻)

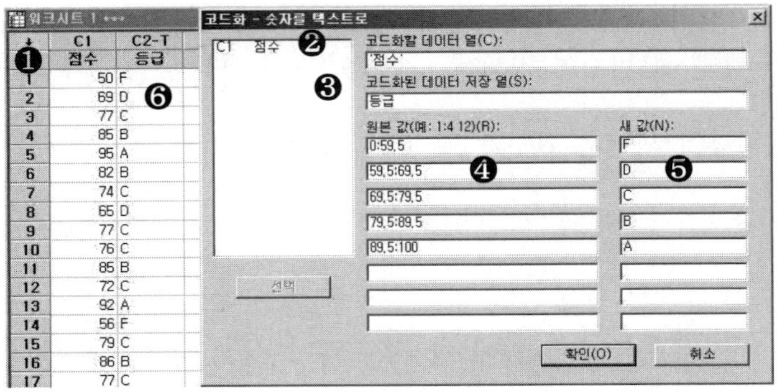

그림 A.14 데이터의 코드화 : 숫자를 텍스트로

다. 관찰치 정렬과 순위

1 데이터 정렬

하나 혹은 둘 이상의 변수에 대해 변수가 갖는 값의 크기 순서(오름차순 또는 내림차순)대로 정렬할 수 있다. 정렬은 다음의 순서로 한다(그림 A.15).

1. 워크시트에 데이터 입력(❶)
2. [데이터]►[정렬] 선택
3. [정렬] 창의 [정렬할 열]에 정렬할 열을 하나 이상 입력(❷), [기준 열]에 정렬 기준으로 사용할 열과 정렬 방식 지정(❸), [정렬된 데이터 저장 위치] 지정(❹) 후 [확인]
4. 워크시트에서 결과 확인(❺)

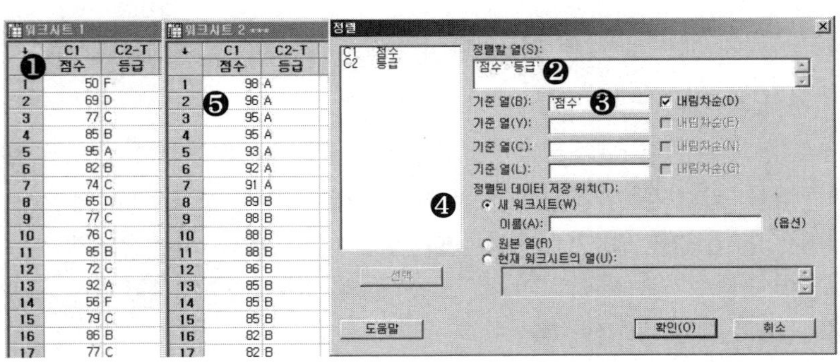

그림 A.15 데이터 정렬

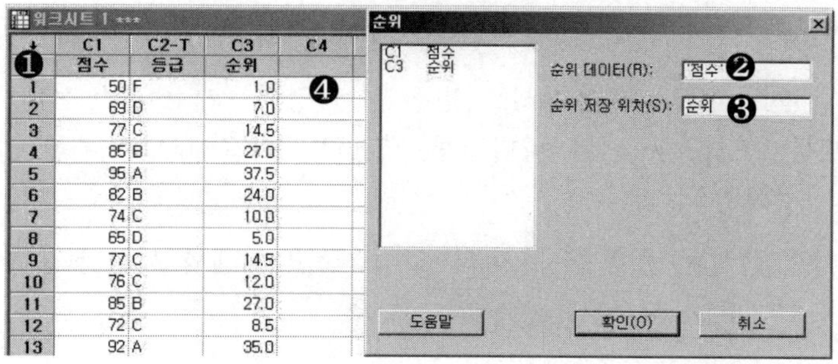

그림 A.16 데이터 순위 매기기

[2] 데이터 순위

특정 변수 값에 따라 관찰 값의 순위를 생성할 수 있다. 순위는 다음의 순서로 생성한다(그림 A.16).

1. 워크시트에 데이터 입력(❶)
2. [데이터]►[순위] 선택
3. [순위] 창에서 [순위 데이터]에 순위를 매길 열을 입력(❷), [순위 저장 위치]에 순위 매긴 데이터를 저장할 열을 지정(❸)
4. 워크시트에서 결과 확인(❹)

A.4 명령어 수행

가. 명령어 입력

미니탭에서 명령어를 수행하는 방법은 메뉴바 또는 툴바를 통하여 명령어를 선택하는 방법과 키보드로 직접 명령어를 입력하는 방법이 있다. 키보드를 이용하여 명령어를 입력하는 경우에는 세션 창이나 명령줄 편집기(Command Line Editor)에서 입력할 수 있다. 메뉴를 통하여 명령어를 선택하는 경우에는 상대적으로 절차가 간편하나 반복적이고 익숙한 명령어인 경우엔 키보드를 이용하는 것이 효과적이다.

① 세션 창에서 명령어 입력

세션창을 선택하고, 메뉴에서 [편집기]►[명령 사용]을 선택하면 세션창에 "MTB>" 프롬프트(prompt)가 나타난다. "MTB>"다음에 명령어를 입력하고 [Enter↵]를 누르면 명령어가 수행된다.

메뉴에서 [편집기]►[명령 사용]을 다시 클릭하면 원래의 세션창 상태로 되돌아간다.

② 명령줄 편집기에서 명령어 입력

메뉴에서 [편집]►[명령줄 편집기]를 선택하면 [명령줄 편집기] 창이 뜬다. 명령줄 편집기 창에서 원하는 명령어를 입력한 후 [명령 제출]을 클릭하면 명령어가 실행된다(그림 A.17).

그림 A.17 명령줄 편집기 창

나. 미니탭 명령어 규칙

미니탭 명령어는 단일 명령어로만 구성되는 것과 주명령어와 한개 또는 몇 개의 부명령어로 구성 되는 것이 있다.

예> ① READ C1

② DESCRIBE 'SCORE';
BY C2

③ HISTOGRAM C3;
INCREMENT 10;
START.

위의 예에서 'READ' 명령어는 주명령어지만, 'DESCRIBE' 나 'HISTOGRAM'은 부명령어를 갖는 명령어이다. 부명령어를 갖는 미니탭 명령어인 경우에 부명령어를 반드시 사용해야 하는 것은 아니다. 즉, 위의 예 ①에서 BY C2를 경우에 따라 생략할 수도 있다.

주명령어와 부명령어는 열, 상수, 행렬, 숫자, 파일이름, 문자열 등의 한 개 또는 몇 개의 인수를 갖는다. 위의 예에서 C1, 'Score', C2, C3, 10 등은 각 명령어에 따른 인수들이다.

주명령어만 사용하는 경우에는 명령어 마침 표시를 하지 않는다(예 ①). 부명령어가 다음 줄에 이어지는 경우 각 명령어 줄의 마지막에 세미콜론을 입력한다. 세미콜론은 다음 줄에 명령어가 계속된다는 것을 의미한다(예 ②,③). 마지막 부명령어가 있는 줄은 마침표로 끝맺음을 한다.

변수명을 인수값으로 사용할 경우 홑 따옴표 속에 변수명을 쓴다. 문자열을 인수값으로 사용할 경우 쌍따옴표를 사용한다(TITLE "THE FIRST PROJECT").

변수명과 변수번호 중 어떤 것을 사용하여도 무방하다(DESCREBE C1 'COMPANY'). 명령어와 변수명은 대·소문자를 구별하지 않는다(PRINT 'GRADE'). 연속된 변수는 하이픈을 사용하여 정의 할 수 있다(PRINT C10 C11 C18 C19 C20 & C38-C48). '#'표시 이후의 내용은 무시되므로 참고사항을 기록할 때 #표시를 사용한다(TALLY 'GENDER' 'GRADE' #THIS IS FOR PRIOR INFORMATION)/

A.5 그래프 다루기

미니탭에서는 융통성 있는 여러 가지 그래프를 사용하여 필요에 맞는 다양한 데이터 분석을 수행할 수 있다. 그래프를 만들 때는 여러 가지 사용자 정의 옵션을 사용할 수 있으며 그래프를 만든 후에는 보다 많은 사용자 정의 옵션을 사용할 수 있다.

표 A.4 미니탭의 그래프

그래프의 목적	미니탭의 그래프
변수 쌍 간의 관계 조사	산점도, 산점도 행렬, 주변 분포도
분포 조사 및 비교	히스토그램, 점도표, 줄기-잎 그림, 확률도, 경험적 누적분포함수, 확률분포도
변수의 요약 / 개별 값 비교	상자 그림, 구간 그림, 개별 값 그림, 선 그림
카운트 분포 평가	막대 차트, 파이 차트
시간별로 일련의 데이터 플롯	시계열도, 영역 그래프
세 변수 간의 관계 조사	등고선도, 3D 산점도, 3D 표면도

가. 그래프 설정

1 그래프의 종류와 용도

그래프는 데이터의 표현이나 분석을 위한 도구이므로 용도에 적합한 것을 선택해야 한다. 표 A.4는 그래프의 사용목적에 대응하는 미니탭의 그래프를 정리한 것이다.

[그래프] 메뉴에서 사용할 수 있는 그래프 외에도 [통계분석] 메뉴에서는 관리도와 같은 분석 관련 그래프를 사용할 수 있다. 미니탭에서는 대부분의 통계 분석에 내장그래프(Built-in graphs)를 사용할 수 있다.

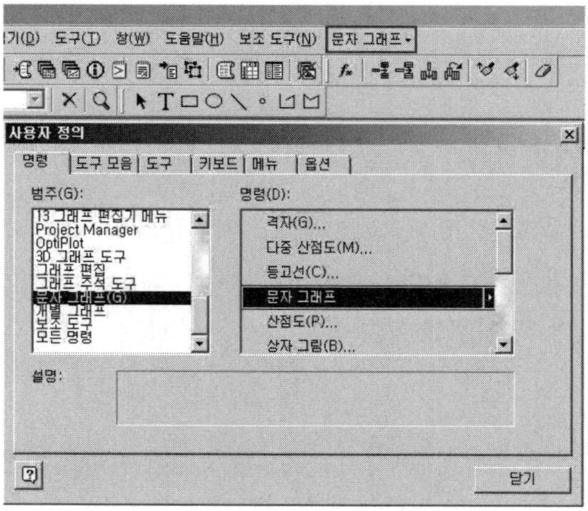

그림 A.18 [문자 그래프] 메뉴 추가

세션창에 문자로 그래프를 표현하는 문자 그래프를 사용할 수는 있지만 메뉴에는 [문자 그래프]가 없다(줄기-잎 그림은 문자 그래프이지만 그래프 메뉴에서 선택할 수 있음). 메뉴에 [문자 그래프] 메뉴를 추가하려면 [도구]►[사용자 정의]►[명령]에서 범주 '문자그래프(G)'의 명령 '문자 그래프'를 [클릭]하여 주 메뉴에 드래그하여 놓는다(그림 A.18).

2 그래프의 사용자 정의

그래프의 사용자 정의 옵션은 그래프에 따라 다르지만 대부분의 대화 상자에는 척도, 레이블, 데이터 보기, 다중 그래프, 데이터 옵션을 지정하는 항목을 포함하고 있다. 표 A.5은 이들 각 항목의 용도를 정리한 것이다.

또한 대부분의 그래프에는 고유한 옵션이 있으며 이 옵션은 해당 그래프에 대한 도움말 항목에 설명되어 있다. 그래프를 만든 후에는 다음 작업을 할 수 있다.

- 그래프 요소를 사용자 정의하고 그래프의 표시 모양이나 레이아웃, 모든 그래프 영역 및 추가 그래프 요소와 정보를 사용자 정의할 수 있다.
- 그래프를 만들 때 사용 가능한 그래프에 요소를 추가할 수 있다.
- 그래프 데이터를 편집하고 그래프를 업데이트하고 척도를 변환하고 변수를 변경할 수 있다.
- 데이터 점을 브러시하여 워크시트에서 해당 관측치를 식별할 수 있다.
- 그래프를 인쇄하고 저장할 수 있다.

표 A.5 그래프 옵션의 용도

옵션	용도
척도	축 및 눈금, 격자선, 기준선, 기타 척도 요소의 추가 또는 사용자 정의
레이블	제목, 각주, 데이터 레이블 추가 또는 사용자 정의
데이터 보기	데이터 기호, 연결 선, 회귀선, 분포 적합선, 기타 데이터 보기 요소 추가 또는 사용자 정의
다중 그래프	여러 변수 간의 관계 표시. 그래프는 별도 그래프, 동일 그래프에 겹쳐짐, 동일 그래프의 별도 패널에 표시될 수 있음
데이터 옵션	부분 집합을 사용하여 포함 또는 제외할 행을 지정하고, 빈도를 사용하여 빈도 변수를 포함시키고, 그룹 옵션을 사용하여 결측값 및 비어 있는 셀의 처리 방법 지정

나. 그래프 생성과 편집

1 그래프 생성

미니탭의 그래프 메뉴에서 다양한 유형의 그래프를 선택할 수 있다. 그래프 메뉴에서 원하는 그래프를 선택하고, 요구하는 정보를 입력하면 그래프창에서 해당 그래프를 확인할 수 있다. 그림 A.19은 두 변수의 상관관계 검토에 사용되는 산점도를 작도한 것이다.

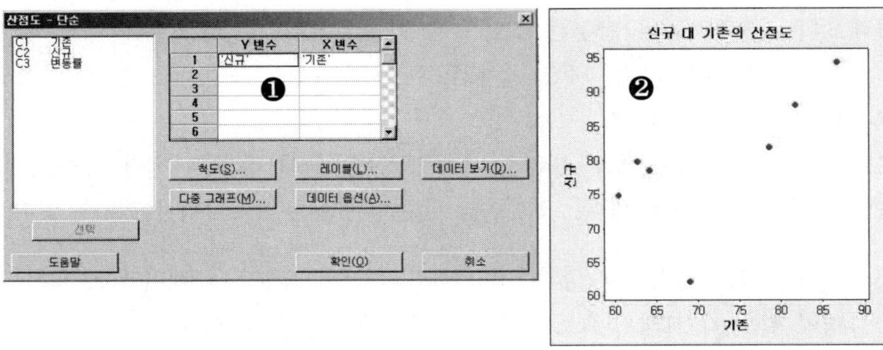

그림 A.19 산점도 작도

2 그래프 편집

그래프 편집 기능을 사용하여 그래프 요소의 속성, 그래프 보기 또는 레이아웃, 추가된 그래프 요소 및 정보, 그래프(데이터를 업데이트하거나 사용된 변수를 변경)를 변경할 수 있다.

그래프를 편집 모드로 지정하려면 다음 중 하나를 수행한다.

- 편집할 그래프 항목을 두 번 클릭
- 그래프창의 그래프 항목을 지정하고 주메뉴 [편집기]를 클릭
- 그래프창의 그래프 항목을 선택하고, 마우스 오른쪽 단추를 클릭

그래프 창에서 작업할 때 메뉴의 [편집기]에 나타나는 명령을 사용한다. 다음은 그래프 편집에서 사용할 수 있는 명령의 핵심 내용을 정리한 것이다.

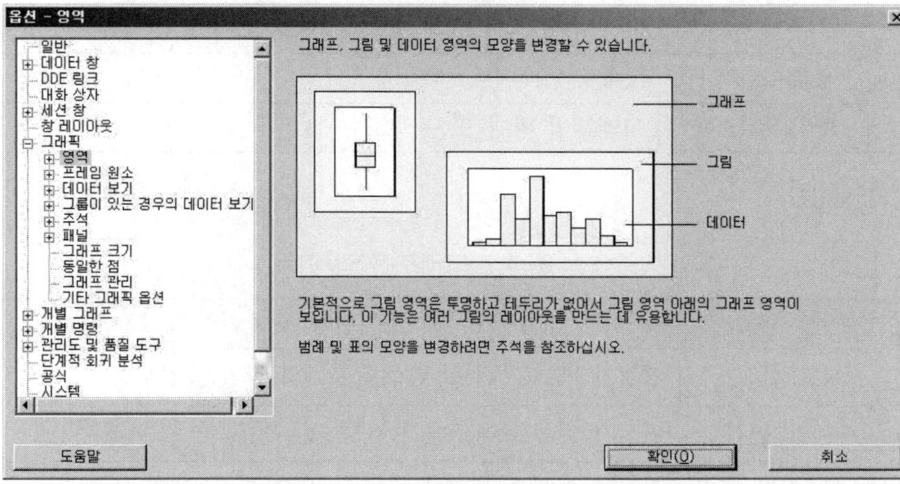

그림 A.20 그래프 기본값 설정

표 A.6 그래프 편집기의 명령어와 내용

명령어	내용
선택	활성 그래프를 선택 모드로 지정
브러시	활성 그래프를 브러싱 모드로 지정
십자형 포인터	활성 그래프를 십자형 포인터 모드로 지정
OO 편집	선택한 그래프 항목을 편집
항목 선택	편집할 항목을 리스트에서 선택
추가	그래프에 추가할 항목을 리스트에서 선택
패널	그래프의 패널 속성을 편집
그래프 옵션	산점도 행렬, 주변 분포도, 막대 차트 등의 그래프 옵션을 편집
레이아웃 도구	다중 그래프 레이아웃을 만듦
텍스트 복사	선택한 텍스트 항목을 클립보드에 복사
명령어 복사	클립보드에 활성 그래프를 만드는 데 사용된 명령어를 복사
그래프 복제	활성 그래프를 복제
유사한 그래프 만들기	활성 그래프와 특성이 동일하고 변수는 다른 그래프를 만듦

주석	주석 복제, 앞으로 가져오기, 뒤로 보내기 등 선택
업데이트	그래프 업데이트 선택
확대/축소	그래프의 확대 또는 축소

표 A.7 그래프 편집 항목

편집 항목	편집 도구
척도 편집	편집기 메뉴(그래프 창이 활성화되어 있는 경우)
레이블 편집	편집기 메뉴(그래프를 브러싱하는 경우)
데이터 적합 편집	포함된 그래프 편집기 - 다른 응용 프로그램에서 편집하기
데이터 표시 편집	그래프 도구 모음
영역 편집	3D 그래프 도구 모음
패널 편집	그래프 그리기 도구 모음
브러시하기	행렬도, 주변 분포도, 막대 차트, 파이 차트, 등고선 플롯 및 3D 표면 플롯의 그래프 옵션

그래프의 편집을 위해서 항목별로 편집도구로 활용할 수 있다. 표 A.6은 그래프 편집 항목별 도구를 나타낸 것이다.

[3] 그래프 브러싱

브러싱(brush)이란 그래프에서 몇 개의 점들을 선택하면 해당되는 점들의 값이 브러싱 윈도우와 워크시트 윈도우에 표시 되도록 하는 것을 말한다. 브러싱은 산점도나 시계열그림 등과 간이 데이터 관찰치를 담고 있는 그래프에서 가능하다.

그래프 브러싱 절차는 다음과 같다(그림 A.21).

1. 해당 그래프를 클릭 하여 활성화한 후 메뉴에서 [편집기]►[브러시] 선택

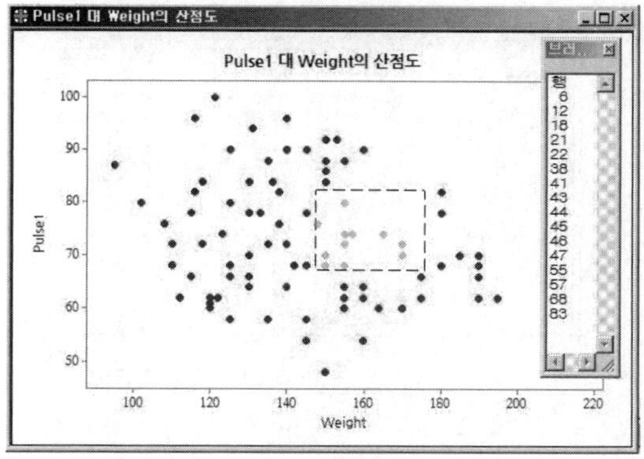

그림 A.21 그래프 브러싱

2. 모양의 커서를 끌기하여 사각형의 크기를 정함
3. 모양의 커서로 사각형을 이동하여 그래프상의 점들을 선택

④ 그래프 복사, 붙이기, 인쇄, 불러오기

생성된 그래프의 복사, 붙이기, 인쇄 및 저장된 그래프 불러오기 등은 다음과 같이 수행한다.

- 그래프 복사 : [편집]►[그래프 복사] 선택
- 그래프 인쇄 : [파일]►[그래프 인쇄] 선택
- 그래프 저장 : [파일]►[다른 이름으로 그래프 저장] 선택
- 그래프 불러오기 : [파일]►[그래프 열기] 선택

A.6 결과물 다루기

가. 프로젝트 관리기

데이터, 명령어, 그래프 등 일련의 미니탭 작업에 관련된 모든 것을 포함하는 파일을 프로젝트(project)라 한다. 프로젝트에 관련된 명령어는 다음과 같다.

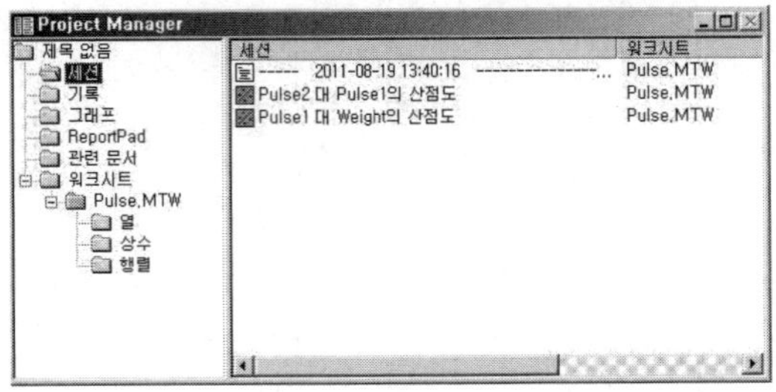

그림 A.22 프로젝트 관리자

- 새 프로젝트 열기 : [파일]►[새로 만들기] 선택 후, Minitab 프로젝트 지정 후 [확인] 클릭
- 프로젝트 저장하기 : [파일]►[프로젝트 저장] 선택
- 프로젝트 열기 : [파일]►[프로젝트 열기] 선택

미니탭은 데이터 분석 과정에서 생성되는 각종 창 — 즉 세션, 기록, 그래프, 워크시트 등 — 과 미니탭 프로젝트 수행에 사용된 미니탭 명령문을 기록하는 '기록'보고서 작성을 위한 창인 'ReportPad', 해당 프로젝트에 관련된 사항을 기록하는 '관련 문서' 등을 통합하여 관리하는 기능을 갖춘 프로젝트 관리자(Project Manager)를 제공한다(그림 A.22).

프로젝트 관리자의 왼쪽 영역에는 프로젝트에 관련된 폴더가 있으며, 특정 폴더를 선택하면 폴더에 속한 각종 결과물의 목록이나 내용이 오른쪽 영역에 나열되고 이 중 하나를 더블클릭하면 그 결과를 보여주는 창이 나타난다.

나. 리포트 패드

리포터 패드(Report Pad)는 데이터 처리 결과를 보고서로 만들 때 유용하게 사용할 수 있다. 미니탭의 그래프와 세션 창의 모든 출력은 마우스 오른쪽 단추로 클릭한 다음 선택하여 프로젝트관리자의 ReportPad 폴더에 추가할 수 있다(그림 A.23).

- 세션창의 섹션을 ReportPad 폴더에 추가 : 세션창에서 추가하려는 섹션에 마우스 오른쪽 단추를 클릭하여 [보고서에 섹션 추가] 선택

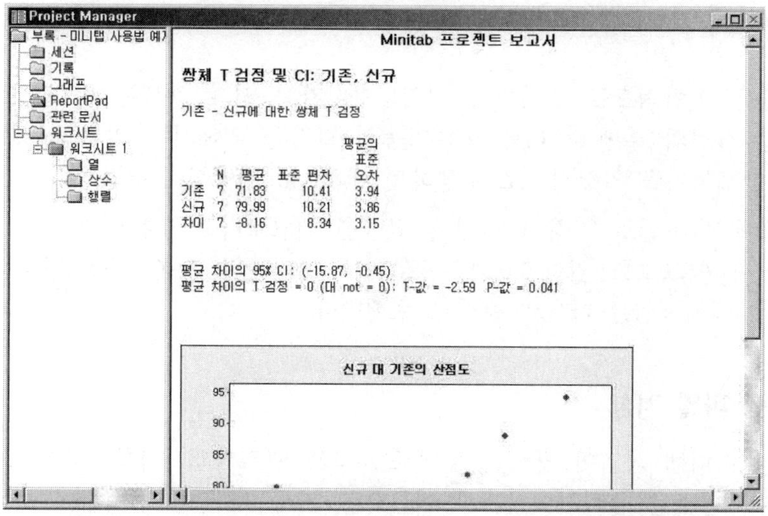

그림 A.23 레포트패드

- 세션창의 일부 내용을 ReportPad 폴더에 추가 : 세션창에서 추가하려는 내용을 마우스로 드래그하고, 마우스 오른쪽 단추를 클릭하여 [보고서에 선택한 행 추가] 선택
- 그래프를 ReportPad 폴더에 추가 : 그래프 창에서 마우스 오른쪽 단추를 클릭하여 [보고서에 그래프 추가] 선택

ReportPad 폴더의 모든 내용을 편집할 수 있고, 텍스트나 제목 등을 보고서에 추가할 수도 있다. ReportPad 폴더의 내용은 다른 응용 프로그램에서 가져올 수 있는 RTF(서식있는 문자열) 파일 또는 웹 페이지나 웹 기반 응용 프로그램으로 사용할 수 있는 HTML 파일로 저장할 수 있다.

ReportPad 폴더의 내용 창에서 마우스 오른쪽 단추를 클릭하면 편집에 사용할 수 있는 명령을 확인할 수 있다. 이들 명령어를 사용하여 ReportPad 폴더의 내용을 편집한다. 또한 마우스 포인터를 ReportPad 폴더 상에 두고 오른쪽 단추를 클릭하여 [다른 이름으로 보고서 저장]을 선택하여 RTF 파일이나 HTML 파일로 저장한다.

A.7 배치작업

미니탭은 일반적으로 명령어가 입력되자마자 즉시 수행되는 방식으로 운용된다. 반복적인 작업의 수행, 미니탭 함수기능의 확장을 위해서는 일련의 명령어를 파일로 저장한 뒤 이를 일시적으로 수행하는 배치(batch)방식이 유용하다.

미니탭에서 파일로 저장된 명령어 집단을 매크로라고 부른다. 매크로는 워드 프로세서에서 매크로를 입력하거나, 프로젝트 관리자의 기록 창을 사용하여 작업을 기록한다. 배치작업은 다음의 순서로 수행한다.

가. 프로그램 파일 저장

일단의 미니탭 작업이 완료된 후에 프로젝트 관리자의 [기록] 폴더를 연 후 마우스 오른쪽 단추를 클릭하여 [다른 이름으로 기록 저장]을 선택하여 기록의 내용을 파일로 저장한다.

나. 프로그램 수정

워드프로세서 프로그램(메뉴판이나 Word, 혼글 등)을 구동시킨 후 앞서 저장된 기록 파일을 불러온다. 필요한 미니탭 명령어만을 내용으로 담고 있는 파일이 되도록 기록 파일을 수정한 후 저장한다(미니탭 실행파일의 확장자인 MTB를 확장자로 함).

다. 프로그램 파일 수행

미니탭 실행파일은 다음과 같이 실행한다(그림 A.24).

1. [파일]►[기타 파일]►[Exec 실행] 선택
2. [Exec 실행] 창에서 [실행 횟수]를 '1'로 지정(❶), [파일 선택]을 클릭(❷)하여 미니탭 실행파일을 선택한 후 [열기]를 클릭

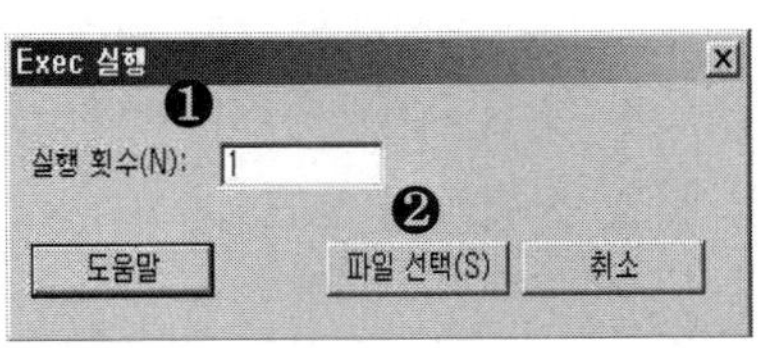

그림 A.24 배치파일 실행

부록 B : 통계표

B.1 난수표(1)

23	58	78	67	18	71	83	16	88	71	45	45	62	66	29	43	66	31	79	12
46	42	68	77	38	88	05	23	09	54	74	85	56	23	55	22	11	80	11	05
16	24	08	19	84	83	76	27	42	89	31	06	86	65	05	96	34	02	63	43
96	07	10	90	56	61	94	35	02	48	87	38	18	11	95	17	85	64	72	75
11	74	59	26	67	41	09	47	31	62	40	95	82	34	82	77	82	96	15	95
32	28	98	61	37	87	60	57	07	31	05	07	87	50	06	86	22	50	09	31
28	42	62	15	48	38	74	63	01	33	64	55	80	17	98	38	55	78	77	55
73	32	79	81	63	55	20	97	02	60	83	38	79	42	53	99	22	27	79	04
28	30	37	42	05	81	32	60	02	51	89	39	64	05	63	13	52	40	95	06
66	76	12	79	96	17	91	71	45	51	06	03	37	91	09	09	23	74	79	29
81	25	53	13	73	99	73	35	42	76	59	34	33	42	23	31	88	24	76	38
42	56	40	40	41	06	52	12	38	90	42	03	05	11	08	71	61	70	95	60
23	08	94	93	14	58	76	11	55	98	37	64	62	39	20	27	62	27	53	67
82	16	54	12	02	49	01	84	88	47	13	89	82	38	16	55	35	11	73	75
20	67	20	20	67	73	79	48	64	44	69	10	69	88	59	56	15	18	50	43
80	67	49	24	46	77	24	98	71	83	55	73	92	47	91	54	68	16	77	96
33	15	27	15	23	19	31	58	39	91	45	15	73	73	67	03	91	48	39	59
04	98	90	92	74	38	55	21	92	74	78	37	42	60	46	97	70	46	56	97
77	93	17	95	76	44	63	15	61	86	62	03	57	82	55	97	07	64	07	73
57	84	76	42	72	11	37	83	52	11	34	46	82	59	08	67	02	15	99	18
87	90	50	90	97	85	48	67	87	48	88	86	33	22	84	26	07	23	16	12
44	06	00	08	80	15	87	05	05	20	70	65	75	03	82	08	34	96	08	77
78	53	16	50	88	75	62	50	13	85	23	84	02	28	24	43	30	98	67	87
32	54	11	58	54	26	57	94	23	72	04	68	53	33	21	38	12	45	49	84
08	99	90	60	47	60	49	03	29	11	60	29	19	78	17	84	68	01	63	10
10	48	77	98	25	86	95	67	60	96	72	50	83	91	75	65	19	03	25	51
38	28	03	52	31	09	79	71	91	49	51	81	52	08	42	81	36	83	70	97
55	48	53	88	67	21	15	60	15	94	6	42	27	32	65	94	37	14	32	07
03	35	92	17	19	24	18	33	80	53	67	44	48	15	76	71	26	58	79	91
94	64	34	56	54	42	45	40	88	48	82	21	05	31	39	48	10	37	22	08
63	23	79	19	73	60	82	99	60	15	61	72	95	80	55	08	72	08	70	66
67	71	24	04	28	71	07	18	52	35	95	23	61	00	37	68	07	56	67	50
74	18	18	05	03	33	07	32	49	76	33	87	81	79	38	80	18	98	73	46
86	20	95	27	55	45	64	59	08	43	16	57	23	01	53	40	82	97	24	86
48	76	64	22	24	30	04	57	73	45	85	88	61	86	71	18	72	91	35	12
02	51	55	26	94	31	95	02	48	77	48	17	61	56	99	94	42	36	90	33
14	01	40	23	27	25	31	74	34	08	95	67	16	00	46	10	76	56	74	18
62	09	04	12	55	39	50	63	26	79	02	93	57	62	65	28	03	12	75	83
81	50	90	86	34	91	45	72	72	35	70	17	19	42	66	12	63	80	50	04
78	49	98	30	62	34	12	54	07	35	49	86	66	01	82	11	54	43	54	26
04	58	50	23	63	14	72	39	26	04	11	46	92	82	08	61	23	89	24	05
87	54	17	62	21	46	62	92	42	85	87	18	72	52	87	01	27	36	36	47
40	38	07	90	92	98	69	75	94	04	76	94	77	42	80	91	62	51	17	65
12	49	19	45	71	88	46	17	23	46	03	45	60	10	81	58	46	97	24	52
17	98	57	09	21	91	80	07	04	51	47	39	90	11	95	39	68	89	79	55
23	08	08	82	61	64	28	94	48	15	33	71	70	87	95	52	02	52	79	75
92	59	77	67	31	83	08	98	64	02	83	13	89	59	22	63	74	04	50	74
05	67	95	55	01	84	60	38	82	81	29	60	66	37	54	80	09	48	82	90
18	56	81	39	52	28	67	63	38	62	91	13	33	47	50	51	17	73	17	73
15	46	65	33	27	72	40	16	24	49	17	48	94	60	34	76	66	72	96	25

B.1 난수표(2)

31	25	34	46	08	32	65	11	04	84	64	06	39	96	14	68	20	63	47	86
03	14	80	72	02	27	84	24	75	53	46	67	26	79	85	44	56	43	90	43
79	80	87	59	51	41	48	18	25	40	85	30	33	29	35	70	55	12	13	38
38	16	06	64	47	37	75	07	99	38	95	87	05	57	94	35	04	51	22	91
39	22	72	58	42	44	01	20	10	14	76	28	08	66	48	27	94	93	83	11
47	58	62	54	80	86	87	61	59	21	88	21	74	31	61	58	68	98	02	42
07	01	12	44	82	22	07	75	35	16	84	23	92	12	70	96	13	31	71	31
87	16	02	47	91	98	76	32	67	99	07	86	76	63	31	05	39	63	79	05
87	43	05	78	87	20	61	21	43	60	42	85	84	65	35	01	03	81	80	52
03	94	90	17	61	19	38	52	86	35	47	54	06	66	88	27	06	12	28	27
56	62	95	99	47	58	25	84	03	80	28	39	12	33	48	30	43	51	70	63
90	41	63	18	28	24	68	48	84	60	88	58	64	19	28	57	26	18	08	97
24	66	31	33	88	49	93	96	74	39	35	78	94	41	58	61	58	09	16	07
65	57	93	99	47	37	25	58	01	95	50	06	32	75	16	20	81	73	25	61
97	78	23	04	37	06	57	07	68	41	25	79	11	52	12	67	80	95	69	84
17	13	50	17	56	39	95	42	11	58	54	92	24	79	46	40	47	96	95	32
41	44	14	52	79	54	60	87	12	46	96	11	55	69	20	31	14	38	29	75
74	56	65	45	34	81	51	93	84	79	91	15	55	77	12	61	47	51	12	06
41	43	39	40	30	50	71	57	11	81	47	48	03	57	20	58	98	63	93	45
72	29	90	89	66	97	20	54	51	10	81	81	04	29	60	54	25	54	96	73
68	07	86	69	86	84	39	84	08	53	34	86	72	51	35	88	67	08	29	61
09	79	65	01	07	20	37	25	60	41	33	27	68	21	59	30	96	90	74	29
39	25	59	91	97	04	56	04	52	62	35	53	89	67	44	08	14	33	32	02
09	69	75	84	39	83	18	78	48	09	13	22	39	78	58	54	22	27	29	89
78	64	43	21	25	17	23	31	53	13	18	17	46	20	36	62	53	36	88	71
87	93	19	16	41	49	16	73	93	13	01	88	53	80	54	56	62	19	65	01
82	74	61	47	02	09	11	68	53	25	93	05	65	27	76	70	82	61	40	13
14	87	64	52	46	07	83	62	86	26	57	12	60	68	49	45	43	28	76	53
83	06	46	46	01	55	22	26	80	52	86	12	64	32	69	35	47	17	45	16
70	43	16	44	05	94	39	12	87	08	84	50	84	60	14	22	18	35	02	93
06	18	91	96	93	34	53	25	17	87	92	16	14	09	21	55	01	83	39	38
18	19	78	47	49	07	25	06	90	14	88	53	86	65	52	89	32	50	90	38
36	95	23	88	13	35	60	19	60	79	43	87	06	77	99	42	68	26	03	07
58	52	14	40	55	10	73	66	87	13	42	66	27	92	64	65	80	23	66	83
81	59	58	36	16	77	16	01	85	45	67	05	10	15	98	26	07	11	17	42
93	74	09	28	02	50	65	61	27	98	47	51	27	66	06	98	74	61	86	22
31	78	67	92	47	18	77	16	08	80	56	63	40	69	04	74	72	13	31	61
93	21	35	62	39	74	98	18	80	97	96	92	34	37	53	76	03	39	08	50
23	82	38	61	01	64	46	75	44	73	22	90	17	73	47	98	78	34	24	94
52	44	11	53	46	33	45	35	02	87	38	15	81	94	62	41	95	11	46	86
03	75	37	08	83	91	31	71	76	18	61	59	28	53	76	72	59	10	66	97
56	28	65	75	95	98	14	97	91	06	36	89	52	81	39	97	82	22	40	76
86	48	73	73	73	48	09	83	15	25	22	96	92	43	16	40	34	24	80	64
45	97	03	87	16	76	19	87	60	65	34	54	42	03	91	34	61	24	15	15
25	88	57	85	89	74	90	97	60	34	58	00	22	00	28	32	67	23	09	38
71	32	59	42	54	19	32	93	89	62	16	20	19	42	99	26	56	85	43	48
65	96	70	75	48	12	82	12	63	29	00	48	82	11	75	74	33	26	69	26
65	79	72	97	37	34	57	30	91	94	70	84	88	71	75	52	79	06	08	94
13	94	18	82	27	14	46	56	93	48	12	15	61	09	83	03	76	39	24	09
99	67	36	32	35	02	81	43	80	69	53	49	59	64	26	09	00	24	62	52

B.2 표준정규분포표

$$P(Z \leq z) = \int_{-\infty}^{z} \frac{1}{\sqrt{2\pi}} e^{-t^2/2} dt$$

z	0.00	0.01	0.02	0.03	0.04	0.05	0.06	0.07	0.08	0.09
0.0	0.5000	0.5040	0.5080	0.5120	0.5160	0.5199	0.5239	0.5279	0.5319	0.5359
0.1	0.5398	0.5438	0.5478	0.5517	0.5557	0.5596	0.5636	0.5675	0.5714	0.5753
0.2	0.5793	0.5832	0.5871	0.5910	0.5948	0.5987	0.6026	0.6064	0.6103	0.6141
0.3	0.6179	0.6217	0.6255	0.6293	0.6331	0.6368	0.6406	0.6443	0.6480	0.6517
0.4	0.6554	0.6591	0.6628	0.6664	0.6700	0.6736	0.6772	0.6808	0.6844	0.6879
0.5	0.6915	0.6950	0.6985	0.7019	0.7054	0.7088	0.7123	0.7157	0.7190	0.7224
0.6	0.7257	0.7291	0.7324	0.7357	0.7389	0.7422	0.7454	0.7486	0.7517	0.7549
0.7	0.7580	0.7611	0.7642	0.7673	0.7704	0.7734	0.7764	0.7794	0.7823	0.7852
0.8	0.7881	0.7910	0.7939	0.7967	0.7995	0.8023	0.8051	0.8078	0.8106	0.8133
0.9	0.8159	0.8186	0.8212	0.8238	0.8264	0.8289	0.8315	0.8340	0.8365	0.8389
1.0	0.8413	0.8438	0.8461	0.8485	0.8508	0.8531	0.8554	0.8577	0.8599	0.8621
1.1	0.8643	0.8665	0.8686	0.8708	0.8729	0.8749	0.8770	0.8790	0.8810	0.8830
1.2	0.8849	0.8869	0.8888	0.8907	0.8925	0.8944	0.8962	0.8980	0.8997	0.9015
1.3	0.9032	0.9049	0.9066	0.9082	0.9099	0.9115	0.9131	0.9147	0.9162	0.9177
1.4	0.9192	0.9207	0.9222	0.9236	0.9251	0.9265	0.9279	0.9292	0.9306	0.9319
1.5	0.9332	0.9345	0.9357	0.9370	0.9382	0.9394	0.9406	0.9418	0.9429	0.9441
1.6	0.9452	0.9463	0.9474	0.9484	0.9495	0.9505	0.9515	0.9525	0.9535	0.9545
1.7	0.9554	0.9564	0.9573	0.9582	0.9591	0.9599	0.9608	0.9616	0.9625	0.9633
1.8	0.9641	0.9649	0.9656	0.9664	0.9671	0.9678	0.9686	0.9693	0.9699	0.9706
1.9	0.9713	0.9719	0.9726	0.9732	0.9738	0.9744	0.9750	0.9756	0.9761	0.9767
2.0	0.9772	0.9778	0.9783	0.9788	0.9793	0.9798	0.9803	0.9808	0.9812	0.9817
2.1	0.9821	0.9826	0.9830	0.9834	0.9838	0.9842	0.9846	0.9850	0.9854	0.9857
2.2	0.9861	0.9864	0.9868	0.9871	0.9875	0.9878	0.9881	0.9884	0.9887	0.9890
2.3	0.9893	0.9896	0.9898	0.9901	0.9904	0.9906	0.9909	0.9911	0.9913	0.9916
2.4	0.9918	0.9920	0.9922	0.9925	0.9927	0.9929	0.9931	0.9932	0.9934	0.9936
2.5	0.9938	0.9940	0.9941	0.9943	0.9945	0.9946	0.9948	0.9949	0.9951	0.9952
2.6	0.9953	0.9955	0.9956	0.9957	0.9959	0.9960	0.9961	0.9962	0.9963	0.9964
2.7	0.9965	0.9966	0.9967	0.9968	0.9969	0.9970	0.9971	0.9972	0.9973	0.9974
2.8	0.9974	0.9975	0.9976	0.9977	0.9977	0.9978	0.9979	0.9979	0.9980	0.9981
2.9	0.9981	0.9982	0.9982	0.9983	0.9984	0.9984	0.9985	0.9985	0.9986	0.9986
3.0	0.9987	0.9987	0.9987	0.9988	0.9988	0.9989	0.9989	0.9989	0.9990	0.9990
3.1	0.9990	0.9991	0.9991	0.9991	0.9992	0.9992	0.9992	0.9992	0.9993	0.9993
3.2	0.9993	0.9993	0.9994	0.9994	0.9994	0.9994	0.9994	0.9995	0.9995	0.9995
3.3	0.9995	0.9995	0.9995	0.9996	0.9996	0.9996	0.9996	0.9996	0.9996	0.9997
3.4	0.9997	0.9997	0.9997	0.9997	0.9997	0.9997	0.9997	0.9997	0.9997	0.9998
3.5	0.9998	0.9998	0.9998	0.9998	0.9998	0.9998	0.9998	0.9998	0.9998	0.9998
3.6	0.9998	0.9998	0.9999	0.9999	0.9999	0.9999	0.9999	0.9999	0.9999	0.9999
3.7	0.9999	0.9999	0.9999	0.9999	0.9999	0.9999	0.9999	0.9999	0.9999	0.9999
3.8	0.9999	0.9999	0.9999	0.9999	0.9999	0.9999	0.9999	0.9999	0.9999	0.9999
3.9	1.0000	1.0000	1.0000	1.0000	1.0000	1.0000	1.0000	1.0000	1.0000	1.0000

B.3 t-분포표($t_{(\phi : \alpha)}$)

$$P[T(\phi) \le t_{(\phi : \alpha)}] = 1 - \alpha$$

자유도 \ α	0.45	0.4	0.35	0.3	0.25	0.2	0.15	0.1	0.05	0.025	0.01	0.005	0.0005
1	0.158	0.325	0.510	0.727	1.000	1.376	1.963	3.078	6.314	12.71	31.82	63.66	636.6
2	0.142	0.289	0.445	0.617	0.816	1.061	1.386	1.886	2.920	4.303	6.965	9.925	31.60
3	0.137	0.277	0.424	0.584	0.765	0.978	1.250	1.638	2.353	3.182	4.541	5.841	12.92
4	0.134	0.271	0.414	0.569	0.741	0.941	1.190	1.533	2.132	2.776	3.747	4.604	8.610
5	0.132	0.267	0.408	0.559	0.727	0.920	1.156	1.476	2.015	2.571	3.365	4.032	6.869
6	0.131	0.265	0.404	0.553	0.718	0.906	1.134	1.440	1.943	2.447	3.143	3.707	5.959
7	0.130	0.263	0.402	0.549	0.711	0.896	1.119	1.415	1.895	2.365	2.998	3.499	5.408
8	0.130	0.262	0.399	0.546	0.706	0.889	1.108	1.397	1.860	2.306	2.896	3.355	5.041
9	0.129	0.261	0.398	0.543	0.703	0.883	1.100	1.383	1.833	2.262	2.821	3.250	4.781
10	0.129	0.260	0.397	0.542	0.700	0.879	1.093	1.372	1.812	2.228	2.764	3.169	4.587
11	0.129	0.260	0.396	0.540	0.697	0.876	1.088	1.363	1.796	2.201	2.718	3.106	4.437
12	0.128	0.259	0.395	0.539	0.695	0.873	1.083	1.356	1.782	2.179	2.681	3.055	4.318
13	0.128	0.259	0.394	0.538	0.694	0.870	1.079	1.350	1.771	2.160	2.650	3.012	4.221
14	0.128	0.258	0.393	0.537	0.692	0.868	1.076	1.345	1.761	2.145	2.624	2.977	4.140
15	0.128	0.258	0.393	0.536	0.691	0.866	1.074	1.341	1.753	2.131	2.602	2.947	4.073
16	0.128	0.258	0.392	0.535	0.690	0.865	1.071	1.337	1.746	2.120	2.583	2.921	4.015
17	0.128	0.257	0.392	0.534	0.689	0.863	1.069	1.333	1.740	2.110	2.567	2.898	3.965
18	0.127	0.257	0.392	0.534	0.688	0.862	1.067	1.330	1.734	2.101	2.552	2.878	3.922
19	0.127	0.257	0.391	0.533	0.688	0.861	1.066	1.328	1.729	2.093	2.539	2.861	3.883
20	0.127	0.257	0.391	0.533	0.687	0.860	1.064	1.325	1.725	2.086	2.528	2.845	3.850
21	0.127	0.257	0.391	0.532	0.686	0.859	1.063	1.323	1.721	2.080	2.518	2.831	3.819
22	0.127	0.256	0.390	0.532	0.686	0.858	1.061	1.321	1.717	2.074	2.508	2.819	3.792
23	0.127	0.256	0.390	0.532	0.685	0.858	1.060	1.319	1.714	2.069	2.500	2.807	3.768
24	0.127	0.256	0.390	0.531	0.685	0.857	1.059	1.318	1.711	2.064	2.492	2.797	3.745
25	0.127	0.256	0.390	0.531	0.684	0.856	1.058	1.316	1.708	2.060	2.485	2.787	3.725
26	0.127	0.256	0.390	0.531	0.684	0.856	1.058	1.315	1.706	2.056	2.479	2.779	3.707
27	0.127	0.256	0.389	0.531	0.684	0.855	1.057	1.314	1.703	2.052	2.473	2.771	3.690
28	0.127	0.256	0.389	0.530	0.683	0.855	1.056	1.313	1.701	2.048	2.467	2.763	3.674
29	0.127	0.256	0.389	0.530	0.683	0.854	1.055	1.311	1.699	2.045	2.462	2.756	3.659
30	0.127	0.256	0.389	0.530	0.683	0.854	1.055	1.310	1.697	2.042	2.457	2.750	3.646
40	0.126	0.255	0.388	0.529	0.681	0.851	1.050	1.303	1.684	2.021	2.423	2.704	3.551
60	0.126	0.254	0.387	0.527	0.679	0.848	1.045	1.296	1.671	2.000	2.390	2.660	3.460
120	0.126	0.254	0.386	0.526	0.677	0.845	1.041	1.289	1.658	1.980	2.358	2.617	3.373
∞	0.126	0.253	0.385	0.524	0.674	0.842	1.036	1.282	1.645	1.96	2.326	2.576	3.291

B.4 χ^2-분포표($\chi^2_{(\phi:\alpha)}$)

$$P[\chi^2(\phi) \leq \chi^2_{(\phi:\alpha)}] = 1-\alpha$$

자유도 \ α	0.995	0.990	0.975	0.950	0.900	0.100	0.050	0.025	0.010	0.005
1	0.0^4393	0.0^3157	0.0^3982	0.0^2393	0.0158	2.71	3.84	5.02	6.63	7.88
2	0.0100	0.0201	0.0506	0.103	0.211	4.61	5.99	7.38	9.21	10.60
3	0.072	0.115	0.216	0.352	0.584	6.25	7.81	9.35	11.34	12.84
4	0.207	0.297	0.484	0.711	1.064	7.78	9.49	11.14	13.28	14.86
5	0.412	0.554	0.831	1.145	1.61	9.24	11.07	12.83	15.09	16.75
6	0.676	0.872	1.24	1.64	2.20	10.64	12.59	14.45	16.81	18.55
7	0.989	1.24	1.69	2.17	2.83	12.02	14.07	16.01	18.48	20.28
8	1.34	1.65	2.18	2.73	3.49	13.36	15.51	17.53	20.09	21.95
9	1.73	2.09	2.70	3.33	4.17	14.68	16.92	19.02	21.67	23.59
10	2.16	2.56	3.25	3.94	4.87	15.99	18.31	20.48	23.21	25.19
11	2.60	3.05	3.82	4.57	5.58	17.28	19.68	21.92	24.72	26.76
12	3.07	3.57	4.40	5.23	6.30	18.55	21.03	23.34	26.22	28.30
13	3.57	4.11	5.01	5.89	7.04	19.81	22.36	24.74	27.69	29.82
14	4.07	4.66	5.63	6.57	7.79	21.06	23.68	26.12	29.14	31.32
15	4.60	5.23	6.26	7.26	8.55	22.31	25.00	27.49	30.58	32.80
16	5.14	5.81	6.91	7.96	9.31	23.54	26.30	28.85	32.00	34.27
17	5.70	6.41	7.56	8.67	10.09	24.77	27.59	30.19	33.41	35.72
18	6.26	7.01	8.23	9.39	10.86	25.99	28.87	31.53	34.81	37.16
19	6.84	7.63	8.91	10.12	11.65	27.20	30.14	32.85	36.19	38.58
20	7.43	8.26	9.59	10.85	12.44	28.41	31.41	34.17	37.57	40.00
21	8.03	8.90	10.28	11.59	13.24	29.62	32.67	35.48	38.93	41.40
22	8.64	9.54	10.98	12.34	14.04	30.81	33.92	36.78	40.29	42.80
23	9.26	10.20	11.69	13.09	14.85	32.01	35.17	38.08	41.64	44.18
24	9.89	10.86	12.40	13.85	15.66	33.20	36.42	39.36	42.98	45.56
25	10.52	11.52	13.12	14.61	16.47	34.38	37.65	40.65	44.31	46.93
26	11.16	12.20	13.84	15.38	17.29	35.56	38.89	41.92	45.64	48.29
27	11.81	12.88	14.57	16.15	18.11	36.74	40.11	43.19	46.96	49.64
28	12.46	13.56	15.31	16.93	18.94	37.92	41.34	44.46	48.28	50.99
29	13.12	14.26	16.05	17.71	19.77	39.09	42.56	45.72	49.59	52.34
30	13.79	14.95	16.79	18.49	20.60	40.26	43.77	46.98	50.89	53.67
40	20.71	22.16	24.43	26.51	29.05	51.81	55.76	59.34	63.69	66.77
50	27.99	29.71	32.36	34.76	37.69	63.17	67.50	71.42	76.15	79.49
60	35.53	37.48	40.48	43.19	46.46	74.40	79.08	83.30	88.38	91.95
70	43.28	45.44	48.76	51.74	55.33	85.53	90.53	95.02	100.4	104.2
80	51.17	53.54	57.15	60.39	64.28	96.58	101.9	106.6	112.3	116.3
90	59.20	61.75	65.65	69.13	73.29	107.6	113.1	118.1	124.1	128.3
100	67.33	70.06	74.22	77.93	82.36	118.5	124.3	129.6	135.8	140.2

B.5 F-분포표($F_{(\phi_1, \phi_2 : \alpha)}$)

$$P[F(\phi_1, \phi_2) \leq F_{(\phi_1, \phi_2 : \alpha)}] = 1 - \alpha$$

분모 자유도	확률	분자 자유도								
		1	2	3	4	5	6	7	8	9
1	0.100	39.9	49.5	53.6	55.8	57.2	58.2	58.9	59.4	59.9
	0.050	161	199	216	225	230	234	237	239	241
	0.025	648	799	864	900	922	937	948	957	963
	0.010	4052	4999	5403	5625	5764	5859	5928	5981	6022
2	0.100	8.53	9.00	9.16	9.24	9.29	9.33	9.35	9.37	9.38
	0.050	18.51	19.00	19.16	19.25	19.30	19.33	19.35	19.37	19.38
	0.025	38.51	39.00	39.17	39.25	39.30	39.33	39.36	39.37	39.39
	0.010	98.50	99.00	99.17	99.25	99.30	99.33	99.36	99.37	99.39
3	0.100	5.54	5.46	5.39	5.34	5.31	5.28	5.27	5.25	5.24
	0.050	10.13	9.55	9.28	9.12	9.01	8.94	8.89	8.85	8.81
	0.025	17.44	16.04	15.44	15.10	14.88	14.73	14.62	14.54	14.47
	0.010	34.12	30.82	29.46	28.71	28.24	27.91	27.67	27.49	27.35
4	0.100	4.54	4.32	4.19	4.11	4.05	4.01	3.98	3.95	3.94
	0.050	7.71	6.94	6.59	6.39	6.26	6.16	6.09	6.04	6.00
	0.025	12.22	10.65	9.98	9.60	9.36	9.20	9.07	8.98	8.90
	0.010	21.20	18.00	16.69	15.98	15.52	15.21	14.98	14.80	14.66
5	0.100	4.06	3.78	3.62	3.52	3.45	3.40	3.37	3.34	3.32
	0.050	6.61	5.79	5.41	5.19	5.05	4.95	4.88	4.82	4.77
	0.025	10.01	8.43	7.76	7.39	7.15	6.98	6.85	6.76	6.68
	0.010	16.26	13.27	12.06	11.39	10.97	10.67	10.46	10.29	10.16
6	0.100	3.78	3.46	3.29	3.18	3.11	3.05	3.01	2.98	2.96
	0.050	5.99	5.14	4.76	4.53	4.39	4.28	4.21	4.15	4.10
	0.025	8.81	7.26	6.60	6.23	5.99	5.82	5.70	5.60	5.52
	0.010	13.75	10.92	9.78	9.15	8.75	8.47	8.26	8.10	7.98
7	0.100	3.59	3.26	3.07	2.96	2.88	2.83	2.78	2.75	2.72
	0.050	5.59	4.74	4.35	4.12	3.97	3.87	3.79	3.73	3.68
	0.025	8.07	6.54	5.89	5.52	5.29	5.12	4.99	4.90	4.82
	0.010	12.25	9.55	8.45	7.85	7.46	7.19	6.99	6.84	6.72
8	0.100	3.46	3.11	2.92	2.81	2.73	2.67	2.62	2.59	2.56
	0.050	5.32	4.46	4.07	3.84	3.69	3.58	3.50	3.44	3.39
	0.025	7.57	6.06	5.42	5.05	4.82	4.65	4.53	4.43	4.36
	0.010	11.26	8.65	7.59	7.01	6.63	6.37	6.18	6.03	5.91
9	0.100	3.36	3.01	2.81	2.69	2.61	2.55	2.51	2.47	2.44
	0.050	5.12	4.26	3.86	3.63	3.48	3.37	3.29	3.23	3.18
	0.025	7.21	5.71	5.08	4.72	4.48	4.32	4.20	4.10	4.03
	0.010	10.56	8.02	6.99	6.42	6.06	5.80	5.61	5.47	5.35
10	0.100	3.29	2.92	2.73	2.61	2.52	2.46	2.41	2.38	2.35
	0.050	4.96	4.10	3.71	3.48	3.33	3.22	3.14	3.07	3.02
	0.025	6.94	5.46	4.83	4.47	4.24	4.07	3.95	3.85	3.78
	0.010	10.04	7.56	6.55	5.99	5.64	5.39	5.20	5.06	4.94
11	0.100	3.23	2.86	2.66	2.54	2.45	2.39	2.34	2.30	2.27
	0.050	4.84	3.98	3.59	3.36	3.20	3.09	3.01	2.95	2.90
	0.025	6.72	5.26	4.63	4.28	4.04	3.88	3.76	3.66	3.59
	0.010	9.65	7.21	6.22	5.67	5.32	5.07	4.89	4.74	4.63
12	0.100	3.18	2.81	2.61	2.48	2.39	2.33	2.28	2.24	2.21
	0.050	4.75	3.89	3.49	3.26	3.11	3.00	2.91	2.85	2.80
	0.025	6.55	5.10	4.47	4.12	3.89	3.73	3.61	3.51	3.44
	0.010	9.33	6.93	5.95	5.41	5.06	4.82	4.64	4.50	4.39

(F-분포표 계속)

분모 자유도	확률	분자 자유도									
		10	11	12	15	20	24	30	60	120	∞
1	0.100	60.2	60.5	60.7	61.2	61.7	62.0	62.3	62.8	63.1	63.3
	0.050	242	243	244	246	248	249	250	252	253	354
	0.025	969	973	977	985	993	997	1001	1010	1014	1018
	0.010	6056	6083	6106	6157	6209	6235	6261	6313	6339	6366
2	0.100	9.39	9.40	9.41	9.42	9.44	9.45	9.46	9.47	9.48	9.49
	0.050	19.40	19.40	19.41	19.43	19.45	19.45	19.46	19.48	19.49	19.50
	0.025	39.40	39.41	39.41	39.43	39.45	39.46	39.46	39.48	39.49	39.50
	0.010	99.40	99.41	99.42	99.43	99.45	99.46	99.47	99.48	99.49	99.50
3	0.100	5.23	5.22	5.22	5.20	5.18	5.18	5.17	5.15	5.14	5.13
	0.050	8.79	8.76	8.74	8.70	8.66	8.64	8.62	8.57	8.55	8.53
	0.025	14.42	14.37	14.34	14.25	14.17	14.12	14.08	13.99	13.95	13.90
	0.010	27.23	27.13	27.05	26.87	26.69	26.60	26.50	26.32	26.22	26.10
4	0.100	3.92	3.91	3.90	3.87	3.84	3.83	3.82	3.79	3.78	3.76
	0.050	5.96	5.94	5.91	5.86	5.80	5.77	5.75	5.69	5.66	5.63
	0.025	8.84	8.79	8.75	8.66	8.56	8.51	8.46	8.36	8.31	8.26
	0.010	14.55	14.45	14.37	14.20	14.02	13.93	13.84	13.65	13.56	13.50
5	0.100	3.30	3.28	3.27	3.24	3.21	3.19	3.17	3.14	3.12	3.11
	0.050	4.74	4.70	4.68	4.62	4.56	4.53	4.50	4.43	4.40	4.37
	0.025	6.62	6.57	6.52	6.43	6.33	6.28	6.23	6.12	6.07	6.02
	0.010	10.05	9.96	9.89	9.72	9.55	9.47	9.38	9.20	9.11	9.02
6	0.100	2.94	2.92	2.90	2.87	2.84	2.82	2.80	2.76	2.74	2.72
	0.050	4.06	4.03	4.00	3.94	3.87	3.84	3.81	3.74	3.70	3.67
	0.025	5.46	5.41	5.37	5.27	5.17	5.12	5.07	4.96	4.90	4.85
	0.010	7.87	7.79	7.72	7.56	7.40	7.31	7.23	7.06	6.97	6.88
7	0.100	2.70	2.68	2.67	2.63	2.59	2.58	2.56	2.51	2.49	2.47
	0.050	3.64	3.60	3.57	3.51	3.44	3.41	3.38	3.30	3.27	3.23
	0.025	4.76	4.71	4.67	4.57	4.47	4.41	4.36	4.25	4.20	4.14
	0.010	6.62	6.54	6.47	6.31	6.16	6.07	5.99	5.82	5.74	5.65
8	0.100	2.54	2.52	2.50	2.46	2.42	2.40	2.38	2.34	2.32	2.29
	0.050	3.35	3.31	3.28	3.22	3.15	3.12	3.08	3.01	2.97	2.93
	0.025	4.30	4.24	4.20	4.10	4.00	3.95	3.89	3.78	3.73	3.67
	0.010	5.81	5.73	5.67	5.52	5.36	5.28	5.20	5.03	4.95	4.86
9	0.100	2.42	2.40	2.38	2.34	2.30	2.28	2.25	2.21	2.18	2.16
	0.050	3.14	3.10	3.07	3.01	2.94	2.90	2.86	2.79	2.75	2.71
	0.025	3.96	3.91	3.87	3.77	3.67	3.61	3.56	3.45	3.39	3.33
	0.010	5.26	5.18	5.11	4.96	4.81	4.73	4.65	4.48	4.40	4.31
10	0.100	2.32	2.30	2.28	2.24	2.20	2.18	2.16	2.11	2.08	2.06
	0.050	2.98	2.94	2.91	2.85	2.77	2.74	2.70	2.62	2.58	2.54
	0.025	3.72	3.66	3.62	3.52	3.42	3.37	3.31	3.20	3.14	3.08
	0.010	4.85	4.77	4.71	4.56	4.41	4.33	4.25	4.08	4.00	3.91
11	0.100	2.25	2.23	2.21	2.17	2.12	2.10	2.08	2.03	2.00	1.97
	0.050	2.85	2.82	2.79	2.72	2.65	2.61	2.57	2.49	2.45	2.40
	0.025	3.53	3.47	3.43	3.33	3.23	3.17	3.12	3.00	2.94	2.88
	0.010	4.54	4.46	4.40	4.25	4.10	4.02	3.94	3.78	3.69	3.60
12	0.100	2.19	2.17	2.15	2.10	2.06	2.04	2.01	1.96	1.93	1.90
	0.050	2.75	2.72	2.69	2.62	2.54	2.51	2.47	2.38	2.34	2.30
	0.025	3.37	3.32	3.28	3.18	3.07	3.02	2.96	2.85	2.79	2.72
	0.010	4.30	4.22	4.16	4.01	3.86	3.78	3.70	3.54	3.45	3.36

(F-분포표 계속)

분모 자유도	확률	분자 자유도								
		1	2	3	4	5	6	7	8	9
13	0.100	3.14	2.76	2.56	2.43	2.35	2.28	2.23	2.20	2.16
	0.050	4.67	3.81	3.41	3.18	3.03	2.92	2.83	2.77	2.71
	0.025	6.41	4.97	4.35	4.00	3.77	3.60	3.48	3.39	3.31
	0.010	9.07	6.70	5.74	5.21	4.86	4.62	4.44	4.30	4.19
14	0.100	3.10	2.73	2.52	2.39	2.31	2.24	2.19	2.15	2.12
	0.050	4.60	3.74	3.34	3.11	2.96	2.85	2.76	2.70	2.65
	0.025	6.30	4.86	4.24	3.89	3.66	3.50	3.38	3.29	3.21
	0.010	8.86	6.51	5.56	5.04	4.69	4.46	4.28	4.14	4.03
15	0.100	3.07	2.70	2.49	2.36	2.27	2.21	2.16	2.12	2.09
	0.050	4.54	3.68	3.29	3.06	2.90	2.79	2.71	2.64	2.59
	0.025	6.20	4.77	4.15	3.80	3.58	3.41	3.29	3.20	3.12
	0.010	8.68	6.36	5.42	4.89	4.56	4.32	4.14	4.00	3.89
16	0.100	3.05	2.67	2.46	2.33	2.24	2.18	2.13	2.09	2.06
	0.050	4.49	3.63	3.24	3.01	2.85	2.74	2.66	2.59	2.54
	0.025	6.12	4.69	4.08	3.73	3.50	3.34	3.22	3.12	3.05
	0.010	8.53	6.23	5.29	4.77	4.44	4.20	4.03	3.89	3.78
17	0.100	3.03	2.64	2.44	2.31	2.22	2.15	2.10	2.06	2.03
	0.050	4.45	3.59	3.20	2.96	2.81	2.70	2.61	2.55	2.49
	0.025	6.04	4.62	4.01	3.66	3.44	3.28	3.16	3.06	2.98
	0.010	8.40	6.11	5.18	4.67	4.34	4.10	3.93	3.79	3.68
18	0.100	3.01	2.62	2.42	2.29	2.20	2.13	2.08	2.04	2.00
	0.050	4.41	3.55	3.16	2.93	2.77	2.66	2.58	2.51	2.46
	0.025	5.98	4.56	3.95	3.61	3.38	3.22	3.10	3.01	2.93
	0.010	8.29	6.01	5.09	4.58	4.25	4.01	3.84	3.71	3.60
19	0.100	2.99	2.61	2.40	2.27	2.18	2.11	2.06	2.02	1.98
	0.050	4.38	3.52	3.13	2.90	2.74	2.63	2.54	2.48	2.42
	0.025	5.92	4.51	3.90	3.56	3.33	3.17	3.05	2.96	2.88
	0.010	8.18	5.93	5.01	4.50	4.17	3.94	3.77	3.63	3.52
20	0.100	2.97	2.59	2.38	2.25	2.16	2.09	2.04	2.00	1.96
	0.050	4.35	3.49	3.10	2.87	2.71	2.60	2.51	2.45	2.39
	0.025	5.87	4.46	3.86	3.51	3.29	3.13	3.01	2.91	2.84
	0.010	8.10	5.85	4.94	4.43	4.10	3.87	3.70	3.56	3.46
24	0.100	2.93	2.54	2.33	2.19	2.10	2.04	1.98	1.94	1.91
	0.050	4.26	3.40	3.01	2.78	2.62	2.51	2.42	2.36	2.30
	0.025	5.72	4.32	3.72	3.38	3.15	2.99	2.87	2.78	2.70
	0.010	7.82	5.61	4.72	4.22	3.90	3.67	3.50	3.36	3.26
30	0.100	2.88	2.49	2.28	2.14	2.05	1.98	1.93	1.88	1.85
	0.050	4.17	3.32	2.92	2.69	2.53	2.42	2.33	2.27	2.21
	0.025	5.57	4.18	3.59	3.25	3.03	2.87	2.75	2.65	2.57
	0.010	7.56	5.39	4.51	4.02	3.70	3.47	3.30	3.17	3.07
60	0.100	2.79	2.39	2.18	2.04	1.95	1.87	1.82	1.77	1.74
	0.050	4.00	3.15	2.76	2.53	2.37	2.25	2.17	2.10	2.04
	0.025	5.29	3.93	3.34	3.01	2.79	2.63	2.51	2.41	2.33
	0.010	7.08	4.98	4.13	3.65	3.34	3.12	2.95	2.82	2.72
120	0.100	2.75	2.35	2.13	1.99	1.90	1.82	1.77	1.72	1.68
	0.050	3.92	3.07	2.68	2.45	2.29	2.18	2.09	2.02	1.96
	0.025	5.15	3.80	3.23	2.89	2.67	2.52	2.39	2.30	2.22
	0.010	6.85	4.79	3.95	3.48	3.17	2.96	2.79	2.66	2.56
∞	0.100	2.71	2.30	2.08	1.94	1.85	1.77	1.72	1.67	1.63
	0.050	3.84	3.00	2.60	2.37	2.21	2.10	2.01	1.94	1.88
	0.025	5.02	3.69	3.12	2.79	2.57	2.41	2.29	2.19	2.11
	0.010	6.63	4.61	3.78	3.32	3.02	2.80	2.64	2.51	2.11

(F-분포표 계속)

분모 자유도	확률	분자 자유도									
		10	11	12	15	20	24	30	60	120	∞
13	0.100	2.14	2.12	2.10	2.05	2.01	1.98	1.96	1.90	1.88	1.85
	0.050	2.67	2.63	2.60	2.53	2.46	2.42	2.38	2.30	2.25	2.21
	0.025	3.25	3.20	3.15	3.05	2.95	2.89	2.84	2.72	2.66	2.60
	0.010	4.10	4.02	3.96	3.82	3.66	3.59	3.51	3.34	3.25	3.17
14	0.100	2.10	2.07	2.05	2.01	1.96	1.94	1.91	1.86	1.83	1.80
	0.050	2.60	2.57	2.53	2.46	2.39	2.35	2.31	2.22	2.18	2.13
	0.025	3.15	3.09	3.05	2.95	2.84	2.79	2.73	2.61	2.55	2.49
	0.010	3.94	3.86	3.80	3.66	3.51	3.43	3.35	3.18	3.09	3.00
15	0.100	2.06	2.04	2.02	1.97	1.92	1.90	1.87	1.82	1.79	1.76
	0.050	2.54	2.51	2.48	2.40	2.33	2.29	2.25	2.16	2.11	2.07
	0.025	3.06	3.01	2.96	2.86	2.76	2.70	2.64	2.52	2.46	2.40
	0.010	3.80	3.73	3.67	3.52	3.37	3.29	3.21	3.05	2.96	2.87
16	0.100	2.03	2.01	1.99	1.94	1.89	1.87	1.84	1.78	1.75	1.72
	0.050	2.49	2.46	2.42	2.35	2.28	2.24	2.19	2.11	2.06	2.01
	0.025	2.99	2.93	2.89	2.79	2.68	2.63	2.57	2.45	2.38	2.32
	0.010	3.69	3.62	3.55	3.41	3.26	3.18	3.10	2.93	2.84	2.75
17	0.100	2.00	1.98	1.96	1.91	1.86	1.84	1.81	1.75	1.72	1.69
	0.050	2.45	2.41	2.38	2.31	2.23	2.19	2.15	2.06	2.01	1.96
	0.025	2.92	2.87	2.82	2.72	2.62	2.56	2.50	2.38	2.32	2.25
	0.010	3.59	3.52	3.46	3.31	3.16	3.08	3.00	2.83	2.75	2.65
18	0.100	1.98	1.95	1.93	1.89	1.84	1.81	1.78	1.72	1.69	1.66
	0.050	2.41	2.37	2.34	2.27	2.19	2.15	2.11	2.02	1.97	1.92
	0.025	2.87	2.81	2.77	2.67	2.56	2.50	2.44	2.32	2.26	2.19
	0.010	3.51	3.43	3.37	3.23	3.08	3.00	2.92	2.75	2.66	2.57
19	0.100	1.96	1.93	1.91	1.86	1.81	1.79	1.76	1.70	1.67	1.63
	0.050	2.38	2.34	2.31	2.23	2.16	2.11	2.07	1.98	1.93	1.88
	0.025	2.82	2.76	2.72	2.62	2.51	2.45	2.39	2.27	2.20	2.13
	0.010	3.43	3.36	3.30	3.15	3.00	2.92	2.84	2.67	2.58	2.49
20	0.100	1.94	1.91	1.89	1.84	1.79	1.77	1.74	1.68	1.64	1.61
	0.050	2.35	2.31	2.28	2.20	2.12	2.08	2.04	1.95	1.90	1.84
	0.025	2.77	2.72	2.68	2.57	2.46	2.41	2.35	2.22	2.16	2.09
	0.010	3.37	3.29	3.23	3.09	2.94	2.86	2.78	2.61	2.52	2.42
24	0.100	1.88	1.85	1.83	1.78	1.73	1.70	1.67	1.61	1.57	1.53
	0.050	2.25	2.22	2.18	2.11	2.03	1.98	1.94	1.84	1.79	1.73
	0.025	2.64	2.59	2.54	2.44	2.33	2.27	2.21	2.08	2.01	1.94
	0.010	3.17	3.09	3.03	2.89	2.74	2.66	2.58	2.40	2.31	2.21
30	0.100	1.82	1.79	1.77	1.72	1.67	1.64	1.61	1.54	1.50	1.46
	0.050	2.16	2.13	2.09	2.01	1.93	1.89	1.84	1.74	1.68	1.62
	0.025	2.51	2.46	2.41	2.31	2.20	2.14	2.07	1.94	1.87	1.79
	0.010	2.98	2.91	2.84	2.70	2.55	2.47	2.39	2.21	2.11	2.01
60	0.100	1.71	1.68	1.66	1.60	1.54	1.51	1.48	1.40	1.35	1.29
	0.050	1.99	1.95	1.92	1.84	1.75	1.70	1.65	1.53	1.47	1.39
	0.025	2.27	2.22	2.17	2.06	1.94	1.88	1.82	1.67	1.58	1.48
	0.010	2.63	2.56	2.50	2.35	2.20	2.12	2.03	1.84	1.73	1.60
120	0.100	1.65	1.63	1.60	1.55	1.48	1.45	1.41	1.32	1.26	1.19
	0.050	1.91	1.87	1.83	1.75	1.66	1.61	1.55	1.43	1.35	1.25
	0.025	2.16	2.10	2.05	1.94	1.82	1.76	1.69	1.53	1.43	1.31
	0.010	2.47	2.40	2.34	2.19	2.03	1.95	1.86	1.66	1.53	1.38
∞	0.100	1.60	1.57	1.55	1.49	1.42	1.38	1.34	1.24	1.17	1.00
	0.050	1.83	1.79	1.75	1.67	1.57	1.52	1.46	1.32	1.22	1.00
	0.025	2.05	2.00	1.94	1.83	1.71	1.64	1.57	1.39	1.27	1.00
	0.010	2.32	2.25	2.18	2.04	1.88	1.79	1.70	1.47	1.32	1.00

찾 아 보 기

1

2

3

A

C

F

K

P

S

T

Z

ㄱ

ㄴ

ㅅ

ㅇ

ㅈ

ㅊ

ㅋ

ㅌ

ㅍ

ㅎ

이공계를 위한 통계이론과 활용

2014년 1월 20일 초판 인쇄

2014년 1월 30일 인쇄 발행

저 자 전영록

발 행 인 송기수

발 행 처 도서출판 GS인터비전

편 집 처 도서출판 GS인터비전

인 쇄 처 토탈프로세서

등록번호 제 313-2011-120 호

I S B N 979-11-5576-013-0 (93410)

주 소 서울 마포구 신수동 448-6 한국출판협동조합 B동207호

전 화 02-976-7898, 02-3272-7898.

팩 스 02-6468-7898

홈페이지 gsintervision.co.kr

E-Mail gsinter7@gmail com

정 가 29,000원